舌尖上的中国

美食之旅

在快乐的旅行途中，品味舌尖上的中国，感受浓郁的饮食文化

 中国地图出版社

图书在版编目（CIP）数据

　　舌尖上的中国美食之旅 = Gourmet Tour of China / 中国地图出版社编著. -- 2版. -- 北京：中国地图出版社，2023.3
　　ISBN 978-7-5204-3462-1

　　Ⅰ．①舌… Ⅱ．①中… Ⅲ．①饮食－文化－中国 Ⅳ．①TS971.2

　　中国国家版本馆CIP数据核字(2023)第046807号

主　　　编：李　奇
责 任 编 辑：鹿　宇
计算机制作：范勇刚　关金星
版 式 设 计：东至亿美
审　　　订：刘文杰

舌尖上的中国美食之旅

编　　著	中国地图出版社		
出版发行	中国地图出版社		
社　　址	北京市西城区白纸坊西街3号	邮政编码	100054
网　　址	www.sinomaps.com		
印　　刷	北京盛通印刷股份有限公司	经　　销	新华书店
成品规格	170mm×240mm	印　　张	32
印　　次	**2024年3月修订** 北京第2次印刷	版　　次	2016年5月第1版 2023年3月第2版
印　　数	55501-63500	定　　价	98.00元
书　　号	ISBN 978-7-5204-3462-1		
审 图 号	GS（2022）1405号		

本图册中国国界线系按照中国地图出版社1989年出版的1：400万《中华人民共和国地形图》绘制
咨询电话：010-83493082（编辑）、010-83493029（印装）
　　　　　010-83543956（销售）、010-83493015（销售）

致 读 者

  由于中国幅员辽阔，民族众多，地理环境、文化风俗差异较大，使得各地的饮食习俗千姿百态。风味各异的各色菜系往往使人眼花缭乱，有的酸辣，有的甜咸，有的麻辣，有的鲜香，美食品种数不胜数。为此，编者为众游客、"吃货"朋友们量身打造出《舌尖上的中国美食之旅》一书，旨在将各地的特色美食挖掘出来，让读者每到一地旅行，便会通过阅读此书，对当地的饮食文化、风土人情有更深的了解，在欣赏美景的同时，也享受一次馋涎不止的美食之旅。

  本书内容主要包括全国各地饮食概况、特色美食介绍，以及美食街、小吃夜市、特色餐馆推荐等饮食信息；同时，还配有全国34个省、自治区、直辖市交通旅游图及旅游攻略等；深度挖掘当地关于"吃"的文化、典故、历史传说等，以增加可读性、趣味性。书中详细介绍了每个地方的特色菜、传统菜、野味时蔬菜品、特色小吃等，图文并茂，信息量大，实用性强。本书将美食与旅游完美结合，是一本了解中国饮食文化的小百科，让您足不出户，就可以走遍中国，"吃"遍中国，品尽天下美食。

  《舌尖上的中国美食之旅》是旅游爱好者和"吃货"朋友们出行必备的手册，书中不仅介绍了众多中华经典美食的独有风味和鲜明特色，还追溯了它的历史渊源，让读者感觉到的不仅是食物的美味，还有历史的味道、人情的味道、故乡的味道。我们希望，这本书带给读者的不仅是品味美食之旅，更是一次文化探寻之旅。

一册在手，走遍中国，"吃"遍中国

品味舌尖上的中国，感受深厚的中华饮食文化。

  本书的编辑人员经过大量的工作，整理出各地有关美食与旅游的信息，一一呈现给读者。由于全国各地城市不断进行规划建设，改造工程不断，一些美食街、夜市、酒楼也在迁址之中，而新开的餐馆及创新菜品如雨后春笋，遍地开花，一时未能囊括其中，还望读者谅解。本书在出版之前，虽已进行了认真的核对，但仍不免有错漏之处，恳请读者不吝赐教，以便再版时更正完善。

舌尖上的中国美食之旅 编辑部

舌尖上的中国 美食之旅
CONTENTS | 目录

图 例

分省交通旅游图

高速公路及出入口、服务区	明孝陵 世界遗产
国家高速公路编号、名称	南京钟山 国家级风景名胜区
国道、编号	大丰麋鹿 国家级自然保护区
省道	六合 国家地质公园
县乡道	紫金山 国家森林公园
高铁、城际铁路	苏州 国家历史文化名城
铁路	周庄 中国历史文化名镇(村)
国界	曲阜 古镇、古村游
省、自治区、直辖市界	万亩荷花荡 新农村旅游
特别行政区界	木兰祠 旅游点
地区界	关隘或山口
军事分界线	长城
首都	海岸线
省级行政中心	常年河、时令河、湖泊、水库、干涸河
地级市行政中心	沙洲
地区、盟行政公署、自治州行政中心	珊瑚礁
县级行政中心	运河
乡镇、街道、村庄	井
外国首都	泉、温泉
外国主要城市	盐田
外国一般城市	火山
机场	沙漠
港口	沼泽、盐沼
1017 四明山 山峰及高程	滩涂

城市进出道路导向图

过境道路	区、县政府
街区、街道	乡镇、街道、村庄
	旅游点
★ 省级政府	
★ 市政府	高速公路及出入口、服务区

里程示意图

首都	
省级行政中心	
地级市行政中心	
县级行政中心	
世界遗产	
国家级风景名胜区	
城市间公路里程(千米)	

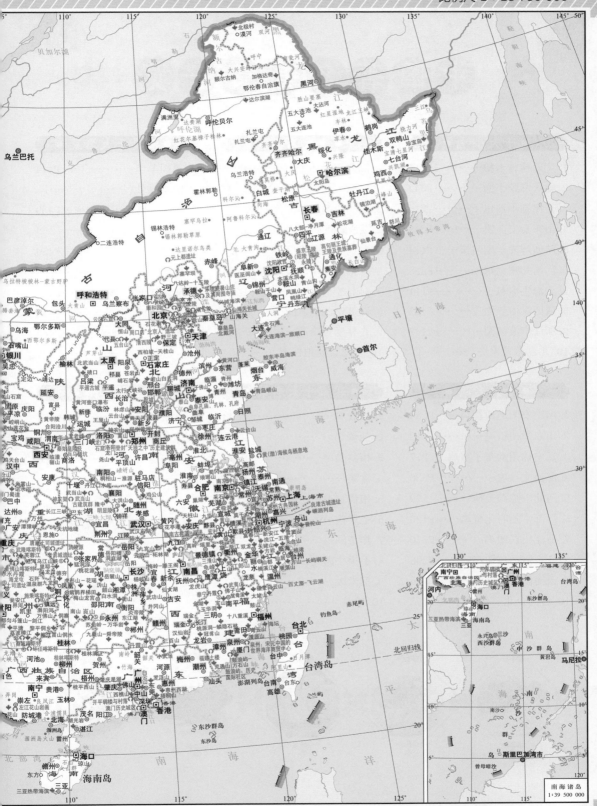

比例尺 1：18 750 000

南海诸岛
1：39 500 000

3

中国著名美食一览

舌尖上的
北京

北京作为世界级大都市，在饮食文化方面荟萃百家，兼收并蓄八方风味，名菜众多，风格独特，历经百余年的发展，现已形成了以北京烤鸭、宫廷菜、官府菜、烤肉、涮羊肉为主的五大传统名菜。宫廷菜、官府菜是北京作为古都所特有的菜系。风味小吃是北京饮食的另一大特色，历史悠久，品种繁多，用料讲究，制作精细。北京小吃俗称"碰头食"或"菜茶"，融合了汉、回、蒙古、满等多民族风味食俗及明、清宫廷小吃，现已形成了汉民、回民和宫廷三种风味，大约有百余种，其中，最具京味特点的小吃有豆汁、灌肠、炒肝、麻豆腐、驴打滚、豆面糕、姜丝排叉、面茶、糖火烧、萨其玛、豌豆黄等。在北京，能品尝到全国及世界各地的美食，尤其是北京烤鸭、涮羊肉、烤肉和品类繁多的京味小吃及老字号美食，是不可错过的美味。"登长城，逛故宫，游颐和园，品京味美食"已成为旅游观光客中非常流行的一句口号。

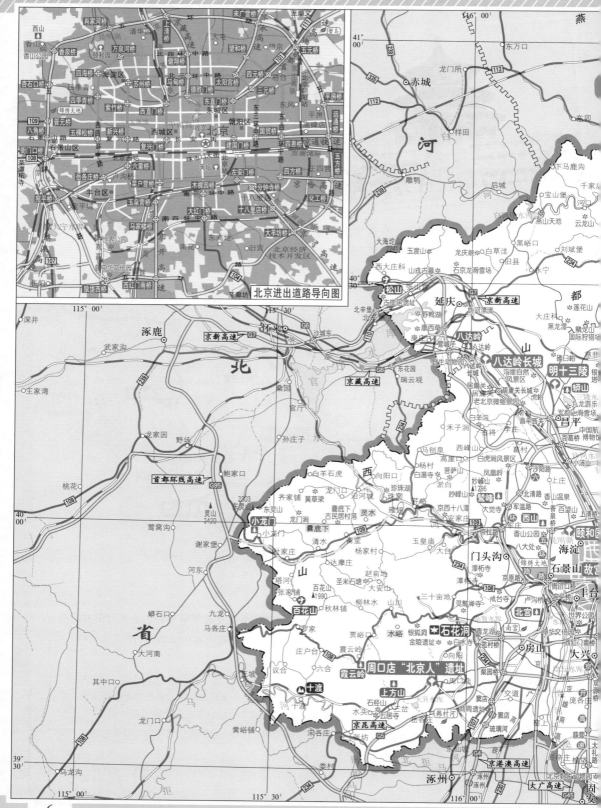

北京进出道路导向图

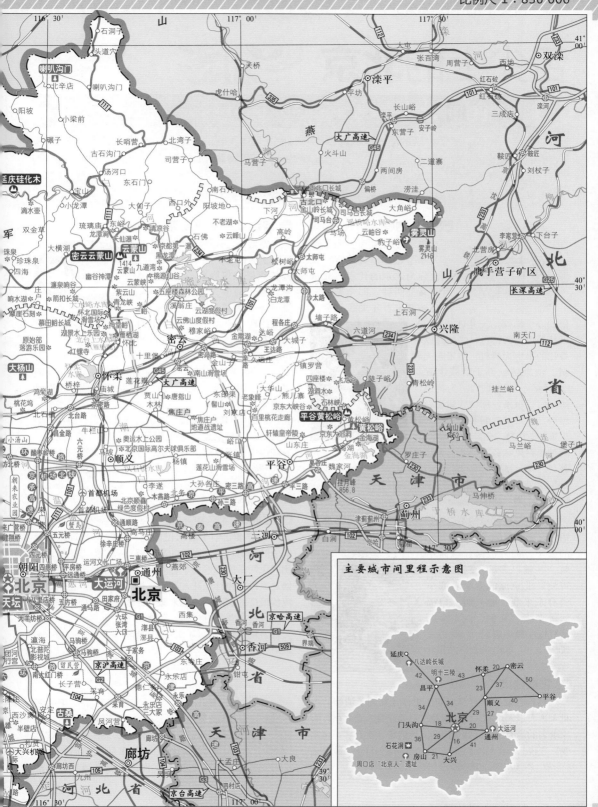

主要城市间里程示意图

舌尖上的**北京**

● 美**食**向导 Delicacies Guide

北京，不仅汇集了中国各地的风味美食，同时也是世界美食的聚集地。京菜是来北京旅游观光客的首选美食，如全聚德烤鸭、东来顺清真涮羊肉、北京烤肉及品类繁多的老北京风味小吃，是一定要品尝的美味。如果你置身于北京老字号餐馆里，聆听着京腔京韵的吆喝叫卖，欣赏着京剧国粹，听那逗笑的相声，咀嚼着京味小吃，一定能感受到一份别样的心情。

推荐 特色美食

⬛ 北京烤鸭

北京烤鸭素有"天下第一美味"之称，与故宫、长城合称为北京的代表。北京烤鸭又分两种，即全聚德、便宜坊两家百年老店。全聚德创办于清同治三年(1864年)，以挂炉烤鸭为特色，烤制时以带香味的果木为燃料，使用明火烤制。便宜坊创办于清咸丰五年(1855年)，以焖炉烤鸭为特色，烤制时以板条、秫秸软质材料为燃料，使用暗火焖制。烤鸭外酥里嫩，被誉为"中华第一鸭"。

两种烤鸭风味各有千秋，但还是以全聚德烤鸭店最为著名。　✉ 全聚德烤鸭店前门店：前门大街30号　✉ 便宜坊烤鸭店：东城区崇文门外大街16号便宜坊大厦4层

⬛ 涮羊肉

涮羊肉是北京的第二大风味美食，又称"羊肉火锅"。羊肉用的是内蒙古产的小尾绵羊，且是阉割过的公羊，肉片极薄，嫩而不腻，并辅以多种作料，四季可涮。北京城的老字号涮羊肉有东来顺、能人居、口福居等老店。其中，以东来顺清真饭庄最为著名。　✉ 东来顺饭庄总店：东城区王府井大街138号新东安大厦5层

⬛ 北京烤肉

烤肉在北京已有悠久的历史，尤其到了清朝，大批蒙古人进入京城，使烤肉技艺日臻完善。老北京有两家著名的烤肉饭馆，即烤肉宛、烤肉季，素有"南宛北季"之说。　✉ 烤肉季总店：西城区前海东沿14号　✉ 烤肉宛总店：西城区南礼士路58号

⬛ 宫廷菜（满汉全席）

宫廷菜，又称满汉全席，是兴起于清代的一种大型宴席，其特点是礼仪隆重、用料精贵、菜点繁多、烹饪技艺精湛等，是满菜与汉菜相结合而

形成的精华美食。满汉全席，分为六宴，均以清宫著名大宴命名，第一宴——蒙古亲藩宴；第二宴——廷臣宴；第三宴——万寿宴；第四宴——千叟宴；第五宴——九白宴；第六宴——节令宴。这些名宴汇集满汉众多名馔，择取时鲜海参，搜寻山珍异兽，全席计有冷荤热肴196品，点心茶食124品，计肴馔320品。北京最著名的宫廷菜餐厅当属仿膳饭庄和听鹂馆、厉家菜馆，特色菜品有乌鱼蛋汤、菊花鱼、翡翠豆腐、麻辣牛肉、麻豆腐、芥末墩、炸藕盒、虎皮肘子、凤尾大虾等。　✉ 仿膳饭庄：西城区北海公园内琼岛上　✉ 听鹂馆：海淀区颐和园内万寿山西侧　✉ 厉家菜馆：西城区德胜门大街羊房胡同11号

⬛ 官府菜

官府菜始创于清末民国初，起源于昔日深闺大宅中的名厨佳肴，当年的高官巨贾们"家聘美厨，竞比成风"，因此形成了官府菜。其特点是下料狠、火候足，讲究原汁原味，菜肴软烂易于消化。在京城，流传最广的官府菜是清末翰林谭宗浚家所创的"谭家菜"，特色菜品有烤鸭、葱烧海参、鱼翅捞饭、油焖大虾、佛跳墙等。　✉ 北京谭家菜馆：东城区东长安街35号北京饭店C座7层。

老北京 老字号美食

⬛ 爆肚

是北京风味小吃中的名吃，多为回族同胞经营。它是把鲜牛肚（指牛百叶和肚领）或鲜羊肚洗净后，切成条块状，用沸水爆熟，再蘸

以芝麻酱、辣椒油、酱豆腐汤、香菜末、葱花等拌制的调料，入口鲜嫩，口味香脆。北京城经营爆肚的店家中，尤以"爆肚冯"、"爆肚王"、"爆肚杨"、"金生隆爆肚"、"爆肚张"、"爆肚满"等最为出名。✉ 爆肚冯老店：前门大街东侧鲜鱼口美食街

烧羊肉

据说，清朝乾隆四十五年（1780年）由一个叫白魁的回族人创制，是北京清真饭馆白魁老号的招牌菜。它与东来顺涮羊肉、烤肉季烤羊肉、月盛斋酱羊肉齐名，被称为北京著名的羊肉制品"四大家"。烧羊肉的制作，还适用于整只羊的其他部位，如羊头、羊脖子、羊肚、羊蹄子、羊肝、羊肺、羊肥肠等。若用烧羊肉的汤，放上几块羊肉和鲜花椒，拌面条吃，味道更佳。✉ 白魁老号饭店：东城区隆福寺前街1号。

卤煮火烧

是北京特有的一种小吃。据说，最初的卤煮起源于清朝乾隆皇帝喜爱吃的"苏造肉"，后来传入民间，由于用五花肉煮制的"苏造肉"价格昂贵，所以人们就用猪头肉和猪下水代替，并加入用面粉烙成的火烧同煮，久而久之，便造就了大众化的传世美味——卤煮火烧。北京有无数饭馆卖卤煮火烧，但其中最有名的是百年老号"小肠陈"。✉ 小肠陈饭庄老店：前门大街东侧鲜鱼口美食街。

白水羊头

是北京百年老号"羊头马"的招牌佳肴。其制作过程非常独特，在煮羊头时，一点作料都不能搁，纯粹用清水，这样煮熟的羊头只有羊肉的香气。"羊头马"的绝活是刀工，切出的肉薄如纸片，再撒上精心配制的椒盐，入口鲜香，确实味美。《燕京小食品杂咏》中称马家六代的白水羊头："十月燕京冷朔风，羊头上市味无穷，盐花撒得如雪飞，清脆不腻爽口香。"道出了白水羊头的口味与烹饪技艺。✉ 羊头马前门店：前门大栅栏西街33号青云阁内。

褡裢火烧

是老北京人最喜欢吃的一种食品。它是用擀好的面片装入拌好的馅，折叠成长条，放入平锅中油煎而成，因其形状酷似旧时人们腰带上的"褡裢"而得名。按老北京的理儿，吃褡裢火烧时，一定要搭配以鸡血和豆腐条制成的酸辣汤，味道鲜香酸辣，余味无穷。北京最著名的褡裢火烧，当属前门外大街门框胡同里的瑞宾楼饭庄，制作精细，馅香味美，名噪京城。

炒肝

是北京特有的风味小吃之一，由宋代民间食品"熬肝"和"炒肺"发展而来。清朝同治年间，前门鲜鱼口胡同的会仙居（现名天兴居），发明了不用勾芡制作炒肝的技艺，具有汤汁油亮酱红，肝香肠肥，味浓不腻，稀而不澥的特色。当时京城曾流传"炒肝不勾芡——熬心熬肺"的歇后语，就是从此而来。✉ 天兴居（原名会仙居）：前门大街东侧鲜鱼口街95号

豆汁

是老北京的传统风味小吃。采用水发绿豆加水经研磨，除去大部分淀粉之后的液体，经发酵即成为风味独特的生豆汁。一般味酸略苦，有轻微的酸臭味，尤其是老北京人对它有特殊的偏爱。如果你是第一次喝豆汁，那犹如泔水般的气味，使人难以下咽，但捏着鼻子喝两次，感受就不同一般了，有些人竟能喝豆汁上瘾。有人说：没有喝过豆汁，就不算到过北京。要想喝这一口，在西城区护国寺小吃店里还能尝到比较正宗的豆汁。

蜜三刀

是北京知名的传统糕点。起源于北宋时期江苏徐州城的百年老店"泰康"号茶食店（即今天的江苏省徐州市泰康食品店），时任知州的苏东坡吃过此食后，亲自起名"蜜三刀"，名噪一时。清朝乾隆皇帝三下江南路过徐州，品尝过"蜜三刀"后，龙颜大悦，御笔手书"徐州一绝"，钦定为贡品。从此，"蜜三刀"成为宫廷御点，后经改良，成为现在的北京名小吃。

天福号酱肘子

"天福号"由山东掖县人刘凤翔于清朝乾隆三年（1738年）在北京西单牌楼东北角所创，其孙刘抵明在原祖传技艺的基础上，将酱肘子的口味越做越好，一时名震京城。慈禧太后慕名品尝过天福号酱肘子后，称赞不已，并赐给"天福号"一块腰牌，传旨每天定量送进宫中。因而，历经百余年的"天福号"，在京城享有"乾隆酱汁传百年，慈禧腰牌通天下"的美誉。

门钉肉饼

是北京的一种传统小吃，因其形状像古城门上的门钉而得名。其制作方法和一般的馅饼区别不大，只是一般馅饼是扁的，而门钉肉饼则是圆柱形状，馅料是牛肉和大葱。外焦里嫩，清香润口，吃在嘴里，鲜汤四溢，别具风味。

都一处烧卖

"都一处"是北京有名的百年老店之一，位于前门大街36号。原名王记酒铺，由山西人王瑞福于清朝乾隆三年（1738年）创建，已有200多年的历史。相传，有一年三十晚上，乾隆皇帝从通州微服私访回到京城，途经前门大街，由于天色已晚，只有"王记酒铺"一家还在掌灯营业，便到店里品尝烧卖，食后顿觉味香鲜美，龙颜大悦。乾隆回宫后，亲笔题写了"都一处"三个大字，意为"京都的好酒好食只此一处"，命人制成匾额，送到王记酒铺。酒铺老板王瑞福闻讯大惊，立即跪地面对御匾叩谢皇恩。从此，"都一处"代替了"王记酒铺"，名传天下，生意也更加红火。

其他名吃

蒸煮类：	庆丰包子、大蜂糕、果料糖蜂糕、碗糕、花糕、榆钱糕、寿桃、小窝头、枣荷叶、银丝卷、肉丁馒头、菠菜篓、烫面饺、烧卖、羊眼包子、倒僧帽、豌豆包、开花馒头、千层饼、扒糕、莜面搓鱼子、芸豆饼等
炸烙烤类：	江米面炸糕、烫面炸糕、奶油炸糕、棒槌果子、脆麻花、开口笑、春卷、炸雞果、炸三角、白薯铃、炸口袋、龙须饼、蒸食炸、炸奶火烧、炸回头、一品烧饼、脂油饼、锅贴、京东肉饼、羊肉饼、煎饼、腰子饼、锅饼、灌肠、墩饽饽、糖螺蛳转、芝麻酱烧饼、马蹄烧饼、肉末烧饼、藤萝饼、玫瑰饼、牛舌饼、咸酥烧饼、萝卜丝饼、卷酥、硬面镯子等
黏货类：	江米凉糕、栗子凉糕、小豆凉糕、枣切凉糕、芝麻卷糕、芸豆糕、芸豆卷、盆糕、山药糕、紫米糕、八宝饭、小枣粽子、江米糕、白年糕等
流食类：	豆腐脑、老豆腐、卤炸豆腐、茶汤、油茶、杏仁茶、小豆粥、八宝莲子粥、大麦米粥、豌豆粥、荷叶粥、元宵、核桃酪、元宝馄饨、羊肉杂面、杏仁豆腐、牛奶酪、漏鱼儿、果子干、西瓜酪、冰碗等
肉食类：	白水羊头肉、白汤杂碎、卤煮丸子、卤煮小肠、羊霜肠、炖吊子、烧羊肉、爆肚、炒肝、爆糊、扒黑猪脸、浦五房酱肉、京味酱爆肉、京酱肉丝、白煮肉、清酱肉、炒麻豆腐等

推荐 特色食处

★ 东直门簋街

俗称"簋街"，沿街两边有各种风味的美食餐厅达200多家，是食客一饱口福的好去处。这些餐馆风味各异，既有生猛海鲜，又有成都、广味小吃，还有豆汁、焦圈、麻豆腐、手擀面等老北京风味美食。其中，麻辣小龙虾和香辣蟹是"簋街"的传统特色。每当夜幕降临，"簋街"上人来人往，车水马龙，大红灯笼彻夜高悬，成为夜幕中北京城内一道独特的风景。✉ 东城区东直门内大街

★ 三里屯酒吧街

由于毗邻使馆区，外国人及在外企工作的白领比较集中，于是充满美妙音乐的酒吧慢慢多了起来，形成了北京一道独特的风景。三里屯酒吧已成为许多北京人、游客、外国人享受夜生活、休闲、消遣时间的好去处。✉ 朝阳区三里屯北路

★ 什刹海酒吧街

这里是继三里屯酒吧街以后形成的北京第二个酒吧街。由最初零星分布着几家茶艺馆、酒吧的老街，逐渐发展成为一条拥有百余家茶艺馆、酒吧、咖啡馆的酒吧街，有的供应酒水和快餐，有的只卖茶点、咖啡。聚在这里喝酒、聊天的多是外国人和白领一族。这里最大的特点是有水、有景，还有中国古典文化韵味，是既具时尚特色，又有历史文化内涵的特色商业街。✉ 什刹海银锭桥一带

★ 南锣鼓巷酒吧街

从地安门东大街一直到鼓楼大街，街道南北长约800米，东西各有8条对称的胡同，整齐地排列在两侧，犹如一条蜈蚣，所以又名"蜈蚣街"。在这里，

散落着50多家风格各异的酒吧、餐吧、精品店。让人感受最深的就是那种幽静曲回、高树矮墙的胡同气息，那陈旧的砖墙、大红的灯笼、古朴的大门，都能带来一份浓厚的怀旧情绪。经过多年发展，这条隐藏在皇城脚下的老胡同逐渐成了中外游客休闲聚会的必选之地。在这里，既能感受到老北京的历史风情，又可浸染于浓浓的京味文化之中。✉ 东城区南锣鼓巷

✪ 798工厂艺术区酒吧街

艺术区的名字是由原北京国有电子工业老厂区的名称沿用而来，原798国营电子厂是20世纪50年代初，按照原东德设计师的设计而建。2002年，随着一批艺术家和文化机构的进驻，成规模地租用和改造，一个集艺术中心、画廊、艺术家工作室、设计公司、酒吧等于一体的艺术社区逐渐形成。各种绘画展、摄影展、实验戏剧、音乐会、时装发布会等艺术活动频繁举行，已成为世界了解北京当代文化现象的一个窗口，是北京都市文化的新地标，被国外媒体称为"北京的SOHO"。✉ 朝阳区酒仙桥路4号

推荐
京味小吃街

✪ 王府井小吃街

是王府井唯一的全方位展示京味美食文化的场所。这里既有北京烤鸭、涮羊肉等特色美食，也有豆汁、茶汤、卤煮等地道的老北京小吃，还有泥人张、鬃人白等老北京艺人现场制作"老玩艺儿"，并有天桥杂耍等现场表演，让游人在这里连吃带玩，感受原汁原味的老北京风情，是中外游客到王府井观光、购物、品美食的最佳去处。✉ 王府井大街南口好友百货西侧

✪ 东华门风味小吃夜市

是北京最著名、规模最大的小吃夜市，汇集了全国各地的特色风味小吃。每当夜色降临，八方食客云集小吃街，边吃边逛，人声鼎沸，此起彼伏的叫卖声不绝于耳，好不热闹。这里已成为北京夜生活的又一亮点，逛东华门夜市，已经成为来京旅游团夜间活动的保留节目。✉ 王府井大街北口西侧东华门

✪ 隆福寺小吃街

是老北京最繁华、最热闹的地区之一。这里汇集了老北京的各种风味美食小吃，长达百米的小吃摊前，人来人往，热闹非凡。在这里，你可以边走边吃，感受浓郁的老北京风情。✉ 东城区东四北大街

✪ 老舍茶馆

成立于1992年，是集评书茶馆、餐茶馆、茶艺馆于一体的多功能综合性大茶馆。老舍茶馆经营北京烤鸭及京、晋、鲁三种菜系，招牌菜有香酥鸭、炒拨鱼、老北京炸酱面等，还有自制的宫廷细点和风味小吃，更是选料上乘，京味十足。当您在品尝艾窝窝、驴打滚、豌豆黄、焦圈、糖耳朵等美味小吃的同时，说不定还会忆起一些童年的往事。在这里，您还可以欣赏到一台汇聚京剧、曲艺、杂技、魔术、相声、变脸等优秀民族艺术形式的精彩演出。✉ 前门西大街正阳市场3号楼

✪ 护国寺小吃店

护国寺小吃是北京地方小吃的代表之一，以其悠久的历史、丰富的品种、独特的制法而著称。小吃品种包括艾窝窝、驴打滚、豌豆黄、象鼻子糕、馓子麻花、麻团、焦圈、面茶、杂碎汤、豆汁等80余种，聚集了京味小吃之精华，深受京城及国内外人士的赞誉。小吃店在继承传统北京小吃的基础上，精心研制，挖掘创新，独家创制了集小吃精品和清真特色美食于一宴的"小吃宴"。"小吃宴"讲究荤素搭配，营养合理，精选了芫爆散丹、红烧牛尾、它似蜜等具有清真饮食特色的宴席菜肴，曾荣获"北京市精品宴席"称号。2011年10月，有着800多年历史的护国寺商业街经过改造重新开放，商业街全长600米，西侧以护国寺小吃等传统老字号为主，东侧以梅兰芳等名人故居、四合院、私家菜为主。✉ 西城区护国寺街93号

✪ 九门小吃城

于2006年6月18日开业，由于当时前门大栅栏拆迁改造，大部分老北京传统小吃店搬到了这里。各种风味小吃全部是以大排档的方式售卖，爆肚冯、月盛斋、羊头马、奶酪魏、恩元居、年糕钱、豆腐脑白等传统老字号小吃，纷纷入驻四合院。这里的九门小吃宴再现了老北京吆喝、杂耍的盛景。✉ 什刹海后海北沿孝友胡同

✪ 鲜鱼口老字号餐饮街

这条街东起长巷头条与兴隆街相接处，西至前门大街，全长425米。鲜鱼口街形成于明朝年间，当时汇聚了老北京著名的老字号商业、餐饮、戏院、茶楼和工艺作坊等，历史上曾有过"先有鲜鱼口，后有大栅栏"的说法。2011年5月8日，鲜鱼口老字号美食街全面开市，许多老字号纷纷入驻，有天

兴居炒肝、锦芳小吃、稻香村、六必居、老正兴、正明斋、狗不理、爆肚冯、小肠陈、奶酪魏、褡裢火烧、便宜坊烤鸭等，是北京又一处美食云集的地方。✉ 前门大街东侧

⭐ **中华万丰小吃城**

于2010年5月11日正式开张，是一处可以品尝全国各地传统小吃的好去处。小吃城内有西藏的吹肺和吹肝，甘肃的酿皮子和天水麻食，台湾的担仔面和原汁牛肉汤，云南的丽江粑粑，青海的馄锅馍馍，新疆喀什的馕坑肉等。在这里，人们可以一边品尝上百种风味各异的特色小吃，一边欣赏风情浓郁的少数民族民间文艺表演，还能购买到地方土特产品及民俗工艺品。✉ 丰台区七里庄万丰路南口

旅游攻略 Travel Guide

北京，是中华人民共和国的首都，历史悠久、文化灿烂。战国时期为燕国的都城，称燕京；辽朝为陪都，称南京；金贞元元年（1153年），金朝皇帝海陵王完颜亮从东北正式迁都北京；此后，元朝、明朝、清朝均建都于此。北京作为五朝（辽、金、元、明、清）古都，已有3000多年的建城史，早与西安、洛阳、南京并称为中国四大古都。北京旅游资源丰富，文物古迹众多，在这样一个集皇城乐土之古韵和现代气息于一体的大都市里，处处漫溢着皇家气派，故宫、颐和园、天坛无一不凝聚着中国古建筑的精华，令人向往。

热门景点 故宫、天安门广场、王府井、天坛、北海公园、什刹海、国家体育场（鸟巢）、国家游泳中心（水立方）、恭王府、雍和宫、颐和园、圆明园、国家大剧院、卢沟桥、世界公园、北京欢乐谷、明十三陵、八达岭长城、周口店"北京人"遗址等

旅游线路推荐

1 市中心→天安门广场→故宫→景山公园
2 市中心→北海公园→什刹海→恭王府→宋庆龄故居→南锣鼓巷→钟鼓楼
3 市中心→清华大学→北京大学
4 市中心→王府井→国子监→孔庙→雍和宫→国家体育场（鸟巢）→国家游泳中心（水立方）
5 市中心→前门大街→老舍茶馆→琉璃厂文化街→天坛公园
6 市中心→北京动物园→北京海洋馆
7 前门旅游集散中心→明十三陵→居庸关长城→八达岭长城

北京特产 全聚德烤鸭、王致和腐乳、稻香村糕点、北京红星二锅头酒、牛栏山二锅头酒、荣宝斋木版水印画、同仁堂滋补品、内联升布鞋、张一元茉莉花茶、老北京泥人彩塑、吴裕泰茶叶、北京果脯、北京蜂王精、秋梨膏、茯苓夹饼、北京酥糖、六必居酱菜、北京织毯、雕漆、景泰蓝、玉器、内画鼻烟壶、安宫牛黄丸、京绣、桃补花、平谷大桃、房山磨盘柿、大兴西瓜、延庆葡萄、昌平草莓、怀柔板栗、密云金丝小枣、门头沟京白梨等

舌尖上的
天津

天津菜，简称津菜，约形成于清代康熙年间，历经几百年的发展，逐步完善成一个涵盖汉民菜、清真菜、素菜、海鲜等特色菜和民间小吃的完整风味体系，尤以品种繁多的津味小吃流传最广，狗不理包子、十八街麻花、耳朵眼炸糕被誉为"天津小吃三绝"。

天津自古就是南北水路交通的必经之地，流动人口较多，南粮北运京都，必须在天津换船，这里聚居的搬运工人没有时间吃正餐，只能以快餐代替，这也是天津小吃特别丰富的原因。近代的天津有了九国租界，外国人纷纷入驻，在北京失意的军阀政客们也纷纷来津寓居，这些达官贵人的奢侈消费，激发了天津餐饮业的发展，从而诞生了一批历史悠久的老字号食店，如桂顺斋、祥德斋、一品香糕点店、恩发德羊肉包子铺、起士林西餐厅等。当你漫步在天津的街头，一定会找到中意的津味美食。

特别推荐

▶ **天津十大美食** 狗不理包子、桂发祥麻花、耳朵眼炸糕、石头门坎素包、天津坛子肉、陆记烫面炸糕、官烧目鱼条、曹记驴肉、芝兰斋糕干、北塘海鲜

▶ **天津十大特产** 泥人张彩塑、风筝魏、杨柳青木版年画、崩豆张、小站稻米、沙窝萝卜、汉沽刻字版画、五加啤酒、北塘虾酱、独流老醋

▶ **天津十大景点** 天津古文化街、五大道洋楼、天津广播电视塔、杨柳青石家大院、天津热带植物观光园、大沽口炮台、天津滨海旅游度假区、蓟州独乐寺、盘山国家级风景名胜区、黄崖关长城

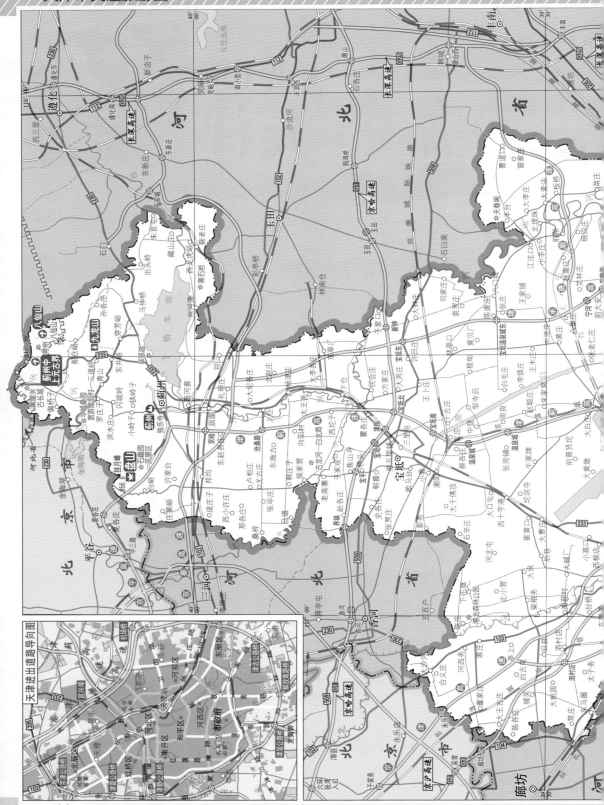

舌尖上的**天津**

美食向导 Delicacies Guide

天津早有"小扬州"之称，两地在大运河上南北呼应，津菜也深受扬州淮扬菜的影响，不断丰富发展，最具代表性的津味菜有八大碗、四大扒、冬令四珍等。天津小吃，风味独特，数不胜数，尤以被誉为"津门三绝"的狗不理包子、桂发祥麻花、耳朵眼炸糕最为著名。到了天津，就直奔南市食品街，那里汇聚了各种津味美食，你可以边走边吃，不把肚子撑得圆圆的决不罢休。

推荐特色美食

狗不理包子

被誉为"天津小吃三绝"之首。始创于清朝咸丰年间，因其创始人高贵友的乳名叫狗子，他在卖包子时无暇理会顾客，久而久之，人们便将他做的包子戏称为"狗不理"。它不仅用料精、口味好，而且制作工艺颇为讲究，每个包子都是18个褶，且褶花匀称。据说当年慈禧太后品尝之后，大加赞赏。有人说："到了天津不吃狗不理包子，等于白来一趟"。

✉ 狗不理包子总店：和平区山东路77号

耳朵眼炸糕

为津门食品三绝之一。清朝光绪年间，创始人刘万春以卖炸糕为生，因其店铺紧靠耳朵眼胡同，所以被食客们戏称为"耳朵眼炸糕"。它以黏黄米面包入豆沙馅炸制而成，外皮酥脆，馅心细腻香甜。

十八街麻花

又称桂发祥什锦麻花，为津门食品三绝之一。因其店铺原址设在繁华喧闹的十八街巷子，故称十八街麻花。

它以发酵面加芝麻、青梅、糖姜、核桃仁等什锦馅料经搓拧后油炸而成。口感酥脆香甜，久存不绵。

✉ 十八街麻花总店：河西区大沽南路566号

崩豆张

是天津的老字号食品店，创始人张德才是清朝嘉庆年间人，他制作的煳皮正香崩豆、去皮夹心崩豆、桂花酥崩豆、冰糖怪味豆、去皮麻辣豆等，共有70多个品种。嚼在嘴里，脆而不硬，满口留香。

芝兰斋糕干

是天津传统的特色小吃，因该糕干为芝兰斋老字号创制而得名，已有60多年的历史。它是用小站稻米、糯米磨成粉，加入多种馅料蒸制而成。口感绵软，风味独特。

锅巴菜

是天津最有地方特色的小吃。将事先摊好的大张煎饼切成柳叶状，浇上由十几种调料制成的卤汁，放入锅内搅拌，然后连卤盛入碗中，再加腐乳汁、芝麻酱、香菜、辣椒油等配料即成。入口鲜香，五味俱全。尤以大富来饭庄的锅巴菜最为正宗。✉ 大福来双峰道店：南开区双峰道167号

官烧目鱼条

原称烧目鱼条，后以"官烧"命名，遂成为天津的一道传统名菜。相传，清朝乾隆皇帝六下江南，多次驾临天津，地方官便让著名的聚庆成饭庄操办御膳，其中有一道菜"烧目鱼条"，深得乾隆喜爱。为此，乾隆特赐厨师一套黄马褂和五品顶戴花翎，并将"烧目鱼条"赐名为"官烧目鱼条"。此菜选用渤海产的比目鱼，肉质细嫩，刺少味鲜，适合多种技法烹制。

曹记驴肉

是天津著名的美食佳肴，因创始人姓曹而得名，至今已有200多年的历史。曹记驴肉最初由冀州曹姓人于清朝咸丰年间在北京鲜鱼口开始经营，其后人转至天津发展，创制了味道鲜美的驴肉佳肴，被列为中国四大驴肉之一，载誉津门，名传全国。

陆记烫面炸糕

是天津历史悠久的传统清真食品，由天津老字号"泉顺斋"于1918年始创。制作时，选用优质面粉、黑白小豆、白砂糖、花生油为原料，经过七道工序制

成圆糕，再入油锅炸制成扁球形的红色炸糕。入口松软酥脆，馅沙香甜。

石头门坎素包

是天津有名的素食小吃，由清末天后宫旁的真素园餐馆创制。用发酵面为皮，包以绿豆芽、油面筋、木耳、黄花菜、粉皮等调匀的馅料，经蒸制而成。特点是馅大皮薄、香味浓郁，深受食客的喜爱。相传，当年真素园店邻近海河，为防洪水泛滥，店主在门口垒了一道石头门坎。久而久之，人们便将该店制作的包子称为石头门坎素包。

果仁张

属宫廷御膳食品，曾被赐名为"蜜贡张"，是天津著名特产之一，已有160多年的历史。其种类繁多，有琥珀花生仁、琥珀核桃仁、净香花生仁、奶香瓜子仁、五香松子仁等美味果仁。酥脆可口，甜而不腻，回味无穷，被称为"食苑一绝"。

杨村糕干

又名茯苓糕干，产于天津市武清区杨村镇，它是以精米面、绵白糖为主要原料蒸制而成。后来，糕干作为贡品入选皇宫，受到皇帝的称赞，杨村糕干的名气不胫而走，流传开来。

罗汉肚酱制食品

由天津狗不理包子总店采用传统的酱制方法研制生产，因肉皮层次分明，形似罗汉的肚子而得名。其特点是酱香醇厚、紧固不散、口感咸鲜、适口不腻。

熟梨糕

又叫碗儿糕，其实与梨无关。是将大米磨成的米粉放在木甑中，入锅蒸熟后，在其上涂放各式果料即可。最初只有豆馅、白糖、红果三种馅料，后来发展出了橘子、苹果、菠萝、草莓、巧克力、黑芝麻、香芋等多个品种的小料，形成了一种地道的天津风味小吃。

天津海鲜

天津是退海之地，古有九河下梢之说，盛产鱼、虾、蟹，民间素有"吃鱼吃虾，天津为家"的说法。

在天津市区有很多海鲜餐厅，如友鹏海鲜酒楼连锁店、周记海鲜酒楼、和记海鲜餐厅、上古林海鲜一条街等。在天津市区及海边可以吃到各类美味海鲜。

小李烧鸡

原名红鸡，是天津闻名的美食品牌。此鸡是采用桂皮、陈皮、八角、小茴香、姜、饴糖、丁香、草果、花椒、芝麻油等配料烹制而成，肉烂脱骨，味道鲜美，肥而不腻。

天津坛子肉

因使用陶瓷坛烧肉而得名，已有200多年的历史。烧好的坛子肉呈枣红色，油润烂滑，香浓味美，肥而不腻。吃时，亦可配白菜、面筋、土豆等，味道更佳。

"四大扒"与"八大碗"

是天津独特的具有浓厚乡土特色的一道宴席。"八大碗"有粗细之分，细八大碗指熘鱼片、烩虾仁、全家福、桂花鱼骨、烩滑鱼、川肉丝、川大丸子、松肉等；粗八大碗有炒青虾仁、烩鸡丝、全炖蛋羹蟹黄、海参丸子、元宝肉、清汤鸡、拆烩鸡、家常烧鲤鱼等。"四大扒"是指与"八大碗"相配的几道菜肴，并不只有四种，各自不能单独入席，主要包括扒整鸡、扒整鸭、扒肘子、扒方肉、扒海参、扒鱼等。八大碗常用于宴客之际，每桌八个人，桌上八道菜。上菜时，都用清一色的大海碗，经济实惠，吃起来十分过瘾。

龙嘴大铜壶茶汤

在天津南市食品街的小吃摊中，常能见到一种用奇特的龙嘴大铜壶冲"茶汤"卖的情景，这是颇具民俗特色的场面。把秫米面（高粱米面）用滚烫开水冲成稀糊状，再加上红糖、白糖、青丝、芝麻、核桃仁、葡萄干、松子仁等配料即可。吃起来又香又甜，滑爽可口。

其他名吃

冠生园八珍羊腿、白记水饺、明顺斋什锦烧饼、上岗子面茶、豆香斋牛肉香圈、豆皮卷圈、水爆肚、煎焖子、怪味果仁、黄河道羊汤、糖墩（又叫糖葫芦）、煎饼、老豆腐、玫瑰肠、桂顺斋糕点、鲜果馅汤圆、贴饽饽熬小鱼、恩发德蒸饺、鸭油包、油炸蚂蚱、杜称奇火烧、杜称奇燕食等

推荐 特色食处

★ 南市食品街

是天津著名的美食街。这里有一百多家各式餐厅，汇集了数百种独具风味的美食佳肴，狗不理包子、桂发祥麻花、耳朵眼炸糕、芝兰斋糕干、果仁张、锅巴菜、面茶等津味小吃，应有尽有，堪称"吃的城堡"，是游客到天津必去的地方之一。 ✉ 和平区慎益大街42号

★ 北塘渔港码头海鲜大排档

地处蓟运河、永定新河、潮白新河三河入海口。此处的海滩坡缓而辽阔，潮平浪小，非常适合鱼类生长。俗话说："河鱼香，海鱼鲜，河海交汇出奇

珍"。特别是每年春秋海鲜旺季，这里布满了众多海鲜食摊，有皮皮虾、螃蟹、对虾、黄花鱼、海贝等各类海鲜产品。在这里吃海鲜，可现买，现加工，烹制方法也较简单，用花椒盐水煮一下即可食用。尤其是鲜活的皮皮虾，入口那叫一个"鲜"。你还可以驾船出海打鱼，体验当一天渔民的感觉。 ✉ 滨海新区新港北侧

旅游攻略 Travel Guide

天津，最早称直沽寨，是一个很小的村镇码头，因漕运而兴起。明朝建文二年（1400年），北平的燕王朱棣曾在这里率军渡过大运河南下，直取南京，夺得帝位。朱棣称帝后，将此地赐名天津，即"天子经过的渡口"之意。此后，筑城设卫，称天津卫。清朝末年，天津成为通商口岸后，西方列强先后在这里设立租界，天津成为中国北方开放的前沿和近代中国洋务运动的基地。悠久的历史，独特的地理位置环境，造就了天津众多名胜古迹。保存完好的名人故居和异国风情的建筑，依稀可见过往的痕迹，见证了700多年的历史沧桑。

热门景点 古文化街、五大道洋楼、天津广播电视塔、周恩来邓颖超纪念馆、滨海航母主题公园、杨柳青古镇、石家大院、蓟州独乐寺、盘山国家级风景名胜区、黄崖关长城等

旅游线路推荐

1 市中心→古文化街→天后宫→南市食品街
2 市中心→天津广播电视塔→文庙→五大道洋楼→老西开教堂→南开大学→银河广场
3 市中心→杨柳青古镇→石家大院→霍元甲故居→文昌阁
4 市中心→蓟州独乐寺→盘山国家级风景名胜区→九龙山国家森林公园→黄崖关长城
5 市中心→塘沽海滨浴场→洋货市场→大沽口炮台→滨海航母主题公园

天津特产

小站稻米、甘栗、冬菜、独流老醋、小宝栗子、沙窝萝卜、五加啤酒、王朝半干白葡萄酒、北塘虾酱、泥人张彩塑、风筝魏、杨柳青木版年画、皮糖张、汉沽刻字版画、义聚永玫瑰露酒、高粱酒、芦台春酒、茶淀葡萄、天津漆器、玉雕、牙雕、蓟州山野菜、盘山麦饭石，以及天津八珍（银鱼、紫蟹、铁雀、晃虾、黄牙白菜、韭黄、青萝卜、鸭梨）等

舌尖上的 河北

河北菜，简称冀菜，属于典型的北方风味，共分三大流派，即冀中南派、塞外宫廷派、京东沿海派。冀中南派风味菜以保定和石家庄地区为代表，特点是选料广泛，以山货和白洋淀的鱼、虾、蟹为主，注重色、香，口味偏咸，尤以驴肉堪称最具地方风味的美食；塞外宫廷派风味菜以承德和张家口地区为代表，特点是选用当地食材，擅烹宫廷菜及山珍野味，由于接近内蒙古草原，牛羊肉食品较多，主食多荞麦；京东沿海派风味菜以唐山和秦皇岛地区为主，因濒临渤海，盛产海产品，以烹制各类海鲜见长。河北菜在北方饮食文化以咸为主，在粗犷大气的基础上，兼收八大菜系的一些特点，擅长爆、炸、炒，注重色、香、味、形，以酱香、浓香、清香三个香型为主，创制了众多具有当地特色的名菜，如石家庄金凤扒鸡、河间驴肉、保定槐茂酱菜、白洋淀鱼宴、承德御土荷叶鸡、张家口怀安柴沟堡熏肉、蔚县八大碗等，都是到河北旅游不可错过的美食。

特别推荐

▶ **河北十大美食** 石家庄金凤扒鸡、河间驴肉、邯郸大名二毛烧鸡、承德御土荷叶鸡、张家口怀安柴沟堡熏肉、秦皇岛山海关四条包子、张家口阳原吃渣饼、承德碗坨、承德汽锅野味八仙、保定驴肉火烧

▶ **河北十大特产** 高碑店豆腐丝、保定铁球、白洋淀咸鸭蛋、赞皇金丝大枣、衡水内画鼻烟壶、唐山陶瓷、徐水刘伶醉酒、衡水老白干酒、曲阳石雕、易县易水砚

▶ **河北十大景点** 承德避暑山庄、秦皇岛北戴河、涞水野三坡、安新白洋淀、石家庄西柏坡、易县清西陵、承德丰宁坝上草原、唐山清东陵、张家口涿鹿黄帝城、保定满城汉墓

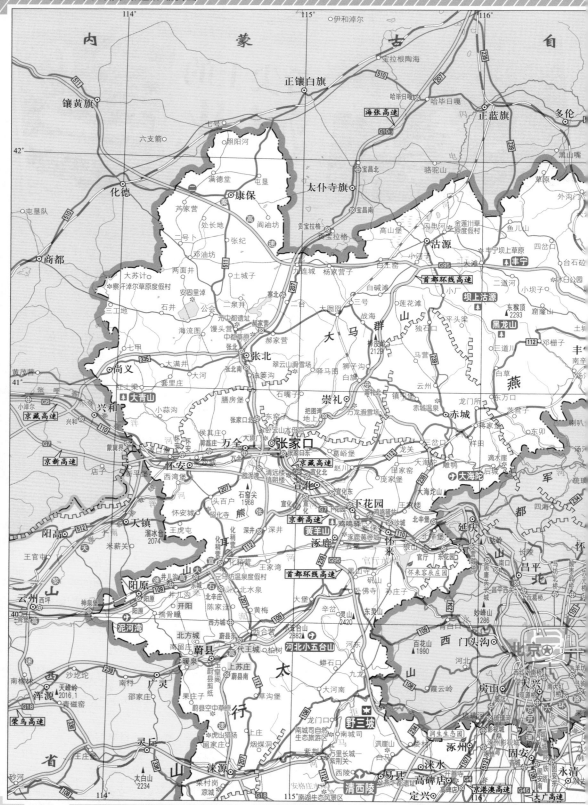

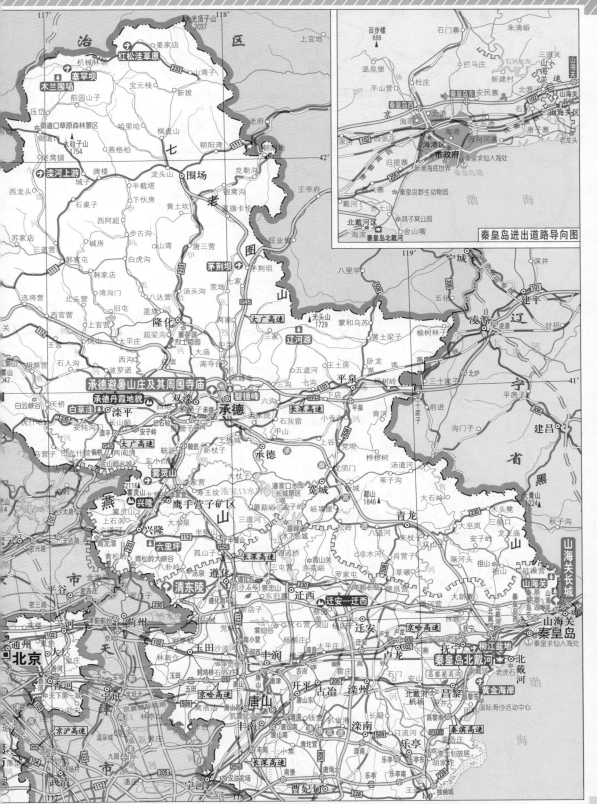

秦皇岛进出道路导向图

山海关长城

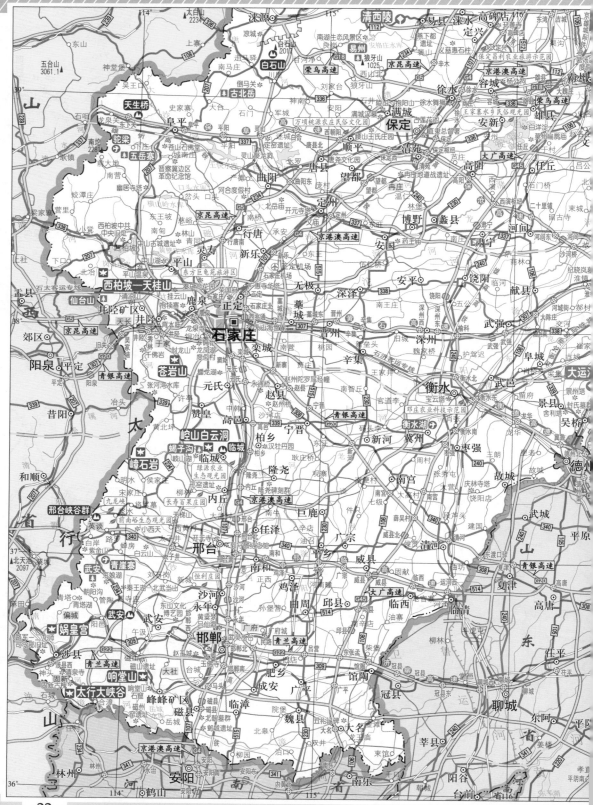

比例尺 1 : 1 750 000

主要城市间里程示意图

石家庄进出道路导向图

23

舌尖上的**石家庄**

美食向导 Delicacies Guide

石家庄的饮食属冀中南派风味，这里的金毛狮子鱼、黄瓜宴、菊花鱿鱼、回民扒鸡、狗肉全席等，都是深受顾客喜爱的名菜。风味小吃有赵州驴肉火烧、缸炉烧饼、牛肉罩饼、锅盔、侯氏麻辣烫等，品种繁多，北方特点鲜明。位于石家庄市解放路东端的燕春楼饭庄，素以经营河北风味的炒菜闻名，在这里可以吃到最正宗的河北风味美食。

推荐 特色美食

金毛狮子鱼

民国初期，由石家庄中华饭庄的名厨袁清芳创制，因此菜色泽金黄，形似狮子而得名。这道菜鱼肉鲜香，汤汁浓稠，深受食客的好评。

赵府酥鱼

是石家庄有名的一道特色菜，历史悠久。赵府酥鱼以天然野生鱼为主料，选用特质砂锅慢火煨制而成，香酥可口，老少皆宜。

金凤扒鸡

始创于1908年，现已荣获"中华老字号"的称号，是石家庄市最具代表性的风味名吃。当年，一位名叫马洪昌的回民师傅，在石家庄大桥街开了一家马家鸡铺，他采用独特的制作工艺，先用蜂蜜对鸡进行上色炸制，再用中药秘方老汤煮制。这样做出来的扒鸡，风味独特，香味浓郁。

缸炉烧饼

是石家庄闻名的传统小吃，因烧饼的制作方法是用火炉烧缸制作而得名。烤制时，利用了"缸"的光滑、耐火和厚度，烤出来的烧饼不煳、面光。吃起来，香、酥、脆，非常适口。

白家牛肉罩饼

是石家庄"白家老号"饭庄的招牌小吃，由最早的南关南河坡一家店，现已发展了多家连锁店经营。白家牛肉罩饼选用内蒙古牛肉为主料，用百年老汤秘制加工牛肉，肉质肥嫩，味道鲜美。用来夹裹牛肉的荷叶饼松软适口，经百年老汤一勺勺加热罩透，再撒上香葱，吃起来，越嚼越香。许多食客慕名而来，食后赞不绝口。

正定八大碗

是正定县一带民间传统菜肴的主要代表，其制作技艺以"宋记"最为正宗，最具传统风格。八大碗包括四荤、四素，菜品有扣肘、扣肉、方肉、肉丸子、萝卜、海带、粉条、豆腐等。宋记八大碗已成为当地民间婚庆、重大节日招待客人的一套菜肴。

其他名吃

鹿泉疙瘩儿、辛集咸驴肉、石家庄抓炒全鱼、黄瓜宴、双鸽火腿、正定府马家卤鸡、狗肉全席、菊花鱿鱼、杂粮煎饼、五香凤爪、晋州咸驴肉、深泽西河肉糕等

旅游攻略 Travel Guide

石家庄，又称石门，位于华北平原和太行山脉的交接处，古称"京畿之地"，素有"南北通衢，燕晋咽喉"之称。这个"村落出身"的省会城市周围遍布着众多名胜古迹，南有赵州石桥、嶂石岩和蟠龙湖，西有苍岩山、天桂山、抱犊寨和革命圣地西柏坡，北有正定古城和驼梁山、五岳寨等一大批旅游景点，以其独具魅力的人文与自然景观吸引着中外游客。

热门景点

毗卢寺、西柏坡、五岳寨国家森林公园、正定古城隆兴寺、井陉苍岩山、赵州桥等

旅游线路推荐

1　市中心→正定古城→隆兴寺→凌霄塔→须弥塔→澄灵塔→多宝塔→文庙→南城门→荣国府→宁荣街
2　市中心→赵州桥→柏林禅寺　3　市中心→井陉苍岩山→于家石头村→秦皇古道→井陉长城
4　市中心→西柏坡→天桂山　5　市中心→抱犊寨→嶂石岩→驼梁山→五岳寨

石家庄特产

石家庄小洋梨、晋州葡萄、赵县芦笋、辛集农民画、无极剪纸、赵县皇冠梨、红薯粉条、鹿泉谷家峪香椿、石家庄"安格牌"鸡蛋、深泽苹果、正定御梨、藁城宫面、赵州雪花梨、赞皇大枣、行唐龙兴贡米、藁城宫灯、平山核桃、藁城宫酒、辛集裘皮、辛集王口烟花等

舌尖上的**张家口**

美**食**向**导** Delicacies Guide

张家口由于邻近内蒙古大草原，其饮食也接近内蒙古风味。在坝上草原，喝马奶酒，吃烤全羊，纵马驰骋，感受浓郁的塞外草原风情。张家口最具特色的地方美食有熏肉、口蘑、一窝丝、油炸糕、手把羊肉、山药鱼、涮羊肉等，一定会使你大饱口福。

推荐特色美食

柴沟堡熏肉

怀安县柴沟堡是一处塞外古镇。据说，当年八国联军攻打北京，慈禧太后与光绪皇帝逃难西安，曾驻足柴沟堡，品尝了当地的熏肉，称其为精美的佳肴。从此，柴沟堡熏肉声名远扬。

怀安豆腐皮

是怀安县的特产。皮薄如纸张，韧似皮条，极富营养价值，且价廉物美。

"烧南北"

是张家口有名的传统风味菜肴。主要以塞北口蘑和江南竹笋为主料，切成薄片，入锅煸炒，烧熟后勾芡，再淋上鸡油和一些调料即成。因所用主料分别产于南方和北方，故名"烧南北"。

宣化朝阳楼涮肉

张家口市宣化区的朝阳楼，始建于明末清初，是一家老字号清真饭庄，主营涮羊肉，素以选料精、切片薄、调味全、味道佳的特点而闻名一方。据说，当年慈禧太后与光绪皇帝西逃途经宣化府，朝阳楼饭庄为其专供三日御膳。

阳原圪渣饼

是阳原县老字号揣骨疃糕点店的招牌小吃，曾为清廷的御膳食品。阳原人称"锅巴"为"圪渣"，因

其薄脆，故起名为"圪渣饼"。近年来，揣骨疃糕点店在原料中加入水果汁，制成酥脆、果香、甜味的新产品，将原"圪渣饼"改名为"龙凤酥"，深受顾客的欢迎。

宣化油面窝窝

是张家口地区最具特色的小吃之一。放在笼中蒸熟的油面窝窝排列整齐，四孔朝上，宛若石榴嘴一般，非常入眼。吃时，用筷子夹着油面窝窝，蘸着蘑菇卤汁，入口感觉脆爽、鲜香、筋道。宣化的油面花样繁多，还有猫耳朵、蒸拨鱼、汤面饺等，样样都好吃，不可错过。

蔚县八大碗

是当地招待客人的名菜，一般为炒肉、丝子杂烩、酌蒸肉、虎皮丸子、块子杂烩、浑煎鸡、清蒸丸子、银丝肚等八道菜。八大碗有荤有素，味美适口。

张家口莜面

即莜麦面，其营养成分是其他面粉的七倍以上，是一种很好的保健食品。莜麦，俗称油麦、燕麦、玉麦，是张家口坝上的主要粮食作物之一，被称为坝上"三件宝——莜面、山药、大皮袄"之首，又被誉为"塞外珍珠"。

其他名吃

宣化拔丝葡萄、阳原稍化营狗肉、蔚县糊糊面、糖麻叶、张家口馅饼、山药鱼、坝上烤全羊、莜面窝窝羊肉汤、油炸糕、手把羊肉、一窝丝、秘制乳羊排等

旅游攻略 Travel Guide

张家口位于河北省西北部。早在5000多年前，中华民族的三大始祖黄帝、炎帝、蚩尤就是在张家口涿鹿一带进行了一场著名的大战——"涿鹿之战"；自春秋战国时，这里就是北方边陲重镇，素有"京师门户"之称。辽阔的草原，堪称张家口旅游的黄金之地，张北坝上地区地势平坦，草原广阔，是典型的波状高原景观。每年7月上旬，张北县和沽源县举办张家口坝上草原旅游节，届时，你可以在草原上纵马奔驰，喝马奶酒，吃烤全羊，尽情感受边塞草原风光的魅力。

热门景点 大镜门长城、卧云山水母宫、赐儿山、鸡鸣驿、黄帝城、小五台山、张北坝上草原、蔚县空中草原等

旅游线路推荐

1 市中心→大镜门→宣化清远楼→怀来鸡鸣驿→涿鹿黄帝城→小五台山
2 市中心→蔚县古城→暖泉古镇→飞狐狭谷→空中草原
3 市中心→中都草原度假村→安固里淖度假村→察尔汗草原度假村
4 市中心→赤城温泉→沽水福源度假村→金莲川草原

张家口特产

宣化羊皮褥子、万全神水、阳原汉白玉雕刻、沽源甜玉米、崇礼蘑菇、蔚县扁杏、赤城野山榛、宣化牛奶葡萄、白葡萄、坝上马奶酒、八棱海棠、蕨菜、莜麦、坝上错季蔬菜、蔚县剪纸、蔚县贡米、怀来长城葡萄酒、张家口皮毛等

舌尖上的秦皇岛

美食向导 Delicacies Guide

秦皇岛濒邻渤海湾，饮食以海鲜为主。在这里，可以到海鲜市场买些新鲜的海产品，到附近的大排档加工烹制，味道既鲜美，又经济实惠。另外，秦皇岛的风味小吃也非常有特色，如芝麻羊肉、回记绿豆糕、四条包子、长城饽椤饼、锦发酱驴肉、老二位麻酱烧饼等，都是到秦皇岛旅游必尝的美食。

推荐特色美食

长城饽椤饼

是用山海关长城边的柞树树叶，内裹淀粉做皮，再包三鲜馅做成的。饼皮隐约透明，有独特的树叶清香味道。据说，此饼是明朝将领戚继光镇守山海关时，为改善戍边士兵的生活所创制。

四条包子

因经营包子的老店位于古城山海关四条街上而得名。四条包子馅料肥而不腻，口味独特，是当地久负盛名的快餐食品。

海鲜菜

秦皇岛的海鲜很地道，特色菜有蟹黄米、清蒸加

吉鱼、三椒虾丝、爆原汁海螺、炸溜子蟹、酱爆皮虾、煎烤大虾、红焖栗子鱼、绣球海贝等。

🍴 老二位麻酱烧饼

是秦皇岛市海港区文化北路15号老二位饭店的招牌小吃。色泽微黄，麻香酥软，非常适口。尤与涮火锅、喝羊汤相搭配同吃，味道更佳。

🍴 孟和尚粉肠

孟和尚粉肠店由孟兆义于1886年创于北京，1938年迁到秦皇岛，因孟兆义只吃素食，人称孟和尚。他创制的粉肠选料考究，配方独特，口味纯正，名扬京津冀一带。

🍴 杨肠子火腿肠

创始人杨庭珍曾在山东济南给一家德国老板当厨师，以制作火腿肠出名。1932年，杨庭珍在天津开创胜利肠子铺；1941年，胜利肠子铺迁至北戴河海滨。其制作的火腿肠鲜香浓郁，口感独特，名扬四方。后来，人们便将此肠以杨庭珍的艺名——杨肠子相称。

其他名吃 四同连锁店活鱼锅、螃蟹宴、烤鱼片、煎饼合子、山海关回记绿豆糕、昌黎赵家馆饺子、抚宁老肉、秦皇岛晓晓炸排骨、北戴河火腿肠、芝麻羊肉、北戴河浅子豆腐、秦皇鸡、锦发酱驴肉、莲蓬山牌火腿肠、昌黎拔丝葡萄等

旅游攻略 Travel Guide

秦皇岛位于河北省东北部，南临渤海。公元前215年，秦始皇东巡碣石到此，并在此拜海求仙，秦皇岛也因此成为全国唯一以帝王名号命名的城市。这里不仅有驰名中外的避暑胜地——北戴河，历史悠久的天下第一关——山海关等名胜，还有昌黎黄金海岸、南戴河的瑰丽海滨，是距离北京最近的海滨休闲度假胜地，素有"京津后花园"之美誉。

热门景点 山海关、北戴河、南戴河、昌黎黄金海岸等

旅游线路推荐

1 市中心→北戴河海滨→南戴河海滨　　2 市中心→昌黎黄金海岸→翡翠岛
3 市中心→山海关→老龙头→孟姜女庙→角山长城→燕塞湖→长寿山

秦皇岛特产 海产品（干贝、铁板蟹、黄鱼、梭鱼、墨斗鱼、鱿鱼、带鱼、海螺、毛蚶等），工艺品（珍珠挂件、贝雕、贝堆、人造琥珀、砖雕、项链、门帘、平螺等），水果类（京东板栗、石门核桃、葵花苹果、昌黎蜜梨、玫瑰香葡萄、苦杏仁、小洋梨等），以及秦皇岛秦雪啤酒、昌黎葡萄酒、抚宁金天马酒、抚宁根雕、山海关人造琥珀等

舌尖上的**保定**

美食向导 Delicacies Guide

保定地处广袤的冀中平原，自古以来，一直是京畿重地，其饮食文化源远流长，积淀丰厚，是河北菜的发源地之一。从保定历代文物中的谷物工具、熟食陶瓷，还有商代的爵，春秋战国时期中山国的羊羹，到清代的直隶官府菜等，都印证了保定饮食文化的悠久历史。保定最具代表的传统美食有驴肉火烧、李鸿章烩菜、白运章包子、白肉罩火烧、大慈阁酱菜、马家老鸡铺卤鸡、高碑店豆腐丝、白洋淀鱼宴、安国药膳等，这些久负盛名的美食，既有本土特色，又兼容天下食风，是到保定旅游不可错过的美味。

推荐 特色美食

大慈阁酱菜

大慈阁自古为佛教圣地，是古城保定的象征。大慈阁酱菜因曾被清朝乾隆皇帝钦点为御用膳食而名声远扬。现有酱包瓜、酱八宝菜、酱黄瓜、酱子萝、酱五香疙瘩头、酱花生仁等30多个品种。

白运章包子

始于1919年，由保定人白运章所创制，并获得"百年老字号"的称誉，曾与天津狗不理包子齐名。其特点是馅大皮薄、鲜香味美、风味独特。✉ 白运章包子店：保定商场北门外

马家老鸡铺卤煮鸡

马家老鸡铺是保定的一家老字号饮食店，从清朝嘉庆初年创制以来，已传五世。店主人每次煮鸡，常配以各种益身提味的中草药材，因此所制的卤鸡，色鲜、形美、味香，名冠燕赵。✉ 马家老鸡铺：古莲花池东侧

保定驴肉火烧

据说，起源于明朝初期，燕王朱棣起兵到保定府徐水县漕河一带，兵困马乏，饥饿难耐，他便命兵士杀马，将马肉煮熟了，再夹着当地百姓做的火烧，这就是最早的"马肉火烧"，因曾被皇上吃过而名声大振。后来，因为战争需要大量马匹，于是就出现了比马肉更细腻，而且纯瘦不肥更香的替代品——驴肉。保定市区的街头，随处可见卖驴肉火烧的小吃摊，但成规模的驴肉火烧连锁店有衷家、永茂、老驴头、好滋味等。

义春楼白肉罩火烧

白肉罩火烧曾是保定老字号义春楼的招牌美食。相传，民国时期，冯玉祥每次到保定办公务，必到义春楼吃猪头肉白肉罩火烧。从此，义春楼的白肉罩火烧声誉大振。

保定面酱

为保定三宝（铁球、面酱、春不老）之一，也是保定老字号槐茂酱园的招牌产品。始产于清康熙年间，历史悠久。其特色是入口绵甜、营养丰富，既可生食，又是烹饪的调味佳品。

春不老

又名雪里蕻，是一种普通的蔬菜，为保定三宝之一。腌制后的春不老，脆嫩清香，非常可口，素以价格便宜、品质优良的特色，为百姓所喜爱。

槐茂酱菜

是保定老字号槐茂酱园的招牌产品，已有300多年的历史。现已发展到40多个品种，有什锦酱菜、酱瓜包、酱莴笋、酱黄瓜、虾油瓜等传统小菜，色泽鲜艳，酱香浓郁，味美香甜，风味独特。相传，慈禧太后与光绪皇帝去西陵参谒，途经保定时，曾品尝过槐茂酱菜，连连称赞，并赐名"太平菜"。

李鸿章烩菜

由保定直隶官厨董茂山与师弟长春园掌柜王锡瑞于1896年共同创制，二人根据保定府自古擅做烩菜的传统，精选上等的海参、鱼翅、牛鞭、鹿筋及安肃（今保定徐水县）的贡白菜、豆腐、宽粉条等食材，再加入保定府三宝之一的槐茂甜面酱精心烩制而成。菜品味鲜醇厚，营养丰富。当年，直隶总督李鸿章品尝此菜后，大加赞赏。后来，直隶官府的官厨将此菜定名为"李鸿章烩菜"。

徐水漕河驴肉

宋代，徐水区境内的漕河是一条运粮的河道。当时，漕帮俘获盐帮驮货的毛驴后，就地宰杀吃肉，这样，当地兴起了吃驴肉的习惯，并形成了独特的加工秘技。当地人按传统工艺煮熟的驴肉，色泽红润，酥软适口，香味浓郁，享誉华北，流传至今。

高碑店豆腐丝

是高碑店有名的特产，始于宋代，历史悠久，曾于清朝嘉庆年间作为贡品进入宫廷御膳房。高碑店豆腐丝采用优质大豆为原料，经过多道工序精制而成。色泽乳白，味道咸香，最宜佐酒下饭，是高碑店著名的地方小吃。

涞水扣碗肉

是涞水县一带民间非常流行的一道名菜。选用上好的五花猪肉，煮八成熟，切成片放入碗内，再放入一些冻豆腐片码放整齐，配以酱豆腐、姜、花椒面、酱油、盐等作料，入锅蒸制即成。此菜口感润滑，肥而不腻，入口即化，香味四溢，已成为当地民间婚庆、逢年过节必不可少的一道主菜。

其他名吃

保定朱家螺丝豆腐、炒代蟹、定州焖子、白洋淀咸鸭蛋、白洋淀熏鱼、涿州焦烙馇、顺平肠衣、曲阳缸炉烧饼、博野扒鸡、保定刘洪安炸油条，以及满城满族饽饽（糖火烧、燕窝酥、牛舌饼、茴香饼、佛手、马蹄）等

旅游攻略 Travel Guide

保定位于河北省中部，西依太行山，东抱白洋淀，南距石家庄131千米，东北距北京152千米，素有"京畿重地"、"京师南大门"之称。古为燕赵之地；元朝在此建城，取名保定，寓意"保卫大都，安定天下"；清朝，这里是直隶总督署所在地，李鸿章、袁世凯都曾在此任直隶总督。保定是兼有平原、湖泊、湿地、丘陵、山地、亚高山草甸的地区，旅游资源十分丰富，华北明珠白洋淀、皇家陵园清西陵、红色圣地狼牙山、满城汉代中山靖王墓、涞源凉城白石山、涞水野三坡等都是到保定旅游不可错过的景点。

热门景点　易县清西陵、涞水野三坡、安新白洋淀、涞源凉城、满城汉墓等

旅游线路推荐

1 市中心→古莲花池→直隶总督署→大慈阁→鸣霜楼　2 市中心→易县清西陵→狼牙山→紫荆关
3 市中心→涞水野三坡→涞源白石山→空中草原→十瀑峡　4 市中心→满城汉墓→阜平天生桥瀑布群→定州古城　5 市中心→白洋淀

保定特产　保定铁球（俗称健身球）、大慈阁香油、安新苇编画、易县易水砚、曲阳石雕、定瓷、雄县黑陶、白沟箱包、白沟泥人、涿州张飞家酒、涞水麻核桃（文玩核桃）、涞水车亭贡米（小米）、涿州地毯、涿州贡米（大米）、涞水木雕、红木家具、铜火锅、景泰蓝、徐水刘伶醉、唐县大枣、安国中药材、阜平野生山蘑、木耳、黄花、满城磨盘柿等

舌尖上的承德

美食向导 Delicacies Guide

承德，旧称热河，曾是清政府的第二个政治中心。其饮食文化以塞外宫廷菜为代表，与京城宫廷菜不同的是，这里的菜肴主要以山珍野味为主，著名的菜肴有御土荷叶鸡、汽锅野味八仙、平泉冻兔肉、五香鹿肉、野鸡肉、狍子肉等。作为紧邻坝上的边塞城市，承德还有一种特色食品——莜面，是不可错过的风味小吃。

推荐特色美食

汽锅野味八仙

选用优质山珍野味为原料，主要是狍子肉、野山鸡、野山兔、羔羊肋、沙丰鸡、葫芦条、口蘑、嫩椒等。将这些食材放入汽锅中蒸制，出锅后，肉质酥烂，汤鲜味醇，营养极为丰富。

御土荷叶鸡

原名叫化童鸡，从浙江杭州传到承德后，因选用承德特有的离宫黄土、热河泉水和湖内的荷叶作原料烹制而成，故名御土荷叶鸡。传说，清朝乾隆皇帝南巡杭州时曾吃过叫化童鸡，后来成为宫廷御食。

鲜花玫瑰饼

是以当地特产鲜玫瑰花为主要原料制作的点心，是清朝宫廷御膳食品之一。当年，清朝皇帝来承德避暑或去围场打猎时，都把此饼作为专供食品享用。

平泉羊汤

又称八沟羊杂汤，因平泉旧称八沟而得名。平泉是承德下边的一个市，平泉羊汤的扬名，传说是因为康熙皇帝曾喝过此汤，并作诗称赞。平泉的羊汤馆要数二子羊汤最为有名。

改刀肉

是塞外古城平泉的一道名菜，因将猪肉经过多次改刀切成肉丝后，与竹笋煸炒而成，故名。相传，这道菜是清朝道光年间京都御膳房的著名厨师刘德才为了给道光皇帝调换菜肴口味而创制的。后来，刘师傅退休回到家乡平泉，开了一个饭馆，将改刀肉的绝技传给了五个徒弟。他们经营有方，生意兴隆，便将饭馆改名为"五奎园"。从此，五奎园的改刀肉成为当地名菜，声名远传。

碗坨

是承德坝上地区常见的一种小吃，其形状与北京的灌肠极为相似。将荞麦面同猪血糅合，上锅熬成粥状，晾凉后，切成三角块状，在油锅中煎熟即可。食用时，再佐以麻酱、蒜汁、醋等，味道鲜美。尤以二仙居一带的碗坨最为出名。

荞面河漏

是承德地区的一种特色面食，与北京抻面、山西刀削面齐名。

柴鸡炖蘑菇

承德坝上地区盛产蘑菇，品种有口蘑、榛蘑、肉蘑、草蘑、松蘑、平蘑等。味道清香鲜美，营养丰富，历来为席上珍品。用它与坝上的柴鸡同炖，肉香汤鲜，口感极佳。

银丝杂面

是承德地区民间的一种传统面食，后来传入皇宫，成为清宫御膳食品，已有300多年的历史。它采用豌豆、绿豆、豇豆、冬小麦等各种豆面混合制成面条，煮熟后，再加入熟肉丁、蔬菜、辣酱等各种配料。食之，面条筋道，汤味鲜香，令人胃口大开。

其他名吃　承德塞外三鲜（麒麟蒸饺、驼油丝饼、山珍焖肉），以及腊肉香肠、蓑衣丸子、平泉冻兔肉、五香鹿肉、野味火锅、隆化一百家子拨御面、承德驴肉全席、万字扣肉、烙糕、坛焖肉、宽城都山水豆腐、承德凉粉、荞面饸饹、驴打滚、羊汤烧饼、南沙饼、手把羊肉、烤羊腿、兴隆血肠等

旅游攻略 Travel Guide

承德位于河北省东北部，旧称热河，清康熙四十二年（1703年），在此大兴土木营建行宫，即避暑山庄，成为清代皇帝避暑居住和处理朝政的地方；清雍正十一年（1733年），设承德直隶州，"承德"这一地名由此而始。承德是国家历史文化名城之一，拥有世界最大的皇家园林——避暑山庄，世界最大的皇家寺庙群——外八庙，世界最大的皇家狩猎场——木兰围场，境内还有棒槌山（磬锤峰）、金山岭长城、雾灵山、丰宁坝上草原、潘家口水库水下长城等著名景点，一定会让你大开眼界，流连忘返。"游承德，感受皇家气派"，已成为承德旅游的宣传口号。

热门景点　避暑山庄、外八庙、双塔山、磬锤峰、木兰围场、丰宁坝上草原、潘家口水库水下长城等

旅游线路推荐

1 市中心→避暑山庄→外八庙（普宁寺、须弥福寿之庙、普陀宗乘之庙等）　2 市中心→磬锤峰→普乐寺→城隍庙→双塔山　3 市中心→围场县城→塞罕坝机械林场→红山军马场　4 市中心→雾灵山→潘家口水库水下长城

承德特产　承德老酒、茶糖、坝上蘑菇、承德木雕、避暑山庄丝织挂锦、蕨菜、滕氏布糊画、核桃工艺品、丰宁剪纸、板栗、围场金莲花、山楂露、承德啤酒、承德银器、平泉滑子菇、板城烧锅酒、承德杏仁露、隆化山野菜、平泉山庄老酒、野生杏仁、鹿茸三康酒等

舌尖上的**唐山**

● 美食向导 Delicacies Guide

　　唐山的饮食属河北菜中的京东沿海菜系，受山东菜和宫廷菜的影响较深，口味偏咸，分量十足。菜品配以精美的唐山瓷器盛具，更是别有风味，著名的菜肴有海参扒肘子、酱汁瓦块鱼、京东乳香扣肉、京东小酥鱼、大白菜炒饹馇、京东腊肠、万里香烧鸡等。

推荐 特色美食

蜂蜜麻糖

　　最早产于明朝万历年间，已有400多年历史，现在由唐山市新新麻糖厂专门制作经营。1999年12月，新新麻糖被评为"中华老字号"。

义盛永熏鸡

　　是唐山市的传统名食，素有"熏鸡大王"之誉，已有悠久的历史。味香浓郁，食后难忘。

唐山懒豆腐

　　将泡好的大豆，用小石磨碾碎，放在大锅里熬煮，再加入干白菜叶、花椒水、盐、蒜末等配料，熬熟即可食用。吃起来，感觉特别香，非常解馋。

刘美烧鸡

　　是乐亭县有名的地方美食。创始人刘俊老先生在传承祖上卤煮肉技艺的基础上，创制了我国烧鸡整形的先河，并以此成名。

迁安缸炉烧饼

　　是迁安城内的四大名小吃之一，由黄纸庄的杨明老先生于民国年间创制。这种烧饼香酥可口，耐存放，深受人们的喜爱。

棋子烧饼

　　是唐山著名的小吃，因其大小和形状类似棋子而得名。此饼采用当地新鲜的面粉制作而成，具有一股面粉的清香味道。

其他名吃

　　清蒸白菜卷、红烧裙边、海参扒肘子、万里香烧鸡、酱汁瓦块鱼、虾糕、虾油小菜、遵化郝家烧卖、马家羊杂、戴老二烧鸡、赵家馆馄饨、东陵糕点、鸿宴肘子、玉带虾仁、一品丸子、栗面饽饽、京东乳香扣肉、小酥鱼、京东特制腊肠、八袋鱼炖肉、海蛎炖豆腐等

● 旅游攻略 Travel Guide

　　唐山位于河北省东部，地处渤海湾中心地带，距北京180千米，是一座具有百年历史的工业重镇，素有"中国近代工业摇篮"、"中国北方瓷都"的美誉。背山临海的地理格局，造就了唐山许多极具特色的旅游资源，古长城、清东陵等人文景观及乐亭海滨风光，形成了多条独具特色的旅游线路。

热门景点　抗震纪念碑广场、唐山抗震纪念馆、南湖城市中央生态公园、开滦矿山公园、月坨岛、菩提岛、遵化清东陵、乐亭李大钊故居等

旅游线路推荐

1 市中心→抗震纪念碑广场→唐山抗震纪念馆→唐山地震遗址公园→南湖公园
2 市中心→迁安白羊峪长城→迁西青山关→潘家口水库水下长城→景忠山→遵化清东陵→遵化汤泉
3 市中心→乐亭县李大钊故居→菩提岛→月坨岛→金沙岛

唐山特产

唐山陶瓷、花生酥糖、开平大麻花、迁西板栗、柏各庄大米、夏庄羊肉、唐山陶瓷、迁安书画纸、乐亭海鲜产品、玉田泥塑、迁安宣纸、乐亭水蜜桃、罗锅香油、丰南稻田河蟹、唐山兴帝白酒、乐亭白苗扫帚、迁安小米、唐山海米、曹妃甸对虾、玉田孤树镇金丝小枣、迁安贯头山白酒、遵化酸枣汁等

舌尖上的**邯郸**

美食向导 Delicacies Guide

邯郸，作为战国时期赵国的都城，历经158年，历史悠久，素有"成语之城"的美名。其饮食文化也是丰富多彩，品种繁多，最具代表性的美食有邯郸一篓油水饺、大名二毛烧鸡、马头天福酥鱼、五百居香肠、郭八火烧、永年驴肉香肠、"广府牌"酥鱼、"广府牌"驴肉等。

推荐 特色美食

圣旨骨酥鱼

最早起源于邯郸的一赵姓富绅人家，又叫赵家酥鱼。五代十国时期，后周大将赵匡胤征战邯郸时曾吃过赵家酥鱼，他登基后，将其列为御用美食。从此，赵家酥鱼被尊称为"圣旨骨酥鱼"。

一篓油水饺

是邯郸市历史悠久的知名美食。相传，春秋战国时期，赵国大将廉颇丛台点兵后，来到一家包子铺，由于饥饿难耐，他让店主将包子扔到开水锅里，不一会儿，包子就熟了。廉颇吃后连声赞叹："真是一咬一口油，真香"。从此，包子铺改称为"一篓油饺子馆"，声名远扬。

大名二毛烧鸡

大名县曾是清代直隶大名府所在地。二毛烧鸡，实为珍积成烧鸡店的招牌菜，始创于清朝嘉庆十四年（1809年）。创始人王德兴开烧鸡铺时并没有字号，因其小名叫"二毛"，当地人习惯称其店铺为二毛烧鸡铺。二毛烧鸡曾成为袁世凯进贡朝廷的贡品，名噪京、津两城。王德兴的儿子王国珍继承父业时，嫌"二毛"名号不雅，便改名为珍积成烧鸡店，意为"珍品，积研，成名"，沿袭至今。

大名郭八火烧

由大名县人郭致忠于清光绪十三年（1887年）创立，当时店铺取名"天兴火烧铺"，因郭致忠小名叫"郭八"，故人们习称郭八火烧。1947年，改名为"祥华斋火烧铺"。1966年，周恩来总理视察大名时，品尝了"郭八火烧"，并接见了郭致忠的后代郭瑞，赞扬了他的技艺。

大名五百居香肠

创制于清道光元年（1821年），由原籍山东济南府的王湘云在大名城开设了以制作南肠、熟肉为业的店铺，因大名府距济南府约五百里，故取名"五百居"。香肠的特色是味道醇香、食而不腻、回味悠久。

马头天福酥鱼

是邯郸市十大名吃之一。魏晋时期即被列为贡品，以其独特的风味，名扬晋冀鲁豫四省。马头酥鱼是以滏阳河中的鲜活鲤鱼为原料，加以糖、盐、天然香料等辅料精心烹制而成。鱼肉味道鲜美，久吃不腻。

永年驴肉香肠

是永年县的地方风味特产，始于清朝末年，已有100多年的历史。永年驴肉肠，因用果木熏制，其风味清香可口，带有一种特有的果木香味。食后回味良久，让人念念不忘。

荞麦灌肠

是武安地区非常地道的一种风味小吃，尤以河渠村的灌肠最有名气。吃灌肠时，必须蘸蒜末，这样才能出味儿，入口香软味冲，口感极好。

其他名吃　邯郸津津乐老槐树烧饼、菊花包子、合记包子、老苏羊汤、凉粉、"广府牌"驴肉、"广府牌"酥鱼、邯郸拽面、武安烩菜、永年熏肠、武安驴肉卷饼、魏县血灌肠、临漳扒兔、馆陶御贡酱瓜、永年驴油烧饼、磁县胖妮熏鸡等

旅游攻略 Travel Guide

邯郸位于河北省南部。战国时为赵国都城，曹魏、后赵、冉魏、前燕、东魏、北齐6个朝代先后在此建都，留下了众多古迹遗址及著名的成语典故，有将相和、毛遂自荐、邯郸学步、黄粱美梦、胡服骑射、完璧归赵等典故，被誉为"中国成语典故之乡"。悠久的历史，孕育了邯郸独特的磁山文化、赵文化、女娲文化、成语典故文化、广府太极文化、北齐石窟文化等博大精深的文化脉系。华夏始祖庙娲皇宫、高峡平湖京娘湖、道教圣地古武当山、武灵丛台、学步桥、黄粱梦吕仙祠等著名景点，一定让你感受到邯郸旅游独有的魅力。

热门景点　武灵丛台、黄粱梦吕仙祠、晋冀鲁豫烈士陵园、响堂山石窟、娲皇宫等

旅游线路推荐

1 市中心→学步桥→回车巷→丛台公园→赵王城→黄粱梦吕仙祠
2 市中心→北响堂石窟→南响堂石窟　3 市中心→涉县娲皇宫→129师司令部旧址
4 市中心→永年古城→弘济桥

邯郸特产　邯郸丛台酒、大名县草编、馆陶县黑陶工艺品、魏县食用菌、磁县莲藕、大名县小磨香油、马头人酒、馆陶县酱菜、魏县土织布、广平县富硒大红枣、金米酒、彭城陶瓷、武安活水熏醋、水石盆景、鸡泽辣椒、曲周县曲面、永年大蒜、魏县鸭梨、磁州窑艺术瓷等

舌尖上的**衡水**

美食向导 Delicacies Guide

衡水位于河北省东南部，自汉代至隋代属冀州所辖。旧时，冀州有一个传统，叫做"幼而读书，长而经商"。一些聪明的冀州餐饮人跟随着经商的热潮，先后在本地及北京、天津等地开办了饭庄，并创制了许多流传至今的美味佳肴，如冀州曹记驴肉、冀州焖饼、故城熏肉、乾坤肉饼、鞋底烧饼等，名闻遐迩。

推荐 特色美食

故城熏肉

是故城县的传统美食，历史悠久。它以鲜猪肉、牛肉为原料，加入几十种药材和调味品精心加工而成。熏肉色泽棕红、皮烂肉酥、味道香醇，畅销附近的县市。

冀州焖饼

据史料记载，冀州焖饼始制于明朝时期，俗称"包袱饼"。其制作工艺非常讲究，"老汤香油，先炒后焖，盖锅回味，翻勺出锅"。按照传统工艺制作的焖饼，色泽黄亮，筋道松软，不黏不连，香气四溢。随着时代发展，冀州焖饼又开发了素焖饼、肉焖饼、鸡蛋焖饼等多个品种。

江米凉糕

是在衡水地区已流传了300多年的风味小吃，曾是宫廷御用食品。当时，宫内的御厨退休出宫，多在冀州收徒设店，江米凉糕也因此传至冀州，深得百姓喜爱。

郭庄旋饼

是故城县郭庄镇的名食。相传，闯王李自成南征北战，途经故城，吃过此饼后，连连称赞，并说道：可为义军将士随行食用。从此，郭庄旋饼随义军的足迹声名远传。

鞋底烧饼

是枣强县的名小吃，由当地一个叫宋善庄的人于民国初年创制。当时，他做的烧饼有三种：一种是死面圆形烧饼，外面扣着芝麻，形似油炸糕；另一种是发面圆形烧饼，不带芝麻；最后一种就是鞋底烧饼，因扣着芝麻的一面是鼓盖，形似鞋底而得名。

其他名吃 衡水湖烤鸭蛋、丸子串、锅盔夹肉、阜城拨御面、衡水老豆腐、牛肉板面、本斋清真肉饼、武邑扣碗肉、景县馓子等

旅游攻略 Travel Guide

衡水位于河北省东南部，与山东省德州市毗邻，因古时横穿境内的一段漳河水被称为衡水而得名。衡水市所辖的冀州为我国古代九州之首，历史悠久，文化底蕴深厚，河北省的简称"冀"就来源于此。这里有被誉为"华北明珠"的衡水湖，还有宝云塔、安济桥等名胜古迹。

热门景点 宝云塔、衡水湖国家级自然保护区等

旅游线路推荐

1 市中心→宝云塔→衡水湖国家级自然保护区

衡水特产 衡水三宝（金鱼、鼻烟壶、侯店毛笔），以及衡水老白干酒、深州蜜桃、武强年画、故城龙凤贡面、枣强裘皮、鹿茸血酒、冀州周村老醋、深州酥糖、衡水玉雕、衡水湖苇草工艺品、深州红富士苹果、冀州田园棉布、冀州"玉姬牌"食用菌等

舌尖上的 山西

　　山西的饮食以面食和醋最为出名。面食品种很多，有刀削面、剔尖、刀拨面、擦尖、拉面五大类，吃法别致，风味各异，素有"无面不成席"之说。"世界面食在中国，中国面食在山西"道出了山西面食的名气。山西菜，简称晋菜，按地域可分为晋中菜、晋南菜、上党菜、晋北菜。晋中菜以省城太原为中心，兼蓄明清两代当地富商的私家菜肴烹饪技艺，并吸收了鲁菜的烹饪方法，逐步形成了一系列的地方特色菜肴；晋南菜以临汾、运城等地为代表，菜的口味偏重于辣、甜、微酸；上党菜以长治和晋城地区为代表，在烹饪技艺上，擅长熏、卤、烧、焖等技法；晋北菜以大同、忻州等地为代表，口味偏重，油、厚、咸、香是其典型特点。此外，还有以五台山为代表的斋菜系列，也深受食客的喜爱。著名的风味菜品有平遥牛肉、酿粉肠、过油肉、太原六味斋酱肉、锅烧羊肉、腐乳肉、莜面栲栳栳、闻喜煮饼等。

特别推荐

▶ **山西十大美食** 太原过油肉、晋中平遥牛肉、吕梁中阳柏籽羊肉、大同刀削面、安泽火腿、侯马太后御膳泡泡糕、运城闻喜煮饼、上党腊驴肉、五台山万卷酥、定襄蒸肉

▶ **山西十大特产** 山西老陈醋、长治沁州黄小米、太原晋祠大米、宁武澄泥砚、新绛云雕漆器、平遥推光漆器、杏花村汾酒、五台山蘑菇、应县紫皮大蒜、阳泉铁锅

▶ **山西十大景点** 太原晋祠、晋中平遥古城、祁县乔家大院、大同云冈石窟、北岳恒山、忻州五台山、解州关帝庙、临汾黄河壶口瀑布、洪洞大槐树、介休绵山风景区

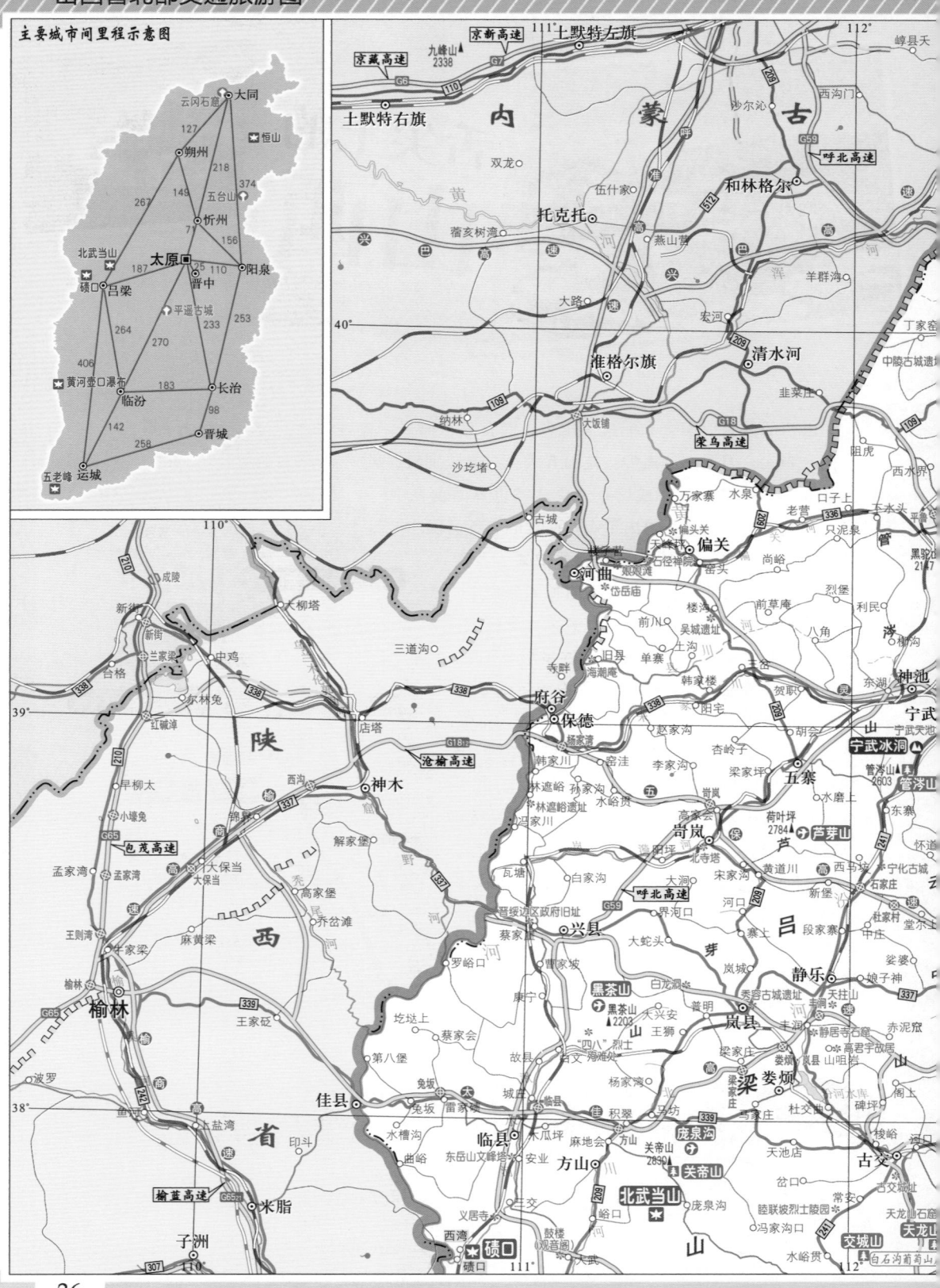

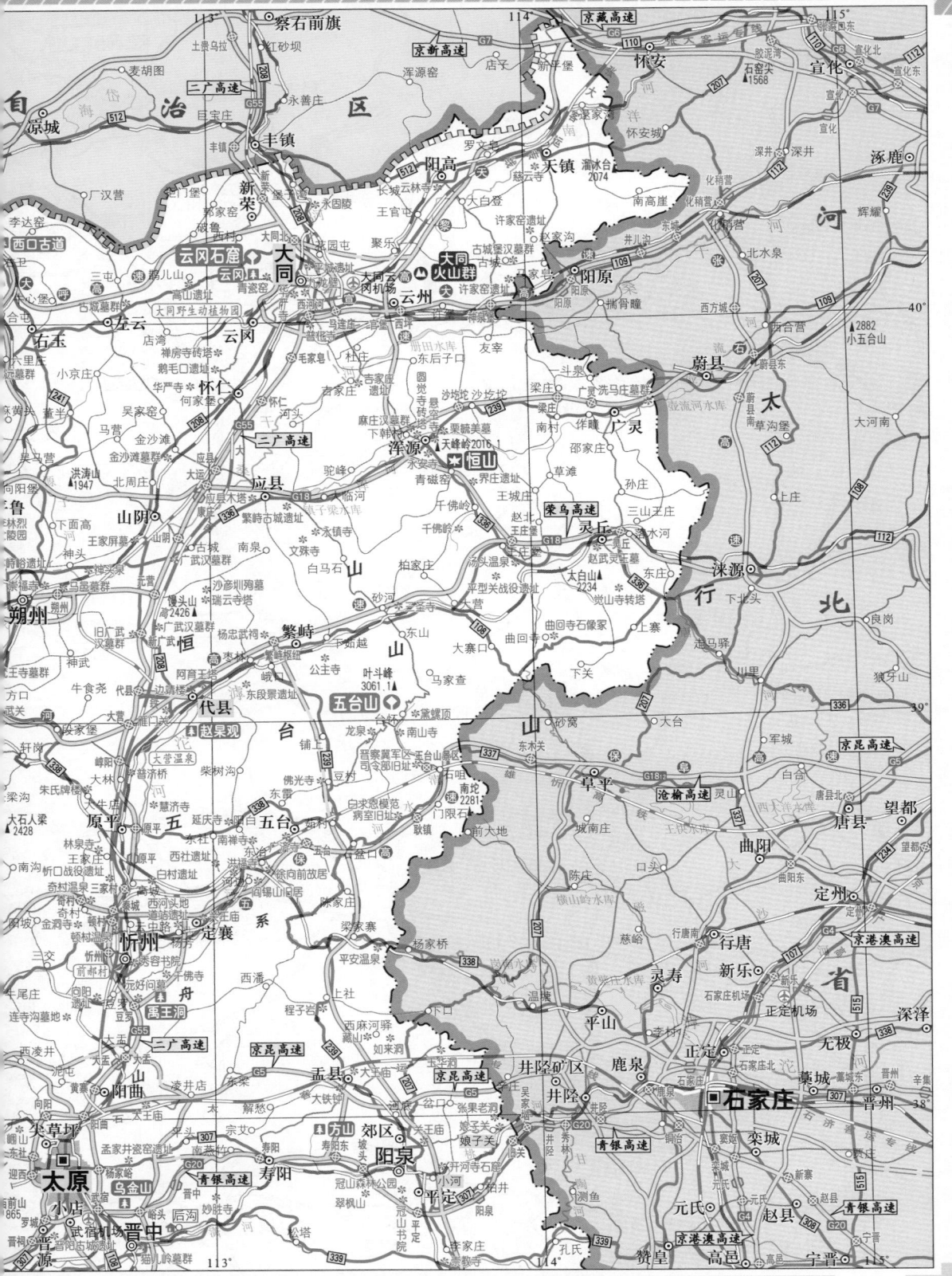

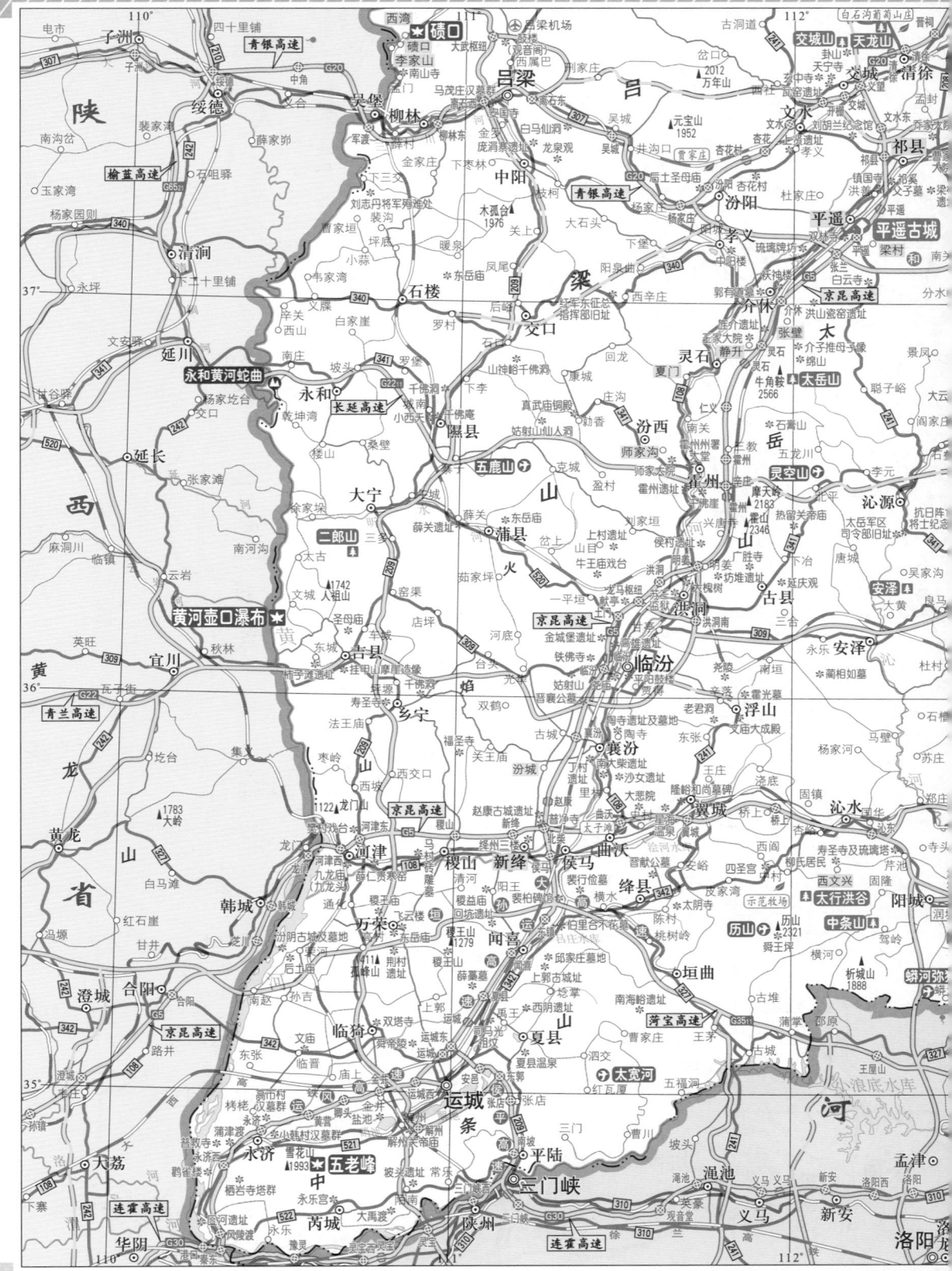

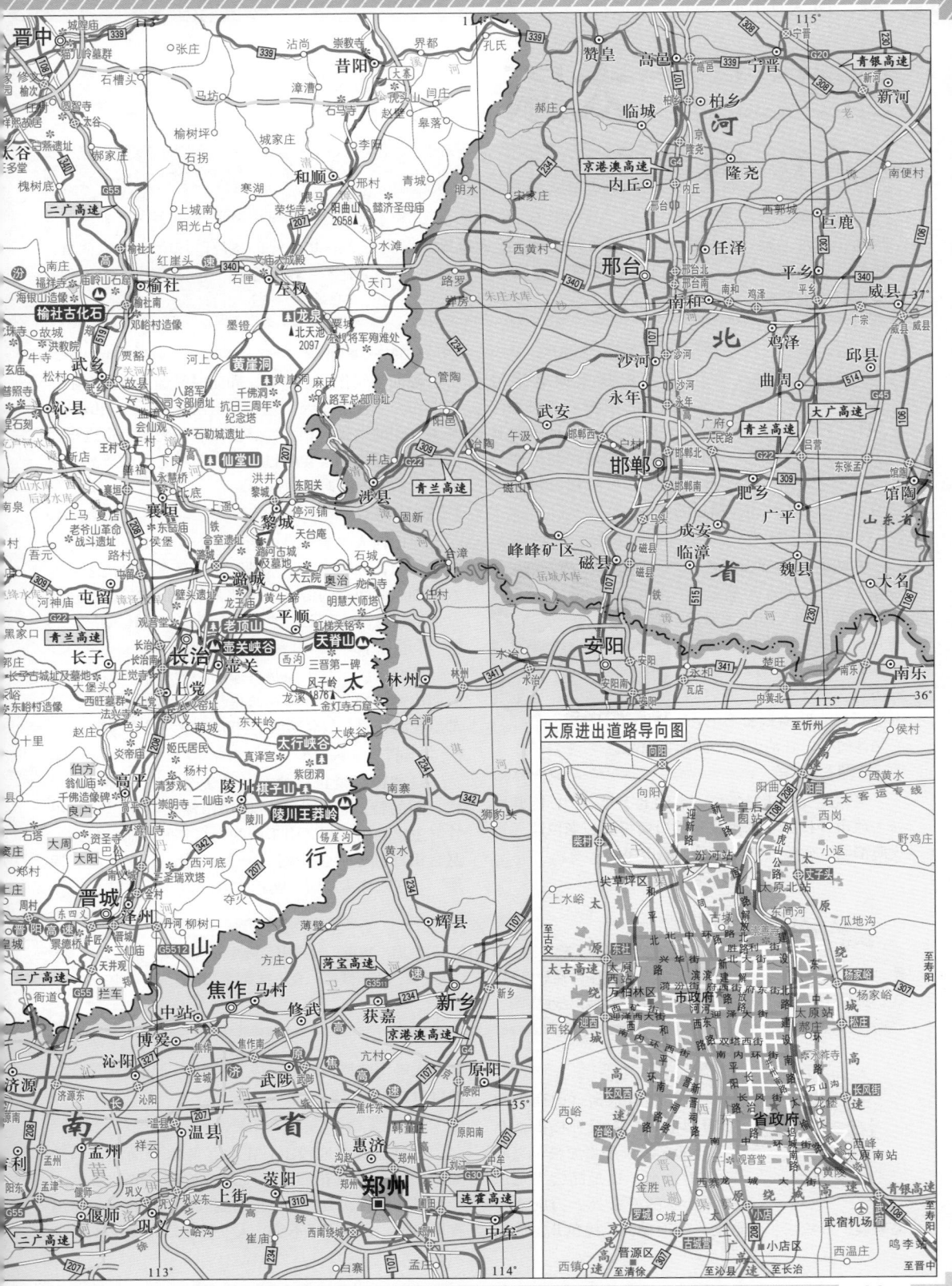

舌尖上的**太原**

● 美食向导 Delicacies Guide

太原的饮食以面食最为有名，品种繁多，制作方法各异，常见的面食有炒莜面、拉面、刀削面、拨面、揪片、猫耳朵、搓鱼儿、莜面栲栳栳、红面糊糊、剔尖等。除此之外，太原的风味小吃也很有特色，如太原头脑、"三倒手"硬面馍、豆腐脑、孟封饼、羊杂割汤、荞面灌肠、过油肉等，都是到太原必尝的美味。

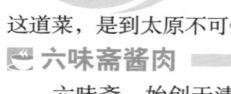

推荐 特色美食

⬛ 晋阳饭庄过油肉

过油肉是太原老字号晋阳饭庄的招牌菜，肉香味浓，入口难忘，也是山西著名的菜肴。凡是经营山西风味的饭馆，一般都有过油肉这道菜，是到太原不可错过的名菜。

⬛ 六味斋酱肉

六味斋，始创于清代，是由当时北京的天福酱肘店、铺云楼和天津的天盛肉铺各出一名师傅在太原办的一家熟肉铺，已有200多年的历史，是太原久负盛名的老字号。六味斋最有名的产品是酱肘子，在清乾隆年间即为贡品。

⬛ 老鼠窟元宵

老鼠窟元宵店是太原著名的老字号之一，因其地处太原市钟楼街"老鼠窟"巷口而得名。老鼠窟元宵皮薄馅满，质量上乘，深受太原市民的喜爱。

⬛ 三倒手硬面馍

硬面馍制作工艺复杂，和面时需经过三次倒手，使面粉充分发酵，因而达到了层次分明、圆润饱满、味美香甜的效果。相传，慈禧太后与光绪皇帝逃难西安时，途经山西，曾吃过此馍，后将之列为贡品。从此，三倒手硬面馍名声远传。

⬛ 剔尖

是山西人午餐食品中的精品面食。太原及介休一带的民间，称剔尖为"八姑"，并且有李世民之堂妹八姑创制此面食的传说。这种面食粗细均匀、软硬适宜、筋软爽口，配上小炒瘦猪肉浇卤，别具风味。

⬛ 荞面灌肠

又叫碗脱，是太原最普遍的一种小吃。制作时，将调成糊状的荞麦面盛在碗里，加辅料入锅蒸熟，冷却后脱离容器，故名碗脱。味道清香，很有嚼劲。

⬛ 孟封饼

是清徐县孟封村独有的传统名食，以香、酥、软、甜的特点名闻山西。此饼由清徐县南里旺村冯姓财主家的厨师赵晋山于清朝光绪年间创制。后来，赵晋山回到家乡孟封村，开设饼铺，经营"孟封锅块"，并改称孟封饼，畅销太原一带。

其他名吃

太原羊杂汤、面麻片、砍三刀、豆腐脑、刀削面、拨鱼、炒莜面、揪片、猫耳朵、搓鱼儿、莜面栲栳栳、河漏、太原豆腐干、油炸卤制花干、豌豆糕、鸡蛋醪糟、介子推蒸饼、罐渣、半炉鸡、娘娘爱（即莲蓬砂锅鸡）、红烧牛舌、油炸豆沙糕等

推荐 特色食处

✪ 太原食品街

北起府东街（山西省政府门前），南至钟楼街，全长500多米，是太原最早兴起的美食街，也是品尝当地风味小吃的好去处。刀削面、肉夹馍、炒疙瘩、炒莜面、红面糊糊、搓鱼儿、肉丝炒剔尖等山西特色面食，应有尽有，一定会满足食客的胃口，乐而忘返。

✪ 千峰南路美食街

在这一黄金地段上，汇集了陈家拉面馆、西来顺、翡冷翠、杏花酒店、平遥亲疙瘩、醉仙餐饮、十八里铺等餐饮名店，堪称名副其实的美食街。每当夜幕降临，食客络绎不绝，人气很旺，热闹异常。

旅游攻略 Travel Guide

太原位于山西省中部、太原盆地北端，濒临汾河，三面环山，是一座有2500多年历史的古城，为山西省省会。古称晋阳，春秋时期的"晋阳之战"后，太原成为了"三家分晋"之一赵国的都城；西汉称并州，故太原简称并由此而始；隋代，这里曾是仅次于长安和洛阳的第三大城市；唐高祖李渊率兵起于晋阳，继而建立了大唐王朝；唐太宗李世民继位后，对晋阳大加扩建，称为北都。民国初，军阀阎锡山统治山西，以太原为首府。漫长的岁月，给这片土地留下了许多文化遗存，有被誉为"华夏文化璀璨明珠"的晋祠，中国最大的道教石窟龙山石窟，还有蒙山大佛、凌霄双塔、崇善寺、窦大夫祠、纯阳宫等古迹。其中，位于太原西南25千米处悬瓮山麓的晋祠，是后人为纪念晋国的开国始祖唐叔虞而建的庙宇，是中国著名的历史文化遗产。被誉为"晋祠三绝"的难老泉、周柏唐槐、宋代彩塑，不可错过。有人说："不到晋祠，枉到太原"。

热门景点 晋祠、双塔寺、天龙山石窟等

旅游线路推荐

1 市中心→双塔寺→崇善寺→山西博物院→中国煤炭博物馆→汾河公园

2 市中心→窦大夫祠→崛围山多福寺→大佛寺 3 市中心→晋祠→龙山石窟→天龙山石窟

4 市中心→晋中→乔家大院→渠家大院→祁县县城→平遥古城→介休→王家大院→绵山

太原特产 晋祠大米、"东湖牌"太原老陈醋、太原玉雕、太原仿古铁器、清徐葡萄、山西香醋、清徐黑陶、白马掌小米、阳曲大红苹果、太原玻璃制品、竹叶青酒、汾酒、清徐金丝蜜枣、清徐老陈醋等

舌尖上的**晋中**

美食向导 Delicacies Guide

晋中是正宗山西面的发源地之一。旧时的晋中地区，商贾云集，他们对饮食的要求也非常讲究，使得面食的吃法、风味都发展迅速，并创制出了刀削面、猫耳朵、剔尖、小揪片等广为流传的美食。而在众多的晋中小吃中，尤以太谷饼、珍珠粥、晋中油糕、榆次灌肠最为出名。

推荐特色美食

 **平遥碗脱**

是平遥非常流行的一种地方名吃，由城南堡厨师董宣于清朝光绪年间首创。当年，慈禧太后逃难西安途经平遥时，品尝了这种食品，赞不绝口。此后，平遥碗脱声名鹊起。其制作方法是将白面用温水调成糊状，再加一定比例的盐水、大料

水和菜籽油，由稠调稀后，盛入盘内，入锅蒸熟成块，凉后切成小块即成。食时，再加各种作料，凉拌或热炒均可。炒熟后的碗脱，香味四溢，诱人口水欲滴。

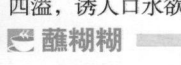 **蘸糊糊**

是平遥人用粗粮做成饭的一种吃法。将高粱面放入锅里，加水熬成糊状后，往锅里

放些油，烹上葱花、辣椒面等调料，再加水熬成汤，这样就做成了一道味美可口的小吃——蘸糊糊。

📇 平遥牛肉

平遥牛肉制作工艺独特，绵香可口，历史悠久，具有肥而不腻、瘦而不柴的特点，自明清时期就已远销亚洲各国。平遥牛肉集团生产的"冠云牌"牛肉，是山西的名牌产品。1993年，被认证为"中华老字号"。

📇 猫耳朵

将小面块捏成猫耳朵形状，煮熟后，配上各种打卤，或炒着吃，味道很香。这种面食筋性强，很有嚼头。

📇 乔家八碗八碟

是祁县的富商乔家逢年过节时的家宴，称之为"八碗八碟"。八碗主要指喇嘛肉、荤炖、烧肉、甜粥、红烧肘子、蜜闻、羊肉胡萝卜、丸子；八碟主要指焖干肉、鸡丝、凉菜、什锦丝、龙爪菜、爆腌蛋、

炖排骨、熏肉等。

📇 莜面栲栳栳

据说，这是祁县的富商乔家人最喜爱的一种面食。用和好的莜麦面搓成空心的圆柱，一个个排好放在蒸笼里蒸熟。吃的时候，用羊肉汤煮土豆丁浇汁，非常美味。

📇 油面

此食状似馒头，入油锅炸制而成。是太谷区一带民间常食用的一种面食及馈赠亲友的佳品。

📇 珍珠粥

本是寿阳县民间非常普通的小米绿豆稀粥。传说，清道光皇帝到寿阳的方山避暑时，喝过此粥后，大加赞赏，赐名"珍珠粥"。随之，寿阳珍珠粥名声远传。

📇 晋中砂子饼

又名疤饼。此饼既薄且脆，饼面用卵石烙成，凹凸不平，因而有疤饼之称。

其他名吃

晋中酥饼子、糊塌子、寿阳豆腐干、左权炒面、甜荞面凉粉、太谷饼、干烧肘子两张皮、大寨烧饼（又叫昔阳吊炉小烧饼）、灵石油糕、榆次鲜包、平遥"冠云牌"熏鸡、"冠云牌"风味狗肉、寿阳茶食等

● 旅游攻略 Travel Guide

晋中位于山西省中部偏东，东依太行山，西傍汾水，西北与省会太原市交界。这里既是华夏文明的发祥地，也是晋商的故乡。明清时期，平遥、祁县、太古的商人将商号店铺遍设全国各地，1824年，在平遥诞生了中国历史上第一家金融机构"日升昌"票号，以此为代表的"山西票号"汇通天下，从而成为中国银行业的早期诞生地。晋中旅游资源十分丰富，自然和人文景观星罗棋布，承载着晋商文化的"四城"（平遥古城、太古城、祁县古城、榆次老城），"六院"（榆次常家庄园、祁县乔家大院、渠家大院、灵石王家大院、太古曹家大院、孔祥熙宅院），四山（介休绵山、榆次乌金山、灵石石膏山、寿阳方山），两寺（双林寺、资寿寺）等名胜古迹，已成为山西旅游热线之一。

热门景点 常家庄园、太谷曹家大院、祁县渠家大院、乔家大院、平遥古城、绵山、灵石王家大院等

旅游线路推荐

由于晋中各景点距太原较近，所以从太原乘车或驾车前往各景点旅游较为方便。

1 太原市中心→榆次常家庄园→太谷曹家大院、孔祥熙宅院→祁县渠家大院→乔家大院

2 太原市中心→平遥古城→双林寺→镇国寺　　3 太原市中心→介休绵山→灵石王家大院

平遥推光漆器、"绵山牌"陈醋、祁县小磨香油、太谷龟龄集酒、昔阳大曲酒、榆次四眼井陈醋、大寨核桃露、介休鹿茸、"长升源牌"黄酒、榆社蜂王浆、昔阳黑枣酒、祁县六曲香酒、平遥京剧脸谱、介休洪山陶瓷、寿阳荞麦、珍珠黑小米、灵石荆条蜂蜜、榆社"紫金山泉牌"阿胶等

舌尖上的**大同**

美食向导 Delicacies Guide

大同菜是晋北菜的代表，口味偏咸，菜肴重油重色。这里的饮食特色仍以各种面食为主，比较有代表性的美食有大同黄糕、荞麦圪坨、豌豆面、莜面、刀削面、涮羊肉等。大同市区的红旗美食城、永和食府，是当地知名的特色餐厅，在这里可以品尝到各种当地的风味小吃。

推荐特色美食

大同刀削面

在山西各地的刀削面中，尤以大同刀削面最为出名，可称为"面食王中王"。很多到过大同的游客，在品尝过后，都赞不绝口。相传，元朝的蒙古鞑靼，为防止汉人造反，规定每十户用一把厨刀切菜做饭，轮流使用，用完后再交回鞑靼保管。一天，大同的一户人家已将面和成面团，准备做面条，家中老汉去借刀，结果刀被别人取走了。老汉急中生智，用家中仅存的一块铁皮砍面，煮熟后，浇上卤汁，吃得有滋有味。这样一传十，十传百，"刀削面"在晋中大地流传开来。

浑源凉粉

是浑源县著名的风味小吃。其出名主要是好在调料上，除了有一般卖凉粉的三罐调料外，还必备些豆腐干、莲花豆及当地人秘制的辣椒香作为辅料。吃起来，味道格外香辣，余味悠久。

广灵画眉驴肉

以广灵县名优畜种——画眉驴肉为原料，经煮熟酱制而成。由于在煮肉的过程中，加入了陈皮、草果等香料和滋补中药，使其不仅味道香浓，而且有很好的营养和保健价值。

大同涮羊肉

大同涮羊肉的原料以广灵县的大尾巴羊和朔州的五花羊肉最为有名。吃起来，肉嫩味鲜，香而不腻；闻起来，令人口水大咽，食欲大增。

其他名吃

大同羊杂汤、羊肉烧卖、红焖兔头、大头麻叶、广灵豆腐干、恒山黄芪羊肉汤、豆面、燕莜面、大同油糕、广灵糊糊面、大同莜面栲栳栳、荞麦圪坨、天镇豆腐皮、豌豆面等

旅游攻略 Travel Guide

大同位于山西省北部，古称云中、平城，历来为军事重镇和战略要地，中国九大古城之一。战国时期，大同属于赵国雁门郡；秦汉时期，设平城县；公元398年，建立北魏王朝的鲜卑族拓跋珪，将都城由盛乐（今内蒙古和林格尔）迁至平城（今大同），历经7帝，共96年；辽金两代把大同作为陪都"西京"达200年；明代，大同是万里长城九边重镇之一。大同旅游资源非常丰富，特别是以云冈石窟、北魏悬空寺为代表的北魏文化，以华严寺、善化寺、观音堂、觉山寺塔为代表的辽金文化，以边塞长城、兵堡、九龙壁、明代大同府为代表的明清文化，构成了大同旅游鲜明的地域文化特色。

热门景点 云冈石窟、北岳恒山、悬空寺等

旅游线路推荐

■ 市中心→鼓楼→善化寺→华严寺→九龙壁→云冈石窟　2 市中心→恒山→悬空寺

大同特产

大同火锅、煤雕、云冈绢人、云岗艺术陶瓷、民间剪纸、大同沙棘、广灵斗山杏仁、浑源恒山老白干酒、阳高县仿古花瓶挂壁、广灵小米、广灵大尾羊、阳高杏脯、新荣苦荞、天镇贾家屯麻油、大同黄花、大磁窑彩陶、云冈啤酒、下韩砂锅、大同羊毛地毯、广灵剪纸、阳高小堡葡萄等

舌尖上的**忻州**

美食向导 Delicacies Guide

忻州境内不仅有著名的佛教名山——五台山，更以其丰富的物产创制了众多美味小吃，除了传统的刀削面、拉面、剔尖之外，忻州特有的原平锅盔、忻州瓦酥、繁峙疤饼、保德碗脱、河曲酸粥等地方美食，各具风味，与众不同。

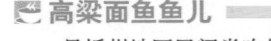

推荐 特色美食

🍴 繁峙疤饼

疤饼，又称籽饼，因饼上遍布疤痕而得名，始制于明代。烙熟后的圆饼呈金黄色，面皮上均匀地布满了圆形小坑，状若疤痕。食之，酥脆香甜，为繁峙县非常有特色的一种风味饼食。

🍴 原平锅盔

因在历史上夺得原平地区的炉食之魁而出名。锅盔饼面呈橙黄色，具有香、甜、酥、脆的特点，使人常吃不厌。

🍴 忻州瓦酥

是忻州著名的一种面食小吃。始制于明末清初，因其形状似瓦块而得名。瓦酥内外皆呈金黄色，质地酥脆，味甜香郁，堪称"炉食"中的一绝。

🍴 高粱面鱼鱼儿

是忻州地区民间常吃的一种面食。采用高粱面搓成的鱼鱼儿，一般有高粱米粗细，上锅蒸熟后，配以羊肉汤和一些时令蔬菜，清爽利口，风味独特。

🍴 定襄蒸肉

是定襄县闻名的传统风味佳肴。采用当地特有的秘方烹制而成，曾为宫廷御膳，早在清代初期就已传入民间，成为当地百姓餐桌上的一道名菜。

🍴 一窝丝

又叫盘丝饼，是宁武县特有的传统小吃，曾是当地富家宴席上的甜点，历史悠久。其形状像曲卷待腾的一条蛟龙，提起一根线，散成一窝丝。吃在嘴里，嚼一嚼，口感绝妙。

🍴 砍三刀

又名油布袋，类似于花卷，因此面食上有三个刀痕，故名。是五台山地区的百姓在春节期间常做的一种面食，已有300多年的历史。

🍴 河曲酸粥

是河曲县最有特色的一种小吃。相传，明朝末年，当地百姓闻听李自成起义大军将要路过此地，家家户户泡米为大军士卒准备饭菜，谁知大军临时改变了行军路线，绕道而过，可百姓泡的米发了酸，舍不得扔掉。他们就用发了酸的米煮成粥，不但好吃，而且能开胃健脾，妙不可言。

🍴 五台山万卷酥

相传，清朝乾隆皇帝曾到五台山朝山拜佛，寺庙的僧人就以万卷酥供皇帝享用，乾隆食后大加赞赏。从此，万卷酥名声远传。凡是来五台山的游客，都慕名品尝当地著名的糕点——万卷酥。

🍴 岢岚柏籽羊肉

岢岚县的山区到处生长着小地柏和古老的柏树林，这里的山羊以柏籽、柏叶为食，常喝山泉水，人称柏籽羊。用柏籽羊肉烹制的菜肴有独特的柏籽香味，鲜美异常，且营养丰富。

其他名吃
五寨面鱼、五台山素斋、五寨猪黑肉炖粉条、定襄黄烧饼、保德荞面碗脱、定襄荞面河捞、宁武莜麦饺饺、莜面推窝窝、五寨黄米油糕、代县腌菜、保德羊杂碎、原平北王庄莜面等

旅游攻略 Travel Guide

忻州位于山西省中北部，东与河北省阜平等三县接壤，北与朔州、大同相连，这里地势险要，历来为军事要塞之地，素有"晋北锁钥"之称。忻州旅游资源独具特色，山、水、庙、关、林、洞、泉等名胜古迹遍布，境内有著名的佛教圣地五台山，历代兵家必争的军事要塞雁门关，黄土高原上的绿色明珠宁武旅游景区，还有禹王洞、赵杲观、杨家祠堂、阎锡山故居、偏头关、老牛湾、黄河娘娘滩、宁武天池、万年冰洞等一大批旅游景点。

热门景点
五台山、赵杲观、禹王洞、芦芽山国家级自然保护区、老牛湾等

旅游线路推荐

1 市中心→宁武关→芦芽山国家级自然保护区　2 五台山三日游（a：台怀镇→十方丈→罗睺寺→显通寺→圆照寺→广宗寺→菩萨顶→塔院寺→万佛阁　b：台怀镇→殊像寺（般若泉）→普化寺→南山寺→镇海寺　c：台怀镇→上、下善财洞→黛螺顶→广化寺→普寿寺→七佛寺→碧山寺）
3 市中心→禹王洞→雁门关→赵杲观国家森林公园　4 市中心→偏关县城→偏关→老牛湾

忻州特产
五台山蘑菇、党参、黄芪、五台山矿泉水、五台段砚、原平木瓜杏、代县金酥梨、代县黄酒、岢岚蕨菜、宁武毛尖茶、代县木器、保德油枣、忻州精品小杂粮、忻州沙棘果、河曲海红果（又称醉果）、忻州糯玉米、原平下神头槟果、五台砂锅、神池胡麻油、静乐毛尖茶、河曲黄河鲤鱼，以及宁武三件宝（莜面、山药、大皮袄）等

舌尖上的**临汾**

美食向导 Delicacies Guide

临汾的饮食属典型的晋南风味，以面食为主，如油炸食物、杂粮细做等食物，是其具地方特色的风味美食。而猪血灌肠、油炸馓子、羊杂烩、元宵、烧卖等小吃，更是遍布当地的街头摊点。所以，在临汾游览的时候，最好的方式是边走边吃边看。

推荐特色美食

浮山烧卖

是浮山县著名的风味小吃，已有200多年的历史。早在清朝乾隆年间，浮山县北井里村的

王氏，就在北京前门外鲜鱼口开了个浮山烧卖馆。有一天，乾隆皇帝慕名前来品尝烧卖，食后赞不绝口，回宫后亲笔写了"都一处"三个大字，命人制成牌匾送往浮山烧卖馆。从此，浮山烧卖馆更名"都一处"，身价倍增，浮山烧麦也名扬天下。

吴家熏肉

是临汾的传统佳肴，已有100多年的历史。吴家熏肉以猪和鸡的肝、肠、肚、蹄、口条、头等为主料，经过特殊的工艺烹制而成。素以肥而不腻、味道香浓的特点，远近闻名。

霸王别姬

洪洞县靠近汾河一带，盛产甲鱼。当地人用甲鱼和鸡为原料烹制成一道风味独特的地方名菜，取名"霸王别姬"。色香味美，营养丰富。

汾西擦蝌蚪

也叫擦面，是汾西县民间的一种面食，采用擦面的工具"擦床"制作而成。汾西县一带还有擦圪斗、抿节（又称抿尖）等特色面食。在过去生活困难的年代，这些特色小吃，也是对当时饮食的一种调剂，至今还鲜活在人们的记忆里。

洪洞羊杂烩

是洪洞县最有名的传统风味小吃。最早出现于元代，到了清代，因其风味独特，已与平遥牛肉、闻喜煮饼齐名。其最大特点是原汁原汤，必须用砂锅烩制，只加一些盐、辣椒油、葱白、花椒、大料等调味品。这一吃法与蒙古族吃羊肉的习俗大同小异。

晋南醪糟

是晋南地区人民最喜爱的一种羹汤，最早出现在洪洞城的小吃摊上，已有上百年的历史。洪洞醪糟现已发展有藕粉醪糟、桂圆醪糟、蛋花醪糟、清汤醪糟等30多个品种。色味纯正，清香悠长。

安泽火腿

是山西的传统名食，已有300多年的历史。据史料记载：明朝末年，一位浙江金华人到岳阳县（即今安泽县）当县令，因常想吃家乡的金华火腿，便从家乡请来一位师傅到岳阳制作火腿，从此，金华火腿在岳阳流传开来。到了清朝中叶，岳阳火腿已闻名遐迩。1914年，岳阳县改名安泽县，岳阳火腿也改称安泽火腿。

太后御膳泡泡糕

即泡泡油炸糕，是侯马市的一道传统名食，由流落到侯马的清末御膳厨师许德盛创制。因当年慈禧太后喜欢食用泡泡糕，故得此名。1948年冬，许德盛老人常到侯马车站的食摊吃面，见摊主屈志明为人忠厚，就把泡泡糕的制作绝技传授给他。屈志明师傅按照传统工艺制作的泡泡糕晶莹透亮、酥脆香甜，深受人们的喜爱。后来，屈师傅又把此技传给了侯马市新田饭庄的厨师，流传至今。

其他名吃

霍州烧饼、猪血灌肠、汾西枣糕、擦圪斗、抿节儿、山西灌肠、羊汤面、乡宁油糕、炒揪片、推窝窝、洪洞元宵、临汾过油肉、洪洞馓子、曲沃豆沙糕、临汾羊杂割等

旅游攻略 Travel Guide

临汾位于山西省西南部黄河高原，因濒临汾河而得名。地处广阔的河谷盆地，绿树成荫，花果飘香，被誉为"黄土高原上的花果城"。这里是中华民族生息繁衍的摇篮，远在10万年前，"丁村人"就生息在汾河两岸；4000多年前，古帝王尧就在这里建都，人称"华夏第一都"。临汾现保存有规模宏大的古帝尧庙，尧王夫人鹿仙女的诞生地姑射山仙洞，寻根祭祖圣地洪洞大槐树，以及气势磅礴的吉县黄河壶口瀑布等名胜古迹。

热门景点 尧庙、洪洞大槐树、黄河壶口瀑布、霍州衙署等

旅游线路推荐

1 市中心→尧庙→尧陵→平阳鼓楼→丁村古民居
2 市中心→洪洞大槐树→苏三监狱→广胜寺
3 市中心→蒲县东岳庙→隰县小西天→霍州衙署
4 市中心→吉县黄河壶口瀑布

舌尖上的**运城**

美食向导 Delicacies Guide

因地处黄河金三角地区，又接陕西、河南，所以运城的饮食文化也颇受秦、豫食俗的影响。这里的很多小吃都曾作为贡品进奉朝廷，如香酥可口的闻喜煮饼，口感醇厚的三倒手硬面馍，色泽金黄的稷山麻花等，都是其中的精品美食，闻名遐迩。

推荐特色美食

新绛羊杂烩

是新绛县最具特色的风味小吃。它与运城其他地方的羊汤、羊杂割汤不同，虽然同样是用羊杂做成，但这里的羊杂烩不放豆腐、粉条，入口油而不腻，清香爽口。当地流传这样一句顺口溜："太原头脑西安泡，新绛羊汤也蛮好"。

稷山麻花

相传，麻花原是宫廷食品，传至稷山县民间时，已成为两股面黏在一起的形状，然后拧成麻花，入锅炸熟，具有酥、脆、香、甜的特点。稷山麻花尤以赵氏四味老字号的麻花最为正宗，名扬三晋大地。

芮城泡泡糕

即泡泡油炸糕，是芮城县有名的一种风味食品，这种原来专供清末慈禧太后享用的食品，是用人参、党参、黄芪等十余种名贵中药泡汁和面，以白糖、玫瑰、樱桃、核桃仁等为馅，入锅油煎而成。此食品不但香甜可口，而且有滋补延年益寿的功效。泡泡糕流传于晋南的侯马、临汾、芮城等地，尤以侯马市新田饭店的"太后御膳"泡泡糕最为正宗。

芮城麻片

是芮城县有名的小吃，已有300多年的历史。采用芝麻、小米汤、熟面粉、大豆油、柠檬酸、白糖等十余种原料精制而成。麻片薄如纸，晶莹透光，入口酥脆甜甜，余香不断。

解州羊肉泡馍

是运城市盐湖区解州镇的四大名小吃（羊肉泡馍、黍面油糕、炒面油茶、猪油葱花扯面）之一，与解州关帝庙齐名。据说，当年慈禧太后逃难至西安，听说解州羊肉泡馍很有名气，就派专使到解州为其取之，食后，大加赞赏道："解州羊肉泡馍味道绝美，果然名不虚传"。

闻喜煮饼

在晋南民间，把"炸"叫做"煮"，炸油条都叫做煮油条。闻喜县的特产——煮饼，其实就是一种油炸的点心，素有"山西饼点之王"的美誉，历代曾作为贡品进奉皇宫，早在明末就已有名气。在晋南地区的一些县城和大集镇，一般经营食品的店里，都挂着"闻喜煮饼"的招牌招揽顾客。

其他名吃

解州四大名吃（羊肉泡馍、黍面油糕、炒面油茶、猪油葱花扯面），以及运城豆沙糕、芮城石子饼、晋南醪糟、北相镇羊肉胡卜、永济老劲子麻花、新绛莲菜、泉掌镇豆腐、临猗酱玉瓜、晋南无碱馍、油酥火烧、油坨子、稷山酿菜等

旅游攻略 Travel Guide

运城位于山西省西南部，地处黄河中游，因曾为"盐运之城"而得名，是三国时期蜀汉名将关羽的故乡。战国时称安邑，为魏国国都；元朝至元二十二年（1285年），置陕西都转盐运使，建城设府，故得名运城。这里自古为晋、陕、豫交通要道，素有"三藩都会"之称。境内名胜古迹多达1600多处，其中，驰名中外的有武庙之祖解州关帝庙，中国四大名楼之一的永济鹳雀楼，世界级艺术宫殿芮城永乐宫，《西厢记》故事发生地永济普救寺，中华祭祀圣地万荣后土祠，"中国死海"运城盐湖，以及舜帝陵、黄河大铁牛、夏县司马光墓等。

热门景点　解州关帝庙、运城盐湖、永济普救寺、鹳雀楼、永乐宫等

旅游线路推荐

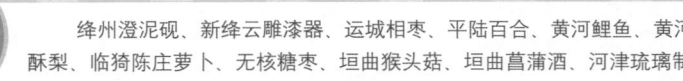

1 市中心→池神庙→运城盐湖→万国寺→芮城永乐宫
2 市中心→永济普救寺→鹳雀楼→黄河大铁牛→解州关帝庙→垣曲小浪底

运城特产　绛州澄泥砚、新绛云雕漆器、运城相枣、平陆百合、黄河鲤鱼、黄河滩莲、稷山板栗、永济酥梨、临猗陈庄萝卜、无核糖枣、垣曲猴头菇、垣曲菖蒲酒、河津琉璃制品、稷山螺钿、禹王乡柳编、菖蒲（多年生水生草本植物，其根茎可入药）等

舌尖上的**长治**

美食向导 Delicacies Guide

长治地处丘陵地区，盛产小麦、小米、高粱、玉米、豆类等农作物。其饮食也以面食为主，各类小吃丰富多彩，风味独特，其中，以长治黑圪条、三合面、武乡枣糕、沁县干馍、壶关羊汤、上党腊驴肉等最为出名。

推荐特色美食

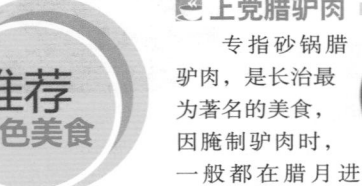

🍴 上党腊驴肉

专指砂锅腊驴肉，是长治最为著名的美食，因腌制驴肉时，一般都在腊月进行，故名腊驴肉。早在清朝嘉庆年间就已闻名四方，并被列为皇室贡品。长治市区南街的黄家腊驴肉，制作工艺独特，肉质鲜嫩细腻，醇香可口，是上党腊驴肉中的代表。

🍴 黑圪条

是长治地区流传的一种黑色面条。主要原料是高粱面，制作时再掺些白面和豆面更佳，因煮熟的面条呈黑红色，故得名"黑圪条"。吃时，配以做好的卤汁，别具风味。

🍴 三合面

是长治地区民间常吃的一种面食。它用白面粉、黄豆面粉、小米面粉按比例拌和而成。煮熟的三合面柔韧筋道，浇上卤汁，口感鲜美，具有浓浓的豆香气味。

🍴 壶关羊汤

是壶关县著名的风味小吃，它与山西雁同一带的羊杂割汤、运城一带的羊汤泡馍，并称为山西羊汤三大流派。壶关羊汤的一大特点是讲究以全羊为主料，即一碗汤中要有羊肉丸子、羊肉饺子、羊肉、血条，以及羊

胃、羊肠、羊肝、羊腰、羊骨髓等羊的各个部位，应有尽有；另一个特点是讲究老汤，每一个羊汤馆里都设一口大砂锅，专炖羊骨架和羊肉块，此锅从中秋节至次年清明节一直烧汤，边舀边续，老汤不断。喝一碗羊汤，吃一两个黄蒸馍，顿觉热乎乎的，香喷喷的味道，真是美不可言。

潞城甩饼

是长治地区独有的一种民间小吃，因起源于潞城，故名。在潞城一带的乡镇，人们多用驴油制饼，吃甩饼时再卷上腊驴肉，油汪汪、香喷喷的，吃在嘴里，回味无穷。

其他名吃　长治白猪头肉、羊汤、武乡枣糕、沁县干馍、襄垣荤汤素饺、沁源第一锅牛肉、长子县黄家凉粉、上党煳肘子、长治酥火烧等

旅游攻略 Travel Guide

长治位于山西省东南部，它东倚太行，西屏太岳，古称上党，意为"居太行山之巅，地形最高与天为党也"。这里山河壮丽，地势险要，素有"天下脊"的美称，自古为兵家必争之地，曾有"得上党而望中原"之说。秦朝时，这里为上党郡；隋开皇年间，改为潞州；明嘉靖八年（1529年）改为潞安府，并置长治县，取长治久安之意，长治之名由此而始。长治以其神奇壮丽的山水风光和古代建筑而著称，现已形成了以太行山大峡谷、老顶山、霓虹大峡谷、神龙湾、通天峡、太行龙洞等为代表的太行山水游；以上党门、潞安府城隍庙、龙门寺、仙堂山、灵空山、沁县二郎山、武乡大云寺等为代表的名胜古迹游；以八路军太行纪念馆、黄崖洞兵工厂景区、王家峪八路军总部旧址、八路军文化园等为代表的红色革命旅游线路。

热门景点　黄崖洞、壶关太行山大峡谷、始祖百草堂等

旅游线路推荐

1 市中心→上党门→始祖百草堂→观音堂→法兴寺　2 市中心→黄崖洞风景区
3 市中心→壶关太行山大峡谷

长治特产　上党三宝（花椒、柿子、核桃），以及长治党参、堆锦、潞绸、沁州黄小米、沁源松蘑菇、黄花菜、花坡蕨菜、壶关清流陶瓷、长治潞酒、山楂饼、长子铜乐器、潞党参、沁源香菇、白灵菇、灵芝、杏鲍菇、壶关陈醋、沁州黄芪、屯留珍珠黄小米、"盘秀牌"牛肉、长治布老虎等

舌尖上的晋城

美食向导 Delicacies Guide

晋城，古称泽州，是一座历史悠久的古城。由于靠近河南，其饮食风味受豫菜影响较大，这里的人们以面食为主，如烩面、扯面、卤面、浆面条等花样繁多的面食，都是当地非常有特色的小吃。这里的阳城烧肝、烧大葱、油煔角、高平羊肉李圪抓、炒凉粉等，也很出名。

推荐
特色美食

阳城烧猪肝

为晋城名吃之首。是用鲜猪肝加各种作料，经煎、蒸、炸等工序，达到焦黄、酥、软即成。吃时，再佐以晋城老醋，更是味香适口。

阳城肉罐肉

是驰名三晋的美食佳肴。用猪肉、牛肉或羊肉，加小米及各种作料煎煮而成。肉味纯正，软烂可口，深受当地人的喜爱。

油煳角

创制于唐代，是晋城的传统名吃。用黍米面和好后，包上红豆馅、胡萝卜馅等，再入油锅炸制而成。

羊肉李圪抓

是高平市风味小吃中的名品。相传，当地有一个姓李的牧羊人喜欢吃羊肉包子，食多生厌，他想尝尝油煎包子的味道，可包子皮厚难熟，他便在手上抹了点油，把包子皮拽薄，这样煎熟后的包子油而不腻，馅香味美，成为地方名吃。

烧大葱

相传，当年慈禧太后逃难西安时途经晋城，当地官员设宴招待，上菜时发现少了一道菜，厨师急中生智，用大葱及肉丝烧了一道菜，取名烧大葱。慈禧太后品尝后，却连连夸赞。

高平烧豆腐

烧豆腐是高平市的一道名菜，已有2000多年的历史。相传，战国时期发生了著名的长平之战，秦将白起坑杀赵国的降兵40万。后世百姓出于对白起的憎恨，把豆腐当作白起的肉，烧烤后，再用沸水煮而食之。这样流传至今，成为当地的一道特色佳肴。

高平十大碗

是高平地区特有的一道套菜。共有十碗，即水白肉、核桃肉、水余丸子、小酥肉、肠子汤、豆腐汤、芥末粉皮汤、天鹅蛋、软米饭、扁豆汤。每碗味道不同，素有"碗汤菜"之说。

其他名吃

晋城河南卤面、羊杂碎汤、陵川羊肉火烧、馋酥、木耳圪贝、酸菜黑圪条、晋城枣糕、卷白馍、高平猪头肉火烧、炒凉粉、蒸菜、沁水烧三鲜等

旅游攻略 Travel Guide

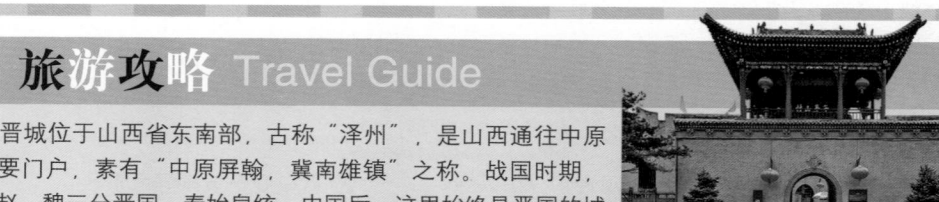

晋城位于山西省东南部，古称"泽州"，是山西通往中原的重要门户，素有"中原屏翰，冀南雄镇"之称。战国时期，韩、赵、魏三分晋国；秦始皇统一中国后，这里始终是晋国的城池，是晋国人心所向的中心，故名晋城。晋城地处太行山、王屋山、中条山三山的交界处，由此形成了极为罕见的自然地理景观，这里有北方最大的溶洞群白云洞，华北最大的生态自然保护区王莽岭，世界围棋起源地棋子山，举世闻名的锡崖沟挂壁公路和高平长平古战场，以及清代文渊阁大学士、康熙皇帝的老师陈敬廷的故里——皇城相府等景点。

热门景点 皇城相府、锡崖沟、柳氏民居、棋子山等

旅游线路推荐

1 市中心→青莲寺→玉皇庙→皇城相府→郭峪村　　2 市中心→沁水县柳氏民居→历山风景区（舜王坪、西峡、白云洞）　　3 市中心→陵川县王莽岭→棋子山→挂壁公路→锡崖沟

晋城特产

晋城大凤丸、阳城琉璃制品、沁水猴头、陵川大理石、阳城灵芝、陵川党参、阳城香果、晋城红果、泽州红山楂、晋城剪纸、木雕、砖雕、沁水黑木耳、高平丝绸、阳城山小米等

舌尖上的内蒙古

蒙古族的饮食比较粗豪，以羊肉、奶、野菜及面食为主要原料，烹调方法相对比较简单，以"烤"最为著名。要想领略草原的美食风味和情趣，最好的体验是去草原，品尝当地牧民亲手烹制的手抓肉、烤全羊、风干肉、马奶酒等，且不论味道如何，这种饮食习俗的气势在平常就难得一见，感受那种大碗喝酒、大块吃肉的豪放境界。

蒙古族牧民待客十分讲究礼节和规矩，如果有牧民给你敬酒，客人必须用双手接过来，之后，用无名指分别蘸三次酒，弹向空中、地下、火炉方向，以示敬天、敬地、敬火神。如果不能饮酒，则品尝少许，然后将酒还给主人，表示接受了主人的情谊。但最好是把碗中的酒喝了，以表示对主人的尊敬，千万不可推推让让，谢绝主人的敬酒，否则，他会认为您对主人瞧不起，不愿交朋友，不能以诚相待。

草原与边城

沙漠中的胡杨林

草原与边城

寺庙云集之"青色的城"

拜访成吉思汗陵

特别推荐

▶ **内蒙古十大美食** 烤全羊、手抓羊肉、烤羊腿、奶皮子、手抓饭、成吉思汗铁板烧、昭君鸭、卓资山熏鸡、武川莜面、呼伦贝尔呼伦湖全鱼宴

▶ **内蒙古十大特产** 蒙古刀、马奶酒、河套老窖酒、风干牛羊肉、阴山莜麦、蒙古地毯、赤峰巴林石、阿拉善锁阳、固阳燕麦、呼伦贝尔草原大白蘑

▶ **内蒙古十大景点** 呼和浩特昭君墓、包头五当召、赤峰达里诺尔湖、通辽大青沟、呼伦贝尔呼伦湖、鄂尔多斯成吉思汗陵、兴安盟阿尔山国家森林公园、锡林郭勒盟锡林河九曲湾、阿拉善贺兰山国家森林公园、额济纳胡杨林

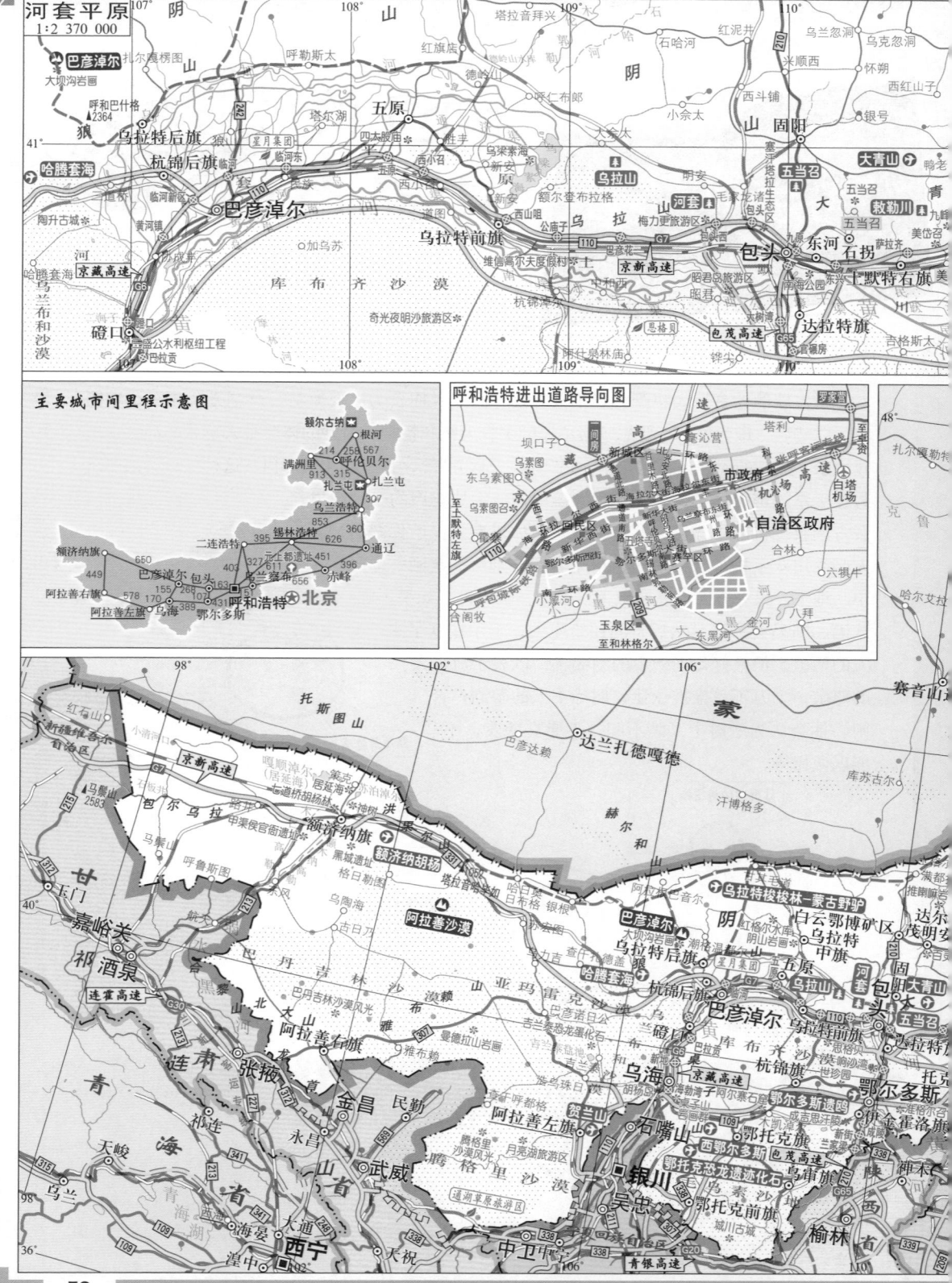

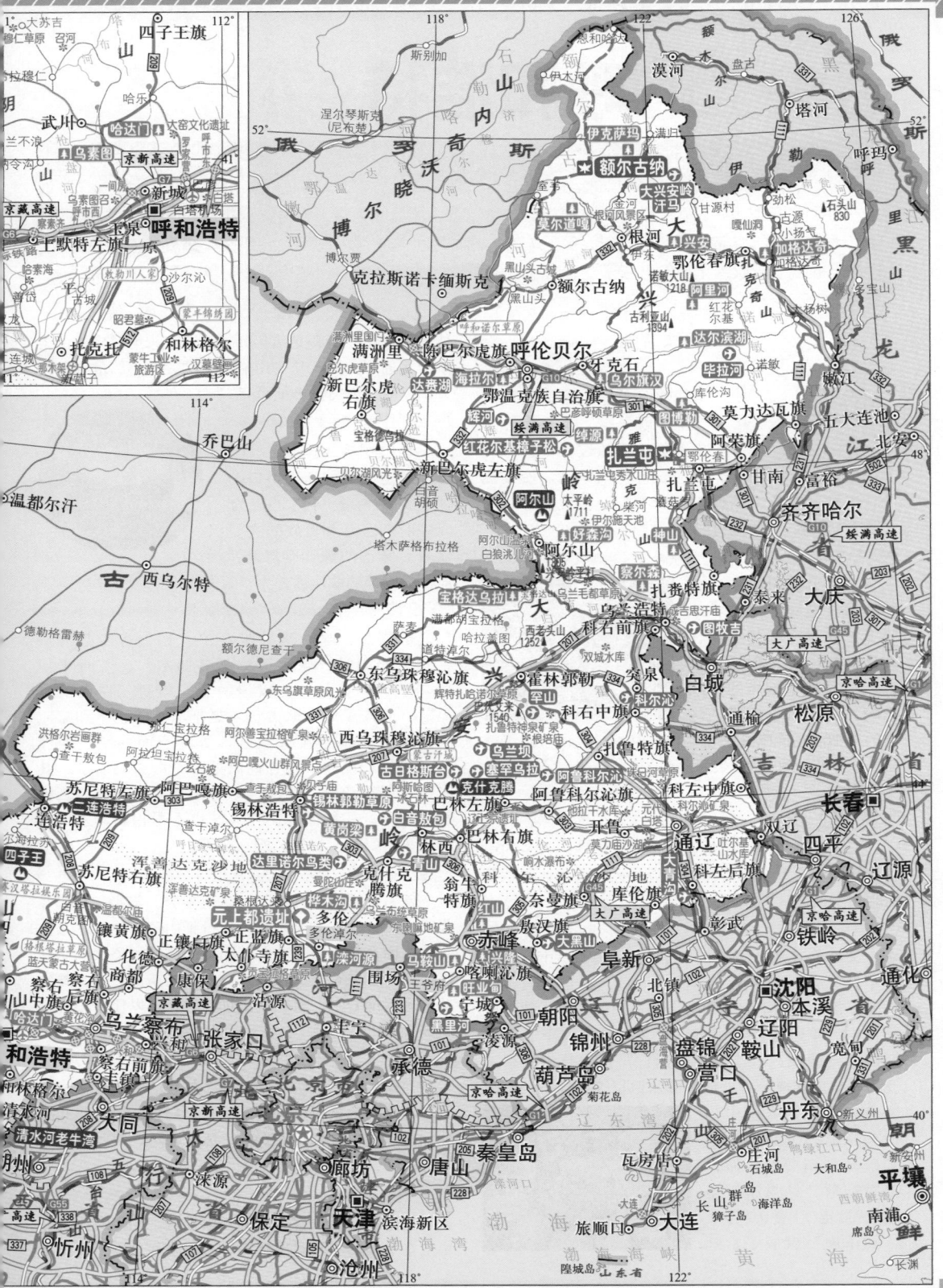

比例尺 1 : 7 890 000

53

舌尖上的**呼和浩特**

● 美**食**向**导** Delicacies Guide

　　呼和浩特作为内蒙古自治区的首府，其饮食以蒙古族风味为主。你可以到市区较大的餐馆品尝正宗的蒙古菜肴，如烤全羊、涮羊肉、手把羊肉、烤羊腿、炸羊尾、马奶酒、奶茶、奶皮子、奶豆腐、牛肉干等，还可以到草原气息浓郁的地方品一品野味，如狍子肉、山鸡肉、山野菜、野生蘑菇等原生态美食。

推荐
特色美食

◈ 烤羊腿

　　是从烤全羊演变而来。羊腿肉是整只羊肉质最好的部位，既鲜嫩，又易烤熟。在烤制羊腿的过程中，加入各种配料和调味品，使其色美、肉香、外焦、肉嫩，干酥不腻，被人们称赞为"眼未见其物，香味已扑鼻"。

◈ 烤全羊

　　是蒙古族用来招待贵客的传统名菜。尤其在草原上，吃烤全羊的气势，真是难得一见。熊熊火焰上，整只肥羊被烤的劈啪作响，外皮焦黄发脆，烤出的羊油滴嗒滴嗒往下流淌，香气扑鼻，诱人垂涎欲滴，恨不得立即大快朵颐一番。见此情景，不流口水才怪呢。

◈ 手抓羊肉

　　又叫手扒羊肉、手把肉，是内蒙古地区著名的民族传统佳肴。此食醇香味美，极具民族特色，因就餐时须用手撕而食，故名。

◈ 涮羊肉

　　又称羊肉火锅。涮羊肉的起源，传说始于元代。当年，忽必烈率军南下远征，一日，正当伙夫宰羊割肉准备做清炖羊肉以慰劳人困马乏的大军，忽然探马报告敌军逼近，饥饿难忍的忽必烈一面下令部队开拔，一面喊："羊肉！羊肉！"伙夫急中生智，飞刀将羊肉切成薄片，放在沸水锅里搅拌几下，待肉变色，马上捞入碗中，撒些细盐。忽必烈连吃几碗，立刻精神抖擞，率军迎敌，结果旗开得胜。忽必烈登基后，"涮羊肉"就成了宫廷佳肴。据说，清朝光绪年间，北京东来顺羊肉馆的老掌柜买通了太监，从宫中偷出了"涮羊肉"的作料配方，才使这道美食传至民间。

◈ 马奶酒

　　是牧民将鲜马奶经过发酵后酿造的一种味美可口的饮料，俗称酸马奶，曾为元朝时期宫廷和贵族的主要饮料。味道酸辣，有舒筋、活血、健胃等功效，被誉为"蒙古八珍"之一。

◈ 奶皮子

　　是蒙古、哈萨克、维吾尔、锡伯等少数民族喜欢的奶制品。蒙古语称"乌如木"、"查干伊德"、"乌日莫"，汉语的意思就是"白色的食品"。奶皮子的提取方法就是把马、羊、牛和骆驼的鲜乳倒入锅中慢火微煮，等其表面凝结一层浮油，用筷子挑起，挂在通风处晾干即为奶皮子，其味道有奶香和脂肪香味，略有甜味，十分可口。因地区不同，奶制品的制作方法也不尽相同，主要有奶皮子、奶油、奶酪、奶豆腐等。

◈ 奶豆腐

　　蒙古语称"胡乳达"，是用牛奶、羊奶、马奶经凝固、发酵而成的奶制品。流行于内蒙古牧区，又称奶酪，而在新疆俗称乳饼，完全干透的奶酪又叫奶疙瘩。奶豆腐乳香浓郁，通常可以和奶茶、炒米、熟牛羊肉一起涮着吃，游牧或出远门时还可以作干粮，既解渴又充饥。

◈ 奶茶

　　是蒙古族、哈萨克族、维吾尔族的牧民日常生活中不可缺少的饮料。以青砖茶和羊奶，或以马奶和酥油加盐煮成，统称草原奶茶。风味独特，奶香浓郁，营养丰富。

◈ 昭君鸭

　　是呼和浩特很有名气的一道佳肴。相传，汉代，出生在楚地的王昭君出塞后不习惯吃面食，于是当地厨师就将粉条和油面筋泡在一起,用鸭汤煮,很合昭君之意。后来,此菜传入民间,人们便用粉条、面筋与肥鸭烹调成菜,取名"昭君鸭",流传至今。

成吉思汗铁板烧

相传,元太祖成吉思汗在率兵征战中亚和欧洲大陆时,由于缺少炊具,于是号召士兵用头盔扣在火上烧肉,风味独特,别具一格。后来,人们创制了一种形似古代士兵头盔的铁板烤肉工具,专门烤制牛、羊、猪、鸡、鱼、虾等肉类。这种吃法取名"成吉思汗铁板烧",流传至今。

武川莜面

莜麦主产于内蒙古,呼和浩特市武川县和乌兰察布市四子王旗出产的莜麦最多。用莜面做的食品有窝窝、圪团、耳朵、螺丝卷卷、羊肉汤莜面、蒸莜面、莜面鱼鱼、莜面饺子、莜面糕等40多个品种。味道鲜美独特,营养价值很高,尤以武川莜面最为有名。相

传,清朝乾隆年间,武川莜面作为贡品被送往京城,深得乾隆皇帝的喜爱。

羊背子

是蒙古族人民最喜欢的一道名贵菜肴,只有在祭祀、婚嫁喜事、老人过寿或招待贵客的宴席上才能见到。所谓羊背子,就是把全羊卸成七大块(除去胸叉),带尾入锅,加盐煮熟后,用大铜盘先摆四肢、羊背颈胛,将羊头放在羊背上,似羊的爬卧姿势上桌。吃时,每人先用蒙古刀从羊尾巴上割下一条先吃掉,而后就可各取所需食用。席间,还有马奶酒和奶制品、配菜等。

烧卖

要说呼和浩特最有名的小吃,恐怕非"烧卖"莫属,它可与天津狗不理包子媲美。由于内蒙古大草原的羊多以沙葱为食,自然去膻味,所以,这里的羊肉馅烧卖清香爽口,油而不腻,特别好吃。

其他名吃

炸羊尾、馓子、血肠、肉肠、牛肉干、羊杂碎、哈达饼、全羊汤、烤饼、托克托县酥米饭、炖黄河鲤鱼、和林格尔县羊肉暖锅、清水河酸饭、蒙古糕、手撕牛肉、驼峰肉、烧罕鼻等

旅游攻略 Travel Guide

呼和浩特位于内蒙古自治区中部,是自治区首府,自古为蒙古草原民族的聚居地。秦汉时为匈奴活动的场所,是游牧文明和农耕文明交汇、碰撞的前沿;汉元帝时,送宫女昭君前往匈奴联姻,著名的"昭君出塞"故事就发生于此;清朝康熙年间,在归化老城之外开始建新城,命名为绥远城;清朝末年,将归化旧城与绥远新城合并,称归绥;1954年,恢复了蒙古族本来的城名"呼和浩特",蒙古语意为"青色的城"。因其喇嘛寺庙众多,故又称"召城"("召",蒙古语意为"寺庙")。呼和浩特的旅游资源具有鲜明的民族特色,城区有明代大召(伊克召)、席力图召、清代五塔寺、清真大寺、昭君博物院,周边有象征民族团结的昭君墓、和林格尔东汉壁画墓群、"塞外西湖"哈素海,以及希拉穆仁、格根塔拉、辉腾锡勒草原等旅游胜地。到呼和浩特旅游,逛召庙,登古塔,吃烤羊肉,骑马驰聘草原,感受浓郁的边塞风情。

热门景点 五塔寺、大召、席力图召、昭君墓、哈素海、格根塔拉草原等

旅游线路推荐

1 市中心→五塔寺→大召→小召→席力图召→昭君墓　　2 市中心→乌素图召→喇嘛召→哈素海
3 市中心→希拉穆仁草原

呼和浩特特产

内蒙古地毯、鹿茸、莜麦片、蒙古刀、蒙古族银器、蒙古族头饰、风干牛肉干、牛肉辣椒酱、"一溜弯牌"枸杞辣椒酱、皮囊壶酒、蒙古族角雕、茴香、昭君酒、武川啤酒泉矿泉水等

舌尖上的**包头**

美食向导 Delicacies Guide

包头的饮食风味十分丰富，除了有传统的蒙古族烤全羊、手抓肉、涮羊肉、奶豆腐、奶茶、马奶酒等之外，还融合了蒙古、汉、回族的饮食传统，创制了具有当地特色的各种风味美食，如纸包羊肉、烧罗汉珠、"西湖鱼"、熏鸡、素锅盔、刀切酥、稍美等，都是到包头不可不尝的美食。

推荐特色美食

小肥羊火锅

内蒙古小肥羊餐饮连锁有限公司于1999年8月诞生于包头市，以"不蘸小料涮羊肉"的特色食法，博得了众多消费者的青睐。现已有数百家连锁餐厅遍布全国及世界各地，是家喻户晓的中国餐饮连锁品牌。小肥羊火锅所涮的羊肉和调味品原料均来自天然牧场，堪称纯天然绿色食品。

稍美

又称烧卖、烧美、烧麦，是在包头地区流传很久的一种传统风味小吃。稍美制作工艺独特，选料精良，面皮精而薄，羊肉馅肥瘦适中，葱、姜等作料齐全。蒸熟出笼的稍美，晶莹透明，鲜香四溢，诱人垂涎不已。包头市德兴源饭庄经营的稍美以皮薄、馅嫩、味香、形美著称，名气最大。

野葱包子

野葱其实就是指沙葱，似葱，似韭，似香草，具有独特的芳香味道，同时还夹含有一丝微甜。以野葱和羊肉为馅做的包子，鲜香味美，妙不可言。

拔丝奶豆腐

是一道内蒙古风味名菜，以奶豆腐为主料烹制而成。色泽金黄，口味香甜。吃时，牵丝不断，是酒席中的佳肴。

王桂圆沟帮子熏鸡

是包头有名的特产，其店铺地址位于包头市东河区南市场。沟帮子熏鸡起源于辽宁省锦州北镇市沟帮子镇，由创始人刘世忠于清朝光绪年间创制。他制作的熏鸡，肉质细嫩，味道芳香，素以"鸡熏刘"之名，传遍辽西。如今，沟帮子熏鸡落户包头，成为当地的一大美食。

其他名吃

蒙古族烤全羊、金刀烤羊背、固阳莜面、汤粉饺子、奶酪、驼峰、驼掌等

旅游攻略 Travel Guide

包头，蒙古语称"包克图"，意为有鹿的地方，故又称鹿城，曾为蒙古族土默特部的领地。位于内蒙古自治区中部偏西，北依大青山，南临黄河，素有"黄河古渡口"与"皮毛集散地"之称，是我国钢铁和稀土科研生产基地。境内以草原风景、大召古建筑著称，有美岱召、五当召、梅力更召、赛汗塔拉公园、九峰山自然保护区、南海湿地景区、希拉穆仁草原等旅游景点。

热门景点

五当召、美岱召、百灵庙、南海湿地景区等

旅游线路推荐

1 市中心→黄河大桥→赛汗塔拉公园→五当召　　2 市中心→美岱召

3 市中心→百灵庙→希拉穆仁草原

包头特产

"草原牌"白砂糖、"雪鹿牌"啤酒、"金鹿牌"葵花子油、"骆驼牌"白酒、"峰牌"白酒、转龙液白酒、骑士乳品、包头黄河鲤鱼、牛黄、牛鞭、马宝、胡麻纸、三蓝地毯、内蒙古牛皮画、松蓉（又叫松口蘑）、呼呼尔（即鼻烟壶）、黑瓜子等

舌尖上的**鄂尔多斯**

美食向导 Delicacies Guide

鄂尔多斯地区的居民以陕西、山西的移民及蒙古族原住民为主，他们的饮食习惯各不相同，因此，这里的饮食风味也十分丰富，有蒙古族喜爱的手扒肉、羊背子、烤全羊、清炖羊肉及传统的蒙古族奶食等，还有汉族钟情的米线、米糕、砂锅、面食等家常风味小吃。

推荐特色美食

羊杂碎

在鄂尔多斯草原及城镇的清晨，早点摊叫卖最多的是"羊杂碎"。尤其在寒冷的冬春季节，吃一碗热乎乎的羊杂碎，浑身冒汗，那种感觉，用一个字形容就是"爽"。

手把肉

蒙古语称"查纳森麻哈"，是蒙古族非常喜爱吃的肉食之一，因他们习惯上用手拿着吃，故名手把肉。牧民认为，牛和羊在草原上吃的是五香草，肉本身就带着调料，所以，煮肉时，不加调味品，只加些盐，煮到八九成熟就可以吃。

奶酒

鄂尔多斯地区的奶酒，因原料和配制方法不同，可分为四类：一是叫"祈格"，俗称马奶酒，即由鲜马奶直接发酵而成的酸奶，这是奶酒类中的精品；二是叫"萨琳阿日何"，又称蒙古酒，即把提炼过白酥油的牛、羊酸奶经过煮熬、蒸馏酿造而得，其味酸甜，酒精度小，但不宜过量饮用；三是叫"阿日吉"，即将蒙古酒再蒸馏而得，类似于汉族配制的二锅头；四是"洁日吉"，将"阿日吉"再蒸馏而成，其质同酒精，不宜多饮。

白酥油

是草原上特有的一种奶制品。把鲜牛奶或鲜羊奶放入瓷罐里发酵为酸奶后，用杵杆进行捣拌上万次左右，即可从酸奶里分离出糊状的白酥油。奶香浓郁，别具风味。

诈马宴

是古代蒙古民族最为隆重的宫廷宴会，是融宴饮、歌舞、游戏和竞技于一体的娱乐形式，其意在于笼络宗亲，增强最高统治集团的凝聚力。诈马宴上的主要食品有手把肉、烤全羊及煮制成的全羊，还有奶制品及名贵菜肴等；主要饮料有马奶酒、白酒、葡萄酒。诈马宴总是伴随着歌舞进行，持续数日才告结束。内蒙古自治区成立40周年时，在鄂尔多斯市伊金霍洛旗的成吉思汗行宫中，隆重举办了"诈马宴"。它已成为当地一项古香古色的旅游项目。

其他名吃

凉米粉、黄酥油、酪蛋子、奶皮子、清炖羊肉、烩酸菜、米糕、炒米等

旅游攻略 Travel Guide

　　鄂尔多斯位于内蒙古自治区西南部，其东北紧邻呼和浩特、包头两市。鄂尔多斯，蒙古语意为"众多宫殿"。秦汉时称为"河南地"、"新秦中"；明朝天顺年间，蒙古族鄂尔多斯部驻牧河套地区，始称鄂尔多斯。历史上，鄂尔多斯曾是成吉思汗守陵部落的名称，是一个水草丰美的富庶之地。境内旅游景点众多，主要有成吉思汗陵、响沙湾、世珍园、准格尔召、黄河峡谷、鄂尔多斯草原、乌审召庙、库布齐沙漠度假村、转龙湾、昭君坟、红碱淖、阿尔寨石窟等一大批旅游景点。

> **热门景点**
> 成吉思汗陵、响沙湾、世珍园、准格尔召等

旅游线路推荐

1 市中心→秦直道→九城宫→成吉思汗陵　　2 市中心→响沙湾
3 市中心→鄂尔多斯遗鸥国家级自然保护区→奇光夜明沙旅游区

> **鄂尔多斯特产**
> 鄂尔多斯奶酒、酸毛杏、发菜、沙果、黑瓜子、甘草、鄂尔多斯羊绒衫、甘草王酒、褐煤（又叫柴煤）、普氏原羚、蒙古靴、蒙古帽、松蓉（又叫松口蘑）、沙枣、红海子（形似山楂）、青铜器、鄂托克族螺旋藻等

舌尖上的**呼伦贝尔**

美食向导 Delicacies Guide

　　呼伦贝尔不仅拥有风景宜人的草原风光，而且盛产各种珍稀天然食材，再加之蒙古族、鄂温克族、达斡尔族、俄罗斯族、汉族等各民族饮食文化在这里交融相会，孕育出了呼伦贝尔独具特色的风味美食。到呼伦贝尔草原旅游，除了策马扬鞭之外，品尝当地的手扒肉、烤全羊、烤羊腿、呼伦湖全鱼宴等美食，更是一道必不可少的项目。

推荐特色美食

布列亚特包子

　　布列亚特人是蒙古族中比较有特色的一个支系，他们于20世纪初从贝加尔湖一带迁到呼伦贝尔市鄂温克族自治旗地区定居。布列亚特人以当地特产的羊肉为原料做成的包子，不加其他任何调料，也不放大葱、蔬菜等任何辅料，但吃起来鲜香可口，不膻不腻。许多游客慕名品尝，食后赞不绝口。

俄罗斯列巴

　　"列巴"是俄文音译，是指俄罗斯族的一种传统食品——大面包。大列巴以面粉、酒花、食盐为主要原料烤制而成，个头很大，外壳硬硬的。吃的时候，要切成片，就着黄油和苏波汤，味道最佳。

整羊席

　　是草原上一道极贵重的菜肴，多用在很隆重的场合。将整只二岁左右的肥羯羊填入其他作料，再放入炉中烘烤而成。食用时，将羊肉分成小块，可蘸适量调味汁，肉质鲜美，越吃越香，令人难忘。到了呼伦贝尔大草原，

如果人多的话，可以品尝整羊席，先不论味道如何，光这份气势就是平常难得一见。如果人少，那就不妨要一只烤羊腿吧。

呼伦湖全鱼宴

满洲里境内的呼伦湖，是中国第五大湖泊。用呼伦湖产的鲜鱼和湖虾，可烹制鱼菜100多种，称为全鱼宴。各类鱼肴肉质肥美，营养丰富，鲜美无比，百吃不厌。

呼伦贝尔山野菜

呼伦贝尔的山野菜资源十分丰富，品种繁多，有蕨菜、薇菜、刺嫩芽、小叶芹、山胡萝卜、四叶菜、山玉米、豆瓣菜、山辣椒等80多种。这些山野菜由于

生长在山野林中，没有受到污染，堪称原生态绿色食品。无论是烹炒，还是凉拌野菜，都具有浓郁的鲜味，而且营养价值较高。

狍肉宴

鄂伦春族的传统食物主要是野兽肉和鱼肉，其中，食用最多的是狍子肉，其次是鹿、犴、熊和野猪肉。他们食用狍肉的方法有烤、煮、炖、涮等多种，其中，手把肉是最常见的吃法，且以似熟非熟、略带血丝的狍子肉为上品。鄂伦春人在重大节日或招待贵宾时，常常举行丰盛的狍肉宴，以狍肉为主料制作美味佳肴。

其他名吃

呼伦贝尔涮羊肉、涮狍肉、野猪肉炖酸菜、红烧牛头、美味香橙羊肉、扒驼掌、牙克石奶皮、奶酪、炸羊尾、烤羊肉串、红酒炖牛肉、蒙古烤肉、蒙古酿奶子、肉肠、血肠、成吉思汗铁板烧、哈达饼、鱼匹子、驼峰扒口蘑、鱼子酱、牛肉干、羊肉松、扎兰屯五香蚕蛹等

旅游攻略 Travel Guide

呼伦贝尔位于内蒙古自治区东北部，因境内有"呼伦"和"贝尔"两大湖泊而得名。呼伦贝尔市区，三山环抱，一水中流，平均海拔621.9米，素有"草原明珠"的美誉。13世纪初，成吉思汗统一草原后，将呼伦贝尔草原的大部分地区分封给他的大弟拙赤·哈萨尔。现今，额尔古纳市境内的黑山头古城，就是拙赤的故城。这里曾是北方游牧民族的历史摇篮，是多民族聚集地，蒙古、鄂温克、鄂伦春、汉、满、回、朝鲜、俄罗斯等36个民族在这里和睦聚居，至今，这些民族仍保留着各自的文化遗风和生活习惯。到呼伦贝尔草原，体验蒙古族风情，住进蒙古包，喝一碗热乎乎的奶茶，吃一顿地道的手抓羊肉，再聆听一曲悠扬的蒙古族歌曲，一定会让你陶醉不已，终身难忘。

热门景点　侵华日军海拉尔要塞遗址、满洲里国门、呼伦湖、巴彦呼硕草原、莫尔道嘎国家森林公园等

旅游线路推荐

1 市中心→海拉尔国家森林公园→侵华日军海拉尔要塞遗址→金帐汗蒙古部落

2 市中心→呼和诺尔草原→呼和诺尔湖→满洲里国门→中俄互贸区

3 市中心→莫尔格勒河→恩河牧场→中俄界河

4 市中心→额尔古纳→大兴安岭汗马国家级自然保护区→根河→莫尔道嘎国家森林公园

呼伦湖罐头（五香银鱼、干烧白鱼、鲜炸湖鱼），以及风干牛羊肉、手撕风干鹿肉、扎兰屯沙果干、大兴安岭黑木耳、野生猴头菇、柳蒿菜、草原大白蘑、牛初乳奶贝、草莓野果饮料、野生韭菜花、扎兰屯沙果、扎兰屯大米、苦杏仁、根河鹿铃春酒、海拉尔迎宾酒、兽皮工艺品等

舌尖上的**赤峰**

● 美食向导 Delicacies Guide

　　赤峰的饮食特点以内蒙古草原风味为主，除了有传统的烤全羊、手扒肉及各种奶制品之外，还有很多风味独特的烤制面食，如哈达火烧、哈达饼、对夹、草原肉饼等。

推荐 特色美食

⊟ 对夹

　　其实就是肉夹馍，是赤峰当地有名的小吃。自1917年苏文玉创建"复生隆"对夹铺后，名声渐起。这种烧饼以炉火烤制而成，外脆内酥，别有风味。对夹内的熏肉更是十分讲究，精选十几种配料调味熏制而成，香而不腻，很是诱人。

⊟ 哈达饼

　　因产于乌兰哈达地区（今内蒙古赤峰）而得名。将面粉加水、油、油酥和面制坯，再将干果等甜馅填入，入锅烙制而成。味道香甜，入口酥松，堪称赤峰美食之代表。

⊟ 哈达火烧

　　又称杠子火烧，因在和面时，用杠子压到结结实实，再放入烤炉中烤熟，其形状如上下合在一起的小圆盒子。旧时，赤峰一带的百姓出行都要装上一口袋"火烧"，远途充饥或赠送亲友，既实惠又方便。

⊟ 甜沫子粥

　　是赤峰地区民间特有的一种饭食。这种粥味道香甜可口，且因有小米和黄豆而营养丰富，是养生之佳品。

⊟ 打虎石全鱼宴

　　采用宁城县打虎石水库内养殖的鱼为原料，烹制成清炖鱼、炖鲢鱼头、炸鱼段、酱醋鱼、红烧鱼等几十道鱼菜。虽然风味各异，但菜肴中的鱼肉均鲜嫩清香，美味无比。

其他名吃　赤峰六大名菜（锅包肉、红烧梅花筋、红烧牛蹄筋、红烧牛尾、干炸达里湖华子鱼和瓦氏雅罗鱼），以及赤峰排骨蒸饺、风干牛肉、蒙古凉粉、阿鲁科尔沁羊肉、敖汉旗拨面、豆包、莜面、林西县锦山熏鸡、宁城县西泉村徐记煎饼等

● 旅游攻略 Travel Guide

　　赤峰位于内蒙古自治区东南部，内蒙古、冀、辽三省区接壤处，因城区东北角有一座褐色山峰而得名赤峰，蒙古语称为"乌兰哈达"。这里是举世闻名的红山文化、兴隆洼文化、契丹辽文化的发祥地，因赤峰地区出土了很多"龙"形玉器，而被称为"龙的故乡"。赤峰旅游资源丰富而奇特，集草原、森林、山峰、沙漠、湖泊、温泉、石林、冰臼于一体，素有"内蒙古缩影之称"，有地质遗迹丰富多样的克什克腾世界地质公园，国内规模最大的喀喇沁王府，被誉为"草原明珠"的内蒙古第二大内陆湖——达里诺尔湖，以及美丽的乌兰布统草原等。

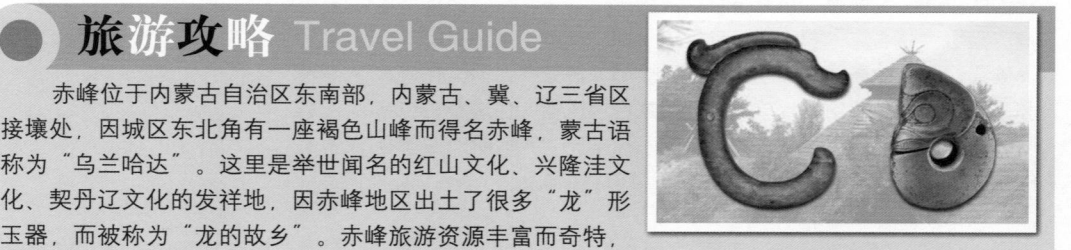

热门景点　达里诺尔湖、白音敖包、乌兰布统古战场、玉龙沙湖、克什克腾世界地质公园等

旅游线路推荐

① 市中心→赤峰博物馆→南山生态园→红山森林公园　② 市中心→巴林右旗博物馆→辽庆陵→辽上京遗址→辽祖陵→辽祖州城　③ 市中心→大青山冰臼群→热水塘温泉→黄岗梁国家森林公园→阿斯哈图花岗岩石林→达里诺尔湖→乌兰布统古战场

赤峰特产

赤峰四大名产（巴林美石、林西水晶、天使地毯、鹿系补品），五大山珍（蕨菜、黄花、白蘑、山杏仁、刺儿菜），五大名饮（敖汉旗杏仁乳、喀喇沁旗马奶酒、赤峰啤酒、宁城老窖、沙棘饮料），蒙古银器（银碗、蒙古刀、银壶、饮酒器皿），以及宁城草原湖奶酒、黑里河山野菜、敖汉旗"天然"小米、"沃野"香米、"老河"大米、四家子烟花、喀喇沁旗牛家营子北沙参、桔梗、达里湖华子鱼、达里湖鲫鱼、干白型奶酒、奶啤酒、青铜制品等

舌尖上的**锡林郭勒**

美食向导 Delicacies Guide

锡林郭勒盟以畜牧业为主，在饮食上仍以内蒙古草原风味为特色，既有以烤全羊、手把肉、涮羊肉等为代表的牛羊肉食品，又有以马奶酒、奶豆腐、奶皮子、奶茶、酸奶酪等为代表的奶制品，这些美食都是到锡林郭勒大草原旅游必尝的美味。锡林浩特市区有著名的手把肉一条街，在这里可以品尝到各民族的风味食品。

推荐特色美食

牛尾靓汤
以草原鲜牛尾为主料，以鸡腿、鱼肚、海参、口蘑为辅料炖制而成。其特点是汤味鲜美，营养丰富。

炒米
是草原上牧民常吃的一种食物。用糜子经加工炒制，再加入酸奶和白糖等搅拌后即可食用，既解渴又解饿，清香爽口，别具风味。

蒙古锅茶
先用传统方法将奶茶煮好，然后加入风干肉、奶

酪、奶皮子等，可边吃边煮。喝奶茶的时候，再配上蒙古果子、牛排、鸡蛋等，味道更佳。

草原口蘑
口蘑的主要产地在锡林浩特市辉腾锡勒草原，是可直接食用的名贵珍菌，可分为白蘑、香蘑、青腿蘑、鸡爪蘑、黑蘑等不同品种。肉质细嫩，味道鲜美，是菜肴中不可多得的野味，素有"素中之荤"的美称。

白扒猴头蘑
是内蒙古的传统名菜，以草原特产猴头蘑为主料扒制而成。此菜具有特殊的蘑香味道，入口滑嫩，回味悠长。

其他名吃

羊背子、奶饼、苏尼特烤羊肉串、莜面宴、奶豆腐、羊杂碎、牛肉干、阿巴嘎旗扒驼掌、酥油、酸奶、黄焖羊羔肉等

旅游攻略 Travel Guide

锡林郭勒，蒙古语意为"草原上的河流"位于内蒙古自治区中部，盟行政公署驻地锡林浩特市。锡林郭勒草原以其草场类型齐全、动植物种类繁多等特征而成为世界驰名的四大草原之一，这里蓝天白云，远山近水相映，河流蜿蜒曲折似银带，草场绿草如茵，牛羊遍野，洁白的蒙古包星罗棋布，编织成了一幅令人心旷神怡的美丽画卷。这里的蒙古族文化传承较为完整，民族风情浓郁，素有"中国马都"、"长调之乡"的美誉。每年

夏季的那达慕大会，更是体验蒙古风情的最佳时机。锡林河九曲湾景区、清代贝子庙、元上都遗址、查干敖包、忽必烈夏宫、平顶山、啤酒泉、二连浩特国门等自然与人文景观，一定会为你的草原之行留下深刻印象。

热门景点 锡林河九曲湾、贝子庙、查干敖包、元上都遗址、成吉思汗文化广场等

旅游线路推荐

1 锡林浩特市中心→锡林河九曲湾→成吉思汗文化广场→平顶山→辉腾锡勒草原→查干敖包

2 锡林浩特市中心→二连浩特国门→恐龙化石遗址

3 锡林浩特市中心→西乌珠穆沁草原→蒙古汗城

4 锡林浩特市中心→汇宗寺→多伦县城→元上都遗址

锡林郭勒特产 乌珠穆沁羊肉、多伦玛瑙、锡林浩特草原地毛茶、黄花菜、韭菜花、哈拉海（又称荨麻）、锡林浩特马奶酒、"草原牌"白酒、蒙古族牛皮画、角雕、内蒙古民间剪纸、纯毛条纹地毯、蒙古族民族服饰、全脂甜牛奶粉、奶豆腐、蒙古奶油等。

舌尖上的**乌海**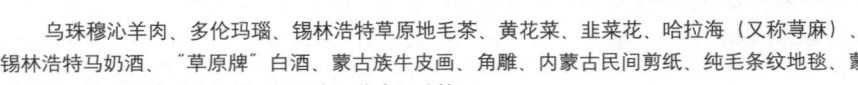

美食向导 Delicacies Guide

乌海是内蒙古自治区西部一座新兴的工业城市，居民以汉族、蒙古族为主。这里的饮食几乎包括东西南北各地的菜肴。在这里，可以品尝到一些内蒙古的特色菜，如烤猪方、涮羊肉、蜜汁天鹅蛋、龙凤呈祥、全羊汤等。

推荐特色美食

蒙古馅饼

是蒙古族蒙郭勒津部落创制的一种风味面食，已有300多年的历史。以白面或荞麦面制皮，以牛羊猪肉为馅，采用豆油、奶油煎制而成，是蒙古族人家招待贵客的主要食品之一。

蜜汁天鹅蛋

是乌海地区的一道风味名菜。以土豆为主要原料，配以面粉、蛋黄烹制而成。此菜不仅味道鲜美，而且营养丰富，深受人们的喜爱。

龙凤呈祥

是内蒙古地区的一道创新名菜。以鸡、鱼为主料烹制而成，由此命名"龙凤呈祥"。此菜以鸡肉、鱼肉相混，口味鲜、香、酸、辣、甜、咸俱全，是当地中高档宴席必备的佳肴。

烤猪方

采用上好的五花猪肉烤制而成，因肉块为方形，故名。吃的时候，可以加上甜面酱、黄瓜条等，入口顿觉肉烂酥软，味道香浓，好吃极了。此菜是解放前由特一级厨师吴明明傅在绥远省政府事厨时所创，在内蒙古享有"烤制菜肴之魁"的美誉。

清汤牛尾

以内蒙古草原的鲜牛尾为主要原料，配以鸡腿、鱼肚、海参、口蘑等烩制而成。口味鲜香，营养丰富，是到乌海必尝的美味佳肴。

其他名吃 全羊汤、酒锅牛三宝、烩酸菜、涮羊肉、手扒肉、奶豆腐、烧卖、内蒙古酱驴肉、金饺驼掌等

旅游攻略 Travel Guide

乌海位于内蒙古自治区西南部，西邻阿拉善盟，南邻宁夏石嘴山，地跨贺兰山余脉东麓与鄂尔多斯高原西缘。汉元朔二年（公元前127年），汉武帝击败匈奴楼烦王、白羊王，收复河南地（今巴彦淖尔市境内乌加河以南鄂尔多斯高原），在今乌海市海勃湾区设置沃野县，以后历代行政归属不断变化。境内有桌子山横贯，黄河流经，景色优美，被誉为"黄河明珠、沙漠绿洲、葡萄之乡、书法之乡"这里既有雄浑壮阔的黄河景观，又有沙漠、草原等独特的塞外风光，邻近地区还有贺兰山、西夏王陵、沙湖、成吉思汗陵等著名旅游景点。

热门景点 金沙湾旅游区、迪雅庙、胡杨岛等

旅游线路推荐

1 市中心→青山翰墨园→乌海市植物园→金沙湾旅游区
2 市中心→一线天地质生态旅游区→满巴拉僧庙→迪雅庙→胡杨岛

乌海特产 乌海葡萄、马头琴、花边手工艺品、乌海冬枣、蒙古地毯、奶茶壶、蒙古族铜器等

舌尖上的**阿拉善**

美食向导 Delicacies Guide

阿拉善盟的居民多为蒙古族、回族同胞，因此形成了以蒙古族饮食为主的特色风味，如烤全羊、手抓肉、奶茶、奶皮子等蒙古族传统食品，在这里都可以品尝到。由于阿拉善境内沙漠广布，沙漠中的特产沙葱、沙芥、沙米、驼峰、驼掌等，更是阿拉善美食中的代表，风味独特，一定不要错过。

推荐特色美食

扒驼掌

是阿拉善地区的一道名贵菜肴。驼掌肉质细嫩，不肥不腻，醇香适口，营养丰富。其味道可与熊掌媲美，乃秋冬季节上好的补品之一。

阿拉善肉食

阿拉善的蒙古族喜食牛、羊、驼肉，尤其喜吃羊肉。烹制方法有烤烧、煮、炒、熏、煎、涮、炸等，

最具代表的佳肴有烤全羊、羊背子、手抓肉、风干肉、红焖羊肉、清蒸羊肉、烩羊肉、黄焖羊羔肉、奶蒸羊羔肉等。

阿拉善乳食

阿拉善的蒙古族将乳制品通称为"查干伊德根"，意为白色食品。这里的乳食品种繁多，有鲜奶、酸奶、奶酒、奶茶、奶皮子、奶酥、奶油、奶酪蛋、奶豆腐等，具有味美可口、营养丰富的特点。

阿拉善茶食

蒙古族的日常生活一日三餐都离不开茶。其制法是在沸水中加入青砖茶叶和适量食盐即成黑茶，在

制成的黑茶里再加入适量的鲜奶，茶色变成乳白，煮沸即为白茶。黑茶、白茶，均具有奶香浓郁、绵甜可口、有助消化的特点。

▣ 黄焖羊羔肉

是阿拉善地区的一道传统名菜。将切成方块的羊羔肉，辅以酱油、蛋黄、粉面、调料等，抓拌后入油锅炸成金黄色，扣入碗内，放入肉汤、葱段、花椒、大料、酱油等，上笼蒸熟即成。

▣ 皮条拉石头

其实就是粉汤饺子，为阿拉善地区闻名的传统风味小吃之一。将一锅煮好的饺子和粉条一齐倒入汤锅中，出锅前，放些生葱、盐、醋、油泼辣面子、味精等调料。味道酸辣适口，有发热祛寒的功效，非常适合寒冷地区的人们食用。

▣ 凉拌蹄黄

蹄黄，即指骆驼掌心鹅卵大小的两块纤维组织，肉质非常细腻，似筋而比筋柔软，比驼峰更富含纤维组织。以蹄黄制作的凉拌菜肴，滑爽鲜嫩，清脆可口，是非常珍贵的名菜。

▣ 阿拉善面食

阿拉善人爱吃面，在阿拉善盟的首府阿拉善左旗巴彦浩特镇最容易找到的饭馆就是面馆，面食有刀削面、臊子面、揪面、凉面、焖面、油糕、烙饼等。其中，蘑菇肉揪面是当地最有名的一种小吃，这种面的原料必须是纯正的阿拉善土种羊肉和贺兰山野生蘑菇，羊肉鲜嫩，蘑菇味厚，再加入辣椒、油花、西红柿等调料，煮出浓浓的肉汤，再揪入雪白的面片，让人看着就垂涎欲滴。

其他名吃

阿拉善酿皮子、蒙古族炒米、炸馓子、红烧驼峰、风干牛羊肉、烩羊杂碎、酱骆驼肉、骆驼肉包子、糌粑、米茶、羊肉稀饭、羊血肠、烤羊肉串等

● 旅游攻略 Travel Guide

阿拉善盟位于内蒙古自治区最西部，行政公署驻地为阿拉善左旗巴彦浩特镇。境内整个地区南高北低，东部边缘有黄河流经85千米，西部有源于祁连山的弱水注入古居延海，沿途形成了居延绿洲，著名的巴丹吉林、腾格里、乌兰布和三大沙漠横贯全境。阿拉善王府、贺兰山画岩、黑城遗址、延福寺、广宗寺、七道桥胡杨林保护区、额济纳怪树林、腾格里沙漠月亮湖、天鹅湖、古居延海等众多人文与自然景观，构成了阿拉善独具特色的旅游资源。

热门景点 贺兰山南寺、贺兰山北寺、月亮湖、额济纳怪树林、八道桥沙漠风光、东风航天城等

旅游线路推荐

1 阿拉善左旗巴彦浩特镇→贺兰山北寺→贺兰山自然风景区

2 阿拉善左旗巴彦浩特镇→腾格里沙漠→天鹅湖→月亮湖

3 额济纳旗达来呼布镇→怪树林→黑城遗址→绿城遗址→东风航天城

4 额济纳旗达来呼布镇→二道桥胡杨林→四道桥胡杨林→七道桥→八道桥沙漠风光

5 额济纳旗达来呼布镇→古居延海→策克口岸→奇石街

阿拉善特产

沙葱、沙芥、驼峰、驼掌、阿拉善仿古地毯、驼绒裤、阿拉善奇石、居延蜜瓜、锁阳（又名不老药）、肉苁蓉（又名肉松蓉，为滋补上品）、贺兰山野生蘑菇、阿拉善双峰骆驼、玛瑙宝石、苁蓉特液、额济纳哈密瓜、蒙古族皮囊奶酒等

舌尖上的 辽宁

　　辽宁菜，简称辽菜，属于东北菜系。由于大清国曾建都于沈阳，辽菜受满族饮食习俗的影响较为深远，宫廷菜、王府菜、市井菜和渤海湾的海鲜，构成了辽菜的基本框架。在众多的辽菜中，鲜咸、香辣、五香、甜咸、酸辣、甜香等口味香浓的菜肴较多，这种醇厚香浓的风味正是辽菜特色的核心。辽菜在长期的发展过程中，形成了一系列风味名菜，有酸菜粉条、猪肉炖豆角、小鸡炖蘑菇、鲶鱼烧茄子、杀猪菜、白肉血肠、满汉全席、扒锅肘子、全羊汤、马家烧卖、老边饺子等。辽宁的饮食很有几分东北人的特点，粗犷豪放，不拘一格，大盘的肉，大碟的菜，大杯的酒，颇有"大碗喝酒，大块吃肉"的气势。

一朝发祥地，两代帝王城

漫访辽西古迹

水洞奇观，边境秀色

悠游辽东海湾

山青江绿高句丽

东北之窗，北方明珠

特别推荐

▶ **辽宁十大美食** 沈阳李连贵熏肉大饼、大清花饺子、那家白肉血肠、老山记海城馅饼、锦州沟帮子熏鸡、东北杀猪菜、大连海鲜、盘锦清蒸河蟹、抚顺努尔哈赤黄金肉、丹东酸汤

▶ **辽宁十大特产** 沈阳老龙口白酒、鞍山岫岩玉雕、盘锦河豚、大连鲍鱼、丹东凤城老窖酒、锦州道光廿五贡酒、锦州玛瑙雕刻、盘锦大米、海城南果梨、辽阳香梨干

▶ **辽宁十大景点** 沈阳故宫、沈阳福陵、沈阳昭陵、本溪水洞、鞍山千山风景区、抚顺清永陵、大连金石滩、丹东鸭绿江国家级风景名胜区、锦州笔架山、葫芦岛兴城古城

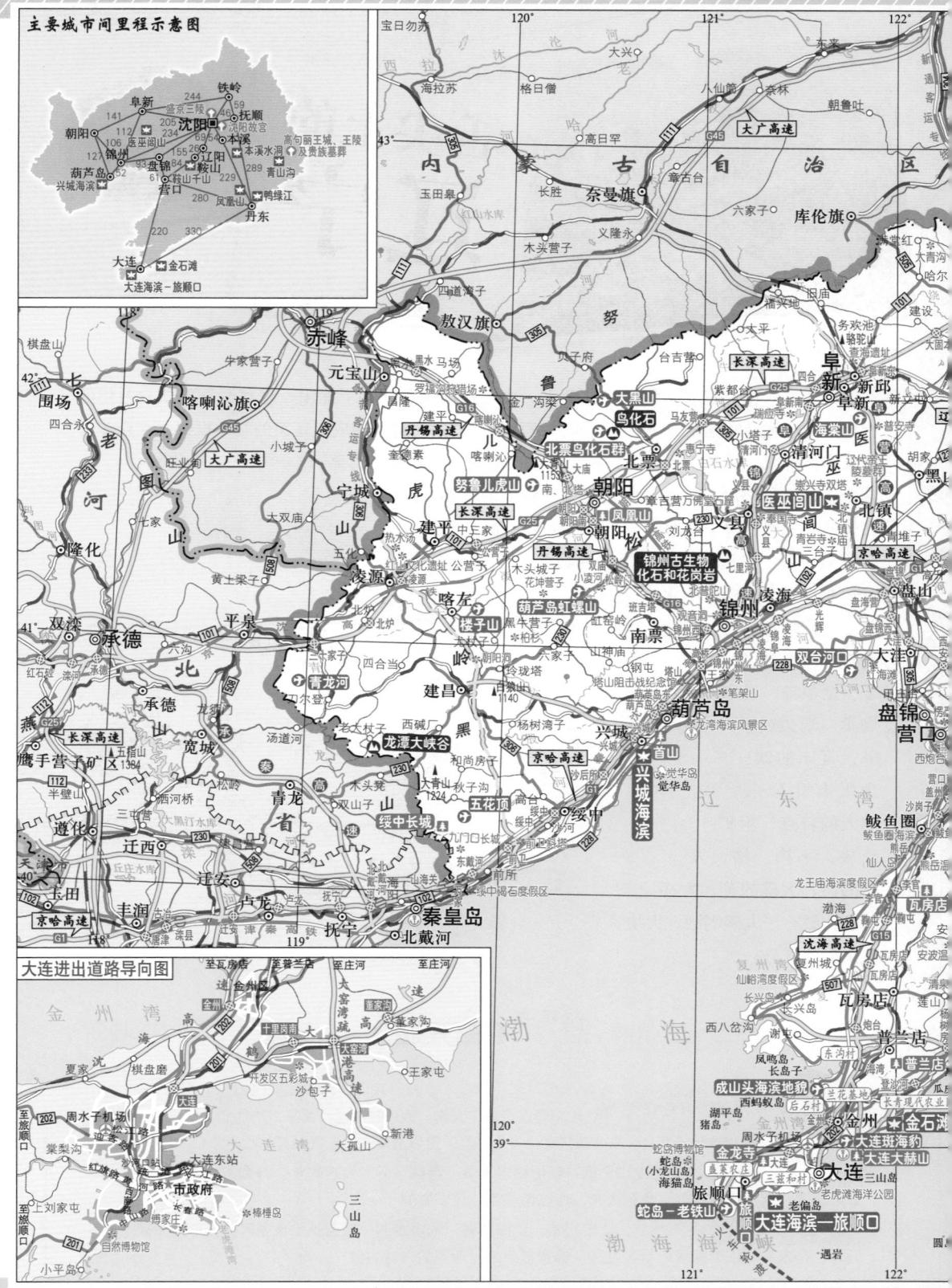

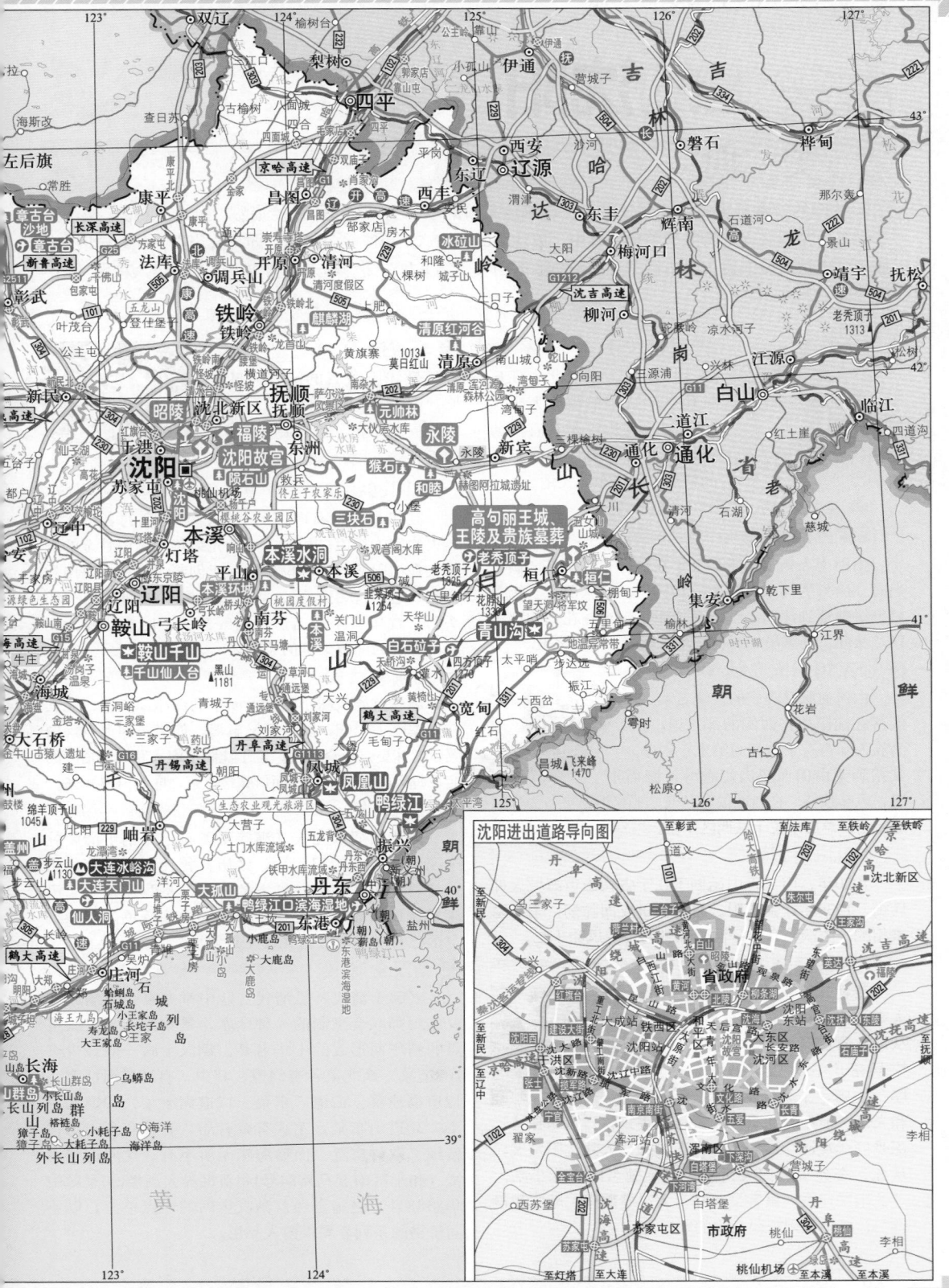

比例尺 1：2 630 000

舌尖上的**沈阳**

美食向导 Delicacies Guide

沈阳的饮食历史悠久，制作精湛，在满族菜肴的基础上，经过不断的借鉴、融合、创新，形成了许多非常具有当地特色的美食。其中，以沈阳的传统八大小吃最为著名，即马家烧卖、那家白肉血肠、老山记海城馅饼、老边饺子、沈阳协顺园回头、杨家吊炉饼、李连贵熏肉大饼、西塔大冷面（朝鲜冷面）。

推荐
特色美食

老边饺子

1828年，由河北省任丘一位名叫边福的汉族人来沈阳创制。老边饺子具有皮薄馅满、鲜香味美、油而不腻的特点，名扬东北大地。

✉ 老边饺子馆：沈河区中街路206号

杨家吊炉饼

由河南人杨玉田于1908年在吉林省洮南县创制，当时立店号为杨家大饼店。1950年，杨玉田之子杨善修将饼铺迁到沈阳经营，又增添了带鸡丝花帽的鸡蛋糕。从此，杨家吊炉饼、鸡蛋糕扬名于东北各地。

那家馆白肉血肠

白肉血肠是满族的传统名菜。坐落在沈阳故宫西侧的那家馆，由满族人那吉有于清朝同治末年创办。其招牌菜白肉血肠肉烂香醇，肥而不腻，风味独特，在当地很有名气。那家馆已更名为那家老院子，总店现位于铁西区宁宫。

老山记海城馅饼

1920年，由毛青山始创于辽宁省鞍山市海城火神庙街，1939年迁到沈阳。海城馅饼皮面脆韧，馅料荤素相配，浓淡相宜，是沈阳知名的传统风味小吃。

李连贵熏肉大饼

清朝光绪年间，创始人李连贵为谋生闯关东，从河北省滦县到吉林省梨树县落户，开设"兴盛厚"小店，主要经营酱肉和大饼，他创制的熏肉大饼，肉香饼软，风味独特，深受群众欢迎。1950年，李连贵的后人到沈阳发展，从此，李连贵熏肉大饼成为沈阳驰名的风味小吃。"沈阳李连贵，熏香又美味，大饼卷熏肉，越吃越没够"，成了沈阳市民常说的顺口溜。

马家烧卖

是沈阳著名的清真风味小吃，已有180多年的历史。其特点是皮薄光亮、筋道柔润、味道醇香。

✉ 马家烧卖馆：沈河区正阳街24号。

沈阳回头

其实是一种有肉馅的烧饼，与北京的名小吃褡裢火烧较为相似。相传，清朝光绪年间，由姓金的一家人在沈阳北门里开设烧饼铺时创制。这种烧饼肉香味美，官民争相购买，回头客不断，故而取名"回头"。沈阳百年老店协顺园经营的"回头"最为正宗，已成为沈阳美食的象征之一。

西塔大冷面

属朝鲜族风味小吃。冷面中的汤冰凉爽口，尤其在夏季吃上一碗，既解暑又解渴，如果再加上点辣白菜，口味更是与众不同。位于沈阳市府大路的西塔冷面店，每天门庭若市，冷面口味最正宗，非常值得一去。

大清花饺子

由沈阳胡家先人（满族正黄旗）始创于清朝乾隆三十八年（1773年），经历代秘传制作工艺，仍保持着料重、味浓、鲜香的特色，是我国第一家满族餐饮连锁品牌店，具有浓郁的民族特色。现在，全国已有60多家大清花饺子连锁店。

满汉全席

兴起于清代，是清代宫廷中举办宴会时满族和汉族厨师联合烹制的一种全席，是集满族与汉族菜点的精华而形成的中华名宴。满汉全席一般最少有108道菜，南北菜各有54道，其中，有30道浙江菜、12道福建菜、12道广东菜、12道满族菜、12道北京菜、30道山东菜。菜式有咸有甜，有荤有素，用料精细，取材广泛，山珍海味无所不有。沈阳御膳酒楼（和平区南五马路84号）和新世界大酒楼（和平区中华路88号）是指定经营满汉全席的定点单位，以不同价格的系列套餐供游人品用。

其他名吃

原味斋烤鸭、朝鲜族烤牛肉、张久礼烧鸡、大舞台油炸糕、麻花、打糕、开口馅饼、高楼香鸡、翟家驴肉、潘家肘子、三合盛包子、馨香包子、美食佳坛肉馆五花坛肉、鸡味抻面、铁板架鸡、康平小豆腐、岩明火烧、甘露饺子、高老太太糖葫芦等

旅游攻略 Travel Guide

沈阳位于辽宁省中部，为辽宁省省会，是国家历史文化名城之一，素有"一朝发祥地，两代帝王城"的美誉。西汉在此设侯县，并用土夯筑城墙，这是沈阳最早建城的开始；辽金时期称沈州；元代设沈阳路，因地处沈水（现称浑河）之北而得名；1625年，清太祖努尔哈赤将建立的后金政权从辽阳迁沈阳，并更名为盛京；1636年，清太宗皇太极以盛京为国都，建立大清国；1644年，清朝迁都北京后，沈阳成为陪都，并于1657年在沈阳设奉天府，寓意"奉天承运"；1911年辛亥革命后，沈阳成为奉系军阀张作霖的首府；1945年恢复沈阳名称。悠久的历史，深厚的文化积淀，使沈阳遗存有新乐遗址、叶茂台辽墓、沈阳故宫、昭陵、福陵、奉天府、"九一八"历史博物馆等名胜古迹。

热门景点　沈阳故宫、张氏帅府、"九一八"历史博物馆、福陵、昭陵、怪坡等

旅游线路推荐

1 市中心→中街商业步行街→沈阳故宫→大帅府→"九一八"历史博物馆→沈阳佛寺区
2 市中心→沈阳故宫→福陵→昭陵→永陵　3 市中心→怪坡→棋盘山　4 市中心→鞍山千山风景区

沈阳特产

老龙口白酒、不老林糖、沈阳陈酿酒、沈阳羽毛画、太阳鸟工艺品、绢花、葫芦雕、野生红松蘑、天然色高级地毯等

舌尖上的**铁岭**

美食向导 Delicacies Guide

铁岭的饮食与辽宁其他地方风味大体一致，东北风味浓郁，同时也颇具地方特色。如牛肉火烧、李记坛肉、清河水库全鱼宴、山蘑炖笨鸡、东北杀猪菜等，都是到铁岭必尝的美食。

推荐特色美食

🍲 山蘑炖笨鸡

以当地的野生松蘑、榛蘑、榆黄蘑与笨鸡合炖而成。这道菜肉香菇滑，野味浓厚，值得一尝。

🍲 炝蕨菜

为纯天然绿色菜品，清淡可口，具有保健功效。

🍲 李记坛肉

是由李学新于1918年从天津逃荒到铁岭开设食店而首创的坛肉，是铁岭著名的一道菜肴。坛肉色泽金黄，味道醇香，肥而不腻，酥烂味厚，入口就化，深受当地百姓喜爱。

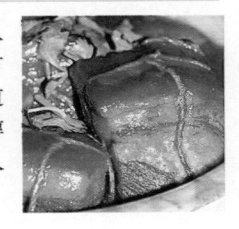

⬚ 牛肉火烧

是铁岭著名的地方特色小吃。出锅的火烧外焦里嫩，香酥可口。若配上一碗飘香的羊汤，美味至极。

⬚ 东北杀猪菜

以血肠烩酸菜为主菜，配有猪头肉、去骨肉、猪蹄、猪肝、猪腰子等。菜品色泽鲜美，味香浓厚，老少皆宜。

其他名吃　清河水库全鱼宴、熏肉大饼、冻豆腐金汁汤、清炖鸡参汤、昌图亮中桥干豆腐、贴饼子熬鱼、炸蝗虫、打饭包（俗称饭包子）等

旅游攻略 Travel Guide

铁岭，为明代所设"铁岭卫"的简称。位于辽宁省北部，是全国闻名的煤电能源之城、小品艺术之乡、体育冠军之乡、红学文化之乡，还是辽、金文化的发源地，满清王朝的发祥地之一。这里依山傍水，景色宜人，是一座独具辽北风情魅力的城市，是辽宁旅游金三角和环沈阳旅游九城市的重要组成部分，境内有清代银冈书院、辽代白塔、莲花湖湿地景区、西丰县城子山山城遗址、调兵山兀术城、开原市威远古城及龙首山、帽峰山、柴河水库、清河水库等旅游景点。其中，电视连续剧《刘老根》第二部拍摄基地——清河旅游度假区内的龙泉山庄和凤舞山庄，已成为铁岭旅游的新亮点。

热门景点　龙泉山庄、龙首山、莲花湖、咸州古城、七鼎龙潭寺等

旅游线路推荐

1 市中心→龙首山→银冈书院→尚阳湖风景区→清河水库→龙泉山庄→凤舞山庄
2 市中心→开原市区→崇寿寺→咸州古城→七鼎龙潭寺→西丰城子山风景区→昌图太阳山风景区
3 市中心→调兵山市区→明月禅寺→兀术城

铁岭特产　山楂、榛子、人参、柞蚕丝、西丰鹿鞭、鹿茸、筋鹿、开原大蒜、铁岭大米、铁岭大葱、黄花菜、昌图豁鹅、圈白蘑、榛蘑、昌图山雁王酒、遛达鸡等

舌尖上的**抚顺**

美食向导 Delicacies Guide

抚顺是清太祖努尔哈赤的发迹之地，素有"启运之地，满族故里"之称。其饮食文化源远流长，逐渐形成了以满族风味为特色的美食佳肴，如苏耗子、酸汤子、努尔哈赤黄金肉等都具有浓郁的满族风情。

推荐特色美食

⬚ 兰花熊掌

主要由熊掌、虾茸、油菜心烹制而成。此菜用料名贵，肉酥色艳，味道极佳，是辽宁名菜之一。

⬚ 苏耗子

又叫苏叶干粮、苏叶饽饽、黏耗子，是满族的传统风味面食。食之，香甜可口，并带有苏子叶特有的清香。

努尔哈赤黄金肉

是满族古老的宫廷风味名菜，曾被列为满馔第一味。传说，这道佳肴是努尔哈赤发迹前所创制。其做法是用切好的里脊肉裹上蛋黄，入油锅后，迅速颠炒而成，因其色泽金黄，味道鲜美，故得名"黄金肉"。每逢大典盛会，清朝历代皇帝必令先上黄金肉，以示不忘祖上恩典与赏赐。

酸汤子

是满族人夏季最爱吃的一种食品。将发酵的玉米面加水和成糊状，挤进汤筒，使之成面条状，漏入沸腾的水锅中，煮熟后，加些作料即可食用。

包儿饭

又称菜包、菜团子，是抚顺的一道家常小吃。所用的菜叶、饭及蔬菜等，常因季节变化而有所选择，因此形成了不同风味的包儿饭。

其他名吃　满族豆面卷子、菠萝叶饽饽、乾隆豆腐菠菜、小香肠、小鸡炖蘑菇、猪肉炖粉条、酸菜血肠五花肉、羊汤等

旅游攻略 Travel Guide

抚顺位于辽宁省东北部，西连沈阳，是东北地区重工业基地，素有"煤都"之称。抚顺是一座历史悠久的古城，自汉代始置城设治；明洪武十七年（1384年），朱元璋为了安抚女真人，将新城以"抚绥边疆，顺导夷民"之意，正式更名为抚顺。公元1616年，努尔哈赤在抚顺境内赫图阿拉城称汗，建立后金政权，抚顺也因此成为了清王朝的发祥之地。境内山清水秀，森林茂密，旅游景点众多，有世界文化遗产清永陵、雷锋纪念馆、萨尔浒风景区、赫图阿拉城址、宝泉山善缘寺、关山湖风景区、元帅林国家森林公园等。

热门景点　雷锋纪念馆、清永陵等

旅游线路推荐

1 市中心→雷锋纪念馆→抚顺战犯管理所→萨尔湖风景区　　2 市中心→清永陵→赫图阿拉城遗址

抚顺特产　单片黑木耳、清原龙胆草、五味子、榛子、马鹿茸、抚顺林下参、蕨菜、琥珀工艺品、新宾根雕、林蛙、抚顺煤工艺品、江南果梨、冻梨等

舌尖上的本溪

美食向导 Delicacies Guide

本溪不仅有著名的本溪水洞风景区，而且还有众多具有本地特色的美味小吃，如豆筋、盘龙饼、翡翠饼、排骨白菜木耳汤、烤羊排、喇蛄、酸辣粉等。

推荐 特色美食

白肉酸菜血肠

属满族的传统名肴，又是本溪地区民间宴请亲友的一道主菜。其做法是将切成薄片的五花猪肉与细切的酸菜及调料，同时加水下锅，开锅后，再放入已切成小段的熟肠即成。此菜香而不腻，营养丰富，具有浓郁的东北风味。

蕨菜

在本溪的山区、田野，到处可见这种山野菜，资源极为丰富。其嫩茎可食，拌凉菜，或炒或腌，味道

俱佳，且营养价值极高。

刺嫩芽

是本溪地区盛产的一种野菜，含有丰富的人参素，属山野菜中的上品。此菜无论是凉拌，还是烹炒，味道都非常清香，且具有强身壮体之功效。

长宽猪蹄

是本溪地区闻名的肉食品牌。采用祖传秘方配制，精心选料、细致加工而成。主要品种有猪蹄、猪肚、猪肘、牛肉、兔头、鸡脖等熏制品，风味独特，远近扬名。

其他名吃

蝲蛄、蕨菜炒肉丝、蒙古馅饼、全羊席、红梅鱼肚、老汤干豆腐、灌汤包、虹鳟鱼等

● 旅游攻略 Travel Guide

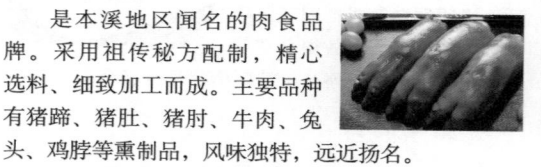

本溪位于辽宁省东部山区，因市区有本溪湖而得名。汉元帝建昭二年（公元前37年），黑龙江境内的夫余国王子朱蒙因宫廷之争避难逃亡至纥升骨城（今本溪市桓仁满族自治县五女山），建立高句丽政权，历时40年，后移都国内城（今吉林省集安市）。境内山高林密，河流纵横，拥有奇洞、名山、秀水、热泉、枫叶、森林、漂流等丰富的旅游资源，素有"神奇山水，枫叶之都"的美誉。

热门景点 本溪水洞、五女山等

旅游线路推荐

1 市中心→本溪水洞　　2 市中心→桓仁县城→五女山

本溪特产

蕨菜、唐松草、大叶芹、猕猴桃、山楂、香菇、人参、冻梨、"龙山泉牌"啤酒、"铁刹山牌"老窖酒、野生山核桃乳、黑木耳、京租大米、辽砚、蝴蝶翅画、岫岩玉雕、满族剪纸、桓仁冰酒、山参、冰葡萄等

舌尖上的**大连**

● 美食向导 Delicacies Guide

大连人多是山东人的后裔，因此其饮食也近于鲁菜风味。到了大连，不吃海鲜乃一大憾事，这里的海鲜名菜有红烤全虾、清蒸灯笼鲍鱼、清蒸加吉鱼、油爆海螺、海鲜焖子、拌海凉粉、炒海肠子、咸鱼饼子、红烧海味全家福等。夏季，吃海鲜或吃烧烤的时候，一定要多吃些大蒜，以防水土不服或食物不新鲜而吃坏肚子。如果想吃海鲜，最好别在7-8月去大连，这时，大连封海，基本没有新鲜的海产品。

咸鱼饼子

是从当地农村传入大连市区的家常美食，现在所有的小餐馆或大饭店都有这道美食。其中的鱼，是秋天捕获的海鱼，有棒子鱼，也有黄花鱼，放些葱、姜、盐腌制，再入油锅煎至焦黄为止。饼子是用陈年包谷面掺了些豆面、白面发酵后制作而成的，放入大铁锅内蒸熟。将这两样美食搭配食用，味道绝美。

大连烧烤

大连的烧烤也和海味有关，海鲜也可以拿来烧烤，其中，铁板烤鱿鱼最为著名。大连火车站前广场的烧烤一条街，那里有许多烧烤店，口味不错。

海鲜焖子

焖子是以地瓜粉为主料熬制的凉粉做成的。将切成方块的凉粉入油锅煎炒，出锅后，淋上炒好的虾段、海螺片等海鲜，再加些蒜泥、芝麻酱、酱油、醋等调料，香喷喷的"海鲜焖子"就可食用了。

大连海参

海参是高蛋白、低脂肪、低胆固醇的名贵海味之一，可分为刺参、光参和秃参，尤以刺参品质最佳。大连市长海县海鲜岛出产的梅花参，比其他刺参多一行刺，因而更有名气。吃海参没有季节限制，冬季吃红烧海参为佳，味道醇厚，夏季吃清汤海参为宜，清淡爽口。

五彩雪花扇贝

以新鲜活扇贝和蛋清为主料，以青豆、葱、料酒、酱油和味精为配料，经过精心烹制而成。菜品五彩缤纷，质嫩味鲜，清淡爽口，食而不腻。

红烧全虾

以新鲜的对虾为主料，入油锅加葱、姜煸炒后，加绍兴酒、白糖、精盐，再用慢火煨制，收净汤后即可。出锅后的大虾，色泽火红明亮，虾肉肥美，鲜嫩香醇。

拌海凉粉

主要原料牛毛菜是生长在海底礁石上的一种水草，将它晒干后，上锅熬煮，再过滤，晒凉后切成条形，便成为海凉粉。吃时，再加入蒜末、醋、盐、味精等调料，即成为夏季一道清新的开胃凉菜。

清蒸灯笼鲍鱼

用带壳的活鲍鱼，切成灯笼形状，放入原壳，用葱、姜、盐、味精等做调料，入锅蒸7分钟即成。这道菜保持了鲍鱼原有的形状和色泽，用筷子提起来像灯笼。吃时，再浇上汁液，特别鲜美爽口，别有风味。

炒海肠子

海肠子是一种软体动物，它的身体呈半透明状，颇像一截肠头，故此得名。大连只有夏家河子海滩盛产海肠子。其吃法较多，把它洗净切成丝，用时令蔬菜拌或炒均可，营养价值高，且味道鲜美。

八仙过海

是大连的一道名菜。八仙是指八种原料，即鱼翅、海参、鱼骨、鲍鱼、鱼肚、芦笋、虾、鸡等。此菜制作讲究，造型独特，口味鲜而不腻，营养丰富。

红烧海味全家福

是大连最有特色的一道菜，以水发海参、净虾肉、净鱼肉、水蹄筋、鲍鱼、熟鸡肉等为主料，以冬笋、水冬菇、水发银耳、油菜心、熟猪舌等为辅料，经过精心烹制而成。此菜不但造型讲究，色彩缤纷，而且味道醇厚，营养丰富。许多亲朋好友聚餐时，多点此菜，团聚叙旧，有共祝家福之意。

鱼叶面、海麻线丸子、生吃夏贝、鱼豆腐、珍珠扇贝白玉汤、鱿鱼三鲜、鲍鱼干、茄汁鲤鱼、香炒螺片、酸辣鲜虾汤等

★ 天津街海鲜排档小吃一条街

小吃街位于市中心火车站附近，周边有天津街商业步行街、俄罗斯风情街、胜利广场购物中心等。在这条百年商业老街上，荟萃了国内外的各种风味美食，有海鲜烤串、麻辣小龙虾、盐烤沙蚬子、川味盆盆螺、盐烤日本秋刀鱼、三鲜焖子、多味川烤等上百种小吃，还汇聚了俄罗斯、泰国、印度、日本、韩国的餐饮风味名店，真可谓是品美食和购物的理想场所。

✪ 黑石礁小吃街

这里的小吃品种很多，且价格合理，有海鲜烧烤、麻辣串、臭豆腐、蜜汁鸡脖、烤鱿鱼等。周末或晚上的时候，食客云集，好不热闹。你可以从街头吃到街尾，花不多的钱，保准填饱肚子。✉ 地址：沙河口区黑石礁。

✪ 山东路特色美食街

这条街长长的，两边尽是烧烤、海鲜、火锅、烧鹅、羊蝎子、鱼头等餐饮店。比较出名的饭馆有味无味海鲜店、亮亮烧烤、大福龙火锅、诸葛烤鱼、铁锅烧大鹅、旺顺阁酒店等。

 **旅游攻略** Travel Guide

大连位于辽东半岛的最南端，东临黄海，西临渤海，北与东北大陆相连，是我国最大的深水海港，也是一座景色宜人的海滨城市。大连，古称青州，清光绪时曾被俄罗斯强租，后被日本侵占，1945年收复。新中国建立后，这座海滨名城享有"足球城"、"槐花城"和"旅游城"等美誉。2006年，大连与杭州、成都一同被评为"中国最佳旅游城市"。主要名胜古迹有棒槌岛、老虎滩、金石滩、旅顺口国家级风景名胜区等。金色的沙滩、大片的绿地和数不清的广场，与美丽的海滨风光，汇聚出大连花园般的浪漫之地。

热门景点 星海公园、金石滩、老虎滩、傅家庄海滩、棒槌岛、庄河冰峪沟，以及旅顺口国家级风景名胜区（老铁山、蛇岛、鸟岛）等

旅游线路推荐

1. 市中心→老虎滩→极地海洋动物馆→北大桥→燕窝岭→傅家庄海滩→棒槌岛
2. 市中心→大连贝壳博物馆→圣亚海洋世界→星海广场
3. 市中心→旅顺火车站→旅顺军港→旅顺日俄监狱→白玉山→万忠墓→老铁山→蛇岛
4. 市中心→冰峪沟旅游区

大连特产 海八珍（海参、鲍鱼、扇贝、对虾、蚬子、海红、蛸子、牡蛎），以及贝雕工艺品、大连苹果、大连河豚、庄河杂色蛤、旅顺赤贝、大连裙带菜、紫海胆、庄河山牛蒡、庄河歇马杏、草莓、米根香大米、大连虾酱、滑子菇、冻尖把梨等

舌尖上的**丹东**

 **美食向导** Delicacies Guide

丹东是全国最大的满族聚居区之一，其饮食有浓重的满族风味。传统的满族食品有煮饽饽（饺子）、枣饽饽、秫米水饭、豆干饭、酸汤子等。面江临海的丹东，盛产各类海鲜，当地有著名的海鲜一条街，可以品尝各种海鲜菜品。由于丹东与朝鲜只有一江之隔，各式朝鲜料理、韩国烧烤，在这里也非常风靡。

推荐
特色美食

丹东海鲜

面江临海的丹东，盛产大黄鱼、面条鱼、公鱼（秋生鱼）、鲳鱼、对虾、文蛤、海蟹等。丹东沿江有一条著名的美食街，在这里，可以吃到各种海鲜，既鲜美好吃，又价格便宜。

黄蚬炒米叉子

是丹东最具特色的小吃之一。以米叉子为主料，以黄蚬子肉、韭黄、胡萝卜、圆子葱等为辅料，加蒜末、香油等调料煸炒而成。米叉子是由满族食品"酸汤子"演变而来的一种食品，可炒可煮。黄蚬子是丹东的海鲜特产，肉质鲜嫩味美。

花开富贵叶子鱼

是丹东的一道名菜。先取鸭绿江上游的草鱼宰杀取肉，制成鱼泥，加入调味品，然后用鱼泥做成叶子状，放入油锅炒熟即可。味道鲜美，深受食客欢迎。

银丝羹

是以海参、虾仁、鲍鱼、嫩豆腐为主料，以白灵菇、发菜、冬菜等为辅料，用秘制上汤煲制而成。汤汁鲜美，口味香滑，为丹东著名的菜肴之一。

黄蚬子

是丹东最有名的海鲜产品之一，产于东港市黄海浅海处。其外壳呈黄色，个大肉肥，味道鲜美，与面条鱼并称为"丹东双鲜"。黄蚬子的吃法很多，可烤可涮，可拌可炒，无论怎样吃，那味道都鲜香四溢，让人吃得过瘾。

酸汤

又称汤子，是满族人的传统小吃。将玉米用水泡涨后，磨成糊状，放到微有酸味时做汤吃。如放些辣椒或胡椒，酸辣可口，滋味更香。

其他名吃

米叉子、焖子、小肉饭、白肉血肠、坛肉、豆泥酸菜汤、芥末墩、乏克（满语，意为"包儿饭"或"菜包儿"）、炒馇子、枣饽饽、秣米水饭、豆干饭、豆擦糕、百乐熏鸡、泡菜炒肉、韩式风味烧烤、黏糕饽饽、朝鲜族打糕等

旅游攻略 Travel Guide

丹东位于辽东半岛东端，紧临鸭绿江口，与朝鲜隔江相望。丰富优质的水资源，湿润的气候，使丹东山清水秀、物产丰富，成为塞外江南、鱼米之乡，素有"东北苏杭"的美誉。作为国家特许经营赴朝鲜旅游的城市，丹东依托境内的鸭绿江、虎山长城、凤凰山、青山沟、五龙山、大孤山、黄椅山、大鹿岛、獐岛、玉龙湖等众多景点，与沈阳、大连构成了辽宁旅游的"金三角"，堪称旅游避暑胜地。

热门景点　鸭绿江风景区、抗美援朝纪念馆、虎山长城、青山沟、太平湾等

旅游线路推荐

1 市中心→鸭绿江公园→鸭绿江断桥→抗美援朝纪念馆　　2 市中心→凤凰山→五龙背→大孤山→九连城　　3 市中心→青山沟国家级风景名胜区

丹东特产　丹东丝绸、食用菌、山野菜、杜鹃花、草莓、板栗、丹东柳林大米（曾为清朝贡米）、东港大米、凤城老窖酒、林蛙油、孤山杏梅、黄蚬子干、野山参、紫砂陶、丹东对虾、丹东泥螺、东港大黄蚬、宽甸石柱人参、东港大梭子蟹

舌尖上的**葫芦岛**

美**食**向导 Delicacies Guide

葫芦岛濒临辽东湾，海产品十分丰富。对虾、海蟹、笔杆蛏、海蜇皮四大名产，不仅是当地的美味海鲜，也是到葫芦岛必买的地方特产。此外，这里的一些本地风味美食，如绥中石磨豆腐、猪肉炖粉条、笨鸡炖蘑菇、拌凉菜等，也非常有特色，不可不尝。

推荐 特色美食

对虾

是葫芦岛的四大海鲜名产之一。葫芦岛人一般以盐水清煮和对虾炒韭菜为最佳食法。它不仅味道鲜美，而且含有丰富的蛋白质，营养价值极高。

海蟹

葫芦岛的海蟹品种很多，有豆型卷蟹、鬼头蟹、梭子蟹、大红爪蟹等。蟹的吃法也很多，可捣成蟹酱，可晒成蟹干，也可炸成蟹酱，但以煮蟹吃法最佳。蟹肉乃下酒的上品，鲜香无比。

笔杆蛏

因蛏壳薄而体长，合抱犹如笔杆，故名。用蛏肉拌上蔬菜包饺子，或炖豆腐，美味无比。

海蜇皮

用海蜇皮拌成的凉菜，不但营养丰富，而且清脆爽口，是葫芦岛市最常见的一道海味小菜。

干豆腐

葫芦岛市连山区虹螺岘镇靠山屯村，盛产干豆腐，豆香味特别浓郁，是当地有名的风味小吃。

建昌杏仁小米粥

葫芦岛市建昌县老大杖子村出产的金牛洞小米和杏花村的杏仁是本地区的著名特产。这里熬制的杏仁小米粥，米香味美，营养丰富，久负盛名。

高桥小菜

分海鲜小菜和清淡小菜两大类。味道各有千秋，是葫芦岛市有名的特产。

其他名吃

兴城全羊席、绥中石磨豆腐、葫芦岛螃蟹、烤明虾、蚝油牛肉、笨鸡炖蘑菇、辽西火锅、白肉血肠、猪肉炖粉条、豆角焊饼、兴城海鲜等

旅游攻略 Travel Guide

葫芦岛位于辽宁省西南部，西接山海关，南临渤海辽东湾，扼关内外之咽喉，是进出东北的西大门，素有"关外第一市"之称。明末抗清名将袁崇焕曾驻守宁远卫城（兴城），屡胜清兵，是明朝的边防重地。境内有兴城古城、兴城海滨、兴城温泉、觉华岛（原称菊花岛）、龙湾海滨、虹螺山、建昌龙潭大峡谷、柏山清泉寺及驰名海内外的水上长城——绥中九门口长城等风景名胜。

热门景点
兴城古城、兴城海滨、觉华岛（菊花岛）、九门口长城等

旅游线路推荐

1 市中心→兴城古城→兴城海滨
2 兴城古城→觉华岛（菊花岛）→张山岛
3 市中心→绥中九门口长城

葫芦岛特产 绥中草编、雷家店薄皮核桃、高桥陈醋、葫芦岛虾皮、杂色蛤、海蜇、建昌小米、野生松蘑、六股河鸭蛋等

舌尖上的**锦州**

美食向导 Delicacies Guide

锦州的饮食风味具有浓浓的东北气息，最有名的美食，当属锦州烧烤、锦华烧鸡、沟帮子熏鸡、水馅包子、白家锅烙、什锦小菜等。锦州火车站附近的人民街，是当之无愧的美食据点，这里汇聚了各式大排档、小吃店、食坊、烧烤摊、海鲜店等，美食云集，绝对值得一去。

推荐 特色美食

锦州什锦小菜

又名虾油小菜。清朝康熙年间，由当地的一位姓李的渔民创制，曾成为清朝宫廷贡品。主要以小黄瓜、油椒、豇豆、芹菜、茄包、地梨、姜丝、杏仁等十种鲜嫩蔬菜和虾油配制腌成。

锦华烧鸡

是辽宁的名优特产。以本地鸡为主料，辅以20多种中草药，经浸泡、煮制、熏烤等多道工序烹制而成。口感清香不腻，咸淡适口，风味独特。

北镇猪蹄

由当地一位杨老汉于清朝道光初年始创，用陈年老汤，再辅以各种中草药及作料熏制而成。其特点是肉香味浓、皮筋熟嫩、风味独特，是辽宁知名的地方传统风味美食。

沟帮子熏鸡

由安徽人刘世忠于清朝光绪年间在锦州北镇市沟帮子镇创制，已有100多年的历史。因其肉质细嫩、味道芳香的特点，而享有"鸡熏刘"之名。它与河南道口烧鸡、山东德州扒鸡、安徽符离集烧鸡，并称为中国四大名鸡。

锦州干酱肉

此食品外表杏红，肉香浓郁，挂有糖汁，味甘而香，是当地的传统名肴。

其他名吃 白家锅烙、沟帮子水馅包子、锦州干豆腐、炸芋子、锦州烧烤、五彩雪花扇贝、高家烧鸽子、北镇面茶、豆角焅饼、义县烤全牛、义县伊斯兰烧饼等

旅游攻略 Travel Guide

锦州位于辽东半岛，南濒渤海辽东湾，地跨辽西走廊，历来是中原和东北贸易的商埠重镇。明末清初，著名的"松锦大战"和当代震惊中外的辽沈战役都发生在这里。锦州旅游资源独具特色，名胜古迹遍布，著名的景点有被誉为"天下一绝"的笔架山，"东北第一名山"医巫闾山，"辽西佛国"义县奉国寺，"一代枭雄"张作霖家庙，辽代帝王陵墓群，大广济寺古建筑群，以"歪脖老母"名闻天下的青岩寺，以及"关外第一佛山"北普陀山等。

热门景点 笔架山、医巫闾山、青岩寺等

旅游线路推荐

1 市中心→北镇庙→医巫闾山→笔架山　　2 市中心→青岩寺→万佛堂石窟

锦州特产　道光廿五贡酒、古生物化石、锦州石、锦州苹果、北镇鸭梨、道光凌川白酒、黑山褐壳鸡蛋、银白杏、锦州玛瑙雕刻等

舌尖上的**鞍山**

美食向导 Delicacies Guide

　　鞍山的饮食文化底蕴丰厚，最有名的美食要数起源于清末的海城牛庄馅饼，后来，成为沈阳八大名小吃之一。在这里，可以品尝到最正宗的海城馅饼。

推荐特色美食

▤ 海城馅饼

　　早在清末，海城的回族马德昌、汉族毛香伦两家就在海城牛庄火神庙街经营馅饼，马家经营牛肉水扎面馅饼，毛家经营猪牛肉搅面馅饼。后来，海城牛庄馅饼传入沈阳，以其馅香味浓的特色，深受顾客青睐，不仅驰名东北，而且盛名关内。

▤ 酱芥丝

　　"虹桥牌"酱芥丝是鞍山市调味品一厂于1965年研制出的产品。这种酱菜香气浓郁、麻辣柔和、咸甜可口、经济实惠，在当地享有盛名。

▤ 海城小白皮酥

　　始制于清道光二年（1822年）。酥软香甜，食而不腻，是海城闻名的糕点。

▤ 枫叶肉干

　　是鞍山市食品公司熟食加工厂生产的一种肉脯。色泽呈枫叶红色，色美味香，咸甜可口，具有南味食品特点，也适合北方人的口味。

其他名吃　岫岩炸蚕蛹、久华卤鸡、柠檬果茶煮豆腐、辣鱼粉皮、甩袖汤、老边饺子、云友米线等

旅游攻略 Travel Guide

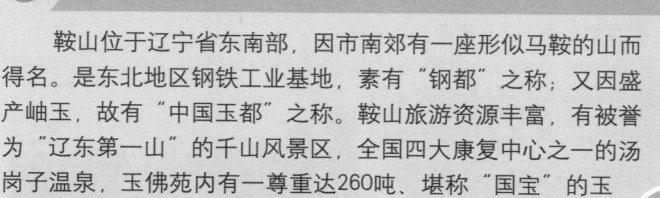

　　鞍山位于辽宁省东南部，因市南郊有一座形似马鞍的山而得名。是东北地区钢铁工业基地，素有"钢都"之称；又因盛产岫玉，故有"中国玉都"之称。鞍山旅游资源丰富，有被誉为"辽东第一山"的千山风景区，全国四大康复中心之一的汤岗子温泉，玉佛苑内有一尊重达260吨、堪称"国宝"的玉佛，还有群峰秀丽的的白云洞（又称白猿洞）等著名旅游景观。每年4月至5月，这里举办千山国际旅游节。

热门景点　千山国家级风景名胜区、汤岗子温泉等

旅游线路推荐

1 市中心→千山国家级风景名胜区→玉佛苑　　**2** 市中心→汤岗子温泉

鞍山特产　岫岩玉雕、岫岩剪纸、四道河香瓜、桑林子草帽、台安柳编、金瓜梨、榛子、龙凤台鸭蛋、岫岩滑子蘑、柞蚕茧、鞍山南果梨、郅隆泉酒等

78

舌尖上的 吉林

吉林地处辽宁、黑龙江之间，地域广袤，物产丰富。尤其是东部的长白山区，莽莽林海是野生动植物的天堂。此外，吉林省境内还有西部草原和波涛滚滚的松花江，也各有珍稀特产，盛产烹饪原料，这些纯天然无污染的山珍野味为吉林菜的创制提供了丰富的原料食材，代表名菜有长白山珍宴、参芪药膳席、梅花鹿全席、人参鸡、清蒸松花江白鱼、鹿茸羹、鸡茸什锦蛤士蟆油、白扒松蓉蘑、红焖狍肉、参茸馄饨、渍菜白肉火锅、查干湖胖头鱼宴等。吉林菜受鲁菜的影响较大，伪满统治时期，末代皇帝溥仪在长春建立伪满皇宫，北京的清宫御厨、山东名厨也纷纷随之而来，使山东菜、宫廷菜与吉林民间菜肴相互交融，对当地的烹饪技艺产生了很大影响。此外，吉林东南部的延边朝鲜族自治州是中国最大的朝鲜族聚居地，这里的饮食自然以朝鲜族风味为主，最具代表性的美食有烤牛肉、冷面、狗肉汤、泡菜、打糕等。

特别推荐

▶ 吉林十大美食 长白山珍宴、酸菜白肉血肠、满族八大碗、清蒸松花江白鱼、东北杀猪菜、延边朝鲜烤肉、松原查干湖胖头鱼宴、延边狗肉汤、四平李连贵熏肉大饼、渍菜白肉火锅

▶ 吉林十大特产 长白山人参、鹿茸、貂皮、延边黄牛肉、松花石、蛟河黄松甸黑木耳、梅河口大米、通化大泉源酒、林蛙、通化葡萄酒

▶ 吉林十大景点 长春伪满皇宫博物院、净月潭、吉林松花湖、松原查干湖、白城向海国家级自然保护区、集安高句丽都城遗址、延边长白山天池、蛟河拉法山国家森林公园、长白山大峡谷、吉林雾凇岛景区

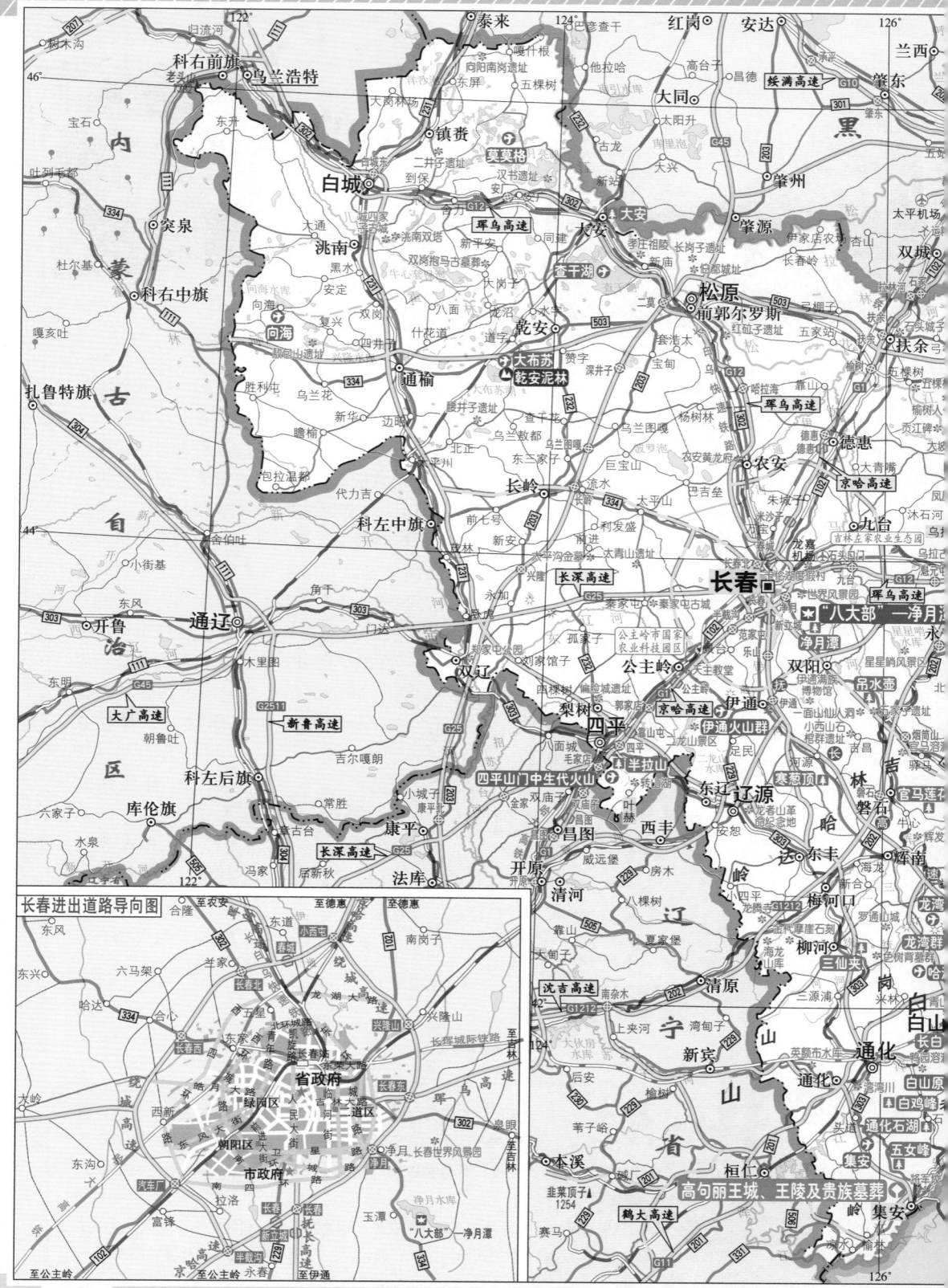

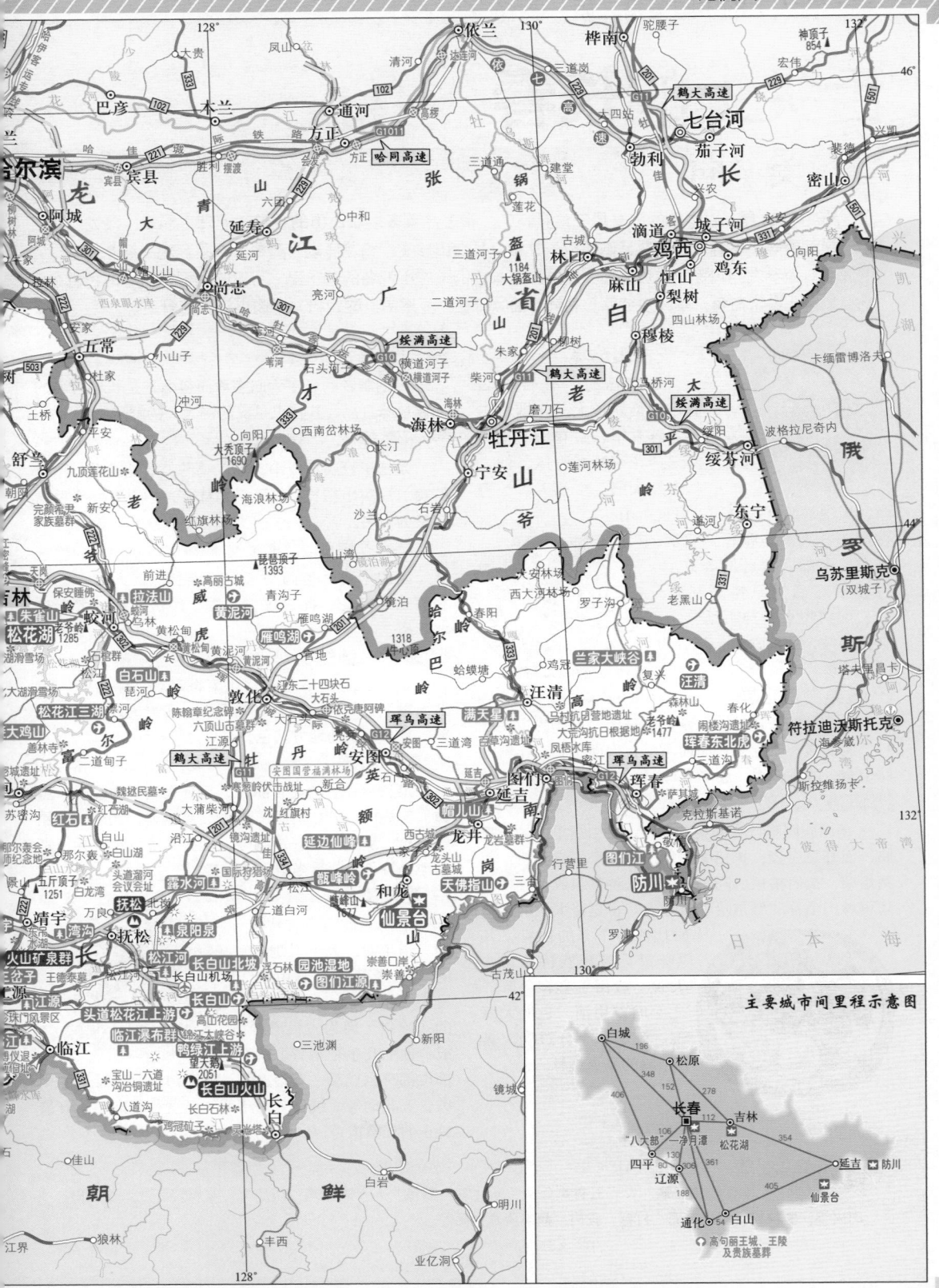

比例尺 1 : 2 890 000

主要城市间里程示意图

81

舌尖上的**长春**

美**食**向**导** Delicacies Guide

长春的饮食，以本地的山野风味最具特色，很多名菜多以长白山的人参、鹿茸、熊掌、飞龙、雪蛤、松茸蘑等山珍野味为原料烹制而成。其中，长白山珍宴、梅花鹿宴、翡翠人参茅台鸡、红花熊掌、烧鹿尾、人参汽锅鸡等，最负盛名。此外，在长春的一些不知名的巷子里，可以吃到很多当地的特色小吃，如东北家常熬鱼、羊肉烧芸豆、朝鲜冷面、打糕、豆腐串、酸辣粉、狗肉火锅、酱骨头等。

推荐
特色美食

🍴 长白山珍宴

是吉林的一套传统名肴，包括六道大菜，即长白飞龙鲜香锅、兰花熊掌福禄寿、荷花家麟戏野凤、仙人长寿猴头蘑、多喜人参长寿鱼、天池雪蛤红莲花。采用长白山特产——人参、鹿茸、熊掌、飞龙、雪蛤、松蓉蘑等数十种珍稀产品为原料烹制而成。配料特点是药膳结合，食助药性，药助食威，被誉为"天下第一菜"。

🍴 酸菜白肉血肠

是吉林的一道地方名菜，以猪肉、血肠为主要原料烹制而成。吃起来，肥而不腻，瘦而不柴，作料五味俱全，醇香四溢，脍炙人口。

🍴 满族八大碗

是满族同胞特有的美味宴席。它由雪里蕨炒小豆腐、卤虾豆腐蛋、扒猪手、灼田鸡、小鸡珍蘑粉、年猪烩菜、御府椿鱼、阿玛尊肉等八种菜组成。其中，阿玛尊肉俗称"努尔哈赤黄金肉"，是清太祖努尔哈赤时代流传下来的佳肴，其风味最具有满族特色。八大碗一般用于宴客之际，上菜时都用清一色的大海碗，吃起来十分过瘾，具有浓厚的乡土气息。

🍴 回宝珍饺子

因创制者的名字为回宝珍而得名，是长春有名的回族风味食品。其特点是皮薄馅大，汤鲜味美。

🍴 干豆腐串

是把干豆腐穿成串，辅以鸡汤，或炖或熏，味道鲜美。豆腐串在长春城区满街都有，但以老韩头豆腐串最为有名。

🍴 李连贵熏肉大饼

始源于吉林省四平市的李连贵熏肉大饼，已在长春遍地开花。此饼皮脆肉香，经济实惠，名扬东北三省。

🍴 翡翠人参茅台鸡

是长春的名菜之一。此菜将母鸡、茅台酒、吉林人参汇于一菜，精心烹调而成，味美诱人，极富营养，具有鲜明的地方特色。

🍴 真不同酱菜

是长春知名的美食品牌。品种有真不同酱肉、熏肉、叉烧肉、砂仁肘子、熏小肚、扒鸡、烧鸡、葱熏黄花鱼、熏牛肉干、南肠等。这些美食风味各异，别具地方特色，深受当地人的钟爱。

🍴 杀猪菜

是东北地区最有特色的一道菜肴。其实，地道的"杀猪菜"都选用农村人家用粮食、猪草圈养的"笨猪"肉为主料烹制而成。他们几乎把猪身上所有的部位都烹制成菜，有猪血肠、酸菜白肉、猪骨、手撕肉、五花肉等，统称"杀猪菜"。这种猪肉，具有最纯正的天然肉香。

其他名吃

红花熊掌、农安五香熏鱼肉、东北家常熬鱼、人参汽锅鸡、烧鹿尾、羊肉烧芸豆、渍菜白肉火锅、酸辣粉、朝鲜冷面、打糕、狗肉、鼎丰清真食品等

旅游攻略 Travel Guide

　　长春位于吉林省中部、松辽平原腹地、伊通河畔，为吉林省省会。清嘉庆五年（1800年），开始在此建立地方行政机构，设长春厅；1931年"九一八"事变后，日本帝国主义宣布成立伪满洲国，扶溥仪为"皇帝"，"定都"长春，改称"新京"；1945年，日本投降，溥仪仓皇出逃，伪满洲国覆灭。长春有中国最大的汽车制造厂——长春第一汽车制造厂，还有新中国第一个电影制片厂——长春电影制片厂，被称为中国电影事业的摇篮，因此长春有"汽车城"、"电影城"之称。这里的人文与自然景观众多，主要有伪满皇宫博物院和"八大部"、农安辽代古塔、般若寺、兴隆寺、净月潭、吊水壶等名胜古迹。冬季冰雪游，更是长春旅游的热点，不仅可以欣赏冰雕、雪雕等各类冰雪艺术品，还可以参加滑雪、溜冰等活动，令人乐而忘返。

热门景点 伪满皇宫博物院、净月潭、长春电影制片厂等

旅游线路推荐

1 市中心→伪满皇宫博物院→重庆街→人民广场→苏军纪念塔→新民大街伪满"八大部"→南湖公园→长影世纪城　2 市中心→净月潭景区→吊水壶风景区

长春特产 新东北三宝（红景天、林蛙、不老草），以及长白山人参、鹿茸、貂皮、熊掌、飞龙、雪蛤、松茸蘑、黑木耳、长春老茂生糖果、长春木雕、德惠草编、榆树钱酒、双阳梅花鹿等

舌尖上的**吉林**

美食向导 Delicacies Guide

　　吉林市是吉林省第二大城市，境内居住着汉、满、蒙古、回、朝鲜等35个民族，其饮食风味也丰富多彩，具有明显的东北特色。尤其到了冬季，由于当地气候寒冷，加上吉林人热情好客，每当客人到来，他们便拿出酒肉盛情款待，大口吃肉，大碗喝酒，而且菜肴品种多、菜量大，尤其是山珍野味较多，代表菜有人参鸡、鹿茸三珍汤、三套碗、杀猪菜、白肉血肠、荷花田鸡油、清蒸松花江白鱼、庆岭活鱼等。在吉林市区的清香园、八珍阁、清花缘、大清花饺子王等满族风味餐厅，可以吃到最正宗的满族风味菜肴。

推荐 特色美食

 **"三花一岛"鱼**

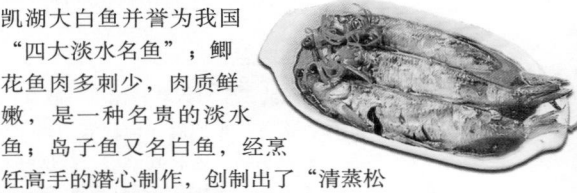

　　"三花一岛"鱼，是指鳊花鱼、鲫花鱼、鳌花鱼、岛子鱼，是吉林市松花湖的特产名鱼。鳊花鱼肉质柔嫩，味美可口；鳌花鱼肉嫩刺小，味道鲜美，与黄河鲤鱼、上海松江鲈鱼、兴凯湖大白鱼并誉为我国"四大淡水名鱼"；鲫花鱼肉多刺少，肉质鲜嫩，是一种名贵的淡水鱼；岛子鱼又名白鱼，经烹饪高手的潜心制作，创制出了"清蒸松花江白鱼"这道吉林名菜。

清蒸松花江白鱼

是吉林的名菜之一。自古以来，松花江上的渔民即以"江水煮白鱼"款待来访的亲友。历经发展，终于创制了清蒸松花江白鱼这道名菜。相传，清朝时期，松花江白鱼曾被列为贡品，美名远传。

人参鸡

用吉林特产人参与当地散养的老母鸡经过加工煲制而成的人参鸡汤，可提神健脑、大补元气、延缓衰老。

什锦田鸡油

田鸡是吉林的特产，含有丰富的蛋白质。取田鸡身上的精华——田鸡油作为主料，配以苹果、香蕉、白梨、橘子、菠萝、红果等制成糖糕，这样就做成了一道口味香甜、营养丰富的佳肴。

庆岭活鱼

吉林蛟河市庆岭镇，由于紧邻庆岭森林公园和松花湖风景区，游客较多。这里建有颇具规模的庆岭活鱼美食一条街，鱼肉鲜嫩，且是现杀现吃，颇受人们的青睐，因游客的口口相传而声名远扬。

其他名吃　酸菜白肉火锅、猪肉炖粉条、朝鲜冷面、鹿茸三珍汤、荷花田鸡油、白肉血肠、鸡茸蕨菜、黏豆包、烧灯碗、虎皮扣肉、叉子火烧、新兴园蒸饺、熊掌、狗肉、砂锅老豆腐等

旅游攻略 Travel Guide

吉林市位于吉林省中部，松花江中游，原名吉林乌拉，满语意为"沿江的城池"，是满族的发祥地之一。松花江呈反"S"形流经吉林市区，形成了四面青山、三面环水、一城山色半城江的天然美景。吉林市是一座已有300多年历史的名城，清康熙年间，始建城池，设置吉林厅；1954年前曾为吉林省省会，后将省会迁至长春。群山环抱的吉林市，有着诸多的自然美景和人文景观。冬季，这里是滑雪爱好者的乐园，雾凇奇观、滑雪天堂、青山绿水、满族风情等独具特色的旅游资源，使这里成为中国北方独具魅力的旅游名城。

热门景点　北山公园、雾凇岛、松花湖国家级风景区、北大壶滑雪场、拉法山国家森林公园、红叶谷等。

旅游线路推荐

1 吉林→陨石雨陈列馆→世纪广场→松江路→朱雀山　2 吉林→龙潭山公园→高句丽山城→松花湖
3 吉林→北大壶滑雪场　4 吉林→拉法山国家森林公园→红叶谷

吉林特产　东北三宝（人参、貂皮、鹿茸），以及灵芝、天麻、不老草、北芪、松茸、猴头蘑、田鸡油、松花石、长白山野生榛蘑、野猴头、吉林剪纸、吉林高粱酒、红松籽、熊胆粉、吉林手工彩绘雕、树皮画、鹿角胶、吉林彩绘雕刻葫芦、桦甸蕨菜、薇菜、山芹菜等

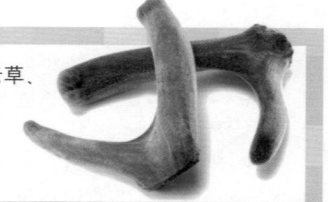

舌尖上的**通化**

美**食**向导 Delicacies Guide

通化位于吉林省东南部长白山区，南与朝鲜隔江相望，境内山美水美，素有"绿色立体资源宝库"之称，被誉为"中国葡萄酒之乡"、"人参之乡"、"中药之乡"。通化的饮食具有鲜明的满族和朝鲜族特色，必尝的美食有朝鲜冷面、黄米打糕、白肉血肠、酸汤子等。在通化市内的民主路美食街，可以尝到这些特色小吃。

推荐
特色美食

三套碗席

是满族的传统名宴。整个席面由八道凉碟、三款大件、十二款熘炒、汤烩菜，共计二十多道菜组成。因席中主要菜点用杯碗、中碗、座碗三套碗盛装，故得名"三套碗席"。据说，满汉全席就是在三套碗席的基础发展演变而来的。

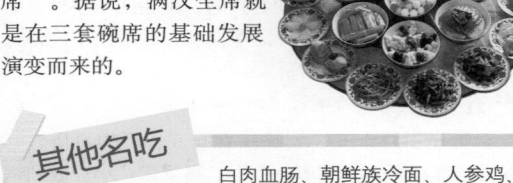

黄米打糕

将蒸熟的黄米放到槽子里用木槌捶打而成，因而得名"黄米打糕"。口味黏甜，是通化著名的风味小吃。

红花香肠

此食品肉质肥瘦适中，而且经过辅料、作料特殊泡制而成。食在口中，香味四溢，是到通化必尝的美食。

渍菜白肉火锅

是东北地区的传统风味名菜。此火锅用料多，调料全，味道鲜。吃时，众人围坐一桌，火锅热气腾腾，席间独具一种热烈融洽的气氛，因而深受人们的喜爱。

其他名吃

白肉血肠、朝鲜族冷面、人参鸡、吉酱窝头、鹿茸三珍汤、玻璃叶（柞树叶）饼、酸汤子、水捞饭、红烧丸子、梅花海参、荷花田鸡油、羊肉烧芸豆、猪扒脸等。

旅游攻略 Travel Guide

通化位于吉林省南部，地处长白山区和鸭绿江开发带，东接白山市，南与朝鲜隔江相望，境内有鸭绿江、浑江、辉发河三大河流经。通化是东北少数民族政权高句丽王国和满清贵族的发祥地，高句丽王国在集安设都425年，留存了大量珍贵文物和文化遗址。清朝光绪三年（1877年）设治，始称通化；伪满州国时期曾建立伪通化省。通化旅游资源丰富，主要有龙湾火山群、罗通山、五女峰等自然景观，还有6000年前王八脖子原始文化遗址、杨靖宇烈士陵园，以及独具特色的集安高句丽古迹遗存（国内城遗址、丸都山城、将军坟、好太王碑、五盔坟、洞沟古墓群）等。

热门景点
湾湾川水库旅游区、罗通山、龙湾群国家森林公园、集安高句丽遗址等

旅游线路推荐

1 市中心→千叶湖风景区→白鸡峰国家森林公园→湾湾川水库旅游度假区

2 市中心→柳河县罗通山→龙湾群国家森林公园

3 市中心→集安市→将军坟→好太王碑→国内城遗址→五女峰国家森林公园→云峰湖

通化特产 集安边条参、通化葡萄酒、集安贡米、鸭绿江咸鸭蛋、大泉源酒等

舌尖上的**延边**

美食向导 Delicacies Guide

延边朝鲜族自治州位于吉林省东部的中朝边境，是中国最大的朝鲜族聚居地。由于受朝鲜族饮食文化的影响，这里的美食以朝鲜族风味为主，最具代表的有延边烤牛肉、狗肉、冷面、泡菜、打糕、米酒等，其中冷面、狗肉、辣白菜被誉为延边"三宝"。延吉市区的阿里郎美食街，位于金达莱广场以西、新民街以东，在这里，可以品尝到正宗的朝鲜族风味美食，感受浓浓的民族风情。

推荐特色美食

朝鲜族八珍菜

采用绿豆芽、黄豆芽、水豆腐、干豆腐、粉条、桔梗、蕨菜、蘑菇八种原料，经炖、拌、炒、煎制而成的菜肴，具有独特的少数民族风味。

朝鲜族大酱汤

"酱"是朝鲜族饮食中重要的调料之一，是用煮熟的大豆发酵而成，营养丰富。大酱汤是以大酱、小白菜、黄豆芽、土豆、海带、豆腐、平菇、西葫芦、尖辣椒、葱花、蒜片、豆油等食材为原料，有时亦用肉类或明太鱼等各种鱼类为原料，炖熟即可食用。在延边地区，人们通常喜欢喝大酱汤，有首民谚："三天不喝酱汤，浑身就没劲"。

泡菜

又叫辣白菜，其味道又酸又辣，十分爽口，是朝鲜族世代相传的一种佐餐食品，日常饮食中不可缺少的一道小菜。在朝鲜族的家庭之中，不论粗茶淡饭，还是美酒佳肴，都离不开辣白菜佐餐。没有这道味道鲜美的小菜，总会觉得有些缺憾。

打糕

是朝鲜族最爱吃的传统食品之一。如今，凡逢年过节，每家每户都用打糕来招待亲朋好友。

松饼

先将和好的、加有土豆淀粉的米面擀成小面片，再把拌有芝麻、核桃仁、松子仁、糖的小豆馅包在里面，放到铺满松树叶的笼屉上蒸熟即成。因此饼有一股特殊的松叶香味，故名松饼。

延边烤牛肉

先将新鲜牛肉切成片，加冰醋、酱油、蒜末、洋葱泥、白糖、味精、香油等拌匀，腌制四个小时，然后再进行烧烤。食用时，蘸着调料，烤熟的牛肉外焦里嫩，酥香甜辣，非常诱人。

五谷饭

每逢正月十五，朝鲜族有吃五谷饭的习俗。五谷饭是将江米、大黄米、小米、高粱米、小豆放到锅里，焖熟即可。食之，味道清香，令人食欲大增。

狗肉汤

汤是朝鲜族家庭一日三餐中必备的食品，狗肉汤是各种汤菜之首。做狗肉汤必须先将狗肉煮烂，吃的时候还要放点野香菜、辣椒油、花椒粉、盐和酱油等作料。狗肉汤营养价值高，所以朝鲜族家庭一年四季都喜欢食用。亦可将大块的狗肉，蘸着鲜香的狗肉酱吃，香味四溢，令人垂涎不已。

冷面

朝鲜冷面以其独特的风味闻名中外。朝鲜族不仅在炎热的夏天爱吃冷面，而且在寒冬腊月里也喜欢吃冷面。面汤凉凉的，喝下一口，顿觉沁人心脾。有诗赞美：冷面条条似柳柔，一见就能口水流，丝丝入口好劲道，绿色食品利长寿。

米酒

是朝鲜族用稻米酿制的一种饮料。这种酒略带甜味，但后劲十足。到了延边，可别忘了尝一尝。

其他名吃　朝鲜族石锅拌饭、米肠、鱼子酱、鱼肠酱、土豆饼、小鱼饼、紫菜卷、腌白菜、腌萝卜、腌黄瓜、腌明太鱼肠泡菜、朝鲜族咸菜、耳鸣酒等

旅游攻略 Travel Guide

　　延边位于吉林省东部，地处中、俄、朝三国交界地带，靠近日本海，东与俄罗斯滨海边疆区接壤，南隔图们江与朝鲜咸镜北道、两江道相望。延边朝鲜族自治州成立于1955年8月30日，首府设在延吉市，辖8个县市，是我国朝鲜族主要聚居地。全州总人口211万人，其中朝鲜族占38.4%，汉族占58.7%，其他民族占2.9%。独特的区位优势、丰富的自然资源，赋予了延边三大王牌旅游资源：一是举世无双的长白山自然风光，二是中朝俄边境风貌，三是独一无二的朝鲜族民俗风情。每年，这里都吸引了大量中外游客前来观光度假。

热门景点　长白山天池、森林山、防川口岸风光等

旅游线路推荐

1　延吉市中心→安图县二道白河镇→长白山北坡→长白山瀑布→天池→小天池→温泉群→谷底森林
2　延吉市中心→抚松县松江河镇→长白山西坡→锦江大峡谷→梯子河→老虎背
3　延吉市中心→长白朝鲜族自治县→长白山南坡→鸭绿江风景区
4　延吉市中心→图们市→珲春市→防川口岸风光→森林山

延边特产　长白山三宝（人参、貂皮、鹿茸），以及长白山根雕、松花石砚、延边大米、苹果梨、延边黄牛肉、长白山黑木耳、党参、茯苓、野生斑褐孔菌、刺人参、鹿角胶等

舌尖上的**松原**

美食向导 Delicacies Guide

　　松原地处美丽的松花江畔，与内蒙古自治区通辽市相邻，素有"粮仓、林海、肉库、鱼乡"之誉。这里的饮食以蒙古族、满族风味最有特色，而查干湖的全鱼宴、剖生鱼，是到松原旅游非吃不可的美食。

推荐特色美食

查干湖胖头鱼宴

　　查干湖位于松原市前郭尔罗斯蒙古族自治县境内，这里盛产各种野生鱼类。其中，胖头鱼产量最大，肉质细嫩，肥而不腻，营养丰

富。无论是清蒸，还是红烧，均味道鲜美纯正，深得游客喜爱。

松原炒米

　　是前郭尔罗斯的蒙古族牧民非常喜欢的食品。食用时，把炒米盛到碗里，加上白糖、奶油、再用

热牛奶浸泡后即可食用。牧民们平日也常用作早点或零食。

剖生鱼

每年春季开江时，捕捞的鱼既肥且鲜，是吃生鱼的最好季节。松原的宾馆、酒家，都有风味各异的剖生鱼这道菜。到了松原，也尝一尝，味道肯定不错的。

其他名吃

拔丝奶豆腐、凉拌狗肉丝、烤全羊、人参枸杞雪蛤汤、蒙古族烤全羊、奶豆腐、奶皮子、松原鱼锅、铁锅炖鱼、东北家常熬鱼等

旅游攻略 Travel Guide

松原位于吉林省中西部，地处美丽的松花江畔，物产资源非常丰富，素有"粮仓、肉库、鱼乡、林海"之美誉。古代先后属夫余国、渤海国之地；辽代的宁江州和金代的新泰州城，至今遗迹尚存。悠久的历史和文化积淀，为松原留下了大金得胜陀颂碑、塔虎城、王爷府、龙华寺、慈悲寺等文物古迹，境内还有吉林省最大的内陆湖——查干湖、长山明珠园、乾安泥林、大布苏湖、宁江森林公园、腰井子羊草甸自然保护区等一大批旅游景点。尤以蒙古族民俗节和查干湖冬捕节最有特色。

热门景点　查干湖、大布苏泥林、孝庄祖陵等

旅游线路推荐

1. 市中心→孝庄祖陵→查干湖→乾安县大布苏国家级自然保护区
2. 市中心→龙华寺→扶余市大金碑湿地公园

松原特产

松原干菜（萝卜干、豆角干、茄子干、西葫芦干、土豆干），以及"莲花牌"莲籽米、"四粒红"花生、"双屯牌"民乐小米、"三青牌"马铃薯粉条。

舌尖上的**白山**

美食向导 Delicacies Guide

白山位于吉林省长白山西侧，是长白山旅游的中转城市，也是东北三宝（人参、貂皮、鹿茸角）的故乡。长白山物产丰饶，又有大量的朝鲜族群众聚居于此，在这里不仅可以吃到口味上佳的山珍野味，还可以吃到正宗的朝鲜族风味佳肴。

推荐特色美食

鹿茸三珍汤

以长白山梅花鹿的鹿茸、鹿筋、鹿鞭为主料，辅以高汤烹制而成。食之，不仅味美，且有滋补功效。

长白山鹅全席

白山地区的鹅生长在长白山区的江河湖泊中，肉质鲜嫩肥美，是长白山众多的绿色食品之一。

温泉煮鸡蛋

长白山的温泉煮鸡蛋，风味很独特。煮熟的鸡蛋，蛋黄凝固，可是蛋清并不凝固，口感嫩滑，味道很香，是到长白山旅游必定品尝的食品。

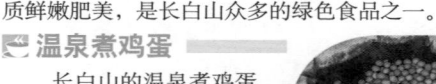

朝鲜族美食

朝鲜族的饮食丰富多彩，具有鲜明的民族特色。风味小吃有冷面、松饼、打糕、酱汤、烧烤、米肠、狗肉火锅、土豆饼、糯米等。白山市区有很多朝鲜族人开的餐馆，只有在那里才可以可吃到正宗的朝鲜风味食品。

朝鲜族花甲宴

是朝鲜族人民为60岁老人举行的生日宴席。当老人到花甲那天，儿女们为老人大摆寿席，寿桌上摆满糖果、鱼肉、糕点和酒类，并广邀亲朋邻里欢聚一堂。花甲老人坐在寿席中，接受晚辈们的敬酒与献寿礼。礼毕，人们开始唱歌跳舞，边吃边喝，祝福老人健康长寿。

其他名吃

长白山珍宴（烧山鸡、炸铁雀、油爆林蛙、参杞田鸡油、红烧梅花鹿鞭、脆皮参茸球），以及长白山菜胆葱烧鹿筋、鹿茸糕、"一出锅"农家菜、白肉血肠、朝鲜泡菜等

旅游攻略 Travel Guide

白山位于吉林省东南部，地处风景秀丽的长白山西侧，东与延边朝鲜族自治州相邻，南与朝鲜隔鸭绿江相望，国境线长454千米。境内山峰林立，沟谷交错，河流纵横，自然资源十分丰富，是"东北三宝"——人参、貂皮、鹿茸角的故乡，素有"立体资源宝库"、"长白林海"、"人参之乡"的美称。白山的旅游资源以长白山风景区的长白山迷宫、长白山干饭盆、长白山大峡谷、锦江瀑布、长白山高山花园、长白山望天鹅峡谷、长白山鸭绿江大峡谷、长白山天池等景点最为著名，令人向往。

热门景点 长白山西坡景区、长白山南坡景区、靖宇县龙湾火山湖、杨靖宇将军殉国地、长白山干饭盆、抚松县仙人洞等

旅游线路推荐

1 市中心→抚松县城→长白山西坡景区→长白山南坡景区
2 市中心→靖宇县杨靖宇将军殉国地→龙湾火山湖
3 市中心→龙山湖→临江市→鸭绿江源景区→望天鹅峡谷→长白朝鲜族自治县城→赴朝鲜跨国游

白山特产

东北三宝（人参、貂皮、鹿茸），东北新三宝（红景天、林蛙、乌拉草），以及长白山野生灵芝、雪蛤、黑木耳、榛蘑、银耳、猴头蘑、山芹菜、蕨菜、薇菜、刺嫩芽、天麻、五味子、蓝莓酒、越橘酒、红景天酒、鹿茸血酒、鹿鞭酒、鹿蚁酒、参茸大补酒、阳泉阳白酒、地方烧粮食酒等

舌尖上的**四平**

● 美食向导 Delicacies Guide

四平是满族的发祥地和聚居地之一。其饮食以满族风味最有特色，最出名的美食有满族火锅、伊通烧鸽子等。此外，四平的一些特色小吃也非常诱人，尤其是创制于梨树县的李连贵熏肉大饼，更是名扬全国。

推荐特色美食

李连贵熏肉大饼

是四平市著名的传统风味美食之一。1908年，由河北省滦县柳庄人李广忠（乳名连贵）在梨树县始创。目前，"李连贵"的商标为四平市李连贵风味大酒楼所持有。此饼用煮肉的汤油加面粉和面，再加作料调成软酥状，以便在入锅烙饼时使其起层；熏肉乃用10余种中药加在汤中煮肉，实为集美味药膳于一体的佳肴。食用时，再辅以葱丝、面酱、小米绿豆粥、枣水等，更是别有风味。

伊通烧鸽子

为满族的特色美食之一。据说，清太祖努尔哈赤吃过烧鸽子这道美食后，曾大加赞美："鲜嫩可口，骨里透香，前所未有"。后来，烧鸽子的创始人为避战乱，举家迁至伊屯（今四平市伊通满族自治县）定居，将烧鸽子秘方世代相传，并在伊通一带发扬光大。此后，"伊通烧鸽子"名遍东北三省乃至全国。

满族火锅

在满族饮食的历史上，曾出现过天上锅、水中锅、雀火锅等多种火锅，这是满族的一种传统饮食习俗。当年，清乾隆皇帝六下江南，每到一处都要吃火锅，使大江南北盛行火锅，并得以流传至今。

猪肉炖粉条

是四平乃至东北地区最常见的一道家常菜。采用当地产的五花猪肉、土豆、粉条和大白菜一起炖，肉香而不腻，别具风味。

其他名吃

手扒肉、酸菜炖猪肉、东北家常熬鱼、柞树叶饼、煎饼盒子等

● 旅游攻略 Travel Guide

四平位于吉林省西南部，南依辽宁省会沈阳，西邻内蒙古科尔沁草原。历史上的肃慎、夫余、高句丽、契丹、女真、蒙古族、满族、朝鲜族先民都曾在这里生活过；清太祖努尔哈赤征战一生，在此最后统一了女真各部，这里是满族的重要发祥地之一。四平是东北的交通要镇，解放战争期间，人民解放军四战四平，最后大捷，名震中外，因此被称为"英雄城"。境内群山延绵，森林浩瀚，古迹众多，尤以叶赫那拉城最为著名。

热门景点 叶赫那拉城、二龙山水库、二郎山庄等

旅游线路推荐

1 市中心→梨树县城→偏脸城→叶赫那拉城　　2 市中心→二龙山水库→伊通火山群

四平特产 公主岭大米、四平山楂、梨树五味子、伊通香白蘑、人参、鹿茸、山菜、玉石雕刻、地毯等

舌尖上的
黑龙江

黑龙江的饮食属于典型的东北风味，因其菜品的大众性和家常性而应运走红，许多东北菜不仅脍炙人口，而且已经深入人心，可口、朴实、醇厚、自然、绿色的本质特点，是东北菜品的文化魅力与生命力所在。在东北地区，大口吃肉、大碗喝酒的形象，把东北人的豪气都带到了饭菜上。黑龙江地处东北地区最北部，大江大湖不少，又有大、小兴安岭，自然少不了各种各样的淡水鱼和山珍野味。在赫哲族村庄或乌苏里江畔的一些小镇，你可以吃到用鲤鱼制作的地道传统的杀生鱼，还有产于黑龙江的鳇鱼、大马哈鱼、鳌花、板黄鱼和兴凯湖的大白鱼、镜泊湖的嘎牙子鱼等，都是不可错过的美味。在哈尔滨，除了可以吃到地道的东北菜之外，还几乎可以吃遍欧洲各民族的风味美食，其中影响更大一些的要属俄式大菜了。

特别推荐

▶ **黑龙江十大美食** 哈尔滨红肠、熏五香大马哈鱼、小鸡炖蘑菇、密山兴凯湖大白鱼、黑河五大连池矿泉鱼、佳木斯赫哲族鱼宴、东北酱骨头、鸡西冷面、牡丹江镜泊湖鱼宴、大兴安岭红烧猴头蘑

▶ **黑龙江十大特产** 黑龙江玛瑙雕、大马哈鱼、五常大米、响水大米、黑龙江羽毛画、齐齐哈尔北大仓酒、大兴安岭毛尖蘑、人参、鹿茸、貂皮

▶ **黑龙江十大景点** 哈尔滨太阳岛、亚布力滑雪场、齐齐哈尔扎龙国家级自然保护区、牡丹江镜泊湖、东宁要塞、鸡西兴凯湖、虎头军事要塞、黑河五大连池、伊春五营国家森林公园、大兴安岭漠河北极村

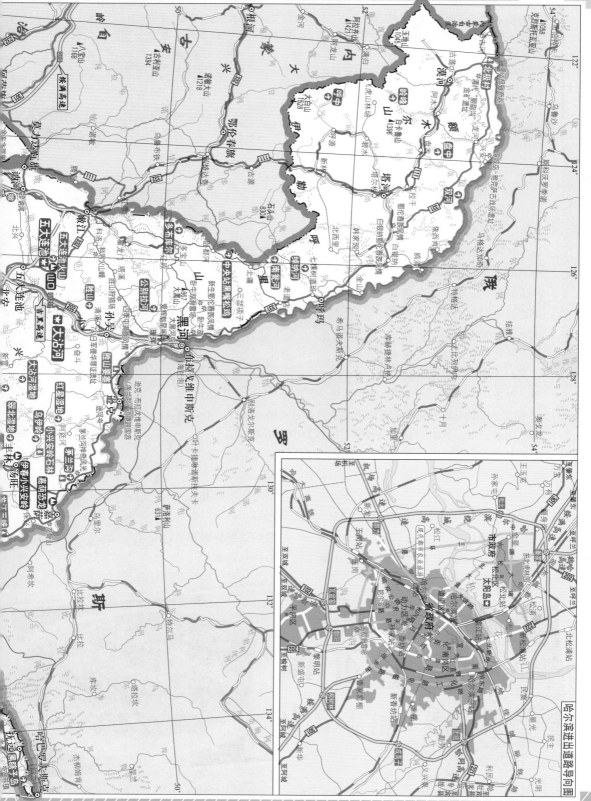

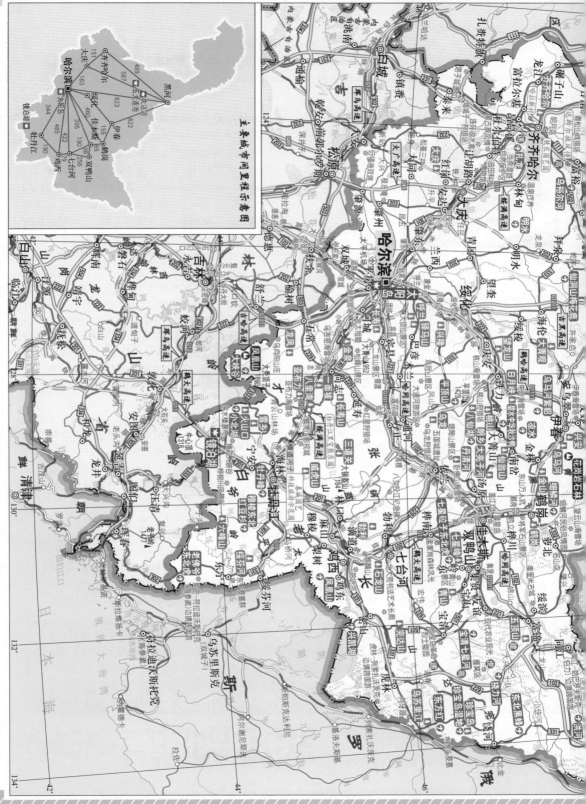

主要城市间里程示意图

舌尖上的**哈尔滨**

● 美**食**向**导** Delicacies Guide

哈尔滨的饮食以东北菜为主，菜量大，味道浓重，如猪肉炖粉条、小鸡炖蘑菇、氽白肉、地三鲜、德莫利炖活鱼等，都是不可不尝的美味。由于历史与地理位置的原因，哈尔滨受俄罗斯饮食的影响较大，这里有很多正宗的俄式餐馆，俄罗斯大列巴（又叫大面包）最具异国风味。

推荐
特色美食

大列巴

是一种俄罗斯风味食品，又叫大面包，其制作工艺考究，以面粉、啤酒花、食盐为主要原料，经三次发酵，并用硬杂木烘烤而成。出炉后的大列巴，重2.5千克，可谓面包之冠。外皮焦脆，内瓤松软，香味独特，易于保存，是老少皆宜的方便食品。现已成为哈尔滨独具欧陆风情饮食文化的代表，被称为哈尔滨"一绝"。

红肠

原名灌肠，由前苏联立陶宛传到哈尔滨，已有一百多年的历史。因肠的外表呈枣红色，故被哈尔滨人称之为红肠，是哈尔滨最经典的肉食品种，以秋林公司产的红肠最为有名。食用时，以夹在面包里或作下酒菜为最佳之选。

锅包肉

原名锅爆肉，出自明代哈尔滨道台府府尹杜学瀛的专用厨师、"滨江膳祖"——郑兴文之手。正宗的锅包肉，只能在哈尔滨吃得到。

熏五香大马哈鱼

是哈尔滨的特色名菜。乌苏里江水质清冽，出产的大马哈鱼肉嫩味美，是到哈尔滨必尝的美味之一。

冰糖雪蛤

雪蛤是大兴安岭地区的珍稀特产，不但名贵，而且营养丰富。此菜色泽鲜艳，甜而清香，非常美味。

得莫利炖活鱼

选用的鲤鱼、鲫鱼因产于哈尔滨市方正县得莫利镇而得名，是东北四大炖菜之一。此菜鱼肉又肥又嫩，不腥不腻，味道确实鲜美。哈尔滨的大小餐馆几乎都有这道菜。

炒肉渍菜粉条

是东北地区最典型的菜肴之一。当地人经常用当地产的粉条与酸菜同炒，汁菜交融，味道酸香适口。

小鸡炖蘑菇

是黑龙江传统四大炖菜之一。东北民间流传着"姑爷进门，小鸡没魂"的说法。就是说，新婚的女儿携夫回门时，娘家都是以"小鸡炖蘑菇"招待。

地三鲜

就是用土豆、茄子和辣椒放在一起烹炒而成的家常菜，是黑龙江地区最普遍的一道特色菜肴。

排骨炖油豆角

是黑龙江四大传统炖菜之一。每逢过年，黑龙江的农户家里都用杀年猪的排骨，加上本地产的油豆角炖在一起成菜，用来招待亲友，深受客人喜爱。

鲶鱼炖茄子

是黑龙江四大传统炖菜之一。相传，北宋末年，宋徽宗、钦宗二帝被金兵押往五国城（今黑龙江省依兰县），途经松花江时，金兵为二帝做了"鲶鱼炖茄子"这道菜，餐后嗝声不断。此后"鲶鱼炖茄子，撑死老爷子"的谚语，便在民间流传开来。

其他名吃

哈尔滨熏鸡、秋林红肠、酥合利面包、哈尔滨干肠、清汤鹿尾、氽白肉、吴记酱骨头、东北大拉皮、俄罗斯红菜汤、马迭尔冰糕、哈尔滨对青烤鸭、松仁小肚、酸菜粉条、方正珠河扒肘子等

推荐 特色食处

★ 中央大街美食街

中央大街是一条百年老街，是哈尔滨市的名片，街道两侧林立着欧式风格建筑，是最具国际风情的一条大街。在街道两旁，布满了各种小吃、快餐、西餐及韩式、日式等料理店，尤以俄式西餐，口味正宗，名气最大。

★ 哈尔滨高新技术开发区美食街

由鸿翔路、汉水路、赣水路等纵横交错的几条路组成的美食街区，本地人习惯称之为"美食一条街"。在这几条街区，精美的粤菜大行其道，有南美花园、如一坊、八府香鸭、富都等餐饮名店。此外，本地的东北炖菜和鲁菜也大受欢迎。这里，每天顾客盈门，生意兴隆，到用餐高峰时，停车位非常紧张。

★ 华梅西餐馆

以经营俄式大菜为主，著名菜肴有火锅里脊、奶油鸡脯、烤奶汁鳜鱼、炸板虾、铁扒鸡、苏波汤等。✉ 地址：中央大街112号

★ 金刚山鱼肉馆

以经营三江名鱼、海鱼海鲜、野生名鱼为主。

✉ 香坊区菜艺街125号

旅游攻略 Travel Guide

哈尔滨位于黑龙江省西南部、松花江畔，为黑龙江省省会，素有"江城"之称，又因冬季漫长，冰雪覆盖期每年长达4个月，故有"冰城"之称。公元1097年前，满族祖先女真族在此建立"阿勒锦"村；元代称为哈尔滨；清代称哈拉滨；自清光绪二十二年（1896年），随着中俄两国在此修建铁路而发展起来，成为当时远东地区最大的国际都市；之后，长期被日、俄侵占；1946年，哈尔滨被中国人民解放军解放。哈尔滨的城市建筑多为欧式风格，给人以浓郁的异域气息，素有"东方莫斯科"之称。每年夏季，举办"哈尔滨之夏"音乐会，又有"音乐之乡"的美誉。冬季有著名的冰灯展，亚布力高山滑雪、兆麟公园冰灯游园会，在国内外都享有盛誉。太阳岛、松花江畔、东北虎园林、二龙山、玉泉狩猎场等都是著名的旅游胜地，吸引着中外游客前来观光游览。

热门景点 中央大街、太阳岛风景区、亚布力滑雪场、松花江冰雪大世界等

旅游线路推荐

1 市中心→兆麟公园→圣·索菲亚大教堂→中央大街→防洪纪念塔→斯大林公园→松花江→国际雪雕博览园→东北虎林园→太阳岛风景区　**2** 市中心→果戈里大街→极乐寺→文庙→金上京会宁府遗址
3 市中心→玉泉狩猎场→亚布力滑雪场　**4** 哈尔滨→绥芬河→俄罗斯海参崴

哈尔滨特产

阿城香瓜、木兰县勃利蓝靛果酒、尚志市一面坡酒花、延寿大米、秋林大虾糖、双城许氏大酱、阿城版画、阿城玉泉酒、俄罗斯格瓦斯酒、黑龙江大马哈鱼、延寿人参、木耳、通河党参、猴头蘑、木兰五味子、依兰蘑菇、蜂蜜、双城花园曲酒、五常大米、尚志三莓酒、山葡萄酒、蛤士蟆油、哈尔滨啤酒、哈尔滨麦秸画、玛瑙雕、羽毛画，以及松花江鱼类（鳌花鱼、鳊花鱼、鲫花鱼、法罗鱼、雅罗鱼、同罗鱼、胡罗鱼、狗鱼、鲶鱼）等

舌尖上的**齐齐哈尔**

● 美**食**向**导** Delicacies Guide

齐齐哈尔是黑龙江省第二大城市，其饮食以黑龙江菜系为主，素以烹制山珍野味、肉禽和淡水鱼虾见长。由于齐齐哈尔地区西邻内蒙古自治区，因此，很多菜品受蒙古族影响较大，如烤羊腿、手把肉、烤全羊等，非常具有草原风味。

推荐
特色美食

🥢 老虎菜

是齐齐哈尔最常见的一道凉菜。此菜其实和老虎一点关系都没有，乃用辣椒丝、黄瓜条、香菜、松花蛋等凉拌而成。

🥢 炝拌干豆腐丝

齐齐哈尔盛产各种豆类，用当地产的黄豆做成的干豆腐，醇香可口，味美诱人。炝拌干豆腐丝也就成了当地最地道的一种美味小菜。

🥢 拔丝地瓜

是东北地区非常普遍的一道特色菜。以当地红薯为原料，切成块，入油锅加糖烹炒而成。其特点是外脆里嫩、甜香绵软，口感极佳。

🥢 炸田鸡腿

齐齐哈尔靠近林区，盛产野田鸡。因此，炸田鸡腿成了当地知名的一道美味小吃。特点是肉质细嫩，鲜香味美，营养丰富。

其他名吃

依安县中心镇血肠、太东乡干豆腐、红焖肉炖干菜、酒焖松子鸡、酱焖泥鳅鱼、红烧狗肉、肥鸭炖酸菜、狗肉炖豆腐、红烧小土豆、驿站马肉干、杀猪菜、锅包肉、满族风味饺子、砂锅吊炉饼等

● 旅游攻略 Travel Guide

齐齐哈尔位于黑龙江省西部松嫩平原。"齐齐哈尔"是达斡尔语"边疆"之意。因市区东南部的扎龙国家级自然保护区栖息着世界珍禽丹顶鹤，故又有"鹤城"之美誉。7000多年前，源远流长的嫩江，哺育了这片沃土，古人类在昂昂溪一带繁衍生息，创造出灿烂的古代文明，被考古学家称为"昂昂溪文化"。元代称卜奎，为吉祥之意；清康熙三十年（1691年）建城；1895年设黑水厅；1936年设市。齐齐哈尔素以生态环境好、野生动植物多、山水景色粗犷豪放、冰雪风光绮丽而著称，最不可错过的旅游景点当属扎龙国家级自然保护区。

**热门
景点** 明月岛、扎龙国家级自然保护区等

旅游线路推荐

1 市中心→扎龙国家级自然保护区
2 市中心→大乘寺→明月岛→昂昂溪文化遗址→水师森林公园

齐齐哈尔特产

北大仓酒、丹顶鹤四条屏、富裕老窖酒、港进粉丝、克东腐乳、甘南葵花籽、芦苇手工艺画、桦树皮手工艺画、富拉尔基温水大米、扎龙湿地鲫鱼、碾子山沙棘果酒、依安剪纸、克山腐乳、田鸡油、黑龙江小米、"红梅牌"脆松糖、讷河甜菜、碾子山麦饭石、镜泊湖人参、甘南黑土地白酒、木耳、蕨菜、蘑菇、蛤士蟆、鹿茸、飞鸽乳品等

舌尖上的**大庆**

● 美食向导 Delicacies Guide

大庆地处黑龙江省松嫩平原中西部，松花江从境内穿过，河流纵横，水草丰美，自古就吸引了北方民族在此逐水而居。这里盛产"三花五罗"鱼（鳌花、鳊花、鲫花和哲罗、法罗、同罗、胡罗、雅罗），还有鲟鱼、滩头鱼，以及猴头蘑、黑木耳、飞龙、蕨菜、薇菜等。所以，到大庆可以真正地大饱鱼餐及山珍野味。

推荐特色美食

东北酱骨头

是东北地区的一道传统名菜。根据主料不同，有酱脊骨、酱排骨、酱棒骨等。其中，猪脊骨经煮炖后，口感最为软糯，啃起来更有乐趣，因而最受欢迎。

大庆扒鸡

用陈年老汤和独特工艺精制而成。味道清香四溢，滑嫩爽口，是大庆有名的特色美食。

龙江海米蕨菜

是东北地区的一道特色菜。用上好的海米与蕨菜烹炒，清淡典雅，味鲜爽口。

水晶肚

是一种用猪大肠或猪小肚灌制而成的特色食品。味香浓郁，很受顾客喜爱，在大庆地区非常盛行。

其他名吃

蒙式烤羊腿、大庆刀削面、麻辣烫、猪手、酸菜粉条炖肉、红烧鹿肉、鲶鱼炖豆腐、黏玉米蒸糕、铁锅炖大鹅等

● 旅游攻略 Travel Guide

大庆是我国重要的石油和石油化工基地，素有"石油城"之称。大庆有丰富的旅游资源，特别是以石油文化、湿地景观为主要内容的旅游资源更是得天独厚。湖塘、沼泽、沙地、草场、林场，连片分布，风光原始质朴，景观秀丽迷人，被誉为"北国江南"。

热门景点

铁人王进喜同志纪念馆、连环湖狩猎场、当奈湿地自然保护区

旅游线路推荐

1 市中心→铁人王进喜同志纪念馆→大庆石油博物馆→连环湖→大庆国家森林公园
2 市中心→当奈湿地自然保护区→龙虎台→世界石油文化公园→大青山

大庆特产　大庆贡米、绿豆、胡萝卜、特种玉米、秋木耳、猴头蘑、"大庆牌"全脂淡奶粉、肇源大米、古龙小米、东北枸杞、红岗松茸、蕨菜、大庆橡子、林甸黄芩、连环湖鳙鱼、大庆葵花籽、杜尔伯特自治县石人沟鲤鱼等

舌尖上的**牡丹江**

美食向导 Delicacies Guide

牡丹江市坐落在长白山脉完达山东麓张广才岭之间，境内森林密布，资源丰富，是北方著名的鱼米之乡。其饮食以东北农家饭、朝鲜族风味、镜泊湖鱼宴最有特色。

推荐特色美食

东北农家饭

东北菜历来以色浓味重、菜量大著称，由于东北地区冬季寒冷干燥，比较流行的东北菜多为炖菜。在牡丹江，可以吃到地道的东北炖菜，如白肉血肠、猪肉炖粉条、鸡肉炖蘑菇、白菜蘑菇炖豆腐等，都非常好吃。

朝鲜族美食

牡丹江是中国著名的朝鲜族聚居地之一，当地的朝鲜族饭馆也比较多，食物正宗味美，价格公道。如石锅拌饭、打糕、狗肉汤、朝鲜冷面、朝鲜烤肉、狗肉全席等，都非常具有民族特色。

镜泊湖鱼宴

牡丹江市境内的镜泊湖水产丰富，盛产鲫鱼，其肉质细嫩，用以烹制鱼汤，味道很鲜美，不可不尝。另外，镜泊湖风味鱼宴、鲤鱼丝、炸红尾鱼等，都是不可错过的鱼餐。

金州包子

是牡丹江知名的招牌小吃，与哈尔滨的老头包子齐名。这里的包子馅大皮薄，馅香味美。吃时，再喝一碗小米粥，感觉最佳。

林蛙

又称蛤士蟆、田鸡等，与熊掌、飞龙、猴头蘑并列为牡丹江"四大山珍"。肉质细嫩，味道鲜美，具有补肾益精、润肺养阴等功效，营养价值极高。

其他名吃　林口县坛子肉、吴记酱骨头、酸菜白肉血肠、镜泊湖鲤鱼丝、荷叶饼卷菜、筋饼（又叫草帽饼）、玫瑰酥饼、高丽拌菜、牛肉豆腐锅、东北熏干豆腐卷、麻辣面、阳明打糕、密山冷面、金丝枣糕、酥合利等

旅游攻略 Travel Guide

牡丹江市位于黑龙江省东南部，背靠三江平原，东接俄罗斯滨海边区，边境线总长为207千米，拥有绥芬河、东宁两个国家一类口岸。牡丹江是满语"穆丹乌拉"的译音，意为"弯弯曲曲的江"。发源于长白山北麓老爷岭，携百溪汇流，流入美丽的镜泊湖，又蜿蜒流淌，汇入松花江。牡丹江市是中国唯一一个以江命名的城市，是满族的发祥地，也是全国第二大朝鲜族聚居地，素有"塞北小江南"和"中国雪城"之称。在冬季，牡丹江以雪城堡、中国雪乡、滑雪旅游著称。

热门景点　中国雪城堡、威虎山影视城、雪乡、镜泊湖、火山口国家森林公园

旅游线路推荐

1. 市中心→中国雪城堡→牡丹峰→威虎山影视城　2. 市中心→镜泊湖→火山口国家森林公园→渤海国遗址→海林宁古塔旧址　3. 市中心→长汀→雪乡　4. 市中心→绥芬河口岸→东宁要塞→界河公园→绥芬河市区

牡丹江特产 　榛子、山核桃、山葡萄、刺玫果、红松籽、蘑菇、松茸、蕨菜、薇菜、刺嫩芽、山参、刺五加、黄芪、五味子、榛蘑、圆蘑、东宁黑木耳、海林猴头菇、响水大米、田鸡、鹿茸、貂皮、熊掌、绥芬河牛肝菌、野生羊肚菌、矮鹿（又称狍子、野羊）等

舌尖上的**鸡西**

● 美**食**向**导** Delicacies Guide

　　鸡西的饮食与黑龙江其他地方没有多大差别。不过，在鸡西，有一道小吃受到了当地市民几十年来经久不衰的喜爱，它就是鸡西冷面。当地人还把朝鲜族的日常饮食、小吃作为特色产业发展，形成了以经营冷面、辣菜、狗肉、鱼锅等为主的特色餐饮业。

推荐 特色美食

鸡西辣菜

　　是由朝鲜族的辣菜发展而来，由于吃冷面离不开辣菜，故又被称为冷面菜。干豆腐、桔梗、豆腐泡这三种冷面菜，几乎是到冷面馆的客人必点的辣菜。另外，还有豆圈、海带丝、黄花菜、干鱼丝、蕨菜、牛肉、猪耳朵、蚬子、鸭食菜等50多种辣菜，供顾客选择。

鸡西冷面

　　是"中朝合璧"的产物。冷面本是朝鲜族的传统食品，而鸡西

冷面既是指"面"，又是指"菜"，是主副食的统一称呼，很有特色。在鸡西，冷面馆到处都有，家家吃冷面，人人爱冷面，用它请客也不觉寒酸。

野生蘑菇炖山鸡

　　是鸡西有名的一道野味菜，以当地特产野生草蘑、榛蘑、榆黄蘑与山鸡同炖而成。此菜肉香菇滑、野味浓香、口味独特，而且营养丰富。

兴凯湖白鱼养生宴

　　以兴凯湖特产白鱼及各类山珍、生态果蔬等为主料，精心烹制出的系列养生菜品，是到兴凯湖旅游必尝的美食。其中，兴凯湖大白鱼为中国四大淡水名鱼之一，曾为历代王朝的贡品。

其他名吃 　鸡西烤肉、酸菜炖血肠、扒猪脸、小鸡炖蘑菇、王家烧鸡、百味鸡、筋头巴脑牛尾锅、血肠、鸡西臭豆腐、锅包肉、李家猪手、恒山水晶肚等

● 旅**游**攻**略** Travel Guide

　　鸡西位于黑龙江省东南部，其东南与俄罗斯交界，是以煤炭生产为基础发展起来的一座城市，因普照边城的阳光给整个鸡西大地送来春意和光明，故又有"太阳城"之称。境内旅游资源丰富，中俄界湖——兴凯湖、中俄界江——乌苏里江、东方马其诺防线——侵华日军虎头军事要塞、举世闻名的珍宝岛等，构成了鸡西以自然生态为主体、辅之以人文历史的特色旅游线路。

热门景点 　兴凯湖、珍宝岛、侵华日军虎头军事要塞等

━━━━━ 旅游线路推荐 ━━━━━

1 市中心→兴凯湖→莲花泡→密山口岸外贸集市　　**2** 市中心→珍宝岛→侵华日军虎头军事要塞遗址

鸡西特产

兴凯湖大白鱼和虾干、虎林椴树蜜、珍宝岛大米、恒山松茸、山野菜、梨树蓝莓、梨树山楂、黄花菜、蕨菜、通草画、黑龙江大马哈鱼、人参、黑木耳、灵芝、香菇等

舌尖上的**佳木斯**

● 美食向导 Delicacies Guide

佳木斯地处黑龙江、乌苏里江和松花江汇流的三江平原腹地。这里的饮食以赫哲族风味最具特色，鱼是必不可少的，素有"不吃生鱼片，就不算到过赫哲人家"的说法。

推荐特色美食

🐟 赫哲人鱼宴

在佳木斯，赫哲人饮食很有特色，鱼必不可少，素有"鱼不入海不能称之为鱼，不尝炒鱼毛就不算到过赫哲人家"的说法。"炒鱼毛"就是将鱼烘炒至碎末而食之，近似鱼松的吃法。"鱼刨花"是赫哲人最喜爱吃的一道风味独特的菜肴。冬季时，他们把打上来的鱼在刚刚冻结的时候剥去鱼皮，切刨成薄薄的冻肉层，蘸盐、酱即可食用。尤其是喝酒时，吃鱼刨花，惬意至

极。"它拉卡"是赫哲人鱼宴上的一道佳肴，其做法是将活鲫鱼脊背的厚肉取下切成丝，用上好的米醋"杀"上，待肉变成白色，再去掉醋汁，拌入蒜末、香菜等调料，味道鲜嫩爽口，是一定不可错过的美食。

🐟 生鱼片

是生活在同江地区的赫哲人最喜欢的一种美食。其做法是将活鱼肉剥下，切成薄片，放到盆里，然后用盐、醋及辣椒油蘸着吃，十分鲜嫩可口，是下酒的好菜。

🐟 鳇鱼

鳇鱼是生长在黑龙江、乌苏里江的一种鱼类，体大、寿命长、力量强，被誉为"淡水鱼王"。肉质鲜美，而且营养价值较高，是烹调各种菜肴的极好食材。

其他名吃

佳木斯熏大马哈鱼、干煎大板黄鱼、拌生鱼、朝鲜族冷面、打糕、松仁烧鹿筋、赫哲族烤生鱼、飘香烤全鱼，以及鱼子三拼（黄鱼子、大马哈鱼子、黑鱼子）等

● 旅游攻略 Travel Guide

佳木斯位于黑龙江省东北部，隔黑龙江、乌苏里江与俄罗斯相望，边境线长达580千米，是中国大地最早迎接太阳升起的地方，被誉为"东方第一城"。佳木斯历史久远，古为满族的祖先肃慎族生息繁衍之地，所以有"满族故乡"之称，这里还是松花江通往黑龙江江口的古驿道。其境内的乌苏镇尤以"中国最早迎来太阳升起的地方"和"英雄的东方第一哨"而闻名，夏日2时10分，黎明即从这里悄然开始，"沧海浴日，金轮晃漾"的奇观，令游人叹为观止。

热门景点 三江湿地保护区、黑瞎子岛、乌苏镇、街津口赫哲民族文化村等

旅游线路推荐

1 市中心→晨星岛→松花江冰雪游乐世界→星火朝鲜族风情园
2 市中心→同江市赫哲民族村→三江湿地保护区→抚远县城→乌苏镇→黑瞎子岛

佳木斯特产

"三花五罗"淡水鱼（鳌花鱼、鳊花鱼、鲫花鱼、哲罗鱼、法罗鱼、同罗鱼、雅罗鱼、胡罗鱼），以及赫哲族鱼皮衣、鱼皮靴、鱼骨工艺品、鱼刺配饰、抚远大马哈鱼、佳木斯大米、富锦"冰鹅牌"啤酒、鱼皮工艺画、佳木斯山葡萄、蕨菜、薇菜、黄花菜、木耳、榛蘑、松江编结绣等

舌尖上的**大兴安岭**

美食向导 Delicacies Guide

大兴安岭地区原始森林茂密，溪水遍流，盛产各种山珍野味。这里的美食全部以当地特有的纯天然绿色食材为原料烹制而成，每一道野味菜都香气四溢，令人垂涎不已。

推荐特色美食

🍄 红烧猴头蘑

猴头蘑是生长在大兴安岭深山老林中的一种鸳鸯对口蘑，品质好，产量大。鲜猴头，经过泡发，与鸡、鱼、肉共炖，味道独特鲜美。它是稀有食材，又富有营养，与熊掌、海参、鱼翅齐名，享有"山珍猴头，海味燕窝"之誉。因此，红烧猴头蘑、扒猴头蘑之类的菜就成了高级宴席上的名菜。

🍄 全鹿宴

顾名思义，就是采用鹿的各个部位烹制成的菜肴，有鹿肉、鹿脯、鹿眼、鹿脑、鹿肝、鹿血等。鹿肉是营养丰富的高级野味，肉质细嫩，可烹制多种菜肴，是很好的补身健体食品。

🍄 红烧细鳞鱼

细鳞鱼生长在大兴安岭林区的溪流中，经济价值高，营养丰富，味道鲜美，相当名贵，素有"冷水鱼王"之誉。用它可烹制成红烧细鳞鱼、红焖细鳞鱼、清炖细鳞鱼等名贵菜肴。

🍄 毛尖蘑

中国只有在大兴安岭林区出产毛尖蘑，因其生长在采金地的毛尖石上而得名。经对其成分鉴定后证实，毛尖蘑所含的蛋白质、氨基酸、微量元素等是普通蘑菇的几十倍，被人们称为"素中之肉，蘑菇之圣"。

由于产量极少，曾被地方官员作为贡品进奉皇宫，专供皇帝享用。毛尖蘑的吃法，一般有笨鸡炖毛尖蘑、炒毛尖蘑、猪肉炖毛尖蘑等。

🍄 烧狗鱼

狗鱼是漠河特产的冷水鱼之一，当地人的吃法多为红烧和烧烤。每年夏秋季节，漠河北极村的烧烤摊很多，几乎每个摊位都有烧狗鱼这道小吃，味道鲜美，值得一尝。

其他名吃

漠河白肉血肠、鸡肉炖蘑菇、鳕鱼炖豆腐、野菜包子、清蒸大马哈鱼等

旅游攻略 Travel Guide

大兴安岭是指北起漠河，向西南方向至内蒙古自治区霍林郭勒的一条大山脉，海拔1000多米。黑龙江省境内只有漠河市、塔河县和呼玛县的西部属大兴安岭，其主要部分在内蒙古自治区境内。大兴安岭地区行政公署驻在内蒙古自治区境内加格达奇。境内旅游资源以广袤森林、边境风光为特色，其中以漠河北极村、呼中自然保护区最为著名。

热门景点 漠河北极村、洛古河村、胭脂沟、兴安湖等

旅游线路推荐

1 漠河→北极村→中国最北第一哨→中俄界江→神州北极→最北邮局→胭脂沟→洛古河村
2 加格达奇→呼中国家级自然保护区→兴安湖度假村

大兴安岭特产 大兴安岭飞龙鸟、人参、鹿茸、灰鼠皮、天麻、五味子、漠河大马哈鱼、鳕鱼、呼玛黑木耳、蛤士蟆油、松子、猞猁皮、貂皮、猴头菇、蕨菜、松子、萨满图腾画、黄花菜、金针菜、明叶菜、中国北极蓝莓、黄蘑、灵芝等

舌尖上的**绥化**

美食向导 Delicacies Guide

绥化地区由于冬季漫长且十分寒冷，炖菜成了当地饮食的主角。除了有传统的东北乱炖、杀猪菜外，剑花煲猪肺汤、冰糖炖木瓜、罗汉果白菜干汤等都是绥化有名的佳肴。

推荐特色美食

傻柱子冷面

冷面是朝鲜族的传统食品。过去，朝鲜族有正月初四中午或过生日时吃冷面的传统。据说，这一天吃了冷面，就会多福多寿，故冷面又称"长寿面"。在绥化，傻柱子冷面最有名气。

王才那杀猪菜

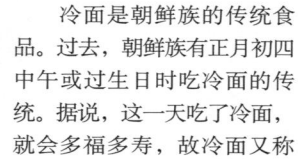

杀猪菜是东北地区农村每年接近年关杀猪时所吃一种炖菜。这道菜不是刚出锅的才好吃，而是多做一些，以后吃的时候入锅加热，那味道才叫香。绥化的王才那杀猪菜非常有名，味道正宗。

海伦锅包肉

是海伦市的一道地方特色菜。锅包肉是从东北菜熘肉段中演变出来的一道名菜，又叫锅爆肉。用淀粉将肉片包裹，放入油锅炸制而成。吃起来，外脆酸甜，肉香酥嫩，非常诱人食欲。

砂锅焖狗肉

在东北许多地方都有这道风味名菜。此菜以狗肉酥烂为度，肉香四溢，汁浓味醇。让人一见，忍不住立即大快朵颐，一饱口福。

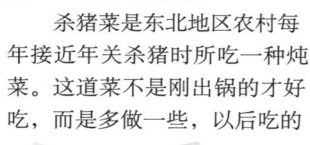

其他名吃 北林酸菜汤、安达焖茄盒、香甜玉米饼、芝麻萝卜馅饼、风味烤排骨、兰西一口猪猪皮冻、蒸血豆腐、蒜泥血肠、手撕大拌菜、土豆饼等

旅游攻略 Travel Guide

绥化位于黑龙江省中南部、松嫩平原的呼兰河流域，东北部为小兴安岭山麓丘陵地带，西部为广阔的草原，是国家重要商品粮生产基地，享有"北国大粮仓"的美誉。清朝同治元年（1862年）开始设镇，因地处草厚林密地带，而得名北团林子；1885年，设理事通判厅，并取"安抚教化、造化发展、吉祥安顺"之意，改名为绥化。这里的人文与自然景观众多，肇东金代八里城遗址、安达日军731侵华罪证遗址、望奎林枫故居纪念馆，已成为黑龙江省、地级传统教育基地；绥棱白马石风景区、金斗湾生态旅游区、兰西拉哈山风景区、大河岛生态公园、海伦东方水库风景区等，已成为绥化生态山水游的著名品牌。

热门景点 绥棱县白马石旅游区、金斗湾生态旅游区、兰西县大河岛生态公园、东林寺、拉哈山—呼兰河生态旅游区等

旅游线路推荐

1 市中心→望奎县林枫故居→庙山生态旅游区→绥棱县金斗湾生态旅游区→白马石旅游区

2 市中心→兰西县大河岛生态公园→东林寺→拉哈山—呼兰河生态旅游区

绥化特产 双河大米、榛鸡（俗称飞龙）、海伦甜菜、甜菇茑（又叫菠萝果）、月见草（俗称山芝麻、夜来香）、原生态红菇、绥棱沙棘果、兰西香瓜、兰西草柳编、黑米醋、明水平菇、明水陈醋、七河源大米、红星液体奶、绿洲保鲜奶、"庆泉牌"白酒、木纹画、铜雕等

舌尖上的**伊春**

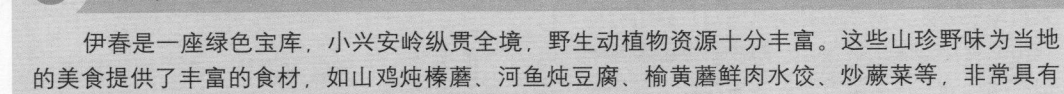

美食向导 Delicacies Guide

伊春是一座绿色宝库，小兴安岭纵贯全境，野生动植物资源十分丰富。这些山珍野味为当地的美食提供了丰富的食材，如山鸡炖榛蘑、河鱼炖豆腐、榆黄蘑鲜肉水饺、炒蕨菜等，非常具有地方特色，都是在其他地方难以吃到的野味佳肴，值得一尝。

推荐特色美食

炝蕨菜

其做法是用辣椒节炝锅，随即将蕨菜和调料下锅，快速翻炒，烹入清汤，出锅装盘即可。此菜味香色浓，具有保健功效。

山蘑炖山鸡

用野生草蘑、榛蘑、榆黄蘑与山鸡同炖而成。此菜野味浓厚，肉香菇滑，口味独特，是伊春林区的传统名菜。

美溪"三股流"血肠

是伊春林区的特色菜之一。其做法是将新宰杀的猪肠子洗净，把新鲜猪血佐以姜末、酱油、蒜末、味素和花椒等调料灌入肠中，煮熟后即可食用。味香浓郁，独具东北特色。

山珍野味宴

是用伊春特产的铁雀、犴鼻、榆黄蘑、黄花菜、猴头菇、山野菜等山珍野味为原料精心烹制而成的一套名贵独特的风味宴席，由一个大花拼、六个凉菜、八道热菜、两道点心组成。目前，只有在

伊春的高档餐馆才能吃到这道美味的山珍野味宴。

烤全兔

兔子肉是山珍中既美味又便宜的菜品。伊春的兔肉菜品中，尤以烤全兔最为出名。肉质鲜嫩，香味扑鼻，令人垂涎。

狍肉烩萝卜

是伊春的一道特色菜。此菜味香独特，不仅好吃，而且营养丰富，值得一尝。

蜜汁鹿肉

在伊春的大小餐馆，几乎都能吃得到鹿肉。吃法也各不相同，有的烧烤，有的炖，也有的红烧，但蜜汁鹿肉这道菜最受欢迎。

焖猫肉

伊春的许多餐馆都有焖猫肉这道特色菜。其口感跟兔子肉差不多，一样香喷喷的。如果不是事先说好，基本吃不出是猫肉。

香炸鹌鹑

鹌鹑肉含有丰富的蛋白质和维生素，营养价值高，素有"动物人参"之称。香炸鹌鹑是伊春当地非常有名的一道菜肴，大小餐馆都有。

油豆角焖肉

油豆角是伊春小兴安岭的特产，是豆角中的极品，真正的绿色食品。将油豆角切成丝晒干，再与猪排骨、猪肉烹制成菜，有油豆角炖排骨、油豆角焖肉等，非常好吃，是东北家常名菜之一。

其他名吃

野猪肉、松仁肚、熏鸡豆腐串、锅包肉、凉拌蕨菜花、山兔炖山菇、人参炖野鸭、扒野兔肉、猴头蘑炖鸡、蒜汁狍舌、家常炒榛仁、炖山珍、伊春大肉饼、酸菜五花肉汤、渍菜粉条、黄花菜蘑菇汤、山野菜蘸农家酱、鲜肉老山芹水饺等

旅游攻略 Travel Guide

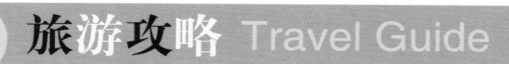

伊春位于黑龙江省东北部小兴安岭腹地，地处松花江、黑龙江两大水系之间，素有"中国林都"、"红松故乡"、"恐龙家园"、"林海雪原"之称。伊春境内森林旅游资源丰富，拥有亚洲面积最大、保存最完整的红松原始林。主要景区有五营国家森林公园、嘉荫恐龙国家地质公园、红星火山地质公园、朗乡石林、铁力日月峡滑雪场、梅花山滑雪场、金山滑雪场、朗乡石猴山滑雪场、桃山狩猎场等。伊春降雪量大，雪质好，雪期长，冰雪旅游是伊春重点开发的旅游项目。

热门景点 五营国家森林公园、桃山狩猎场、茅兰沟国家森林公园、日月峡滑雪场等

旅游线路推荐

1 市中心→鄂伦春民族村→五营国家森林公园 　 2 市中心→美溪回龙湾度假村→大丰河漂流
3 市中心→汤旺河国家公园 　 4 市中心→嘉荫恐龙国家地质公园→茅兰沟国家森林公园
5 市中心→铁力市日月峡滑雪场

伊春特产

刺嫩芽、蕨菜、黄花菜、猴腿菜、榛子、山核桃、山野果、山野菜、桦树皮工艺品、伊春蓝莓、向阳香瓜、牛肝菌、乌伊岭滑子蘑、白灵蘑、黑木耳、榛蘑、黑蚂蚁、人参、红松子、五营木都柿果酒、林蛙油、工艺漆木碗、上甘岭水晶石、鹿心血酒、五味子酒、木制工艺品等

舌尖上的**黑河**

美食向导 Delicacies Guide

黑河的饮食以东北风味为主，尤以五大连池鱼、矿泉蛋、药泉豆腐及地道的山野菜等最有特色。在五大连池，最典型的餐饮可概括为"连池鱼，矿泉蛋，药泉豆腐农家饭。"黑河，由于邻近俄罗斯，这里的俄式扒鸡、奶油牛肉饼、俄式肉排、沙士利、苏波汤等俄式风味菜肴，随处可见，也深受游客的喜爱。

推荐特色美食

苏波汤

"苏波"为俄语，意为汤。用新鲜的卷心菜、土豆、西红柿、香苏叶，配牛肉或牛骨煮制而成。汤味鲜美，营养丰富。

五大连池矿泉鱼

是五大连池出产的冷水鱼，比较名贵。肉质优良，味道鲜美，非常好吃。

矿泉蛋

是在五大连池矿泉湖里长大的鸭子所产的蛋。蛋黄为红色，富含多种微量元素，味道与众不同。

大豆腐和干豆腐

是由天然矿泉水与当地特产大豆为主料制作而成。这种豆腐滑嫩可口，久炖不碎，成为五大连池美食

"一绝"。

豆瓣原汁大马哈鱼

是黑河最著名的菜品之一，采用当地特产大马哈鱼为原料烹制而成。菜品色泽酱红，醇香味重，具有浓郁的地方风味。

拌生鱼

黑河紧靠黑龙江，盛产大马哈鱼、细鳞鱼及"三花五罗鱼"（鳌花鱼、鳊花鱼、鲫花鱼、哲罗鱼、法罗鱼、雅罗鱼、同罗鱼、胡罗鱼）。将捕来的活鱼剖去鳞片，用米醋浸腌，再佐以精盐、味精、香菜、黄瓜、芹菜、炸辣椒拌匀。食之，鱼肉味香鲜嫩，酸辣爽口，风味独特。

其他名吃

大鹅炖土豆、俄式扒鸡、奶油牛肉饼、俄式肉排、大烩菜、炸泥鳅、茄汁草鱼片等

旅游攻略 Travel Guide

黑河位于黑龙江省北部、小兴安岭北麓、黑龙江中游西岸，与俄罗斯远东第三大城市阿穆尔州首府布拉戈维申斯克（海兰泡）隔江相望，是中俄边境线上规模最大、距离最近、唯一相对的姐妹城市。黑河自然景观独特，有中俄大界河——黑龙江，世界地质公园——五大连池，中俄不平等条约（瑷珲条约）签约地——瑷珲古城，日军侵华遗址——胜山要塞，以及大黑河岛、沾河漂流、卧牛湖、鄂伦春民俗旅游区等。

热门景点 五大连池、瑷珲古城等

旅游线路推荐

1 市中心→五大连池　**2** 市中心→瑷珲古城→大沾河国家森林公园

3 市中心→俄罗斯布拉戈维申斯克（海兰泡）市区

黑河特产 木耳、猴头菇、蕨菜、黄芪、贝母、刺五加、五大连池矿泉水、山野菜、鳇鱼、大马哈鱼、药泉白酒、火山石盆景、俄罗斯商品、逊克县玛瑙、酒心糖、五大连池矿泉牛奶、"火山红牌"微量元素卵、火山爽肤石、欣龙泉老窖酒、水獭皮、孙吴县象棋等

舌尖上的**双鸭山**

● 美食向导 Delicacies Guide

双鸭山的饮食除了有正宗的东北风味美食之外，还有一些特色小吃隐藏于街头巷尾的小餐馆中，如凉皮、米线、砂锅、烧烤等，都不可错过。

推荐 特色美食

炖山珍

这道菜的主料有五花肉、蕨菜、木耳、榛蘑、刺嫩芽、银耳、鲜蘑、胡萝卜等，以及花椒、大料、葱和酱油等调料。汤鲜味美，营养丰富。

开江鱼

每年春季，东北大地冰雪消融、万物复苏，江河的冰层也逐渐融化，在江面上形成的冰排浩浩荡荡顺流而下，这就是开江。人们将捞捕的第一网鱼单独

成菜，称之为开江鱼。这些鱼经过整个冬季，体内的脂肪已经消失殆尽，其肉质变得非常紧密、不肥不烂，烹调得当，滋味鲜美，难以形容。一年之中，只有四月份二十几天的时间中才可以品尝到味道鲜美的开江鱼，若错过了，那就只好等到来年了。

其他名吃 饶河酸菜鸭、余白肉、东北乱炖、东北大酱骨、肉片白蘑、木耳山药、水晶鲑鱼、软炸鱼、酸辣萝卜等

● 旅游攻略 Travel Guide

双鸭山位于黑龙江省东北部，东隔乌苏里江与俄罗斯相邻，边境线长达132千米。是一座自然资源非常丰富的城市，素以"大森林、大煤炭、大粮仓、大农场、大冰雪、大湿地、大界江"而著称。境内旅游资源丰富，素以山水风光闻名遐迩，主要景区有宝清七星河国家级自然保护区、雁窝岛自然保护区、青山国家森林公园等。

热门景点 安邦河湿地公园、宝清七星河国家级自然保护区等

旅游线路推荐

1 市中心 → 宝山区青山景区 → 宝清县城 → 宝清七星河国家级自然保护区 → 雁窝岛自然保护区

双鸭山特产 蘑菇、木耳、山野菜、红肚鲫鱼、老头鱼、狗鱼、细鳞鱼、黑鱼、白鱼、鲤鱼、山参、刺五加、大黑蚂蚁、榆黄蘑、饶河东北黑蜜蜂、松子、宝山人参、圆蘑、紫梅酒、香梅酒、饶河赫乡鱼皮画工艺品、黑豆果、香鼠皮等

舌尖上的上海

上海菜，简称沪菜，习惯叫本帮菜，其实就是上海的乡土菜肴，是从农家饭菜发展而来，以红烧、生煸见长，口味较重，浓油赤酱，颇有家常风味。特别是夏季的糟味菜肴，香味浓郁，很有地方特色，是我国主要的地方风味菜之一。

上海自1843年开埠以来，随着工商业的发展，四方商贾云集，饭店酒楼应运而生，到了20世纪三四十年代，各种地方风味菜馆林立，不同菜系在上海既有激烈竞争，又相互取长补短，为上海菜的发展创造了有利条件。上海菜经过多年的杂合改良，在博取众家之长、纳中外名品的同时，对菜品的烹饪方式、配料选择等方面加以改变，从而派生出更富有海派文化风格的一种新派上海菜，即海派菜。

上海菜的代表名菜有草头圈子、糟钵头、虾子大乌参、红烧松江鲈鱼、城隍庙八宝鸭、枫泾丁蹄等。以上海德兴馆、老正兴和上海老饭店烧制的本帮菜，最为正宗，名闻遐迩。

申城三岛游

时尚之都

水乡古镇游

特别推荐

▶ **上海十大美食**　上海七宝古镇糟肉、枫泾丁蹄、小绍兴白斩鸡、油氽排骨年糕、丰裕生煎包、清蒸黄浦江大闸蟹、红烧松江鲈鱼、南翔小笼包、城隍庙八宝鸭、朱家角扎肉

▶ **上海十大特产**　城隍庙秋梨膏、大白兔奶糖、金山农民画、上海织绣、崇明老白酒、南桥进京腐乳、九亭酱菜、上海"神仙"牌曲酒、枫泾黄酒、嘉定竹刻

▶ **上海十大景点**　上海外滩、东方明珠塔、上海世博园、豫园、城隍庙、崇明岛东平国家森林公园、佘山国家森林公园、上海迪士尼乐园、朱家角古镇、枫泾古镇

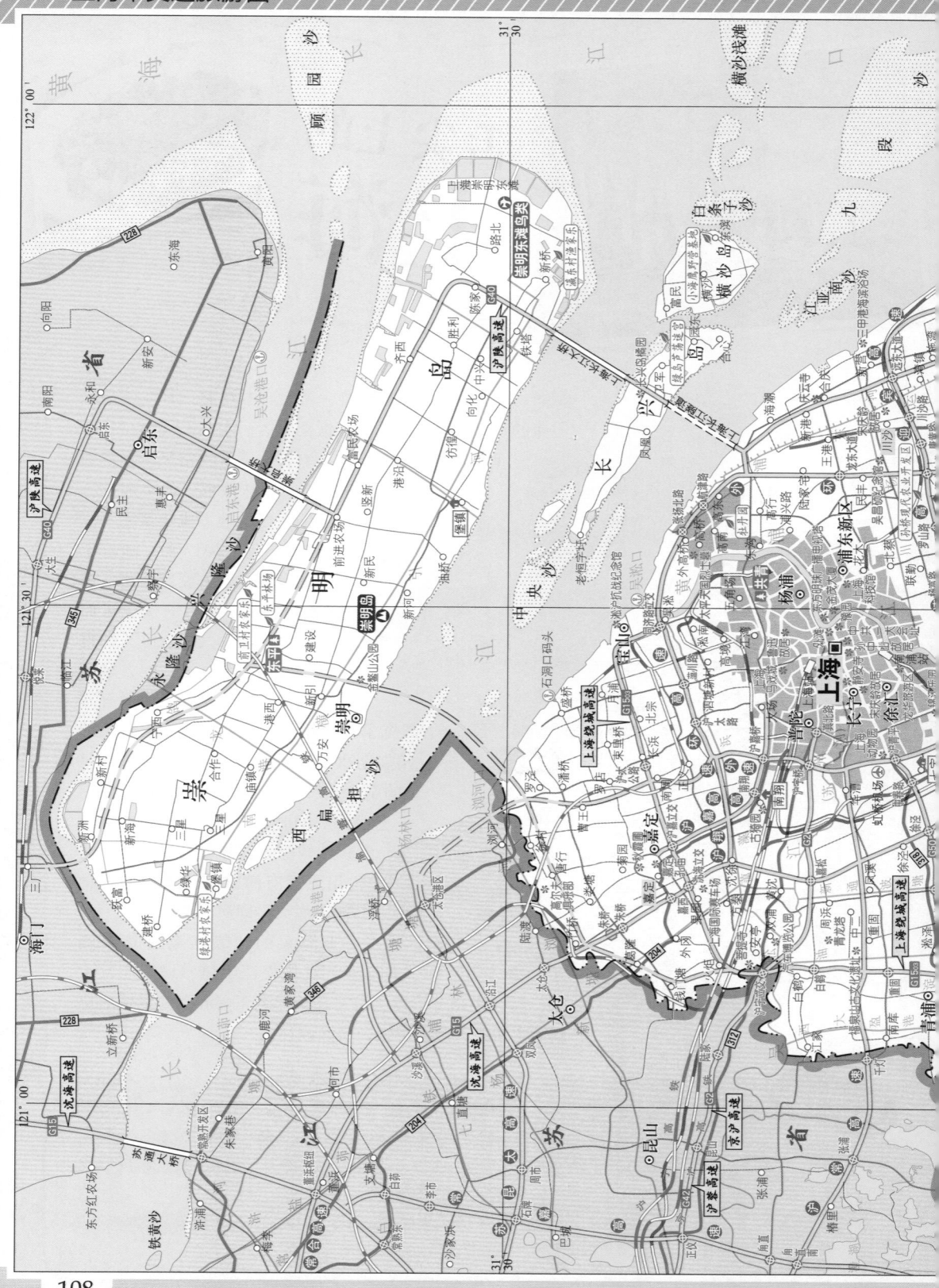

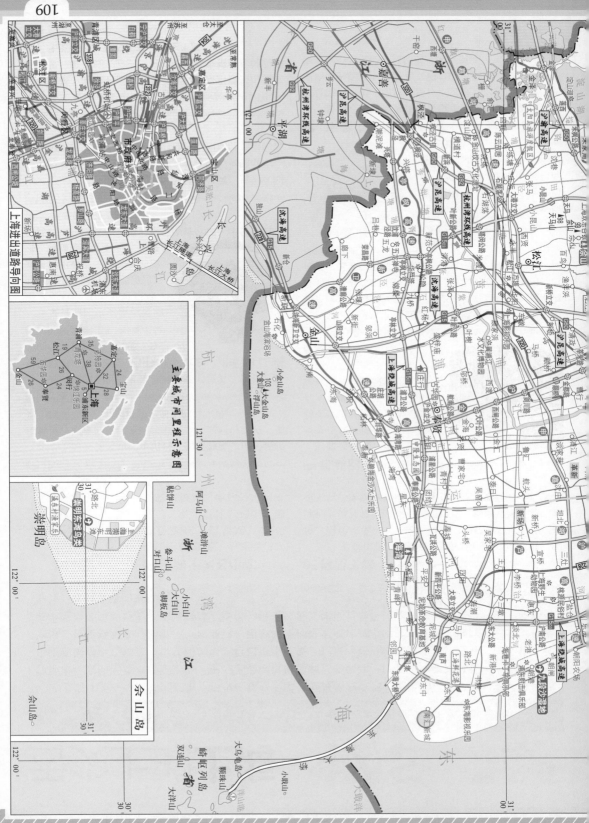

上海进出道路导向图

至尊城市间里程示意图

崇明岛

比例尺 1 : 535 000

舌尖上的**上海**

美食向导 Delicacies Guide

上海作为一个时尚大都市，不仅是购物天堂，更是美食之都。在上海，除了到老字号餐厅品尝地道正宗的上海本帮菜之外，千万不要错过琳琅满目的风味小吃。一向喜欢精致的上海人，把小吃都做得小巧别致，口味甜的多，但甜中带点咸，别具一格，如生煎馒头、春卷、枣泥糕、炸猪排、桂花糖年糕、油墩子、两面黄、团子等，都是上海传统小吃中的代表。城隍庙一带，是上海小吃最聚集的地方，但那里游人众多，价格较贵。建议到最平民化的美食街或小食铺，花较少的钱，吃最地道的小吃。

推荐 特色美食

上海十大名小吃

生煎馒头、小笼汤包、排骨年糕、白斩鸡、浇头面、三鲜小馄饨、鸡粥、油豆腐线粉汤、肉粽、咸肉菜饭骨头汤。

小绍兴白斩鸡

是上海餐饮名店"小绍兴"的招牌菜。由于其味道鲜美，质量好，深受顾客喜爱。"说起白斩鸡，要数小绍兴"，已成为许多上海人的口头禅。

七宝糟肉

是上海西南近郊七宝古镇的著名佳肴。据说，这种糟肉是用祖传秘方制出来的。食之，甜咸适口，满嘴的酒香和肉香，余味无穷。

朱家角扎肉

是青浦区朱家角古镇的著名美食，扎肉就是用粽叶裹着的红烧肉。吃的时候，肉里带着一股粽叶的清香，味道很好。另外，朱家角的特产——清香糯米粽，格外清香软糯，十分可口，曾为明清两朝的贡品。

蜜汁火方

是上海、江苏和浙江地区的传统名菜。选用火腿上方经煮煨而成，色泽火红，卤汁透明，火腿酥烂，滋味鲜美。尤以上海老半斋酒楼和扬州饭店烹制的蜜汁火方最为出名。

糟钵头

始于清代嘉庆年间，由上海本地著名厨师徐三首创，是上海菜的代表名菜。其做法是用熟猪内脏，加火腿、笋片放入砂锅，再加鲜汤、香糟卤汁炖制而成。味美鲜香，营养丰富，百吃不腻。

枫泾丁蹄

产于金山区枫泾镇，已有100多年的历史。相传，清代咸丰年间，由一对姓丁的兄弟采用本地黑皮纯种"枫泾猪"的蹄子精制而成。肉嫩质细，热吃酥而不烂，冷吃喷香可口，深受当地百姓的喜爱，人们习惯称之为丁蹄。

草头圈子

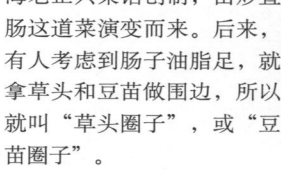

原名叫红烧圈子，由上海老正兴菜馆创制，由炒直肠这道菜演变而来。后来，有人考虑到肠子油脂足，就拿草头和豆苗做围边，所以就叫"草头圈子"，或"豆苗圈子"。

八宝鸭

是上海城隍庙老饭店的特色菜肴。该店始创于清朝光绪二年（1876年），以擅制上海菜著称。八宝鸭是当时上海苏帮菜馆的名菜，它取用煮熟的肉鸭拆出骨架，盛入馅料蒸制而成。鸭肉浓香，营养丰富，深受顾客青睐。

推荐 上海小吃

排骨年糕

用猪排骨肉配以小而薄的年糕，经油氽、烧煮而成。尤以上海曙光饭店和鲜得来点心店经营的排骨年糕最为出名。

南翔小笼包

是嘉定区南翔古镇的传统小吃，久负盛名。其特点是馅料鲜美、面皮软糯，口感极好。豫园商城内的南翔馒头店和西藏路延安路口的古猗园点心店，均专售南翔小笼包，可到那里一饱口福。

蟹壳黄

是上海常见的一种小吃。用发酵面加油酥制成皮，再加馅制成酥饼，味道极香，因饼的颜色与形状酷似煮熟的蟹壳而得名。

生煎包

是上海人最喜爱的主打小吃，上海滩的生煎包店少说也有几百家。生煎包的另一种做法是蒸制，这时就被称为小笼包。很多经营上海本帮菜的餐厅也有生煎包和小笼包，曾闻名于上海滩的丰裕生煎包和油豆腐粉丝汤，至今仍是丰裕饮食店的招牌小吃，很受顾客欢迎。

灌汤包

是上海城隍庙的招牌小吃。其吃法非常独特，一般是先将出锅的包子摇匀，再用吸管将里面的汤喝掉，口味鲜美，令人食后难忘。

推荐 特色食处

✪ 德兴馆

开业于1890年前后，经营正宗的上海菜肴。知名的菜品有虾子大乌参、鸡骨酱、鸡圈肉、八宝辣酱等。其中，虾子大乌参最有特色，是上海德兴馆的代表菜肴。✉ 陆家浜路1088号

✪ 上海老饭店

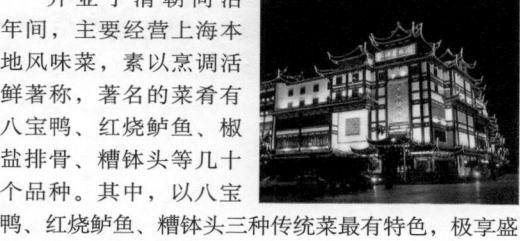

开业于清朝同治年间，主要经营上海本地风味菜，素以烹调活鲜著称，著名的菜肴有八宝鸭、红烧鲈鱼、椒盐排骨、糟钵头等几十个品种。其中，以八宝鸭、红烧鲈鱼、糟钵头三种传统菜最有特色，极享盛誉。✉ 福州路242号

✪ 王宝和酒家

始创于1744年，是上海最早的酒家之一，素以专营绍兴陈年黄酒和蟹宴而著称。该酒家烹制的蟹菜风味独特，名闻上海滩，芙蓉蟹粉、翡翠虾蟹、流黄蟹斗、阳澄蟹卷最为著名。每到秋季，肥蟹上市，这里的生意就特别好，顾客几乎都是慕名而来。✉ 福州路603号

✪ 老正兴菜馆

始创于清朝顺治元年（1644年），至今已有300多年的历史，是经营正宗上海菜的名牌老店。其招牌菜有草头圈子、红烧荷包鱼翅、虾子大乌参、油爆河虾等。✉ 福州路556号

✪ 豫园城隍庙美食街

是上海名气最大的美食集中地，周边分布着众多老字号餐饮名店。这里的小吃都是正宗地道的老上海味道，还有全国各地的著名美食，素有"小吃王国"之称。蟹粉小汤包、粽子芝麻饼、蟹黄白玉卷、灌汤虾球、肉粽、吉祥煎饼、牛奶吊钟烧、宁波汤圆、冷馄饨、焖蹄、春卷、南翔小笼包等，都值得品尝。这里的小吃，虽然价格较贵，但人气很旺。

✪ 云南南路美食街

紧邻人民广场中心区，是一条比较老牌的美食街。在这里，可以吃到南翔小笼包、鱼肉煎生包、排骨年糕、南瓜饼、酒酿圆子、鸡鸭血汤、虾肉馄饨、油豆腐线粉汤等各种上海风味小吃。云南南路上的小绍兴酒家很有名气，一定要尝尝这里的白斩鸡、面筋百叶汤、春卷等小吃，味道绝对正宗。✉ 云南南路大世界娱乐中心旁

✪ 黄河路美食街

这里的河湖海鲜酒楼较多，是生鲜美味的集中地。在这些酒楼里，可以吃到黄泥螺、毛蚶、醉虾、温蟹等海鲜美食，令人胃口大开，吃得酒足饭饱。✉ 南京西路和北京西路之间

✪ 吴江路小吃街

原是一条乱糟糟的大众小吃街，经过改造后，在保留了原来平民化的中餐馆之外，又增加了咖啡厅、西餐厅、茶坊等洋餐厅，别具一种小资情调。不过，相比之下，这里的中餐价格还算合理，比较实惠。✉ 南京西路上海电视台旁边

✪ 仙霞路美食街

是上海较早形成的一条美食街。在这条街上，汇集了200多家餐饮娱乐场所，不仅有日本料理、韩国料理、东南亚风味等风格不同的餐厅，还有很多年轻人喜欢的咖啡吧、茶吧、玩具吧等。在这里，既可以品尝美食，又能感受异国情调，值得一去。

✪ 七宝古镇美食街

在上海西南近郊七宝古镇上，有一条南北贯通的明清老街，分布着众多酒馆、茶馆、商铺。这里的美食品种繁多，琳琅满目，有老街汤圆、卤味扎肉、白切羊肉、拆蹄、臭豆腐等。其中，以糟肉、方糕和老酒最为著名。

其他名吃

生煸草头、清蒸大闸蟹、上海老大房糕、虾子大乌参、红烧鲈鱼、青鱼秃肺、开洋葱油面、糟田螺、老城隍庙五香豆、五芳斋点心、鸽蛋圆子、大壶春生煎馒头、四鲜烤麸、四季糕团、桂花糯米、崇明香酥芋、熏拉丝、虾子豆腐、糯米团、条头糕、薄荷糕、猪肉烧卖、红烧烤麸、奉贤海棠糕、青香糯米粽、上海擂沙圆、五仁梅花饼、美珍香猪肉脯、松江鲈鱼、吴越豆腐、八珍鱼头、银鱼炒蛋、游子老鸭粉丝汤、七宝古镇红烧羊肉、傻瓜干面、鼓汁凤爪、油炸凤尾鱼、炒鳝糊、罗汉上素等

旅游攻略 Travel Guide

　　上海，简称沪、申，地处长江三角洲的冲积平原，以繁华的都市风貌和丰富的人文资源闻名海内外。战国时期，这里为楚国春申君的封邑，开始建城，称申城，这是上海地区最早的城市；秦灭楚以后，在申城设海盐县；隋朝，海盐县北部的华亭镇（今松江区）逐渐开始发展起来；唐代，始设华亭县；宋代，华亭县的上海镇已发展成为初具规模的小镇，商业日益发达；元代，升华亭县为松江府；明代，上海地区商业繁荣，已成为远近闻名的"东南明邑"清朝末年，第一次鸦片战争后，上海被辟为五个对外通商口岸之一，逐渐发展成为亚洲最繁华的国际化大都市，曾被誉为"东方巴黎"、"远东第一都市"等称号。作为中国共产党的诞生地，这座城市还留下了孙中山、宋庆龄、毛泽东、周恩来、蒋介石等许多历史风云人物的人生足迹。近年来，上海新建了东方明珠塔、上海世博园、金茂大厦、上海环球金融中心等颇具现代气息的旅游新景观，上海外滩、老商业街、名人故居与新兴建筑，构成了上海的别样魅力。

热门景点

外滩、东方明珠塔、上海世博园、豫园、城隍庙、上海老街、上海迪士尼乐园、朱家角古镇、枫泾古镇、崇明岛东滩鸟类国家级自然保护区等

旅游线路推荐

1. 市中心→上海人民广场→南京路→外滩→陆家嘴→上海世博园→上海迪士尼乐园　　2. 市中心→南京路→豫园→淮海路→徐家汇→上海海洋水族馆→上海科技馆→锦江乐园→上海欢乐谷　　3. 市中心→东方明珠塔→金茂大厦→上海环球金融中心→黄浦公园→黄浦观光台　　4. 市中心→外滩万国建筑群→石库门里弄→老式花园洋房→红色纪念地→名人故居　　5. 市中心→上海野生动物园→朱家角→枫泾古镇→崇明岛东滩鸟类国家级自然保护区

上海特产

城隍庙梨膏糖、巧果、嘉定竹刻、金山农民画、崇明老白酒、大白兔奶糖、上海玉雕、南桥进京腐乳、枫泾状元糕、九亭酱菜、黄浦江大闸蟹、"神仙牌"曲酒、八宝辣酱、上海银鱼、崇明老毛蟹、上海丝绸、绒绣、织绣、凤尾鱼罐头、嘉定草编、金泽状元糕、崇明刀鱼、崇明酱包瓜、城隍五香豆、老来青大米、枣泥酥、南汇蜂蜜、枫泾黄酒、七宝老酒、七宝方糕、酒酿糟肉等

舌尖上的 江苏

  江苏菜，简称苏菜，主要由金陵菜、淮扬菜、苏锡菜、徐海菜等地方菜组成，是中国八大菜系之一。由于苏菜和浙菜（浙江菜）相近，因此和浙菜统称江浙菜系。金陵菜以南京菜和南京小吃为代表，南京菜素以善制鸭馔而出名，素有"金陵鸭馔甲天下"的美誉，代表菜品有盐水鸭、鸭汤、鸭肠、鸭肝、鸭血等。淮扬菜流传于淮安、扬州、镇江一带，是中国四大传统菜系（鲁菜、川菜、淮扬菜、粤菜）之一，在整个苏菜系中占主导地位，其特点是选料朴实、讲究火候、重油重色、味道醇厚、保持原汁原味，代表菜品有狮子头、拆烩鲢鱼头、水晶肴肉、三套鸭等。值得一提的是，1949年中华人民共和国开国第一宴，就是以淮扬菜为主，因此，淮扬菜享有"国菜"之称。苏锡菜主要流传于苏州、无锡、常州及上海等地，擅长烹制各类水产，常用酒醋调味，口味偏甜偏清淡，代表菜品有阳澄湖大闸蟹、松鼠鳜鱼、清炒虾仁、蜜汁火方、无锡酱排骨等。徐海菜主要流传于徐州、连云港（古称海州）、宿迁一带，烹调技艺多用煮、煎、炸等，菜肴色调浓重，口味偏咸，接近齐鲁风味，代表菜品有东坡回赠肉、彭城鱼丸、羊方藏鱼、霜汁狗肉等。

特别推荐

▶ **江苏十大美食** 南京鸭肴、苏州常熟叫化童鸡、清蒸阳澄湖大闸蟹、无锡三凤桥酱排骨、镇江长江三鲜（鲥鱼、刀鱼、鮰鱼）、扬州扒烧整猪头、清蒸蟹粉狮子头、徐州羊方藏鱼、东坡回赠肉、淮安盱眙十三香小龙虾

▶ **江苏十大特产** 南京雨花石、雨花茶、南京云锦、苏州洞庭碧螺春、苏绣、阳澄湖大闸蟹、宜兴紫砂壶、镇江香醋、宿迁泗阳洋河大曲酒、无锡惠山泥人

▶ **江苏十大景点** 南京中山陵、苏州园林、周庄古镇、无锡太湖鼋头渚、扬州瘦西湖、镇江茅山、徐州龟山汉墓、常州淹城遗址、淮安明祖陵、连云港花果山

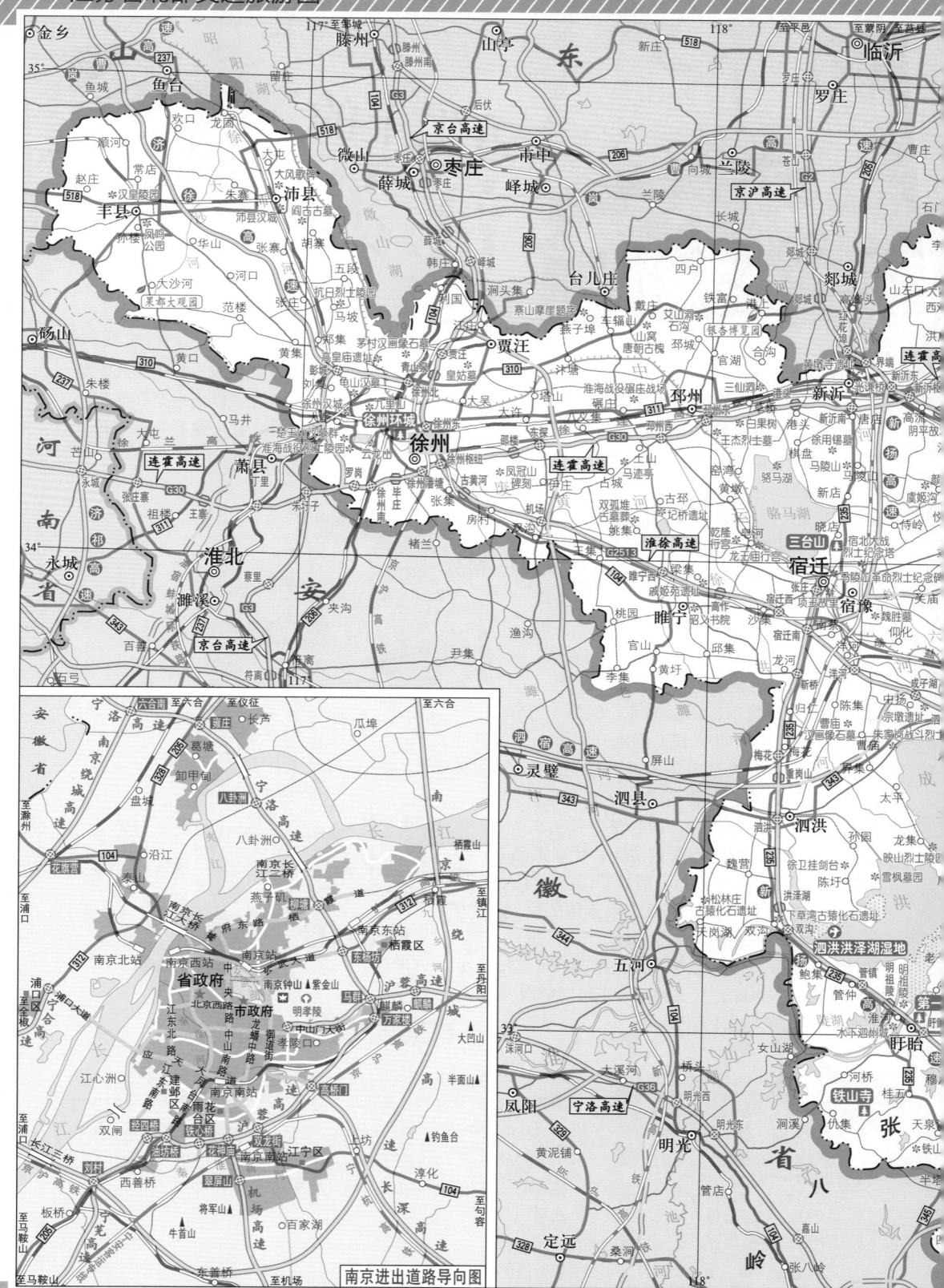

南京进出道路导向图

省
沭

深高速

119°

岚山

平岛
(平山岛)

120°

沈海高速

达山岛(达念山)

35°

车牛山

海

秦山岛
秦始皇碑

东西连岛

赣榆

连云

连岛

高公岛

花果山

云台山

州

黄

湾

连云港

开山岛

东海

滨海

灌云

响水

海

34°

灌南

长深高速

阜宁

京沪高速

射阳

涟水

淮阴

淮安

建湖

盐城

沈海高速

盐都

黄(渤)海候鸟栖息地

洪泽

长深高速

宝应

大丰

兴化

大丰麋鹿

东台

高邮

天长

海安

姜堰

328

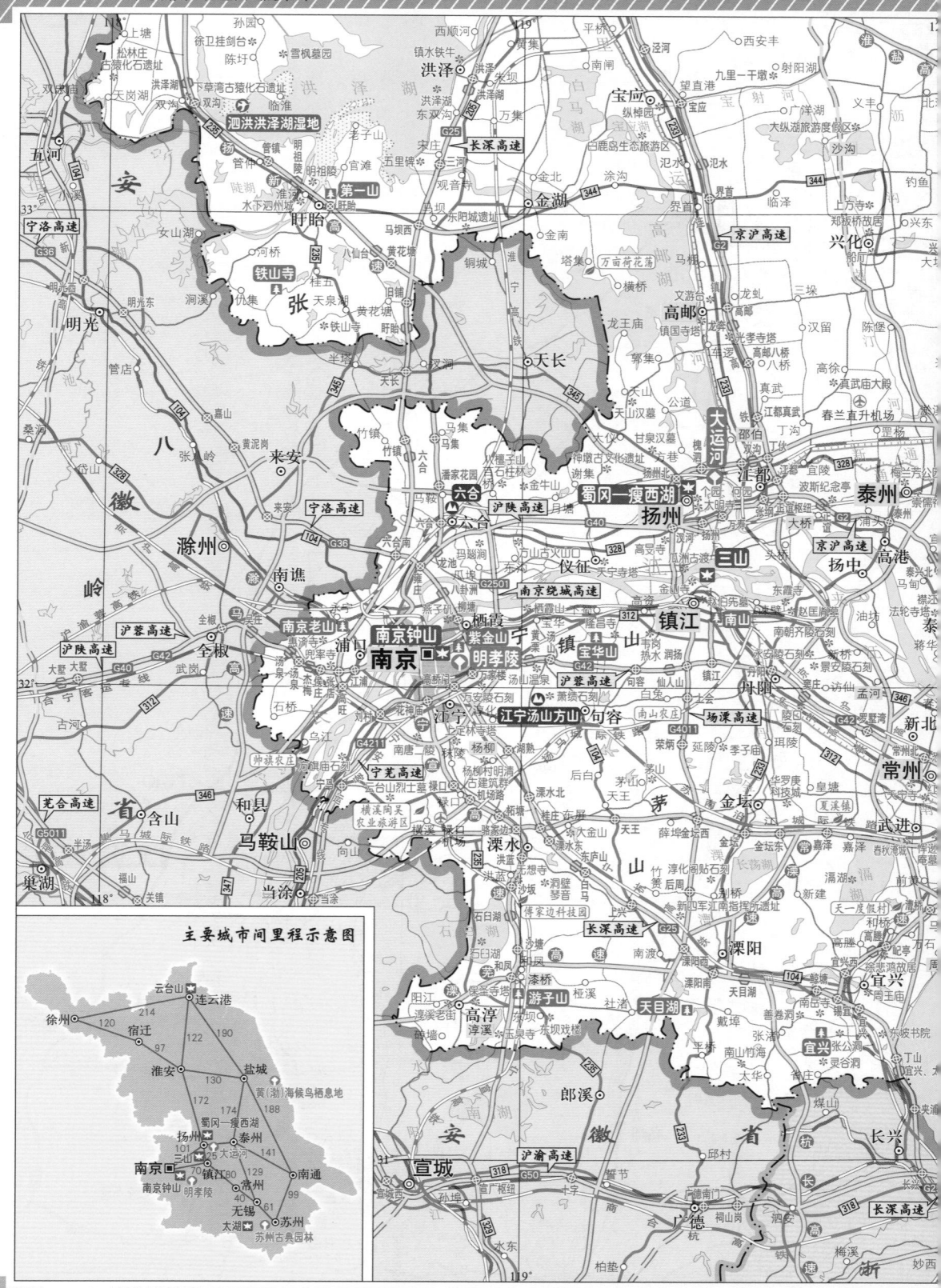

主要城市间里程示意图

比例尺 1：1 370 000

盐城 都

黄（渤）海候鸟栖息地

大丰麋鹿

沈海高速 G15

苏州进出道路导向图

牛角沙
蒋家沙
八仙角
烂沙 茄儿杆子
西太阳沙
踩文蛤旅游基地
长沙 长沙海湾

腰沙 横沙

如东

兵房

抗日民主
政府纪念碑

通州
南通
余西
四甲
四鹤城公园
启东 近海
海门
启隆 沪陕高速 G40 启东
临江 大生 海复
三星 东海
大兴 大雄寺

靖江
江阴 张家港
沪宁高速 京沪高速
惠山 无锡
虞山
常熟 古里
沈海高速 G15
云山岛 崇明
明
上
顾园沙
崇明浅滩

苏州古典园林 苏州
相城
昆山
太仓
嘉定 宝山
长兴岛
余山

上海

上方山
吴江
太湖西山
常台高速
沪渝高速
青浦 闵行
松江
浦东机场
九段沙

东 海

奉贤
南汇新城

州
南浔
嘉善
沪昆高速
沈海高速 G60 G15
金山 大戢山

浙江省

黄 海

长 江 口

市

117

舌尖上的**南京**

美**食**向**导** Delicacies Guide

南京，历来就有"天朝古都"之誉，饮食文化底蕴深厚，以京苏菜（即金陵菜）和清真菜著名，还有那历史悠久的"秦淮八绝"风味小吃，更是名闻遐迩。说到南京的美食，一定要说南京的鸭肴，金陵烤鸭、盐水鸭、香酥鸭、板鸭等，都是到南京必吃的美味。

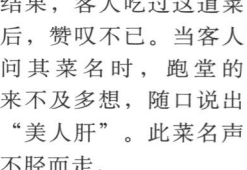

推荐特色美食

美人肝

是南京老字号马祥兴清真饭馆的招牌菜，属金陵四大名菜之一。此菜创制于20世纪20年代，当时有一位客人订了一桌酒席，厨师配菜时少备了一个，到烹饪时才发现，便急忙捞出泡在水中的鸭胰，再配上鸡脯肉，用鸭油爆炒。结果，客人吃过这道菜后，赞叹不已。当客人问其菜名时，跑堂的来不及多想，随口说出"美人肝"。此菜名声不胫而走。

松鼠鱼

属金陵四大名菜之一。现在风靡大江南北的"松鼠鳜鱼"，正是在"松鼠鱼"的基础上发展而来。鱼肉鲜美，汤汁香浓，口味极美。

凤尾虾

属金陵四大名菜之一。其主料为河虾，并以鸡蛋清和豌豆为辅料烹制而成。河虾鲜香味美，营养丰富，很受食客欢迎。

蛋烧卖

属金陵四大名菜之一。它以虾肉做馅，用蛋黄皮包成烧卖状，然后上笼蒸熟，再浇上鲜汁即可。造型别致，鲜嫩味美，食后难忘。

南京鸭肴

南京的制鸭技术历史悠久，闻名全国。除著名的金陵烤鸭外，桂花盐水鸭、南京板鸭、鸭血粉丝汤、鸭肫干、金陵酱鸭、香酥鸭、八宝珍珠鸭、金陵片皮鸭等，百味百香，也各具特色。百年老字号"韩复兴"是南京著名的板鸭店，在这里可以吃到最正宗的南京风味鸭肴。

秦淮八绝

指南京八家老字号小吃馆的16道名点，到南京旅游必尝的美味小吃。即魁光阁的五香茶叶蛋、五香豆，永和园的蟹壳黄烧饼、开洋干丝，奇芳阁的鸭油酥烧饼、麻油干丝，六凤居的葱油饼、豆腐脑，奇芳阁的什锦菜包、鸡丝面，蒋有记的牛肉锅贴、牛肉汤，瞻园面馆的薄皮包饺、红汤爆面鱼，莲湖糕团店的五色小糕、桂花夹心小元宵。

鸭血粉丝汤

是南京著名的小吃之一。小小的一碗粉丝汤，却把鸭的美味融入其中。当你喝一口汤汁，吸一口粉丝，咬一口鸭血，那溢出的香味，令人难忘。

南京盐水鸭

南京最有名的特产，已有1000多年的历史，素有"南京贡鸭"之称。每年中秋节前后的盐水鸭，色味最佳。因一般在桂花盛开季节制作盐水鸭，故又叫"桂花鸭"。据说，清末慈禧太后每年都派人到南京采购500只盐水鸭和板鸭。可见，这里的鸭肴有多好吃了。

如意回卤干

是南京的传统小吃。将油炸豆腐果放入鸡汤汤锅，配以少量的黄豆芽和调料同煮而成。因豆芽很像古代玉器中的如意饰品，故得名。

其他名吃

南京梅花糕、东坝豆腐干、六合盆牛脯、八百大糕、金牛湖砂锅鱼头、皮肚面、鸭油酥烧饼、蟹壳黄烧饼、蒸儿糕、素什锦、溧水石湫镇狗肉、牛肉锅贴、桥林咸板鸭、南京炖菜核、素猪肠、太史饼、鸭肫等

推荐
特色食处

⭐ 刘长兴面馆

始创于清朝末年，已有100多年的历史，是南京著名的老字号。主要经营的面点有薄皮蟹黄小笼包子、五仁馒头、大肉面、鳝鱼面和熏鱼面等。其中，小笼包子最有名气，享有"天下第一包"的美誉。据说，当年蒋介石曾慕名前来品尝小笼包子，食后赞叹不已。✉ 南京夫子庙

⭐ 马祥兴菜馆

是南京的一家百年老字号清真菜馆，始创于20世纪20年代末。主要菜品有美人肝、松鼠鱼、凤尾虾、蛋烧卖等。民国时期，国民政府的高官李宗仁、白崇禧、孔祥熙、汪精卫等要人，都是该店的回头客。✉ 云南北路

⭐ 绿柳居菜馆

始创于1912年，素以经营清真菜品和素菜而闻名。民国时期，绿柳居就是当时宴请要人的尊贵场所。其代表菜有罗汉观斋、三丝素刀鱼、三鲜鱼肚、素烧鸭、卷轴藏经、极品海王鲍等。✉ 太平南路

⭐ 南京狮子桥美食街

是知名度仅次于夫子庙的一条美食街。全街长330米，集中了70多家餐饮酒楼、面点店和茶馆，颇有老南京市井生活的韵味。这里汇集了众多的南京特色小吃，以及全国和世界各地的风味美食，有百年老店狮王府、南京大排档、九佰锅、酷酷韩国烧烤、本杰比印度餐厅等餐饮名店。✉ 湖南路中段

⭐ 三牌楼美食街

这条美食街更有夜市的感觉。白天热闹的只有一些较有档次的餐饮店，但是到了晚上，那些小摊小店就开始红火起来，美味飘香，人气很旺，家家爆满。

⭐ 南京夫子庙美食街

夫子庙位于南京秦淮河畔，历来就是商业、文化繁盛之地，在南北朝时期就已成为古都南京的美食中心，是南京小吃的发源地。这里到处都是饭馆、茶社、酒楼、小吃铺，仅不同花色品种的传统小吃就有200多种，是我国四大小吃群（南京夫子庙秦淮小吃、苏州玄妙观小吃、上海城隍庙小吃、湖南长沙火宫殿小吃）之一。有人说："到了南京，必逛夫子庙，到了夫子庙，必尝秦淮八绝小吃"。

旅游攻略 Travel Guide

南京，简称宁，别称金陵，为江苏省省会。位于江苏省西南部、长江下游，历来就有"六朝古都"、"十朝都会"之称，与北京、西安、洛阳、开封、杭州、郑州、安阳并称为我国八大古都。公元前472年，越王勾践在此筑城，史称"越城"，这是南京建城的最早记载；公元229年，三国东吴孙权自武昌迁都于此，改名为"建业"；之后的东晋，南朝的宋、齐、梁、陈四朝都在此定都，更名建康，南京也因此享有"六朝古都"之称；明洪武元年（1368年），平民皇帝朱元璋定都南京，建立明朝，使南京第一次成为全国政治中心；明永乐十九年（1421年）迁都北京，南京遂为留都；清顺治二年（1645年），改南京为江南省，应天府为江宁府；公元1853年，洪秀全率太平军攻克江宁（南京），建立太平天国政权，改江宁为天京；1912年，孙中山在南京就任中华民国临时大总统；1927年，国民政府定都南京；1937年12月，日寇占据南京，进行了举世震惊的南京大屠杀；1946年，蒋介石国民政府从陪都重庆回到南京；1949年4月23日，中国人民解放军解放南京。悠久的历史，为南京留下了众多名胜古迹，主要有中山陵、总统府旧址、夫子庙、明城墙、明孝陵、栖霞山等，现已形成了六朝怀古游、大明胜迹游、民国建筑游、秦淮风情游、温泉度假游等多条经典旅游线路。

热门景点 夫子庙、中山陵、明孝陵、总统府旧址、侵华日军南京大屠杀遇难同胞纪念馆

旅游线路推荐

1 市中心→灵谷寺→中山陵→明孝陵→鸡鸣寺→玄武湖→莫愁湖→夫子庙 **2** 市中心→中华门→瞻园→总统府→莫愁湖→夫子庙 **3** 市中心→南朝石刻→栖霞山→栖霞寺→李文忠墓 **4** 市中心→静海寺→侵华日军南京大屠杀遇难同胞纪念馆→雨花台→梅园

南京特产　南京云锦、江宁金箔制品、天鹅绒、仿古牙雕、金陵折扇、木雕、雨花石、雨花茶、避邪石刻、南京钟、周岗红木、高淳碧螺春茶、南京彩灯、仿古牙雕、高淳固城湖螃蟹、浦口白节糖、朱桥甲鱼等

舌尖上的**苏州**

● 美**食**向导 Delicacies Guide

苏州自古就享有"上有天堂，下有苏杭"的美誉，而苏帮菜、苏式小吃更是历史悠久，闻名天下。苏州人对吃一向考究，这里的美食相当的多。当地歌谣传唱："姑苏小吃名堂多，味道香甜软酥糯，生煎馒头蟹壳黄，老虎脚爪绞连棒……"游览苏州园林的四海宾客，面对这些诱人的美食，总是难以抗拒。

推荐 特色美食

🍴 苏州十大特色小吃

苏州小吃品种繁多，风味独特，是中国四大小吃（南京夫子庙秦淮小吃、上海城隍庙小吃、苏州玄妙观小吃和湖南长沙火宫殿小吃）之一。尤以十大特色小吃最为著名，即苏式鲜肉月饼、枫镇大面、红白汤奥灶面、鸡头米羹、蟹壳黄、鱼味春卷、油氽紧酵、小馄饨、糖粥、酒酿饼。

🍴 苏式八大招牌菜

松鼠鳜鱼、响油鳝糊、清汤鱼翅、西瓜鸡、碧螺虾仁、太湖莼菜汤、翡翠虾斗、荷花鸡锦炖。

🍴 阳澄湖大闸蟹

阳澄湖位于苏州市区东北部，湖面南北长17千米，东西最大宽度8千米，面积117平方千米，是江苏省重要的淡水湖泊之一。湖中盛产70多种淡水产品，其中，大闸蟹、鳜鱼、甲鱼、白鱼、鳗鱼、清水虾，被称为"湖中六宝"。阳澄湖的主岛莲花岛，出产的清水

大闸蟹最为鲜美，被誉为"蟹中之王"。当地民谚说："农历八月挑雌蟹，九月过后选雄蟹"。此时，雌蟹黄满肉厚，雄蟹膏足肉坚，正是吃大闸蟹的最佳季节。阳澄湖大闸蟹有很多种吃法，无论怎么吃，那蟹肉都鲜美异常，非常诱人。

🍴 常熟叫化童鸡

是常熟的传统名食，也是苏州三大名鸡（叫化童鸡、西瓜鸡、早红橘酪鸡）之一。关于叫化童鸡的来历，还有一段传说。相传，很早以前，常熟的虞山脚下有一叫化子，某天偶然得到一只鸡，欲宰杀煮食，却苦于无炊具调料，他便将鸡宰杀后去除内脏，带毛涂上泥巴，放入火中煨烤，待泥干鸡熟，敲去泥壳，鸡毛随壳脱落，露出了鸡肉，香气四溢。叫化子顿觉大喜，遂抱鸡狼吞虎咽起来。后来，这种烹制鸡的方法在民间流传开来，并取名"叫化童鸡"。又传，当年清乾隆皇帝微服出访江南，曾品过叫化童鸡，赞叹不已，并钦定为御用食品，使之声名远传。

🍴 松鼠鳜鱼

是苏州地区的传统名菜。因所用的主料、油炸后

的鳜鱼形似松鼠，浇上卤汁时，还会发出嗤嗤如松鼠的叫声，故名。据说，早在清朝乾隆皇帝下江南时，苏州就有"松鼠鲤鱼"这道菜了，乾隆品尝后，称赞不已。后来，便发展成了"松鼠鳜鱼"。

藏书镇羊肉

藏书镇位于苏州西郊丘陵地带，有得天独厚适宜养羊的自然生态环境。这里的羊肉，因肉质细嫩、味

美可口、历史悠久的特点而闻名全国。当地人以独特的烧煮技艺，烹调出各式羊肉菜肴，如白烧羊肉、羊肉汤、红烧羊肉、全羊宴、粉丝羊肉煲、羊肉水饺、羊肉面等，都是不可错过的美味。

其他名吃

虾子鲞鱼、枣泥麻饼、方糕、猪油年糕、梅花糕、蟹粉蹄筋、清熘虾仁、酱汁肉、蜜汁火方，以及周庄万三系列食品（万三酱猪蹄、万三方肉、万三猪手、万三鸡腿、万三贡酒）等

推荐 特色食处

★ 观前街太监弄美食街

苏州市区最繁华的观前街，有一条200多米长的太监弄，因明代织造局的太监们常聚居于此而得名。这里的酒楼、菜馆鳞次栉比，有松鹤楼、得月楼、老正兴、王四酒家、绿杨馄饨店等众多知名老店。在这里，可以品尝到各种苏式风味小吃。"天堂是苏州，吃煞太监弄"，这一当地谚语，道出了这一美食街的名气。

★ 苏州美食街

苏州是苏式饮食文化的发扬地，也是中国三大饮

食文化（京式、苏式、广式）之一。苏州的主要美食街有太监弄、十全街、学士街、李公堤、碧凤街、石路街、南浩街、石塘街等。

★ 阳澄湖餐饮美食区

蟹天堂生态农业观光园坐落在澄阳湖天堂湾，占地面积10公顷。园内种植着大面积的绿色果蔬，配备建设有湖畔渔村饭庄、会议中心、湖畔客房等服务设施。在这里，既能品尝到正宗的阳澄湖大闸蟹，又能游览美丽的阳澄湖畔风光。

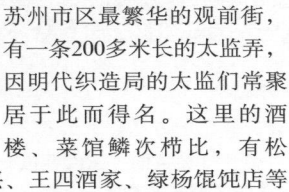

旅游攻略 Travel Guide

苏州位于江苏省东南部，是国家历史文化名城之一，是典型的江南水乡城市，被誉为"东方水城"，自古就有"上有天堂，下有苏杭"美誉。据史书记载，春秋时，这里为吴国都城，别称姑苏城；隋开皇九年（公元589年），因境内姑苏山而改名为苏州。苏州素有"园林之城"的美誉，明清全盛时期，200多处园林遍布古城内外，以其古、秀、精、雅的特色，而享有"江南园林甲天下，苏州园林甲江南"之誉，是苏州独有的旅游资源。苏州境内的水乡古镇，具有诱人的魅力，散发着一股淡泊宁静的处世气息。漫步于古镇的大街小巷，或乘船游弋于运河水巷，既能欣赏到小桥流水人家的独特韵味，又可领略访古探幽的无穷乐趣。

热门景点 拙政园、狮子林、留园、盘门景区、虎丘、枫桥景区、木渎古镇、太湖风景区、周庄、甪直古镇、锦溪镇等

旅游线路推荐

1 市中心→拙政园→狮子林→枫桥景区→虎丘→寒山寺→观前街玄妙观　2 市中心→盘门景区→沧浪亭→留园→网师园　3 市中心→同里古镇　4 市中心→周庄→甪直古镇　5 市中心→木渎古镇（严家花园、榜眼府第）→东山陆巷古村

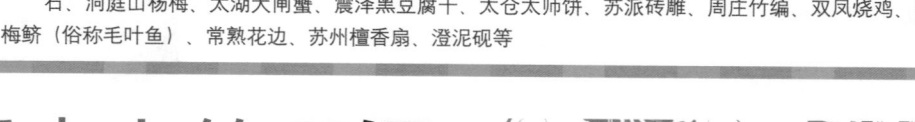

苏州特产

阳澄湖三宝（大闸蟹、河虾、鳜鱼），以及碧螺春、常熟剑门绿茶、镇湖贡茶、苏式糖果、苏式蜜饯、苏式丝绸、长江刀鱼、太湖银鱼、苏绣、苏州宋锦、苏州豆腐干、金丝蜜枣、苏州玉雕、太仓肉松、苏州湖笔、茉莉花茶、桃花坞木刻年画、苏式糕点、常熟河豚鱼、虞山绿茶、昆石、洞庭山杨梅、太湖大闸蟹、震泽黑豆腐干、太仓太师饼、苏派砖雕、周庄竹编、双凤烧鸡、白虾、梅鲚（俗称毛叶鱼）、常熟花边、苏州檀香扇、澄泥砚等

舌尖上的**无锡**

美**食**向**导** Delicacies Guide

无锡南临太湖，水产丰富，以太湖银鱼、白虾、白鳜鱼为水中上品。无锡的饮食属苏菜系的苏锡菜，菜肴选料讲究，善于调味，口味偏甜，著名的风味小吃有三凤桥酱排骨、清水油面筋、萝卜丝饼等。

推荐 特色美食

三凤桥酱排骨

俗称无锡肉骨头，创制于清朝光绪年间，为无锡著名的三大特产之一。肉质酥烂，味香浓郁，远近闻名。无锡肉骨头分为南北两派，南派以三凤桥肉庄为代表，北派以陆稿荐肉庄为代表。

油面筋

始于清朝乾隆时期，是无锡著名的特产。其做法是将小麦粉经过水洗、沉淀，成为小麦淀粉，其副产品就是水面筋。把水面筋揉成小球，放在油锅里一炸即成油面筋。用于做菜、烧汤均可。

小笼馒头

又名小笼包子，是无锡的传统名点，已有100多年的历史。皮薄馅香，味美无比，很受食客欢迎。

太湖大闸蟹

每年深秋季节，是太湖大闸蟹上市的时候，素有"九月团脐（雌蟹），十月尖（雄蟹）"的说法。即九月吃雌蟹，十月吃雄蟹，蟹肉最鲜美。在无锡一带，食蟹的方法除了蒸煮之外，还有醉蟹、面拖蟹、炒蟹、炒蟹黄油、蟹肉炖蛋、蟹粉小笼馒头等。

酒酿棉子圆

将酒酿捣碎和白糖一起放入煮熟的圆子汤中即成。食时，软糯香甜，非常爽口。

惠泉黄酒

以无锡惠山二泉之水，浸泡品质优良的无锡大米，用独特的工艺酿制而成。它与浙江绍兴加饭酒、镇江丹阳封缸酒和福建沉缸酒，并称为中国古代四大名黄酒。

母油船鸭

是无锡著名的太湖船菜。很早以前，太湖上的船家都在船上煮饭做菜。船家将整只鸭子放在陶罐中烹制，原汁原汤，肉质酥烂，香味浓厚，非常可口。人们便将此菜称为"母油船鸭"。

方糕

是无锡的传统名点。1943年，由崇安寺"六芳斋"的师傅王禹清引进湖州的大方糕改制而成。口感酥软，甜香味美。

其他名吃

无锡烧卖、梅花糕、梅贡饼、玉兰饼、糖芋头、桂粉汤圆、萝卜丝饼、三鲜馄饨、油豆腐干、聚丰园腐乳肉、拱北楼阳春面、江阴河豚、长寿菜（又名烧香菇）、江阴提炉饼、肉酿面筋、江阴过桥鱼、海棠糕、无锡腐乳汁肉、惠山油酥、宜兴乌米饭等

✪ 三凤桥肉庄

又称三凤酒家，是无锡大名鼎鼎的老字号餐饮店。其招牌菜酱排骨，色泽酱红、骨酥肉烂、香味浓郁，堪称一绝。这里还有虎皮凤爪、熏鱼、梅汁翅等特色菜，不可不尝。✉ 崇安区中山路240号

✪ 南禅寺美食街

这里有南禅古寺，还有悠悠的古运河，历史文化积淀浓厚。美食街包括百年老字号区、台湾美食区和全国美食区，尤以穆桂英、王兴记、王裕兴等本地老字号餐饮店最为出名，无锡知名的小吃及台湾各式小吃几乎都能在这里找得到。

✪ 中山路美食街

这条街上有很多小吃店，其中，王兴记、三凤桥酱排骨专卖店及陆稿荐肉庄专卖店，人气最旺。招牌美食有鸡汤三鲜馄饨、鲜肉小笼馒头、糟香餐菜系列、蟹黄汤包、蟹粉大馄饨、蟹粉小笼包等，颇受食客青睐。

● 旅游攻略 Travel Guide

无锡位于江苏省南部、太湖之滨，北依长江，西依锡山、惠山，京杭运河穿城而过，素有"运河绝版地，江南水弄堂"和"太湖明珠"之称。是著名的鱼米之乡，因其经济较为发达，而被誉为"小上海"。据史书记载，商朝末年，周朝始祖周太王的长子泰伯及弟仲雍从陕西来到这里，建立"勾吴"国，即春秋时期吴国的前身，筑城于梅里（今锡山区梅村街道），自立为王，至今已有3000多年的历史。秦汉置县，因盛产锡铅而称"有锡"；后来，锡矿采尽，东汉光武年间，改称无锡至今。无锡是我国著名的十大旅游城市之一，其境内的太湖是国家级风景名胜区，风景绝美秀丽。每年从初春开始，无锡便会举行各种庙会，这是了解当地文化与民俗的好机会；秋季到无锡旅游，不仅能游览太湖迷人的风光，还能品尝到太湖新鲜肥美的各种水产。

热门景点　锡惠公园、蠡园、太湖鼋头渚、灵山大佛、宜兴三洞、宜兴竹海等

旅游线路推荐

1 市中心→锡惠公园→寄畅园→东林书院→梅园　　**2** 市中心→太湖景区→蠡园→鼋头渚→灵山大佛→无锡影视城　　**3** 市中心→宜兴→瀛园→善卷洞→张公洞→灵谷洞→竹海景区　　**4** 市中心→江阴→华西村

无锡特产　太湖三白（银鱼、白虾、白鲴鱼），江阴长江三鲜（鲥鱼、刀鱼、河豚），以及惠山泥人、宜兴紫砂壶、宜兴陶瓷、阳山水蜜桃、惠泉黄酒、马山杨梅、大浮山杨梅、无锡毫茶、马山芋头、宜兴贡茶、太湖翠竹茶、太湖珍珠、无锡丝绸、宜兴阳羡雪芽茶、太湖清水蟹、太湖莼菜、竹海笋干、宜兴徐舍小酥糖、太湖石等

舌尖上的**镇江**

● 美食向导 Delicacies Guide

镇江的饮食属淮扬菜系，兼收南北风味，素有"美食之乡"的称誉。这里的饮食品种繁多，风味各异，尤以"镇江三鱼"、"镇江三怪"最为出名。"三鱼"即指长江鲥鱼、刀鱼、鮰鱼；"三怪"则指肴肉、香醋、锅盖面。

推荐
特色美食

镇江饮食"三怪"

镇江的美食以"镇江三怪"最为出名，当地有俗语说："香醋摆不坏，肴肉不当菜，面锅里煮锅盖"。镇江香醋，酸而味鲜，香而微甜，不涩，存放愈久，味道愈醇，而且不会变质，这就是"镇江三怪"谣中的"香醋摆不坏"。镇江肴肉，又叫水晶肉蹄，肥而不腻，香酥鲜嫩。以前，镇江人吃肴肉有个习惯，清早上馆子，泡壶茶，放碟姜丝，将肴肉蘸着香醋、姜丝吃，所以有"肴肉不当菜"之说。在镇江的面馆里，经常会看到面锅里摆着一只小锅盖。原来，漂在面汤上的锅盖，起着透气、并防止面汤外溢的作用，这样煮出的面条不容易烂，非常筋道，味道更佳。这就是"面锅里煮锅盖"的由来。

蟹黄汤包

汤包皮薄、汤多、馅饱、味鲜，可与天津狗不理包子相媲美。吃蟹黄汤包的时候，一定要做到"轻轻提，慢慢移，先开窗，后喝汤"。这样，不会烫着舌头，可一边吃，一边品味那绝美的蟹黄香味。

鸭血粉丝汤

是镇江最常见的一种风味小吃。在镇江城区，满街的鸭血粉丝店，个个生意兴隆，因其风味独特，价廉物美，深受大众喜爱。

京江脐

又叫金刚脐，以特制面粉、花生油、白砂糖、发酵面、桂花糖等为原料制成，因其外形像泥塑金刚之肚脐而得名。金刚脐香甜绵软，无论干吃，还是佐汤，都是佳品。

东乡羊肉宴

东乡羊肉是镇江有名的特产。肉质细嫩，肥而不腻，堪称"绿色食品"。其食法有红烧羊肉、清炒羊杂、羊汤等。

长江三鲜

为镇江著名的特产，即指鲥鱼、刀鱼、鲴鱼。其食法可清蒸、可红烧，肉质鲜嫩，味道极美。镇江金山一侧的长江路至引航道渡口，是当地著名的江鲜美食一条街，尤以"镇江三鱼"最受食客欢迎。在金山游览的同时，还可大饱口福，真是一种绝美的享受。

丹阳封缸酒

属甜型黄酒，为镇江著名的特产之一。系以糯米为原料，用麦曲作糖化发酵剂，入缸密封，贮存2—3年即成。此酒色泽棕红，酒味鲜甜，含酒精14度以上，为黄酒中的上品。1989年，丹阳封缸酒荣获国家甜型黄酒评比第一名。

其他名吃

东乡长鱼汤、茅西臭干、三岔猪头肉、百花酒焖肉、红烧河豚、清炖蟹肉狮子头、炸臭豆腐、镇江"金山牌"罐头酱菜、煎山芋糕、干锅鱼、茅山老鸭、镇江酱油肉丝面等

旅游攻略 Travel Guide

镇江位于江苏省中部偏南，地处长江与大运河交汇点，是国家历史文化名城和优秀旅游城市，素有"天下第一江山"的美誉。镇江，古称宜邑、朱芳、丹徒、京口、润州等；东汉末年，吴主孙权从吴郡迁都于此，称京口，修筑了铁瓮城，雄霸江东，形成了三国鼎立的历史格局；北宋时，置镇江府，是镇防江防之要地，故名镇江。镇江依山傍水，山川秀丽，市区沿江自西向南镶嵌着金山、北固山、焦山，组成了风景各异的"三山"风景区；被誉为"江南九寨"的南山、"第一福地"的茅山、"四大奇秀"的宝华山，组成了一幅美丽的山水画卷。昔日白娘子水漫金山寺、甘露寺刘备招亲、岳飞圆梦金山寺、杜十娘怒沉百宝箱等美丽传说和历史故事，为镇江增添了迷人的风采。

热门景点 焦山、金山寺、茅山、宝华山等

旅游线路推荐

1 市中心→焦山→金山→北固山→沈括故居　2 市中心→西津古渡街→英国领事馆旧址→民间文化艺术馆→赛珍珠故居　3 市中心→句容市茅山景区→宝华山

镇江特产

丹阳封缸酒、百花酒、金山翠芽茶、镇江香醋、恒顺酱菜、三叶咸秧草（又名金花菜）、南国新丰酒、金山灯彩、镇江膏药、恒顺香醋、镇江河豚、丁贵鱼等

舌尖上的**扬州**

美食向导 Delicacies Guide

扬州是中国四大菜系（川、鲁、粤、淮扬）之淮扬菜的发源地之一，扬州菜与淮安菜合称淮扬菜。扬州菜兴于隋唐，盛于明清，清朝康熙、乾隆皇帝曾先后数次南巡，使淮扬菜名声大振，所以，有"玩在杭州，穿在苏州，吃在扬州"之说。在扬州众多的美食中，最有名的是扬州"三头"宴（清蒸蟹粉狮子头、扒烧整猪头、拆烩鲢鱼头）和扬州小吃"三绝"（三丁包子、翡翠烧卖、千层油糕）。

推荐 特色美食

十大名点

三丁包子、千层油糕、双麻酥饼、翡翠烧卖、干菜包、野菜包、糯米烧卖、蟹黄蒸饺、车螯烧卖、鸡丝卷子。

十大名菜

拆烩鲢鱼头、扒烧整猪头、清蒸蟹粉狮子头、三套鸭、大煮干丝、原焖鱼翅、金葱砂锅野鸭、豆苗山鸡片、醋熘鳜鱼、蛋羹鸡。

十佳特色小吃

四喜汤团、生肉藕夹、豆腐卷、笋肉小烧卖、赤豆元宵、五仁糕、葱油酥饼、黄桥烧饼、虾子饺面、笋肉馄饨。

十佳风味小吃

笋肉锅贴、扬州饼、蟹壳黄、鸡蛋火烧、咸锅饼、萝卜酥饼、鸡丝卷子、三鲜锅饼、桂花糖藕粥、三色油饺。

五大冷菜

炝虎尾、中堡醉蟹、风鸡、双黄咸鸭蛋、炝青螺。

五大素菜

素蟹粉、冬冬青、炒素鳝、大明寺罗汉斋、文思豆腐汤。

五大甜菜

桂花白果、蜜汁火方、御果园、蜜汁捶藕、樱桃蛤士蟆。

三丁包子

是扬州小吃"三绝"之一。其馅料以鸡丁、肉丁、笋丁制成，故名"三丁包子"。此食品面皮绵软带韧，食而不粘牙，香而不腻，让人回味无穷。相传，三丁包子为清朝乾隆皇帝南巡扬州时的御用食品，因而被誉为"天下第一品"。

油炸臭豆腐

是在扬州大街小巷都能吃到的一种特色小吃。此食品只是远处闻着臭，吃起来却感觉到香，只要闻到那股特殊的气味，就一定会让人口水直流，一尝为快。

翡翠烧卖

是扬州小吃"三绝"之一。皮薄馅绿，色如翡翠，甜润清香，深受顾客喜爱。

千层油糕

是扬州著名的小吃。名曰"千层"，乃形容这种糕的层次之多，一层糕夹一层糖和猪油，至少有一二十层。味道甜糯适度，清香爽口，食后两颊留香，令人难忘。

清蒸蟹粉狮子头

是扬州著名的"三头宴"（清蒸蟹粉狮子头、扒烧整猪头、拆烩鲢鱼头）之一。用蟹肉与上好的五花猪肉做成的肉丸，造型特大特圆，因此，夸张地把它喻为狮子头。此菜蟹香、肉香、菜香，鲜嫩可口，风味独特。

扒烧整猪头

是扬州名菜的代表。此菜肉香浓厚，甜中带咸，奇香扑鼻，素有"食之越年，尚齿颊留香"的美誉。

拆烩鲢鱼头

是扬州的名菜之一。扬州有句俗谚："鲢子吃头，青鱼吃尾，鸭子吃大腿"。扬州的大花鲢鱼，肉肥茸，无土腥气。将大花鲢鱼头拆骨后与豆腐、鸡肫、鸡腿肉、火腿等辅料同炖，即成一道名菜。口感既鲜又香，营养价值极高。

扬州炒饭

正宗的扬州炒饭是将蛋清包住了饭粒，入口香嫩，油而不腻，鲜而带酥，是扬州人赖以自豪的品牌食品。其特色在于辅料齐全，有草鸡蛋、海参、干贝、鸡腿肉、火腿、鲜虾仁、花菇、鲜笋、青豆等配料。

三套鸭

是扬州的名菜之一。其做法是将菜鸽藏于野鸭腹中，再将野鸭藏于家鸭腹中，三禽相配，烹制出了一道鸭肉喷香的风味佳肴，故名三套鸭。

扬州煮干丝

此菜与镇江肴肉一样著名，凡是到扬州的游客都要品尝煮干丝这道名菜。用豆腐干丝和火腿丝等加鸡汤烩制而成，味道异常鲜美。传说，清朝乾隆皇帝南巡到扬州时，最喜欢食用当地厨师配制的九丝汤。从此，扬州煮干丝名闻全国。

其他名吃

扬州狮子头、蟹粉豆腐羹、蛋黄豆腐、牛腩煲馄饨、刺参烧鳜鱼、卤牛肉、嘶马拉豆腐、宝应藕粉、蝴蝶海参、火腿酥腰、炝虎尾、荷花包鲫鱼、瓜姜鱼丝、宝应全藕席、蜜饯捶藕、扬州灌汤包、泾河大糕等

推荐 特色食处

★ 富春茶社

被公认为是扬州茶点的正宗代表店，是游客到扬州不可错过的地方之一。在这里可以品尝到正宗的扬州小吃，如三丁包子、千层油糕、翡翠烧卖、笋肉锅贴、扬州饼、蟹壳黄、四喜汤圆等。✉ 国庆路得胜桥35号

★ 福满楼

是扬州著名的一家老字号饭庄。在这里可以品尝到最正宗的淮扬菜，

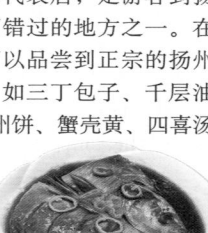

如扬州狮子头、三套鸭、拆烩鲢鱼头、扒烧整猪头等。✉ 汶河北路30号

★ 冶春茶社

是扬州著名的早茶店。相传，清高宗皇帝南巡时，曾在此店饮茶，已有200多年的历史。这里的特色小吃有大煮干丝、蟹黄汤包、四色锅贴等。✉ 丰乐街10号

★ 四望亭美食街

这里不仅有扬州传统小吃摊、名菜馆，还有西式自助餐厅，很有特色。✉ 瘦西湖景区附近

旅游攻略 Travel Guide

扬州位于江淮平原南部，长江与大运河的交汇处，距镇江30千米，距南京100千米，是中国最古老的港口贸易城市之一，素有"淮左名都"之称。春秋时期，吴王夫差在此筑邗城；隋开皇八年（公元588年）设为州府，始称扬州，隋炀帝杨广曾三下扬州，下令开凿运河。"故人西辞黄鹤楼，烟花三月下扬州"的千古华章，道出了古城名邑扬州的无限底蕴。这里是我国漆器和玉雕的发源地之一，剪纸、

刺绣、绣花等全国民间工艺品首创地之一，"扬州八怪"的绘画艺术及工艺品在国际上享有盛誉。这里有中国最古老的京杭运河，以及汉隋帝王的陵墓、唐宋古城遗址、明清私家园林等众多人文景观。每年4月18日—5月18日，扬州都举办"烟花三月经贸旅游节"，9月—10月，举行"世界运河博览会"，届时，还有精彩的花船巡游，是到扬州旅游的黄金季节。

热门景点 个园、何园、扬州八怪纪念馆、瘦西湖、大明寺等

旅游线路推荐

1. 市中心→个园→何园→瘦西湖
2. 市中心→文昌阁→史可法纪念馆→扬州八怪纪念馆→蜀冈→大明寺→高旻寺
3. 市中心→高邮→文游台→盂驿城→龙虬庄遗址

扬州特产 扬州三把刀（理发刀、修脚刀、厨刀），以及"三和四美牌"酱菜、扬州玉器、漆器、牛皮糖、高邮双黄蛋、仪征绿杨春茶、靖江肉脯、泾河大糕、宝应县乔家白酒、鲁垛乱针绣、邵伯菱、宝应慈姑、扬州绒花、江都方酥、界首茶干、秦邮董糖、琼花露酒、仪征雀脯菜、馋神风鹅、百花贡酒、扬州剪纸、平山绿茶、捺山绿茶、仪征土黑鸡等

舌尖上的**泰州**

美食向导 Delicacies Guide

泰州人的饮食生活特别讲究，早上是皮包水，就是喝早茶，晚上是水包皮，也就是泡澡，形象地说明了泰州人的生活品质。喝早茶，其实就是吃早点，干丝面、鱼汤面和蟹黄汤包是泰州人最喜欢的老三样。当地还盛行溱湖八鲜宴、梅兰宴、板桥宴、江鲜宴、全羊宴等，其中，最为有名的当属溱湖八鲜宴。每年4月—5月，泰州都会举办大型的溱湖八鲜美食节、靖江江鲜节和汤包美食节，是到泰州品尝美食的最佳时候。

推荐特色美食

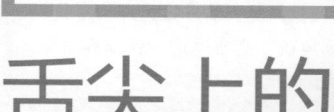 **黄桥烧饼**

产于泰兴市黄桥镇，因抗日战争时期的黄桥战役而出名。黄桥烧饼现分普通和精细两大系列，20多个品种，制作精细，香脆可口，是江苏的名点之一。当年，黄桥决战中成为当地百姓支援新四军的主食，"黄桥烧饼黄又黄，黄黄的烧饼慰劳忙……"这一首著名的《黄桥烧饼歌》，伴随着新四军的脚步传遍了大江南北。

 **靖江蟹黄汤包**

是靖江市著名的小吃，已有200多年的历史，与天津狗不理包子、上海南翔小笼包、扬州三丁包，并称为中国四大包子。品尝汤包时，要记住十二字要诀：

"轻轻提，慢慢移，先开窗，后吸汤"。这样，既防止舌头被烫，又能品尝到汤包的鲜香滋味。

 **泰州梅兰宴**

是泰州的一道地方名宴，因出生于此地的京剧大师梅兰芳先生而得名。此宴席以淮扬菜风味为主，有21道菜、9道面点和小吃。其中，18道菜取名于梅兰

芳的代表剧，如霸王别姬、贵妃醉酒、黛玉怜花等。

靖江肉脯

是靖江市著名的特产之一。其中，"双鱼牌"猪肉脯始制于1936年，历史悠久，风味独特，曾两次荣获国家金质奖，并畅销世界各地。

宣堡小馄饨

为泰兴市的传统名小吃，因产于千年古镇宣堡镇而得名。汤鲜味美，深得顾客喜爱。中央电视台曾拍摄《宣堡小馄饨》专题片，使之声名远扬。

刁铺羊肉

选用当地精心饲养的山羊肉为主料烹制成菜。肉质鲜美，无膻味，冷切、红烧、白烧，均别具风味。尤以"高港全羊席"为特色名宴，老少食之，皆赞不绝口。

中庄醉蟹

是兴化市的传统名产。其选料讲究，配制精细，蟹肉细嫩，鲜美诱人，营养价值颇高。18世纪曾被选

为进京贡品。

靖江河豚

靖江有一句很有名的说法，叫"拼死吃河豚"。河豚有足以致人死命的毒素，然而，人们又难以舍弃河豚的美味，可见其诱惑力。

溱湖八鲜宴

是姜堰区溱湖的一道名宴。以溱湖产的断蟹、甲鱼、银鱼、青虾、水禽、螺贝、水蔬菜、溱湖"四喜"为主料烹制的八道菜肴。因其味道鲜美，堪称泰州美食"一绝"。

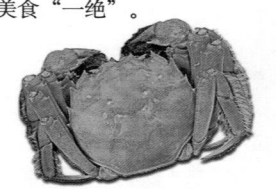

其他名吃

泰州五味干丝、鱼汤面、靖江刀鱼宴、靖江全羊席、靖江扒凤腿、清炒鲨鱼片、蟹黄粉皮、靖江红烧河豚鱼、外婆摊烧饼、八宝刀鱼、清蒸鲥鱼、溱湖鱼饼、姜堰酥饼、农家荞面汤饼、金松皮蛋等

旅游攻略 Travel Guide

泰州位于江苏省中部、长江沿岸，自古就有"水陆要津，咽喉据郡"、"儒风之胜，甲冠淮南"之誉。古称海阳、海陵，南唐时期建州，当地百姓祈盼"国泰民安，龙凤呈祥"，泰州之名由此而始。泰州人文荟萃，名贤辈出，《水浒传》作者施耐庵、扬州八怪代表人物郑板桥、京剧艺术大师梅兰芳等，均是泰州历代名贤中的杰出代表。境内人文与自然景观众多，有闻名佛教界的千年古刹——光孝寺及唐代南山寺、明代庆云寺、郑板桥故居、施耐庵陵园、梅兰芳公园，以及溱湖风景区、凤城河风景区、垛田风景区等旅游景点。每年清明节前后，姜堰区溱潼镇举办盛大的"溱潼会船节"。

热门景点 梅兰芳公园、光孝寺、溱湖国家湿地公园、郑板桥故居等

旅游线路推荐

1 市中心→梅兰芳公园→光孝寺→崇儒祠→安定书院→泰州市博物馆

2 市中心→兴化市→郑板桥故居→上方寺→襟江书院→新四军黄桥战役纪念馆

3 市中心→溱潼古镇→溱湖国家湿地公园

舌尖上的**徐州**

美**食**向**导** Delicacies Guide

徐州，古称彭城，源于中国古代烹饪始祖彭祖和他建立的大彭氏国。相传，在尧帝时期，彭祖因擅长烹饪野鸡汤，得到尧帝的赞赏而受封，在徐州一带建立了大彭氏国。徐州的饮食承有大彭风味，制作烤究，风味独特，几乎每道菜都有一个动人的传说。徐州城区的解放路和复兴南路是著名的美食街，如果要尝小吃就得去淮海路上的夜市。而位于徐州城北40千米处的崔寨，则是著名的"狗肉之乡"，在那里可以领略到汉代徐州食狗肉之遗风。

推荐
特色美食

羊方藏鱼

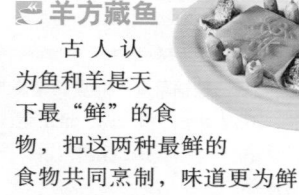

古人认为鱼和羊是天下最"鲜"的食物，把这两种最鲜的食物共同烹制，味道更为鲜美，便有了"羊方藏鱼"这一名菜。而古汉字"鲜"字正是出自这道名菜。在中国古典菜中，"羊方藏鱼"，被称为中国第一名菜，至今已有4300年的历史。如今，在徐州一些饭馆中仍然流传这道菜，甚至有人将它制成熟食品。

纪妃伴龙颜

相传，清朝乾隆帝南巡时，曾住在新沂市张泉庄南大营顶的"行宫"中，晚上甚觉凄凉，便下旨召邻村一位才貌双全的纪姓女子进宫伴酒。厨师别有用意地上了一道"母鸡与鳝鱼同炖"的菜肴，此菜形状美观，味道鲜美。乾隆问此菜名，民女知厨师心意，随口答曰："纪妃伴龙颜"。这道菜由此流传下来。

东坡回赠肉

是徐州的一道传统名菜，相传，为苏东坡在徐州任知府时所创。北宋年间，苏东坡刚到徐州上任不久，便赶上大降暴雨，决口的黄河洪水直奔徐州城下。苏东坡不顾个人安危，率领全城军民抗洪筑堤保城，经过70多个昼夜的奋战，终于保住了全城百姓的生命和财产。城里百姓为感谢这位德高望重的"父母

官"，将宰杀的猪羊肉送到知州衙门，赠给东坡先生。苏东坡见推辞不掉，便如数收下，并亲自指点厨师把这些猪羊肉烹制成味美诱人的菜肴，回赠给百姓。故后人称之为"东坡回赠肉"。

徐州三鲤

徐州以产"三鲤"著称。一是黄河水域里的金色鲤鱼，二是运河水域里的红色鲤鱼，三是微山湖里的乌赤色四孔鲤鱼。"三鲤"中，尤以四孔鲤鱼肉质最为鲜嫩。1952年，毛泽东视察徐州时，厨师为他做了一道"红烧四孔鲤鱼"。毛泽东品尝后赞美道："徐州四孔鲤鱼，天下驰名"。

鼋汁狗肉

是徐州的一道历史名菜，与汉高祖刘邦有关。相传，秦末时，时任沛县泗水亭长的刘邦得一大鼋相助，经常渡河到对岸去樊哙的狗肉馆食肉，但常拖欠樊哙的狗肉钱。樊哙不悦，跑到河边，将那大鼋捉来杀了，与狗肉一同烹煮。不料，狗肉烂熟后，香味四溢，众食客纷纷称赞。后来，樊哙被刘邦召为大将，战功卓著，鼋汁狗肉由此出名。

樊哙犬鼋宴

是汉高祖刘邦的大将樊哙创制的狗肉宴。共有

8道凉菜、12道热菜、汤点与小菜4道、主食4道，共计28个品种。凉菜有樊哙胃脯、五香狗肉、白切狗肉等，热菜有霜汁狗肉、辣子狗肉、油炸狗排、南乳狗腿，汤点与小菜有霜汁大羹、石耳狗肉羹、什锦花生米和甜油青椒，主食是扁食、黄米麻球、汤圆与烀饼。

项羽鸿门宴

楚汉相争时，霸王项羽宴请刘邦时所摆的宴席，被史学家称作"宴无好宴，暗藏杀机"的宴席。此宴共有凉菜12道、热菜15道、汤点3道、主食5种，共计35道。凉菜的代表有百果千珍、羊腊鹿肉、白糟啄条等，热菜的代表有红焖驼蹄、阿胶栗枣、范曾银鱼、霸王三鞭等，汤点是纯菜鳜鱼清汤、竹荪汤、江陵皮蛋等，主食是山栗面窝头、芸豆蒸面、黄米汤圆、陕西拨鱼等。

霸王别姬

原名龙凤烩。相传，霸王项羽建都彭城（今徐州），举行开国大典时，由虞姬亲自用乌龟与雉鸡烹

制的菜肴，以犒劳兵士。这道菜经世代相传至今，成为徐州的一道名菜。

鱼汁羊肉

为汉高祖刘邦称帝前爱吃的菜肴之一。这道菜源于彭祖的"羊方藏鱼"，羊肉鱼肉混合烹制，肉酥味美，汁浓飘香，诱人食欲。徐州市丰县流传着一首顺口溜："丰生丰长汉高祖，鱼汁羊肉饱口福，东征西战探故乡，乐吃鱼汁羊肉方"。道出了这道菜的悠久历史。

梁王鱼

是徐州的一道传统名菜，又名独占鳌头。梁王朱温，徐州砀山人，相传未发迹时，曾在徐州因事入监。出狱后，他的义弟为其备酒接风，并亲手烹了一道红烧鱼头。朱温因饥馋难忍，竟独自吃净。他的义弟开玩笑说："让你独占鳌头了"。后来，朱温当了梁王，定都开封，他请义弟重做红烧鱼头这道菜，遂命名"独占鳌头"。

其他名吃

易牙五味鸡、鸳鸯鸡、葱烧孤雁、乐天鸭子、地锅草鸡、沛县郭家烧鸡、彭城鱼丸、金蟾戏珠、新沂捆香蹄、开阳炒苔菜、油炸金蝉、长寿面、蝴蝶馓子、蜜三刀、帝王粥、云母羹、桂花楂糕、徐州两来风辣汤、睢宁香肠、睢宁盐豆子、蜜汁地瓜、徐州米线、八股油条、徐州煎饼、龙门鱼、丰县羊角蜜、蛙鱼、彭祖营卫宴、睢宁王集烧鸡、水粉皮、泉山大王集香肠等

旅游攻略 Travel Guide

徐州位于江苏省西北部，地处苏、鲁、豫、皖四省交界。古称彭城，为中国古代九州之一。据传，帝尧封彭祖于此地，称大彭国；秦汉之间，楚霸王项羽曾在此建都；因其所处的地理位置十分重要，自古为兵家必争之地。据历史文献记载，围绕徐州的古战争有200多起，是历史上有名的古战场。抗日战争时期的台儿庄战役和解放战争时期的淮海战役，都是为争夺徐州而进行的。600多年的悠久历史，为徐州留下了数不尽的文化遗产和名胜古迹，其中，尤以两汉文化最为璀璨。构造各异的汉墓、栩栩如生的汉画像石、惟妙惟肖的汉兵马俑，并称为"汉代三绝"。中国第一位农民皇帝刘邦诞生在沛县，他创建的汉朝前后达400多年。沛县共出了6个皇帝、5个丞相、8个王、23个侯，故有"帝王之乡"的美誉。徐州的两汉文化最为集中，足以让人领会到"隋唐文化看西安，明清文化看北京，两汉文化看徐州"这句话的经典。

热门景点 狮子山汉楚王陵、汉兵马俑博物馆、龟山汉墓、沛县汉城、淮海战役烈士纪念塔等

旅游线路推荐

1 市中心→狮子山汉楚王陵→汉兵马俑博物馆→龟山汉墓→淮海战役纪念塔→徐州博物馆
2 市中心→户部山古民居→民俗博物馆→项羽戏马台→云龙山风景区→汉画像石艺术馆
3 市中心→沛县汉城→汉高祖原庙→歌风台

徐州特产

徐州桂花酥糖、"黑猫牌"小孩酥糖、徐州烙馍、大王集香肠、蜜制蜂糕、徐州壮馍、邳州银杏、沛县狗肉、大麦茶、发芽糙米茶、邳州八义集豆腐乳、窑湾绿豆烧酒、汉画石拓片、沛公酒、五行蔬菜汤、睢宁原甜油、邳州苔干（又称西楚贡菜）等

舌尖上的淮安

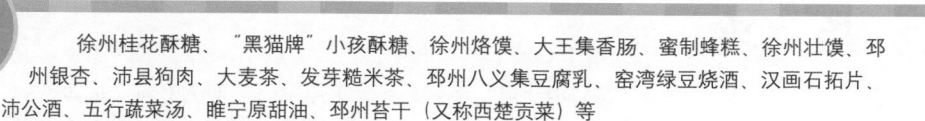

美食向导 Delicacies Guide

淮安与扬州为淮扬菜的主要起源地，而淮安菜则是"淮扬菜"的重要组成部分。早在隋唐时期，淮安由于紧邻大运河，当时就已经相当繁华，淮安菜便已是中国四大古典菜系之一。明清以后，淮安菜和扬州菜开始逐渐融合，到清朝乾隆年间，淮扬菜已成为全国四大菜系之一。

推荐 特色美食

平桥豆腐

相传，清朝乾隆皇帝下江南时，在淮安平桥吃过当地人用鱼脑加荤汤烩制的豆腐，食后大加赞美，誉其为"天下第一菜"。从此，平桥豆腐名扬四方。

白汤乌

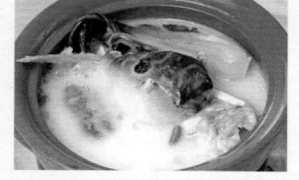

即奶汤黑鱼，为淮安的传统名菜。主要原料是黑鱼，此鱼皮厚力大，生命力很强，群鱼遇之，纷纷躲避，故民间常以"将军"称之。黑鱼以立烹即食为佳，肉质细嫩，味道鲜美。

朱坝小鱼锅贴

又名活鱼锅贴，是洪泽湖的渔民创制出的一种独特佳肴。如今，洪泽县的"朱坝活鱼锅贴城"，

十三香小龙虾

是淮安市盱眙县近年来新创的名菜。小龙虾肉质细嫩鲜美，尤其是以独特香料烹制的麻辣小龙虾，肉鲜味美，最受食客欢迎。

也因经营小鱼锅贴而声名远传，每日食客盈门，生意火爆。

金沟三绝

是指淮安市的三种美食，即陈老头熏烧、高老头烧卖、陶老头大糕。这三种小吃风味各异，在淮安非常有名。

淮安茶馓

是淮安著名的传统小吃。始创制于清朝后期，已有100多年的历史，因为当时茶馓做得最好的人姓岳，故命名"岳家茶馓"，又因为岳家的宅院靠近淮安老城鼓楼，故又称为"鼓楼茶馓"。茶馓既可干吃，又可用水泡着吃，柔韧香软，易消化，风味独特。

淮扬狮子头

狮子头是淮扬菜系中的一道传统名菜，做法最早始于隋朝。隋炀帝游幸时，对园林胜景赞赏不已，命御厨根据四大名景做出四道菜，御厨费尽心思做出了松鼠桂鱼、金钱虾饼、象牙鸡条、葵花斩肉，这道葵花斩肉就是后来的狮子头。1949年开国大典时，淮扬狮子头被列入国宴，从此名声大振。

其他名吃

文思豆腐羹、淮安鳝鱼菜、开洋扒蒲菜、文楼汤包、涟水县高沟捆蹄、钦工肉圆、淮阴豆腐香、朱桥烩甲鱼、长鱼宴席、炒软兜长鱼、昂刺鱼烧豆腐、清蒸鸭饺、红烧龙虾、洪泽荷包饭、洪泽黄集羊肉、尧母月子汤等

旅游攻略 Travel Guide

　　淮安，原称淮阴，位于江苏省中北部，地处苏北大平原中心，濒临淮河，是典型的"平原水乡"，是国家历史文化名城之一。淮安是著名的"青莲岗文化"发祥地，远在5000多年前，这一地区形成了淮河流域最早的原始文化。由于水系发达，京杭运河、淮河在其境内纵横交汇，明清时期即为我国重要的漕运枢纽、盐运要冲，与杭州、苏州、扬州并称运河沿线的"四大都市"。淮安人杰地灵，名人辈出，历史上曾孕育了大军事家韩信、巾帼英雄梁红玉、《西游记》作者吴承恩、民族英雄关天培等历史名人。尤其值得自豪的是，一代伟人周恩来也诞生在这里，并在这里生活、学习，度过了12个春秋。淮安是一个风光秀丽、底蕴深厚的旅游胜地，有全国五大淡水湖之一的洪泽湖，被誉为"江苏九寨沟"的铁山寺国家森林公园，被称为"明代第一陵"的明祖陵，以及周恩来故居、韩信故里、吴承恩故居等一大批人文景观。

热门景点 镇淮楼、明祖陵、周恩来故居、洪泽湖风景区、铁山寺国家森林公园等

旅游线路推荐

1. 市中心→镇淮楼→周恩来故居→吴承恩故居
2. 市中心→盱眙县明祖陵
3. 市中心→洪泽湖风景区

淮安特产

淮城蒲菜、淮阴丁庄大菜（俗称黄花菜）、赵集粉丝、金湖大红菱、安东萝卜干、"香格尔牌"码头汤羊肉、老侯野鸭、虾米扒蒲菜、菊花脑（又名菊花叶）、淮安蟹、盱眙龙虾、涟水鸡糕、淮安银鱼、涟水曲酒、涟水云锦、涟水高沟大曲、淮阴双沟大曲、汤沟大曲、洋河大曲，以及洪泽湖鱼类（白鱼、青虾、鳗鱼、鳜鱼、鲖鱼、甲鱼、银鱼）等

舌尖上的 浙江

　　浙江菜，简称浙菜，由杭州菜、宁波菜、绍兴菜、温州菜四大流派组成，是我国八大菜系之一。浙菜富有江南特色，具有悠久的历史。春秋末年，越国定都会稽（今绍兴），越国人创制了浙菜中最古老的绍兴菜——清汤越鸡。隋唐时期开通京杭运河，浙江一带人口剧增，商业繁荣，推动了浙菜的发展。南宋建都杭州，把北方的京都烹饪文化带到了浙江，浙菜从此立于全国菜系之列。其代表菜有西湖醋鱼、东坡肉、赛蟹羹、干炸响铃、荷叶粉蒸肉、西湖莼菜汤、龙井虾仁、杭州煨鸡、虎跑素火腿、干菜焖肉、叫化童鸡等数百个品种。浙菜中的许多菜肴均有动人的传说，文化色彩浓郁是浙菜的一大特色。

特别推荐

▶ **浙江十大美食** 杭州西湖醋鱼、东坡肉、龙井虾仁、叫化童鸡、宋嫂鱼羹、绍兴清汤越鸡、嘉兴五芳斋粽子、宁波汤圆、湖州丁莲芳千张包子、宁波冰糖甲鱼

▶ **浙江十大特产** 杭州西湖龙井茶、绍兴黄酒、杭州莼菜、桐乡杭白菊、宁波余姚杨梅、金华火腿、杭州丝绸、安吉白茶、龙泉青瓷、丽水青田石

▶ **浙江十大景点** 杭州西湖、嘉兴西塘古镇、东阳横店影视城、温州雁荡山、杭州淳安千岛湖、嘉兴南湖、温州楠溪江、海宁钱塘江大潮、嘉兴乌镇、湖州南浔古镇

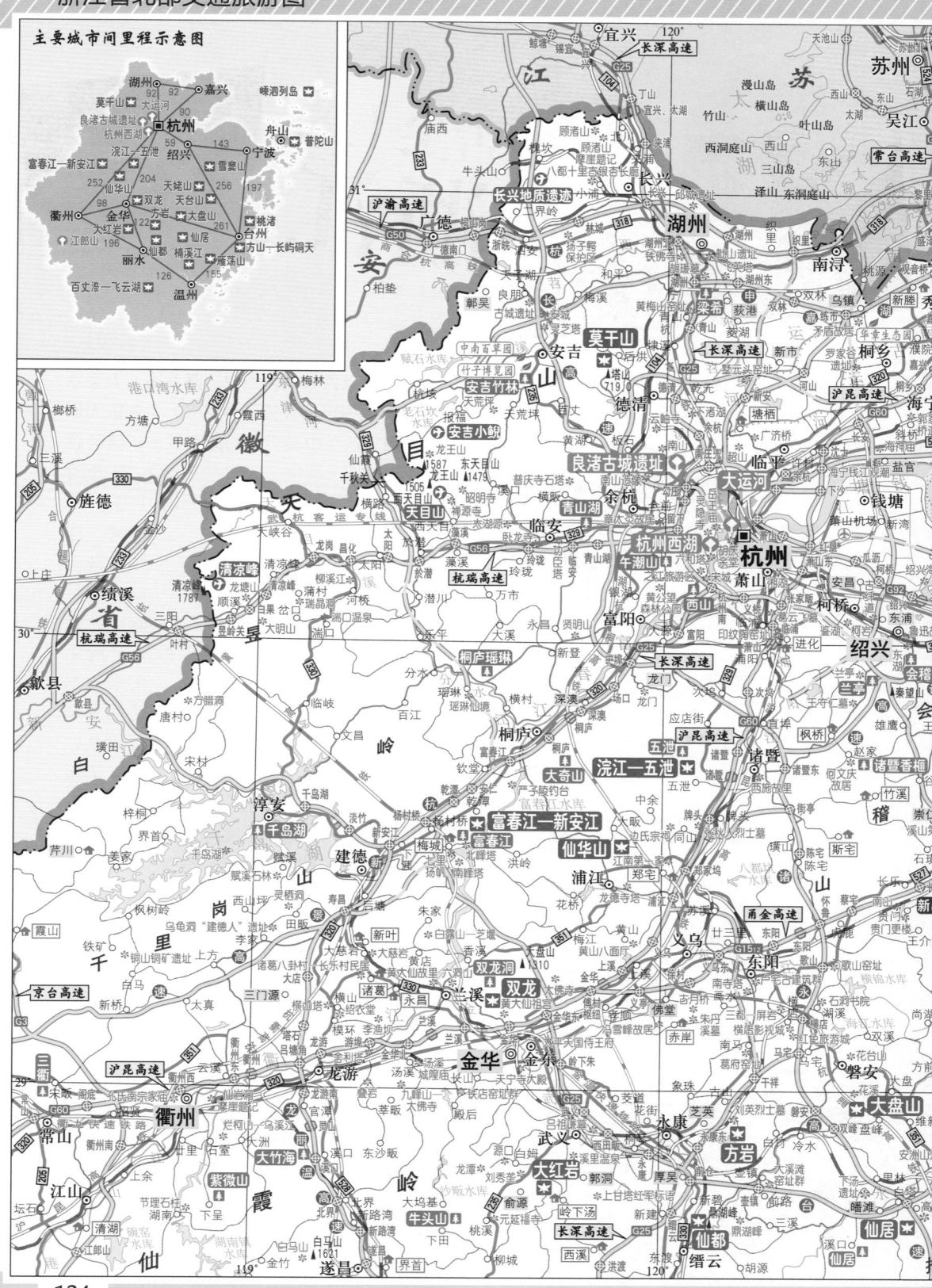

主要城市间里程示意图

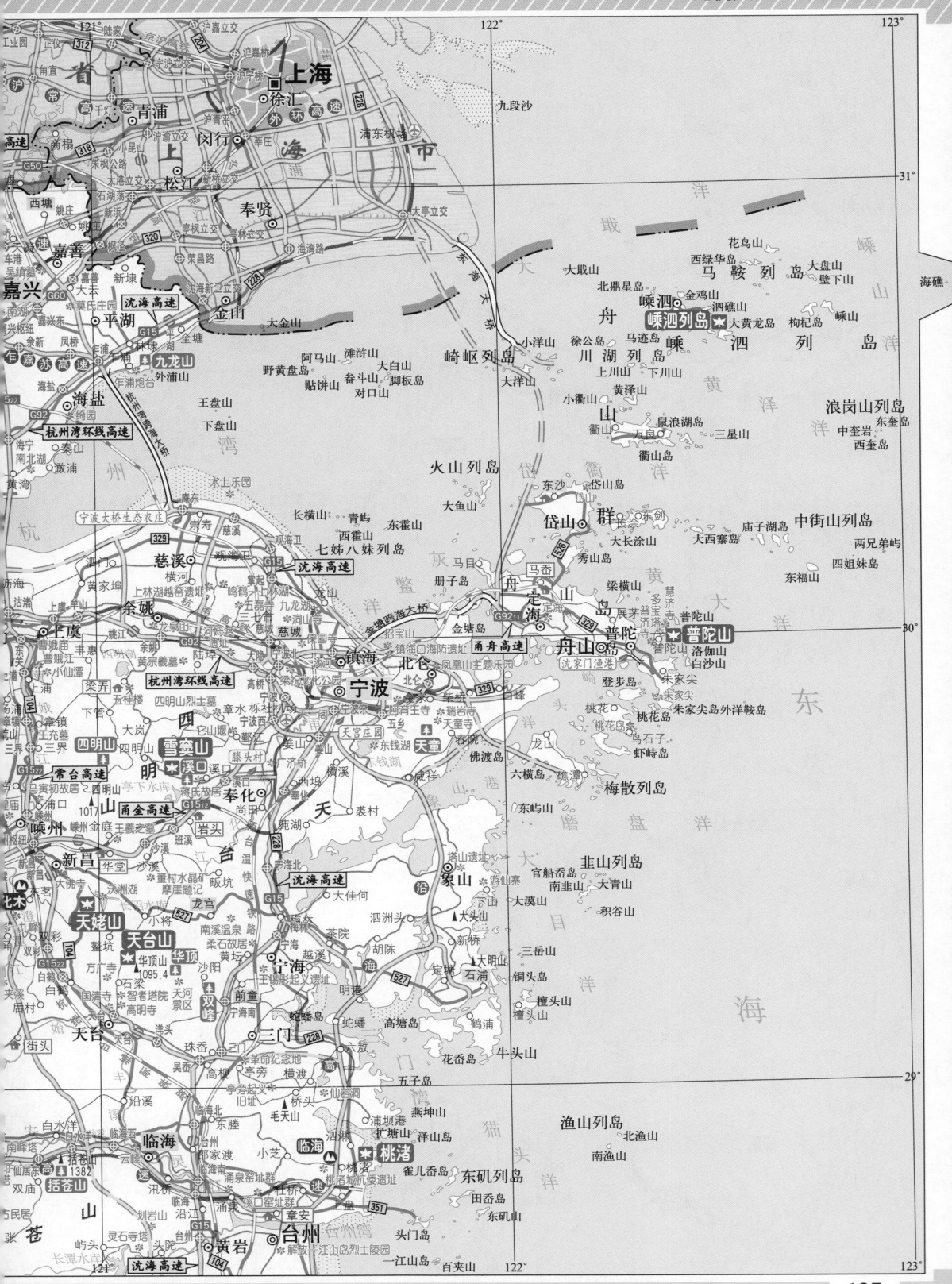

比例尺 1：1 430 000

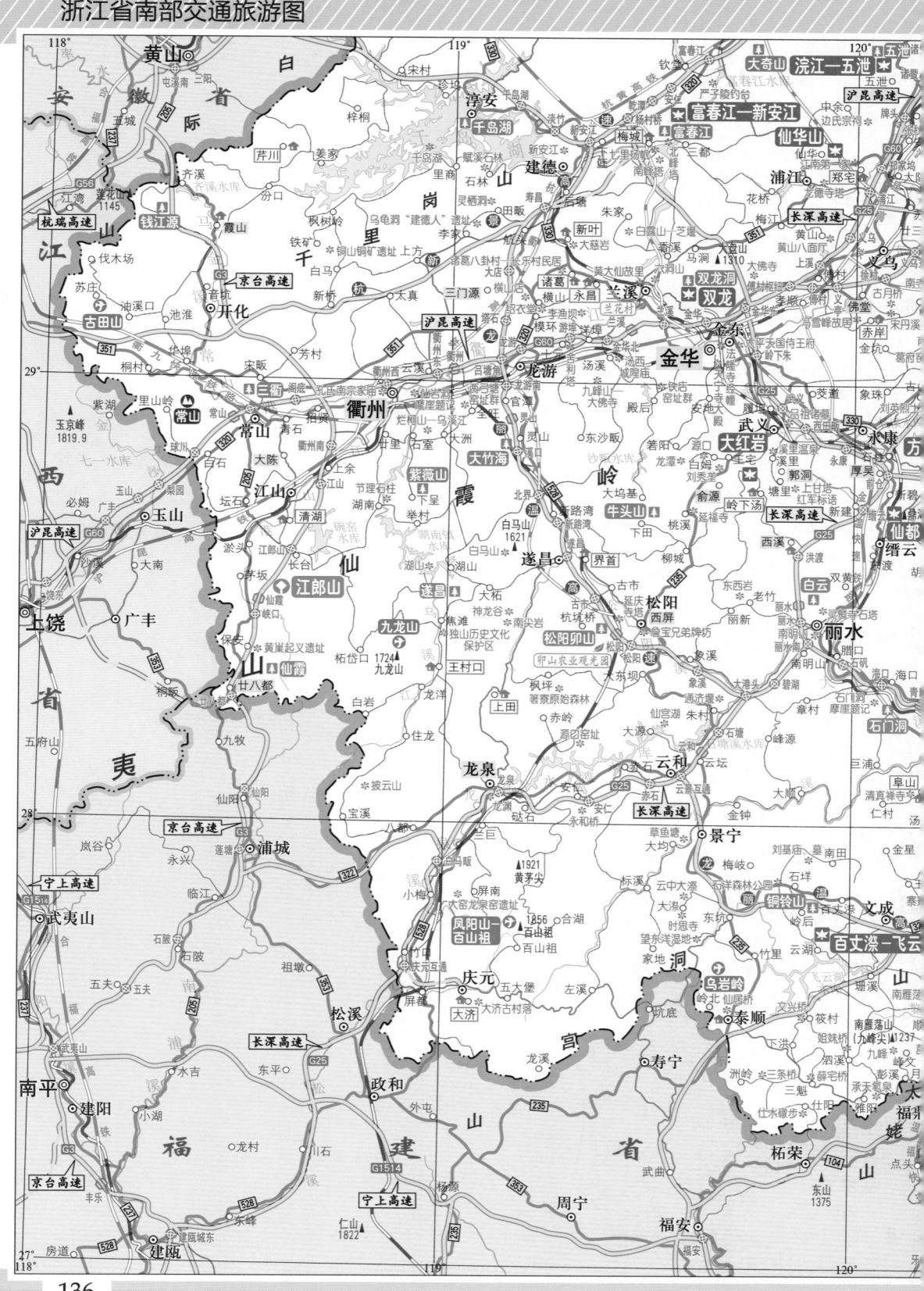

舌尖上的**杭州**

美**食**向**导** Delicacies Guide

杭州地处钱塘江下游，水产资源较为丰富，早先的杭州菜以河鲜为主，用料精致、口感清淡、咸中带点甜是传统杭州菜的基本特色。杭州菜最绝的一个特色是菜肴不但味美，而且很有文化内涵，有很多典故，比如宋嫂鱼羹、葱包桧、东坡鱼、西湖醋鱼等，都不知道是在吃菜，还是在"吃"文化。

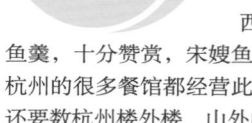

推荐
特色美食

宋嫂鱼羹

起源于南宋时期，相传，有一卖鱼羹的妇人叫宋五嫂，在西湖边以卖鱼羹为生。一天，宋高宗赵构游览西湖后，品尝了宋五嫂做的鱼羹，十分赞赏，宋嫂鱼羹从此驰誉杭州城。现在，杭州的很多餐馆都经营此菜，但最正宗的宋嫂鱼羹，还要数杭州楼外楼、山外山等餐馆。

西湖醋鱼

此菜相传出自"叔嫂传珍"的故事。古时，西子湖畔住着宋氏两兄弟，以捕鱼为生。当地恶官赵大官人见宋嫂美貌动人，便起了邪念之心，设计杀害其夫，又欲加害小叔。宋嫂强忍失夫之痛，劝小叔逃命，离别前，她做了一道糖醋烧鱼为小叔钱行。后来，小叔得了功名，除掉了恶官赵大官人，并留心寻找嫂嫂的下落。偶然的一次宴会，又尝到这一酸甜味的鱼菜，终于找到隐名遁逃在此为厨的嫂嫂。于是，他辞官，重操渔业。后人传其事，仿宋嫂之法烹制醋鱼，"西湖醋鱼"从此成为杭州的传统名菜。

叫化童鸡

相传，古时杭州有个叫化子，偷来一只鸡，由于缺锅少灶，他就用泥将鸡包起来，放在火中烧烤，烤熟后再剥去泥巴，食时，香味四溢。后来，这一泥烤技法传入当地酒家，叫化童鸡遂成为杭州的传统名肴。

龙井虾仁

相传，清朝乾隆皇帝南巡微服私访，在杭州一酒馆用餐，店主在烹调虾仁时，发现葱末已用完了，他急中生智，抓了一把龙井茶叶放入锅内。不料想，这道茶叶虾仁菜滋味独特，乾隆食后大加赞赏。后来，店主知道了乾隆的身份，这道菜也随之声名远传，成为杭州名菜。

西湖莼菜汤

据说，清朝乾隆皇帝多次南巡杭州，每次都要以西湖莼菜做羹食用。西湖莼菜是一种珍贵的水生菜，鲜嫩清香，营养丰富，用莼菜做成的汤或羹格外鲜美。在历史上，以西湖"三潭印月"一带产的莼菜最为著名。

东坡肉

相传，宋元祐年间，出任杭州刺史的苏东坡发动民众疏浚西湖，大功告成。为犒劳民众，他吩咐家人将百姓馈赠的猪肉和酒装入陶罐内，焖制成香醇可口的佳肴，回赠民众。人们感念东坡的贤德，将这种风味独特的块肉，取名"东坡肉"。而后经过历代厨师的不断改进和发展，被公推为杭州第一名菜。

葱包桧

南宋时，抗金英雄岳飞被奸臣秦桧害死，百姓十分痛恨秦桧夫妇。相传，有一个卖面食的店主，捏了两个人形的面块，比做秦桧夫妇，将他们揿到一块，用擀面杖一压，投入油锅里炸，嘴里还念叨："油炸桧吃"。店主解了恨，喷香的"葱包桧"也就此诞生了。

莼羹鲈脍

很早以前，有一个成语叫做"莼鲈之思"，说的就是西晋文学家张翰在洛阳任大司马时，因见秋风起，乃思吴中莼菜、莼羹、鲈脍，便毅然弃官归乡。为了莼菜和鲈鱼，居然连官都不做了，可见其美味无比。鲈鱼因其肉质细嫩，味极鲜美，有"江南第一名鱼"之誉，若以鸡汤烹制成鲈鱼脍，更是鱼羹中的极品。而以西湖特产莼菜做成的莼羹更是美味鲜醇，令人难忘。

炸响铃

用优质豆腐皮裹入里脊肉末，切成寸段，入油锅炸制而成。若裹入笋末、香菇及马铃薯泥，则成为"素响铃"，因其形如马铃而得名，是下酒的好菜。

据说，古时，杭州有一位将军特爱吃此菜佐酒，不巧，店里的豆腐皮正好用完了，将军听说豆腐皮在富阳泗乡出产，便上马扬鞭取回了豆腐皮，店主深为感动，便特意做成马铃形状。从此，"炸响铃"这一小吃就流传开来。

其他名吃

油焖春笋、荷叶粉蒸肉、干菜焖肉、红泥手撕鸡、红泥酱鸭、蜜汁火方、吴山酥油饼、片儿川面、虾爆鳝面、火腿蚕豆、栗子炒子鸡、砂锅豆腐、小鸡酥、木瓜酥、奶黄雪梨果、蟹黄小汤包、杏仁薄脆、蒜泥炒年糕、腊味煲仔饭、西湖蜜皇彩花、水晶翡翠饺、脆皮马蹄糕、空心南瓜饼、香菠血糯饭、贵妃松花饼、象山麻糍、夹沙糕、萝卜团、黄鱼鱼肚、咸蟹糊、水晶油包、金华酥饼、湖州丁莲芳千张包子、杭式榴莲酥、豆香麻糍、明良生煎包、麻球王、南宋定胜糕等

推荐 特色食处

⭐ 楼外楼

是杭州著名的传统餐饮老店，享有"江南第一楼"的美誉。在这里可以品尝到正宗的杭州菜，同时还可欣赏西湖的美景。特色菜有西湖醋鱼、东坡肉、叫化童鸡等。✉ 孤山路30号

⭐ 山外山

这里最擅长烹制素菜，特色菜有素天竺、雪菜鞭笋等。✉ 天竺路2号灵隐寺飞来峰下

⭐ 天外天

位于杭州市天竺路2号灵隐寺。这里最擅长烹制素菜，特色菜有素天竺、雪菜鞭笋等。

⭐ 状元馆

这里的特色菜有虾爆鳝面、蟹黄鱼面等。✉ 河坊街85号

⭐ 知味观总店

是杭州著名的老字号餐馆。这里最经典的美食是小吃，品种繁多、口味地道。特色小吃有猫耳朵、片儿川面、香辣田螺、小笼包等。✉ 仁和路83号

⭐ 奎元馆

这里以各式面点最为出名，素有"江南面王"之称。尤其是虾仁爆鳝面，面条筋道，爆鳝很香，被誉为"杭州一绝"。✉ 解放路154号

⭐ 杭州美食街

杭州是名副其实的美食天堂，特色美食街有保俶路、河坊街、高银巷、河东路、竞舟路、西塘河台湾美食街、黄龙体育中心大排档及秋涛路近江海鲜美食街等。在那里可以品尝到杭州传统名肴及各种风味小吃，是到杭州旅游不可错过的地方。

旅游攻略 Travel Guide

杭州位于浙江省西北部，为浙江省省会，是一座人文古迹荟萃的名城。古称临安、钱塘、武林等，曾是五代时期吴越国和南宋的都城，是中国八大古都之一。西子湖、钱塘江、千岛湖及周边丘陵构成了杭州的山水美景，山、泉、湖、桥、塔、寺样样俱全，到处被大自然的绿色包围，具有典型的江南水乡特征，自古就有"人间天堂"的美誉。漫步在西子湖畔，追忆许仙与白娘子的动人爱情传说，仿佛置身于天堂梦境。这座历史文化名城历来为中国著名的旅游城市，尤其以秀丽迷人的西湖风景名扬中外。

热门景点 西湖、千岛湖、灵隐寺、雷峰塔、富春江—新安江国家级风景名胜区等

旅游线路推荐

1 市中心→灵隐寺→飞来峰→玉泉→岳王庙→黄龙洞

2 市中心→宋城→六和塔→虎跑泉→花港观鱼→净慈寺→环湖南线景区

3 市中心→宋城→六和塔→虎跑泉→花港观鱼→净慈寺→环湖南线景区

4 市中心→萧山区美女坝观潮点　　5 市中心→千岛湖（一日游）

6 市中心→临安古城→天目山→清凉峰→浙西大峡谷→大明山（千亩田）

7 市中心→富春江→中国古代造纸印刷文化村→龙门古镇→桐君山→严子陵钓台→富春江镇→建德大慈岩→新叶村→新安江

杭州特产

杭州丝绸、西湖龙井茶、西湖藕粉、经山茶、杭白菊、西湖绸伞、雪水云绿茶、萧山萝卜干、天竺筷子、王星记扇子、张小泉剪刀、东坞山豆腐皮、方腊酱、天目笋干、高山云雾茶、西湖莼菜等

舌尖上的**绍兴**

美食向导 Delicacies Guide

绍兴菜具有浓郁的江南水乡风味，以淡水鱼虾及家禽、豆类为主料，擅用绍兴黄酒调味，以黄酒糟制菜，这些糟菜有一种独特的醇厚香味。绍兴最有名的小吃莫过于与鲁迅笔下人物孔乙己相关的茴香豆，还有那闻着臭、吃着香的炸臭豆腐，都不可错过。

推荐 特色美食

西施豆腐

是绍兴诸暨市的传统风味名菜，也是当地宴席上的头道菜肴，因诸暨是古代美女西施的故乡，故得此名。相传，清朝乾隆皇帝微服私巡江南时，在一农家享用"西施豆腐"后，连连称赞，闻知其菜名，不禁脱口而出，"好一个西施豆腐"。

清汤越鸡

据说，这道菜是春秋时期越国流传下来的。它是用绍兴的特产越鸡清炖烹制而成。鸡肉白嫩，骨质松脆，原汁清炖，味鲜爽口。

霉干菜烧肉

霉干菜（即乌干菜）可分为白菜干、油菜干和芥菜干三种，味道最鲜美的要数芥菜干。用芥菜干与猪肉烹制而成的霉干菜烧肉，浓香适口，是到绍兴必吃的佳肴。

糟鸡

越鸡在绍兴被视为滋补佳肴。人们将鸡用盐擦后，再用酒糟腌渍几天，增添鸡的酒香气味。煮熟后，鸡肉糟香醇厚，富有回味。

醉蟹

相传，醉蟹的制法是由在安徽作幕师的绍兴师爷所创，俗称"淮蟹"。食时，具有清香肉滑，味鲜吊舌的特点。

绍兴老酒

绍兴是中国的酒都，天下黄酒源于绍兴。绍兴老酒的主要品种有元红酒、加饭酒、善酿酒、香雪酒、花雕酒、女儿红酒等，集饮料、药用和调味于一身，为中国黄酒之冠。其中，"古越龙山牌"加饭酒和绍兴花雕坛酒被列为国宴专用酒。

茴香豆

由于鲁迅先生在《孔乙己》中写到茴香豆，因而名传四海。此食是用干蚕豆与茴香、桂皮、食盐和食用山奈调制而成。吃起来，豆韧耐嚼，清香味甘，若再喝上一杯绍兴老酒，味道更佳。

其他名吃

糟熘虾仁、绍式虾球、头肚醋鱼、鉴湖鱼味、糟青鱼干、醉河虾、油炸臭豆腐、茶香鸡、酱鸭、酱鹅、绍兴醉鸡、新昌芋饺、霉苋菜梗、扎肉、霉千张、诸暨西施故里鲜虾饼、鱼烧豆腐、外婆家醉鱼、朱万昌糕点等

推荐 特色食处

★ 寻宝记状元楼

特色菜有绍兴醉鸡、状元鸡、绍三鲜、烤鱼、臭豆腐等。✉ 仓桥直街府横街口

★ 鲁迅故里（老街）美食街

鲁迅故里所在的老街是绍兴老字号餐饮店最集中的地方，有咸亨酒店、兰香馆等知名老店。在这里，可以吃到西施豆腐、荷叶粉蒸肉、霉豆腐、干菜焖肉等具有绍兴特色的风味美食。✉ 鲁迅路

★ 咸亨酒店

是绍兴最有名的老字号饭馆，是品尝正宗绍兴美食的必去之处。特色菜有茴香豆、霉干菜烧肉、臭豆腐、太雕酒等。✉ 鲁迅中路179号

旅游攻略 Travel Guide

绍兴，古称会稽，位于浙江省宁绍平原西部，东接宁波，西邻杭州，是一座拥有2500多年历史的文化名城。春秋时，为越国的都城；南宋皇帝高宗赵构南逃时，曾暂住绍兴，将越州改名为绍兴，取"绍祚中兴"之意，一度成为南宋的陪都。这里，平均每1000平方米就有6座桥，素有水乡、桥乡、酒乡、书法之乡的称号，还有"东方威尼斯"的美誉。绍兴共有历史文化遗存3000多处，其中，有著名的古代治水英雄大禹的陵墓和禹王庙，中国伟大的文学家鲁迅先生的故居，民主革命家秋瑾的故居及就义纪念碑等，以其丰富的人文景观吸引着海内外游客前来观光游览。

热门景点　兰亭、鲁迅故居、沈园、柯岩、大禹陵、东湖、天台山国清寺等

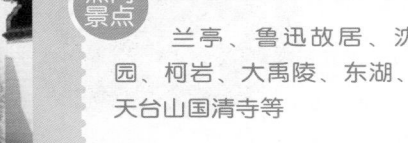

旅游线路推荐

① 市中心→沈园→鲁迅故居→东湖→吼山→会稽山大禹陵　② 市中心→鉴湖→柯岩→兰亭　③ 市中心→新昌大佛寺→天姥山国家级风景名胜区→穿岩十九峰　④ 市中心→诸暨西施故里→浣江五泄国家级风景名胜区

绍兴特产

绍兴丝绸、纸扇、乌毡帽、上虞越窑青瓷、会稽越石砚、霉干菜、绍兴老酒、平水珠茶、绍兴麻鸡、斋大茂香糕、丁大兴年糕、诸暨枫桥香榧、同康竹笋、嵊州竹编、诸暨紫阆野山笋干、嵊州越乡龙井茶、前岗辉白茶、新昌大佛龙井茶、嵊州榨面、上虞豆酥糖、嵊州舜皇云尖茶、绍兴腐乳、嵊州紫砂、诸暨珍珠、绿剑茶等

舌尖上的**宁波**

美食向导 Delicacies Guide

宁波菜，又叫"甬帮菜"，擅长以蒸、烤、炖等技法烹制海鲜，讲究鲜嫩软滑，原汁原味，色泽较浓。鲜、咸、臭是宁波菜的特色。当地人称小菜为"下饭"，如咸炝蟹、咸黄鱼鲞等都被叫做"压饭榔头"。宁波有著名的"三臭"，即臭冬瓜、臭豆腐和臭苋菜，不习惯的人闻闻味道都会被吓死，但吃起来会越吃越香，越吃越上瘾。

推荐
特色美食

宁波十大名菜

宁波的十大名菜有冰糖甲鱼、剔骨锅烧河鳗、苔菜小方烤、雪菜大汤黄鱼、腐皮包黄鱼、网油包鹅肝、荷叶粉蒸肉、黄鱼海参羹、彩熘全黄鱼、炒鳝背。尤以冰糖甲鱼、剔骨锅烧河鳗为宁波传统名菜之最。

宁波十大名点

宁波的十大名点有猪油汤团、龙凤金团、水晶油包、豆沙八宝饭、猪油洋酥块、三丝宴面、鲜肉小笼包子、烧卖、鲜肉馄饨、酒酿圆。其中，尤以猪油汤团为全国闻名的小吃。

冰糖甲鱼

是宁波名菜馆状元楼的看家菜。冰糖甲鱼的另一别称为"独占鳌头"，则是从甬江状元楼首创的。相传，清朝年间，在宁波甬江北岸有一家小酒铺，店

主以烧冰糖甲鱼著称。一天，有位赴京赶考的举人在店内吃了这道菜后，赞不绝口，便问店主："此菜何名？"掌柜见这位书生带有赶考的行头，为讨吉利，便说："此乃独占鳌头。"后来，举人中了状元，特地重登甬江这家酒铺，品尝"独占鳌头"，并为酒楼题名，写下了"状元楼"三个大字。从此，状元楼的名菜冰糖甲鱼，名扬浙东。后来，上海也开了两家状元楼，并都以冰糖甲鱼为招牌菜。

宁波臭菜

江南地区似乎天生就有吃"臭"的嗜好，以浙江宁波、绍兴两地尤甚。绍兴的臭菜品种全、冲劲足，除臭苋菜梗、臭冬瓜外，尚有臭豆腐、臭南瓜、霉毛豆、霉千张等。宁波臭菜在口味上稍稍要清淡些，如在腌冬瓜、苋菜梗时，不是整体地投入臭卤里，而是取一瓢腌之，因而味儿并不很冲。宁波传统的当家臭菜中，除臭冬瓜、苋菜梗外，还有臭咸齑、臭芋艿苈、臭笋苦头等。

雪菜大汤黄鱼

黄鱼体大肉肥，汤汁乳白浓醇，口味鲜咸合一，具有补虚养身调理的功效。此菜不仅是宁波的酒楼饭庄的传统名肴，也是民间宴席上必备的菜品。

宁波汤圆

又称猪油汤团，是闻名全国的宁波特产。宁波人过春节，有吃猪油汤团的习俗。正月初一，家家户户吃汤圆，象征团圆幸福。宁波市区开设有"缸鸭狗"汤团连锁店，在那里可以购买到正宗的猪油汤团。

溪口千层饼

是奉化市的三大特产之一。清朝光绪初年，由当地人王毛龙始创，已有100多年的历史。如今，奉化市溪口镇的千层饼店众多，尤以王毛龙后人经营的"王毛龙千层饼店"名气最大。奉化溪口是蒋介石的家乡，蒋介石曾把王家后人请到身边，专门为他烤制家乡小饼，还不断请人品尝，因而这种小饼名气日渐大盛，被誉为"天下第一饼"。

其他名吃

苔菜拖黄鱼、木鱼大烤、熘黄青蟹、宁波烧鹅、新风鳗鲞、石浦鲍鱼、慈溪宋家糟香干、清炖苋菜梗、海头泥螺、宁波腊鸭、慈溪龙山黄泥螺等

推荐
特色食处

✪ 城隍庙小吃广场

宁波最出名的小吃聚集地。宁波汤圆、牛肉锅贴、烤秋刀鱼、铁板鱿鱼等宁波风味小吃应有尽有。✉ 县学街22号

✪ 惊驾路美食街

宁波比较老牌的一条美食街。这里的美食以海鲜、川菜、火锅为主，有元泰居海鲜炒锅粥、石浦福临门渔港、诸葛烤鱼、满汉小厨等多家人气比较高的餐厅。✉ 惊驾路

旅游攻略 Travel Guide

宁波位于浙江省东部沿海，其名称取自古语"海定则波宁"，又因境内有甬江而简称"甬"，是一座具有数千年丰厚积淀的历史文化名城。新石器时期的河姆渡文化就发祥于此；唐、宋时期，这里是中国与世界交往的"海上丝绸之路"的起点，当时与扬州、泉州、广州并称为"中国四大对外贸易港口"。数千年的文化传承，使这座美丽的海港城市及周边分布着众多名胜古迹，有7000年历史的河姆渡文化遗址，全国最古老的藏书楼天一阁，天下禅宗五山之第二的天童寺，奉化溪口蒋介石故居，浙东第一大湖东钱湖，以及阿育王寺、天封塔、梁山伯庙、月湖、南溪温泉等，无不璀璨夺目。

热门景点　天童寺、阿育王寺、余姚河姆渡遗址、奉化溪口蒋介石故里、雪窦山国家级风景名胜区等

旅游线路推荐

[1] 市中心→天一阁→天童寺→东钱湖　　[2] 市中心→奉化→溪口镇→蒋介石故居→雪窦山→雪窦寺

[3] 市中心→宁海前童古镇→浙东大峡谷　　[4] 市中心→象山石浦渔港→皇城海滨浴场→中国渔村

宁波特产　宁波茶叶（望府银毫、宁海第一尖、望海茶）及宁波刺绣、翻簧竹刻、宁海双峰笋干、双峰香榧、象山永成干红杨梅酒、余姚朗霞佛手酒、象山竹根雕、慈溪上林湖越窑青瓷、慈溪藕丝糖、余姚杨梅、骨木嵌镶、朱金木雕、三北豆酥糖、鄞州雪菜等

舌尖上的金华

美食向导 Delicacies Guide

金华菜是浙江菜的重要一支，烹调方法以烧、蒸、炖、煨、炸为主，最具代表的金华火腿菜，色香味独特，历史悠久，名遍全国。金华的风味小吃更是闻名遐迩，有金华夜煲、酥饼、汤包、东阳沃面、浦江麦饼等。

推荐
特色美食

🍲 金华夜煲

是金华市独有的美味砂锅炖品，采用20多味名贵中药材及香料精心调制而成。味道独特，滋补养生，极负盛名。

🍲 金华酥饼

是金华名闻遐迩的传统名点，因其馅以干菜为主料，故又名干菜酥饼。色泽金黄，香脆可口。相传，金华酥饼的首创者竟是唐代开国元勋之一的程咬金。隋代，程咬金曾在金华以卖酥饼为生，他功成名就之后，极力推荐该小吃。后来，金华酥饼名气越来越大。

金华火腿

素以色、香、味、形"四绝"闻名于世，是金华久负盛名的传统名产。据传，金华民间腌制火腿，始于唐代，历史悠久。相传，宋代义乌籍抗金名将宗泽曾把家乡的"腌腿"献给皇宫，康王赵构见其肉色鲜红似火，赐名"火腿"。后人尊奉宗泽为火腿业的祖师爷。

蜜汁火方

是金华的传统名菜。选用金华熟火腿上方（带皮）和金华府酒等烹制而成。色泽火红，火腿酥烂，滋味鲜甜。

金华汤包

以猪肉皮汁加老母鸡汁制成的皮冻和鲜肉笋丁做馅，并在笼底垫以青松蒸制而成。馅鲜汁多，清香可口，风味独特，享有"金华第一点"的美誉。

八宝香肚

是金华著名的一道滋补菜肴，以猪肚中放入火腿、鸡胗、冬笋、香菇、虾米、鸡肉等八种原料，经过独特工艺蒸制而成。食之，两颊生香，具有补肾明目之功效。

兰溪鸡子馃

也叫鸡蛋饼，金华各地均有摊店制作出售。尤以兰溪市的鸡子馃最为地道，味道正宗。

兰溪豆黄饼

原是古徽州的名小吃，有咸、甜两种，以精制面粉为皮，以糖或猪肉和干菜为馅制成。煎烤后的咸豆黄饼，两面焦黄，皮酥肉香，是非常好吃的美味饼食。作为徽商聚居的兰溪，这一小吃已成为当地百姓的最爱。

东阳童子鸡蛋

其实就是用童子尿煮的鸡蛋，比普通的茶叶蛋要贵。每年春天，卖童子鸡蛋的小摊遍布东阳大街小巷，因其有滋阴降火、止血治淤的保健功能，深受人们的欢迎。

东阳沃面

旧时，在东阳地区民间，人们习惯把吃剩下的菜汤用来煮面条，然后加入红薯淀粉制成面糊，既易消化吸收，又营养丰富。后经改进，成为当地一道特色小吃。

永康麻糍

是永康地区的一种糯米食品。它的种类很多，有麻糍泻、麻糍滑、米筛花、麻糍食果等。尤以永康城郊的田宅麻糍最负盛名。

其他名吃

义乌东塘狗肉、宗塘豆腐、神仙炖鸡、永康肉麦饼、择子豆腐、金华拉拉面、火桶饼、浦江麦饼、磐安拉面、东阳土鸡煲、烤豆腐、永康豆腐皮、武义郭洞竹筒饭、橡子豆腐、浦江竹叶熏腿、金华蒸油麻糕等

旅游攻略 Travel Guide

金华位于浙江省中部偏西，古称婺州，是一座具有悠久历史、以宗教文化为特色的山水城市，素有"江南邹鲁"、"文物之邦"的美誉。这里山川秀丽奇绝，人文旅游资源十分丰富，金华城北的双龙洞是黄大仙的修道之仙地，被道家称为"三十六洞天"，还有永康方岩、横店影视城、兰溪诸葛八卦村、俞源太极村等景点，各具特色，引人入胜，令游客乐在其中，流连忘返。

热门景点 双龙国家级风景名胜区、金华山、兰溪诸葛八卦村、黄大仙故里、武义郭洞古村、俞源太极村、东阳卢宅古建筑群等

旅游线路推荐

1 市中心→金华山→双龙国家级风景名胜区（双龙洞、朝真洞、冰壶洞、仙瀑洞、桃源洞、黄大仙祖宫、金华观）　2 市中心→兰溪黄大仙故里→诸葛八卦村→新叶村→长乐村→芝堰村　3 市中心→武义郭洞古村→俞源古村　4 市中心→东阳卢宅古建筑群　5 市中心→浦江县城→郑宅镇→仙华山　6 市中心→永康市→方岩国家级风景名胜区→厚吴村

金华特产

义乌火腿、金华豆腐皮、金华寿生酒、浦江麦秆剪贴画、金华双龙银针茶、婺州举岩茶、兰溪毛峰茶、方岩绿毫茶、金华府酒、金华佛手、东阳木雕、浦江春毫茶、磐安云峰茶叶、磐安金樱子酒、兰溪蜜枣、杨梅烧酒、金丝蜜枣、东阳香榧、义乌南枣、磐安龙井茶、兰溪兰花糖糕、东阳东白山茶、义乌顶陈酒、武阳春雨茶等

舌尖上的**温州**

美**食**向**导** Delicacies Guide

温州，古称瓯地，东临大海。其饮食以海鲜为主，烹调技术讲究轻油、轻芡，注重刀工，菜品口味新鲜，清淡不薄。其中，三丝敲鱼、锦绣鱼丝和爆墨鱼花是温州名菜，被誉为"瓯菜三绝"。另外，温州的小吃也非常有特色，如温州鱼丸、灯盏糕、矮人松糕、清汤鱼圆等，都让人食后难忘。

推荐特色美食

三丝敲鱼

是温州家喻户晓的一道名菜。其做法是将鱼加工成薄鱼片煮熟，再加上鸡丝、火腿丝、香菇丝和煮熟的青菜心，再配以调味品和佐料烹制而成。该菜鱼肉鲜嫩，香浓可口，富有地方风味特色。

爆墨鱼花

温州人以墨鱼作原料，能制作很多菜肴。但以爆墨鱼花独具风味，最有特色。

锦绣鱼丝

选用墨鱼脊背肉，切成丝，配以红绿柿椒丝、黄蛋皮丝、香菇丝等炒制而成。菜品色彩丰富似锦绣，鱼丝味道十分鲜美。

炒粉干

是温州街头的排档、餐馆最常见的小吃，以平阳粉干和楠溪江沙岗粉干为最佳。用细细的粉干，加上胡萝卜丝、菜丝、肉丝、虾仁、香菇、葱花等炒制而成。色香味俱全，深受当地人喜欢。

矮人松糕

其实就是猪油糯米白糖糕。以糯米过水磨成细粉，拌以猪肉丁、桂花和白糖，再蒸熟切块而成。吃起来，松软绵糯，甜中有咸，口感清香。

灯盏糕

温州的小吃首推灯盏糕。传说，清朝光绪年间，温州有姓陈的兄弟二人制卖一种形似灯盏的点心，外皮酥松脆甜，肉馅爽口，很受欢迎，一时名声大噪，被人们称为"灯盏糕"。

长人馄饨

是温州的招牌小吃。源于1930年左右，乐清人陈立标来温州经营馄饨担，沿街叫卖。由于他个子高，而他做的馄饨也非常好吃，人们便称他卖的馄饨为"长人馄饨"。

凤尾鱼

又称鲚鱼，俗称子鲚，因其尾部分叉，短而呈红色，犹如凤尾，故名。凤尾鱼属名贵的鱼类，是温州著名特产，用此鱼烹制的菜肴是下饭佐酒的佳品。

跳跳鱼

又名弹涂鱼、兰花，捕于海边涂滩，其肉质细嫩，营养丰富。用此鱼与香菇、熟笋片烹制的菜肴，色泽诱人，味道鲜美，为温州的一道特色佳肴。

雁荡山八大名菜

来雁荡山旅游，最不可错过的八大名菜，即为鸡末香鱼、蟠龙戏珠、雁荡石蛙、土豆野味煲、美丽黄鱼、蛤蜊豆腐汤、碧绿虾仁、清真海蟹。其中，鸡末香鱼中的香鱼，为雁荡山五珍之一，是美味滋补的上乘菜肴。蟠龙戏珠这道菜是以溪鳗鱼为主料，配以土豆、红萝卜、白萝卜烹制而成，色调美观，别有风味。

雁荡山小吃

香螺、白薯粉丝汤、雁荡烙饼、米粉丝面、茴香五味豆腐干、绿豆面等。

其他名吃

三片敲虾、炸熘黄鱼、三层鱼片、软火熘鲫鱼、蛋煎蛏子、清汤鱼圆、石斑鱼、鲥鱼、梭子蟹、华阳卤牛肉、雁荡山炒粉干、萝卜丝蛤蜊汤、李大同双炊饼、泰顺婆饼、蒜子鱼皮、扎带鱼筒、平阳南山索面等

旅游攻略 Travel Guide

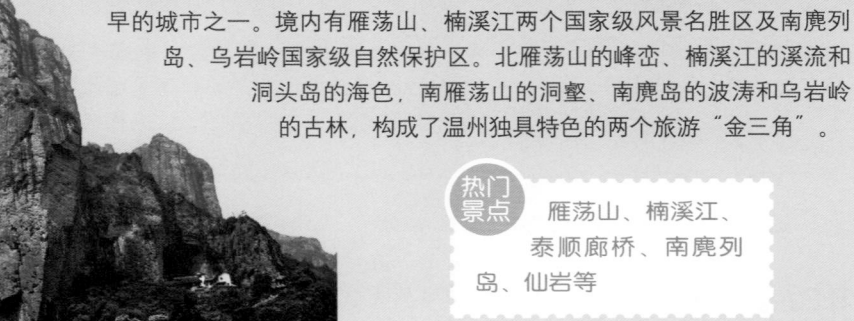

温州位于浙江省东南沿海，古称"瓯"，汉代建东瓯国，素有"东瓯山水甲江南"的美誉。南宋时被辟为对外通商口岸，以手工业发达著称，素有"一片繁荣海上头，从来唤作小杭州"之称。温州商业经济发达，专业市场遍布，几乎家家经商，是中国改革开放最早的城市之一。境内有雁荡山、楠溪江两个国家级风景名胜区及南麂列岛、乌岩岭国家级自然保护区。北雁荡山的峰峦、楠溪江的溪流和洞头岛的海色，南雁荡山的洞壑、南麂岛的波涛和乌岩岭的古林，构成了温州独具特色的两个旅游"金三角"。

热门景点 雁荡山、楠溪江、泰顺廊桥、南麂列岛、仙岩等

旅游线路推荐

1 市中心→仙岩→瑶溪→泰顺廊桥→承天氡泉→乌岩岭国家级自然保护区
2 市中心→北雁荡山→中雁荡山→南雁荡山　　3 市中心→楠溪江国家级风景名胜区
4 市中心→南麂列岛　　5 市中心→瑞安→林垟古镇

温州特产

雁荡毛峰茶、楠溪江香鱼、瓯绣、乌牛早名茶、顺泰三杯香茶、大荆冬米糖、黄坦糖、福寿糕、五味香糕、瑞安白毛茶、木版年画、苍南翠龙茶、高山云雾茶、黄杨木雕、平阳早香茶、永嘉田鱼、苍南槟榔芋、温州黄汤茶、沙岗粉干、温州彩石镶嵌、瑞安董夏橄榄、温州松糖、马蹄松、陡门金银花、乐清红娘酒、梅花鹿茸等

舌尖上的**衢州**

美食向导 Delicacies Guide

衢州虽属浙江，但由于和江西、安徽、福建均接壤，其饮食口味偏重，风味独特，自成一派。说起衢州的美食，不得不提"三头一掌"，即兔头、鸭头、鱼头和鸭掌，是当地最著名的风味小吃。此外，还有麻饼、八宝茶、龙游米糊、发糕、毛豆腐等，也很有特色，值得一尝。

推荐 特色美食

衢州麻饼

又称邵永丰麻饼，为当地有名的传统小吃。创建于清朝年间的邵永丰面饼店，素以生产传统的麻饼、冻米糖、芙蓉糕、花生糖等小吃而声名远扬。此饼为纯甜、微麻、略咸的特殊风味。

衢州"三头一掌"

即指卤兔头、卤鸭头、卤鱼头和卤鸭掌。其中卤兔头面市最早，名气也最大，是衢州最具代表性的地方特色风味食品，远近闻名，不可不尝。

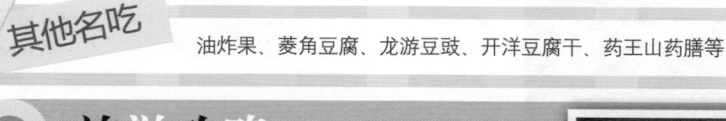

高家萝卜丝

是衢州著名的传统干菜，已有1000多年的历史。主要产于衢州市高镇衢江沿岸的河滩地带，根据季节不同，分为冬丝、春丝、雨丝、雾丝。其中，以冬丝最佳，具有香甜、鲜嫩的特点，是做八宝菜的主料。

不老神鸡

源于古代的"药鸡"。选择本地的土鸡，不用任何调料，全部采用中草药调味烹制而成。这种鸡不但没有药味，还奇香无比，酥嫩可口，余味无穷。

毛豆腐

又叫霉豆腐，是衢州地区非常流行的一种小吃。最有情趣的吃法是，在街头遇到走街串巷叫卖毛豆腐的货郎，买上一份，浇上辣椒糊和香油，就着油锅，边吃边聊，既鲜美可口，又别具风情。

龙游米糊

是龙游县最有代表性的小吃，一直是当地人的早餐食品。吃的时候，往碗内的米糊放些辣椒酱，再加一点醋，拌一拌，即可食用。味道酸辣，令人胃口大开。

烂柯山鱼宴

围棋发源地烂柯山下的石室鱼庄，是吃鱼的好去处。此店有鲇鱼、鲑鱼、汪刺鱼、石斑鱼、老虎鱼、太阳鱼等菜肴，做法别具匠心，很有特色。

其他名吃

油炸果、菱角豆腐、龙游豆豉、开洋豆腐干、药王山药膳等

旅游攻略 Travel Guide

衢州位于浙江省西部，雄踞钱塘江上游，是国家历史文化名城，素有"四省通衢"、"东南锁钥"之称。早在周朝时期，子爵侯国姑蔑就在此建都，成为我国江南第一座古城；周穆王时，余偃王南迁曾落脚衢州南面的灵山镇；孔氏家庙自宋代就一直坐落在衢州古城中。境内山川秀美，文化遗存极其丰富，著名的景观有孔氏南宗家庙、围棋仙地烂柯山、仙霞古道，以及千古之谜——号称"世界第九大奇迹"的龙游石窟等名胜古迹。每年10月，衢州市举办以南孔文化、烂柯山围棋文化为特色的旅游月活动。

热门景点 孔氏南宗家庙、烂柯山、龙游石窟、江郎山等

旅游线路推荐

1 市中心→孔氏南宗家庙→烂柯山→节理石柱   2 市中心→江山市→仙霞关→廿八都古镇→江郎山
3 市中心→开化古田山国家级自然保护区→江西婺源古村落   4 市中心→龙游县城→龙游石窟→龙游苑→三门源村
5 市中心→常山县城→黄泥塘村"金钉子"→三衢石林→球川镇三十六天井

衢州特产 龙游方山茶、开化龙顶茶、衢州玉露茶、江山绿牡丹茶、衢州陶瓷、江山金针菇、衢州莹白瓷、江生记咸花生、龙游发糕、开化杜仲茶、常山山茶油、志棠白莲等

舌尖上的嘉兴

美食向导 Delicacies Guide

嘉兴面江临海，物产丰饶，其饮食丰富多样，品类繁多，可谓是江南美食的典型代表。这里诞生了诸多脍炙人口的美食佳肴，如五芳斋粽子、南湖蟹、南湖菱、文虎酱鸭、芡实糕、八珍糕、糟蛋等，具有浓郁的江南特色。其中，最著名的当属五芳斋粽子。

推荐特色美食

文虎酱鸭

是嘉兴的一道地方特产，享有“浙江第一鸭”的美誉。以其色泽褐红、味道鲜美、油而不腻、酥而不烂的特点，名扬全国。

五芳斋粽子

始创于1921年，是嘉兴著名的特产，享有“粽子大王”之称。五芳斋粽子品种丰富，有火腿粽、鸡蛋粽、白糖豆沙粽、鸡肉粽等，风味各异，是到嘉兴旅游必尝的美食。

南湖菱

是嘉兴著名的特产，又称元宝菱、馄饨菱、和尚菱等。其色翠绿，并以皮薄、肉嫩汁多、甜脆、清香的特点而胜于其他同类品种。南湖菱可生吃，也可熟吃，肉质坚硬，香味奇特，味美滋口。

南湖船菜

顾名思义，是在船上制作，又在船上享用的佳肴。原料主要来自南湖的特色时鲜，如鱼、虾、蟹、鳗之类。船菜的品种有五香乳鸽、翡翠蟹斗、蜜汁火方、和合二鲜、蟹黄鱼翅、八宝鸡、鱼肚、火腿幢、粉蒸肉等。许多菜肴的食材，均在船上活捉、活杀、现烹、现吃，可谓鲜美爽口。

平湖糟蛋

产于嘉兴平湖市，又名软壳糟蛋，始制于清朝康熙年间，已有200多年历史。它含有醇厚的酒香，入口香美，余味悠久。

西塘八珍糕

选用山药、茯苓、芡实、米仁、麦芽、扁豆、莲肉、山楂等八味草药，辅以优质糯米粉、白糖精制而成。口感极好，营养丰富，是西塘古镇的传统名点。

乌镇姑嫂饼

是桐乡市乌镇的传统名食，产于清朝乾隆年间。此饼油润麻香，酥松脆糯，咸甜适中，远近闻名。相传，很早的时候，乌镇有一家庭作坊专门制作一种小酥饼，店主人为了保持独家经营，制订了配方及关键技术传媳不传女的家法，他的女儿自然不悦。有一天，女儿乘嫂嫂不备，往配料中撒了一把盐，指望着看嫂嫂的笑话。不料，出炉的小酥饼，甜中带咸，味道更佳，生意愈加兴隆。后来，人们将此饼称为“姑嫂饼”。

送子龙蹄

是嘉善县西塘古镇的一道传统名菜。采用优质猪腿肉，配以数十种祖传作料烹制而成。肉质酥嫩脱骨，肥而不腻，入口难忘。相传，很久以前，西塘有一富贾久婚未育，后经人指点，乐施行善，修桥建路。在建桥时，有一只凤凰落在桥边停歇，该富商当年喜得贵子，故将此桥取名为送子凤桥。富商大摆筵席贺得子之喜，席间有一道主菜即猪蹄，众人为贺喜，将此菜取名为送子龙蹄。从此，当地百姓在婚嫁喜庆时，均以“送子龙蹄”为主菜，意为早得贵子，幸福吉祥。

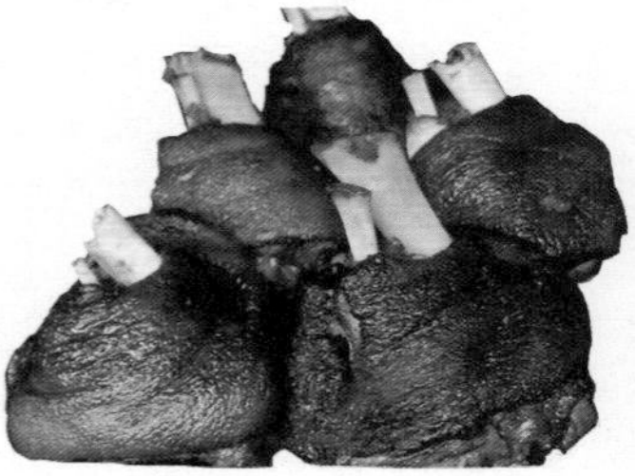

其他名吃

西塘荷叶粉蒸肉、乌镇酱鸡、红烧羊肉、熏豆茶、藕粉饺、酥羊大面、印花糕、南湖腐乳肉、西塘酱爆螺蛳、桐乡三珍斋酱鸭、荠菜包圆、蒸双臭（即臭豆腐和臭海菜梗）、乌镇臭豆干、西塘丁记麦芽塌饼、南北湖虎鲻鱼、王店三元鸡、汾湖蟹等

旅游攻略 Travel Guide

嘉兴位于浙江省东北部，地处东南沿海，太湖流域，因南湖而出名，是一座具有悠久历史的江南水乡古城，是中国共产党的诞生地之一。嘉兴水乡泽国，自然风光以潮、湖、河、海并存而驰誉江南，是中国优秀旅游城市。境内有革命圣地嘉兴南湖，天下第一潮——海宁盐官镇钱江大潮，江南水乡古镇嘉善西塘和桐乡乌镇，海盐南北湖，以及平湖九龙山等一大批著名景点。置身于这些古街老镇，让你能感受到江南水乡的独特风韵。

热门景点 嘉兴南湖、西塘古镇、海宁盐官镇钱江大潮、桐乡杭白菊海、桐乡乌镇、海盐南北湖等

旅游线路推荐

① 市中心→南湖→海宁→盐官古镇观潮→鱼鳞海塘→占鳌塔→海神庙→陈阁老宅→宰相府第风情街→王国维故居　② 市中心→桐乡市→乌镇→杭白菊海　③ 市中心→西塘古镇　④ 市中心→海盐县城→绮园→南北湖　⑤ 市中心→平湖市→莫氏庄园→九龙山海滨浴场

嘉兴特产　桐乡杭白菊、嘉善黄酒、海宁皮革、南湖菱、乌镇丝绵、黄沙坞蜜橘、海宁家坊、西塘老酒、菊花白酒、乌镇三白酒、乌镇手工酱、海盐小香薯、乌镇木雕竹刻、海宁皮草、桐乡蚕丝被、海盐文溪龙井茶，以及海宁三把刀（药刀、叶刀、厨刀）等

舌尖上的**湖州**

美食向导 Delicacies Guide

湖州地处太湖南岸，自古就有"鱼米之乡"的美誉。得天独厚的地理环境，造就了这里丰富繁多的烹饪原料，鱼鲜、肉鲜、羊鲜、笋鲜、野味鲜，成为湖州菜肴的特色。百鱼宴、丁莲芳千张包子、周生记馄饨、张一品酱羊肉、百笋宴等，都是到湖州旅游不可错过的美食。

推荐特色美食

周生记馄饨

是湖州四大名小吃之一。以猪肉、河鲜等为主料，拌以开洋、笋衣、黑木耳等配料为馅制作而成。要吃正宗的湖州大馄饨，一定要去位于湖州市中心衣裳街口红旗路27号的周生记馄饨店。

丁莲芳千张包子

清朝光绪四年（1878年），湖州菜贩丁莲芳以

鲜猪肉、千张为原料，制成枕形千张包子，沿街肩挑叫卖，深得顾客的喜爱。后经不断改进，成为湖州著名的小吃。它与周生记馄饨，诸老大粽子、震远同糕点并称为湖州四大小吃。

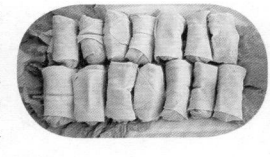

张一品酱羊肉

是湖州的百年传统名菜，由宁波人张和松于清朝光绪年间创制，因店名为"张一品"，故名。此菜选用鲜嫩的湖羊肉，配以各种作料，以炭火焖制而成。肉香汁浓，酥而不烂，鲜嫩可口。

☙ 白扁豆

是湖州著名的特产。白扁豆可炒食，也可煮粥，鲜嫩清香，营养丰富，可做滋补珍品。

☙ 湖羊

属于羔羊品种，个体较小，产于太湖周围及邻近地区。源于北方蒙古羊，南宋时期，随北方移民南下，带入太湖区饲养、繁衍。湖羊肉肥而不腻，细嫩爽口，以下火锅涮肉片味道最佳。

☙ 百鱼宴

这道宴席集太湖各类鲜鱼烹饪而成，有100多道鱼菜，风味各异，肉鲜汁浓，香气扑鼻，令人垂涎欲滴。位于湖州市区红旗路南街口23号的湖州饭店，是烹制百鱼宴的传统名店。

☙ 安吉百笋宴

安吉县素有"中国竹乡"的美称。百笋宴是由安吉宾馆的厨师创制，选用上等竹笋为原料，以烩、爆、炒、焖、熘、蒸、煮等方式，精心烹制出100多道笋菜佳肴。竹笋鲜嫩爽口，营养价值高，被誉为"天下第一素食"。

☙ 长兴爆鳝

是长兴县的百年传统名菜。将当地特产鳝鱼划成丝，配以火腿丝及各种作料，用文火慢慢炒制而成。鲜美可口，风味独特。相传，清朝乾隆皇帝南巡到长兴，品尝此菜后，赞不绝口，就将长兴爆鳝列为宫廷御菜。

其他名吃

臭豆腐干、刘家大蹄、双林姑嫂饼、盐卤豆腐、羊肉笋炖咸肉、烂糊鳝丝、板羊肉、全鹅宴、南乳焖肉、南浔双交面、雪梨鸡腿、生煎肉饼、老法虾仁等

旅游攻略 Travel Guide

湖州位于浙江省北部、太湖南岸，因滨太湖而得名，是一座具有江南水乡特色的古城，也是全国著名的蚕乡，中国蚕丝文化、茶文化、湖笔文化的发祥地。湖州因"茶圣"陆羽在此进行茶事活动，并撰写世上第一部《茶经》，而成为世界茶人的朝圣地。深厚的文化底蕴和优美的自然风光，使湖州形成了市区太湖风情游、南浔古镇游、莫干山风景游、安吉竹乡游等经典旅游品牌。

热门景点 南浔古镇、安吉中国大竹海、德清莫干山、顾渚山茶文化风景区等

旅游线路推荐

1 市中心→莲花庄→飞英塔→铁佛寺→中国湖笔博物馆→南太湖风景区→南浔古镇

2 市中心→长兴县城→善琏镇蒙公祠→顾渚山茶文化景区→杼山陆羽故居→八都十里古银杏长廊

3 市中心→安吉县城→灵峰山灵峰寺→中国竹子博览园→中国大竹海→龙王山→天荒坪

4 市中心→德清县城→莫干山→下渚湖湿地

湖州特产

诸老大粽子、震远同糕点、牛皮糖、湖州丝绸、顾渚紫笋、长兴吊瓜子、湖州白片茶、果脯蜜饯、泗安酥糖、玫瑰酥糖、善琏湖笔、莫干山名茶、南太湖熏豆茶、安吉冬笋、安吉白茶、羽毛扇、南浔酒、新娘子茶、天目笋干、太湖蟹、诸葛扇、湖州白扁豆，以及湖州四宝（银鱼、鲚鱼、白虾、角鱼）等

舌尖上的 安徽

安徽菜无简称，不是指徽菜。徽菜是古徽州菜的简称。安徽菜由皖南、沿江、沿淮三种地方风味菜组成。皖南，指安徽长江以南地区，是徽州菜的发源地，徽州菜主要流行于黄山市徽州地区和浙江西部，是中国八大菜系之一，其形成与江南古徽州独特的地理环境、人文环境和饮食习俗密切相关，擅长烧、炖、蒸，重油、重火功，主要名菜有黄山炖鸽、徽州虎皮毛豆腐、鱼咬羊、臭鳜鱼等。沿江风味以芜湖、安庆地区为代表，以烹调河鲜、家禽见长，擅长红烧、清蒸和烟熏技艺，代表名菜有清香炒鸡、火烘鱼、蟹黄虾盅、毛峰茶熏鲥鱼等。沿淮风味以蚌埠、阜阳等地为代表，善用辣椒配色佐味，代表名菜有焦炸羊肉、朱洪武豆腐、奶汁肥王鱼等。在安徽品尝美食，一定不要错过徽州菜，在城市热闹的小吃街，或当地的一些老字号，还有乡间大大小小的土菜馆，或许就是那么一碗看似平常的菜肴，都会让你感受到传统徽菜的独特滋味。

地图标注：
皇藏峪　淮北　柳孜运河遗址　霸王城遗址
亳州　华佗庵　汤玉陵　地下运兵道　岳集古墓　宿州　文庙大成殿
老子故里　大运河
清真南寺　万佛塔　皖北历史古迹游
刘锜庙　蚌埠　龙兴寺
阜阳　管鲍祠　淮南八公山　中都皇城　凤　小岗村
寿县　明祖陵　皇陵
古城墙　报恩寺　安丰塘　淮南　滁州　醉翁亭　琅琊山
李家圩　地主庄园　"三国旧地，包拯故里"　三塔寺
蜀山森林公园　合肥　霸王祠
六安　紫蓬山　相寺　巢湖　马鞍山　采石
马头　千佛庵　三河　姥山　巢湖　李白墓
大华山　铜陵淡水豚　长江沿线山水游　芜湖
大别山　天井山　桐城　浮山　柯家村遗址　太极洞
鹞落坪　天柱山　怀宁　池州　齐山－平天湖　宣城　横山　德
花亭湖　潜山　安庆　九华山　水西　龙泉洞
黄梅戏欣赏游　迎江寺　徽州仙境游　黄山　神仙洞
石莲洞　黟县　绩溪　许国石坊　文房四宝游
小孤山　南屏　古民居　徽州　歙县
皖南古村落－西递、宏村　花山谜窟－渐江
齐云山　黄山
一半街巷一半水的屯溪

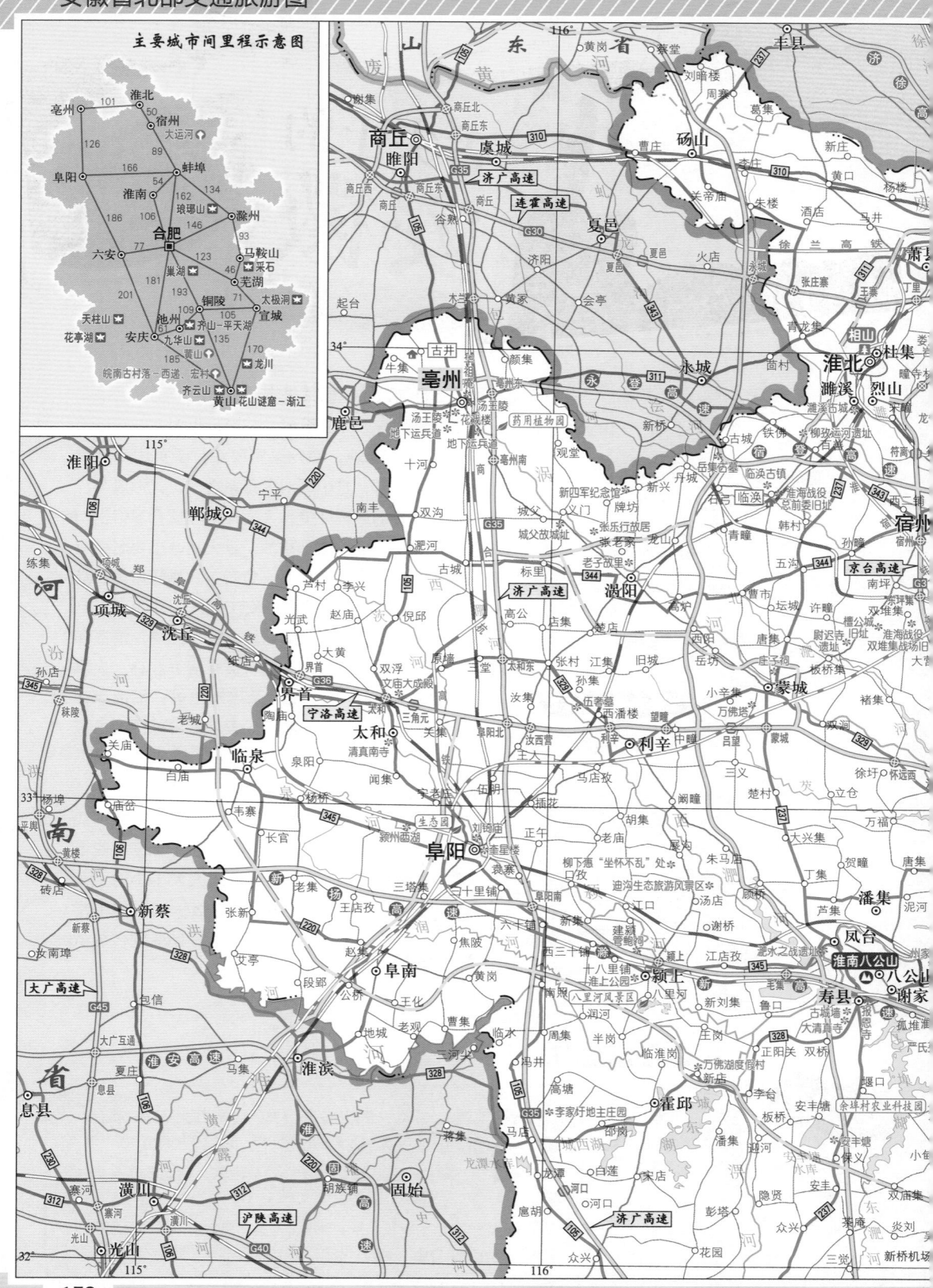

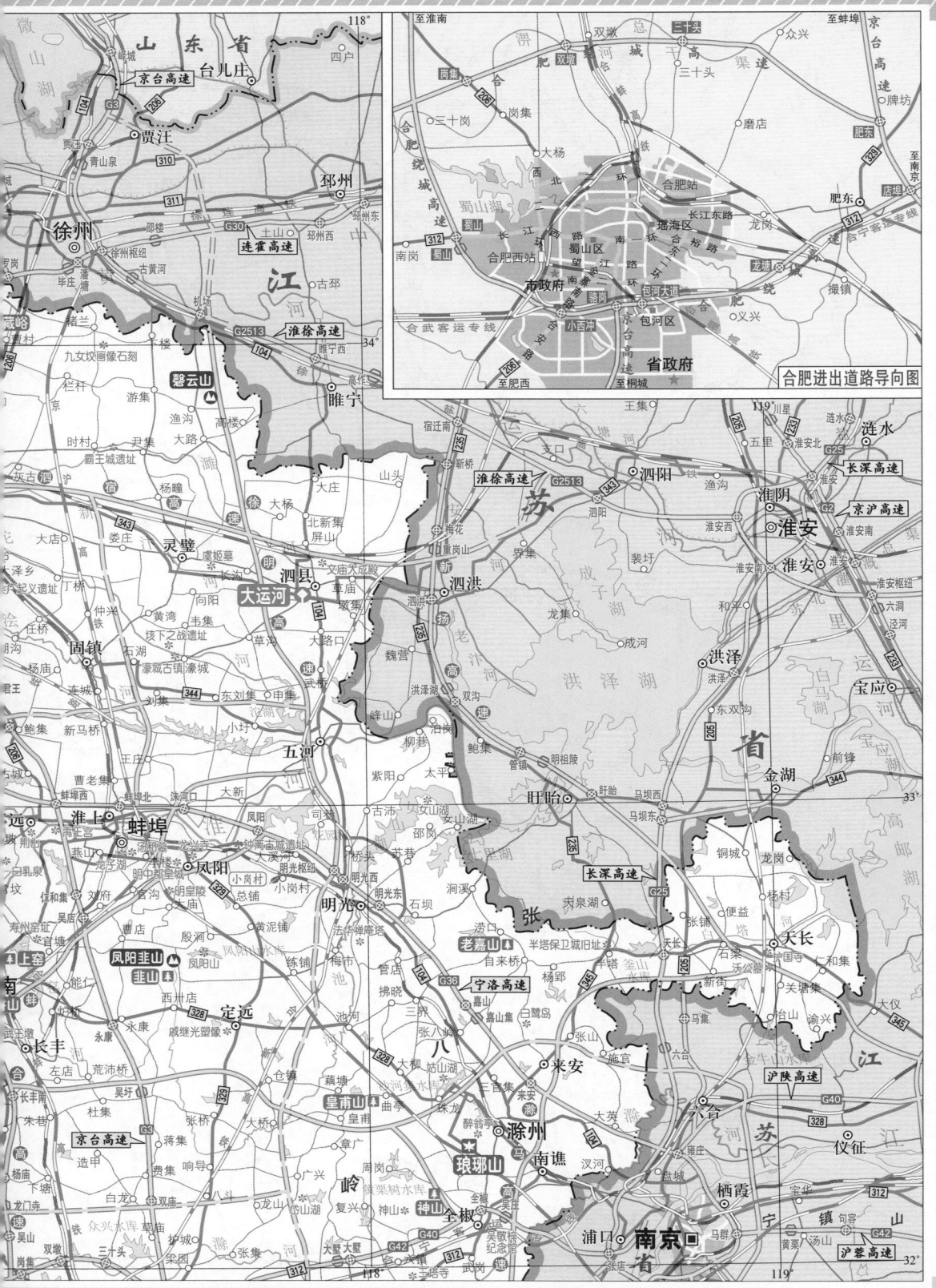

比例尺 1∶1 400 000

合肥进出道路导向图

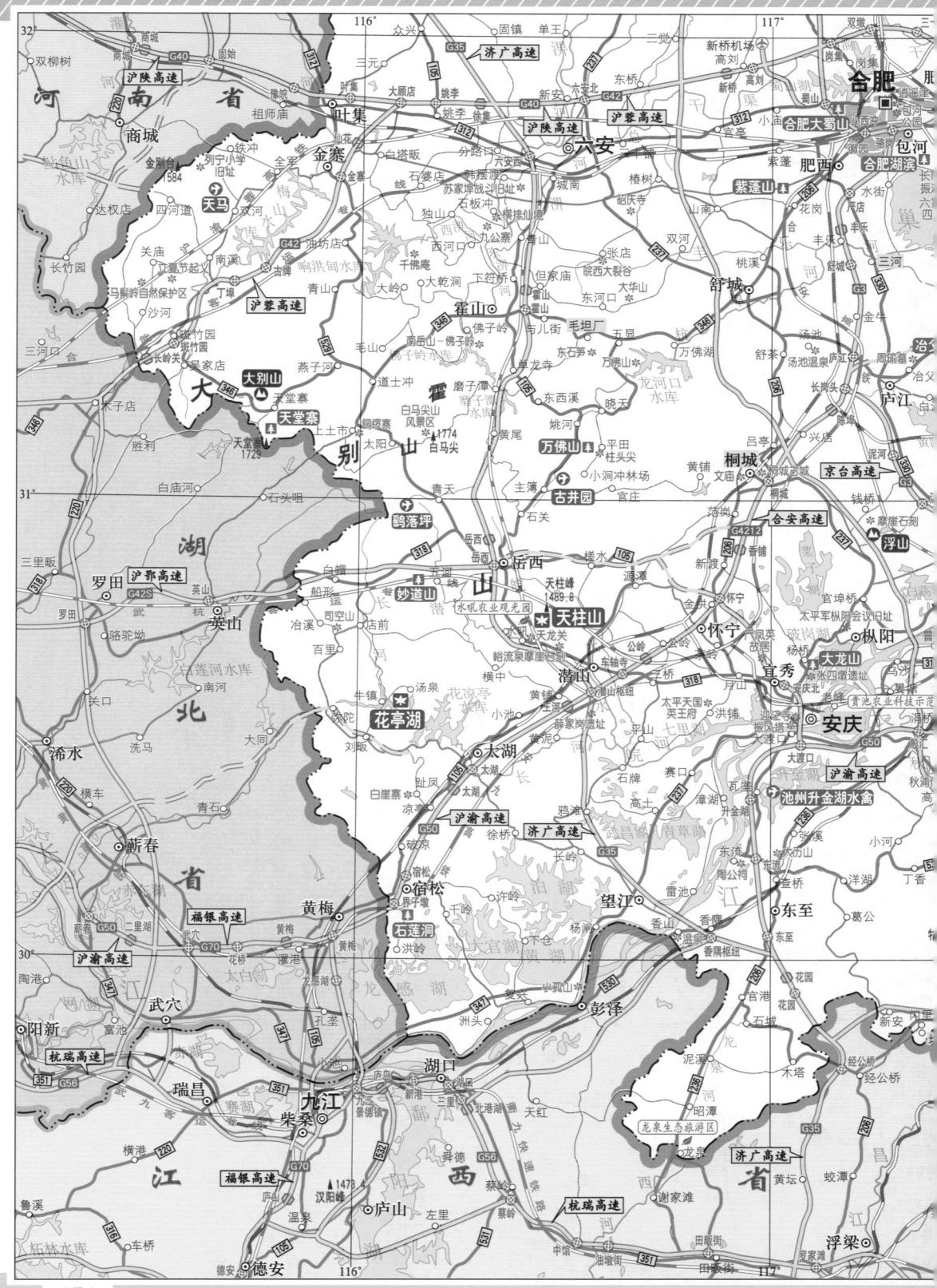

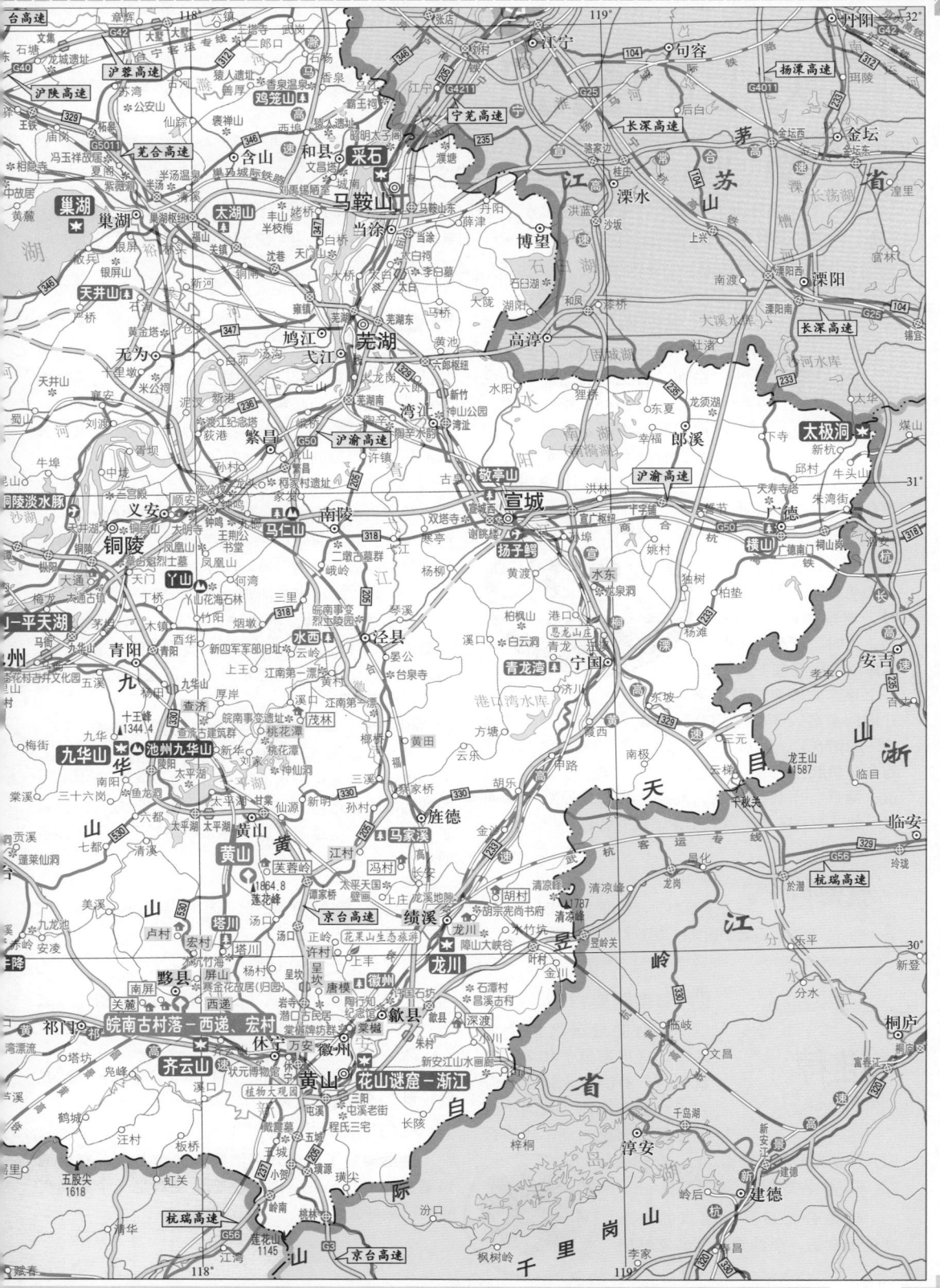

舌尖上的**合肥**

● 美食向导 Delicacies Guide

合肥的饮食属于安徽菜的重要组成部分，其特点是善于保持菜品的原汁原味、味道醇厚、香气浓郁，代表名菜有李鸿章大杂烩、包公鱼、曹操鸡、御笔鳝丝等。在合肥的大街小巷，都能品尝到当地的传统小吃，如庐阳汤包、小笼米粉肉、三河米饺、小刀面等。

推荐 特色美食

⊟ 合肥四大名点

麻饼、烘糕、寸金、白切是合肥著名的四大传统名点。麻饼外皮松软香甜，内馅甜而不腻；烘糕金黄油润，香酥可口；寸金具有橘饼、桂花特有的香气，脆、甜兼得；白切片薄甜脆，带有浓郁的芝麻香味。

⊟ 李鸿章大杂烩

相传，这是李鸿章访美期间宴请美国宾客时，厨师加做的一道菜。当时，厨师将所剩的海鲜余料混合下锅，烧好上桌。宾客尝后赞不绝口，并询问菜名，李鸿章用合肥话说"杂碎"（即"杂烩"的谐音）。此后，"大杂烩"遂成安徽名菜，以海参、鱼肚、鱿鱼、玉兰片、腐竹、鸡肉、火腿、鸽蛋、猪肝、干贝、冬菇、菠菜等为主要原料烧烩而成。此菜醇香味美，营养丰富，很有特色。

⊟ 曹操鸡

又名逍遥鸡。相传，曹操屯兵庐州逍遥津时，因操劳过度，卧床不起。厨师按医生嘱咐，在炖鸡时添加中药，烹制成药膳鸡。曹操食后，病情很快痊愈，并经常要吃这道鸡。此后，这种药膳鸡流传开来，被人们称为"曹操鸡"。

⊟ 包公鱼

原名红酥包河鲫鱼，因包河所产的鲫鱼背乌，人称包公鱼。这道菜是冷菜，用醋将包公鱼调味，再以慢火烧焖而成。骨酥肉嫩，回味无穷。

⊟ 庐州烤鸭

原是宫廷御膳，鸭肉酥香味美，别有风味，是合肥人特别钟情的老字号美食。要想吃到正宗的庐州烤鸭，当然要去位于合肥市庐阳区长江东路1072号的"庐州烤鸭店"。

⊟ 怀胎鱼

其实就是当地产的大鲤鱼，是合肥的一道名菜。人们根据当地流传已久的"渔姑食鱼怀胎"这个美丽的神话故事，选用豆腐、豆腐干、土豆等食材，创制了"怀胎鱼"这道名菜，以怀念渔姑母子为民办善事的恩德。

其他名吃

三合酥鸭、米粉虾、三河茶干、庐阳汤包、肉合饼、撮镇狮子头、三河米饺、吴山贡鹅、熏素鸭、石塘驴巴肉、庐江米线、咸鸭烧黄豆、巢湖关东老鹅汤、庐江小红头等

推荐 特色食处

★ 官亭路美食街

是合肥最著名的美食地带。这里聚集了40多家餐饮名店，有四川火锅、上海包子、福建馄饨、台湾小吃等。每天人流如潮，成为合肥人经常光顾的美食街。

★ 宁国路龙虾一条街

这是合肥最早火起来的一条特色美食街，以经营美味的龙虾出

名。尤其是夏天的时候，街道两边的大排档，一家挨一家，美味飘香，人气很旺。

★ 九华山路美食街

是安徽土菜的集中地，乡村风味浓郁的土菜馆齐聚这里。许多食客慕名前往，晚间更是食客如云。

★ 马鞍山路酒吧餐饮街

这里聚集了众多知名酒吧及餐馆名店，有极地风暴、39度、芭花等时尚酒吧，绝对是一个享受夜生活的最好去处。

旅游攻略 Travel Guide

合肥位于安徽省中部、长江与淮河之间、巢湖之滨，因东淝河与南淝河在此汇合而得名，为安徽省省会，素以"三国旧地、包拯故里、淮军摇篮、中国科技基地"而闻名。合肥，古称庐州，是一座具有2000多年历史的古城，历来为兵家必争之地，享有"江南之首，中原之喉"之誉。三国时期，魏吴在此交兵，留下了逍遥津、教弩台、三国新城等历史遗迹。这里，淝水穿城而过，青山绿水环抱，环境秀丽，素有"花园城市"的美誉。三国文化、包公文化、淮军文化、佛教文化在这里兼容并蓄，使其融皖韵徽风于一城，彰显着独特的文化魅力。

热门景点　李鸿章故居、包公祠、逍遥津公园、三河古镇、巢湖国家级风景名胜区等

旅游线路推荐

1 市中心→包公园→逍遥津→明教寺→李鸿章故居　　2 市中心→三河镇（一日游）
3 市中心→巢湖国家级风景名胜区→庐江县冶父山

合肥特产　肥西米酒、巢湖银鱼、大闸蟹、虎皮金橘蛋、竹黄雕刻、梅干月饼、公和堂狮子头糖果、长丰参忠木雕、庐江绿茶、三河米酒、庐江白云春毫茶、合肥桂花酥糖、肥东五香辣味牛肉干、樱桃脯、大芋蓝梅、庐江海神黄酒、采石矶茶、庐江"天星牌"蜂蜜、庐江三叶小菜、合肥发绣、巢湖蚕豆辣酱、长丰县富平合儿饼等

舌尖上的**滁州**

美食向导 Delicacies Guide

滁州的饮食受到安徽菜中沿江风味的影响，以咸为主，多使用炸的烹调技法，又因滁州靠近南京，饮食也体现出淮扬菜的特点，讲究原汁原味，一物一性，百菜百味。在滁州品尝美食，凤阳朱洪武豆腐、酥笏牌、天长雪片糕等这些传统名吃，一定不能错过。尤其是在明朝开国皇帝朱元璋的故乡——凤阳古城，一边品着酿豆腐，一边欣赏凤阳花鼓，那将是一种绝美的享受。

推荐特色美食

天长雪片糕

是天长市的传统小吃，制作历史悠久。其做法是将熟糯米粉、猪油、糖、水调和后，入锅炖熟制成。特点是雪白甜软、入口即化。

酥笏牌

是滁州知名的小吃。用面粉和熟芝麻制成，因其外观像古代大臣上朝奏事使用的笏板而得名。尤

以全椒县马场厂镇的酥笏牌最为正宗，酥香味美，实为馈赠佳品。

凤阳酿豆腐

又名朱洪武豆腐，是凤阳县的传统名菜。相传，出身于凤阳的明朝开国皇帝朱元璋，年幼时家境贫寒，以乞讨为生。

有一天，他在凤阳城的黄家饭馆内讨得一碗酿豆腐，吃后，深感滋味极佳，念念不忘。后来，他登基称

帝，便把黄家饭馆的厨师召进宫内，专门为他烹制"凤阳酿豆腐"，成了明朝宫廷宴席上的一道名菜，一直流传至今。

定远"桥尾"

是滁州市定远县的一种特产，腊肉中的精品。因选用猪臀（尾）部的肥瘦肉，且产于炉桥镇，故名定远"桥尾"。至今已有200多年的历史。

红烧梅白鱼

梅白鱼，又名梅鱼，产于定远县池河镇至凤阳县梅市乡的池河中。梅鱼肉质鲜嫩，美味无比，由于产量少，非常珍贵，曾为明代皇宫的贡品，因而在当地很有名气。

其他名吃

藕夹子、烩鱼羹、卞蛋、甘露饼、琅琊寺素斋、凤阳恒裕酱品等

旅游攻略 Travel Guide

滁州位于安徽省东部、长江下游北岸，是古都南京的江北门户，素有"金陵锁钥，江淮保障"之誉。古称涂中、新昌、永阳、清流等，隋朝使称滁州，因境内有滁河（又称涂河）而得名。境内山清水秀，名胜古迹繁多，有名山、名湖、名洞、名亭、古关、古寺、古陵、古驿道，不仅以自然山水之美著称于世，而且人文景观璀璨夺目，最有代表的景点当属琅琊山、明中都城遗址、明皇陵、龙兴寺古刹等。

热门景点 琅琊山、凤阳古城、明皇陵等

旅游线路推荐

1 市中心→琅琊山（一日游）　　2 市中心→凤阳古城→明中都遗址→明皇陵→龙兴寺

滁州特产 滁州四大名鱼（鳊鱼、花鱼、鲤鱼、鲫鱼），以及琅琊酥糖、金丝琥珀蜜枣、滁菊、明光女山湖银鱼、毛蟹、石坝镇小磨麻油、凤阳玉雕、凤凰画、凤阳龙浴御液酒、滁州花篮、滁州南谯茶、云桑名茶、天长鸡头米、滁州贡菊、定远池河梅白鱼、池河雪片糕、凤阳御膳麻油、"日月牌"粉丝、花园湖大闸蟹、明光浮山回王鱼、天长三黄鸡、南谯竹编工艺、来安花红水果等

舌尖上的**池州**

美食向导 Delicacies Guide

"行尽池城皆是景，一池山水满城诗"。池州是一座文化底蕴深厚的城市，也是中国第一个生态经济示范区。其饮食以当地丰富的物产和淳朴的民俗民风，创制了咸鲜合一的乡野风味菜系，既有传统徽菜，又有皖江风味，再加上池州九华山独特的佛家素食特色，可以说，池州的饮食文化独具魅力。较具代表性的美食有九华山素斋、萝卜烧腊肉、山粉条烧肉、干豆角烧肉等。

推荐 特色美食

阮桥板鸭

因其产地而得名，是池州著名的佳肴。食之，肥而不腻，味鲜醇香，酥嫩可口。

深渡包袱

是池州风味小吃中的名品。深渡是池州市的一个古渡口，明清时期，由浙江方向出入的客商，大多经此渡口，他们每次出行时都要背上一个包袱。深渡渡口的饮食店主遂仿其形，创制出一种在馄饨皮上放馅、卷包成商人背负的包袱形状的一种小吃，深受客商喜爱，并流传至今。

腊八豆腐

是池州市贵池区的特色小吃。每年腊八节，家家户户都要晒制豆腐，庆祝节日。腊八豆腐咸中带甜，入口松软，又香又鲜，为下酒的极品小菜。

九华山素斋

九华山是池州境内著名的佛教名山，九华山素斋也是池州颇有名气的美食。以九华山所产的山珍野味为主料，配以新鲜蔬菜、豆腐等，烹制出100多道菜肴，有九华素鳜鱼、糟萝卜丝、糟鱼、糟鸡、糟菜等。

九华素饼

以九华山上的素食、黄精、绿豆粉制作而成。油润芳香，味道清甜，久吃不腻。相传，很早以前，九华山有位高僧常做一种素食饼，救济当地的一些穷人。人们为了纪念这位高僧，便将这种流传下来的小吃，取名为"九华素饼"。在九华山一带的民间，一直流传着一首民谚："朝九华，拜地藏，不吃素饼真遗憾"。

其他名吃

干豆角烧肉、山粉条烧肉、韭菜花炒江虾、石台玫瑰酥、葛粉圆子、葛公豆腐、陵阳豆腐干、灌汤虾球、稻花香迷你肉、东至县菜糕、青阳臭鳜鱼等

旅游攻略 Travel Guide

池州位于安徽省南部，北临长江，南依黄山，是安徽省历史文化名城，也是安徽省两山一湖（黄山、九华山、太平湖）旅游区的重要组成部分。自唐武德四年（公元621年），设州置府，已有1400年的历史；晚唐杜牧和北宋包拯曾先后任池州刺史、知府；李白、苏轼等文人雅士都曾驻足此地，留下了千余脍炙人口的不朽诗篇，为池州赢得了"千载诗人地"的美誉。池州旅游资源得天独厚，有全国佛教四大圣地之一的九华山，有国家级自然保护区——牯牛降，还有被誉为"中国鹤湖"的湿地自然保护区等。

热门景点
九华山、牯牛降国家级风景名胜区等

旅游线路推荐

1 市中心→青阳县城九华山（二日游） 2 市中心→石台县城→牯牛降国家级风景名胜区（一日游）

池州特产

石台县香芽茶、富硒茶、雾里青绿茶、东至县仙聚翠兰茶、麦鱼、青阳折扇、石台绿牡丹茶、琥珀蜜枣、贵池枇杷、青阳"迎客松牌"蜜酒、冻米糖、茶枕、九华石雕、九华云雾茶、黄石毛峰茶、九华黄精（又名鸡头参、老虎姜）、九华佛像、九华佛茶、贵池肖坑绿茶、东至县升金湖青虾、蕨菜、香菇、石台毛峰茶、东至紫石塔毛尖茶、葛公镇祁公茶、贵池梅村乡茶叶、青阳仿古家具等。

舌尖上的**黄山**

美食向导 Delicacies Guide

黄山的饮食属于徽州菜系，在烹调方法上擅长烧、炖、蒸、熘，讲究作料，重火功，提倡原汁原味，重油重色，尤以烹制山珍野味著称。如黄山炖鸽、清蒸石鸡、臭鳜鱼、虎皮毛豆腐、火腿炖甲鱼等，都是正宗的徽州菜。在黄山市汤口镇的沿溪街、屯溪老街及黄山山上，都可以品尝到当地的特色美食。

推荐特色美食

⚑ 黄山小吃

屯溪蟹壳黄烧饼、石头馃、艾叶馃、艾叶饺、徽州馄饨、毛豆腐、徽州蝴蝶面、小笼包、五城茶干、黟县腊八豆腐、甜酒酿、休宁虾米豆腐干、豆腐老鼠等。

⚑ 黄山名点

徽墨酥、渔亭糕、苞芦松、顶市酥、冻米糖、麻酥糖、重阳糕、绿豆糕、秤管糖、伏岭玫瑰酥、芙蓉糕、益寿糕等。

⚑ 臭鳜鱼

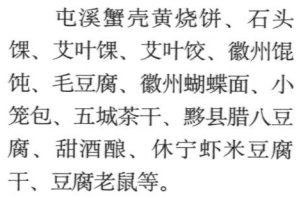

是古徽州的一道传统名菜。它统称"桶鲜鱼"，又俗称"腌鲜鱼"。所谓"腌鲜"，在土话中就是"臭"的意思。这道"风味鳜鱼"，闻起来臭，吃起来香，别有特色，是到黄山必尝的美食。

⚑ 虎皮毛豆腐

是古徽州的传统名菜。毛豆腐就是将豆腐进行人工发酵，让其表面生长出一层白色茸毛（白色菌丝），故称毛豆腐。此菜的做法是将毛豆腐先入锅煎成黄色，再加作料烧烩而成。风味独特，值得一品。

⚑ 黄山河螺蛳

黄山市境内溪水清澈，没有污染，所产的螺蛳，肉质细嫩，且无泥腥气味。采用当地所产的螺蛳，配以油、盐、葱、姜、醋，入锅烹炒而成，滋味特别鲜美。

⚑ 鱼咬羊

是古徽州的一道传统名菜，将羊肉装入鱼肚子后烹制而成的菜肴。相传，清代，徽州有一位渔民带着几只羊乘船过江，不小心，有两只羊掉进了江里，水里的鱼儿蜂拥而至，纷纷争食羊肉，由于吃的过多，一个个晕头转向，不再活蹦乱跳。渔夫见状，撒网捞了很多鱼，回家后，将鱼洗净，连同鱼腹内的羊肉一起烧煮。结果，烧出来的鱼菜，肉烂鱼酥，不腥不膻，汤味鲜美，风味独特。从此，人们就将这样烧成的菜取名为"鱼咬羊"。

⚑ 清蒸石鸡

以山涧石鸡为主料，配以徽州山区的特产香菇，用盖碗清蒸而成。原汁原味，香郁诱人。

⚑ 问政山笋

选用黄山市歙县问政山出产的竹笋，将其煮熟后，浇以麻油等作料制成菜肴。此菜笋色玉白，清香脆嫩，堪称纯天然绿色食品。

⚑ 凤炖牡丹

以整鸡代凤，将猪肚切成牡丹花，火腿片作花蕊，用木炭火细炖而成。是体现徽州山乡特色的一道大菜。

⚑ 红烧果子狸

以栖息山中的果子狸为主料烹制而成。狸肉细烂浓香，口味鲜甜，是冬季时令菜中的珍品。

其他名吃

火腿炖甲鱼、黄山炖鸽、香菇盒、双爆串飞、香菇板栗、杨梅丸子、双脆锅巴、徽州圆子、蛏干烧肉、青螺炖鸭、方腊鱼、当归獐肉、清蒸鹰龟、屯溪醉蟹、清炒蕨菜等

旅游攻略 Travel Guide

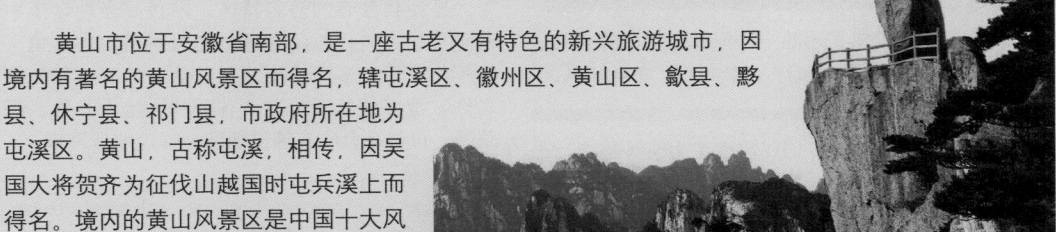

　　黄山市位于安徽省南部，是一座古老又有特色的新兴旅游城市，因境内有著名的黄山风景区而得名，辖屯溪区、徽州区、黄山区、歙县、黟县、休宁县、祁门县，市政府所在地为屯溪区。黄山，古称屯溪，相传，因吴国大将贺齐为征伐山越国时屯兵溪上而得名。境内的黄山风景区是中国十大风景名胜之一，历来享有"五岳归来不看山，黄山归来不看岳"的美誉。以黄山风景区为中心，周围遍布着屯溪老街、徽州古城、西递、宏村、呈坎古村、九龙瀑、翡翠谷、南屏古民居、棠樾牌坊群、太平湖及道教名山——齐云山等名胜古迹。

热门景点　黄山国家级风景名胜区、屯溪老街、呈坎古村、齐云山、猴谷、太平湖、歙县古城、棠樾牌坊群、新安江"山水画廊"、黟县古城、西递古村落、宏村古村落、卢村木雕楼、关麓等

旅游线路推荐

1 黄山市中心→屯溪老街→花山谜窟→新安江"山水画廊"　2 黄山市中心→黄山国家级风景名胜区→太平湖景区　3 黄山市中心→徽州古城→棠樾牌坊群→歙县古城→绩溪县城→湖村→障山大峡谷→清凉峰　4 黄山市中心→休宁县城→齐云山→西递古村落→黟县古城→宏村→卢村　5 黄山市中心→祁门县城——牯牛降国家地质公园

黄山特产　黄山茶叶（黄山毛峰、太平猴魁、顶谷大方茶、黄山银钩茶、祁门红茶、屯溪绿茶），以及徽州贡菊、笋干、香菇、石耳、蕨菜、徽州雪梨、三潭枇杷、歙县金橘、黟县香榧、徽墨、万安罗盘、徽州刺绣、歙砚、徽州甲酒、徽州木雕、黄山野菜、琥珀蜜枣、徽州竹编、玉竹家具等

舌尖上的**宣城**

美食向导 Delicacies Guide

　　宣城市所辖的绩溪县是古徽州菜的正宗发源地之一。在这里，不仅能吃到非常美味的传统徽菜，还能了解当地源远流长的饮食文化。

推荐特色美食

 **胡适一品锅**

　　又称绩溪一品锅、团圆锅，属于徽菜风味，起源于宣城市绩溪县上庄。当年，徽商一年四季都在外经商，只有适逢过年才回家一趟。

于是，家人制作了由很多原料一层层围起来的一锅菜肴，以此庆祝家庭团圆。绩溪是胡适的老家，民国时期，胡适先生出任美国大使期间，常用家乡的"一品锅"，招待外国

友人及使馆工作人员。后来，人们为了纪念他，将"一品锅"，改称"胡适一品锅"。

绩溪菜糕

是宣城地区非常普遍的一种传统小吃。糕中拌有各种蔬菜，风味独特。食时，松软可口，香味扑鼻。

玫瑰酥

产于绩溪县伏岭村。因以玫瑰花为辅料制成，并具有玫瑰花香而得名，是当地久负盛名的传统糕点。

泾县琴鱼干

是泾县独有的著名特产。琴鱼是当地琴溪中一种罕见的小鱼，长不过寸，味极鲜美。这种鱼干一般不作食用，多用来泡水代茶饮，故有"琴鱼茶"之称。泡好的鱼干茶，清香醇和，沁人心脾。喝完茶汤，再将琴鱼吃在嘴里细细品味，别具风味。

其他名吃

章渡酱菜、劳模肉、徽式炒面、徽州饼、郎溪佛山酥、泾县花菇田鸡、旌德八公山豆腐排、绩溪芙蓉糕等

旅游攻略 Travel Guide

宣城位于安徽省东南部，西邻九华山，南依黄山，北通长江，自古就是皖东南的政治、经济、文化中心，尤以"文房四宝"独占其三的宣纸、宣笔、徽墨，令世人称绝。境内旅游资源丰富，有"江南诗山"之称的敬亭山，"天下四绝"之一的太极洞，江南四大名楼之一的谢朓楼，云岭新四军军部旧址，泾县查济明清古民居群，还有绩溪众多的人文与自然景观等。

热门景点 太极洞、查济古民居、绩溪古城、龙川、湖村、障山峡谷、江村等

旅游线路推荐

1 市中心→敬亭山→太极洞→龙泉洞→中国宣纸博物馆　　**2** 市中心→泾县桃花潭→查济→江村→赤滩古镇　　**3** 市中心→绩溪古城→龙川景区→湖村→障山峡谷→徽杭古道　　**4** 市中心→绩溪古城→上庄村→胡适故居→冯村→坎头村→小九华山

宣城特产

宁国黄花云尖茶、绩溪燕笋干、汀溪兰香茶、绩溪绿茶、金山时雨名茶、鸦山瑞草魁茶、龙潭翠毫茶、宁国笋干、紫砂陶器、泾县木梳、宣笔、宣纸、绩溪老胡开文徽墨、敬亭绿雪茶、宣城雪梨、旌德县天山真香茶、郎溪县古南丰黄酒等

舌尖上的六安

美食向导 Delicacies Guide

六安地处大别山区、江淮之间，其饮食风味也具有明显的山区特色，尤以流行于大别山的东石笋农家宴"大十海碗"最为出名。又因邻近号称"中国豆腐的发祥地"——淮南八公山，这里的豆腐菜很有特色，品种也非常多，不可不尝。

推荐 特色美食

六安酱鸭

六安素有"麻鸭之乡"的盛名。酱鸭是六安的传统美食之一，其特点是鸭皮入口即化、甜香松脆、鸭肉飘香。

在20～30度，口感醇香，但很有后劲，不宜过量饮用。

蒿子粑粑

是霍山县独有的一种野味小吃。主要用野生蒿子、米面、腊肉、香蒜等制成。口感香脆，味鲜色美。

铜锣寨小河鱼

铜锣寨山高岭大，小河溪流众多，盛产无污染的小河鱼。将捕获的小河鱼，去内脏洗净，曝晒数日，制成小干鱼，与青椒爆炒成菜，鲜美爽口，为当地的一道特色菜肴。

天堂寨小吊米酒

天堂寨的农户多会自己酿造小吊酒。他们将新收获的大米或稻谷加水蒸熟后，拌入酒曲发酵五天左右，闻到酒香后，加热蒸馏，即可出酒。这种酒一般

其他名吃

舒城万佛湖鱼头、六安凉皮、舒城瓦罐汤、皖西汤鹅、六安面鱼、土掉渣烧饼、炸臭干子、铜锣寨干子烧肉、干馇肉、天堂寨泡菜、青椒爆炒毛鱼等

旅游攻略 Travel Guide

六安位于安徽省西部、大别山北麓，俗称皖西，是大别山区域的中心城市，也是安徽省六大旅游区之一。古称皋城，据史书记载，古代这里是偃姓皋陶族的活动和聚居地，皋陶因辅佐舜、禹而劳卒，被孔子列为上古"四圣"之一，皋陶之后裔被禹封地于此，后形成六个方国；汉武帝元狩二年（公元前121年），淮南王刘安、衡山王刘赐谋反未遂，二王自杀，汉武帝将衡山王的封地衡山国改名为六安国，取"六地平安，永不反叛"之意，六安之名由此开始。境内名胜古迹众多，现已形成了以大别山主峰区、天堂寨、铜锣寨为代表的西南线山水观光游，以万佛湖、万佛山、七门堰为代表的东南线休闲娱乐游，以中华皋陶文化园、皖西大裂谷、红山寨、洞天湖、九公寨为代表的六安近郊游等旅游线路。

热门景点 天堂寨国家森林公园、大华山、白马尖山风景区等

旅游线路推荐

1 市中心→望江寺塔→昭庆寺→观音寺塔→皋陶墓→大华山　　2 市中心→天堂寨国家森林公园
3 市中心→皖西大裂谷→白马尖山风景区→龙井河大峡谷

六安特产

六安瓜片茶、霍邱临水酒、霍山迎驾贡酒、瓦埠湖银鱼、板栗粉丝、霍山黄芽茶、舒城贡席、铜山龙芽茶、皖西绿茶、大别山木耳、一品斋毛笔、叶集羊肉、金寨翠眉茶、舒城兰花茶、六安华山银毫茶、金寨将军茶、齐山云雾茶、舒城山茶油等

舌尖上的**安庆**

● 美食向导 Delicacies Guide

安庆地处长江北岸，其饮食属于徽菜系中的沿江风味，擅长烹制河鲜、家禽，代表名菜有剑毫鳝鱼、石塘甲鱼、油淋鲴鱼、老鸡汤泡沙米等。来到安庆，还有一些当地特色小吃是不可不尝的，如韦家巷汤圆、蒋大顺粉蒸肉、桐城菜心粑、江毛水饺、肖家桥油酥饼、迎江寺素锅贴等。

推荐
特色美食

⊠ 安庆十大名菜

老鸡汤泡沙米、剑毫鳝鱼、石塘甲鱼、油淋鲴鱼、米粉肉蒸蓬蒿、山粉圆烧肉、藜蒿炒腊肉、雪湖贡藕、蒿儿菜烧豆腐、酱汁肉。

⊠ 江毛水饺

由当地人江庆福于清朝光绪年间创制，是安庆有名的风味小吃。这种水饺具有皮薄、肉嫩、汤鲜的特点，风味独特，因创始人江庆福的绰号"江毛"，故称江毛水饺。

⊠ 墨子酥

始制于清朝光绪年间，是安庆的传统名点。因其成品色泽乌黑，形如古墨而得名。尤以安庆的糕点名坊"麦陇香"和百年老店"柏兆记"生产的墨子酥最

为著名。

⊠ 迎江寺素菜

安庆的迎江寺，自清末就开始供应素菜茶点，至今已有100多年的历史。比较出名的素食有素锅贴饺子，还有用豆制品制成的素鸡和素排骨等。

⊠ 胡玉美蚕豆辣酱

是安庆的著名特产，由当地人胡玉美于清朝光绪年间采用川中辣酱风味创制而成。因其味香细腻、微辣而甜、风味独特而名扬四海，曾远销国内外。

⊠ 桐城菜心粑

是桐城的一种风味独特的传统早点，明清时期就已名声远传。其制作方法极为讲究，用七成籼米、三成糯米，在温水中浸泡半日，捞起沥干后，舂成粉作皮；选嫩绿白菜心，煮成泥状，再掺以猪油、白糖作为粑馅。蒸熟后的菜心粑，柔而不黏，甜而不腻，真是好吃。

其他名吃

蒋大顺粉蒸肉、韦家巷汤圆、肖家桥油酥饼、桐城丰糕、蒿子粑、怀宁龙凤贡面、怀宁顶雪贡糕、花亭湖茶干、天柱香鸭、"老街牌"豆腐干、松兹板鸭、安庆糟醉鱼、怀宁步步糕、腌鲜鳜鱼（俗名臭鳜鱼）等

● 旅游攻略 Travel Guide

安庆位于安徽省南部，地处大别山南麓，是长江沿岸十大著名港口城市之一，2000年被评为"中国旅游城市"。安庆俗称宜城，又称皖城，始建于南宋年间，现在是皖西的中心城市。这里是佛教禅宗的发祥地，中华禅宗鼻祖——二祖慧可曾在司空山归隐修炼，三祖僧璨也在天柱山传道说法。这里是京剧的发源地，清朝乾隆年间，以程长庚为首的"四大徽班"北上进京，经过与昆曲、秦腔等剧种的融合，形成了我国的国粹艺术——京剧，程长庚因此被尊称为"京剧鼻祖"。此外，安庆还是黄梅戏的故乡。

 热门景点 天柱山、司空山、迎江寺、小孤山等

旅游线路推荐

1 市中心→迎江寺、振风塔→天柱山→白马潭漂流　　2 市中心→花亭湖国家级风景名胜区

3 市中心→大别山峡谷→鹞落坪国家级自然保护区→妙道山

4 市中心→大龙山→岳西司空山　　5 市中心→小孤山→白崖寨

安庆特产

潜山雪湖贡糕、岳西茯苓、潜山天柱晴雪茶、岳西翠兰茶、天柱山瓜蒌籽、剑毫茶、胡玉美蚕豆辣酱、桐城小花茶、潜山舒席、大别山花菇、桐城龙眠春翠茶、天柱山糯米封缸酒、五香茶干、野葛粉、潜山天柱山石耳、鲜笋、茶树菇、岳西薇菜、黄湖大闸蟹、宿松雪枣、无糖苦荞麦粉等

舌尖上的**亳州**

美食向导 Delicacies Guide

亳州是一座历史悠久的文化名城，素有"药都"、"酒乡"、"黄牛金三角"的美誉。这里的饮食以徽菜为主，擅长烧、炒、炖，重油，讲究火候。特色菜有烫皮驴、八仙活鱼、老队长扒鸡、义门羊肉汤、药膳等。亳州小吃也非常丰富，如牛肉馍、小跑肉、油炸馍、锅盔、麻花、涡阳干扣面等，风味独特，不容错过。

推荐 特色美食

🍴 牛肉馍

是亳州著名的小吃。选用上好的黄牛肉，佐以粉丝、葱、姜等辅材为馅烙制而成。此馍面皮酥软，馅香不腻，口味极美。

🍴 江集羊肉汤

是利辛县城北15千米外江集镇的名吃。此汤既鲜又香，而且没有羊肉的腥膻味，吃后回味悠长，余香不绝。此外，这里的牛肉汤、牛尾骨也非常味美，不可不尝。

🍴 老队长扒鸡

老队长，名叫张士田，家住亳州市谯城区龙山镇龙西村，曾担任生产队长几十年，后从事扒鸡生意，

🍴 小跑肉

是当地人非常喜爱的一道肉食凉菜。将野兔肉腌制后，用陈年老汤配以十几种名贵香料，慢慢卤制熟透，凉后即可食用。

故得此名。老队长扒鸡具有皮脆、肉软、味美的特点，在当地很有名气。

🍴 涡阳干扣面

是涡阳县的一种风味面食。因其风味独特，且经济实惠，深受人们的喜爱。当地素有："不吃干扣面，枉来老子故里"之说。

🍴 穿心红辣萝卜

产于亳州城南三里处的八角点将台一带。此萝卜内有一道红线纵穿中心，颜色鲜艳，如同血染，故名"穿心红"。其特点是酥脆如梨，甜中带辣，既是一道美味小菜，又是一味良药，具有滋阳、理气、清热等功效。当地民谚说："吃辣萝卜喝热茶，大夫饿得满街爬"。

🍴 撒汤

是利辛县的传统小吃，主要是以羊或鸡的骨头熬制而成的汤。相传，清朝乾隆皇帝巡访安徽一带，偶尔喝到此汤，称赞不已，便问大臣，这是啥汤啊？大臣也不知具体名字，灵机一动，转身对皇上说，多谢万岁赐名"撒汤"。从此，"撒汤"在利辛一带流传下来。

其他名吃

华佗焖鸡、曹氏鱼头、亳州锅盔、蒙城油酥烧饼、利辛贡馍、涡阳狗肉汤、义门羊肉汤、蒙城板鸭、铜关粉皮等

旅游攻略 Travel Guide

　　亳州位于安徽省西北部，地处华北平原南端，历来为军事战略要地，是一座具有3000多年历史的文化古城，是闻名遐迩的"中华药都"。商汤王曾在此建都，三国时为曹魏的陪都，元末小明王韩林儿称帝于此，因而享有"三朝古都"之称。亳州还是老子、曹操、华佗、巾帼英雄花木兰等历史名人的故里，境内名胜古迹众多，有汤王墓、曹氏墓群、花戏楼、曹操运兵道等。亳州是安徽省三大旅游中心城市之一，素有"南黄山，北亳州"之誉。

热门景点 道德中宫、曹操运兵道、亳州老街、花戏楼等

旅游线路推荐

1 市中心→花戏楼→南京巷钱庄→亳州老街→曹操运兵道→华祖庵→中国药材交易中心→曹氏宗族墓群→三国览胜宫　2 市中心→涡阳老子天静宫　3 市中心→蒙城万佛塔→庄子祠→尉迟寺遗址

亳州特产　古井贡酒、亳州药材、亳州牛肉、苏赵梨、周瓦粉丝、豪门贡菊冰茶、铜关粉皮、三官核桃、涡阳义门苔干、观堂大蒜、蒙城火腿腐乳、高炉大曲酒、三义镇九龙贡面、蒙城曹街子萝卜、涡河银鱼、白虾、蒙城王冠雪茄烟、涡阳黄牛、利辛银杏、蒙城狼山黑陶工艺品、阿胶养血膏、老高炉酒、老糟坊酒、双轮池酒、双轮王酒、板桥酒、店小二纯粮酒等

舌尖上的**淮南**

美食向导 Delicacies Guide

　　淮南地处淮河中游，历来就以盛产"一黑一白"而著称，"黑"指的是煤炭，"白"就是指那鲜嫩绵滑的八公山豆腐。淮南是中华美食豆腐的起源地，这里每年都要举办中国豆腐文化节，节日期间，不仅可以品尝到丰盛的豆腐宴，还可以真切地感受到豆腐文化的独特魅力。

推荐 特色美食

 **八公山豆腐宴**

　　淮南豆腐是以八公山清冽甘甜的古泉水泡制淮河流域产的优质大豆加工而成，具有独特的豆香味道，素有"八公山豆腐甲天下"的美誉。相传，西汉淮南王刘安等八人为求长生不老之药，在八公山炼丹过程中，偶将石膏点入丹母液（即豆浆）之中，经过化学变化，形成了鲜嫩绵滑的豆腐。之后，豆腐制法流入民间，传播海外。

由此，八公山成为豆腐的起源地。淮南的八公山豆腐宴，有400多道菜肴，独具文化魅力，名扬海内外。

 **淮王鱼**

　　产于淮南市凤台县境内的峡山口、绵羊石、黑龙潭一带，是生长在淮河中的一种极为珍稀的鱼。这种鱼光滑无鳞，全身鲜黄，肉质细嫩，味道鲜美无比。

寿县"大救驾"糕点

　　是淮南市寿县的传统名点。相传，公元956年，后周大将赵匡胤奉诏攻打寿州（今寿县），克城后就病倒了，茶饭不进。当地的一位巧手厨师用上好的白面、白糖、猪油、香油、橘饼、核桃仁等食料，精心为他做了一道点心。赵匡胤一见，食欲大增，一连吃了几天，病体大愈。后来，赵匡胤做了皇帝，便赐名这种糕点为"大救驾"。

洛河豆饼

又称洛涧豆片、金钱饼、小豆饼，以洛河、上窑一带为主要产地。将绿豆粉、面粉加水，搅成粉浆，放入平锅中摊成铜钱状的饼片，可炸、可炒、可烩。一般有软炒豆饼、香炸豆饼、怪味豆饼等，是深受当地人喜欢的风味小吃。

淮南牛肉汤

起源于清乾隆年间，由淮南人翰林大学士张政告老还乡后，按清宫秘方创制。以其特有的风味，名传淮河两岸，令人百吃不厌，是苏、豫、皖一带家喻户晓的名小吃。

淮南小吃

淮南的代表小吃有羊肉汤、上窑徽子（又称油面条）、夏集面圆、芦集绿豆圆（又称糊虾圆）、洛河豆饼（又称洛涧豆片）、焦岗湖红心鸭蛋、夏集金丝徽子、糊辣汤、淮南麻圆、鸭油烧饼、大救驾（八公山周边的糕点）等。

其他名吃

八公山雪月银球、糙糕、刘香豆干、火烧冬笋、蒸香菇盒、老鸭汤等

旅游攻略 Travel Guide

淮南位于安徽省中北部，地处淮河岸边，历来为兵家必争之地，素有"中州咽喉，江南屏障"之称。淮南，历史悠久，文化底蕴深厚，春秋战国时期，诸侯互相征伐，楚国考烈王于公元前241年迁都寿春（今寿县），称郢；公元前203年，汉高祖刘邦封英布为淮南王，首置淮南国，定都六安；淮南王刘安信奉道教，在八公山著书立说，采药炼丹，编纂了千古名篇——被称为古代百科全书的《淮南子》，创制了华夏美食——豆腐。境内有著名的文化名山——八公山，素以道教传说和被考古学家称道的"五古"（即古战场、古墓群、古寿州窑、茅仙古洞、古生物化石群）而名扬天下。

热门景点 寿县古城、舜耕山、八公山国家森林公园、茅仙洞等

旅游线路推荐

1 市中心→上窑镇→舜耕山
2 市中心→凤台县城→茅仙洞（一日游）
3 市中心→寿县古城→八公山国家森林公园

淮南特产 淮南腐乳、元宝茶、八公山紫金砚、板桥草席、顾桥双喜陈醋等

舌尖上的**芜湖**

美食向导 Delicacies Guide

芜湖靠近长江，自古就有"鱼米之乡"的美誉。本地饮食体现的是沿江菜的特色，以烹调河鲜、家禽见长，如剁椒鱼头、鳙鱼炖豆腐、马兴义板鸭、桂花盐水鸭等都是当地的招牌佳肴，还有极负盛名的芜湖三鲜（刀鱼、鲥鱼、大毛蟹），只要一提到名字，就会让人食欲大开。

推荐 特色美食

▣ 送灶粑粑

　　过去，每年腊月二十三，无为县刘家渡一带的民间，以制作米粑粑作为送"灶神"的祭品。送灶粑粑有萝卜肉馅、咸菜肉馅、白糖馅、桂花糖馅、芝麻糖馅等品种。

▣ 蟹黄汤包

　　是芜湖著名的传统小吃，具有面细洁白、皮薄馅大、汤多肉嫩、油黄味鲜的风味特色。

▣ 酒酿水子

　　是芜湖出名的特产。水子去除了酒味的冲气，保留了酒的醇香味道，喝一口，甘甜爽滑，沁人心脾。

▣ 无为板鸭

　　又名无为熏鸭。选用巢湖出产的麻鸭为原料，先熏后卤而制成。肉质鲜嫩，醇香味美，是无为县的传统清真名食。

其他名吃

　　长江四鲜（鲥鱼、刀鱼、河豚、螃蟹），以及南陵弋江三老太羊肉、芥菜圆子、煮干丝、无为"离心牌"卤牛肉、炸臭干子、老鸭汤泡锅巴、腰子饼、荠菜丸子、千张蒸咸肉、马兴义鸭脚包、耿福兴酥烧饼、耿福兴虾子面、赤豆糊、五香螺蛳、桂花酒酿元宵等

推荐 特色食处

✪ 凤凰美食街

　　由一条废弃的铁路改造而成，芜湖本地的一些传统餐饮老字号也纷纷在美食街上开起了分店，有耿福兴、四季春、马兴义、同庆楼等。在这里，不仅可以品尝到正宗的芜湖本帮菜，还能吃到芜湖的各种风味小吃，如虾子面、烧饼夹肉、小笼汤包、牛肉锅贴等，绝对是一个享受夜生活的好去处。

旅游攻略 Travel Guide

　　芜湖位于安徽省东南部、青弋江与长江汇合处，是中国优秀旅游城市，素有"江城"之称。芜湖，古称鸠兹，春秋时建邑；公元前109年改名芜湖；唐、宋时期，这里是著名的铜矿冶炼中心；1876年，《中英烟台条约》将芜湖辟为四大通商口岸之一。芜湖，襟江带河，钟灵毓秀，是皖江明珠，千湖之城。境内著名的景点有马仁山国家森林公园、丫山花海石林，以及具有水乡生态自然特色的陶辛水韵景区等。

热门景点　马仁山国家森林公园、丫山花海石林、陶辛水韵景区等

旅游线路推荐

1 市中心→老海关钟楼→王稼祥纪念园→西河古镇→珩琅山→奎湖　　2 市中心→马仁山国家森林公园（一日游）　3 市中心→丫山花海石林（一日游）　4 市中心→陶辛水韵景区（一日游）

芜湖特产

　　芜湖大闸蟹、傻子瓜子、芜湖腐乳、芝麻香菜、笔山芽尖茶、皖中瓷器、无为蓝神珠宝、无为纱灯、无为淡水珍珠、南陵弋江贡篮，以及芜湖长江三鱼（鲥鱼、刀鱼、鲑鱼），芜湖三刀（剪刀、菜刀、剃刀），芜湖三画（铁画、堆漆画、通草画）等

舌尖上的
福建

福建菜，简称闽菜，是中国八大菜系之一。闽菜最早起源于福州，后来逐渐发展形成了福州、闽南、闽西、闽北四种流派，烹调技法以擅长红糟调味、制汤、使用糖醋为特色。福州菜，主要流行于闽东地区，是闽菜的代表，代表名菜有佛跳墙、炒西施舌、醉糟鸡、锅边糊、扁肉燕等。闽南菜，主要流行于闽南地区，以厦门菜为主体，代表菜有海鲜、药膳和南普陀素菜等。闽西菜，以龙岩客家菜为主体，具有多汤、清淡、滋补的特点，与广东菜系的客家风味较为接近。闽北菜，以南平菜为主体，其原料多以闽北山区特有的山珍野味为主，代表菜有武夷山药膳、蛇宴、涮兔肉、文公菜等。福建的饮食中，沙县小吃以其风味独特、制作精细、品种繁多和经济实惠著称，名扬全国。

武夷丹山碧水游

三山一水苴双塔之"榕城"

海滨侨乡游

客家人，土楼情

特别推荐

▶ **福建十大美食** 福州佛跳墙、海蛎饼、南平武夷山八卦宴、厦门同安封肉、福清光饼、泉州鱼仔粥、宁德锅边糊、福安泥冻、宁化老鼠干、龙岩客家捶圆

▶ **福建十大特产** 安溪铁观音茶、武夷岩茶、永春老醋、福鼎白茶、连城地瓜干、福州茉莉花茶、惠安木雕、龙岩沉缸酒、三明清流笋干、龙岩长汀豆腐干

▶ **福建十大景点** 福州海坛岛、厦门鼓浪屿、泉州清源山、崇武古城、龙岩永定客家土楼、龙岩冠豸山、宁德白水洋、三明大金湖国家地质公园、南平武夷山、莆田湄洲岛妈祖庙

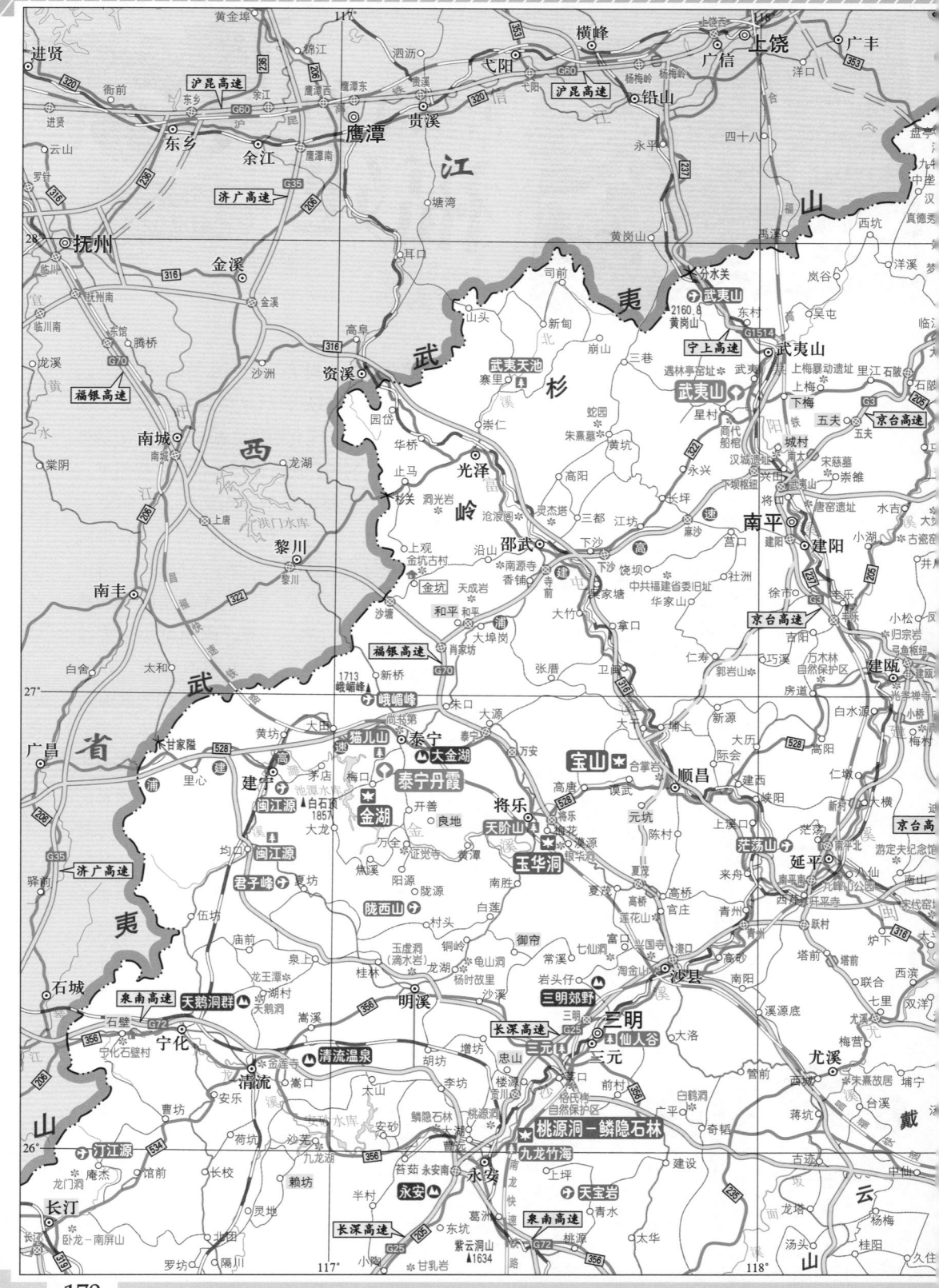

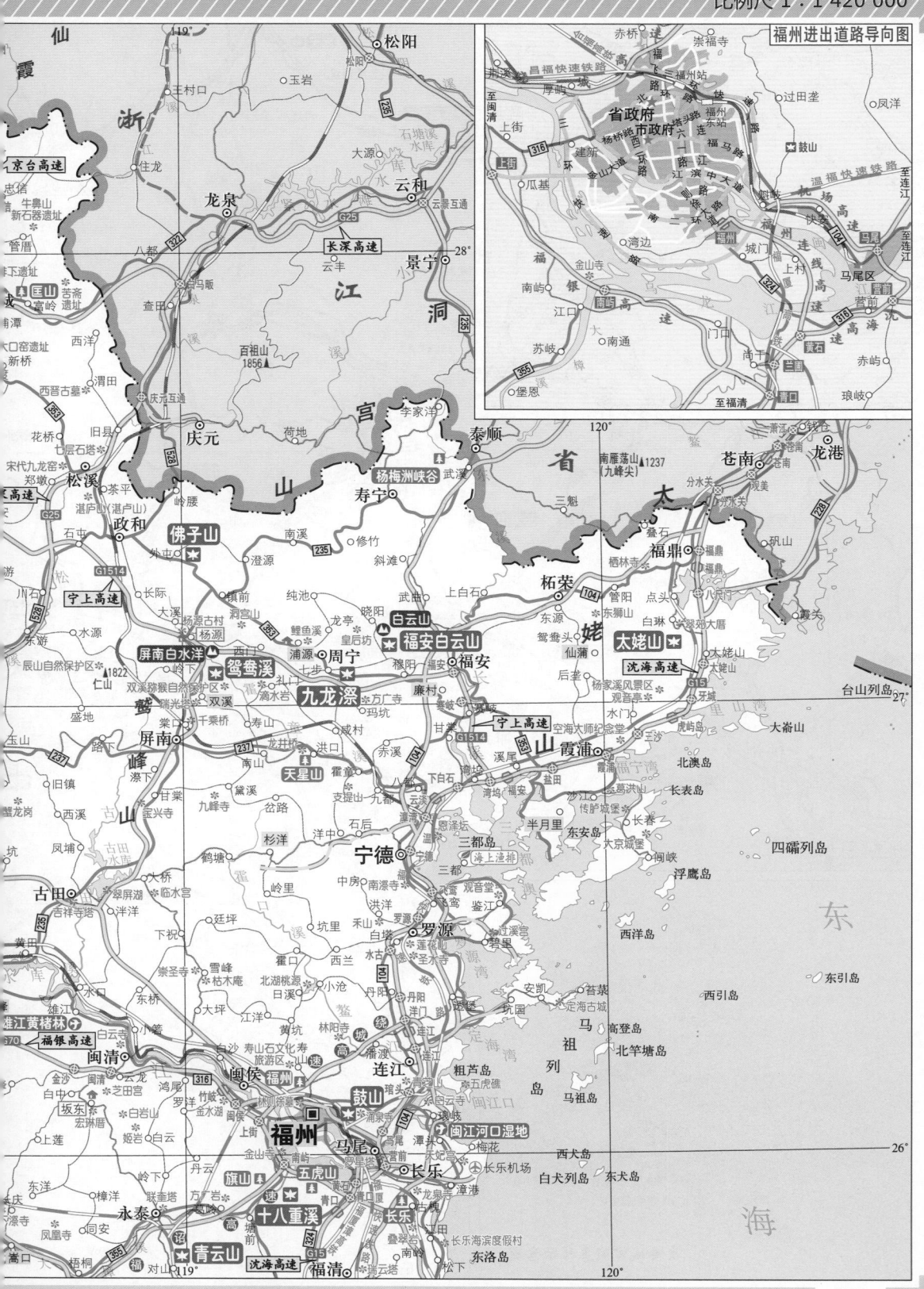

福州进出道路导向图

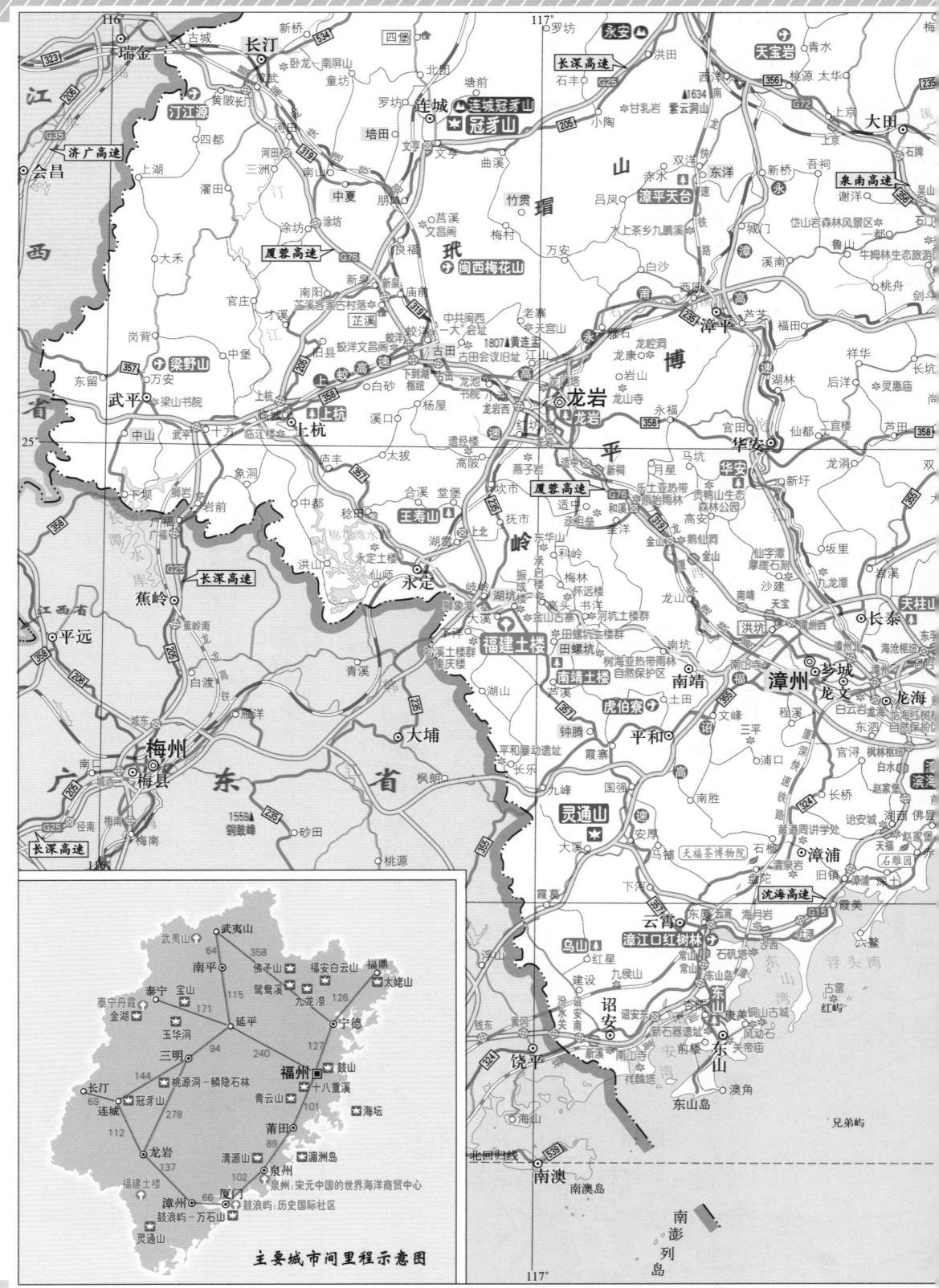

主要城市间里程示意图

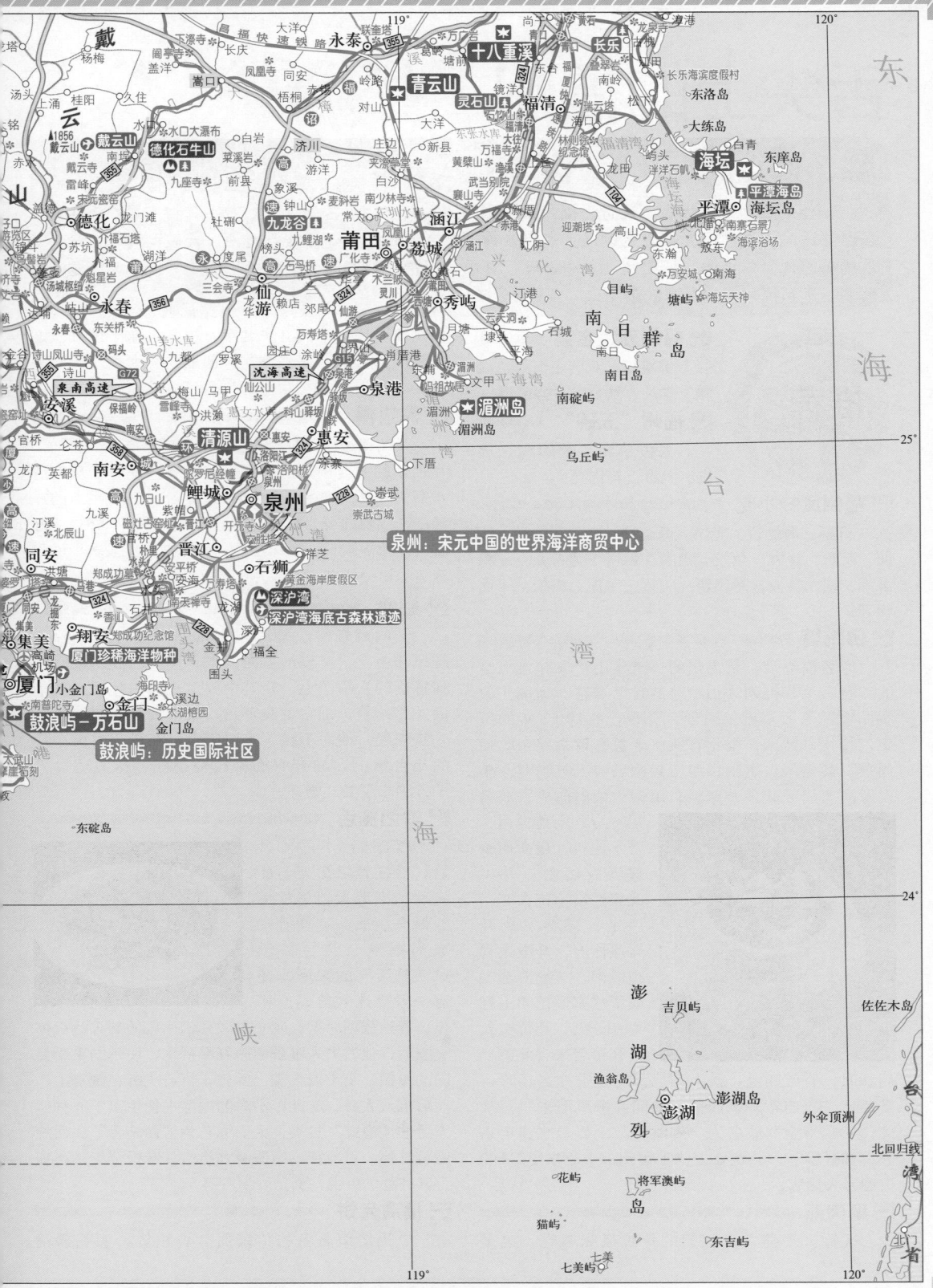

泉州：宋元中国的世界海洋商贸中心

深沪湾海底古森林遗迹

厦门珍稀海洋物种

鼓浪屿－万石山

鼓浪屿：历史国际社区

舌尖上的**福州**

● 美**食**向导 Delicacies Guide

福州菜是闽菜的代表，素有"福州菜香飘四海，食文化千古流传"之誉。其特点是以汤菜居多，味道偏于酸甜，尤其讲究调汤，多变多种多样，素有"百汤百味"之说。代表菜有佛跳墙、淡糟香螺片、荔枝肉、醉糟鸡、西施舌等。其中，以福州聚春园大酒店的招牌菜"佛跳墙"最为著名，是到福州一定要尝的菜品。

推荐 特色美食

▣ 福州风味小吃

虾酥、海蛎饼、光饼、鼎边糊、春卷、炒粉、线面、芋饺、鱼丸、鱼饺、鱼卷、葱饼、薯粉丸、豆粉滚米、福州拌面、葱肉饼、碗糕、芋泥、肉松、千面糕等。

▣ 佛跳墙

原名福寿全，是福州的一道集山珍海味之大全的传统名菜，被列为福建菜的首席名菜。为福州聚春园饭馆老板郑春发研创，至今已有100多年的历史。相传，清末，福州官钱庄老板宴请福建布政使周莲，其妻亲自主厨，用绍兴酒坛装入鸡、鸭、羊肉及海产品等20多种原料，用慢火煨制而成，取名

福寿全。周莲尝后，赞不绝口，遂命衙厨郑春发仿制，并以此菜经常招待宾客。后来，郑春发离开周莲衙府，开设聚春园饭馆，"福寿全"成了这家饭馆的主打菜。一天，几位文人墨客慕名来尝此菜，启坛时，香气四溢，诱人不已。有位秀才当场吟诗赞美："坛启荤香飘四邻，佛闻弃禅跳墙来"。从此，"福寿全"改名为"佛跳墙"。要想吃到正宗的"佛跳墙"，一定要去位于福州市中心东街2号的聚春园大酒店。

▣ 扁肉燕

又称太平燕，是福州的传统风味名吃，也是

▣ 福州五大名菜

佛跳墙、鸡汤氽海蚌、淡糟香螺片、荔枝肉、醉糟鸡。

▣ 福州"五碗"

太极芋泥、锅边糊、肉丸、鱼丸、扁肉燕。

福州饮食风俗中的喜庆名菜。福州人逢年过节，婚丧喜庆，必吃"太平燕"，即取其"太平"、"平安"之意。

▣ 鼎边糊

又叫锅边糊，是福州著名的风味小吃。"鼎"，在福州的方言中就是"锅"的意思。是用大米加清水磨成浓浆，摊在锅边，半熟后，铲入正在熬煎的虾汤中，煮熟即可。吃时，可加海蛎、虾米、虾仁、青蒜、芹菜等配料，香味扑鼻，风味独特。很多华侨归国后的第一件事情就是去吃锅边糊。

▣ 蛎饼

又叫海蛎饼，是福州一带非常流行的一种传统风味小吃。将浸泡后的大米、黄豆磨成米浆，舀到特制的铁筛子上，在其中放上一只海牡蛎及瘦猪肉、芹菜等，把它盖满密封，放入油锅炸制即成。外焦内脆，油而不腻，爽口宜人。在福州大街小巷的小食摊上，均有海蛎饼这种小吃，味美适口，千万别忘了尝一尝。

▣ 炒西施舌

西施舌，又名沙蛤，是福建沿海著名的海珍。当地人很早就用沙蛤烹制成美味佳肴，成为福建名菜。关于"西施舌"的来历，还有一段凄迷的传说。相传，春秋战国时期，越王勾践凭借西施的美人计灭掉吴国后，他的夫人唯恐西施红颜祸水，使越国重蹈吴国的覆辙，暗中派人骗出西施，将石头绑在她身上，而后沉入大海。从此，沿海的泥滩中便生出了一种似人舌的"海蚌"贝类，人们称它为"西施舌"。西施舌可红烧、可凉拌，肉质鲜香脆嫩，味极鲜美，再加上其神秘的传说，真是妙不可言。

▣ 福清光饼

是福清市著名的传统面食。相传，明朝嘉靖

四十二年（1563年），民族英雄戚继光奉命率军入闽征剿倭寇，为使行军迅速，戚继光便命伙夫烤制出一种中间有孔的圆饼，用麻绳串起，挂在将士身上作为行军干粮，大大方便了作战歼敌。后来，这种圆饼传入民间，人们为感念

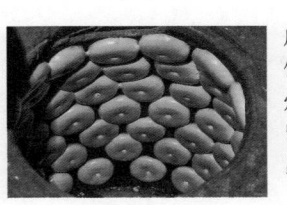

戚继光抗倭有功，便把这种饼称为"光饼"。福州人做光饼，现在多半改用电烘烤箱了，而福清人做光饼，至今还保留着用木炭烘炉的传统，这种大缸里烤出的光饼，十分香脆，味道最为正宗。

其他名吃

平潭八珍焖薯粉、蝴蝶赤肉汤、连江清炒鱼面、蟹羹、煸炒沙田螺、沙茶猪肝、福山烧小鸡、菊花鲈鱼、七星鱼丸、吉利虾、蛎仔煎、槟榔芋泥、鸡茸鱼唇、红糖醉香鸡、八宝书包鱼、闽清糟菜、荔枝肉、砂锅鱼头煲、永泰熏鸭、雪片糕、谢万丰咸香礼饼、闽清马头熏兔等

推荐 特色食处

✪ 榕城古街美食街

榕城古街北邻五一南路，南接台江步行街，全长300多米，是展示福州饮食文化和地方民俗特色的一条老街。在其东侧开辟的美食一条街，大多是古香古色的仿古建筑，其中，元洪美食城、元洪美食大酒楼最为出名，这里荟萃了

1000多种福建风味小吃及特色闽菜，绝对让你一饱口福，流连忘返。✉ 台江区瀛洲路

✪ 鼓东路和鼓西路小吃街

是福州最地道的小吃集中地。有传统的闽南肉粽，喷香的饺子，老福州的美味捞化等各式小吃。食铺小店分布在狭小街道的两边，食客云集，好不热闹。

旅游攻略 Travel Guide

福州，简称榕，别称榕城、三山、闽都等，位于福建省东部闽江下游，为福建省省会，因城区西北有福山而得名。福州是八闽古都，有2200多年的建城史。公元前202年，闽越王无诸就在此筑城建都，称为"冶城"；唐开元十三年（公元725年），在此设督都府，因西北有福山，始称福州；五代后梁开平二年（公元908年），闽王王审知扩建罗城，将风景秀丽的于山、乌山、屏山圈入城内，使福州形成了山在城中、城在山中的独特城市，"三山"也就成了福州的别名；北宋治平四年（1067年），郡守张伯玉倡导各家各户种植榕树，满城树荫蔽日，故又得"榕城"的美称；1276年，元军占领临安（今杭州），益王赵昰在福州即位，定为行都。福州，三面环山，一面向海，闽江穿城而过，温泉遍布，岛屿众多，自古为我国东南沿海重要的港口，独具滨江滨海和山水园林旅游城市风貌，拥有三坊七巷、马尾船政、林则徐纪念馆、三山两塔一条江、鼓山、闽剧、温泉、青山石、昙石山文化遗址、青云山十大文化名片。

热门景点 三坊七巷、乌山、于山、屏山、鼓山、马尾造船厂、海坛岛等

旅游线路推荐

1 市中心→三坊七巷→林则徐纪念馆→西湖→西禅寺→鼓山→涌泉寺
2 市中心→马尾造船厂→罗星塔→马尾昭忠祠→宏琳厝→黄楮林自然保护区
3 市中心→平潭（海坛岛）→龙王度假沙滩→东海仙境（仙人井）→三十六脚湖→南寨石景→将军山→石牌洋

福州特产

福州三宝（脱胎漆器、纸伞、角梳），福州三绝（寿山石雕、软木画、脱胎漆器），以及寿山石、福州橄榄、芙蓉李、荔枝、福橘、瓷器、贝雕、木雕、连江鹿池绿茶、元红酒、连江大曲酒、闽侯"虎峰牌"茉莉花茶、桐口粉干、南屿笋丝、长乐老酒、福州虾油、平潭贝雕、马蔺草编、鼓山半岩茶、长乐港海蚌、福州花茶、马祖酥、马祖米醋、平潭丁香鱼、淡菜干、长乐青山龙眼、闽清粉干、平潭水仙花、永泰芙蓉李干、福州干品鱼丝面、永泰茶油、茶树香菇、罗源河阳茶、七境堂茶、福建刺参、连江老酒等

舌尖上的**南平**

美**食**向**导** Delicacies Guide

南平的食材十分丰富，是个盛产美食的地方。丰富的山林资源，为南平盛产各种山珍提供了充足条件，香菇、红菇、竹笋、建莲、薏米及野兔、野山羊、蛇等野味，都是烹制美食的上等原料。南平的饮食尤以武夷山的风味美食为代表，其名菜有幔亭宴、蛇宴、茶宴、涮兔肉、熏鹅、鲤干等。其中，以南宋理学家朱熹亲自创制的八卦宴和文公菜最为有名。

推荐 特色美食

⊟ 八卦宴

是南宋理学家朱熹在武夷山讲学之余创制并用来待客的一种礼仪宴席。此宴按八卦方位安排菜肴，每个方位上的菜肴分别为素炒鳝鱼丝、香油凤腿、酒酿冬菇、宫保鸡丁、竹笋肉丝、熘鸡肝卷、白炒木耳、八宝吉祥。

⊟ 幔亭宴

是武夷山最具有传奇色彩的神仙宴。席上以文公迎宾、彭祖佳肴、四宝蛋菇、五彩鹿肉丝等民间菜为主菜；以南瓜脯、酸辣芽丝、茄子干、腌蕨苗、熏味田龙等武夷山村的土菜为辅菜；还有家酿多年的白米酒。品尝幔亭宴，那浓浓的酒香，诱人的佳肴，使宾客们仿佛在品尝仙宴一般。

⊟ 蛇宴

武夷山是"蛇的王国"，各种蛇宴花样繁多，美味无比。主要菜品有炒龙蛋、煮龙珠、龙虎斗、炒龙排、龙凤汤、蛟龙戏水等。

其中的龙凤汤，汤清见底，面无油珠，肉烂无腥，香味四溢，令人垂涎，被誉为武夷山菜系"一绝"。

⊟ 文公菜

是武夷山闻名的一道特色菜。相传，南宋理学宗师朱熹在武夷精舍讲学之余，亲手创制了什锦菜，用以宴请宾客。由于朱熹，谥号"文公"，所以，人们将此菜称为"文公菜"。

⊟ 九曲竹筏

是到武夷山旅游不可不尝的佳肴。"竹筏"是用香菇、精肉或鲜兔肉做成肉馅，再用笋片将其卷成长筒形，似一根毛竹，故名。蒸熟后，外脆里嫩，味道十分鲜美。

⊟ 胡麻饼

是武夷山最古老的传统小吃，俗称麻糍，又叫神仙饭。相传，此饭为仙人所赐，故名。以武夷山的特产糯米为主料，煮熟后打烂，加上糖和黑芝麻揉成团状即成。香甜可口，别有风味。

⊟ 武夷山药膳

在武夷山有种说法："山上白草皆为药"。武夷山人利用当地特产的山珍野味，创制了许多药膳，有八珍炖兔肉、栗加糖清炖、栗加肉清炖、猪肝煮枸杞、红菇炖番鸭、清炖童子鸡、鸽包参等，这些膳食既美味，又有保健祛病的功效。

其他名吃

龙凤汤、枣泥山药糕、建阳五香卷、南平冬笋炒肉、茄汁鸡肉、田鲤干、松溪火烧饼、草根炖猪脚、乌饭、香螺、建阳桂花糕、武夷山岚谷熏鹅、火烧豆荚、仙人糕、涮兔肉、苦槠糕、建瓯板鸭等

旅游攻略 Travel Guide

南平位于福建省北部，俗称闽北，是福建开发最早的地区之一。东汉时期，南平、建瓯、浦城就已建县，距今已有1800多年的历史。这里文化积淀浓厚，历史上人才辈出，曾出现过2000多位进士和17位宰相，特别是南宋理学宗师朱熹在闽北"琴书五十载"，故有"东周出孔丘，南宋有朱熹"之说。南平境内风景名胜众多，尤以武夷山国家级风景名胜区最为著名。到南平旅游，一般都以武夷山为中心。

热门景点 武夷山国家级风景名胜区、茫荡山、和平古镇、万木林自然保护区、洞宫山等

旅游线路推荐

1 市中心→武夷山市区→武夷山国家级风景名胜区→武夷山国家级自然保护区　2 市中心→建瓯市区→万木林自然保护区→延平区→茫荡山　3 市中心→邵武市区→和平古镇→天成岩风景区→金坑古村　4 市中心→松溪县湛卢山→政和县城→杨源古村

南平特产 武夷山四宝（东笋、南茶、西鱼、北米），以及邵武笋干、建瓯北苑御茶、光泽老君眉茶、邵武小瓜子、金坑香菇、建阳柠檬、武夷山金骏眉茶、建瓯东峰矮脚乌龙茶、顺昌红肉脐橙、浦城桂花茶、政和白毛猴茶、邵武碎铜茶、松溪绿茶、松溪九龙窑瓷器、湛卢宝剑、松溪民间版画、清水笋罐头、武夷玉兰片、顺昌状元红酒、政和功夫茶、光泽蛇酒、薪蛇干、建阳建窑黑釉瓷、建阳水仙茶、建瓯乌龙茶、福茅窑酒、建阳白茶、木纹杯、建阳茶薪菇、政和银针白毫茶、武夷岩茶、建瓯木碗、大红袍茶、桂花茶、武夷留香酒、五步蛇酒、武夷正山小种红茶等

舌尖上的**厦门**

美食向导 Delicacies Guide

厦门菜以闽南风味为主，兼有潮汕和台湾风味。而在厦门的饮食习俗中，风味小吃更成为一种偏好，一种民风，其品种之多，全国罕见。其中，花生汤、炒茶面、炒面线、烧肉粽、土笋冻、蚝仔煎、面线糊、炸五香、薄饼、油葱饼、韭菜盒等，为厦门最有代表的小吃，不可错过。

推荐
特色美食

厦门四大名小吃

在厦门众多的小吃中，尤以叶氏麻糕、原巷口鱼丸汤、黄胜记猪肉脯、汪记馅饼四大小吃最为著名。在鼓浪屿龙头路购物美食街上，可以品尝到厦门传统的四大名小吃。

厦门馅饼

是厦门的一种具有百年以上历史的传统食品。系选用优质面粉、猪油、上等绿豆粉制成。著名的品牌有庆兰斋馅饼、汪记馅饼、普陀寺素饼、日光岩馅饼等。

炸五香

是厦门大众化的传统名吃。将五花猪肉丁配以切成粒状的鳊鱼、青葱，加些红薯粉、味精、酱油、五香粉拌匀，用豆皮卷成棒状，放入油锅炸熟即成。吃时，蘸以各种调料，鲜美无比，亦是佐餐下酒的好菜。

土笋冻

是用海产的笋加工烹制的一种冻品，具有鲜嫩、清脆、晶莹剔透、凉喉爽口等特点，是到厦门必尝的风味小吃。

蚝仔煎

以鲜牡蛎为主料，辅以各种作料，入油锅煎炒而成。蚝肉鲜美，营养丰富，十分可口，为厦门最具风味的小吃之一。

沙茶面

是厦门的特色小吃。它不同于其他地方的面条，精髓在于汤，而且面韧爽滑，兼具南、北方的面条的特点。沙茶，即指汤头，以腌制好的虾头、虾酱、蒜头酱、五香粉、辣椒粉、咖喱粉等制成，甜辣鲜香，滋味浓厚。在厦门的街头巷尾，到处都可以看到卖沙茶面的招牌。

叶氏麻糕

为鼓浪屿的名小吃，至今已有100多年的历史。其特色是在小摊车上现做现卖，味道甜而不腻，口感极好。

同安封肉

是厦门市同安区的特色风味菜肴。将整块肉装盆，加盖入笼蒸熟，上桌才掀盖，所以叫做"封肉"。肉香浓郁，在当地颇有名气。

其他名吃

鼓浪屿鱼丸、烧肉粽、煎蟹、土龙汤、鳄鱼肉、同安大封蹄膀、炸枣、冬粉鸭、芋包、虾丸、北仔饼、煲仔五味薄饼、面线糊、海蛎煎、花生汤、木桶饭、南普陀素菜等

推荐
特色食处

✪ 中山路华辉美食街

是厦门非常有名的美食地带，汇集了20多家餐饮名店，以各式小吃为主，种类多，味道也正宗。中山路现已开辟为步行街，是到厦门旅游不可错过的地方。

✪ 鼓浪屿龙头路美食街

这条街最大的特色是小店遍布，集中了厦门四大名小吃，其中，叶氏麻糕没有固定店铺，每天在街边摆摊售卖。

✪ 人和路台湾美食

这条街汇聚了来自台北士林夜市、高雄六合观光夜市、基隆庙口小吃街等台湾各地的美食，有20多个摊位，大部分店家由台湾老板经营。台北的好大块鸡排、大肠包小肠，高雄的邱记炭烤、无骨鸡脚冻，基隆庙口的吴记鼎边糊等，让你不出厦门，就可尝遍台湾小吃。

旅游攻略 Travel Guide

厦门位于福建东南沿海地区九龙江口北岸，与金门岛隔海相望，是一座美丽的海滨城市。古时，因有白鹭常栖息于此，故又称鹭岛。明朝洪武年间，始筑厦门城，寓意"国家大厦之门"；明末清初，郑成功在此屯兵操练，设立南明政府，称"思明州"。厦门主要由厦门岛、鼓浪屿和九龙江北岸、及周围一些小岛组成，城在海上，海在城中，构成了厦门城市的滨海特色，素有"海上花园"的美称，她以风姿绰约的山、海、岛、城为一体的秀丽环境而驰名中外，再加上浓郁的闽南民族风情，使厦门具有无穷的魅力。这里气候宜人，风景迷人，一年四季游客如潮，为海外游客首选的中国十大旅游城市之一。

热门景点 鼓浪屿、环岛路、集美学村、胡里山炮台、金门岛等

旅游线路推荐

1 市中心→鼓浪屿→万国建筑博览→菽庄花园→琴园→皓月园→毓园→日光岩→厦门海底世界

2 市中心→中山路→环岛路→胡里山炮台→厦门大学→南普陀寺→五老峰→万石山植物园→集美学村→鳌园→归来堂→思明南路　　3 市中心→厦门海沧野生动物园→日月谷温泉度假村

4 市中心→同安影视城→大嶝岛→小嶝岛→角屿→金门岛

厦门特产 厦门四大海产（大黄鱼、小黄鱼、带鱼、乌贼），以及同安龙眼、鼓浪屿绿豆糕、马蹄酥（又名香饼）、漆线雕、珠绣、花生酥、厦门药酒、瓷塑、彩塑、文昌鱼等

舌尖上的**泉州**

美食向导 Delicacies Guide

泉州，早在唐代就已是我国四大商港之一，到宋元时期已成为"东方第一大港"。繁荣的商业往来，也促进了中外饮食文化在这里交汇，从而创制了品种繁多的风味小吃，如鸭仔粥、肉粽、卤面、蚵仔煎、花生仁汤、深沪鱼丸、清真牛肉锅贴、碗糕、芋果、绿豆饼等，数不胜数。泉州享有"游在苏杭二州，吃在泉漳二州"之美誉，名不虚传。

推荐特色美食

🐟 鱼仔粥

相传，唐代时期，当地的一个年轻人欧阳詹，曾在南安九日山下金鸡溪，边烧篝火借光夜读，并将采摘的山药野菜倒入陶罐中，煮食以度饥饿。有一天，竟然有一条红鲤鱼从溪中跳入陶罐中，不一会儿，鱼香四溢。欧阳詹非常惊喜，饱饱餐了一顿。后来，欧阳詹高中进士，做了官，而他当年无意中做成的鱼仔粥经后人改进，将熬好的鱼汤加入糯米及香菇、芹菜、姜丝、辣椒等，使得味道更加别致，成了富有特色的泉州风味小吃。

咸饭

是泉州的传统小吃。为米饭的一种煮法，有南瓜咸饭、萝卜咸饭、芥菜咸饭、五花肉丁咸饭等。吃惯了蛋炒饭，来一碗咸饭，真是别有风味。

面线糊

是闽南地区的传统小吃，由细面线、番薯粉制作而成。食用时，可加入卤大肠、小肠、虾仁、卤蛋、猪肝及胡椒粉、芹菜末、卤汁等，味道极美。

崇武鱼卷

是泉州十大名小吃之一。旧时，以出海捕鱼为生的渔民，时时都有生命危险，由此，在惠安海边的崇武一带，出现了一种富有祝愿美好、圆满意义的菜肴——鱼卷。当地人除了在婚喜宴席的头道菜要上鱼卷，逢年过节也必上这道菜。

土笋冻

是起源于泉州晋江沿海一带的特色小吃。相传，为郑成功在泉州练兵时所创制，经后人不断改进制作方法及作料，形成了现在广为人知的土笋冻。这种土笋是野生于海边滩涂上的一种蠕虫，俗称"黑土蚯"，含有胶质，营养丰富。除了可制成"土笋冻"外，还可以炒食、煮汤，具有补肾壮阳的功效。

特色主食

咸饭、萝卜饭、芥菜饭、花菜饭、卤肉饭、芋仔饭、壶仔饭、泉州炒饭、鱼仔粥、鸭仔粥、卤面、面线糊、湖头米粉、豆羹、浮果、粉团、豆粽、甜粽、肉粽、酸菜鸡丝面等。

特色汤类

贡丸、鱼丸、元宵丸、永春白鸭汤、黑豆龙骨汤、苦菜大肠汤、马鲛羹、墨鱼梗、香菇豆猪舌汤、灌肠仔汤、石狮牛肉羹、藕段排骨汤、萝卜排骨汤、玉米排骨汤、水豆腐汤、七彩干贝汤、肉燕汤、猪血汤等。

特色包子

水晶包、肉夹包、东方包、菜包、水煎包等。

特色素菜

安溪水瓮菜、嫩饼菜、窖菜、德化淮山、凉拌苦瓜、辣油笋菜、蒜泥茄子、香油拌海带等。

特色荤菜

洪濑鸡爪、崇武鱼卷、西街田螺、姜母鸭、鳗鱼干炖猪脚、焖猪肘、牛排（有别于西餐牛排）、水门巷炖羊肉、猪血小肠、东石蚝、浔埔蚝、清蒸金枪鱼、文蛤蒸蛋、酱香花蛤、蒸油蛤、炒泥蚶、蒸苦螺、炒竹蛏、炒大头螺、鲨鱼肉冻、芥菜炒虾皮、十香全鸭、香芋焖鸭等。

特色甜品

石花膏、仙草蜜、橘红糕、绿豆饼、粔丸、麻糍（麻吉）、榜舍龟、碗糕、花生甜汤、豆沙饼、石狮芋圆、芋饼、芋蓉（芋泥）、土笋冻、柿饼、菜头酸、糖醋莲藕片、贡糖、椰子饼、雪拉膏、四果汤等。

特色煎炸品

煎菜果（萝卜糕）、鸡卷、春卷、醋肉、鲨鱼炸、鳗鱼炸、蚝仔煎（海蛎煎）、糍粑、糯米糍、满煎糕、薄皮油条等。

其他名吃

芥末拌螺片、炒沙茶牛肉、葱烧蹄筋、紫菜扣元贝、家乡芋头煲、姜爆水鸭、海味紫菜煲、永春醋猪脚、牛肉羹、红烧黄花鱼、泉州猪血汤、西兰雪鱼羹、鱼卷汤等

推荐特色食处

✪ 丰泽街美食街

全长只有600多米的这条饮食街，汇聚了泉州各地的美食小吃，有泉州的肉粽、海蛎煎，南安洪濑的贻庆鸡爪，官桥的狗肉和豆腐干，晋江安海的土笋冻，永春的石鼓血鸭，德化的苦菜汤、崇武的鱼卷等，一应俱全。"番客西来，尽有奇珍惊海北；晋人南渡，曾携香味过江东。"这是泉州美食街南大门的一副对联，浓厚的文化韵味，给人们以典雅而清新的感觉，令人流连忘返。

✉ 泉州市中心丰泽街

✪ 阿婆肉粽店

是泉州最出名的肉粽小店。这里的肉粽有大小两种，小肉粽的馅料有卤蛋、香菇、虾仁、瘦肉和三层肉，大肉粽的馅料多加了莲子、鱿鱼干和海蛎干，馅香黏糯，味美爽口。

✉ 泉州东街钟楼旁

旅游攻略 Travel Guide

　　泉州位于福建省东南沿海、晋江下游北岸，与台湾隔海相望，是著名的侨乡和台湾汉族同胞的主要祖籍地。泉州历史悠久，宋、元时期，泉州港成为当时世界上最大的海港之一，与埃及的亚历山大港并驾齐驱，是"海上丝绸之路"的起点，海上交通和对外贸易曾盛极一时。闽越文化、中原文化和海洋通商文化长期在这里交融汇聚，形成了泉州多元文化和平共处的独特景观，从而赢得了"海滨邹鲁"、"世界宗教博物馆"等称誉。泉州古迹众多，素有"地下看西安，地上看泉州"之说。

热门景点　开元寺、状元街、清源山、仙公山、崇武古城、牛姆林生态旅游区、清水岩等

旅游线路推荐

1 市中心→状元街→开元寺→清净寺→关帝庙→天后宫→清源山蔡氏古民居　3 市中心→崇武古城→惠安女风情园→解放军庙　2 市中心→九日山→仙公山→　4 市中心→永春县城→牛姆林生态旅游区

泉州特产　石狮古浮村紫菜、红膏蟹、安溪柿饼、安溪梅占茶、本山茶、雪山芥菜干、永春香饼、官桥豆干、蓝田香菇、山珍豆签、德化陶瓷、泉州木偶、牛姆林蜂蜜、百草蝉砖茶、德化建白瓷、永春佛手茶、南安石亭绿茶、眉山乌龙茶、清源茶坊、泉州通草画、净峰熊胆清酒、惠安木雕、漆篮、安溪铁观音茶、水仙茶、菠菱菜（菠菜）、番薯（地瓜）、余甘、芒果、荔枝、龙眼、槟榔、安溪蜜橘、永春金橘糖、永春芦柑、永春白粬、布包豆干、九重粿、鱿鱼干、蛏干、小干贝、卤猪舌、海蜇皮、桂花蟹、永春老醋、甜酒、红米酒、惠泉啤酒，以及金门三宝（高粱酒、贡糖、菜刀）等

舌尖上的**漳州**

美食向导 Delicacies Guide

　　漳州历来就有不少小吃与名肴，如豆干面粉、面煎果、漳州卤面、石码蚵仔煎、炒茶粉、炒茶酱、卤猪头肉、卤鸡、卤鸭等，这些美食不仅味美，而且极具地方特色。因此，漳州享有"游在苏杭二州，吃在泉漳二州"的说法，名副其实。

推荐特色美食

 **漳州小吃**

　　榜山豆皮、豆枝、四果汤、石码肉粽、长泰砂仁、香菇肉粥、砂锅粥、麦熟、猫仔粥、当归鸭面线、碱肉粽等。

普遍。用薄薄的熟面饼把春笋丝、胡萝卜丝、猪肉、虾仁等制成的馅，包卷成枕头状。然后，蘸各种酱料食用，醇香甜润，别具风味。

 **润饼**

　　漳州人有吃润饼的习惯，尤其清明节前后，更为

 **炒粿条**

　　粿条是用大米磨浆蒸制的薄片，是流行于闽南一

带的风味小吃。可炒，可煮，可捞，可拌，但以炒果条味道最香。

漳州卤面

漳州有吃卤面的习俗，据说，已有1300多年的历史。吃卤面时，一般搭配的食料有卤大肠、卤肺片、卤肉、炸肉、笋片、鸭血、五香粉等，是到漳州不可错过的风味美食之一。

豆干面粉

俗称手抓面，又称五香面粉，是漳州的传统小吃。吃时，在黄油面粉上放上炸豆腐干，加些芥辣酱、酸辣酱、蒜茸等调料，然后把黄油面粉卷起来，用手抓着吃。清香可口，油而不腻，味道确实不错。

猫仔粥

是诏安县独有的一种小吃。它以米饭、海鲜、家禽肉等为原料烹制而成。粥清见底，风味独特，不可不尝。

马蹄酥

雅称香饼，是漳州、泉州、厦门一带著名的糕点。相传，马蹄酥原为唐代的宫廷食品，后传入民间，成为当地特产，流传至今。

鸡子胎

鸡子胎是经过孵化、但又未能孵化成小鸡的鸡蛋。每年秋凉以后，漳州周边一带的群众，多有食用鸡子胎滋补身体的习惯。

其他名吃

沙茶面、干拌面、豆花、锅边糊、漳州萝卜糕、蚵仔煎、四果汤、双糕润、土笋冻等

旅游攻略 Travel Guide

漳州位于福建省南部、九龙江下游，海岸线长680千米，自古为九龙江流域物资集散中心，是国家历史文化名城，著名的华侨和台胞主要祖籍地，素有"海滨邹鲁"的美誉。漳州自南朝梁国置龙溪县；唐垂拱二年(公元686年)始建漳州府，因州治所临漳江而得名。这里四季如春，盛产柑橘、荔枝等水果，素有"花果之乡"的美称。漳州的最佳旅游季节是在荔枝成熟的时候，古人曾这样说"欲游漳州何时好，最是荔红橘黄时，龙江千古留胜迹，画山秀水皆宜人"。到漳州旅游，一定要去看土楼，感受古代建筑的魅力。

热门景点 南山寺、云洞岩、漳州滨海火山国家地质公园、东山岛、田螺坑土楼群及和贵楼、二宜楼、齐云楼等

旅游线路推荐

1. 市中心→南山寺→龙海区→百花村→云岩洞→白礁慈济宫→南太武山
2. 市中心→漳州滨海火山国家地质公园→牛头山古火山口→香山半岛→林进屿→南碇岛
3. 市中心→东山岛→铜山古城→塔屿→马銮湾→龙屿→虎屿→狮屿→象屿
4. 市中心→南靖县城→田螺坑土楼群→裕昌土楼→塔下村裕德楼→梅林镇璞山村和贵楼→坎下村怀远楼

漳州特产

漳州三宝（水仙花、片仔癀、八宝印泥），海产品（牡蛎、江东鲈鱼、对虾、石斑鱼、鲍鱼、龙虾、扇贝、海参），三大名花（水仙花、茶花、兰花），七大名果（青梅、芦柑、荔枝、香蕉、龙眼、柚子、菠萝），以及珍珠膏、珍贝漆画饰板、"水仙花牌"风油精、木偶头、华安玉等

舌尖上的**宁德**

美食向导 Delicacies Guide

宁德山清水秀，广阔的山地盛产茶、果、竹、食用菌等经济作物。由于宁德地处海岸，还盛产大黄鱼、石斑鱼、对虾、二都蚶、剑蛏等海鲜珍品，为宁德美食的创制提供了丰富的食材。来到宁德，一定要尝尝这里的扁肉、拌面、肉丸、鱼丸、燕丸、蘑芋、鸳鸯面、光饼等。

推荐 特色美食

泥钉冻

每年秋收后，海岸退潮时，福安市白石镇荷屿一带的乡民到海边滩涂上，寻找一种长约5~7厘米的蛆状动物，人们称它为"泥钉"。将洗净的泥钉放入锅里，加水和盐煮熟，晾干后，即成为"泥钉冻"，是当地非常有特色的一种小菜。

锅边糊

又称鼎边糊，是宁德著名的风味小吃。在铁锅里放入由花蛤、香菇、虾米、葱花、黄花菜及配料熬成的清汤，待铁锅上方烤热后抹上花生油，再将备好的稠状米浆均匀泼在铁锅内缘四周，烘干后铲入汤中，稍煮片刻即成。

红龟

是福鼎市的特色小吃。以蒸熟的糯米粉掺入红色食用染料搓揉为皮，以晒干炒熟的豌豆粉和红糖蒸熟后，搓成长条状，再切成颗粒状为馅。将皮和馅包好后，放入木制模具中，压成"龟"形，上锅蒸熟即成。

福安光饼

又叫继光饼。相传，这是明朝将领戚继光在闽、浙一带平倭寇时，众兵士所带的干粮，故名。

气糕

把粳米碾成粉，然后放在木制杯状模型里，在炊锅里蒸熟即成。松软绵甜，颇受老年人和儿童喜爱。

鸳鸯面

俗名苦椎面，是宁德市屏南县极富地方特色的风味小吃。味道独特，极富营养。

海蛎包

用米浆、海蛎、葱等制作而成。炸熟后的海蛎包，呈金黄色，味道鲜美。

周宁魔芋

魔芋是周宁地带山中的一种蕨类植物，经加工后成为一种极有弹性的美味食品。热炒或凉拌，都很好吃，别具风味。

其他名吃 屏南米烧兔、寿宁米糕、油酥饼、宁德肉丸、江南丸（又名元宵丸）、乌米饭、糊汤、腊兔肉、芋头包、豆干片、魔芋糕、古田芋蛋面、寿宁小儿糕、畲族芦叶粽、黑糯米饭等

旅游攻略 Travel Guide

宁德，别称闽东、蕉城，位于福建省东北部，西靠武夷山，北与福州毗邻，东临大海，海岸线漫长曲折，港湾众多。境内有长溪、霍童溪、古田溪三大水系，溪流纵横交错，峰峦绿色葱葱，景色秀丽，旅游资源丰富多彩。福鼎太姥山、屏南白水洋、鸳鸯溪、周宁九龙漈瀑布群、周宁鲤鱼溪、蕉城霍童支提山、三都澳、福安白云山、古田临水宫、霞浦妈祖行宫等奇观异景，都是令人神往的旅游胜地。宁德还是中国最大的畲族聚居地之一，畲族人能歌善舞，勤劳朴实，其独特的民族传统生活习俗，如畲族妇女的"凤凰装"等，已成为当地旅游最具吸引力的一道人文风景线。

热门景点 太姥山、霍童山、白水洋、鸳鸯溪、三都澳等

旅游线路推荐

1 市中心→三都澳→斗帽岛→秦屿　　2 市中心→福鼎市→太姥山→晴川湾→三沙古镇→福瑶列岛→杨家溪　　3 市中心→屏南县城→白水洋→鸳鸯溪　　4 市中心→周宁县城→浦源古村→鲤鱼溪→郑氏宗祠→九龙漈瀑布群　　5 市中心→南漈山→霍童山→支提寺→莒洲村→那罗延窟

宁德特产

福安芙蓉李、古田油木柰、竹编、霞浦贝雕和软木画、福安坦洋功夫茶、宁德天山绿茶、福鼎毫银针茶、闽东茉莉花茶、绿竹笋、古田红曲、福安蜜沉沉酒、福安茶油、宁德竹枕、蒸笼、洋中香菇、福鼎四季柚、福鼎芋、二都珠蚶、宁德晚熟荔枝、福鼎白茶、太姥山绿雪芽茶、福鼎绿茶、屏南老酒、惠泽龙酒、周宁宜司云雾茶、屏南黄酒、福鼎太子参、宁德大黄鱼、寿宁高山乌龙茶等

舌尖上的**龙岩**

美食向导 Delicacies Guide

龙岩的饮食风味以客家的特色菜肴和点心为主，饮食口味略偏咸、油，既有吴越地区的酸甜，也有巴蜀地区的辛辣，更有闽粤地区的酱腌味。客家人早期多聚居在山区，食物宜温热，忌讳寒冷，他们更擅长制作咸菜、菜干、萝卜干等耐吃耐留的食物。其中，以"闽西八大干"（长汀豆腐干、连城地瓜干、宁化老鼠干、永定菜干、上杭萝卜干、武平猪胆干、明溪肉脯干、清流笋干（俗称闽笋）最为出名。

推荐特色美食

汀州河田鸡

河田鸡起源于龙岩市长汀县河田镇。其烹制方法很多，有香酥鸡、油淋鸡、盐酒鸡、八宝全鸡等。其中，以"姜汁白斩河田鸡"最为出名，被誉为"汀州第一大菜"。

客家捆米饭

又名卷米饭。用大米粉制皮，以瘦肉、韭菜、豆芽、鲜笋、虾米、香菇做馅，煎蒸皆可。

永定芋子包

是永定人逢年过节餐桌上必不可少的一种食品，寄托着客家人做事求圆、期盼团圆的文化诉求。用红芋薯粉制皮，以肉、菇、冬笋为馅制成包子，蒸熟即食。馅香味美，松软可口。

客家捶圆

又叫波圆，即肉圆，主要品种有猪肉圆、牛肉圆、鱼圆、虾圆、鸡肉圆等。其中，永定的牛肉圆及下洋镇的牛筋圆味道最鲜美，受到食客青睐。

涮酒

是闽西人独特的一种吃火锅的方式。就是将肉片、鱼片之类的食材，放进掺有米酒的开水锅里，略煮一下就可以食用。

客家擂茶

擂茶是客家人特制的一种饮料。几乎所有的食物都可加入擂茶中，豆米花生、粉条果、菇笋、肉类、芝麻等，都是擂茶的好原料。这种饮料不但解渴，还可充饥。

什锦

为龙岩地区的一道名菜。用肥肉、白糖饼、冬瓜条、油葱、花生仁、面粉、鸭蛋等为原料制成。香甜可口，油而不腻。

武平猪胆

将新鲜猪胆干浸泡在由五香料、盐、白糖、甘草和烧酒配制成的溶液中，而后取出晒干，再淋以香油、烧酒，入锅蒸熟即成。味道醇香无比，并有生津健胃、清热降火等保健功效。

长汀豆腐干

居"闽西八大干"之首。以优质黄豆加十几种香料配制而成。制作精细，咸甜甘香，风味独特。

连城地瓜干

以当地所产的红心地瓜为原料制成。色泽鲜红，质地软韧，味道甜美。清代时曾为贡品。

永定菜干

分甜菜干和酸菜干两种，既可清蒸、干炒，也可做汤。用永定菜干烹制的永定菜干扣肉，味香色美，为龙岩名菜之一。

上杭萝卜干

选用新鲜萝卜干加盐，密封贮藏，半年后即可食用。色泽金黄，皮嫩肉脆，醇香甘甜，为客家宴席上的一道名菜。

其他名吃

连城四堡漾豆腐、簸箕饭、菜干扣肉、段母包饼、卷饼、汀州灯盏糕、永定肉丸、拌粉干、牛杂汤、牛筋丸、麻辣牛肉丝、米浆粿、长汀烧卖、漳平风鸭、芋子饺、武平菌豆腐渣，以及客家爆炒九门头（九门头是指牛的九个部位，即牛里脊、牛肝、牛肾、牛舌峰、牛心冠、蜂肚头、百叶肚、牛肚壁、黄血管）等

旅游攻略 Travel Guide

龙岩，通称闽西，位于福建省西南部，因市区东郊翠屏山麓有一龙岩洞而得名，是闽、粤、赣三省交通枢纽，也是福建省重要的三条大江——闽江、九龙江、汀江的发源地。这里曾是远古时代"古闽人"的天堂，是河洛人的祖居地之一，也是客家人的主要聚居地之一，河洛文化、客家文化、土著文化在这里相互融合，使得闽西的历史文化更加璀璨辉煌。龙岩，风景秀丽，客家风情浓郁，旅游资源丰富，以神秘的永定客家土楼为代表的客家之旅，以冠豸山、梅花山、龙岩国家级风景名胜区和国家森林公园、龙硿洞、九鹏溪为代表的生态绿色之旅，以光辉的古田会议会址为代表的红色之旅，都是福建著名的旅游精品。

热门景点 冠豸山、培田客家古村、龙硿洞、永定客家土楼等

旅游线路推荐

1 市中心→连城→冠豸山→培田客家古村　　2 市中心→永定→初溪村土楼群→洪坑村土楼群（包括振成楼、福裕楼、如升楼）→高头乡承启楼→南溪村环极楼→新南村衍香楼　　3 市中心→长汀古城（古城门、文庙、朱子祠、州府城隍庙、苏维埃政府旧址、中央红军医院旧址、周恩来故居）

龙岩特产

龙岩沉缸酒、漳平明姜、开平麦芽糖、番薯包子、采善堂万茶饼、漳平水仙茶、连城宣纸、龙岩斜背茶、武平绿茶、上杭乌梅、龟池米酒、南洋水仙茶、漳平笋干、新罗米粉干、永福藤器等

舌尖上的**莆田**

美食向导 Delicacies Guide

莆田，史称兴化、兴安，又称莆阳、莆仙，地处福建省沿海中部，是妈祖的故乡。莆田菜以味多、味广、味厚、味浓为特色，素有"一菜一格，百菜百味"之说。而莆田小吃品种繁多，颇具浓厚的民俗趣味，如兴化米粉、莆田卤面、红团、鱼丸、煎粿、海蛎饼、西天尾扁食、包菜饭、炝肉等经典小吃，口味纯正，颇有盛誉。

推荐 特色美食

妈祖宴

由莆田的著名美食家、烹调专家王文基先生根据莆田传统的妈祖美食，以本地特产为原料，独创的12道名菜。每一道菜都有一个关于妈祖的故事，在品味美食的同时，又了解了妈祖文化，真是相得益彰。

莆田卤面

是当地久负盛名的小吃。其之所以好吃，关键在于制面、高汤和配料上。正宗的莆田卤面中的汤是骨汤或肉汤。食之，面条筋道，口味滑润浓香。尤以莆田市涵江区江口镇的卤面最为有名。

荔枝肉

是莆田的一道名菜。将猪瘦肉切成荔枝大小的块状，经油炸后，放入备好的多味卤料中，煮至入味即成。装盘时，把去皮的鲜荔枝放在盘子四周作为装饰围边，一荤一素，浑然天成，味道芬芳。

炝肉

这是莆田人非常喜爱的一道乡土名菜。其做法非常独特，选上好的猪里脊肉，用木槌打烂切成细丁，配以盐、糖、味精、酱油等作料腌制，再把入味的肉丁黏糊上淀粉，放入已烧成滚沸水的锅里，出锅前，再加一些切细的芥蓝菜叶即可。这样做出来的炝肉，肉质细嫩鲜美，味道独特，爽口宜人。

兴化米粉

是莆田的一大特产，始制于明代。其特点是米粉条细而匀，煮、炒易熟，饮食便利，独具风味。

西天尾扁食

扁食，又称为馄饨，主要有清汤扁食和燕皮扁食两种。莆田市荔城区西天尾镇创制的燕皮扁食，风味独特，成为莆田的一道名牌小吃。

鸡卷

是莆田民间的一种传统小吃。其特点是酥、脆、鲜、香，甜中带咸，清爽可口。

其他名吃

白切羊肉、海蛎煎蛋、海蛎汤、蛏熘汤、天九湾卤肉、千层糕、地瓜饼、焖豆腐、豌豆饼、豆浆米粉、土笋冻、包心豆腐丸、枫亭糕、仙草冰、蓼花与麻筒、麻丸等

旅游攻略 Travel Guide

莆田位于福建省东部沿海，拥有湄洲湾、兴化湾、平海湾三大海湾，是闽南、闽北水陆的交通要道，是福建省历史文化名城之一，素有"海上名珠"之称。莆田，史称兴安、兴化、莆阳、莆仙、莆口，因境内荔枝多，又称"荔城"，历代名人辈出，人文荟萃，文化底蕴深厚，享有"文献名邦"，"海滨邹鲁"的美誉。其中，以神秘的妈祖文化、南少林武术文化、宋代三清殿建筑文化，以及被誉为"南戏活化石"之称的莆仙戏为代表的文化遗产最为著名。

热门景点 妈祖庙、天后祖祠、南少林寺遗址等

旅游线路推荐

1 市中心→湄洲岛→妈祖庙→天后祖祠　　2 市中心→东岩山→广化寺→南少林寺遗址

3 市中心→仙游县城→麦斜岩→九鲤湖

莆田特产

莆田蜜柚、兴化桂圆、金沙薏米、仙游皮蛋、南日鲍鱼、莆田木雕，以及莆田四大名果（荔枝、龙眼、枇杷、文旦柚）等

舌尖上的 江西

江西菜，简称赣菜，主要由豫章菜、浔阳菜、赣南菜、饶帮菜和萍乡菜构成。豫章菜，即南昌地方菜，因南昌古称"豫章郡"而得名，是赣菜的典型代表，著名菜品有豫章酥鸡、瓦罐煨汤、三杯狗肉等。浔阳菜，即九江菜，因九江古称"浔阳"而得名，具有烧菜味重、炒菜味淡的特点，著名菜品有浔阳鱼丝结、湖口酒糟鱼、小乔炖白鸭。赣南菜，即赣州菜，因赣州常被称为"赣南"而得名，主要是鲜辣、酸香风味的赣南客家菜，著名菜品有赣南小炒鱼、客家酿豆腐、荷叶包肉等。饶帮菜，即上饶菜，发源于古信州，味型偏重，以鲜辣为主，著名菜品有信州芋头牛肉、弋阳扣肉（经国扣肉）、婺源荷包红鲤鱼等。萍乡菜，讲究原汁原味，口味清鲜，醇浓并重，注重饮食文化的鲜明特色，著名菜品有萍乡烟熏肉、萍乡小炒肉、手撕腊鱼等。江西大多数餐馆的菜都很辣，让嗜辣的食客胃口大开，吃得过瘾。

特别推荐

▶ **江西十大美食** 南昌藜蒿炒腊肉、瓦罐煨汤、九江庐山石鱼、景德镇苦槠豆腐、上饶弋阳扣肉（经国扣肉）、鹰潭天师板栗烧土鸡、井冈山炒石鸡、景德镇瓷泥煨鸡、赣州客家酿豆腐、婺源荷包红鲤鱼

▶ **江西十大特产** 南昌瓷板画像、南昌大曲酒、景德镇瓷器、庐山云雾茶、抚州南丰蜜橘、安福火腿、上饶万年贡米、抚州资溪白茶、鄱阳湖银鱼、宜春茶油

▶ **江西十大景点** 南昌滕王阁、九江鄱阳湖、庐山、上饶三清山、婺源古村落、鹰潭龙虎山、新余仙女湖、吉安井冈山、景德镇高岭风景区、萍乡武功山

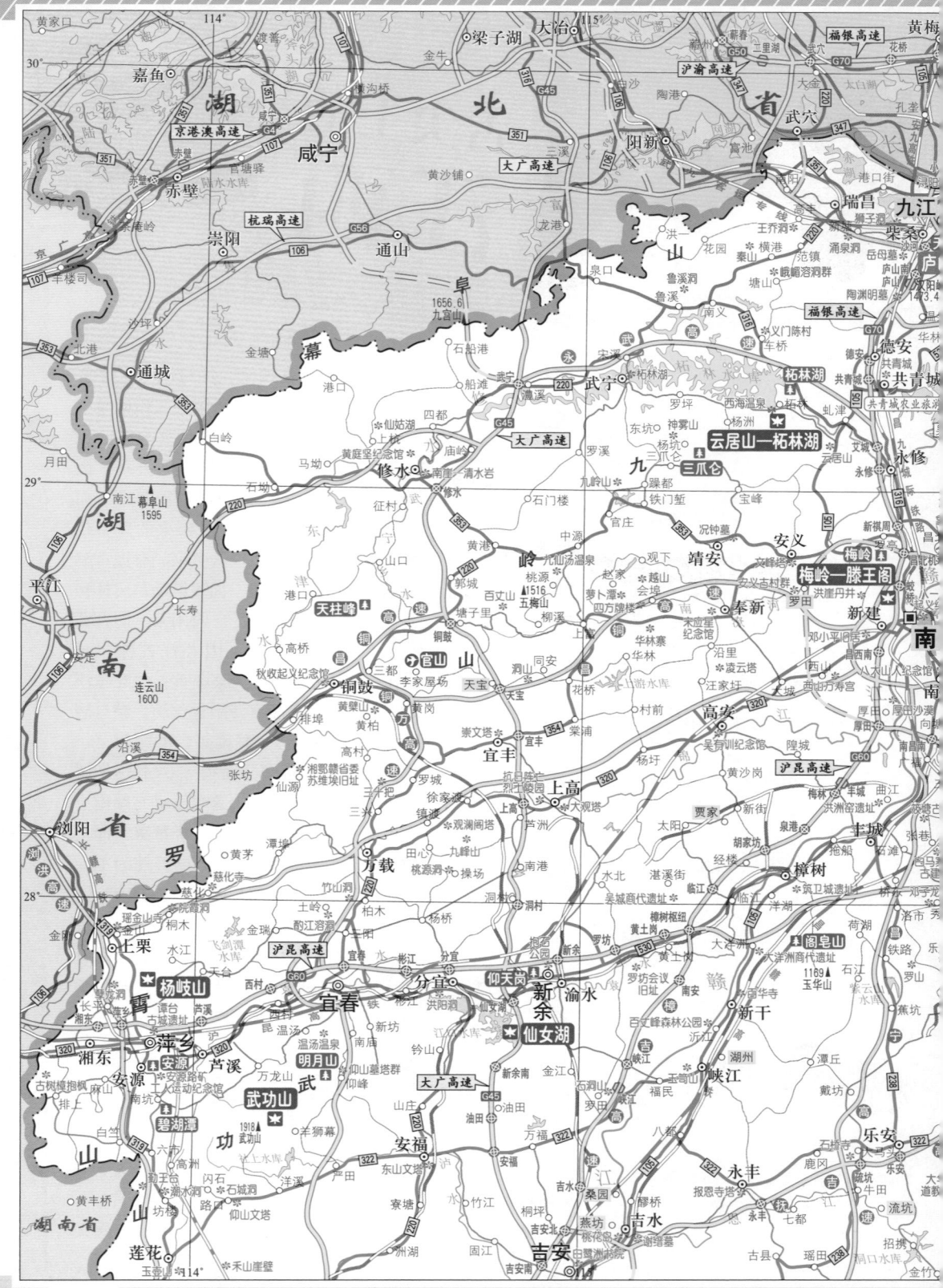

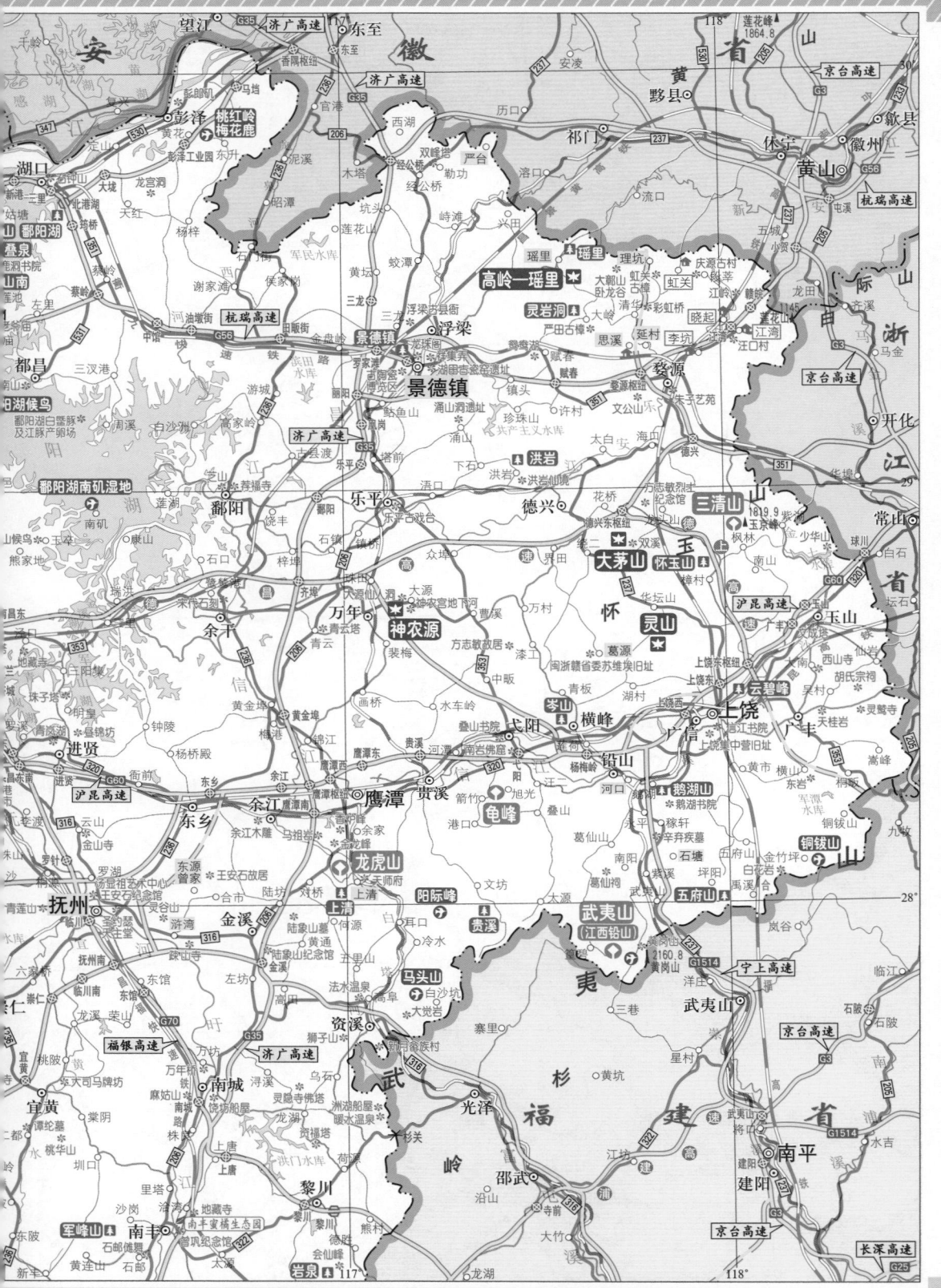

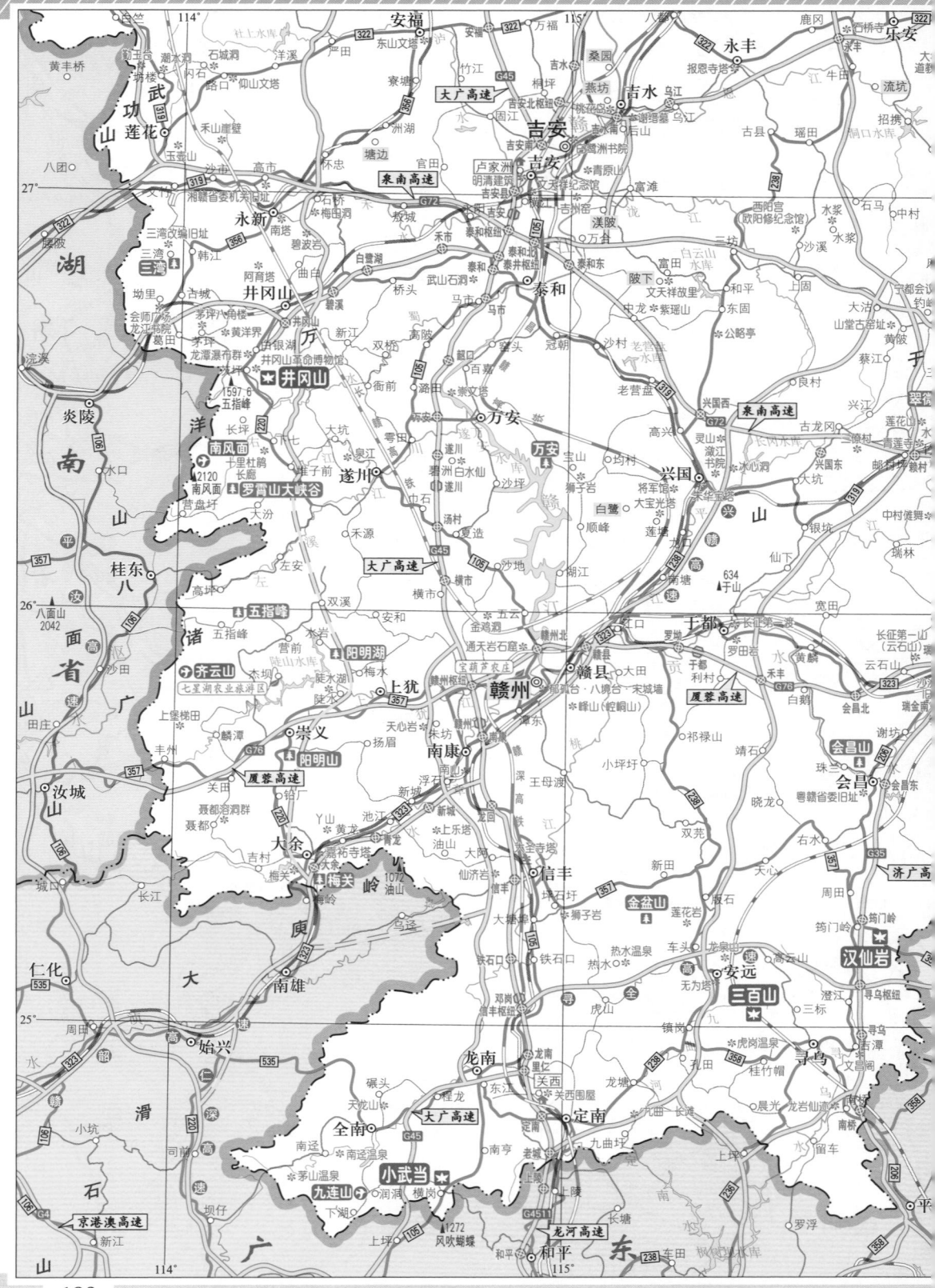

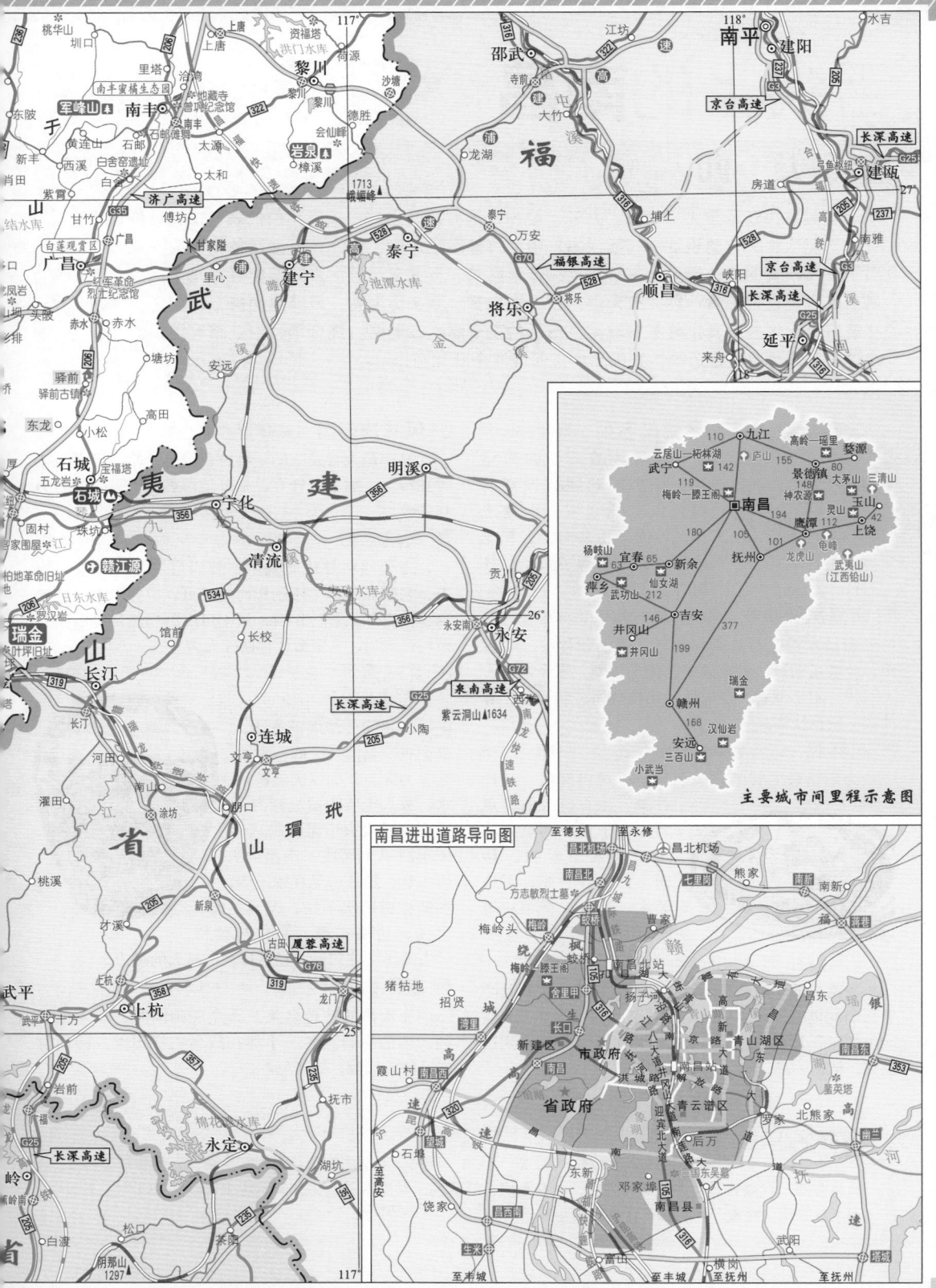

主要城市间里程示意图

南昌进出道路导向图

舌尖上的**南昌**

美食向导 Delicacies Guide

南昌菜为江西三大（南昌、九江、赣州）地方菜系之一，是赣菜的代表，口味以鲜辣为主，有数千年饮食文化的积淀。《后汉书》中的《豫章记》中，称江西"嘉蔬精稻，擅味八方"，道出了南昌饮食的悠久历史。三杯狗肉、豫章酥鸡、五元龙凤汤、米粉蒸肉等都是南昌的名菜。南昌小吃也是当地美食一绝，有南昌米粉、白糖糕、石头街麻花、风味烤卤肉、瓦罐汤、拌粉、吊楼烧饼等。这些美食主要集中在南昌市区的孺子路、二七路、绳金塔、沿江路等地的美食街上，在这里，你可以边走边吃，细细品尝，保准混个肚儿圆。

推荐
特色美食

南昌风味小吃

南昌米粉、石头街麻花、瓦罐汤和拌粉、牛舌头、金线吊葫芦、芥菜团子、酿冬瓜圈、家乡锅巴、大回饼、木瓜凉粉、伊府面、吊楼烧饼、状元糕、麻辣烫、白糖糕等。

三杯鸡

为南昌最老牌的传统名菜，以鸡肉鲜美、汤汁香醇、浓香诱人的特点而闻名于世。因烹调鸡块时加入甜米酒、猪油、酱油各一杯，不放汤水，用炭火将鸡块炖熟，故名三杯鸡。

藜蒿炒腊肉

为南昌的一道名菜，曾入选十大赣菜。藜蒿是产于鄱阳湖里的一种水草，素有"鄱阳湖里的草，南昌城里的宝"之说。在南昌几乎所有的餐馆都能点到这道菜，值得一品。

南昌名菜

藜蒿炒腊肉、四星望月、匡庐石鸡腿、豫章酥鸡、虫草炖麻雀、向塘土鸡、竹筒米粉蒸肉、五元龙凤汤、鄱阳湖狮子头、三杯狗肉、三杯鸡等。

风味烤卤肉

是南昌人喜爱吃的一种特色风味小吃。烤卤肉味香独特，下酒下饭皆宜，是外地游客到南昌必尝的美味佳肴。

南昌米粉

主要原料是优质晚米，要经过浸米、磨浆、滤干、采浆等多道工序制作而成。可以凉拌米粉、炒煮米粉，再加入各种作料，最可少的当然是辣椒和胡椒粉，吃后，一定会让你回味无穷。

瓦罐煨汤

为南昌的一道名吃。完全采用民间传统煨汤方法，以土鸡、猪肉、天麻、猴头菇等为原料，加以天然矿泉水，放入土质陶器瓦罐内，用硬木质炭火恒温煨制达七个小时以上而成。南昌的大街小巷，随处可见瓦罐汤店，汤的味道确实不错，尤其是肉饼汤，价格实惠，且口味独特。

"去喝汤"这句话，经常挂在南昌人的嘴边。

三杯狗肉

为南昌的特色名菜。因烹调狗肉时，放入色拉油、酱油、料酒各一小杯，故名三杯狗肉。狗肉酥烂，鲜香微辣，确实好吃。

其他名吃

文山肉丁、流浪鸡、煌上煌"皇禽"酱鸭、老姬酒糟鱼、泥鳅钻豆腐、三妮香辣鱼、五味飘香鸡、帝景酱香鸭、赣味乳狗肉、八卦豆腐、绝味鸭、鄱阳湖胖鱼头、向塘烧土鸡、盐菜压肉、青云谱八卦豆腐、糊羹、米粉鱼、竹筒粉蒸肠等

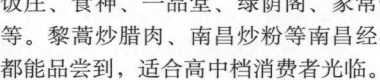

推荐
特色食处

★ 孺子路美食街

是南昌极具特色的饮食街，以东汉"南州高士"徐稚（字孺子，南昌人）而命名。这里餐馆林立，知名的餐厅有民间饭庄、玉兔饭庄、食神、一品堂、绿荫阁、家常饭、菜肴故事等。黎蒿炒腊肉、南昌炒粉等南昌经典菜，在这里都能品尝到，适合高中档消费者光临。

★ 蛤蟆街大众美食街

蛤蟆街原名豫章后街，位于胜利路北端（靠近八一桥）。多年前，有许多商贩在此卖蛤蟆，街道两边也开了许多家饭馆，招牌菜都是蛤蟆，众食客纷纷慕名而来，久而久之，蛤蟆街就这样叫出来了。短短的一条街上，聚集了20多家特色饭馆，风味各异，热闹非凡。对于多数南昌人来讲，蛤蟆街已不仅是一条美食街，也是一种无法取代的美食记忆。

旅游攻略 Travel Guide

南昌位于江西省北部、长江南岸、赣江下游，濒临我国第一大淡水湖——鄱阳湖，为江西省省会。历来水陆交通发达，地势险要，自古有"襟三江而带五湖"之称。是中国历史文化名城，又是革命英雄城市，具有深厚的文化底蕴和众多古迹遗存。南昌，古称豫章、洪州、洪都、洪城，汉高祖五年（公元前202年），汉将灌婴奉命在南昌一带建城，定名南昌县，取"江南昌盛"之意；唐代已成为江南著名的都会，称洪州；1927年8月1日，这里爆发了闻名中外的八一南昌起义，中国人民解放军由此诞生，故南昌有"英雄城"的美称。宏伟的滕王阁，穿城而过的赣江，烟波浩渺的鄱阳湖，以及众多名胜古迹，构成了南昌独特的旅游资源。

热门景点 滕王阁、南昌八一起义纪念馆、八大山人纪念馆、梅岭等

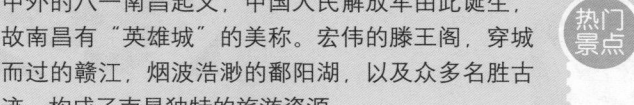
旅游线路推荐

1 市中心→八一广场→南昌八一起义纪念馆→八一大桥→滕王阁→八大山人纪念馆→绳金塔→百花洲→佑民寺→天香园　2 市中心→梅岭→洪崖丹林→神龙潭→狮子峰→长春湖→紫清山→梅岭主峰→洗药湖→铜源峡→跌水沟→梅峰谷→天宁古寺→皇姑墓→万寿宫　3 市中心→安义古村落→汪山土库　4 市中心→象湖→象山→厚田沙漠→鄱阳湖南矶湿地国家级自然保护区

南昌特产

江西名扇、卓人薪蛇药酒、李渡镇高粱酒、南昌瓷板画像、李渡毛笔、南昌大曲酒、丁坊酒、南昌枇杷、军山湖大闸蟹、江西瓷器、江西梨瓜、江西珍珠、三江口萝卜、鄱阳湖藜蒿、南昌三妮豆腐乳、进贤荆柴麻、鄱阳湖银鱼等

舌尖上的**九江**

美食向导 Delicacies Guide

九江，古称浔阳，由于邻近庐山和鄱阳湖，素有"鱼米之乡"的美誉，其饮食以浔阳鱼席和庐山三石（石耳、石鸡、石鱼）最为著名。九江市区到处是鱼味馆，以胖头鱼、鲶鱼、鲮鱼、鲩鱼为主，其吃法很多，当然以红烧和辣炖最为流行，味道最佳。

推荐
特色美食

九江十大特色菜

富贵金钱袋、金果竹燕窝、糯米酒焗叉烧、驰名醉翁鸡、五彩绉纱皮、龙舟鱼米之香、家乡酿鲮鱼、九江醉翁鸡、荔茸桂鱼卷、沙头大头菜焖胖头鱼。

九江风味小吃

萝卜粑、锅巴粥、茶饼、萝卜牛肉煎包、小笼汤包、油炸豆腐、清汤馄饨、炒糯米、小担蒸子糕、糯米水子（冲蛋）、修水哨子、武宁油面、修水酸辣杂等。

浔阳鱼丝结

为浔阳鱼席中的一道上品佳肴，历史悠久。相传，唐代著名诗人白居易被唐宪宗贬到江州（今九江）任司马，他做了许多有益于当地人民的事，深受百姓爱戴。在他死后，江州的厨师用长江里的鱼做成鱼丝结，表示对诗人的怀念。此菜既味美诱人，又具有文化含义，一直备受食客欢迎。

庐山石鸡

又名石蛙、赤蛙，是一种生长在阴涧岩壁洞穴中的蛙类，因其叫声像鸡鸣而得名石鸡，是庐山著名的"三石"（石鸡、石耳、石鱼）之一。庐山石鸡肉质鲜美、营养丰富，为庐山名菜之一。

庐山石耳

为庐山"三石"之一，因它生长在悬崖绝壁上，形状扁平如人耳，故而得名。烹调石耳佐餐，鲜美甘香，具有较高的营养价值。

庐山石鱼

是一种名贵的水产鱼类，因生长在石涧或潭穴中而得名。石鱼肉质鲜嫩，可清蒸，可红烧，为庐山知名的一道特色菜。

湖口酒糟鱼

湖口县地处鄱阳湖与长江交汇处，盛产淡水鱼，品类达到180多种。湖口酒糟鱼以鄱阳湖产的青、草、鲤鱼等为主要原料，配以糯米酒糟、白糖、小磨麻油等辅料精制而成。鱼肉酥软、芳香四溢，自明朝万历年间就被选为朝廷贡品。

小担蒸子糕

是九江的一种传统小吃，以糯米、黏米、糖、红绿丝等为原料制成。此糕随蒸随吃，松软香甜，非常可口。旧时，九江的大街小巷，每天早上，都可听见"蒸糕，蒸洋糖子糕"的叫卖声。这是一种深受孩子和老年人喜爱的食品。

修水哨子

是九江市修水县的传统小吃，其实就是一种馅包子，因其形状像哨子而得名。相传，古时，治水英雄大禹曾到修水一带治理水患，当地百姓为了犒劳大禹，便将野山芋煮熟做成皮，把从山上打来的野兽肉切成馅，包成一种外形小、上尖下圆的食品，取名为哨子，上奉大禹。从此，修水人会做也爱吃哨子，而且越做越好吃，成为修水地区小吃一绝。

小乔炖白鸭

为九江的一道传统名菜。相传，三国时期，东吴督都周瑜率军驻扎柴桑，其妻小乔用白鸭炖制滋补菜肴，供周瑜食用，当时称为"柴桑鸭"。后来，改称小乔炖白鸭。

其他名吃

都昌米饺、修水老俵豆腐、白切蒸腊肉、淮山板鸭、腌菜蒸肉、禾秆扣碗肉、罐煨香鸭、东坡醉鱼、永修吴城狗肉、庐山脆皮石鱼卷、九江粉蒸肉、黎蒿炒腊肉、豆参煮鲇鱼、九江雄鱼头、豆豉烧肉、鱼子鱼泡、板鸭炖藕、鄱阳湖全鱼席、腊肉炖冬笋、云雾茶汁烹虾仁、豆豉爆辣椒等

旅游攻略 Travel Guide

九江位于江西省北部、长江中游南岸，庐山北麓，东濒鄱阳湖，是长江中游的重要港口之一。古称浔阳、江城、柴桑、德化，因赣江及其九大支流注入鄱阳湖，素有"江到浔阳九派分"之说，故名九江，古为中国"四大米市"之一和"三大茶市"之一。这里地势险

要，雄踞三省要冲，素有"江西门户"之称，是历代兵家必争之地。九江风光绮丽，山水环绕，是一座历史悠久而古老的美丽城市，神奇的大自然赋予了九江雄美壮观的山水胜景，现已形成了一个以著名避暑胜地庐山为"龙头"，包括"六区"（牯岭、山南、沙河、永修、浔阳、共青），"两点"（石钟山、龙宫洞），"一线"（鄱阳湖水上游）为主的大型旅游区。

热门景点 庐山、龙宫洞、鄱阳湖（吴城镇）、浪井、镇江楼等

旅游线路推荐

1 市中心→能仁寺→天主堂→甘棠湖→烟水亭→九江客运码头→九江长江大桥→琵琶亭→锁江塔→浔阳楼→浪井　　**2** 市中心→庐山→牯岭→花溪→如琴湖→锦绣谷→仙人洞→龙首崖→石门涧→黄龙谷→三宝树→芦林湖→庐山会议（旧址）→美庐别墅→含鄱口→三叠泉→白鹿洞

3 市中心→湖口石钟山→鞋山　　**4** 市中心→吴城镇→鄱阳湖候鸟国家级自然保护区

九江特产　武宁棍子鱼、庐山鲜笋、庐山云雾茶、湖口豆豉、鄱阳湖银鱼、湖口酒糟鱼、九江酥糖、桂花酥糖、星子金星砚、黄老门生姜、九江陈年封缸酒、鄱阳湖淡水珍珠、云山云雾茶、修水红娘过江酒、修水青钱降糖神茶、梅山神茶、庐山竹丝画帘、醉石春酒、九江茶饼等

舌尖上的景德镇

美食向导 Delicacies Guide

景德镇是著名的"中华瓷都"位于江西省东北部，北接安徽。在这里不仅可以吃到辣味赣菜，也可以品尝到著名的徽菜。景德镇的美食中，尤以碱水粑、饺子粑、冷粉、油炸馄饨四大小吃和鲶鱼煮豆冲等特色菜肴最为著名。

推荐 特色美食

冷粉

江西很多地方都有冷粉，但以景德镇的冷粉最有鲜明特色。粉条比较粗大，吃起来筋道有劲，味香爽口。

饺子粑

是景德镇人最喜欢的早餐和夜宵食品。用薄薄的面皮包上各种各样的馅，蒸熟即食，味道很香。

碱水粑

是景德镇的三大风味小吃（冷粉、饺子粑、碱水粑）之一，其来历，据说与春秋时期伍子胥过昭关叩拜寒婆坟有关。以大米磨浆，掺以碱水，用特制粑筛猛火蒸熟。食用时，切成薄

片，再与烟熏腊肉、大蒜等辅料炒制而成。此食既能饱腹，又是下酒的佳肴。

苦槠豆腐

采用景德镇瑶里高山上苦槠树的果实——苦槠籽为原料制作而成，具有植物特有的清香。可将苦槠豆腐做菜食用，如砂锅豆腐、鱼香豆腐、麻辣豆腐等，为景德镇美食"一绝"，曾被评为江西名菜。

清明粑

是景德镇人清明节必吃的一种食品。将青艾、草汁揉入糯米粉中，做成碧绿色的团子，馅料有猪肉末、榨菜末、鲜笋末、芝麻等。此食品甜咸皆有，别具风味。

瓷泥煨鸡

相传，清代时由当地的瓷工所创。先在处理干净的鸡腹内，填入猪肉末及生姜、葱花、麻油等作料，用荷叶包扎好，再用含有酒的瓷泥将鸡裹住，

放入热窑中烤熟即成。这一民间俗菜，色泽诱人，肉酥飘香，代代相传，经久不衰，成为景德镇的一道传统名菜。

鲶鱼煮豆冲

是景德镇很有特色的一道菜。先将新鲜的鲶鱼加入作料煎好，放入排骨汤、鱼汤里煮，再加入一些用开水泡过的豆冲，味道异常鲜美，令人食后久久难忘。

油墩

这可是景德镇最有历史的小吃之一，以南瓜、荸荠、藕为主要原料制成。感觉像炸制的豆腐块，外脆里嫩，吃上一口，味道之美，让人食欲大增。

其他名吃　景德板鸭、辣椒粑、油条包麻糍、乐平狗肉、清汤泡糕、桂花鲜姜酱菜、高岭土煨肉、乐平塔前糊汤、洋芋喳喳、波浪肉、涌山腊猪头、麻辣鸡尖等

旅游攻略 Travel Guide

景德镇位于江西省东北部，古称新平、昌南，北宋景德年间因烧制皇家御瓷名扬天下，并成为中国第一个以皇帝年号命名的城镇，素有瓷都之称。北宋景德年间，真宗赵恒派遣官吏来此监制御瓷，因所有瓷器底部均有"景德年制"四字，景德镇之名由此开始。景德镇瓷器以"白如玉、薄如纸、明如镜、声如磬"的品质而闻名世界。景德镇是典型的江南红壤丘陵区，境内河川交错，群峰林立，秀丽的昌江绕城而过，风景十分优美，尤以陶瓷文化旅游资源名扬中外。

热门景点　陶瓷历史博物馆、瑶里风景区、湖田古窑址、浮梁古县衙等

旅游线路推荐

1 市中心→陶瓷历史博物馆→古窑瓷厂→湖田古窑址→龙珠阁→祥集弄民宅→诸仙洞
2 市中心→瑶里古镇→高岭—瑶里国家级风景名胜区→汪湖风景区→梅岭→绕南景区
3 市中心→浮梁古县衙　4 市中心→乐平市→洪岩仙境　5 市中心→婺源古村落

景德镇特产　浮梁茶、景德镇青花玲珑瓷、龙姣瓜子、浮梁德宇活茶、南山雀眉茶、瑶里柿子饼、乐平桃酥、浮瑶仙芝茶、酸枣糕、乐平茶花、景德镇瓷器、乐平大米饴糖、乐平虎山鳊鱼等

舌尖上的**上饶**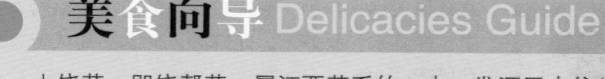

美食向导 Delicacies Guide

上饶菜，即饶帮菜，属江西菜系的一支，发源于古信州，并兼纳上饶、婺源、广丰、铅山、玉山各地的美味佳肴，具有喜鲜香、偏重辣味的特色。而婺源由于古属徽州（今安徽黄山市），其饮食承袭徽菜的传统，以清蒸、清炖为主。上饶的代表名菜有清蒸荷包红鲤鱼、三丝鱼卷、鄱阳全鱼宴、广丰酱香鹅、婺源粉蒸肉等。

推荐 特色美食

上饶特色菜

三丝鱼卷、斩虾丸、清蒸荷包红鲤鱼、鳙鱼烧豆腐、鸡丝锅巴、弋阳国道鱼、龟峰扣肉、弋阳土狗肉、广丰酱香鹅、鄱阳藜蒿炒腊肉、弋阳醋鸡、婺源糊豆腐、婺源粉蒸鱼、粉蒸肉、婺源李坑撰肉等。

上饶风味小吃

糯米子糕、清明果、烫米粉、猪肝粉、羊肉粉、肥肠粉、万年贡米粉、荞麦夹子羊角糖、弋阳年糕、铅山灯盏粿、清炒白玉豆、饭麸粿、婺源木心果等。

婺源荷包红鲤鱼

红鲤鱼在婺源已有300多年的养殖历史，因其色泽鲜红、头小尾短、形似荷包而得名。食时，现抓现做，肉质肥美，又鲜又香，营养丰富，许多到婺源的游客都会点这道特色菜。

婺源野菜

到婺源观光美丽的古村落，一定不要忘了尝尝当地的野菜。如酸豆角、茱茶、苦菜、野翘等，味道都很独特，野味十足，值得一尝。

婺源蒸菜

婺源的饮食主要以糊（豆腐糊、蕨菜糊等）、粉（粉蒸肉、粉蒸鱼等）为主要烹饪技法。"糊"菜，其实叫"蒸菜"。在江西地区，只有婺源有这种特色菜。

信州芋头牛肉

为上饶市信州区的一道特色菜肴，采用当地特产的芋头和本土水牛肉为原料烹制而成。牛肉酥烂，味道鲜美，诱人食欲。

灯盏粿

为上饶市铅山县著名的特色小吃，因其外形呈灯盏状而得名。其外皮由大米面制成，中间添馅，放入小蒸笼中蒸熟即可。色、香、味俱全，食后回味无穷。

弋阳扣肉

又名"经国扣肉"。此菜系20世纪30年代蒋经国在赣南时雇佣的厨师涂光明师傅所创，肉酥香浓，入口即化，是江南民间菜系中不可缺少的一道美味佳肴。

明太祖酒糟鱼

是根据明太祖朱元璋在余干县康山养伤时流传下来的腌鱼工艺精制而成。赣东北地区有制作酒糟鱼的传统，尤以余干、婺源、鄱阳县的产品，最为出名。

其他名吃

信州雄鱼头烧豆腐、田墩炒牛肉、鄱阳湖三色鱼、银鱼、广丰豌豆烧鲫鱼、余干辣椒炒肉、珍珠虾仁、三清山地瓜炒肉片、上饶米粉等

旅游攻略 Travel Guide

上饶，简称饶，意为富饶之地。位于江西省东北部，西濒鄱阳湖，与九江市接壤，地处闽、浙、赣、皖四省结合部，是江西的"东北门户"，素有"八省通衢"、"豫章第一门户"之称。境内高山耸立，森林繁茂，江河纵横其间，旅游资源极其丰富，拥有中国最美的乡村——婺源古村落，世界自然遗产、道教名山三清山，龟峰国家级风景名胜区，灵山，以及碧波浩瀚的鄱阳湖等风景名胜。

热门景点　三清山、婺源古村落、龟峰国家级风景名胜区等

旅游线路推荐

1 市中心→上饶集中营→信江书院→铅山河口古镇→铅山鹅湖书院　　2 市中心→弋阳叠山书院→龟峰风景区　　3 市中心→三清山风景区　　4 市中心→婺源古村落

上饶特产

上饶茶中三宝（上饶白眉、铅山红茶、婺源绿茶），婺源四宝（绿茶、江湾雪梨、龙尾砚、荷包红鲤鱼），以及信江石、清华婺酒、信州春酒、全粮液酒、万年贡米、玉山罗纹砚、余干乌黑鸡、鄱阳湖三色鱼、余干米糖、横峰笋干、玉山乌猪、二十四都糖糕、三清山白茶、上饶山茶油、横峰葛根、茄子干、婺源大鄣山茶、三清山葛根粉、三清山黄金茶等

舌尖上的**鹰潭**

美**食向导** Delicacies Guide

　　鹰潭境内的龙虎山，是道教正一派的祖庭，自古就以"神仙都所"、"人间福地"的称誉而闻名天下。这里的饮食除了有江西的家常菜，还有独特的蕴含丰富道家文化的风味菜肴，如天师八卦宴、上清豆腐、天师板栗烧土鸡等都是著名的道家风味美食，虽然多是素菜，但色香味独特。到了鹰潭，一定要品尝道家菜，才会不枉此行。

推荐特色美食

黄袍拜君王

　　用龙虎山下泸溪河中的黄鱼角烧上清豆腐，就叫"黄袍拜君王"。传说，龙虎山的第56代天师张遇隆在上清镇宴请微服私访的乾隆皇帝时，上了一道黄鱼角焖豆腐。乾隆问此菜名，天师已妙算出此客为皇帝，就一语双关道："这叫黄袍拜君王"。从此，此菜成为当地名肴。

天师板栗烧土鸡

　　以龙虎山出产的板栗与当地农家喂养的土鸡相配，用温火烧制而成。相传，此菜为龙虎山天师宴请宾客时所创。味香色美，营养丰富。

清炖石鸡

　　石鸡是生长在深山中的水坑或石洞内的一种蛙类。肉质细嫩，尤以清炖味道最为鲜美，营养价值极高。

天师八卦宴

　　是龙虎山历代天师为宴请宾客、举行重大活动而设的大型宴席。上菜时，按八卦的八个方位摆放菜肴，饮食文化韵味十足，道教的寓意也很深刻。由八大养生菜、天师养生茶、天师养生酒及土菜、点心、水果等组成。其中，八大养生菜分别是天师养生鸡、扬（羊）鞭催马、铁板煎泥蛇、莲花猴头、乌龙吐珠、夜敬山神、泸溪斑虎、飘香鸟兔。宴席中央的八卦八宝饭，更是道家饮食文化中最有特色的标志。

贵溪捺菜

　　捺菜是以正欲结蕾的芥菜心为原料，再配以各种作料，经腌、擦、罐装等工序精制而成。相传，清朝乾隆皇帝南巡到江西时，品尝了捺菜后，称赞："京省驰名，独此一家"。从此，捺菜成为皇室贡品。

龙虎苔菜

　　是龙虎山上产的一种野生菜。传说，是当年祖天师在龙虎山炼丹时，撒在深山中的仙草，供信徒养生食用。现已成为当地闻名的特色菜肴。

余江茄干

　　茄干是当地民间的风味特产，已有500多年的生产历史。以茄干、辣椒、米酒、蔗糖等多种原料精制而成，味美爽口，且具有生津开胃、发汗祛寒的功效。

上清豆腐

　　是龙虎山风景区上清古镇的一道特色菜肴，已有很久的历史。以优质大豆为原料，配以泸溪河畔的天然矿泉水，用传统手工艺精制而成。这样做出的豆腐不但味美，而且营养丰富。如果佐以鲜猪肉、香菇、豆豉、香葱等烹制成菜肴，味香鲜美，令人胃口大开。

其他名吃 贵溪灯芯糕、腌菜浆蒸蛋、香菇活肉、冬笋咸肉丝、宫中地鸡、泸溪活鱼、乌鸡汤、龙虎山荠菜羹、红烧小黄鱼等

旅游攻略 Travel Guide

鹰潭位于江西省西北部、信江中下游，背靠武夷山，是一座拥有3600多年历史的名城，既是千年"道都"，又是新兴的"铜都"。距市区16千米的龙虎山，是我国道教的发源地，被誉为"道教祖庭"、"神仙都所，人间福地"，以其源远流长的道教文化、风景如画的碧水丹山和千古未解的悬棺之谜而形成的"三绝"举世闻名，是中外游客向往的旅游胜地。

热门景点 龙虎山国家级风景名胜区（仙水岩、上清古镇、上清宫、天师府、正一观、仙人城、象鼻山）等

旅游线路推荐

1. 市中心→上清古镇→天师府→上清宫→正一观→天门山
2. 市中心→仙水岩→仙人城（仙岩）→象鼻山

鹰潭特产 龙虎山野樱桃、鹰潭养生茶、龙虎山香菇、塔桥梨、贵溪塘湾镇元宝篮、贵溪天师养生茶、天师板栗、捺菜等

舌尖上的**吉安**

美食向导 Delicacies Guide

吉安，古称庐陵、吉州，是举世闻名的革命摇篮——井冈山所在地。当地的风味菜也称庐陵菜，原料大多是选用当地的山珍特产，在烹调上擅长烧、焖、炒，注重保持原汁原味，突出鲜香辣，具有浓郁的地方特色。如井冈山炒石鸡、烟笋烧肉、万安玻璃鱼、永新狗肉等，均是久负盛名的佳肴。

推荐 特色美食

🍴吉安冬酒

冬酒也称米酒，是以粮食为原料制成的发酵酒。其酒精度低，营养丰富，素有"液体蛋糕"之称。冬酒除饮用外，还是烹调的好作料。如江西名菜"三杯鸡"中所用的一杯酒，就是吉安老冬酒。

🍴文山肉丁

即炒里脊肉丁。相传，南宋末年，右丞相文天祥率兵在家乡吉安一带抵抗元军入侵，深得百姓拥护，并收复了部分失地。为感谢乡亲们的支持，文天祥亲自下厨烹菜，设宴招待乡亲。其中，有一道菜炒里脊肉丁，香辣滑嫩而鲜，油而

不腻，十分可口，最受乡亲欢迎。后来，人们为了纪念英勇就义的文丞相，取用他的名号"文山"，将炒里脊肉丁这道菜称为"文山肉丁"。

峡江米粉

是峡江县著名的特产。始产于明嘉靖年间，曾被嘉靖皇帝冠以"忠贞米粉"的美誉，并被列为贡粉。峡江米粉质地洁白、细嫩、柔滑，既可炒、煮、蒸，也可油炸、凉拌，以久炒不碎、久煮不糊的特点而闻名。

吉安六大名小吃

勺子油果、肉腐糕汤、山牯老带皮牛肉、永丰藤田薯粉丝、极品牛腩粉、永新豆粉米果。

井冈山烟笋烧肉

八百里井冈山，盛产竹笋，是烹菜的极好食材。将煮过的笋用炭火烘烤干，因呈黑色，故叫乌烟笋。以其烧肉烹菜，肉味浓香，笋味绵长，风味独特。

永新"和子四珍"

即指橙皮、酱姜、蜜茄、酱萝卜四种小吃。相传，唐开元年间，永新县的民间歌女许和子被选入宫中。有一天，皇后娘娘痛脑昏，许和子将从家乡带来的特产——酱姜，献给皇后服用，不久，皇后病愈。于是，皇帝李隆基将永新四大特产（橙皮、酱姜、蜜茄、酱萝卜）列为贡品，并誉其为"和子四珍"。

全副銮驾

为江西的一道名菜。将鸡和熟猪油、干红椒等一起红焖而成，色泽红亮，味道香浓，口感酥嫩。

万安玻璃鱼

将当地特产的红鲤鱼，加上香菇一起清蒸而成。鱼肉鲜嫩味美，汤汁香味扑鼻，是万安县的一道地方名菜。

井冈山红烧狗肉

是井冈山的地方名菜之一。狗肉酥软，味香四溢，具有香辣、味浓、原汁的特点，在当地很有名气，深受游客的喜爱。

井冈山炒石鸡

石鸡是井冈山特有的一种野生蛙类。因其生长在高山峡谷、小溪旁，捕捉不易，且其肉质细嫩，味道鲜美，故此菜比较珍贵。

其他名吃

安福火腿、永新狗肉、吉安薄酥饼、井冈山石耳炖武山鸡、万安鱼头、九蒸蜜茄、永丰腊肉、井冈山竹鼠、泥鳅钻豆腐、清汤泡糕、遂川板鸭、永新血鸭、茅萍粉蒸鹅、黄黏米果、泰和乌鸡、泰和酱菜、艾果米果，以及井冈山三珍（山猪肉、山羊肉、山牛肉）等

旅游攻略 Travel Guide

吉安位于江西省中部偏西、赣江中游，是举世闻名的革命摇篮——井冈山所在地，素有"风水宝地"、"革命圣地"的美誉。古称庐陵、吉州，元初，取"吉泰平安"之意，改称吉安，素有"江南旺郡"、"金庐陵"之称。这里人才辈出，是文天祥、欧阳修及《永乐大典》主纂解缙的故乡。吉安是一座有着光荣革命传统的城市，也是通往井冈山的门户，毛泽东、朱德等一代伟人都曾在此进行革命活动。境内山清水秀，旅游资源十分丰富，有国家级风景名胜区——井冈山，4个省级风景名胜区——武功山、青原山、玉笥山、白水仙，还有保存完整的吉州古窑遗址、白鹭洲书院、文天祥纪念馆、永丰西阳宫等一大批人文古迹。

热门景点 井冈山、白鹭洲书院、青原山、武功山、卢家洲古村等

旅游线路推荐

1 市中心→古南塔→白鹭洲书院→钓源欧阳氏族村→天后宫牌坊→渼陂古村→青原山　　**2** 市中心→吉安县城→曲濑乡→卢家洲古村→腊塘古村→胡家古村　　**3** 市中心→井冈山国家级风景名胜区

吉安特产

井冈山土产干货（香菇、木耳、石耳、茶树菇、竹荪、灵芝、苦菜、盐菜干、烟熏笋干、笋尖、碧玉茶、玉茗茶、苦丁茶、杜鹃果脯、野山椒、红米、南瓜干、野菜干、河鱼干、豆角干、奈李肉），以及井冈山竹炭、吉水尚贤高粱酒、井冈山脆笋、井冈山贡茶、泰和乌鸡、泰和萝卜、井冈山红米酒、芝麻糖、花生糖、井冈山香口健身茶、吉安县东固绿茶、遂川金橘蜜饯、永新三湾老酒、井冈山香药菜、泰和土纸、吉州古瓷等

舌尖上的赣州

美食向导 Delicacies Guide

　　赣州，通常称为赣南地区，与闽西、粤东并称为全国三大客家人聚居地。赣州的饮食以客家菜为主，以前，由于客家人多聚居于山区，因此，赣州菜所用的原料都是家养的禽畜和山间野味，素有"无鸡不清，无肉不鲜，无鸭不香，无肘不浓"的说法。赣州除了有传统的客家盐焗鸡、酿豆腐和梅菜扣肉外，赣州的小吃也很有特色，如汤丸、糯米饭、鱼饼、芋子饺等，都值得一尝。

推荐 特色美食

仙人粄

　　又叫草粄，是用仙人草熬成的一种清凉饮料。每年农历入伏，吃"仙人粄"，是客家人的习俗。据说，这天吃了"仙人粄"，整个夏季都不会长痱子。

赣州三鱼

　　鱼饼、鱼饺和小炒鱼，合称赣州"三鱼"，是赣州久负盛名的传统风味小吃。其中，响铃鱼饼和金钱鱼饼最为有名。

安远假燕菜

　　是安远县的一道客家风味名菜。传说，唐代武则天时期，河南洛阳城郊有一农民，种出了一颗特大的萝卜，视之如神物，就把它献给了皇宫。御厨用这颗大萝卜和一些山珍海味烹制了一道菜，味道犹如燕窝，女皇武则天食后连声称赞，并赐名"假燕菜"。后来，"假燕菜"的做法传到了江西民间，人们又添加了猪肉丝、肉丸子、海带丝、香菇等配菜和作料，越做越好吃。

客家酿豆腐

　　酿豆腐是客家人的第一大名菜。据说起源于唐代，已有1000多年的历史。赣州的很多地方，都把酿豆腐作为宴席上的一道风味菜。味道醇香，令人食后赞不绝口，都说好吃。

红军焖鸭

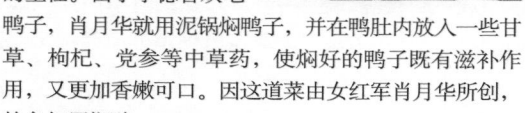

　　是瑞金的一道名菜。1933年，女红军肖月华在江西瑞金与共产国际派来的军事顾问李德结婚，承担了照顾这位洋顾问生活的重任。由于李德喜欢吃鸭子，肖月华就用泥锅焖鸭子，并在鸭肚内放入一些甘草、枸杞、党参等中草药，使焖好的鸭子既有滋补作用，又更加香嫩可口。因这道菜由女红军肖月华所创，故名红军焖鸭。

赣南小炒鱼

　　为赣菜中的经典名菜。相传，此菜由明代著名思想家王守仁（又名王阳明）在赣州任巡抚时聘用的厨师所创制。其特点是色泽金黄、味鲜嫩滑、略带醋香，久吃不腻。

荷叶包肉

为赣南名菜。是用荷叶裹蒸而制成的菜肴，一派清香，风味独特。

黄元米果炒腊肉

黄元米果多用粳米精制而成，再与腊肉烹炒成菜。其特色是熏香味鲜，软糯适口，是赣州地区客家人的传统名肴。

兴国"四星望月"

其实就是米粉鱼，为兴国县的传统风味名菜。1929年，毛主席在兴国县时曾吃过此菜，当时，桌上还有油炸花生、竹笋炒肉、炒鸡蛋等四盘辅菜，米粉鱼为一大盘居中，故有四星望月之势。毛泽东风趣地为此菜起了个名，称其为"四星望月"，流传至今。

其他名吃

赣州麻通（又称麻枣）、芋子蒸排骨、信丰萝卜饺、客家擂茶、酸菜炒大肠、生焖鸭、昌南一锅鲜、南康雪片糕、酒糟鱼、定南香辣鱼、瑞金黄黏米果、肉圆鱼丸、宁都三杯鸡、上犹鱼辣酱、南康汤皮、会昌酱干、赣县沙地板鸭、兴国鱼丝、南安板鸭、酸枣糕、五香麻鸡、通心米粉、包米果、瓦罐煨汤等

旅游攻略 Travel Guide

赣州位于江西省南部、赣江上游，是一座历史悠久的古城，四周环山，三面临水，章江、贡江两水环市区而过，在老城区北端汇合成赣江，它扼赣、湘、闽、粤四省要冲，自秦汉以来一直是兵家必争之地，素有"闽粤咽喉"、"千里赣江第一城"之称。赣州，山清水秀，名胜古迹众多，有保存较完整、被誉为"宋城博物馆"的北宋古城墙，江南名楼郁孤台，石雕宝库通天岩，安远三百山国家森林公园，梅关古驿道，"红色故都"瑞金等人文与自然景观。

热门景点 郁孤台、八境台、北宋古城墙、通天岩、红都瑞金、梅关古驿道等

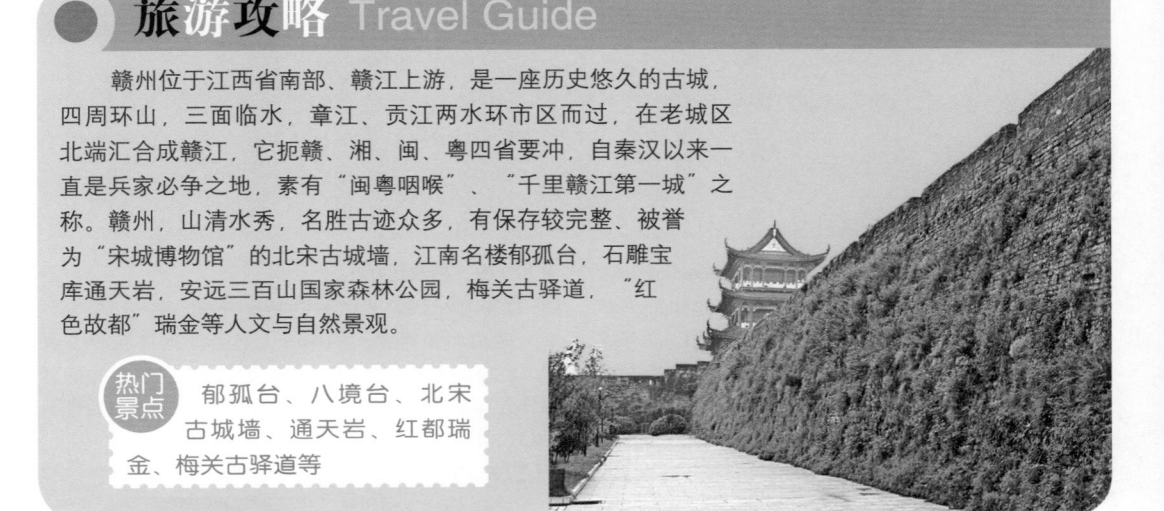

旅游线路推荐

1 市中心→西津路→建国路→郁孤台→涌靖门→蒋经国旧居→八境台→古浮桥→建春门→寿量寺→灶儿巷→通天岩　　2 市中心→龙南市→新关西围屋→杨村燕翼围→里仁镇栗园围→乌石围

3 市中心→红都瑞金→叶坪革命旧址群→沙洲坝革命旧址群→云石山

4 市中心→崇义县→上堡镇→梯田群→聂都→仙鹤岩→罗汉岩→莲花岩→小武当山

赣州特产

赣南脐橙、寻乌蜜橘、赣州蜜饯、信丰红瓜子、赣州苦瓜酒、归龙茶、野生蕨菜、银杏茶、小布岩茶、三甲酒（客家酒）、茶树菇、竹笋干、上犹绿茶、兴国红鲤、信丰萝卜干、瑞金土纸、兴国牛皮糖薯干、赣州红砂糖、于都"盘龙牌"高级绞股蓝绿茶、盘古银毫茶、信丰麦饭石高级保健茶、金南金樱酒、会昌藤器、定南云台山毛尖茶、崇义阳岭茶、南康蜜饯、安远九龙茶、瑞金米酒、崇义客家红蜜酒等

舌尖上的 山东

山东菜，简称鲁菜，素有"北方菜的代表"之称，是中国八大菜系之一，以其味鲜咸脆嫩、风味独特、制作精细的特点享誉海内外。

鲁菜可分为济南菜、胶东菜、孔府菜和其他地区风味菜，以济南菜为鲁菜的典型代表。济南菜有煎炒烹炸、烧烩蒸扒、熘煽酱腌等50多种烹饪方法，特别精制于汤，清浊分明，堪称一绝。胶东菜包括烟台、青岛等胶东沿海地方风味菜，擅制海鲜，精于海味，独具特色。孔府菜制作过程复杂，历来十分重视美食盛器，以豪华、奢侈、排场、注重礼仪而著称，是中国著名的官府菜之一。鲁菜最具代表的菜肴有济南糖醋黄河鲤鱼、九转大肠、奶汤蒲菜、坛子肉、油爆双脆、烟台扒鱼福、清蒸加吉鱼、福山拉面、蓬莱卤驴肉、糟熘鱼片、孔府喜寿宴、德州扒鸡、博山豆腐箱、泰山豆腐宴、单县羊肉汤、博山烧锅菜等。山东人的性格实在，是出了名的，无论大小餐馆，供应的菜品菜量大、用料足，非常实惠。到山东旅游，可以充分体验山东大汉那种大块吃肉、大碗喝酒的豪爽风格。

特别推荐

▶ **山东十大美食** 济南糖醋黄河鲤鱼、九转大肠、德州扒鸡、烟台扒鱼福、泰山豆腐宴、东营黄河口刀鱼、曲阜孔府一品锅、淄博周村卤汁羊肉、博山豆腐箱、崂山西施舌

▶ **山东十大特产** 东阿阿胶、烟台苹果、张裕葡萄酒、乐陵金丝小枣、曲阜孔府糕点、潍坊杨家埠木版年画、淄博美术陶瓷、青岛啤酒、莱阳梨、潍坊风筝

▶ **山东十大景点** 济南趵突泉、灵岩寺、青岛崂山、泰安泰山、曲阜孔庙、烟台蓬莱阁、威海刘公岛、成山头、邹城孟府、临沂蒙山国家森林公园

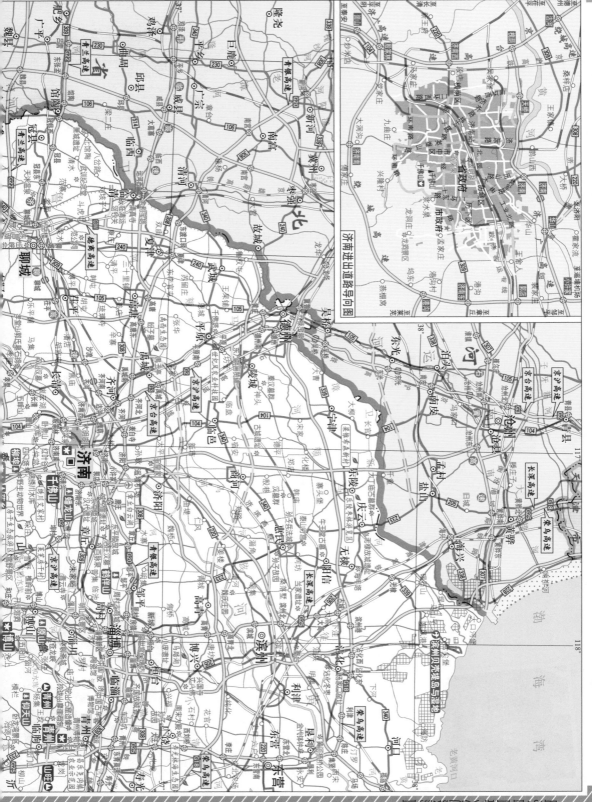

比例尺 1：1 665 000

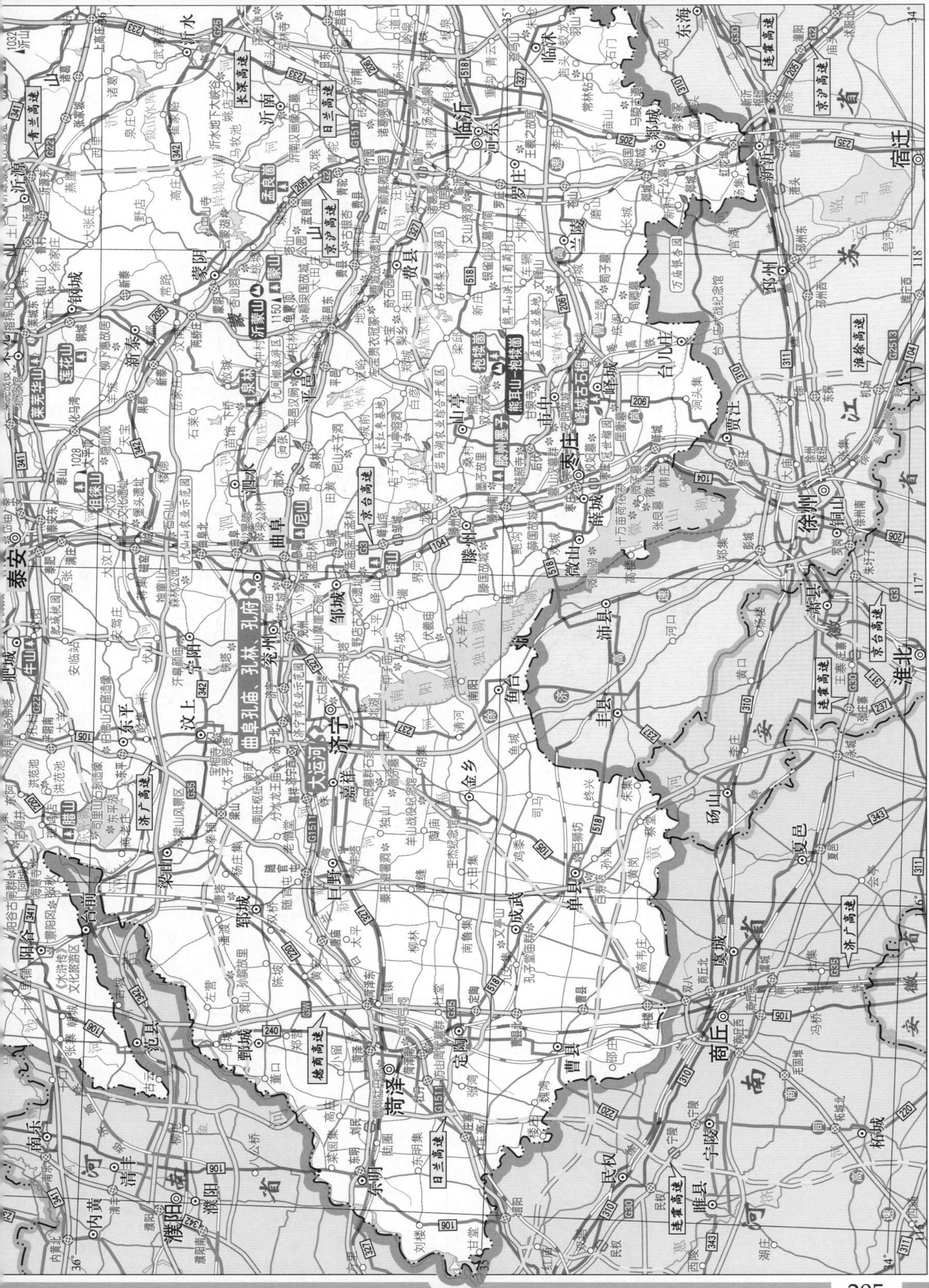

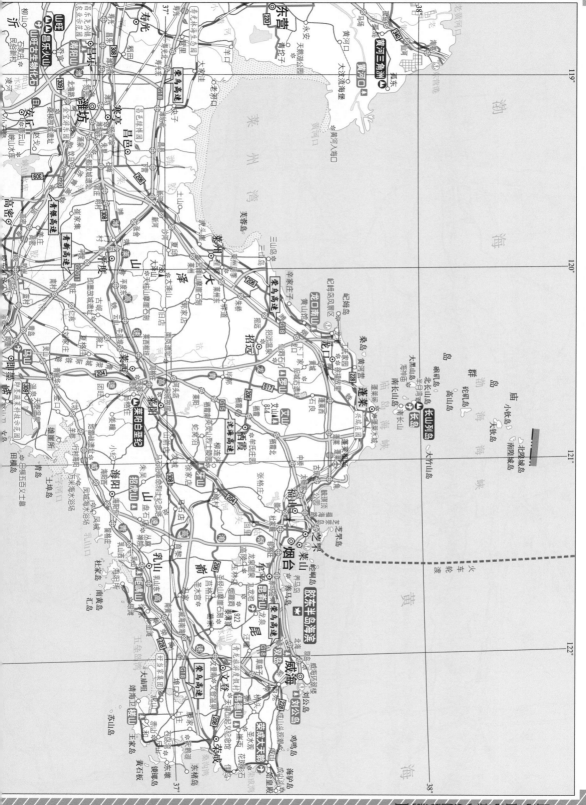

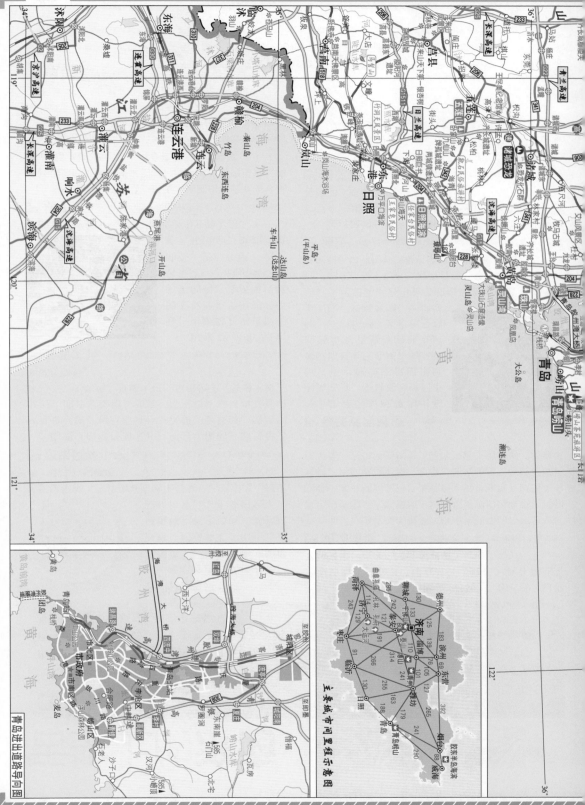

青岛进出道路导向图

主要城市间里程示意图

舌尖上的**济南**

● 美食向导 Delicacies Guide

　　济南菜是鲁菜的代表，历史悠久，素以清香、鲜嫩、味纯著称，素有"一菜一味，百菜不重"之说。尤其在烹饪技艺上，擅用高汤进行调剂，形成了济南菜的一大特色。其中，济南的十大名吃，即草包包子、孟家扒蹄、名士多烤全羊、亮亮拉面、油旋、坛子肉、把子肉、奶汤蒲菜、黄家烤肉、五香甜沫，很有代表性，到济南非尝不可。

推荐特色美食

⊠ 济南名菜

　　糖醋鲤鱼、九转大肠、宫保鸡丁、焖炉烤鸭、油爆双脆、奶汤蒲菜、南肠、玉记扒鸡、黄家烤肉、孟家扒蹄和排骨、名士多烤全羊、清汤全家福（常作为宴席的压桌菜）、坛子肉、把子肉、聚丰德烤鸭等。

⊠ 济南风味小吃

　　面塑（俗称捏面人）、便宜坊锅贴、灌汤包、清油盘丝饼、糖酥煎饼、罗汉饼、金钱酥、清蒸蜜三刀、油炸螺丝糕、油旋、济南甜沫（又叫五香甜沫）、天天炸鸡、泉城大包、草包包子、济南米粉、亮亮拉面等。

⊠ 九转大肠

　　其实就是红烧大肠，由济南九华楼饭庄的老板杜某于清朝光绪初年创制，为济南传统名菜之一。这道菜红润油亮，肥而不腻，色、香、味俱全，就如同道家的"九转金丹"一样，故改名为九转大肠。

⊠ 坛子肉

　　为济南的一道名菜。据传，该菜由济南老字号凤集楼饭店的厨师于清末创制，因这道菜的肉用瓷坛炖制而成，故名坛子肉。肉香味浓，诱人食欲。

⊠ 油爆双脆

　　为济南历史悠久的传统名菜。始于清代中期，当时，济南的厨师以猪肚尖和鸡胗片为原料，用沸油爆炒而成，取名"爆双片"。此后，食客称此菜又脆又嫩，改名为"油爆双脆"。

⊠ 奶汤蒲菜

　　蒲菜，为香蒲的嫩茎，济南大明湖的特产之一，其色白脆嫩，入馔极佳。奶汤是厨师们选取鸡、鸭和猪骨一起熬制而成，色泽乳白、鲜香味浓。以蒲菜为主料，再配以苔菜花、冬菇，加入奶汤烹制成而成奶汤蒲菜，入口清淡味美，脆嫩鲜香，被誉为"济南第一菜汤"。

⊠ 糖醋黄河鲤鱼

　　此菜历来被尊为山东名菜之首。济南地处黄河下游，所产鲤鱼不仅肥嫩鲜美，而且金鳞赤尾，所烹烧的鲤鱼有其独特的地方风味。在制作时，先将鱼身割上刀纹，外裹芡糊，下油炸后，头尾翘起，再用著名的洛口老醋加糖制成糖醋汁，浇在鱼身上即成。此菜香味扑鼻，外脆里嫩，汤汁酸甜，口感极妙，是名菜馆中的一道佳肴。

⊠ 油旋

　　是济南的一种传统风味小吃，自清朝道光年间流传至今。其实就是螺旋状的葱油小饼，外酥里嫩，葱香浓郁，非常好吃。

⊠ 甜沫

　　俗称五香甜沫，是济南传统的大众粥类食品。相传，明末清初，当地一田姓商人经常舍粥赈济难民。从此，这种带咸味的粥，被灾民亲切地称为"甜沫"。

其他名吃

　　济南把子肉、商河马蹄烧饼、竹影海参（原名清汤海参，为孔子第75代孙孔令贻所取名）、芙蓉烧卖、圣旨骨酥鱼、章丘周拉扒鸡、东阿酱菜、心佛斋素菜、葱烧海参等

推荐 特色食处

★ 经十一路美食街

东起省体育中心，西至英雄山路的经十一路，被冠名为"济南美食街"。以英雄山下的济南中华名优小吃城为中心，周边遍布着亮亮面馆、滕州羊汤、重庆风味梁记粥铺、千味米线、杭州九碗伴、鑫鑫水饺、台湾小镇等富有浓郁地方风味的特色小吃店，大部分餐馆实行24小时营业，是济南首个"小吃不夜城"。

★ 泉城路中西美食一条街

这条老街沉积了老济南的深厚文化底蕴，同时又颇具现代商业气息，汇集了全国乃至世界各地的风情美食。在泉城路上，红屋西餐的牛排是值得一提的，现场烤制的牛排，又香又嫩，入口即化；华能大厦的济南菜馆，能品尝到地道正宗的鲁菜。总之，到了泉城路，一定会让你胃口大开。

★ 文化路美食街

准确地说，应该是文化东路和文化西路。文化东路聚集着山东大学、山东师范大学、山东艺术学院等高校，街上的餐馆以特色店为主，川菜、鲁菜、湘菜、海鲜、西餐、日本料理、韩国料理等，各种风味都有。文化西路虽是时尚服装小店荟萃之地，更隐藏着众多美食特色店，富贵楼烤鸭、姚树人鱼庄、开封第一楼等餐馆，也是各具风味。

★ 芙蓉街美食街

芙蓉街北起济南府学文庙，南至泉城路，因街中有芙蓉泉而得名，是济南唯一的一条明末清初时期形成的古商业街，也是全国最著名的小吃街之一，被誉为"齐鲁第一小吃街"。在这条老街上，山东煎饼、公婆饼、油旋、五香甜沫、济南酥鱼、九转大肠等传统风味小吃，应有尽有。每天食客络绎不绝，热闹非凡。

旅游攻略 Travel Guide

济南位于山东省中西部，北跨黄河，南依泰山，为山东省省会，是国家历史文化名城。因泉眼众多，有72名泉，号称"泉城"，自古就有"家家泉水，户户垂柳"之誉。汉初，设立济南郡，因地处古济水之南而得名，2000多年的历史为济南积淀了丰厚的文化底蕴和众多的历史遗迹。久负盛名的趵突泉、黑虎泉、珍珠泉、五龙潭四大群泉及其他名泉，像颗颗名珠镶嵌在整个城市之中，与周边的千佛山、五峰山、鹊山构成了济南一城山色半城湖的独特风光。每年雨季后的秋天，是到济南旅游的最佳时间，此时，"泉城"的泉水会有争相喷涌的独特景观。

热门景点 泉城广场、趵突泉、大明湖、千佛山、灵岩寺等

旅游线路推荐

1 市中心→千佛山→大明湖→王府池子→珍珠泉→芙蓉街→泉城路→五龙潭→趵突泉→泉城广场
2 市中心→黑虎泉→解放阁→植物园→黄河森林公园　　3 市中心→灵岩寺→五峰山→齐长城
4 市中心→红叶谷→四门塔

济南特产 济南李沟灵芝、鸡腿菇、东阿阿胶、长清木鱼石、大明湖蒲菜、徒河黑猪、章丘白云湖甲鱼、章丘明水香米、阿胶糕、商河老粗布、历城核桃、章丘龙山黑陶、趵突泉特酿酒、济南府白酒、平阴玫瑰酒、阿胶酒、鲁绣、章丘大葱等

舌尖上的**青岛**

美食向导 Delicacies Guide

青岛有漫长的海岸线，盛产各类名贵海鲜，其饮食风味以北方特色的海鲜大席为主，也有山东各种特色风味小吃。这里的美食街，荟萃八方风味，美味飘香的地方实在太多，堪称美食家的天堂。

推荐 特色美食

青岛十大代表菜

肉末海参、原壳鲍鱼、大虾烧白菜、崂山菇炖鸡、黄鱼炖豆腐、酸辣鱼丸、炸蛎黄、香酥鸡、家常烧牙片鱼、油爆海螺。

青岛十大特色小吃

小红楼牛肉灌汤包、三鲜蒸饺、大虾烧卖、天府元宵、海鲜水饺、排骨面、青岛大包、青岛锅贴、海鲜馄饨、排骨砂锅米饭。

美达尔烤鱿鱼

青岛烤鱿鱼的店很多，但以美达尔烤鱿鱼连锁店最为有名，品种有烤鱿鱼头、鱿鱼嘴、鱿鱼须等。食时，再配上美达尔特制的酱料，味道鲜美无比。

崂山西施舌

又名沙蛤，是一种珍贵的贝类海鲜，因贝壳被打开时，露出的白肉像是一个小舌头，人称"西施舌"。传说，春秋时期，美女西施与范蠡在逃生路上失散，她自知孤单，易招不幸，便咬断舌头，竟落入海蛤口中，而舌尖又在海蛤体内复活，之后繁衍不息，这就是关于"西施舌"凄迷的传说。用西施舌烹菜或做汤，肉质鲜嫩柔韧，汤鲜可口，味美无比。

青岛三鲜大包

由青岛饭店创制的三鲜肉包发展而来，被评为青岛十大地方特色小吃之一。现已形成了海鲜、肉类、时令蔬菜等多个系列品种，以制作精细、口味清香、价格低廉的特点，广受人们的喜爱。

酱猪蹄

酱猪蹄是满汉全席中的一道传统名菜，传入青岛后，发展成为当地的名肴。尤以青岛流亭机场附近的鑫复盛酒店制作的猪蹄，味道最正宗，已有100多年的历史。

海鲜小豆腐

是青岛的一道美味小菜。以海参、虾仁、鱿鱼和蛤蜊等海鲜为主料，再配上葱花炒制而成。口味鲜香，油而不腻，很有特色。

海菜凉粉

是青岛夏季独有的特色小吃，以海菜、石花菜、鹿角菜为原料制成。此菜晶莹透明、弹性十足，食用时，拌以蒜泥、香菜末、香油、醋等作料，不但味美，而且清爽开胃。

其他名吃

瀛洲蛤蜊套餐、郑庄海鲜脂渣、海水豆腐、鲅鱼水饺、辣炒蛤拉、波尼亚猪头肉、万香斋熟食、崂山菇炖鸡、酸辣鱼丸、海鲜烧卖、峪山菜大包等

推荐 特色食处

✪ 啤酒美食街

这里集中了青岛的特色美食，其周边建筑具有欧陆风情的特点，成为青岛知名的旅游休闲美食走廊。✉ 登州路

✪ 麦岛海鲜美食街

这里靠近渔村，鲜活海鲜货源充足，汇集了60多家以经营海鲜菜为主的餐厅。"吃原汁原味的海鲜菜"是这里餐馆的招牌。✉ 崂山区大麦岛路

✪ 闽江路—云霄路美食街

是青岛市主要的高档餐饮、娱乐、休闲、购物街区。无论白天夜晚，延绵数里的街区，美食飘香，人流如潮，热闹非凡。

旅游攻略 Travel Guide

青岛位于山东半岛东南端，黄海之滨，依山傍海，气候宜人，是一座美丽的海滨花园城市，素有"东方瑞士"的美誉，曾获得"中国人居环境奖"、"公众最向往的中国城市"第一名、"世界最美海湾"、"中国最美丽城市"等称号。这里自然景观独特，文物古迹众多，民俗风情各异，浓缩了近代历史文化的名人故居，具有典型欧式风格的各国建筑，形成了中西合璧的城市特色，被列为世界八个国际会议城市之一。

热门景点 栈桥、第一海水浴场、八大关别墅区、石老人景区、崂山等

旅游线路推荐

1 市中心→栈桥→迎宾馆→海军博物馆→小青岛→小鱼山→汇泉广场→八大关别墅区→音乐广场→石老人景区 **2** 市中心→崂山（一日游） **3** 市中心→即墨区→田横岛→鹤山

青岛特产 高粱饴、海鲜干货、青岛啤酒、崂山啤酒、崂山可乐、即墨老酒、琅琊台酒、崂山绿茶、海青绿茶、黄岛大村黑木耳、胶州湾蛤蜊、崂山黑石华、海产西施舌、崂山绿石、鸵鸟蛋工艺品、天一园砂画、崂山云峰茶、馥郁斋麻片、青岛白葡萄酒、崂山拳头菜等

舌尖上的**烟台**

美食向导 Delicacies Guide

烟台市福山区是鲁菜的发源地之一，历史悠久，早在春秋战国时期的《齐鲁治馔》中，对福山的烹饪技术就已有记载。从明朝到清末，福山的烹饪技艺传入北京，成为宫廷菜的基础，继而影响京津、华北、东北地区，成为北方菜的重要支柱。以烟台福山菜为代表的"胶东菜"成为鲁菜的三大流派之一，因此，烟台福山被誉为"鲁菜之乡"。福山的美食不仅有海鲜名菜，福山面食也非常有名，福山大面、叉子火食、硬面锅饼被称为福山三大名食。当地有句民谚："要想吃好饭，围着福山转"。

推荐特色美食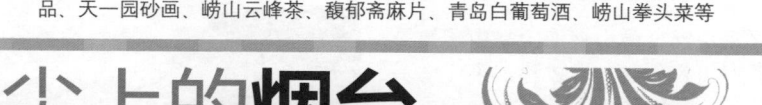

扒鱼福

为山东的传统名菜。相传，很久以前，烟台福山一带，有个财主非常喜欢吃鱼丸子。有一天，他家的厨师不小心割破了手，不能用手挤丸子了。于是，厨师就用汤匙一勺一勺地挖鱼肉团放入锅里，结果氽出的丸子非常好吃。财主问厨师这叫什么菜，厨师脱口而出"氽鱼福"。此菜后来被发展用"扒"的烹调方法来做，味道更佳，成为山东名菜。

八仙宴

是根据"八仙过海"的传说而创制的宴席。以大虾、海参、扇贝、海蟹、红螺等海珍品为主要原料烹制成菜肴，由八个拼盘、八个热菜和一个热汤组成。拼盘制作是仿照八仙过海使用的宝物拼成图案，造型生动别致，菜品风味各异，各有特色。

蓬莱卤驴肉

由蓬莱城南门外的当地人黄开基于清朝咸丰七年（1857年）首创，其后代传承至今。卤驴肉溢香扑鼻，鲜嫩可口，享有"蓬莱卤驴肉，天下无敌手"之誉。

烟台焖子

为烟台非常有特色的风味小吃。将凉粉切成小块，入油锅煎成焦状，配以虾油、芝麻酱、蒜汁等调料即可食用。味道类似北京的煎灌肠。

福山拉面

又称福山大面，分实心面、空心面、龙须面三种。面卤分大卤、炸酱、三鲜等十几个品种。福山拉面口感好、品种多，为烟台有名的面食。

蓬莱小面

是蓬莱的传统名吃，具有独特的海鲜风味。民国时期，由当地人衣福堂制作的蓬莱小面，味道鲜美，远近闻名，俗称"衣福堂小吃"，是到蓬莱不可错过的美食。

糖酥杠子头火烧

这种食品又酥又甜，不变硬、不易馊，是渔民出海打鱼必备的食品。

芙蓉干贝

为烟台福山菜的传统名肴。以干贝为主料，加些葱、姜、清汤，上屉蒸熟。出锅后，撒在呈芙蓉状的熟蛋清上面，淋上香油即可。滋味可口，又极富营养。

其他名吃

红烧大虾、油爆双脆、咸鱼饼子、韭菜炒海肠、油泼海螺、葱烧海参、海鲜水饺、开花馒头、盘丝饼、生呛梭子蟹、鲅鱼馅饺子、长岛鲜鱼面、锅塌黄鱼、锅塌豆腐、糟熘肉片、海蛎羹、扒原壳鲍鱼、莱州全羊汤、炒海肠子、长岛海菜包子等

旅游攻略 Travel Guide

烟台位于山东半岛中部，依山傍海，是中国最美丽城市之一，被誉为"山海仙市"。古称芝罘，明洪武三十一年（1398年），为防外寇入侵，在此地山上建一烽火台，曾有"墩台狼烟"之说，故得名烟台。1861年，依照清政府签订的《天津条约》，被迫开放烟台港，烟台成为山东第一个开埠通商口岸，先后有17个国家在烟台设立领事馆，现已发展成为我国著名的国际贸易港口。烟台的海岸线占山东省沿海的三分之一，沙滩资源非常丰富，是海滨旅游度假的胜地。

热门景点　烟台山、东炮台海滨、金沙滩、昆嵛山、蓬莱阁、长岛、南山旅游区等

旅游线路推荐

① 市中心→滨海路→张裕酒文化博物馆→东炮台海滨风景区→金沙滩　② 市中心→蓬莱阁→八仙过海景区→长岛　③ 市中心→牟平城区→养马岛→昆嵛山　④ 市中心→龙口市→徐福故里→屺姆岛→南山旅游区

烟台特产

烟台苹果、大樱桃、金锡镶工艺茶具、莱州玉雕、麻渠大糖、莱阳梨、烟台绒绣、海阳抽纱工艺品、海肠子、黑刺参、栉孔扇贝、天鹅蛋、东方对虾、鲍鱼、烟台红葡萄酒、莱州毛笔、张裕葡萄酒、张裕三鞭酒、蓬莱茗茶、烟台黑猪、莱阳紫砂茶具、牟平曲氏花生酥、招远黄金、烟台味美思葡萄酒等

舌尖上的**威海**

美食向导 Delicacies Guide

威海位于山东半岛最东端，三面临海，与朝鲜半岛隔海相望。这里的饮食以烹制海鲜著称，大街小巷遍布着许多海鲜小吃，还有那飘着香味的街头烧烤摊，无时无刻不牵引着食客的脚步。由于邻近韩国，威海的韩国风味餐馆很多，游客可以到海港路的韩国菜馆一条街，品尝正宗的韩国料理。

推荐 特色美食

🍲 威海清汤

威海的汤类美食分为海参汤、三鲜汤、鱼腐汤、鸡丝汤等多种。其中的鱼腐汤，俗称威海清汤，最为有名。其实就是鱼丸汤，将牙鲆鱼剁成肉泥，配以各种调料制成小鱼丸，放入锅内清水煮熟，再把已调好口味的清汤与小鱼丸冲入碗中，并放一些香菜即成。肉香汤鲜，真是好吃。

🍲 七珍煮羹

是荣成市的一道特色美味佳汤。相传，全真派创始人王重阳于金大定十六年（1176年）到昆嵛山南麓的圣经山，收了七位弟子，后称"北七真人"。七真人每人爱吃一种山珍，后传入民间，将七种山珍放在一起煮，即为"七珍煮羹"。

🍲 乳山喜饼

又称果饼、媳妇饼，是山东独有的一种面食。在乳山地区的风俗习惯里，喜饼最早用于婚嫁喜事中，而且多为女方准备，因此，也被称作"媳妇饼"。如今，当地人在办喜事期间，男女双方都会制作很多喜饼，分给亲朋好友、邻居街坊品尝。"抬新娘，送新娘，俯首弄眉理红妆，揭开喜盒相大礼，首饰喜饼一箩筐。"这首民谣反映了威海地区的传统婚庆习俗。

🍲 手扒对虾

又称盐水大虾。将整尾大虾洗净，不加任何作料，用淡盐水煮沸，手扒而食，故称手扒对虾。

🍲 红烧海螺

海螺肉含有钙、镁、硒等元素，营养丰富。烧制成菜，味道鲜美，又能增强身体的免疫功能。

其他名吃

神龟馅饼、猪耳朵面、渔家饭、干炸小黄鱼、油炸万寿菜、油爆天鹅蛋、姜汁螃蟹、葱烧海参、芙蓉干贝、炸海蟹、锅熵海蛎子、乳山宋家猪蹄、荣成宋家火烧等

旅游攻略 Travel Guide

威海位于胶东半岛最东端，濒临黄海，是中国大陆距离韩国最近的地级城市。明洪武三十一年(1398年)，为防倭寇侵扰设威海卫，筑威海城，寓意"威震东海"，威海由此得名；清朝时，为北洋海军的大本营；1894年，中日甲午战争威海卫战役就发生在此地。威海名胜古迹荟萃，温泉资源丰富，是一座美丽的海滨城市，现已形成了一线（1000千米海岸线）、六区（中心城市、海滨生态、渔家风情、温泉疗养、传统文化、休闲度假）的旅游格局。

热门景点 刘公岛、威海国际海水浴场、成山头等

旅游线路推荐

1 市中心→刘公岛→甲午海战纪念馆→北洋海军提督署→环翠楼→威海国际海水浴场→韩国城
2 市中心→天鹅湖→成山头　3 市中心→石岛赤山

威海特产 威海锡镶茶具、荣成绿茶、荣成裙带菜、文登西洋参、玉丰地瓜、乳山绿茶、文登学酒、威海雕绣、"渔家味牌"系列海鲜制品、"云龙牌"抽纱刺绣工艺品、威海根雕、荣成无花果等

舌尖上的**日照**

● 美食向导 Delicacies Guide

　　日照背山面海，海岸线延绵数百里，海鲜自然成为这里的特色美食，如烤鱿鱼、炒乌鱼蛋、海参泡饭、大炸虾、清蒸螃蟹等，样样皆是令人垂涎的美味。建议游客到海边渔家的小馆子里去品一品，可边观海景，边食海味，别有一番风情。

推荐特色美食

✂ 日照野味菜

　　日照人喜欢吃松毛虫蛹、蝉幼虫、蝎子、蚂蚱等昆虫，以及苦菜、七七菜、阴青菜、灰灰菜、扫帚菜等野菜。过去，吃这些野味，怕别人瞧不起，都偷偷地吃，而如今，已成为餐桌上最常见的美味佳肴了。

✂ 京冬菜

　　日照的著名特产。创制于清朝咸丰年间，因曾被送入北京城供皇帝御用而得名。将日照产的优质大白菜芯切成段晒干，配以酱油、绍兴酒等作料腌制而成。色泽棕红，浓香宜人，味美爽口。

✂ 烩乌鱼蛋

　　乌鱼蛋就是用日照的海鲜特产——金乌贼的缠卵腺加工而成的食品。色泽乳白，形状如卵，营养丰富，为日照独有的海珍品。清朝时期，一直被列为帝王的贡品。日照的许多饭馆都有烩乌鱼蛋这道菜，口味鲜美，不可不尝。

✂ 清蒸西施舌

　　西施舌为日照海域所产的珍贵海蛤，因其外壳形态俊秀，蛤肉形扁似舌，洁白如玉，被誉为"西施舌"。肉质鲜嫩，营养极为丰富。

其他名吃 莒县全羊、香烤剥皮鱼、清蒸鱼、九仙小笨鸡、九仙豆沫子、右所酱瓣、东港碑廓小锅饼、酸辣乌蛋汤、水晶蒸饺、海参泡饭、干鱿鱼炖肉等

● 旅游攻略 Travel Guide

　　日照位于山东半岛南端，濒临黄海，因"日出初光先照"而得名，是一座美丽的海滨城市。历来有崇拜太阳的习俗，是世界五大太阳文化起源地之一，素有"东方太阳城"的美誉。日照以"蓝天、碧海、金沙滩"闻名于世，境内的海岸线上有64千米的优质沙滩，被誉为"我国沿海未被污染的黄金海岸"，是不可多得的旅游胜地。住渔家屋、吃渔家饭、赶海拾贝、乘船撒网等渔家乐民俗游，使人乐而忘返。

热门景点 万平口海滨、日照海滨国家森林公园、五莲山等

旅游线路推荐

1 市中心→灯塔景区→万平口海滨→日照海滨国家森林公园→桃花岛　2 市中心→浮来山

3 市中心→五莲山→九仙山

日照特产　日照绿茶、金乌贼、莒县丹参、日照黑木耳、浮来青茶、日照生丝、西施舌、浮来山石砚、浮来山银杏、日照黑陶、日照现代民间绘画、五莲纸扎艺术工艺品、五莲槐花蜜等

舌尖上的**泰安**

美**食**向**导** Delicacies Guide

泰安位于著名的五岳之首——泰山南麓，这里的饮食以菜量大、分量足、味道浓的特点而著称。其中，最负盛名的美食是历史悠久的泰山豆腐宴与野菜宴。古时，历代帝王来泰山祭祀，均"食素斋，洁身养性"，以示虔诚，他们所食的素斋中，仅豆腐宴一项就有上百道菜。泰安风味小吃也较有名气，如泰安煎饼、驴油火烧、烤地瓜、酱包瓜、炸赤鳞鱼等，都是到泰山旅游不可不尝的美味。

推荐特色美食

泰山三美

泰安产的白菜、豆腐和泰山泉水，历来就被誉为"泰山三美"。泰安白菜个大心实，质细无筋；泰安豆腐，浆细质纯，鲜嫩豆香；泰山泉水，杂质少，清甜可口。由于历代帝王不断来泰安登泰山祭祀，先后建起了很多寺庙、庵堂，致使这里吃素吃斋者增多，豆腐便成为当地的重要名菜。"游山不来品三美，泰山风光没赏全"，这是当地流传已久的赞誉"泰山三美"的佳谣。

泰安煎饼

煎饼是山东有名的小吃，但泰安的煎饼更有特色。泰安煎饼在加工之前，将主料小米面糊或玉米面糊进行了发酵的工序，之后再煎制而成。其状薄如蝉翼，几乎透明。吃起来，略带酸味，香软可口。煎饼卷大葱，更是当地的大众美食。

泰山白糕

曾为古代贡品。以芝麻、花生油、细面粉、饴糖、蜂蜜、鸡蛋、豆沙泥等十几种原料制成，品种有马蹄酥、向阳酥、荷花酥、羊角酥、蝴蝶酥、海色酥、千层酥等，具有入口化渣、不黏牙、食而不腻的特点。

泰山驴油火烧

为泰山著名的小吃，历史久远。传说，汉武帝东封泰山时，驻扎在古城奉高县，当地官员将本地的加了驴油等调料的馍饼奉上。汉武帝品尝之后，拍案叫绝，连说："好吃，好吃"。从此，驴油火烧名扬天下。2009年，泰山驴油火烧作为指定特色小吃，成功进入了全国第11届运动会。2010年5月，泰山驴油火烧作为特供指定产品，成功进入了上海世博会。

泰山赤鳞鱼

为泰山的特产珍品，尤以泰山龙潭产的赤鳞鱼最为名贵，清代曾被定为宫廷贡品。干炸赤鳞鱼是较为常见的一种吃法，乃用活鱼剖腹干炸而成，肉质细嫩，无鱼腥味，非常好吃。

泰山豆腐宴

泰安的白菜、豆腐和泉水，并称"泰山三美"。泰安人发明的豆腐宴有150多道菜，有一品豆腐、佛手豆腐、芙蓉豆腐、荷花豆腐等，滋味各异，鲜美可口，是到泰山旅游必尝的名菜。

泰山野菜宴

泰山的野菜，食用历史悠久。因古代帝王来泰山祭祀时，均食素斋。泰山野菜宴尤以姜汁荠菜、炸荷香、炒山鸡、凉拌鲜黄花菜、凉拌山丁香等最为著名。

其他名吃　锅塌豆腐、药膳宴、泰山豆腐面、东平无铅松花蛋、千层饼、糊辣汤、山东焖子、呱嗒（又叫牛舌头）、东平糟鱼、肥城狗肉、泰山蘑菇炖鸡、烙饼卷大葱蘸酱、酱包瓜等

旅游攻略 Travel Guide

　　泰安位于山东省中部的泰山南麓，北依省会济南，南邻孔子故里曲阜，西濒黄河，是一座著名的文化旅游城市，被誉为"五岳之都"。西汉初设泰山郡；金天会十四年（1136年），置泰安郡，从古语"泰山安，则四海皆安"一语中，取"泰安"之名，寓意国泰民安。境内的泰山为历代帝王封禅祭天的神山，素有"五岳之首"、"天下第一山"的美誉，以其博大精深的历史文化、雄伟壮丽的自然风光，吸引着国内外游客前来观光游览。

热门景点　泰山、灵岩寺、徂徕山、新泰莲花山、东平湖、泰山云顶齐长城等

旅游线路推荐

1 市中心→泰山（二日游）　　2 市中心→灵岩寺→云顶齐长城→徂徕山　　3 市中心→新泰市→莲花山　　4 市中心→东平县城→东平湖→腊山国家森林公园

泰安特产　泰山女儿茶、碑帖、紫檀砚、墨玉石雕、燕子石工艺品、泰山牙枣、泰山矿泉水、红玉杏、灵芝、东平古粥粉、宁阳泗店蟋蟀、渲马庄牛肉、泰山石、河岔口鸭蛋，以及泰安四宝（泰山桃木、泰山茶、泰山墨玉、泰山香烟），泰山四大名药（何首乌、紫草、黄精、四叶参）等

舌尖上的**济宁**

美食向导 Delicacies Guide

　　济宁位于山东省西南部，是著名的"孔孟之乡"、"运河之都"。由于明清时期，济宁城为重要的漕运枢纽，南北商人往来频繁，使得这里的饮食既有鲜明的北方特色，又具有浓郁的本地风味。要说济宁的美食，还是要数曲阜的孔府菜最为著名，历史最悠久。

推荐
特色美食

 **糁汤**

　　又名肉粥，流行于山东省西南部一带，尤以济宁为最。相传，清朝乾隆皇帝下江南时，路过山东，喝了此汤后，大加赞赏，问当地人这叫"啥"？皇帝金口玉言，当地百姓遂称此汤名为"啥"，即糁汤。

 **济宁夹饼**

　　因其味美、价廉，成为济宁的大众小吃。"没吃夹饼，不算来过济宁"，成为了济宁人传唱的民谣。

髼肉干饭

　　是济宁市的传统特色名吃。"髼"为一种盛放食物的器皿。髼肉，即为将肉放在髼内烹制而成。食用

时，佐以米饭，肉香酥烂，肥而不腻，真是好吃。

四鼻鲤鱼

是微山湖的特产。因其嘴上多长出两根短须，酷像四个鼻孔，故而得名。这种鱼肉质细嫩，味道鲜美，是微山湖区知名的佳肴。

带子上朝

此菜是用一只鸭子和一只鸽子，一大一小放在盘中，别具风味，是孔府宴席中的一道大菜。其寓意是孔府辈辈做官，代代上朝，永为官府门第，世袭爵位不断。

孔府一品锅

是皇帝赐名的一道孔府名菜。传统做法是用海参和鱼肚等珍贵原料烹制成的汤菜，汤汁鲜美，香味四溢。清朝的官衔为一至九品，一品为最高，九品为最低。清朝政府将孔府列为当朝一品官的官府，因而将孔府的这道汤菜赐名为"当朝一品锅"，并代代相传。

烤花揽鲑鱼

是孔府的名菜之一。以鲑鱼为主料，用旺火烤制而成。其特点是烤法独特，肉中泛红，味道鲜美。

曲阜熏豆腐

是当地有名的传统小吃。在曲阜市内，随处可以看到熏豆腐的小食摊。喜欢吃辣的游客，还可以品尝"五香油辣熏豆腐"。

孔府宴

是当年孔府接待贵宾、袭爵、生辰、婚丧时特备的高级宴席。主要名菜有神仙鸭子、一品海参、孔门干肉、一品豆腐、福寿燕菜、长寿鱼、花儿鱼翅等，用料珍贵，菜品丰富，流传至今。

圣府糕点

又名孔府糕点，是孔子故里曲阜所产的特色名点。相传，此糕点为孔子后裔世代袭爵衍圣公创制，故名。味香酥软，造型别致，口感极好。

其他名吃

曲阜酱包瓜、玉堂酱菜、济宁缸贴、邹城手工煎饼、兖州沫膏（又名枣粥）、大饼炖小鱼、微山湖南阳烧鸡、挎包火烧、微山湖麻鸭、金乡烧羊肉、烧罗汉面筋、兖州糊辣汤、梁山粥、曲阜一品寿桃、微山湖大闸蟹等

旅游攻略 Travel Guide

济宁位于山东省西南部，是著名的"孔孟之乡，礼仪之邦"，是东方文化的重要发祥地。伏羲氏、轩辕黄帝、少昊帝、舜帝等中华民族的始祖都诞生在济宁。春秋战国时期，被后世称为中国历史上五大圣人的至圣孔子、亚圣孟子、复圣颜子、宗圣曾子、述圣子思在济宁诞生，开启了中国儒家思想的先河。济宁是全国人文景观最集中的地区之一，比较著名的景点有孔子故里曲阜的孔府、孔庙、孔林，周公庙、少昊陵、鲁国故城遗址、孔子出生地尼山，还有孟子故里邹城的孟府、孟林、孟庙、孟母林，以及水泊梁山、微山湖等名胜古迹。

热门景点 曲阜（孔庙、孔府、孔林），邹城（孟庙、孟府、孟林），以及水泊梁山等

旅游线路推荐

1 市中心→曲阜→孔庙→孔府→孔林→颜庙→少昊陵→尼山→峄山　　**3** 市中心→梁山县城→水泊梁山风景区　　**2** 市中心→邹城→孟庙→孟府→孟林

济宁特产

曲阜尼山砚、楷雕、碑帖、芦笋罐头、金乡贡米、兖州雪茄烟、嘉祥石雕、鲁柘澄泥砚、鱼台米酒、姚村凉席、微山湖大闸蟹、泗水砭石、梁山义酒、曲阜扶兴和毛笔、金乡马庙金谷，以及曲阜三宝（香稻、果旦杏、矿泉水），鲁中五绝（孔府家酒、楷雕如意、全毛地毯、龙头手杖、尼山石砚），济宁三宝（红心萝卜、蜗牛、鲜莲蓬）等。

舌尖上的**淄博**

● 美食**向**导 Delicacies Guide

淄博是齐文化的发源地之一，饮食文化也十分丰富。淄博的美食主要集中在博山、周村两地，其中，博山是鲁菜的起源地之一，素有"鲁中美食城"之称。在山东很多地方流传着这样一首民谣："要想吃好饭，围着博山转"。清朝乾隆皇帝赐封的"天下第一村"淄博周村，也以其独特的风味小吃远近闻名。

推荐 特色美食

博山烧锅菜

是博山颇上档次的一道冷荤菜。以鸡、鱼、肉、蛋等为主料烹煮而成，其品位远在酥锅菜之上。过去，博山一带，每逢过年时，富裕家庭可以把大鱼大肉、整鸡整鸭放进烧锅里，而普通人家就把鱼头鱼尾、鸡翅鸡爪、碎肉鸭架等放进酥锅里，做好了味道也差不多。

博山豆腐箱

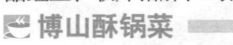

先将豆腐切成长方形的块状，入油锅炸至金黄色捞出。在豆腐块的一面切开一块皮，挖出里边的豆腐，再填入调好的馅料，一般为猪肉馅、三鲜馅、什锦馅或素馅。盖好箱盖，上蒸笼约5分钟取出。最后将烹好的汤汁浇在豆腐箱上，即可食用。味香浓郁，风味独特。相传，清朝乾隆皇帝南巡时途经博山，尝过此菜后，赞不绝口，使之声名远传。

博山四四席

是当地按菜肴分类的一道名宴，共有16道菜品，可供八人一桌就餐。主要菜品有干煎明虾、清汤燕菜、飘香茄、蒜爆腰花、三鲜豆腐箱、锅烧肘子、糖醋鲤鱼、软炸猪肝、鸡汁虾仁、红烧瓦块鱼等。

博山酥锅菜

是淄博人过年时家家必备的一道菜。传说，清朝初年，由颜神镇一位名叫苏小妹的妇女创制。主要原料有白菜、藕、海带、炸豆腐、猪肉、猪蹄、排骨、带鱼等，取名为苏锅菜。又因此菜用醋较多，以肉、鱼骨刺酥烂为主要特征，而"苏"与"酥"谐音，后改名为酥锅菜。

周村卤汁羊肉

是周村的地方名吃，已有上百年的历史。此菜羊肉鲜嫩，卤汁浓稠，远闻清香，近闻不膻，味道清口，且营养丰富。

周村煮锅

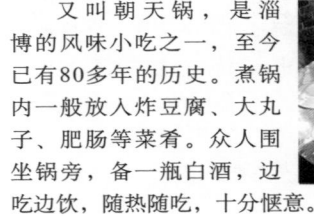

又叫朝天锅，是淄博的风味小吃之一，至今已有80多年的历史。煮锅内一般放入炸豆腐、大丸子、肥肠等菜肴。众人围坐锅旁，备一瓶白酒，边吃边饮，随热随吃，十分惬意。

其他名吃

博山软烧豆腐、沂源吴家官庄烧鸡、博山烩菜、周村大酥烧饼、五香羊肉、沂源大锅全羊、石蛤蟆肉水饺、博山烤肉、红烧鱼唇、酱汁鸭方、张店碧绿竹荪卷等

旅游攻略 Travel Guide

淄博位于山东省中部，南依泰山山麓，北濒九曲黄河，是沟通中原地区和山东半岛的咽喉要道。作为春秋五霸之首的齐国国都长达800多年，因古遗迹繁多，素有"地下博物馆"之称。淄博文化底蕴丰厚，人才辈出，曾涌现出姜太公、齐桓公、管仲、晏婴、孙武、孙膑、蒲松龄等历史名人。独具特色的聊斋文化，成为淄博的骄傲。淄博还是世界足球的起源地，是中国五大瓷都（景德镇、龙泉、潮州、淄博、宜兴）之一。境内人文与自然景观众多，西部周村区是古商城旅游区，素有"金周村"、"旱码头"之誉；中部淄川区是聊斋文化旅游区，有蒲松龄故居、聊斋园等景观；南部博山区和沂源县是自然风景旅游区，以山、水、林、洞、泉著称，这些独特的旅游资源，形成了淄博"齐风陶韵，生态淄博"的旅游品牌。

热门景点 齐文化遗址、周村古城等

旅游线路推荐

1 市中心→齐都镇→齐国历史博物馆→古车博物馆→东周殉马馆→姜太公祠→田齐王陵
2 市中心→周村古城→古商业街→千佛寺→魁星阁→票号展馆区

淄博特产 高青县扳到井酒、博山琉璃、金银花、沂源香椿、苹果醋、淄博美术陶瓷、淄石砚、刻瓷工艺品、淄博丝绸、淄博细瓷、王村陈醋、王村黄酒、博山内画瓶、紫藤园玉液酒、淄石鲁砚、桓台县强恕堂酒、淄川无核软枣、临淄南王根雕、国槐茶、蒲公酒、沂源全蝎、临淄池上桔梗、金丝鸭蛋等

舌尖上的德州

美食向导 Delicacies Guide

德州位于山东省西北部，历史上就是京杭运河的重要码头，其餐饮业自古就十分发达，且风味独特。宁津的长官包子、保店驴肉、武城旋饼、德州羊肠汤等，都是当地的特色美食。其中，尤以"德州扒鸡"最为著名，是德州饮食的招牌菜品。

推荐特色美食

德州扒鸡

又名五香脱骨扒鸡，因在最初制作时只添加五味调料而得名，是德州著名的特产。早在清朝乾隆年间，德州扒鸡就作为山东贡品送入宫中，供帝后及皇族享用，被誉为"天下第一鸡"。

又一村蒸包

起源于1890年，是一处由德州的顾姓人氏开办的包子铺，当时的店名叫"有益村"。因顾氏后人多次到天津狗不理包子铺学艺，县令唐叶风便取古诗"柳暗花明又一村"之意，为包子铺取了"又一村"之名。德州又一村饭庄的蒸包，以其造型好、选料精、满口香的独特风味，可与著名的天津狗不理包子相媲美。

德州羊肠汤

又名清血肠，老德州人俗称它为羊肠子。在德州的大街小巷，随处可见到卖羊肠汤的小车摊，那诱人的香味，真叫人垂涎欲滴。

武城旋饼

是武城县的传统小吃，已有300多年的历史。传说，明朝末年，闯王李自成攻打北京，途经武城，观看了当地馅饼摊主在手中旋转、拍打的制饼过程，饱食一顿后连声称赞，并对摊主说："此饼不如叫旋饼更为合适"。从此，武城旋饼声名远传。

其他名吃

宋楼火烧、禹城扒鸡、"仙丹牌"烤蛋、荷叶肉、砂锅三味、煎转鲫鱼、夏津布袋鸡、平原乳鸽，以及宁津三大名吃（长官镇包子、大柳镇面、保店镇驴肉）等

旅游攻略 Travel Guide

德州位于山东省西北部、黄河下游，是京杭运河沿岸的一个重要码头，黄河与运河穿境而过，是古时京城水路南下的首道关口，素有"九达天衢，神京门户"之称。春秋战国时期，德州地处燕、赵、齐三国之邻，境内的燕赵文化、齐鲁文化、黄河文化源远流长，大禹文化、儒家文化根深蒂固，名胜古迹众多。现保存有全国最大的秦汉墓群、禹王亭、董子读书台、东方朔画赞碑、苏禄国东王墓等古迹遗存。

热门景点 董子读书台、四女寺、苏禄国东王墓、禹城禹王亭、陵城文博园等

旅游线路推荐

1 市中心→董子读书台→苏禄国东王墓→四女寺景区 2 市中心→陵城区文博园→禹城→禹王亭→齐河县黄河北展区 3 市中心→宁津县李满碧霞祠→乐陵万亩枣园→庆云县海岛金山寺→唐枣观光园

德州特产

德州黑陶、庆云草帽辫、陵城黑陶、桑椹、乐陵金丝小枣、熏枣、武城辣椒、夏津蟋蟀、夏津白玉鸟、德州菊花、宁津景泰蓝、武城古贝春酒、禹王亭特酿酒、乐陵中华蜜酒等

舌尖上的聊城

美食向导 Delicacies Guide

明清时期，聊城曾是京杭运河沿岸的九大商埠之一，南北物资交流频繁。其饮食亦受南北风味的影响，形成了以酱香味、醋香味、椒香味、酸香味为特色，以浓香味见长的鲁西菜风味。由于聊城境内水域面积广阔，淡水产品资源丰富，擅长烹制湖鲜，如酱汁鱼条、酱焖鲫鱼、酸辣鱼块、糖醋瓦块鱼等传统菜肴，仅闻其名，就会令人垂涎不已。聊城的风味小吃也很有特色，其中，以沙镇呱嗒、武大郎炊饼、高唐老豆腐等最为著名。

推荐特色美食

武大郎炊饼

原本是阳谷县的一种风味小吃——炊饼。味道香脆可口，外焦内酥，韧劲十足，颇受顾客欢迎。后因古典名著《水浒传》中，对打虎英雄武松之兄武大郎以叫卖炊饼谋生的相关描述，武大郎炊饼一下子传遍了大江南北。如今，在全国不少的城乡，都能看到"武大郎"挑着炊饼沿街叫卖的情景。

临清八宝布袋鸡

始制于清朝同治年间，至今已有100多年的历史。它与河南滑县道口烧鸡、德州扒鸡，同属运河沿岸的热食鸡。吃起来，肉烂香酥，余味无穷。

济美酱菜

临清市的济美酱园，创建于清朝乾隆五十七年（1792年），与北京六必居、保定槐茂、济宁玉堂，并称为"江北四大酱园"。其中，进京腐乳、甜酱瓜是济美酱园的传统产品。

老王寨驴肉

高唐县尹集镇老王寨的驴肉加工技艺，已有300多年的历史，远近闻名。因当地人俗称驴为鬼，故又称驴肉为"鬼子肉"。清末曾作为贡品进献宫廷。

其他名吃

八批果子、托板豆腐、聊城呱嗒、莘县杂烩菜、茌平韩集马蹄火烧、阳谷布袋鸡、五更炉熏鸡、油泼鸡、南煎丸子、四喜鸭子、东阿老豆腐、高唐驴肉、聊城孟家包子、魏氏熏鸡（又称聊城铁公鸡）、范怀梦烧鸽、高唐罗汉饼、临清王家烧卖、热羊肚、东阿豆腐皮等

旅游攻略 Travel Guide

聊城位于山东省中西部，因境内有聊河而得名，又说因春秋时期属聊国，故名。隋炀帝开凿京杭大运河，聊城成为运河沿岸九大商埠之一，明清时期最为鼎盛，当时以东昌湖为中心，商贾云集，车马络绎，百业兴隆。据说，清朝康熙帝、乾隆帝南巡时曾先后多次驻跸聊城。境内阳谷县的狮子楼、景阳冈，因传说武松在此斗杀恶霸西门庆、醉酒打老虎而名传古今。

热门景点 东昌湖、光岳楼、阳谷县狮子楼、景阳冈等

旅游线路推荐

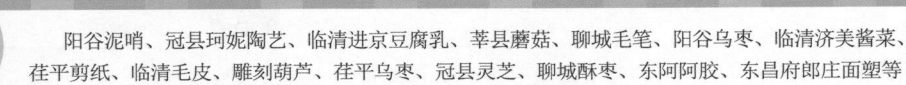

1 市中心→东昌湖→光岳楼→山陕会馆→曹植墓   **2** 市中心→阳谷县城→狮子楼→景阳冈

聊城特产 阳谷泥哨、冠县珂妮陶艺、临清进京豆腐乳、莘县蘑菇、聊城毛笔、阳谷乌枣、临清济美酱菜、茌平剪纸、临清毛皮、雕刻葫芦、茌平乌枣、冠县灵芝、聊城酥枣、东阿阿胶、东昌府郎庄面塑等

舌尖上的**临沂**

美食向导 Delicacies Guide

临沂因濒临山东省第一大河——沂河而得名，境内有著名的沂蒙山。丰富的物产，久远的食俗，使临沂的饮食具有了丰厚的文化内涵，如蒙阴光棍鸡、六姐妹煎饼、桃源焖鱼头、蒙山蒜泥鱼、蒙山全蝎、莒南锅饼、郯城挎包火烧等都是当地民间的特色美食。

推荐特色美食

王祥卧鱼

此菜出自我国古代《二十四孝》中的"卧冰求鲤"一则历史典故。相传，古时，临沂城北的一个小村庄中，有一位贫苦青年叫王祥，其继母卧病在床，想吃鲤鱼，但王祥无钱购买，又时值寒冬腊月，河水封冻，捕鱼无望。王祥孝母心切，便到村西河内横卧冰面之

上，欲以体温暖化冰面，下水捕鱼。王祥的孝举感动了上苍，待他由冰面爬起，一条大鲤鱼破冰而出。王祥喜获鲤鱼，回家炖制成熟，其继母食后，病情好转，继而康复。人们常用"王祥卧鱼"的故事教导后人行孝。当地的厨师根据这则典故，创制了烹鱼之法，取名为"王祥卧鱼"。

⛵ 锅塌鱼

又名元宝锅塌鱼，为临沂的一道名吃。因此菜中的鱼，呈扁形，且无骨，似倒塌状而得名。1986年，临沂锅塌鱼荣获山东省名吃菜大奖。

⛵ 沂蒙潘湖狗肉

潘湖以独特的烹制狗肉的技艺闻名沂蒙地区。传说，清朝康熙皇帝南巡时，曾慕名绕道沂蒙，专尝了潘湖狗肉，食后赞叹不已。

⛵ 蒙阴红烧兔头

是蒙阴的地方名菜。口味麻辣咸鲜，肉味香醇，不油不腻，独具特色，深受食客喜爱。

⛵ 蒙阴光棍鸡

是蒙阴的地方名菜。创始人付泽明在蒙阴县城西岭开设炒鸡店，以烹制蒙山大公鸡为主，且口味鲜美，名扬沂蒙山区。因炒鸡店的工作人员全部是男士，取材又全是大公鸡，人们便将此菜戏称为"光棍鸡"，此店即叫"光棍鸡店"。光棍鸡是当地农家在蒙阴地区的荒山野岭放养的土公鸡（俗称笨鸡），堪称绿色食品。"光棍鸡店"的"光棍鸡"，在蒙阴县及邻县几乎老少皆知，美名远传。

其他名吃

临沂油茶、临沂李守仁烧鸡、牛肉馓、猪肉馓、羊肉馓、王氏熟梨、煎饼卷大葱、莒南驴肉、莒南地瓜菜、薛庄酥火烧、郑旺酱菜等

● 旅游攻略 Travel Guide

临沂位于山东省东南部，东接黄海，因濒临山东第一大河——沂河而得名，是著名的历史文化名城，享有"书城、书法城、兵法城、凤凰城"的美誉。临沂，古称琅琊、沂州，是东夷文明和凤凰文化的重要发祥地，闻名中外的《孙子兵法》、《孙膑兵法》竹简就出土于临沂古城，孔子72贤徒中有13人生长于临沂，名相诸葛亮、书圣王羲之、书法家颜真卿、儒家圣宗曾子、东汉孝圣王祥等先贤古圣都出生或生活在这里，因而被誉为"钟灵毓秀之地，文韬武略之乡"。临沂还是全国著名的革命老区，素有"小延安"之称，革命战争年代，涌现出了红嫂、沂蒙六姐妹等一大批支前模范人物。临沂旅游资源富有特色，有被誉为"天然氧吧"的蒙山，被誉为"世界奇观"的莒南天然卧佛，以及沂水地下大峡谷、沂水天然地下画廊等景区。"人人那个都说哎，沂蒙山好……"，一首沂蒙山小调，唱出了临沂的大好风光。

热门景点 蒙山国家森林公园、孟良崮战役遗址、沂水地下大峡谷等

旅游线路推荐

1 市中心→银雀山汉墓→竹简博物馆→王羲之故居　　2 市中心→蒙山国家森林公园→孟良崮战役遗址　　3 市中心→沂水地下大峡谷→莒南天佛景区

临沂特产

沂蒙山蝎、沂南苗蛋、郯城银杏、蒙山金蝉、临沭常林钻石、蒙山蚂蚱、兰陵美酒、沂蒙香荷包、莒南柳编、石雕石刻、孙祖镇小米、蒙山蜂蜜、莒南绿茶、沂水绿茶、费县奇石、临沂八宝豆豉、平邑金银花、兰陵大蒜、沂蒙山楂，以及临沂三宝（孝河藕、沙沟芋头、塘崖大米）等

舌尖上的 河南

河南菜，简称豫菜，起源于洛阳，为中原烹饪文化的代表。从中国烹饪之圣商相伊尹（洛阳市伊川人）首创五味调和之说至今，豫菜借中州之地利，容东西南北风味为一体，以数十种技法创制出数百种菜肴，形成了中扒（扒菜）、西水（水席）、南锅（锅鸡、锅鱼）、北面（面食、馅饭）的饮食特色，美味脍炙人口，影响遍及华夏。豫菜最具代表的佳肴有汴京烤鸭、开封灌汤小笼包、糖醋软熘黄河鲤鱼、洛阳牡丹燕菜、开封马豫兴桶子鸡、安阳道口烧鸡、安阳熏肚、开封五香蹄、郑州烩面、洛阳水席等。"唱戏的腔，做菜的汤"，这是河南的一句土话，它说明了河南饮食对于制汤是非常讲究的，因而汤菜也是豫菜的一大特色。

特别推荐

▶ 河南十大美食 郑州马豫兴桶子鸡、葛记焖饼、合记羊肉烩面、开封灌汤小笼包、套四宝、平顶山鲁山揽锅菜、洛阳水席、信阳南湾鱼、安阳道口烧鸡、南阳蒸菜

▶ 河南十大特产 新郑大枣、洛阳牡丹、信阳毛尖茶、禹州钧瓷、汝阳杜康酒、洛阳唐三彩、南阳独山玉、汝州汝瓷、镇平丝毯、鹤壁淇河缠丝蛋

▶ 河南十大景点 郑州轩辕黄帝故里、嵩山少林寺、开封清明上河园、洛阳龙门石窟、焦作云台山、周口伏羲太昊陵、平顶山尧山、信阳鸡公山、南阳武侯祠、安阳太行大峡谷

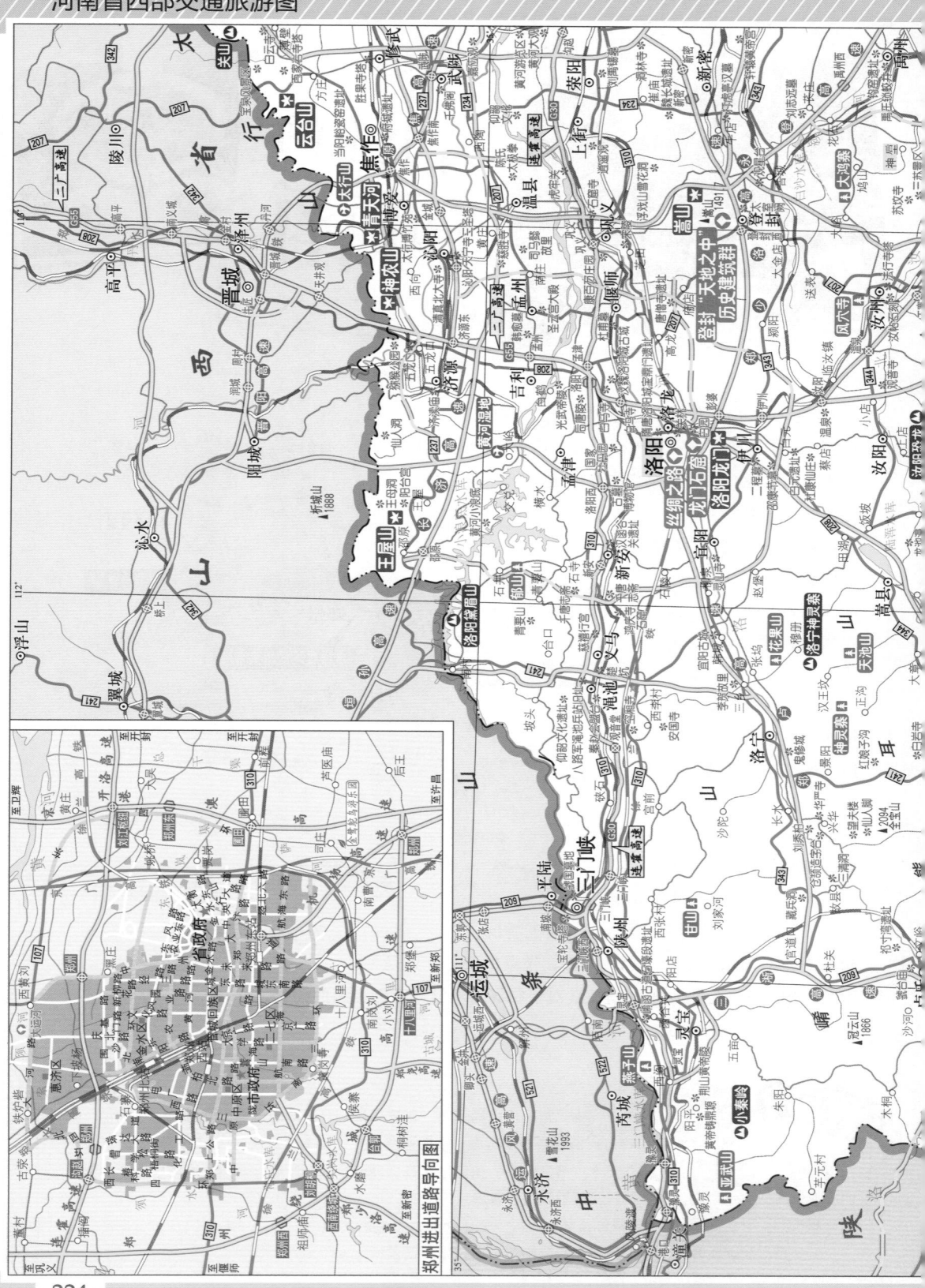

郑州进出道路导向图

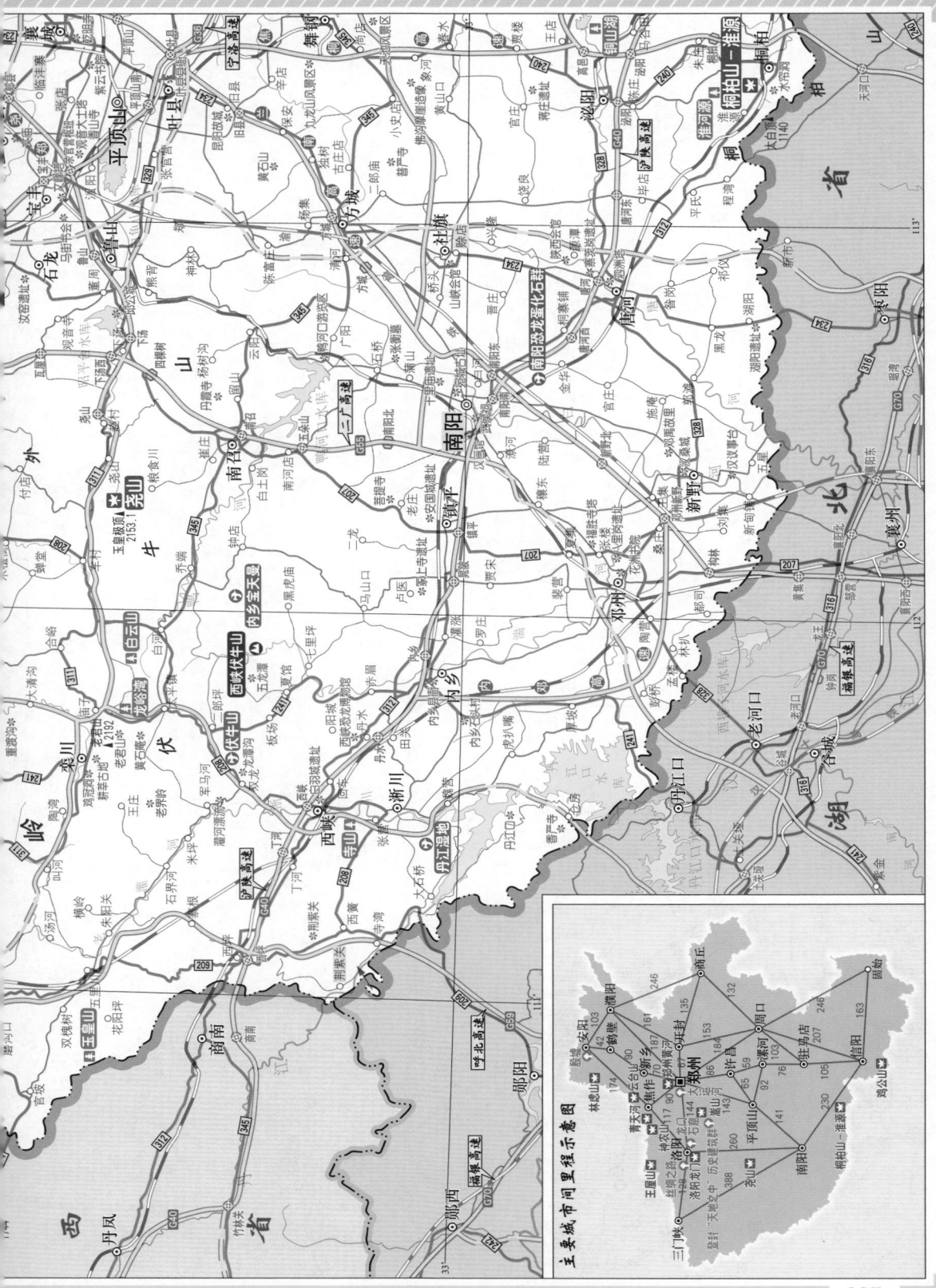

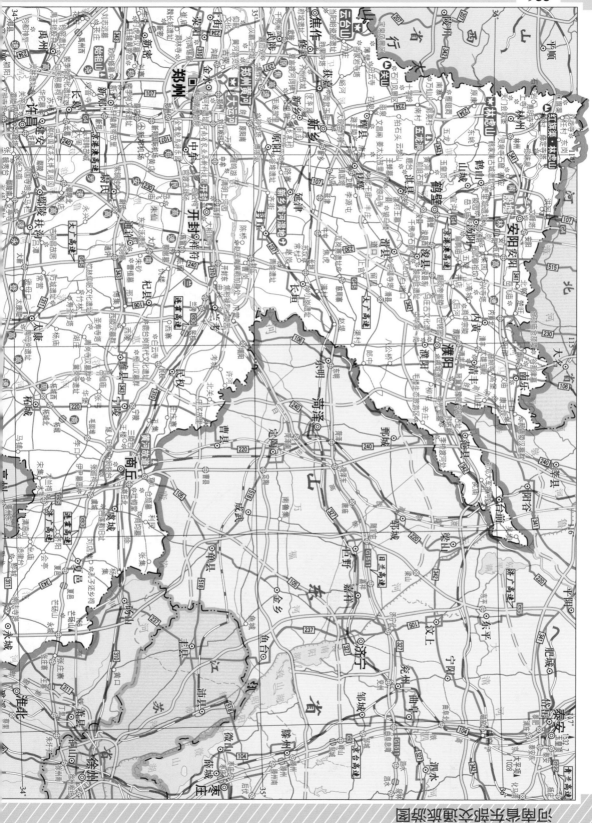

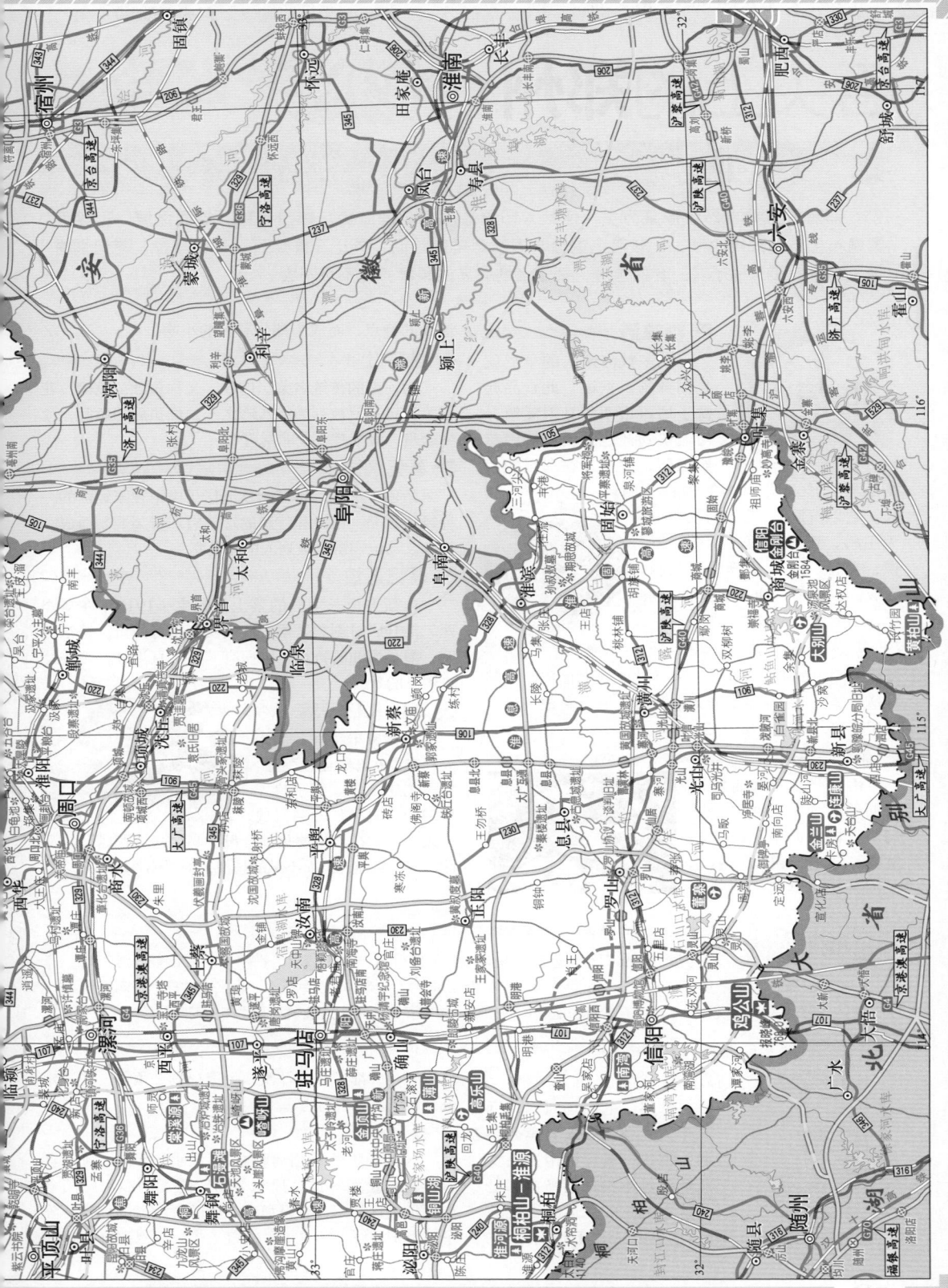

舌尖上的**郑州**

美食向导 Delicacies Guide

郑州的菜肴当然以豫菜为主，但给人印象最深的却是面食。郑州号称"烩面之城"，烩面馆遍布全市的大街小巷，比较著名的面食有合记羊肉烩面、萧记三鲜烩面、蔡记蒸饺、葛记焖饼等。鲤鱼剖面、桶子鸡、套四宝等，都是当地有名的菜肴，也不可不尝。

推荐 特色美食

🍲 糊辣汤

大多数河南人的早点就是糊辣汤。据说，此食品起源于周口市西华县逍遥镇，由流落到此地的明朝御厨赵纪创制。如今，在郑州的大街小巷都能品尝到热气腾腾的糊辣汤。它以鲜肥羊肉、面筋、面糊为主料，配以大葱、生姜、花椒、辣椒、金针菇等辅料熬制而成。食用前，加几滴香油、陈醋，则更是香味四溢。

🍲 合记羊肉烩面

采用上好的鲜羊肉与面条为主料烹制而成。因其味道鲜美、经济实惠，而享誉中原。它与葛记焖饼、蔡记蒸饺，并称为郑州三大名吃。

🍲 萧记三鲜烩面

由郑州长春饭店做伊府面的厨师萧鸿河退休后创制，因烩面中有海参、鱿鱼、羊肉三鲜而得名。又因其味道鲜美、营养价

值高的特点，而成为郑州著名的小吃。

🍲 扒广肚

为河南的传统名菜。广肚，又称鱼肚、鱼鳔、花胶等，自古就被列为海八珍之一。烧扒后的鱼肚，柔嫩软脆，醇浓鲜香，非常可口。

🍲 葛记焖饼

始创于清末，是郑州葛记坛子肉馆独家经营的一种风味食品，用饼和特制的坛子肉加青菜焖制而成。如今，葛记焖饼已被列入中原名吃。

🍲 蔡记蒸饺

由新乡市长垣县的蔡士俊先生于1919年在郑州西二街开店时创制。蔡记蒸饺具有皮薄微黄、馅饱透明、灌汤流油的特点，因而有"出门百步外，余香留口中"的赞誉。

🍲 马豫兴桶子鸡

清代咸丰年间，创始人马有仁在开封创建马豫兴卤鸡店，售卖桶子鸡。1954年，马有仁的第五代传人马福林在郑州德化街开设"马豫兴鸡鸭店"。从此，咸香爽脆、肥而不腻的马豫兴桶子鸡落户郑州。

其他名吃

郑州全家福糊辣鱼火锅、杨记清芳牛肉拉面、郑州油馍、铁锅蛋、杏仁茶、河南烩菜、黄河鲤鱼三吃、新郑丁家粉蒸肉、少林寺素饼、郑州烧牛肉、伊府面、巩义虎豹肉盒、老君烧鸡、焖子、清真扣碗、烩羊肉、琵琶酥、御饼、龙须糕、重阳花糕、新密太槐镇五香牛肉、荷叶饼等

推荐 特色食处

✪ 优胜路美食街

紧邻二七广场商圈，近几年，在郑州餐饮界声名鹊起。据说，餐厅聘用光头女服务员等不少奇招怪招都是从这里诞生的。这条街上的餐馆以火锅为主，如鸿茂斋涮羊肉、川府火锅、广东打边炉、成都光头香辣蟹、全家福糊辣鱼等，在郑州很有名气，也很有特色。

✪ 紫荆山美食街

这里云集着郑州烤鸭总店、河南饭店、河南食府、合记烩面等豫菜风味名店，附近的顺河路美食街更是美食荟萃，光是河南本土的餐馆就够你数一阵子。萧记三鲜面美食城，人气火爆，生意兴隆；逍遥

镇方中山糊辣汤店，别看店面不大，但名气却不小。

☆ 淮河路美食街

是郑州西区正在崛起的美食圈，这里的一个特色就是比较杂，全国各地风味美食云集，草原兴发、小南国、京福华肥牛、重庆苏大姐老火锅、信阳渔村、丰盛园烩面馆、大草原涮锅城等餐饮名店，在这里都

可以找到。

☆ 东区美食圈

包括花园路、泾三路、城东路、商城路、未来大道、东明路、经五路、经七路、丰产路、红专路、红旗路等，这一带是郑州高档饭店比较集中的地方。其中，红专路东段，因为聚集了大公馆、世锦花园、林记热盆景等饭店，早已成为了餐饮繁华路段。东明路上的火锅店较多，带来了如潮的人气，而旺盛的人气，又引来更多的饭店，信阳菜、湘菜、海鲜等风味餐厅，也纷纷入驻，使东明路成为郑州最具人气的美食街之一。

☆ 西区工人路美食街

这里的特点是餐饮规模较小，以独具特色的风味小吃为主，如天山小吃店、军嫂凉皮店、鹿鸣涮锅城、聚福园、亚细亚商务美食宫等，适合大众消费。

旅游攻略 Travel Guide

郑州，又名商都，位于河南省中部偏北，地处中原腹地，北临黄河，西依嵩山，为河南省省会，历史上是中华人文始祖轩辕黄帝所领的有熊国及夏朝、商朝、管国、郑国和韩国的都城所在地，是五朝古都，中国八大古都之一。早在3600年前，这里先后曾是夏、商王朝的都邑；公元前11世纪，周武王将其弟管叔封于此地，称管国；春秋时期，郑、韩两国先后在新郑建都，长达500多年；隋文帝开皇三年（公元583年），始称郑州。这座古老的城市，是华夏文明和中原文化的重要发祥地之一，文物资源众多，有古城墙、古墓葬、古建筑、古关隘、古文化遗址等历史文化遗存，其中，以轩辕黄帝故里、大河村文化遗址、商都城遗址、禅宗祖庭少林寺、道教圣地嵩山中岳庙等名胜古迹最为著名。

热门景点 二七纪念塔、郑州黄河国家级风景名胜区、轩辕黄帝故里、花园口黄河景区、少林寺、北宋皇陵等

旅游线路推荐

1 市中心→二七纪念塔→商城遗址→大河村遗址→黄帝故里→郑韩故城→欧阳修陵园
2 市中心→巩义博物馆→北宋皇陵→河洛汇流处→康百万庄园
3 市中心→少林寺→塔林→三皇寨→初祖庵→达摩洞→嵩阳书院→中岳庙→法王寺
4 市中心→黄河游览区→花园口黄河景区→黄河小浪底风景区

郑州特产 黄河鲤鱼、新郑大枣、石榴、高山绵枣、惠济双桥酒、中牟玉雕、漆雕、少林禅茶、枣花蜜、新密金银花、郑州双桥酒、登封金银花茶、密玉（又称河南翠）、少林宝剑等

舌尖上的**开封**

● **美食向导** Delicacies Guide

开封，古称汴京、东京，素有"十朝古都"、"七朝都会"之称，历史悠久。其饮食以独特的汴京风味成为豫菜的优秀代表之一。在众多的美食中，最为吸引人的是开封小笼包、羊肉汤、鲤鱼剖面、桶子鸡、套四宝等。

推荐
特色美食

开封小笼包

是开封著名的风味小吃之一。皮薄馅多，灌汤流油，味道鲜香，深受食客喜爱。尤以开封市寺后街8号第一楼的小笼包最为有名，人气最旺。

套四宝

由开封的名厨陈永祥于清朝末年创制。其做法就是将鸡、鸭、鸽、鹌鹑四只全禽层层相套，个个通体完整，无一根骨头，用浓汤烹熟。醇香扑鼻，味美无比，堪称"豫菜一绝"。

桶子鸡

由开封的老字号马豫兴鸡鸭店于清朝同治年间所创制，由于当时煮鸡的锅，用的是下铁上木的桶形锅，故名桶子鸡。此鸡采用百年老卤汤煨制而成，鲜嫩酥香，享誉中原。

炸八块

又名八块鸡，为河南名菜。它由童子鸡、鸡肫、鸡肝、淀粉等食材烹制而成。相传，清朝乾隆皇帝巡视开封时，曾吃过此菜。从此，炸八块名声远扬。

糖醋熘鲤鱼焙面

为开封的传统名菜。由糖醋熘鲤鱼和焙龙须面两道菜配制而成。传说，慈禧太后逃难时，曾停留在开封，品尝此菜后，大加赞美。

清汤东坡肉

相传，此菜为宋代大文豪苏东坡在开封做官时所创。这种"笋加肉"的烹制方法，成为当时士大夫阶层争相食用的名肴，故以"东坡肉"命名。

其他名吃

五香兔肉、炸紫酥肉、杞县酱红萝卜、烧臆子（猪胸叉肉）、菊花火锅、羊肉汤、黄焖鱼、杏仁茶、羊肉炕馍、八宝饭、鸡丝馄饨、白扒豆腐、卤煮黄香管、五香羊蹄、炒红薯泥、烩面、锅贴豆腐、双麻火烧、陈留豆腐棍、江米甜酒、朱仙镇五香豆腐干、汴京烤鸭、开封鼓楼沙家酱牛肉等

推荐
特色食处

✪ 鼓楼夜市

是开封规模最大的夜市。这里的小吃品种繁多，口味齐全，不仅有本地特产，还集中了全国各地的风味小吃。每当夜幕降临，这里灯火辉煌，食客如云。

✪ 黄家老店

是开封人最爱去的地方。这里经营的小笼灌汤包价廉味美，最为正宗。✉ 宋城路1号

✪ 又一新饭店

始创于清朝光绪年间，是开封的一家百年餐饮老店。在这里能吃到许多正宗风味的豫菜。✉ 鼓楼街22号

旅游攻略 Travel Guide

开封位于河南省东北部，西与郑州相邻，是国家历史文化名城，中国八大古都之一。古称大梁、汴州、汴京、东京等，战国时期的魏国及五代时期的后梁、后晋、后汉、后周和北宋、金七个朝代都曾在此建都，号称"七朝古都"。尤其在北宋时期，历经九位皇帝长达168年的苦心营建，使其成为当时世界上最大、最繁华的都市之一，因此享有"大宋故都"、"北方水城"的美誉。世界名画《清明上河图》就真实地反映了当时"汴京富丽天下无"的情景。如今的开封，以宋都御街、龙亭、清明上河园、铁塔、包公祠、大相国寺等为主的景区构成了宋代文化游览群。

热门景点 开封府、大相国寺、包公祠、宋都御街、清明上河园等

旅游线路推荐

1 市中心→大相国寺→山陕甘会馆→延庆观→龙亭→铁塔　　**2** 市中心→天波杨府→清明上河园→宋都御街　　**3** 市中心→朱仙镇→岳飞庙

开封特产 开封汴绣、官瓷、朱仙镇木版年画、杞县酱菜、开封花生糕、五香豆腐干、清明上河图绢印本、七步诗酒、包公豆、进士糕、状元饼、汴绸、大京枣、杞县柳编，以及东京三酥（三鲜莲花酥、桂花大卷酥、蛋黄酥）等

舌尖上的**洛阳**

美食向导 Delicacies Guide

洛阳是中国八大古都之一，其饮食文化历史悠久，品种繁多，但最具特色的当属著名的洛阳水席及各色各样的汤。洛阳人喜爱喝汤，如羊肉汤、驴肉汤、豆腐汤、丸子汤、糊辣汤、不翻汤等，风味各异，口味繁杂，已成为洛阳街头最平常的风味小吃，一定不要错过。

推荐特色美食

🍲 洛阳水席

是洛阳一带民间宴请宾客、办理红白大事的首选菜肴，唐代武则天时曾被引入皇宫，成了宫廷宴席，因而名扬天下。洛阳水席由8个凉菜、16道热菜组成，简称"三八席"。之所以称为"水席"，有两个含义：一是全部热菜皆有汤，汤汤水水；二是热菜吃完一道换一道，像流水一样不断更新。洛阳水席遍布洛阳的大小餐馆，但以洛阳老城的真不同饭店做的水席最为正宗。其中，洛阳水席的头

道菜——牡丹燕菜最为有名，其制作技艺已被列入"国家级非物质文化遗产"。

🍲 洛阳燕菜

是洛阳水席中的第一道大菜，为水席中的上肴。原称为"假燕菜"，就是指以其他食材假充珍贵的燕窝而制成的菜肴。这个作假的

源头，据说，与唐代武则天有关。相传，武则天称帝后，有一年秋天，洛阳东关外的田地里长出了一颗异常庞大的白萝卜，民众认为是丰年之兆，将它作为吉祥之物献给了女皇。武则天一见大悦，即命御厨烹制成菜。御厨将萝卜切成细丝，再配以山珍海味烹制成汤，武则天食后，感觉很有燕窝汤的味道，就赐名为"假燕窝"。后来，此菜传入民间，人们无论婚丧嫁娶，还是待客宴请，都把"假燕菜"作为桌上首菜，并称之为洛阳燕菜，简称燕菜。1973年10月14日，周恩来总理陪外宾来洛阳参观访问，见宴席上有一朵雕好的牡丹花浮于洛阳燕菜的汤面之上，便风趣地说："菜里开花了"。后来，人们又把燕菜称为"牡丹燕菜"，成为洛阳一大名菜。

洛阳牛羊肉汤

说起洛阳的汤，不要说喝了，只让你闻一闻味道，就会馋得你口水欲流。洛阳的汤种类很多，有牛肉汤、羊肉汤、驴肉汤、丸子汤、豆腐汤、不翻汤等二三十种，汤馆遍布大街小巷，生意都很红火。尤其清晨来到汤馆，先来一碗热汤，将切成条状的烙饼往汤中一泡，再放些特制的辣子，那勾人魂魄的汤香之气，一定会让你食欲大增。老喝家常说："清晨一碗洛阳汤，给个神仙都不当"。✉ 小碗牛肉汤馆：涧西区银川路 ✉ 马家驴肉汤馆：西工区凯旋西路 ✉ 马建国牛肉汤馆：西工区牡丹桥下

不翻汤

是洛阳的传统小吃，至今已有120多年的历史。其做法是将薄饼（最好为绿豆饼）放于高汤上，待锅中的水翻滚时，饼子却不翻个儿，故得名不翻汤。其特点是酸辣利口、油而不腻，别具风味。正宗的洛阳不翻汤，首推洛阳老城的居业园。

浆面条

也叫酸面条，其原因是发酵后的浆酸味十足，为洛阳的传统小吃。浆面条最好吃的是绿豆面浆，最常见的是麦子面浆。

糊辣汤

是洛阳的一种别具风味的小吃，一般只有在早上才能吃到。其特点是麻辣鲜香，非常爽口。

洛阳长寿鱼

相传，长寿鱼为东汉光武帝刘秀的御厨所创制，距今已有1900多年的历史。此菜甜、咸、酸三味俱全，还具有滋补药用价值，为洛阳的传统名菜。

其他名吃　洛阳四大名吃（潘金和烧鸡、拌生园酱肉、阎记羊肉汤、马蹄街馄饨），洛阳老八件（双麻酥、芝麻酥、甜咸饼、果仁酥、蛋卷酥、花生酥、金麻枣、蛋黄酥），以及清蒸鲂鱼、鲤鱼跃龙门、栾川蝌蚪面、新安汤面饺、榆树园张记烧鸡、宜阳后庄卤肉、洛宁蒸肉、牡丹饼、少林八宝酥、锅盔、酸汤焦炸丸等

旅游攻略 Travel Guide

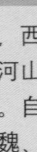

洛阳，因地处古洛水北岸而得名。位于河南省西部，西依秦岭，北靠太行山又有黄河之险，南望伏牛山，素有"河山拱戴，形势甲于天下"之说，为历代逐鹿中原的必争之地。自夏朝开始，先后有商、东周、东汉、三国魏国、西晋、北魏、隋、唐、武周、后梁、后唐、后晋等13个王朝在此定都，因此有"十三朝古都"、"千年帝都"之称，并曾与北京、南京、西安被列为"中国四大古都"。以洛阳为中心的河洛文化，是华夏文明的重要组成部分。境内有丰富的人文与自然景观，龙门石窟、白马寺、关林、孟津龙马负图寺及栾川老君山、鸡冠洞、重渡沟、白云山等景点，构成了洛阳独具特色的旅游资源。赏花是古都洛阳的传统习俗，洛阳牡丹天下奇，牡丹花会已成为洛阳的盛大节日。每年谷雨季节，是牡丹花盛开时节，中外游客纷纷前来赏花。

热门景点　龙门石窟、关林、白马寺、黄河小浪底风景区等

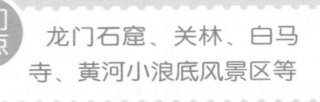

旅游线路推荐

1 市中心→王城公园→周王城车马坑博物馆→白马寺→狄仁杰墓　　2 市中心→龙门石窟→香山寺→白园→关林　　3 市中心→孟津城区→黄河小浪底风景区　　4 市中心→嵩县县城→白云山→天池山　　5 市中心→栾川县城→老君山→重渡沟→龙峪湾国家森林公园→鸡冠洞

洛阳特产

洛阳唐三彩、梅花玉（又称"汝玉"）、澄泥砚、洛阳牡丹、洛龙杏干、花果山山野菜、汝阳杜康酒、西工牡丹石、新安黄河奇石、新安猪肝散（为保健良药）、栾川柿子醋、河洛奇石、洛阳宫灯、洛绣、黄河鲤鱼等

舌尖上的**平顶山**

美**食**向**导** Delicacies Guide

平顶山位于河南省中南部，是中国重要的产煤基地，由于煤田的开发，工业移民也随之而来，构成了这里人口的多元性。其饮食大体属于豫菜风味，但也有自己的地方特色，较具代表性的美食有鲁山揽锅菜、郏县豆腐菜、舞钢热豆腐、叶县瘸子烩面、汝州粉皮、北舞渡糊辣汤、宝丰买根烧鸡等。其中，鲁山揽锅菜最为著名。

推荐特色美食

武记羊肉

是平顶山知名的一个饮食品牌，创立于1980年。主要经营各种羊肉菜肴，有武记羊肉汤、烩面、烤羊排、卤水羊杂、全羊肉、干锅羊肉、中扒羊肉等。

郏县饸饹面

是当地的传统风味小吃，已有1000多年的历史。其最大的特色是加入用纯羊油熬制的辣椒和百年老锅汤及新鲜味美的羊肉，再辅以茴香、枸杞、胡椒等作料。吃起来，不仅味道鲜美，而且还有保健防病的功效。

鲁山揽锅菜

为鲁山县的地方名吃之一。据传，此菜起源于明朝洪武年间，由当地杨氏先祖创制，后经杨氏数代

人的发展，传承至今。主要以猪肉丸子、时令蔬菜、油焖豆腐、粉条等为主料，再佐以豆瓣酱、五香大料等调料，经过焖炒而成的一道"杂烩菜"。此菜不仅色香味美，而且量足价廉，着实惹人喜爱，被评为河南地方名菜。

三郎庙牛肉

是平顶山地区的老字号美食。始于宋代，清朝康熙年间曾被列为贡品。选用郏县的牛肉，用天然植物香料与"玉泉水"腌制而成。烹熟后的牛肉，鲜嫩香浓，味道鲜美，被誉为"牛肉之王"。

舞钢山野菜

是舞钢市独特的纯天然绿色菜品，多生长在九头崖、天池山、五峰山的灌木丛之中，菜品有地龙菜、龙珠菜、金香菜、珍珠花、木莲菜、槐花、野腊菜、马齿菜、水芹菜、天精芽、合欢菜等几十种。这些山野菜可凉拌，也可热炒、做汤；可单独烹调，也可配肉、蛋炖炒。味道鲜美，营养丰富，为食客最喜欢的菜品。

其他名吃

汝州粉皮、手抓葱油饼、汝州卤猪头肉、羊肉汤、焦店烧鸡、宝丰买根烧鸡、叶县烩面、舞钢咸豆腐脑、辣子热豆腐、郏县蒸面、沫糊、叶县酱焖鸡等

旅游攻略 Travel Guide

平顶山位于河南省中部，是国家重要的能源材料工业基地，全国十大优质铁矿区之一。西周时期为武王宗室应侯的封地应国，当时的应国以鹰为图腾，因此，平顶山市又称鹰城。这里还是河南曲剧的发源地，一年一度的马街书会，传承700多年不衰，被誉为我国曲艺文化的活化石。境内有裴李岗文化、龙山文化遗址，以及著名的尧山国家级风景名胜区等。

热门景点 风穴寺、中原大佛、尧山、叶县县衙等

旅游线路推荐

1 市中心→风穴寺→汝州温泉　　2 市中心→叶县县衙→叶公墓　　3 市中心→三苏陵园

4 市中心→尧山国家级风景名胜区→六羊山风景区→中原大佛

平顶山特产 汝瓷、舞钢响石、鲁山丝绸、宝丰酒、汝州四知堂药酒、宝丰紫砂陶、汝州宋宫御酒、鲁山梁洼陶瓷汝贴、马街瓜菜、舞钢龙泉剑、宝丰翟集陈醋等

舌尖上的**安阳**

美食向导 Delicacies Guide

安阳位于河南省最北部，简称殷，是中国八大古都之一。悠久的历史，也促进了安阳饮食文化的发展，除了有闻名全国的滑县道口烧鸡之外，这里还有扁粉菜、粉浆饭、血糕、皮渣、扣碗酥肉、内黄灌肠等独具地方特色的风味小吃。

推荐特色美食

道口烧鸡

滑县道口镇，素有"烧鸡之乡"的称号。道口烧鸡始制于清朝顺治年间，由当地人张炳所创。他按一位曾在清宫御膳房做过厨师的老友所传的"要想烧鸡香，八料加老汤"的秘诀，依其制出的烧鸡，酥香软烂，肥而不腻。食用时，不需刀切，用手一抖，骨肉即自行分离。食之，余香满口，回味无穷。从此，张炳烹制的烧鸡名传千里，并定铺号名为"兴义张"，流传至今，全国闻名。

安阳三不粘

用鸡蛋黄、淀粉、白糖加水搅匀，再炒制而成。甜糯筋道，有点像葡式蛋挞，由于不粘盘、不粘牙、不粘筷子，故称三不粘。相传，清朝乾隆皇帝南巡路过安阳，曾品尝过"三不粘"，非常喜爱。此后，"安阳三不粘"被列入宫廷菜品。

扁粉菜

是安阳人最爱吃的饭菜之一。以粉条为主料，配以青菜、豆腐、猪血等，入锅煮制而成。尤其在早晨，吃上一碗香喷喷、辣乎乎的扁粉菜，那才叫过瘾。

粉浆饭

是安阳著名的特色小吃之一，它与血糕、皮渣，合称"安阳三宝"。粉浆饭，其实就是粥，有一股独特的酸、香、甜、绵的味道和口感，既开胃，又清热败

火。安阳人喝粉浆饭，几乎到了痴迷的程度。

皮渣

是安阳的"三宝"之一。用粉条配以海米、葱花、蒜片、姜末、猪油等，加水搅拌后，入锅蒸制而成。制成的皮渣，可煎可烩，也可炒菜做汤，味美可口，别有风味。

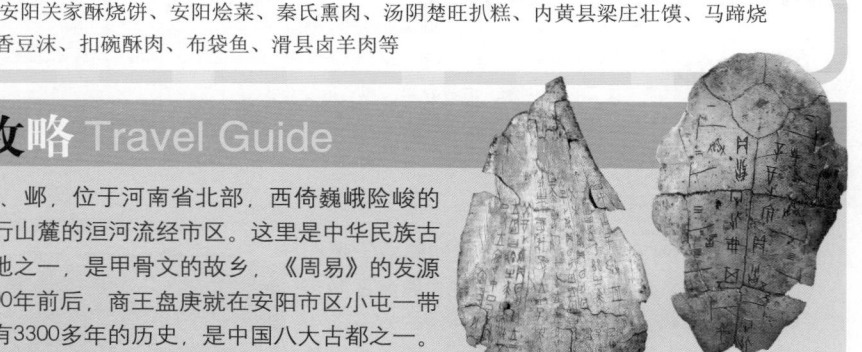

血糕

是安阳著名的传统风味小吃之一，始创于清朝乾隆年间。用荞麦面、猪血加调味料蒸熟，再切片油煎，拌以蒜汁食用。香辣味美，风味独特，深受人们的欢迎。

内黄灌肠

是内黄县特有的地方风味小吃。起源于清朝咸丰年间，由当地的一邱姓屠户创制。灌肠以猪血、猪肠、面粉、香油、五香料为主要原料精制而成。可以凉拌的，叫筒灌肠；可以煎食的，叫煎灌肠。在内黄县，灌肠是很受欢迎的小吃，当地有首关于灌肠的民谣："肠子猪血白面灌，小刀一拉下煎盘，小铲一翻撮一碗，肚里不饥能解馋"。

安阳三熏

包括熏鸡、熏鸡蛋、熏猪下水，是安阳一带著名的地方风味小吃。其做法是将原料精心卤制，再用柏枝、柏壳和松木锯末等材料点燃熏制而成。熏菜的特点是熏香浓郁、脆烂不腻，而且耐储存。

老庙牛肉

滑县老庙乡自明朝末年就开始加工牛肉，其烧煮技术远近闻名。老庙牛肉用15种作料和陈年老汤，以木炭火煮制而成。食之，肉烂筋软，风味独特，享有"豫北之花，中华一绝"之誉。

其他名吃

安阳关家酥烧饼、安阳烩菜、秦氏熏肉、汤阴楚旺扒糕、内黄县梁庄壮馍、马蹄烧饼、安阳五香豆沫、扣碗酥肉、布袋鱼、滑县卤羊肉等

旅游攻略 Travel Guide

安阳，简称殷、邺，位于河南省北部，西倚巍峨险峻的太行山，发源于太行山麓的洹河流经市区。这里是中华民族古老文化的重要发祥地之一，是甲骨文的故乡，《周易》的发源地。远在公元前1300年前后，商王盘庚就在安阳市区小屯一带正式建都，距今已有3300多年的历史，是中国八大古都之一。安阳殷墟是商代晚期都城遗址，被公认为中华第一古都，享有"殷商故都"、"文字之都"的美誉。历史上著名的妇好女将军挂帅、文王拘姜里而演《周易》、武王伐纣、西门豹治邺、扁鹊伏道遇害、曹操发迹古邺城、岳母刺字等许多历史典故都发生在这里。安阳殷墟博物苑、曹操墓、汤阴岳飞庙、姜里城及红旗渠、太行大峡谷等著名旅游景点，独具特色，令游客流连其中，寻古探源，乐而忘返。

热门景点 袁世凯墓、殷墟博物苑、中国文字博物馆、文峰塔、曹操墓、汤阴姜里城、红旗渠、太行大峡谷等

旅游线路推荐

1 市中心→殷墟博物苑→汤阴岳飞庙→姜里城→袁世凯墓→曹操墓→文峰塔→红旗渠　2 市中心→中国文字博物馆→文峰塔→红旗渠　3 市中心→太行大峡谷（一日游）

安阳特产

曹马芝麻糖、内黄大枣、山楂、核桃、板栗、大红袍花椒、安阳燎花（即糕点）、彰德陈醋、滑县木版画、安阳玉雕、内黄红枣糕等

舌尖上的**鹤壁**

美食向导 Delicacies Guide

鹤壁位于河南省北部，是殷商文化的发源地之一。穿境而过的淇河被誉为"史河"、"生态河"。要说鹤壁的美食，当属淇河三珍（淇河鲫鱼、缠丝鸭蛋、冬凌草茶）最为著名。

推荐 特色美食

王桥豆腐皮

浚县城西北1千米处的王桥村，素有"豆腐故乡"之称。王桥豆腐质白细嫩，煮炖不烂，味道纯正。这里的特产豆腐皮，薄而筋道，豆香浓郁，为凉拌菜的佳品。

淇河鲫鱼

是流经淇县境内的淇河湾中的特产名鱼。鱼肉肥厚刺少，细嫩鲜美。明代曾被列为贡品。

淇河缠丝鸭蛋

是淇县境内的淇河沿岸特产的一种鸭蛋。将鸭蛋煮熟后切开，可见蛋内缠绕着一圈圈不同的色环，故称"缠丝鸭蛋"。与普通鸭蛋相比，其蛋白质含量高，营养价值高。据说，这是因为鸭子常吃淇河的鲫鱼所致。明清时期，淇河缠丝鸭蛋曾被列为贡品。

其他名吃

吴二锅花生米、浚县豆腐、黑芝麻糙馍馍等

旅游攻略 Travel Guide

鹤壁位于河南省北部，因世传仙鹤栖于南山峭壁而得名，是殷商文化的发源地，殷商古都"朝歌"就在鹤壁境内的淇县。封神榜的故事在此演绎，历史上著名的纵横家鼻祖——鬼谷子王禅，在云梦山教书授徒，培养出孙膑、庞涓、苏秦、张仪等一代豪杰。浚县是国家历史文化名城，境内的大伾山融佛、道文化于一体，开凿于北魏时期的大石佛，享有"八丈佛爷七丈楼"之誉。尤其是鹤壁境内的淇河天然太极图，被誉为"太极之源"，当年周文王观此图而演《周易》，留下了千古巨著。

热门景点 浮丘山、大伾山、云梦山、灵山寺等

旅游线路推荐

1 市中心→云梦山→淇河天然太极图→古灵山→淇县古城　　2 市中心→大伾山→浮丘山

鹤壁特产

淇河三珍（淇河鲫鱼、缠丝鸭蛋、冬凌草茶），以及大胡黄酒、浚县泥塑、盘砚、邵原苹果、淇县无核枣、木鱼石茶具等

舌尖上的**南阳**

美食向导 Delicacies Guide

南阳地处河南省西南部。这里的饮食汇集了全国各地的风味佳肴，而南阳本地的小吃极具特色，如南阳糊辣汤、油茶、镇平烧鸡、方城烩面、新野臊子面、博望锅盔、唐河肘子、丁老二米线、盆窑猪蹄等，都非常出名。遍布南阳大街小巷的餐馆、食铺，美味飘香，总能吸引远来的客人前去品尝。

推荐
特色美食

玄庙观斋菜

南阳的玄庙观为道教庙院，明清时期，香火最旺，与当时的北京白云观、山西长清观、西安八仙庵并称全国道教四大丛林。观中的道人按照教规必须吃素斋，从而创制了许多名菜佳肴，如素火腿、扒素鸡、素鱼翅等，都是形荤实素，色、香、味、形俱佳。

砂锅米线

是南阳的传统小吃。虽然米线哪里都有，以云南米线最为著名，但南阳的米线，注重的是汤汤水水，而且汤里还能捞出很多猪肉、牛肉、面筋、蔬菜等，米线的量也特别多，绝对跟云南米线有得一拼。

南阳蒸菜

是独具河南风味的一道特色菜肴。将各种蔬菜洗净后切成丝，拌以面糊入锅蒸熟，出锅后，再撒些香油、醋、味精、盐等作料即可食用。南阳蒸菜不仅种类繁多、制作方便，而且色、香、味、形俱佳，清香爽口，具有较高的营养价值。

郭滩烧鸡

是由唐河县郭滩镇的李家一品烧鸡厂所产，始于唐宋时期，历史悠久。郭滩烧鸡素以肉质鲜嫩、五香脱骨的特点而著名。

神仙凉粉

是淅川县荆紫关镇特有的一种风味小吃。相传，这种凉粉是经神仙点化而成，故名。其制法是用荆紫关北猴山上的一种野生灌木树叶加淀粉制作而成，是夏天消暑降温的极好食品。

镇平烧鸡

创制者侯稀山，原籍山东临沂，1928年，在德州拜名师学做烧鸡。1942年，他携妻儿迁居南阳市镇平县，继续经营烧鸡。从此，酥香味美的侯氏烧鸡，在镇平一带名声大振，流传至今。

博望锅盔

系用白面做成馍，再入锅烤制而成的一种特色面食。相传，三国时期，关羽镇守博望时，以"用干面，掺少水，和硬块，锅炕之，食为盔"之法创制出别具风味的锅盔。食之，酥香爽口，耐嚼耐饥，且久放不坏。

其他名吃

南阳卤面、热干面、糊汤面、唐河卤羊肉、淅川菊花肉、脚踏肉、邓州糊辣汤、内乡灌涨油旋、黄河口水煎包、新野卤牛肉、桐柏黄焖鸡、梅溪肘子、肉丸扣碗、南召白土岗辣子鸡、新野臊子面、淅川五香野蝎等

旅游攻略 Travel Guide

南阳位于河南省西南部，因地处伏牛山以南而得名，其境内的亚洲最大的人工淡水湖——丹江口水库，是中国南水北调中线工程的渠首地。南阳历史悠久，汉代为全国六大都会之一，东汉光武帝刘秀发迹此地，故称"南都"、"帝乡"。这里曾孕育了"商圣"范蠡、"医圣"张仲景、

"科圣"张衡、"智圣"诸葛亮等历史名人。南阳境内旅游资源丰富而独特，现已推出了以武侯祠、火烧博望坡遗址、汉桑城关羽拴马遗址、刘禅出生地太子阁为主的三国文化游，以南阳府衙、内乡县衙、淅川荆紫关古街道、邓州福胜寺塔为主的古建筑文化游，以南阳伏牛山世界地质公园、桐柏山—淮源国家级风景名胜区、丹江口水库风景区为主的自然风光游等经典旅游品牌。

热门景点 武侯祠、内乡县衙、西峡恐龙博物馆、内乡宝天曼国家级自然保护区、尧山风景区等

旅游线路推荐

1. 市中心→武侯祠→医圣祠→内乡县衙　　2. 市中心→桐柏山—淮源国家级风景名胜区　　3. 市中心→西峡恐龙化石博物馆→灌河漂流　　4. 市中心→内乡宝天曼国家级自然保护区→南召尧山风景名胜区

南阳特产 南阳油菜、西峡山茱萸、南阳玉器、西峡六味地黄丸、镇平黄酒、卧龙玉液、界中米醋、方城黄石砚、南阳独山玉、丝绸、镇平地毯、玉雕、南召柞蚕、唐河麻糖、伏牛山土蜂蜜、南阳黄牛，以及南阳三绝（玉雕、烙画、丝毯）等

舌尖上的**信阳**

美食向导 Delicacies Guide

信阳地处鄂豫皖三省交界处，从春秋战国时期开始，长期属于楚文化的范畴。其饮食习俗，从狭义上讲是豫菜的一个流派。信阳人喜好饮茶、吃米，擅烹鱼类，这与他们的生存环境密不可分，因此也形成了信阳独特的饮食文化。来到信阳，一定要去平桥名吃城，这里集中了信阳所有的美食，有南湾鱼、热干面、糍粑等，可一网打尽。

推荐特色美食

热干面

自著名的武汉热干面传入信阳之后，为信阳人所喜爱。顺应此地的饮食特点，逐渐演变形成了其独特的风味。如今，热干面已成为信阳最流行的风味小吃。

罗山大肠汤

为罗山县的名小吃，主要由猪大肠、豆腐、豆皮、猪血及各种卤药制作而成。味道鲜美而不腥腻，别具风味。

信阳烤鱼

信阳人喜欢在室外烤制湖鲜，因此烤食摊较多。尤其是在信阳的夜市上，以烤南湾水库鱼，滋味最香，最受食客青睐。

信阳糍粑

是从南方客家地区传入信阳的一种美食。将熟糯米饭放到石槽里，用石锤捣成泥状后制作而成。食时，香甜可口，为早餐佳品。

南湾鱼

信阳南湾水库的水质非常好，清澈透明，掬水可饮。湖内所产的鱼类，肉质鲜美，营养价值很高。尤以南湾鱼头汤、红烧南湾鱼块最为出名，这些鱼肴香味四溢，浓香扑鼻，不禁诱人口舌生津。

其他名吃

信阳板鸭、枣锅盔、瓦儿糕、煎糍粑、筒子麻花、平桥豆腐羹、息县油酥火烧、商城麻鸭、筒鲜鱼、苏仙石鸭蛋豆腐干、固始猪皮丝、焖罐肉、千层豆腐、炖土鸡、地锅馍、潢川双柳板鸭，以及华英熟食（卤鸭肫、五香猪蹄、五香牛肉、麻辣掌）等

旅游攻略 Travel Guide

信阳位于河南省南部，东邻安徽，南接湖北，地处淮河上游、大别山北麓，是中国最显著的南北分界线标志地，山清水秀，气候宜人，素有"江南北国，北国江南"之誉。因盛产香浓味美的毛尖茶，又有"中国茶都"之称，是中国十佳宜居城市之一。这里是楚文化的重要发源地，公元前827年，周宣王封申伯侯于此，故信阳又称"申城"。坐落在信阳市北17千米处的楚王城，是楚武王北伐灭申的屯兵处，由这里出土的楚青铜编钟演奏的《东方红》乐曲，随我国第一颗人造卫星带上太空，响彻寰宇。著名的"亡羊补牢"、"司马光砸缸"的故事均发生在此。信阳的旅游资源以山水风光为特色，境内有驰名中外的中国四大避暑胜地之一的鸡公山，被称为"中原第一湖"的南湾水库风景区，信阳金刚台国家地质公园，以及唐、明两朝国庙灵山寺等旅游景区。

热门景点 鸡公山、灵山、南湾湖等

旅游线路推荐

1 市中心→灵山→南湾湖　　2 市中心→鸡公山　　3 市中心→信阳金刚台国家地质公园→汤泉池风景区

信阳特产

信阳毛尖茶、信阳红茶、信阳观音茶、光州贡面、信阳银杏、南湾鱼、固始甲鱼、商城茶油、固始茶菱、信阳板栗、商城茯苓、金刚碧绿茶、固始云雾茶、光山茶叶、息县香稻丸、罗山桔梗、光山麻鸭蛋等

舌尖上的**三门峡**

美食向导 Delicacies Guide

三门峡位于河南省西部边境、黄河南岸，是中华民族的发祥地之一。这里物产丰富，食俗久远，好吃的东西还真不少，主要有观音堂牛肉、脂油烧饼、大刀面、水花佛手糖糕、陕州糟蛋等。

推荐特色美食

脂油烧饼

是灵宝市的一大名吃。呈扁圆形，里面层次分明，每层薄如纸，外酥内软，浓香扑鼻，口味极佳。

大刀面

是灵宝市最有名的风味小吃，因切面的大刀颇像铡刀而得名，已有200多年的历史。大刀面分为细面、帘子面、宽面、闪刀面四个品种，调味以酸、辣为主。吃起来，面条筋道有力，卤汤浓香，别具风味。

水花佛手糖糕

为陕州区的传统名食。相传，当年慈禧太后逃难西安，途经陕州时，当地知州献上糖糕，太后食后，颇为欣喜。从此，水花佛手糖糕声名远传。

观音堂牛肉

产于陕州区观音堂镇。这里烹制的牛肉酱香浓郁，鲜嫩可口，风味独特，历史悠久，远近闻名。

陕州糟蛋

采用鸡蛋和黄酒酒糟加工而成，是豫西地区有名的风味食品。传说，晚清时期，由浙江绍兴的一位酿酒师傅把这种糟蛋制作工艺传到了陕州，成为当地特产，流传至今。

其他名吃 三门峡麻花、灵宝瓯糕、石子馍（又称石子烧饼）、五香面豆、红烧黄河鲤鱼等

旅游攻略 Travel Guide

三门峡位于河南、山西、陕西三省交界的三角地带，是黄河文化最重要的发祥地和发展地之一。相传，大禹治水时，用神斧将高山劈成人门、鬼门、神门三道峡谷，滔滔黄河东流而去，三门峡由此得名。三门峡山川秀丽，历史悠久，名胜古迹众多。这里是仰韶文化遗址的所在地，轩辕黄帝的铸鼎地，《道德经》的诞生地，"中流砥柱"所在地，还是紫气东来、鸡鸣狗盗、公孙白马、唐玄宗改元、唇亡齿寒、秦赵会盟等典故的发生地。

热门景点 虢国博物馆、三门峡大坝、函谷关、黄帝铸鼎塬等

旅游线路推荐

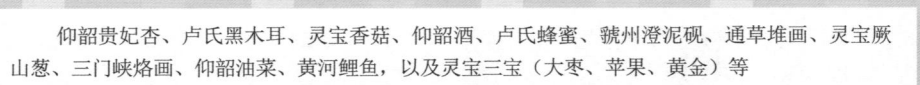

1 市中心→虢国博物馆→陕州故城　　2 市中心→黄河三门峡大坝→黄河古栈道　　3 市中心→函谷关→三门峡鼎湖芦苇荡风景区

三门峡特产 仰韶贵妃杏、卢氏黑木耳、灵宝香菇、仰韶酒、卢氏蜂蜜、虢州澄泥砚、通草堆画、灵宝厥山葱、三门峡烙画、仰韶油菜、黄河鲤鱼，以及灵宝三宝（大枣、苹果、黄金）等

舌尖上的**许昌**

美食向导 Delicacies Guide

许昌地处中原之中，并非大量产羊之地，但许昌人爱吃羊肉，光羊肉汤就有多种做法，名气较大的有丈地羊肉汤、艾记羊肉汤、吴家羊肉汤等。其中，吴家羊肉汤名气最大，人气最旺。另外，许昌的糊辣汤也很出名，深受食客喜爱。

☒ 许昌小吃

丸子汤、羊肉汤、砂锅米线、米粉、唐记鸡丁米饭、热干面、糊涂面、糊辣汤、水煎包、三味豆腐宴、酸菜包子等。

☒ 糊辣汤

在许昌的众多小吃中，尤以糊辣汤最为出名。每天早上，这些汤店的门口，车水马龙，人头攒动，人们或蹲或站，一手端着一碗糊辣汤，另一只手拿着包子或油馍，津津有味地吃着。这种场景，真是难得一见。

☒ 禹州十三碗

是禹州地区民间在办理婚嫁喜事时准备的十三道菜肴，以猪肉、豆腐为主料，以焖子、粉条为辅料制作而成，具有深厚的乡土文化底蕴。相传，明朝嘉靖皇帝曾巡视禹州，当地官员召乡下名厨为其操办地方特色佳肴。乡厨不敢怠慢，将民间操办喜事的地方特色菜肴"十三碗"精心烹制成菜。嘉靖皇帝食后大为赞赏，并赐名为"水席"。

☒ 王洛红烧猪蹄

是襄城县王洛镇的一道名菜。相传，春秋时期，周襄王避难襄城王洛镇，其王妃在路旁的店铺生下了一王子，当地百姓曾以猪蹄炖汤供奉王妃食用，滋补身体。此后，王洛烧猪蹄名声大振，传承至今。

☒ 灌汤包子

许昌市区新华街"第一楼"的灌汤包子，味美香浓，不肥不腻，是到许昌必尝的小吃。咬一口那浸了汁水的汤包肉团，滋味格外香。

其他名吃

许昌大锅菜、长葛水煎包、土豆粉、香辣米线、花石羊肉汤、禹州焖子、豆沫、烩饼、许昌烩面、切馅烧卖、三鲜豆腐脑等

旅游攻略 Travel Guide

许昌位于河南省中部。相传远古时期，部落首领许由曾在此活动，故称之为许地。公元196年，曹操迎汉献帝迁都于此，使许昌成为当时中国北方的政治、经济和文化中心。三国时期，曹操父子在此指点江山，成就霸业，为许昌留下了800多处遗迹，有汉魏古城、藏兵洞、华佗墓、射鹿台、青梅亭、春秋楼、灞陵桥等。许昌还是我国"南花北移，北花南迁"的天然驯化基地，许昌神垕古镇钧瓷为宋代五大名瓷之首。

热门景点 春秋楼、灞陵桥、钧官窑遗址博物馆等

旅游线路推荐

1 市中心→春秋楼→灞陵桥→文明寺塔→夏侯渊墓→华佗墓 2 市中心→鄢陵国家花木博览园→漯河小商桥 3 市中心→神垕古镇→钧官窑遗址博物馆

许昌特产 许昌钧瓷、红薯粉条、许昌奇石、长葛蜂胶、禹州玛瑙石、豆腐石、鄢陵腊梅、许昌河街腐竹、长葛枣花蜜等

舌尖上的**焦作**

● 美食向导 Delicacies Guide

焦作地处黄河北岸，与洛阳接壤，是中国太极拳的发源地。境内不仅山清水秀，而且地方小吃也很有特色，如闹汤驴肉、靳贤烧饼、武陟油茶、修武海蟾宫松花蛋等，都是到焦作必尝的名吃。

推荐特色美食

▣ 怀庆府驴肉

沁阳城内的这家百年老店怀庆府驴肉馆，主营驴肉和淮山药，是焦作的两大特色菜。其中，闹汤驴肉浓香软烂、味美适口，最受食客青睐。

▣ 靳贤烧饼

是以创制人靳贤书的名字命名的烧饼，已有几十年的历史。此烧饼有十多个品种，分大油酥、糖油酥、肉油酥、三角酥四大类。制作精细，风味独特，在焦作市区很有名气。

▣ 海蟾宫松花蛋

是修武县五里源乡的传统特产。传说，著名的道士刘海蟾曾在五里源村北的马坊泉，令群鸭取松花蛋酬谢仙女。后人在泉畔筑宫，海蟾宫松花蛋由此得名。

▣ 武陟油茶

它既不是油，也不是茶，实际是粥。选用面粉、花生、芝麻、豆类、果仁等，加上多种天然调料精制而成。油茶具有很高的营养滋补功能，在焦作的名吃中，堪称一绝。

其他名吃

西沃卤肉、南庄混浆绿豆凉粉、张三包子、陈二眼烧鸡、焦作董府丸子、沁阳咸驴肉、博爱浆面条、许良镇马记烧鸡、扯面、云台山野菜土鸡蛋、咸鱼蒸茄子、香茄炖土鸡等

● 旅游攻略 Travel Guide

焦作位于河南省西北部，北依太行，南临黄河，大山大河塑就了焦作旅游之大势，在延绵30千米的旅游风景线上，分布着大小景点千余处，形成了以四大景区、十大景点为主的大格局。这里还是中华民族早期活动的中心区域之一，是我国太极拳的发源地。韩愈、李商隐、司马懿、许衡等历史名人诞生在这里，嘉应观、三胜塔、妙乐寺、早期商府城遗址等古迹，引人入胜。

热门景点 云台山、青天河、神农坛、陈家沟（太极拳发源地）等

旅游线路推荐

1 市中心→黄河文化影视城→山阳城遗址→群英湖 **2** 市中心→修武县城→云台山风景区

3 市中心→博爱青天河国家级风景名胜区→沁阳神农山国家级风景名胜区→温县县城→陈家沟（太极拳发源地)

焦作特产

焦作四大怀药（怀地黄、怀牛膝、怀山药、怀菊花），以及焦作柿饼、博爱竹器、珍珠菊茶、温县怀菊花安神枕、焦作黄金酒、怀山药露、修武当阳峪口村绞胎瓷、文公砚、博爱冬凌茶、云台山木耳、山韭菜、野山药、鸡头参、野兔、野鸭、野生银杏果、十足全蝎、薏仁粉、山药酥等

舌尖上的 湖北

湖北菜，简称鄂菜，古称楚菜、荆菜，发端于春秋战国时期，成熟于明清时期，现已跻身中国十大菜系之列。荆楚地区的人们生性嗜辣，几乎所有的菜都要用辣椒调味，与麻辣的川菜、猛辣的湘菜不同，湖北菜讲究的是鲜辣。传统的湖北菜分为荆南、襄郧、鄂州和汉沔四大流派。其中，荆南风味包括宜昌、荆州、荆门等地，这一带水产资源极为丰富，故擅长制作各种水产菜，讲究鸡、鸭、鱼、肉的合蒸。襄郧风味包括襄阳、十堰、随州等地，这一带以肉禽菜为主体。鄂州风味包括黄冈、咸宁等地，这一带的饮食以主副食结合的菜肴为特色。汉沔风味包括武汉、孝感等地，这一带尤其擅长烹制大水产鱼类菜肴，特别是蒸菜、煨汤，别具一格。湖北菜素有无汤不成席、无鱼不成席、无丸不成席之说，最具代表性的菜品有清蒸武昌鱼、钟祥蟠龙菜、沔阳（即仙桃）三蒸、襄阳缠蹄、荆州鱼糕等。

特别推荐

▶ **湖北十大美食** 武汉鸭脖子、清蒸武昌鱼、荆州鱼糕、襄阳缠蹄、荆门万寿羹、黄州烧梅、宜昌香辣虾、恩施土家合渣、宜城盘鳝、咸宁赤壁肉糕

▶ **湖北十大特产** 孝感麻糖、襄阳高香茶、洪湖莲藕、潜江龙虾、恩施玉露茶、宜昌柑橘、秭归桃叶橙、宜城板鸭、武当山银剑茶、武当剑

▶ **湖北十大景点** 武汉黄鹤楼、十堰武当山、襄阳古隆中、宜昌西陵峡、神农架、黄冈罗田大别山国家森林公园、鄂州梁子湖、荆州洪湖蓝田生态园、咸宁九宫山、恩施神农溪

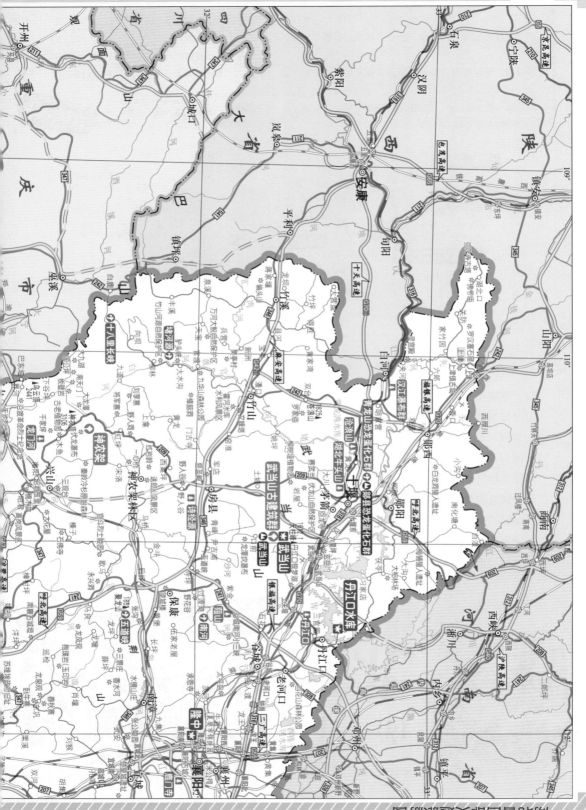

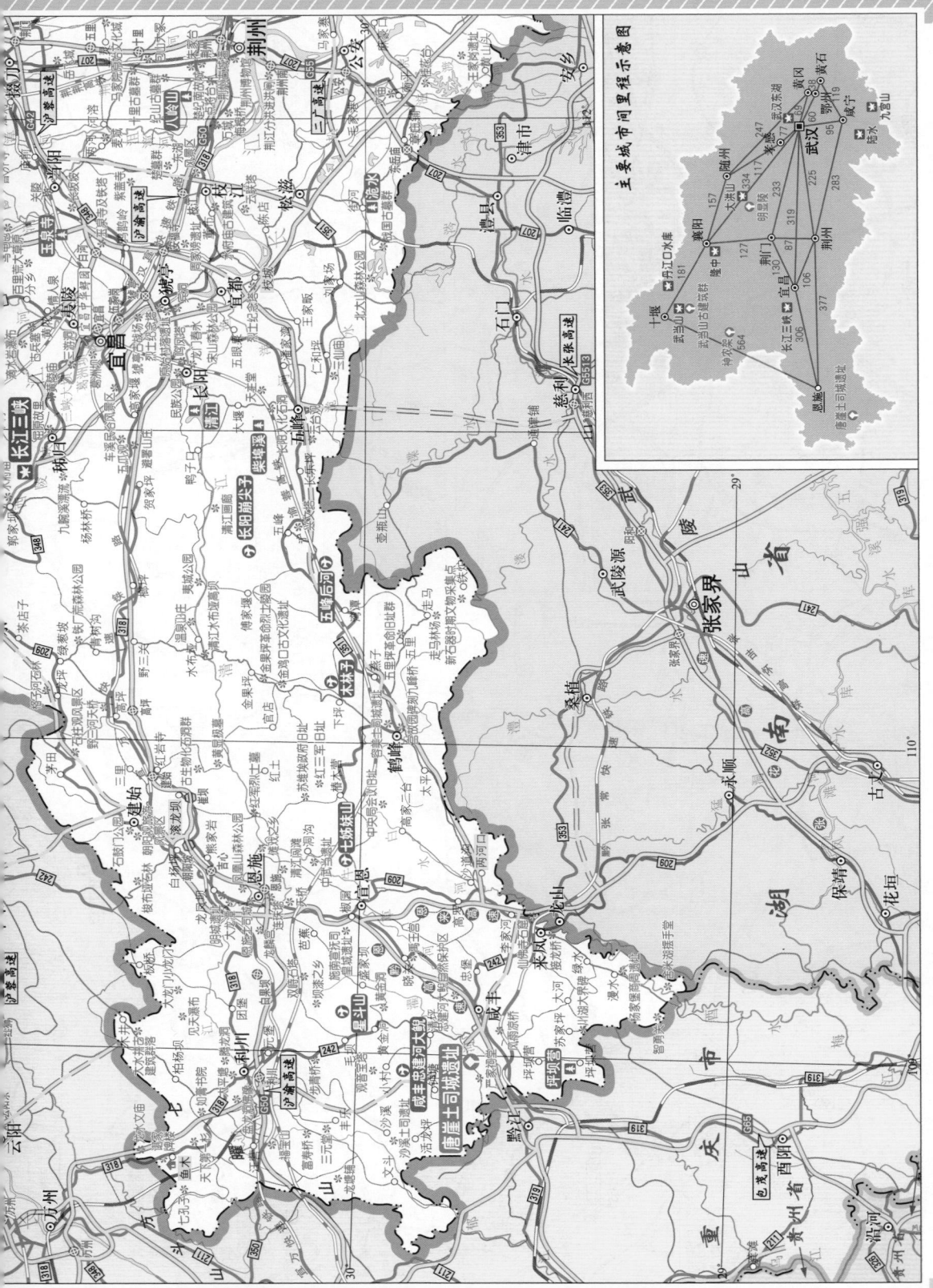

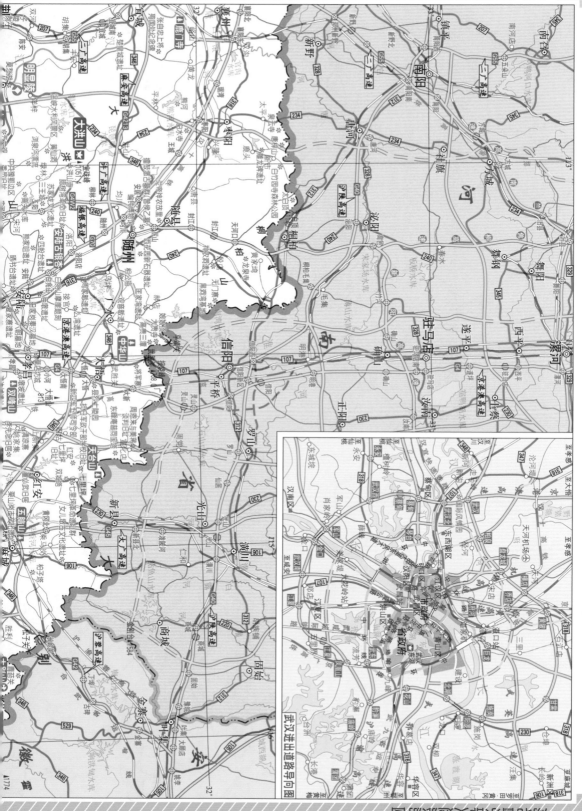

武汉进出道路导向图

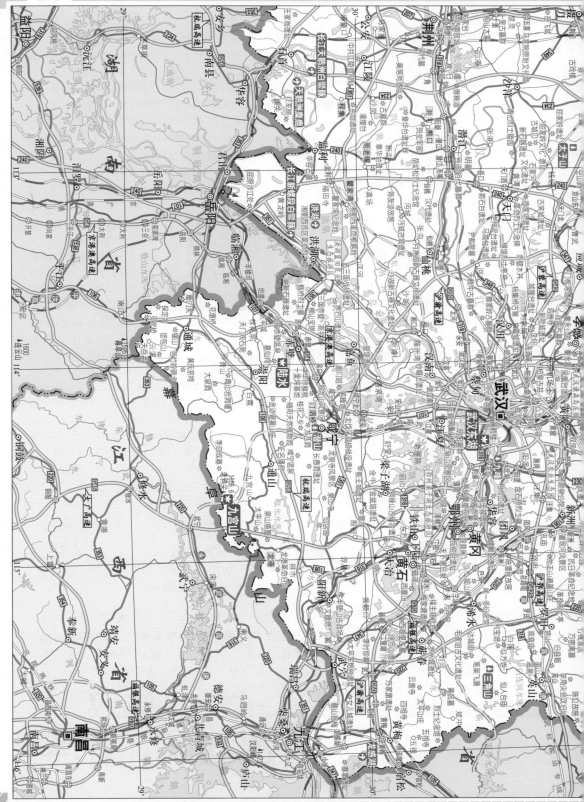

舌尖上的**武汉**

● 美**食**向**导** Delicacies Guide

武汉占尽九省通衢之便利，其饮食汇集了南北大菜，东西美食，经过改造烹制方法，逐渐形成了独具特色的菜肴和品种繁多的风味小吃。其中，最著名的"武昌鱼"，便是因毛泽东于1956年书写的佳句"才饮长江水，又食武昌鱼"而名扬全国。到了武汉，一定要吃五样美食，即清蒸武昌鱼、蔡林记热干面、老通城三鲜豆皮、小桃园瓦罐鸡汤、四季美汤包。

推荐
特色美食

▣ 精武鸭脖子

风靡全国的武汉特色小吃鸭脖子，起源于武汉精武路，"精武鸭脖"因此得名。以"九九牌"鸭脖子味道最好，辣味最纯正。

▣ 武昌鱼

即指鳊鱼，又称团头鳊，是武汉出产的一种名贵鱼类，肉质鲜美无比，也是湖北名菜之一。1956年6月，毛泽东在武汉畅游了长江后，品尝了武昌鱼这道名菜，写下了著名的词《水调歌头·游泳》，其中的佳句"才饮长江水，又食武昌鱼"，使武昌鱼名扬全国。

▣ 武汉热干面

是武汉颇具特色的小吃，与山西刀削面、山东伊府面、四川担担面、郑州烩面并称为中国五大名面。武汉的热干面店很多，尤以蔡林记热干面最为出名。

▣ 福庆和米粉

是武汉著名的小吃店，以经营湖南风味的米粉著称。米粉香辣软滑，味鲜可口，风味独特。

▣ 四季美汤包

"四季美"是坐落在汉口中山大道江汉路口附近的一家小吃名店。其经营的汤包有鲜肉汤包、虾仁汤包、香菇汤包、蟹黄汤包、鸡茸汤包等，被誉为"汤包大王"。

▣ 面凹

又名面窝，是武汉的地方风味小吃之一。四周厚，中间薄得成了一个小洞，呈凹状。将粳米磨成米浆，加入适量的黄豆浆、葱花、细盐，舀入一种特制的铁勺子中，在中间一刮，然后，下锅炸制成一个圆圈圈，即为面窝。吃在嘴里，酥脆软糯，别有风味。面窝除了有米面窝外，还有豌豆窝、红薯窝、虾子窝等。

▣ 洪山紫菜薹

俗称大股子，是产于武汉市洪山区一带的一种植物。其茎肥叶嫩，色鲜味美，历代被列为贡品，曾被封为"金殿玉菜"，与武昌鱼齐名。

▣ 黄陂三合

是武汉市黄陂区的传统佳肴，至今已有数百年的历史。以鱼丸、肉丸、肉糕三菜合一而得名，当地人称之为三鲜。它以一菜多味，鱼有肉味，肉渗鱼香的独特风味，而深受食客喜爱。

▣ 云梦鱼面

是湖北地区的一道名小吃。用面粉及青鱼、鲤鱼（或草鱼）的鱼肉为主料制作而成的一种面食，因创制于孝感市云梦县而得名。面条有筋力，卤汁香浓，别具风味。

▣ 老通城豆皮

豆皮是武汉著名的民间小吃，多作为早餐食用。其中，以位于武汉市中山大道的"老通城"豆皮店制作的豆皮最为出名，豆香浓郁，口碑最好。

▣ 老会宾五叶梅

位于汉口六渡桥的老会宾酒楼制作的五叶梅点心，别具一格。它不仅皮薄馅鲜，而且造型美观，形如五叶梅，五角上分别有红火腿末、蛋黄、绿香菜、白虾仁、黑发菜。五彩缤纷，令人胃口大开。

▣ 楚宝桂花赤豆汤

桂花赤豆汤是武汉地区的一种传统小吃。是用桂花、赤豆、糯米、白糖、淀粉等原料入锅熬制而成，味道甜美不腻，入口留香。其中，以汉口中山大道911号的楚宝熟食店制作的桂花赤豆汤最为有名。

其他名吃

米粑粑、鱼汁糊粉、欢喜坨、三鲜豆皮、发糕、糯米鸡、剁馍、蛋花米酒、炒粉、顺香居烧卖、五芳斋汤圆、小桃园煨汤、余妈妈豆皮、什锦豆腐脑、东坡饼、武汉猪肉干、香肠、肉枣、咸酥饼、猪油饽饽、麻烘糕、臭桂鱼、归元寺素菜、排骨藕汤、洪山红菜薹炒腊肉、宝庆牛肉面等。

推荐 特色食处

✪ 武昌户部巷美食街

一条窄小的巷子里，简直就是武汉早点的博览会。石婆婆热干面、徐嫂鲜鱼糊汤粉、谢家面窝、李记烧梅、真味豆皮等特色风味小吃店云集这里，吃上一个月都不会有重样。尤以早晨食客众多，素有"早吃户部巷，夜吃吉庆街"之说。

✪ 汉口吉庆街夜市

是武汉名气最大、人气最旺的夜宵大排档。每当夜幕降临，狭窄的街道上，摆满了各种风味的大排档，美味飘香，灯火辉煌，人声鼎沸，好不热闹，这里已成为领略武汉都市风情的窗口。

✪ 汉阳钟家村美食街

是武汉早就有名的好吃街，各种风味的餐馆一家挨一家，排成了一条长龙。龙门清粥、小张烤鱼、阿凡提小炒、云贵鱼头、功夫基围虾、福蓉道观鸡、蒸功夫蒸菜等饭馆，各种口味任你挑选，保准让你吃得过瘾。

✪ 汉口江汉路步行街

这条街既是到武汉逛街购物的必去之处，又是享受美食的好地方。从京汉大道至武汉关，分布着众多美食小店，精武鸭脖、安大妈丸子、煎包一绝、万客来牛排馆、牛文化自助火锅、泰国香蕉竹小吃、加西海岸西餐厅等，各种美味应有尽有，让你吃过之后就一定忘不了。

旅游攻略 Travel Guide

武汉，简称汉，别名"江城"。位于湖北省中部偏东，地处长江、汉江交汇处，由武昌、汉口、汉阳三镇组成，是湖北省省会，享有"九省通衢"之誉，因辖区内有一百多个湖泊，故又得名"百湖之市"的称号。武汉历史悠久，自东汉末年开始在汉阳龟山以北建城；三国时，吴国孙权在武昌蛇山建城；明清时，汉口已成为中国四大名镇之一。武汉还具有光荣的革命斗争历史，辛亥革命、二七大罢工、八七会议等都发生在此。武汉是一座典型的园林山水城市，名胜古迹众多，有江南三大名楼之一的黄鹤楼，武汉东湖国家级风景名胜区，佛教圣地归元寺，高山流水觅知音的古琴台，以及武汉长江大桥、百年老街江汉路等。去武汉旅游，最好避开闷热的夏季，以春季为最佳，不仅能享受到宜人的气候，还有机会欣赏到浪漫的樱花林海。

热门景点 东湖、龟山、黄鹤楼、武汉长江大桥、汉正街、江汉路、木兰山风景区等

旅游线路推荐

1 市中心→黄鹤楼→蛇山风景区→东湖→听涛景区→磨山景区　2 市中心→汉正街→江汉路→长江大桥→龟山→晴川阁→古琴台→月湖　3 市中心→黄陂→木兰山风景区→木兰湖
4 市中心→武昌傅家坡→龙泉山风景区

**武汉特产** 洪山紫菜苔、黄陂豆丝、莲米、黑木耳、银耳、沙湖盐蛋、黄陂荆蜜、舒安葛头、梁子湖大河蟹、黄陂光明茶、柏泉龙井茶、范关碧潭酒、木兰玉液酒、蔡店芦笋茶、桂花酥糖、保丰绿茶、绿松石雕、江陵仿古漆器、黄鹤楼酒、武昌鱼等

舌尖上的**荆州**

美食向导 Delicacies Guide

荆州是鱼米之乡，食俗重鱼，素有"无鱼不成席，无鱼不成礼仪"之说。荆州有八大名肴，其中，最有名气的是"荆州三绝"，名列首位的是鱼糕，还有千张扣肉和八宝饭。

推荐 特色美食

✦ 鱼糕

是荆州一带特有的传统风味美食，以吃鱼不见鱼，鱼含肉味，肉有鱼香，入口即化为特点，深受食客青睐。相传，此菜为舜帝的妃子女英所创，已有几千年的历史。荆州鱼糕已被列入湖北省非物质文化遗产名录。

✦ 千张扣肉

相传，此菜为唐朝宰相段文昌回江陵省亲时，在当地传统梳子肉制法的基础上改进而成的。肉香软烂，入口即化，味美无比。由于肉片薄如纸，形如梭，片数多，故名千张扣肉。

✦ 八宝饭

相传，清朝末年，慈禧太后的御厨萧代流落荆州城，被"聚珍园"的老板留用传授技艺，创制了名肴八宝饭，人称御膳八宝。以红枣、莲子、薏仁米、桂圆肉、蜜樱桃、蜜冬瓜条、糖桂花及糯米为主料，蒸制成坯，再加白糖、猪油散烩而成，又叫散烩八宝。食之，香甜透味，油而不腻，回味悠长。

✦ 龙凤配

是荆州地区的传统名菜。它以黄鳝、子鸡为原料烹制而成。相传，三国时期，刘备招亲以假成真，他偕夫人孙尚香从东吴返回荆州，诸葛亮为他们摆席接风，第一道菜便是荆州厨师特制的"龙凤配"。刘备一见，赞不绝口。从此，"龙凤配"一菜声名远扬。

✦ 纸面锅块

是荆州常见的一种小吃，源于明清时期。以普通面粉为原料，不加任何添加剂，面块现揉现做，入锅烤熟即可。味道醇香，很有嚼劲。

✦ 欢喜坨

又称欢喜团、麻汤圆。相传，清朝末年，荆州的一户人家在战乱后团圆，用糯米、红糖、芝麻等原料制作出一种食品，取名欢喜坨，流传至今。

其他名吃

皮条鳝鱼、九黄饼、无铅松花皮蛋、三丝春卷、五香豆豉、公安县湘妃糕、松滋沙道观杜婆鸡、洪湖红烧野鸭、御膳鹿丸、桂花糯米藕、麻水豆皮、香酥荷花、荆州"草船借箭"、松滋漂丸、石首鸡茸鱼肚、老干妈蒸鮰鱼等

旅游攻略 Travel Guide

荆州，古称江陵，位于湖北省中南部、江汉平原腹地，为古代大禹时的九州之一，曾是楚国的都城，自古就有"文化之邦"、"鱼米之乡"的美誉，是国家历史文化名城。春秋初期，楚文王将楚都自丹阳迁至荆州，在此建都达400年之久，是楚文化的重要发祥地之一。由于其独特的地理位置，历来为兵家必争之地，三国时期，刘备借荆州、关羽大意失荆州的故事都发生在这里。境内山清水秀，湖泊纵横，文化与生态旅游资源十分丰富，有荆州古城、纪南城遗址、关公庙、章华寺、古华容道，以及洪湖蓝田农业生态旅游区、松滋沧水风景区、石首天鹅洲麋鹿国家级自然保护区等一大批旅游景点。荆州古城，至今雄伟壮观，素有"铁打的荆州"之说。

热门景点 荆州古城、楚故都纪南城遗址、八岭山、古华容道、洪湖蓝田生态园等

旅游线路推荐

1 市中心→沙市区→万寿塔→抗洪纪念碑→章华寺→关公陈列馆→楚故都纪南城遗址→八岭山

2 市中心→洪湖市→洪湖蓝田生态园　　3 市中心→监利市区→古华容道

荆州特产

松滋新神洞茶、洪湖纯藕粉、红枣莲子玉米羹、荆锦、洪湖大闸蟹、甲鱼、莲藕、洪湖汉绣、贝雕、荷叶茶、松滋白龙潭云雾茶、松乳菇、屈原饼、子胥饼、监利吉贝大布、松滋白云边酒、江陵漆器、洪湖羽毛扇，以及荆州三宝（山核桃、青皮豆、高山蔬菜）等

舌尖上的**襄阳**

美**食**向**导** Delicacies Guide

襄阳菜既有湖北菜鲜辣的特点，又保持着自己的特色风味，烹制手法以蒸、煨、炒为主，尤其喜欢往菜上淋油。襄阳的小吃品种也很多，如茶油、清汤、米窝、油馍尖、酸辣面、麻沙面等，风味独特，值得一尝。

推荐 特色美食

⛶ 襄阳缠蹄

又称卷蹄。它可与金华火腿、宣威火腿相媲美。肉质味道清香，是下酒的好菜。

⛶ 清蒸槎头鳊

槎头鳊鱼嗜好清静，虽不像武昌鱼那样名声在外，却备受文人雅士的青睐，成为入诗最多的一道名菜。槎头鳊鱼之所以出名，不仅因为其肉质鲜美，而是古代诗人在槎头鳊鱼的身上，寄予了清静超脱的理想。

⛶ 襄阳酸辣面

俗称火巷口酸辣面，是襄阳市区火巷口酸辣面馆的主打面食。此店自1970年首创，享誉襄阳30多年，

⛶ 三镶盘

是襄阳地区的传统风味名菜。它是集炸紫芥（炸猪肝）、炸排骨、炸脑泡三菜于一馔，一菜三吃，风味各异，故名三镶盘。

后因拆迁等原因，酸辣面馆解散。从此，最正宗的襄阳酸辣面消失了。不过，现今流行的酸辣面，也别具风味。

⛶ 夹沙肉

是襄阳的传统名菜。选用上好的猪五花肉，将豆沙夹入肉片，蒸至酥软作甜菜上桌。鲜香甜糯，肥而不腻，最受老人和儿童喜爱。

⛶ 泡菜牛肚丝

襄阳人一般不吃牛杂，但牛肚却例外。他们认定自家的泡牛肚丝是最好吃的泡菜，风味独特，常用来招待客人。

⛶ 宜城盘鳝

盘鳝是宜城历史悠久的一道名菜。相传，春秋战国时期为楚国的"宫廷菜"。如今，到宜城的大小餐馆都可

以吃到这道菜，食客都可以在这里享受到"君王待遇"。当你看着盘中煎好的整条鳝鱼，香味扑鼻，不禁口水欲流。但一定要记住几句口诀："筷子夹住喉，咬断脊梁骨，慢慢往下撕，抛去肠和头"。

其他名吃

玉带糕、金刚酥、炒糊波、麻汁面、糊辣汤、酸浆面、红油豆腐面、米窝、酱爆肉、红烧蹄膀、酱猪大骨、襄阳清汤、宜城板鸭等

旅游攻略 Travel Guide

襄阳，原称襄樊，2010年12月，更名为襄阳。位于湖北省西北部、汉江中游，汉江穿城东去，将市区分为襄城、樊城两区。这里地处交通要道，素有"七省通衢"之称。襄阳古城历来为军事重地，城下环以平均宽180多米的护城河，享有"铁打的襄阳"、"华夏第一城池"之誉。春秋战国时，这里是楚国的要邑；西汉初年，设襄阳县，因县治位于襄水之阳而得名；三国时期置郡，著名的"三顾茅庐"、"隆中对"的故事就发生在此；还有东晋守将朱序之母韩夫人率妇女御敌、岳飞光复襄阳、李自成襄阳称王、王聪儿起义等重大历史事件，也先后在这里发生。襄阳人杰地灵，孕育了许多杰出的历史人物，如吴国大夫伍子胥，汉光武帝刘秀，三国诸葛亮、庞统、司马徽（水镜先生），以及唐代诗人杜甫、孟浩然等。襄阳的旅游资源尤以三国文化遗址最为著名。

热门景点 襄阳古城、古隆中、南漳抱璞岩、谷城薤山、南河小三峡、保康九路寨等

旅游线路推荐

1 市中心→襄阳城→夫人城→古隆中→广德寺→岘山→鹿门寺　2 市中心→南漳县城→水镜山庄→报璞岩→香水河景区　3 市中心→谷城→薤山→南河镇→南河小三峡　4 市中心→保康县城→野花谷→五道峡→九路寨

襄阳特产 孔明灯、腊肉、枣阳地封黄酒、五山玉皇剑茶、南河葛粉、大头菜、石花霸王醉酒、茯苓、黑木耳、香菇、香菌、薤山叠翠茶、襄阳高香茶、九皇山云雾茶，以及襄阳三宝（大头蒜、襄江特曲酒、黄酒）等

舌尖上的**荆门**

美食向导 Delicacies Guide

荆门湖泊众多，盛产鱼类，许多传统特色菜肴以鱼类为原料，如"楚国宫廷菜"——长湖鱼糕、御菜——蟠龙菜等，都是荆门的传统名肴。当地的小吃用料考究，最具地方特色的有太师饼、麻花酥等。荆门市内的家美乐小巷，是当地著名的小吃街，是到荆门品美食的必去之地。

推荐特色美食

万寿羹　又称龟鹤延年汤。选用荆门出产的断板龟肉和母鸡肉合烹的汤菜，营养价值极高。早在战国时代，楚国的大宴上，就有以鸡代鹤、龟鸡合烹的佳肴。

京山白花菜　是京山市特产的一种珍稀蔬菜，早在唐代就被列为贡品。此菜与鸡蛋同煎，或配以肉丝烩炒成菜。吃起来，酸中带甜，清香爽口，美不可言。

长湖鱼糕

以沙洋县长湖出产的白鱼为主料烹制而成，因其形似米糕，故名鱼糕。是荆门闻名的传统佳肴，曾为战国时期楚国的"宫廷菜"。

蟠龙菜

俗称剁菜、卷切，是钟祥市特有的一道传统名菜，素以"吃肉不见肉"特色而著称。以瘦猪肉、鲜鱼为主料剁成馅，配以淀粉、鸡蛋

清、葱姜末、食盐等拌匀，用面皮裹入馅料卷成扁筒形状，蒸熟后切成薄片，放入盘中摆成"龙"的形状，故名蟠龙菜。明正德年间，世宗朱厚熜在湖广安陆州（今钟祥市）驻守，曾吃过此菜，他进京继承皇位后，封"蟠龙菜"为御菜。

十里风干鸡

又称刘皇叔婆子鸡，是沙洋县十里铺出产的特色食品。选取当地农家饲养的土鸡腌制而成，肉质酥软，醇香不腻，深受当地百姓喜爱。相传，此鸡由刘备之妻孙尚香所创制，已有3000多年的历史。

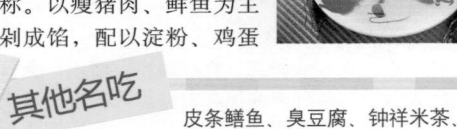

其他名吃　皮条鳝鱼、臭豆腐、钟祥米茶、栗溪烟熏肉、荆门雪枣、马良山石头鱼、茶花点心太师饼等

旅游攻略 Travel Guide

荆门位于湖北省中部，古称荆楚门户，是中国历史上楚文化的发祥地之一。荆门古城，相传为三国时关羽所建；原为土城，南宋时建砖城；明末在战火中毁灭，现有城墙为清顺治三年（1646年）在旧城基址上重建而成。悠久的历史，使这片土地上遗留下了众多文化遗址，著名古迹有明显陵、屈家岭文化遗址、郭店楚简、纪山楚王陵、京山新罗子墓等。这里还孕育了众多名人史事，有道家创始人老莱子、楚辞赋家宋玉、中国文艺复兴运动奠基人陆九渊、明嘉靖皇帝，以及莫愁女的故事等。

热门景点　漳河风景区、象山、大洪山国家级风景名胜区、娘娘寨、黄仙洞、明显陵等

旅游线路推荐

1 市中心→象山→漳河镇→漳河风景区　　2 市中心→钟祥市→莫愁湖→明显陵→客店镇→黄仙洞→娘娘寨　　3 市中心→京山市区→空山洞→绿林镇→大洪山国家级风景名胜区

荆门特产　京山市桥米、藜蒿、钟祥野生葛粉、大洪山娘娘云雾茶、"京燕牌"香菇、对节白蜡、甜酸独蒜、黑米、沙洋县长湖银针鱼、长湖河蟹、盐池白酒、黄金港白酒、米茶等

舌尖上的黄冈

美食向导 Delicacies Guide

黄冈，古称黄州，位于武汉市东部、大别山南麓。其饮食属于典型的鄂东风味，黄州东坡肉、黄州豆腐、蕲州红烧鲫鱼等代表菜品，不仅以其色、香、味赢得了广大食客的赞誉，更因其蕴藏的东坡文化而令人神往。此外，黄冈的小吃也是五花八门、琳琅满目，如黄州烧梅、炒汤圆、麻城肉糕、团风糍粑鸡汤、红安绿豆粑、罗田印子粑等，都是不可错过的美食。

推荐 特色美食

东坡菜

是黄冈的传统名菜，已有1000多年的历史。相传，北宋大文豪苏轼（号东坡）被贬到黄州（黄冈，古称黄州）后，经常下厨烧菜。当地百姓把这些菜统称为"东坡菜"，有东坡肉、东坡鱼、东坡豆腐、东坡羹等。其中，以"东坡肉"最为著名。

团风狗脚

是团风县知名的一种饼食，因其形似狗脚而得名。色泽金黄，松软香甜，而且耐贮存。现已被列为湖北风味名小吃。

红安臭皮子

是红安县的著名特产。相传，始于宋朝初年，本为寺庙的素食，后传入民间。选用优质黄豆磨成浆，制成薄厚适中的皮子，用稻草包裹储存，经自然发酵，长出茸茸菌丝即可。臭皮子可热炒、凉拌、做汤，闻着臭，吃起来，却醇香爽口。

团风糍粑鸡汤

将老母鸡剁成块，用瓦罐文火煨之，炖至汤汁浓稠，香气外溢，便可泡糍粑食用。

红安绿豆粑

是红安县的传统待客佳品。它用糯米粉作皮，煮绿豆泥作馅，包好后入锅用香油炸制而成。外脆内软，香糯爽口。

麻城肉糕

是麻城的传统名菜之一。将鲜鱼去刺去皮，猪肉去骨剔皮，均剁成肉酱，将红薯粉、清水、食盐按比例放入盆内与两种肉酱搅拌，并加入姜末、葱花等作料，制成圆形或方形，上笼蒸熟。出笼后切成长方条，趁热食之，味道鲜美，别有风味。

黄州烧梅

是黄冈（古称黄州）的传统名吃，已有1000多年的历史。馅料以猪肉、熟馍、橘饼、花生、葡萄干等制成，用薄面皮包馅，因封口处呈梅花形，故名烧梅。相传，明代初年，黄州地区进考的秀才，都以食烧梅作为吉利的象征。

其他名吃

英山灌肠豆腐、黄梅野鸭炒酸菜、麻城银丝空心面、蟹黄豆腐、蕲春泥鳅钻豆腐、英山罗非鱼、罗田娃娃鱼、浠水藕粉圆子、黄陂糖蒸肉（又称东坡糖蒸肉）等

旅游攻略 Travel Guide

黄冈位于湖北省东部、长江中游北岸、大别山南麓，古称黄州，是一座历史文化名城。这里自古人杰地灵，名人辈出，孕育了中国佛教禅宗四祖道信、五祖弘忍、六祖慧能，古代医学家李时珍，活字印刷术的发明者毕昇，以及爱国诗人闻一多、地质学家李四光等历史名人。其中，红安县出过两位主席和223位将军，被誉为"将军县"。黄冈风光秀丽，人文景点众多，现已形成了东坡赤壁旅游区，四祖和五祖佛教旅游区，大别山生态旅游区，红安和麻城革命遗址旅游区四大经典旅游品牌。

热门景点 大别山国家森林公园、四祖寺、五祖寺、东坡赤壁、红安天台山等

旅游线路推荐

1 市中心→罗田县城→大别山→天堂寨→薄刀峰→独尊山　　2 市中心→黄梅县城→四祖寺→五祖寺

3 市中心→红安县城→董必武旧居→红安烈士陵园→七里坪→天台山风景区

黄冈特产

茅山马口螃蟹、武穴竹编、红安老君眉茶、英山云雾茶、蕲春珍米、太白湖藕、黄梅挪园青峰茶、麻城东山老米酒、麻城龟山枸杞酒、浠水安息香、茉莉花茶、武穴酥糖、麻城龟山岩绿茶、罗田楚香酒、糯米堆花酒、黄梅禅茶、麻城茶油、红安珍珠花菜（一种山野菜），以及蕲春四宝（蕲竹、蕲艾、蕲龟、蕲蛇）等

舌尖上的**咸宁**

美**食**向**导** Delicacies Guide

咸宁位于武汉市南部，素有"湖北南大门"之称，是驰名全国的"桂花之乡"、"楠竹之乡"、"茶叶之乡"。咸宁的饮食属鄂南风味，以烹制各种湖鲜水产、山珍野味佳肴闻名。咸宁的赤壁肉糕、嘉鱼县牌洲鱼丸、宝塔肉等，都是当地的风味名吃，值得一尝。由于咸宁盛产桂花，在这里随处可见到桂花糕点、桂花酒、桂花糖果、桂花茶等与桂花相关的名品。

推荐
特色美食

冲糯米粉

在咸宁的大街小巷，有很多挑担卖冲糯米粉的业者，可现冲现卖。米粉软糯，汤料齐全，别具风味，为当地很有特色的一种小吃。

宝塔肉

是咸宁有名的佳肴。将豆腐圆子捏成与肉块大小一样的方块，炸制成金黄色，然后依次将一个圆子、一块肉装入盘中，使之自然形成宝塔状，再放入笼中蒸熟，即成为宝塔肉。

火烧赤壁

是赤壁市的一道传统文化名菜，其菜名取自《三国传》中的赤壁大战。以甲鱼、鱼糊、蟹黄、香菜等为主料，配以各种作料精制而成。此菜不仅造型美观，味道鲜美，而且营养丰富。

合菜面

是咸宁地区一道独特的民间风味美食。先把面条炒熟，再加入豆腐丝、青菜丝、肉丝等原料，加水煮熟即可。色香味俱全，别具特色。

赤壁肉糕

吃肉糕，已成为赤壁人的一种传统食俗。当地民间在操办红白喜事的宴席上，第一道菜必上肉糕，素有"无糕不成席"的说法。

牌洲鱼丸

长江在嘉鱼县牌洲湾是向西流的，因此，这里的鱼非常鲜活，肉质极美。逢年过节，当地人都会用捕获的长江鱼，做一种美味的鱼丸。吃起来，口感很好，甚是鲜美。

通山包坨

又叫薯粉坨，外形类似汤圆。用薯粉加水揉成外皮，以油炸豆干、竹笋、腊肉、大蒜等各种原料作馅，包成团圆状，可煮食，也可煎可炸。凡是到过通山县的游客，往往少不了品尝当地的这个特色小吃。

其他名吃

咸宁土菜（泥鳅炖豆腐、猪仔粥、捶肉、汽锅肉），以及嘉鱼县鸡蛋麻花、赤壁春鱼、腊肉、咸宁贺胜桥镇鸡汤、南山猪脚、崇阳金沙泡菜、通城甑蒸糕、口味鱼、鱼腐（即鱼圆子）、黄焖九宫石鸡、通城麦市麻辣干、红尾鱼干等

旅**游**攻**略** Travel Guide

咸宁位于湖北省东南部、长江中游南岸、幕阜山北麓，素有"湖北省南大门"之称，是闻名全国的"桂花之乡"、"楠竹之乡"、"茶叶之乡"、"千桥之乡"。公元208年，著名的三国赤壁大战就发生在这里。唐代设永安县；宋代改称咸宁，取"天下太平，家家户户都安宁"之意。咸宁旅游资源丰富而集中，文化底蕴深厚，主要有九宫山避暑旅游区、温泉疗养旅游区、陆水湖休闲度假旅游区、赤壁文物古迹旅游区、嘉鱼现代农业旅游区和青山水库旅游区六大旅游胜地。

热门
景点
太乙洞、九宫山、咸宁温泉、星星竹海、赤壁古战场等

1 市中心→通山县城→九宫山风景区　　2 市中心→温泉→飞仙洞→星星竹海→太乙洞
3 市中心→赤壁古城→赤壁古战场→南屏山顶拜风台

咸宁特产

桂花镇青砖茶、竹制工艺品、赤壁洞茶、松峰绿茶、九宫山云雾茶、桂花蜜酒、羊楼洞砖茶、桂花糕、贺胜桥镇罗针茶、汀泗川玉茶、赵李桥茶砖、崇阳糯米甜酒、百丈潭窖酒、通城金刚藤糖浆、桂花酥糖、麻糖、黄沙苦荞酒、通山茶叶、羊楼洞碧叶青茶、野桂花蜂蜜、咸宁老青茶等

舌尖上的**神农架**

美食向导 Delicacies Guide

　　神农架林区山高林密，盛产各种山珍野味，有野香菇、韭菜、蕨菜、香蒿、木耳等。神农架有句流传已久的顺口溜："吃的洋芋果，烤的疙瘩火，烧酒配着腊肉吃，除了神仙就是我"，里面说的都是当地人的日常食物。神农架林区的餐馆多集中于松柏、木鱼两镇，所有的菜品都具有浓厚的神农架特色，如神农宴、野菜宴、懒豆腐、腊肉等，风味独特，值得细细品尝。

推荐特色美食

神农架腊肉

　　腊肉是神农架人过年必备的食品，当地人不仅爱吃腊肉，更会制作腊肉。将鲜猪肉切割成条状，加盐腌制数天后，置于火塘上方，用柴火、桔皮、香蒿等将肉熏干入味，熏至色泽金黄，也可熏至乌黑，保存好的腊肉可存放几年不变味不生虫。食用时，将腊肉配以大蒜、辣椒烹炒，或做成火锅。待腊肉熟好了，轻轻咬一口，那种经过时间积淀而形成的陈香味，就会释散于味蕾之间，令人回味无穷。还可用同样的方法熏制成腊猪肉、腊肠、腊肝、腊排骨、腊蹄子等。

懒豆腐

　　是神农架林区著名的一道菜肴。相传，当地有一懒婆娘做豆腐时，只把黄豆磨碎，不再过滤豆渣，直接拌入切碎的青菜，然后煮着吃。结果，熟后一尝，味道鲜香。后来，人们将此食品命名为"懒豆腐"。

香菇炖土鸡

　　将本地土鸡切成小块，与野生香菇一起放入砂锅清炖而成。香气扑鼻，营养价值极高。

神农架泡菜

　　神农架泡菜的水一般都是祖传下来的，年代越久，泡菜味道越鲜。在神农架，农家的泡菜水超过100年的屡见不鲜。

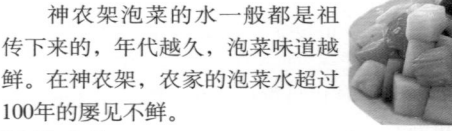

渣广椒

　　为土家族的一种特色菜肴。其制作方法是将鲜红的大椒剁碎后，拌入适量的包谷面、花椒、柑子皮等，放入泡菜坛中，密封月余后，即可食用。尤以同土家的腊肉一起烹炒成菜，最为香辣爽口。

坨坨肉

　　神农架林区的居民们杀猪时，总要先割下一块肉，抹上盐，在火塘里烧熟后，给孩子们撕着吃。并告诉孩子们"我们的祖辈就是这样生活的"，以使下一代人不忘先祖的恩德。

合渣

　　是土家人常吃的一种食物。将黄豆浸泡发胀，磨成细浆，用文火煮沸，再加入一些菜叶、食盐，即为合渣。豆香浓郁，味美爽口。

其他名吃

神农架岩耳炖土鸡、腊肉火锅、清炒山野菜等

旅游攻略 Travel Guide

神农架位于湖北省西部，是我国唯一以林区命名的行政区。这里属大巴山山脉褶皱带，有6座山峰海拔3000米以上，其中，主峰神农顶海拔3106.2米，素有"华中屋脊"之称。相传远古时期，炎帝神农氏率众在此搭架采药，尝遍百草，故得名"神农架"。景区方圆3225平方千米，山川交错，背岭连绵，洞穴密布，奇峰怪石，瀑布飞流，珍稀动植物资源十分丰富，现已发现有植物2400多种，动物500多种。由于山高林密，与世隔绝，传说常有"野人"出没，为神农架增添了许多神秘色彩。神农架自然保护区至今完好保存着远古洪荒时代的原始风貌，1990年，被联合国教科文组织列入"人与生物圈"自然保护区。神农架的主要景点分布在松柏镇、木鱼镇、红坪镇，主要游览景点有神农祭坛、燕子洞、天门垭红坪林场、岩屋鱼洞、阳日镇红岩岭和乐意村、阳日镇武山湖、宋洛自然风光、小龙潭野人展览馆、金猴岭金猴乐园、神农顶主峰、风景垭口、板壁岩、九源坪等。

热门景点 神农顶主峰、金猴岭、神农祭坛、燕子洞、武山湖、天门垭红坪林场等

旅游线路推荐

1 神农架松柏镇→燕子垭→燕子洞→天门垭→红坪画廊→香溪源→神农架木鱼镇
2 神农架木鱼镇→金猴岭原始森林→神农顶→风景垭→板壁岩→神农祭坛

神农架特产 神农泉黄酒、野百合、黑木耳、包谷酒、野韭菜、野生蕨菜、香蕈、板栗、猕猴桃、神农茶、木菜板、野生蜂蜜、水晶石、绞股蓝，以及神农架药材（七叶一枝花、灵芝草、小丛红景天、天麻、江边一碗水、头顶一颗珠、文王一枝笔）等

舌尖上的**孝感**

美食向导 Delicacies Guide

孝感因东汉孝子董永卖身葬父、行孝感天动地的故事而得名，素有"湖北孝文化之乡"的称号。而这里的麻糖、米酒文化，也有着源远的历史。孝感的翰林鸡、二河三蒸、云梦鱼面、豆油藕卷、荷月酥等美食，更是闻名遐迩。

推荐特色美食

孝感米酒
是当地具有千年历史的名酒。孝感米酒选用当地优质糯米，加入米酒曲，经发酵酿制而成。成色好的

米酒，米散汤清，白如玉液，香气袭人，入口甜润爽口，营养丰富，老幼皆宜，深受人们的喜爱。尤以"神霖牌"米酒最为著名。

孝感麻糖
是孝感最著名的特产，以香、甜、薄、脆的独特

风味，名遍大江南北。"孝感麻糖真香甜"，这是人们对它的普遍评价。

云梦鱼面

是用面粉和鱼肉为主料制作而成的食品，因主产于云梦县而得名。因其白如银、细如丝，营养丰富，故又称银丝鱼面、长寿面。相传，很久以前，云梦城北的山下，住着一位聪明的王幺姑娘，她在做面条时，将鲜鱼剁成肉泥和进面粉中，做出了第一碗味香鲜美的鱼面，并将此技法传授给了当地乡亲，使得云梦鱼面广泛流传开来。

翰林鸡

是安陆市太白酒楼烹制的一道名菜。此菜之名，是取自诗人李白曾供职翰林一职之意。肉香味美，诱人食欲。

二河三蒸

是汉川市田二河镇的传统菜肴。源于沔阳三蒸，由清蒸、炮蒸、粉蒸组成。清蒸以蒸鱼为主；炮蒸以蒸泡发的干菜为主；粉蒸的菜肴中，以蒸藕、蒸芋头为最。

其他名吃

沙子馍、汉川荷月酥、热干面、应城扒肉、云梦生爆鳝鱼卷、汉川椰头蒸鳝鱼、酥饼、葱担角、宫廷烤鸡、豆油藕卷、泥鳅汤、应城麻花桂鱼、干拨鱼筒等

旅游攻略 Travel Guide

孝感位于湖北省东部、长江以北、汉江之东，紧邻武汉市，是一座因孝文化而出名的古城。南朝时期，因此地"孝子昌盛"，遂置孝昌县；后唐时期，庄宗李存勖因孝昌县名的"昌"字犯了其祖父名讳，于是，根据董永卖身葬父、感天动地的行孝事迹而改名为孝感县，孝感之名由此开始。这里还是黄香扇枕温衾、孟宗哭竹生笋等流传千古的行孝故事的发生地。孝感山清水秀，风光优美，境内有董永公园、双峰山、玉女汤池温泉、天紫湖、观音湖、白兆山、汈汊湖、仙女山、泉水寨、宣化店古镇等一大批旅游景点。

热门景点 白兆山、董永墓、双峰山等

旅游线路推荐

1 市中心→董永公园→董永墓→白水寺→双峰山　　2 市中心→云梦县城→楚王城遗址→泗洲寺

3 市中心→应城→白兆山→凌云塔→玉女泉→玉女温泉

孝感特产

孝感麻糖、龙剑茶、安陆白花菜、汉川汈汊湖莲籽、"麻河牌"富硒莲藕、应城松花皮蛋、汉川马口陶瓷、孝昌太子米、大悟绿茶、安陆银杏茶、汉川湖豆、云梦银丝鱼面、孝昌县周巷凤凰茶、汉川庙头黄花茶等

舌尖上的十堰

美食向导 Delicacies Guide

十堰的饮食以鄂菜和川菜为主。武当山的道家斋菜也颇具独到之处，它取佛、道两家素菜烹饪的技法，注重口味鲜醇，营养丰富。在武当山紫霄宫和太和宫，均可品尝到这些道家文化浓郁的斋菜。

推荐
特色美食

酸浆面

是因郧阳人爱吃酸菜逐渐沿袭形成的一种地方小吃。特别是夏秋季节，酸浆面不凉不烫，酸香扑鼻，味美爽口，很受当地人喜爱。

三合汤

是郧阳区的一道地方名吃。主要配料有红薯粉丝、牛肉饺子、卤牛肉片，故名三合汤。尤其是郧阳的王氏三合汤，已成为当地著名的饮食品牌，以其独特的风味，远近闻名。当地人说："郧阳王氏三合汤，几天不吃想得慌"。

瓦块鱼

是郧阳区最具特色的一道名菜，因鱼块似土瓦而得名。相传，郧阳瓦块鱼已有几十年的烹制历史。

武当道教斋饭

以武当山自然生长的果实为原料，如盐干笋、鹿尾笋、黄精等。制作时，素菜荤做，戒荤腥，注重本色。凉菜一般有菊花山笋、蒜香龙爪、碧绿山野等；热菜有兰花猴头菇、太极豆腐盒、道家素合炒等；主食有宫廷面窝、武当春晓饼等。这些菜肴色泽形态美观，口味醇厚地道，极具道家风味特色。

其他名吃

丹江口鳡鱼、武当山药膳、龙门黄辣丁、武当山冻豆腐、房县盘鸭、竹溪碗糕、神仙豆腐、竹山官渡五香豆腐干、柳林腊肉、房县山野菜、黄龙大坝剁椒鱼头、丹江口风味野生鱼干等

旅游攻略 Travel Guide

十堰位于湖北省西北部，地处秦巴汉水谷地，因清代在百二河与犟河上修筑十道大坝以便灌溉农田，形成十堰而得名，是一座美丽的山城，又是我国内陆地区唯一的国家级园林城市。境内有世界著名的道教圣地——武当山和南水北调水源头——丹江口水库风景区两大旅游品牌，大山大水大人文的十堰，以其独特的旅游资源，成为长江三峡——神农架——武当山——西安黄金旅游线上的一颗璀璨明珠。

热门景点 武当山、赛武当（伏龙山）、野人谷等

旅游线路推荐

1 市中心→武当山→丹江净乐宫景区　　2 市中心→房县县城→野人谷→情人泉
3 市中心→竹溪县城→关垭子山口→楚长城遗址

十堰特产

武当山银剑茶、武当剑、武当道茶、武当山大曲酒、竹溪龙峰茶、十堰绿茶、竹笋、郧阳松石石雕、房县庐陵王黄酒、郧阳生漆、郧阳绿茶、房县黑木耳、武当野生灵芝、郧西野生葡萄、竹山莲花茶、圣水绿茶、绞股蓝茶叶、郧阳木瓜、竹山圣水毛尖茶、竹溪魔芋、丹江口青虾等

舌尖上的**宜昌**

美食向导 Delicacies Guide

宜昌是一座和重庆比较相似的城市，其饮食、生活习俗等都比较接近。宜昌的饮食不仅有内河肥鱼的大餐，也有很多民族风味小吃，其菜品的主要风格是"原汁、咸鲜、偏辣"，具有浓厚的地方特色。

推荐 特色美食

凉虾

是宜昌人最喜爱的饮品。以大米、玉米等为原料，以红糖水为调料制作而成。饮之，清凉解渴，尤以夏季勾兑冰水后饮用，味道更佳。

凉拌鱼腥草

鱼腥草，又名节节根、节儿根，是宜昌境内特有的一种野生草本植物，因茎叶有鱼腥味而得名。此菜配姜、蒜泥、醋、葱段、味精、麻油等作料，凉拌而成，不仅清香爽口，且有清热、解毒、消炎之功效。

炕洋芋

"炕"，是宜昌、恩施地区的方言，是指介于用少量食用油煎与炸之间的一种烹饪方式。"洋芋"就是土

豆。炕洋芋是宜昌地区非常流行的一道地方名菜。风味独特，不可错过。

香辣虾

是到宜昌必吃的名菜。其精髓在于炒制虾时，加上多种特制的香料调和，食之，让人回味无穷。

老九碗宴

是极具宜昌本地特色的佳宴，因用九个大碗盛菜而得名。九道菜包括杂烩头子、炸香蝶子、炸春卷子、鱼糕丸子、鱿鱼笋子、锤碗莲子、白肉肚子、香菌鸡子、珍珠丸子。

三游洞神仙鸡

产于风景秀丽的宜昌三游洞一带。用麻油浇淋全鸡，再放上十多种作料烧制而成。肉香酥软，味美爽口，是宜昌很有特色的一道名肴。

萝卜饺子

是全国独一无二的宜昌小吃，与普通饺子有很大不同。到宜昌旅游，千万别忘了尝一尝当地的萝卜饺子。

其他名吃

萝卜饺子、白刹肥鱼、峡口明珠汤、土家风味腊肉、合渣、长阳火烧坪包儿菜、峡口豆花、宜昌踏豆饼、土家蒸肉、冰凉糕、顶顶糕、油脆、夷陵春卷等

推荐 特色食处

小面一条街

小面是宜昌人最喜欢吃的一种面食小吃，有炸酱面、热干面、酸辣面等十多个品种，花样繁多，味美价廉。现已衍生出几条专门经营小面的街巷，如环城北路小面一条街、福绥路小面一条街等。

陶珠路夜市

是宜昌知名的夜市大排档。在这里，游客可以品

尝到湖北的各种风味小吃，是宵夜的好去处。

长江肥鱼一条街

长江虎牙滩至南津关一带盛产肥鱼，鱼肉十分鲜嫩。因此，在宜昌三游洞附近形成了专门烹制肥鱼的众多餐馆，是游客到宜昌品鲜鱼必去的地方。

西坝江边活鱼鲜鱼一条街

这里的特色是将长江活鱼现杀现做，客人可一边品尝美食佳肴，一边欣赏江岸风光，美不胜收。

旅游攻略 Travel Guide

宜昌，古称夷陵，位于湖北省西部、长江上游和中游分界处，扼长江三峡之一的西陵峡东口，素有"川鄂咽喉、三峡门户"之称，是三峡水利枢纽工程所在地和楚文化的重要发祥地，还是伟大爱国诗人屈原、民族友好使者王昭君的故乡。宜昌历史悠久，秦称巫县；汉置夷陵；清设宜昌府，寓意"宜于昌盛"。由于地势险要，历来为兵家必争之地。三国时，东吴陆逊攻蜀，火烧连营七百里的"夷陵之战"，就发生在此。宜昌是一个巨大的园林城市，境内拥有三峡大坝、三峡人家、清江画廊、西陵峡、三游洞、九畹溪、三峡大瀑布、黄陵庙等一大批风景名胜旅游区，享有"中国优秀旅游城市"、"三峡旅游最佳目的地"、"中国旅游胜地四十佳"等称号。

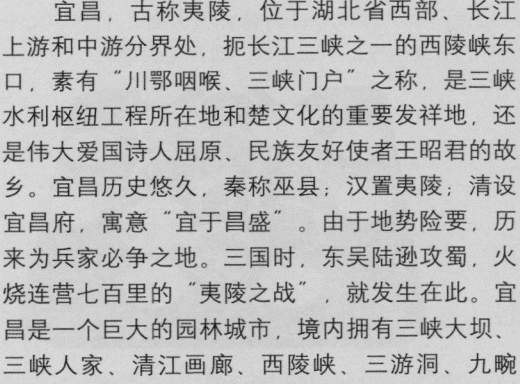

热门景点 三峡大坝、葛洲坝、西陵峡、屈原故里、昭君故里、车溪风景区等

旅游线路推荐

1 市中心→西陵峡东口南津关→葛洲坝→车溪风景区 2 市中心→三峡大坝→九畹溪
3 市中心→秭归县城→屈原故里→泗溪→玉虚洞 4 市中心→当阳市→玉泉山→关陵
5 市中心→兴山县→昭君故里→香溪风景区

宜昌特产 五峰名茶、春眉茶、峡州翠绿茶、茉莉春尖茶、宜红功夫茶、鹿苑茶、仙人掌茶、邓村绿茶、远安西河鱼、百里洲沙梨、宜昌柑橘、脐橙、桃叶橙、猕猴桃、三峡苦酥（又名地瓜）、三峡奇石、挂盘盆景、宜都天然富锌茶、飞达陶瓷、枝江大曲酒、三峡紫砂壶艺、宜昌彩陶等

舌尖上的**恩施**

美食向导 Delicacies Guide

恩施的饮食，既有蜀地的麻辣特色，又具有潇湘的香辣风格。特别是当地土家族和苗族的风味小吃，别具一格，如合渣、腊肉、土豆干、格格等，特色鲜明，花样繁多，值得一尝。

推荐特色美食

 土家年肉

是土家人春节期间宴席上的一道主菜。随着土家人生活水平的不断提高，又创造出了葵花年肉、巴人扣肉、糖年肉等新菜品。菜品肉香味美，非常好吃，深受土家人的喜爱。

 土家掉渣饼

又名掉渣烧饼，因烤熟的饼外层酥脆，稍一震动就会掉渣，故名。掉渣饼是恩施最具特色的小吃之一，享有"中国比萨"之称。

格格

为土家族、苗族特有的风味小吃。是用辣椒鲊混

合其他主料（牛肉、羊肉、猪肉），放在极小的蒸笼里蒸熟而成。"格格"的品种很多，有牛肉格格、羊肉格格、猪肉格格等，风味独特，确实味美。

合渣

其实就是小火锅的一种吃法，里面放些豆渣、花生渣、肉末等底料，再加上猪肉、牛肉或羊肉等原料即可。过去，恩施地区的土家人只有在过年时，才吃得上合渣。当地有"辣椒当盐，合渣过年"的民谚，流传很广。

土家十大碗

是土家人办喜事或招待远方贵客时烹制的宴席。菜品有墨鱼老家贺菜、鸡汁千张贺菜、黑木耳炖土

鸡、乡村扣肚片、乡村扣蹄花、乡村火炕鱼、顶罐猪脚、土家扣肉、四季常青、土家合渣等，还有以茶叶蛋或炒米作为恭喜茶招待客人。当客人进门时，要先敬进门茶、炒米等，再请客人入席。十道菜风味各异，一菜两味，半荤半素，别具民族特色。

其他名吃　恩施土家熏腊肉、小米蒸年肉、鲊广椒炒腊肉、蕨粑炒腊肉、腊蹄子火锅、巴东羊肉大面、油香儿、土家社饭、土家油茶汤、神农溪刀子鱼、大派火腿、土家炕洋芋、土家公婆饼、土家酱香饼、利川柏杨坝五香豆干等

旅游攻略 Travel Guide

恩施土家族苗族自治州位于湖北省西南部，西面和北面与重庆相邻，春秋时期为巴国之地，境内山清水秀，森林茂密，素有"鄂西林海"、"华中药库"之称。恩施土家族苗族自治州首府所在地为恩施市，地处长江之南，清江中游，因拥有举世罕有的硒资源，被誉为"中国的硒都"，是湖北省九大历史文化名城之一。这里生活着土家族、苗族、汉族、侗族等27个民族，以土家族民俗风情表演和巴东神农溪自然风光为旅游热点，成为环长江三峡游、张家界大旅游区的重要组成部分。这里最有民族特色的土家"女儿会"，被称为"东方情人节"。神农溪、清江漂流、梭布垭石林、腾龙洞、土司城、土家族鱼木寨等著名景点和多彩的民俗风情，使恩施成为名副其实的旅游胜地。

热门景点　利川腾龙洞、鱼木寨、梭布垭石林、唐崖土司城遗址、清江闯滩、清江恩施大峡谷等

旅游线路推荐

1 恩施市中心→清江闯滩→恩施土司城→龙麟宫→五峰山→梭布垭石林　2 恩施市中心→宣恩县城庆阳民街→彭家寨吊脚楼群→来凤县仙佛寺　3 恩施市中心→咸丰县坪坝营→咸丰县城→唐崖土司城遗址　4 恩施市中心→利川市→腾龙洞→鱼木寨→齐岳山大草原→大水井古建筑群　5 恩施市中心→板桥镇→清江恩施大峡谷

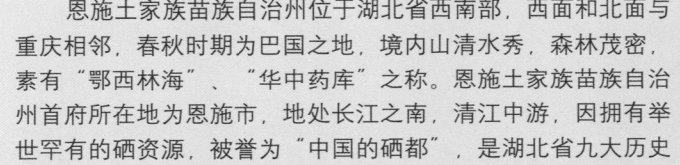

恩施特产　福宝山莼菜、来凤杨梅、来凤藤茶、竹节人参、板桥党参、宣恩伍家台贡茶、野生香菇、宜红茶、苗家绞股蓝茶、鹤峰茶、景阳菊花石、利川雾洞绿峰茶、恩施玉露茶、百鹤玉工艺品等

舌尖上的 湖南

湖南菜，简称湘菜，又称潇湘菜，是中国八大菜系之一。湘菜历史悠久，早在汉代就已形成菜系，随着历史的发展，逐步形成了以湘江流域、洞庭湖区和湘西山区三种地方风味为主的湘菜系，素以辣味和腊味强烈著称。湘江流域风味以长沙、衡阳、湘潭为中心，是湘菜系的主要代表，注重酸辣、香鲜、软嫩，代表菜有麻辣子鸡、浏阳蒸菜等。洞庭湖区风味以烹制河鲜、家禽见长，多用炖、烧、蒸、腊的制法，代表菜有洞庭君山银针鸡片、冰糖湘莲等。湘西山区风味擅长烹制山珍野味、烟熏腊肉，口味偏重咸、香、酸、辣，具有浓厚的山乡风味，代表菜有血粑鸭、苗家酸鱼、糯米酸辣子等。在众多的湘菜中，有辣椒的精品菜式，数不胜数。

名山名水游

楚湘文化游

湘西风情，凤凰古城

山水名郡，楚汉名城

丹霞崀山，南山草原

湘南风光游

寻根祭祖游

特别推荐

▶ **湖南十大美食** 长沙浏阳蒸菜、湘潭毛家红烧肉、张家界土家血豆腐、湘西苗家酸鱼、怀化芷江鸭、衡阳玉麟香腰、郴州桂阳坛子肉、常德药膳扒鸡、岳阳君山银针鸡片、永州东安鸡

▶ **湖南十大特产** 长沙浏阳河酒、怀化靖州杨梅、湘潭韶山峰茶、湘西酒鬼酒、新晃黄牛肉、武冈铜鹅、邵阳竹雕、衡阳张飞酒、岳阳洞庭湖君山银针茶、益阳辣妹子辣椒酱

▶ **湖南十大景点** 长沙岳麓山、张家界武陵源国家级风景名胜区、岳阳楼、衡阳衡山、湘西凤凰古城、湘潭韶山毛泽东故居、常德桃花源、娄底紫鹊界梯田、郴州东江湖风景区、邵阳崀山国家地质公园

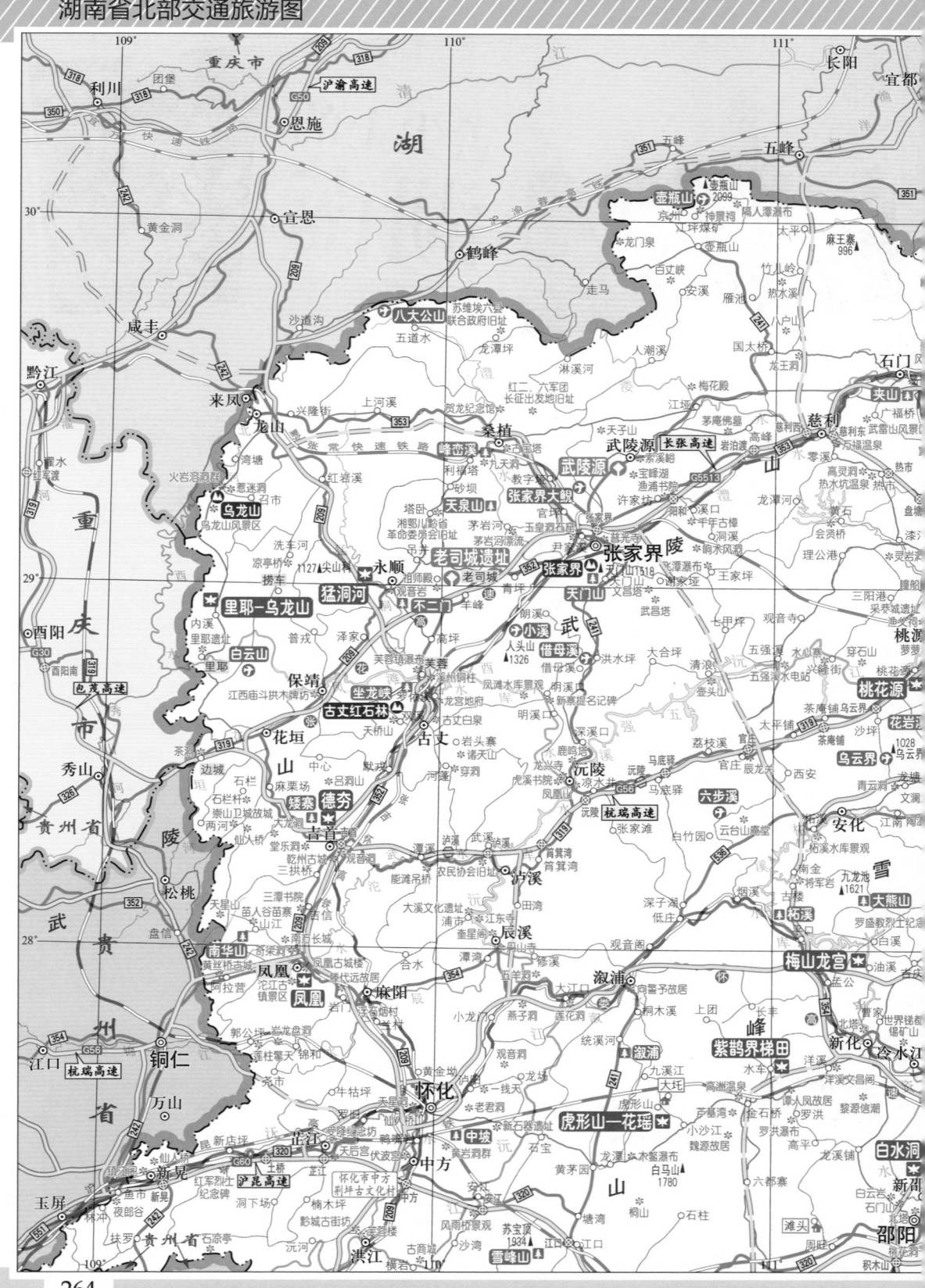

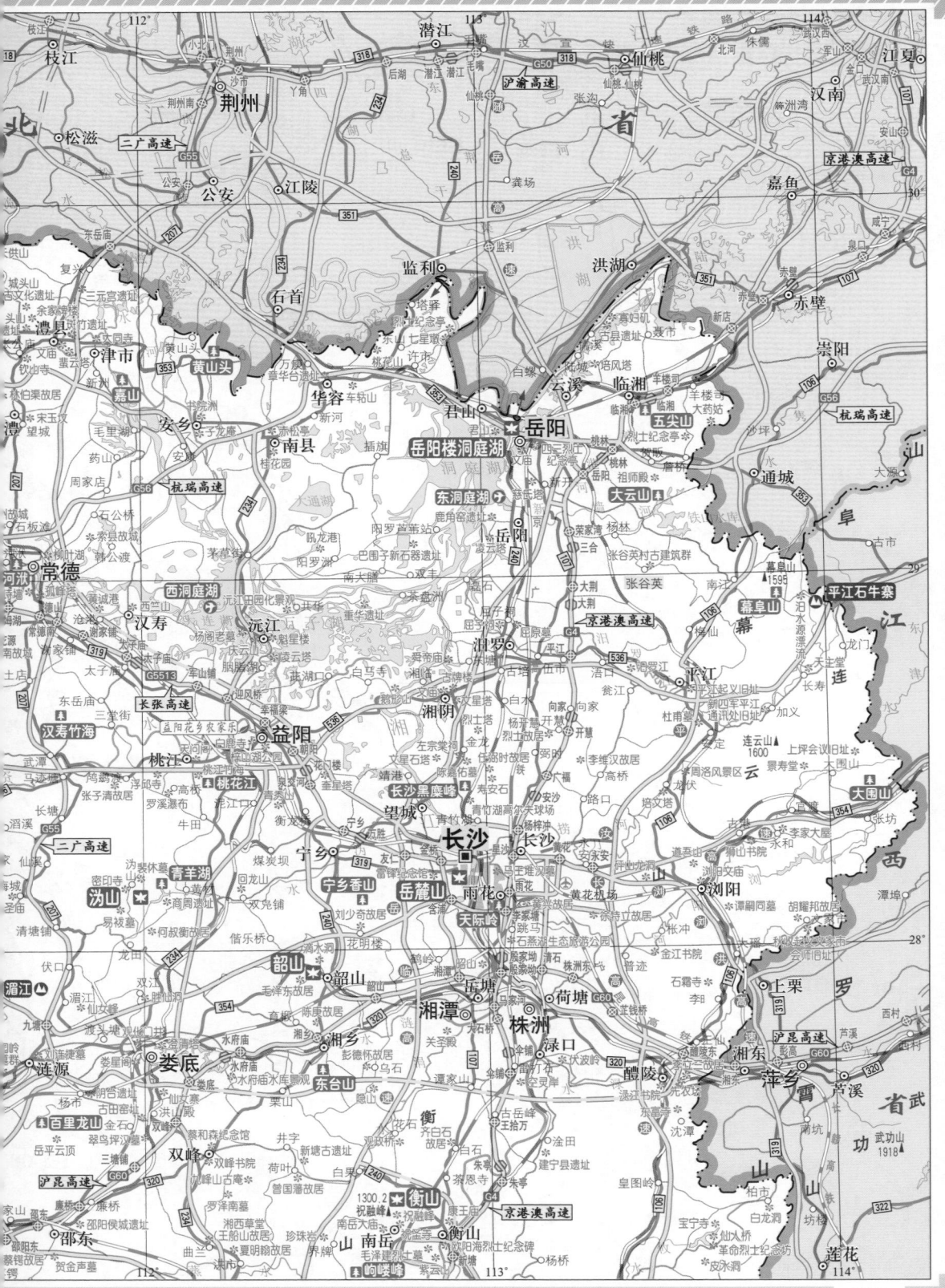

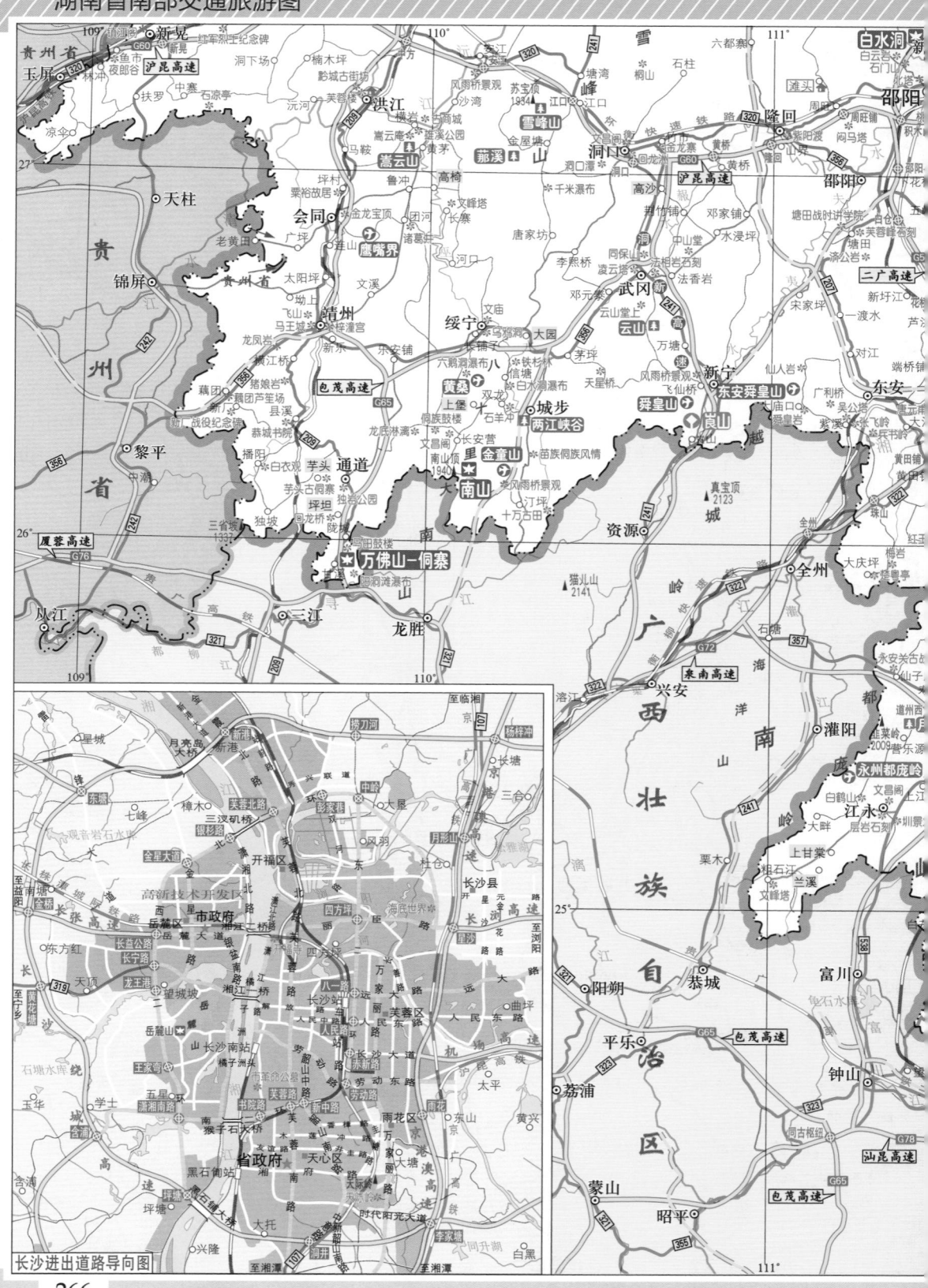

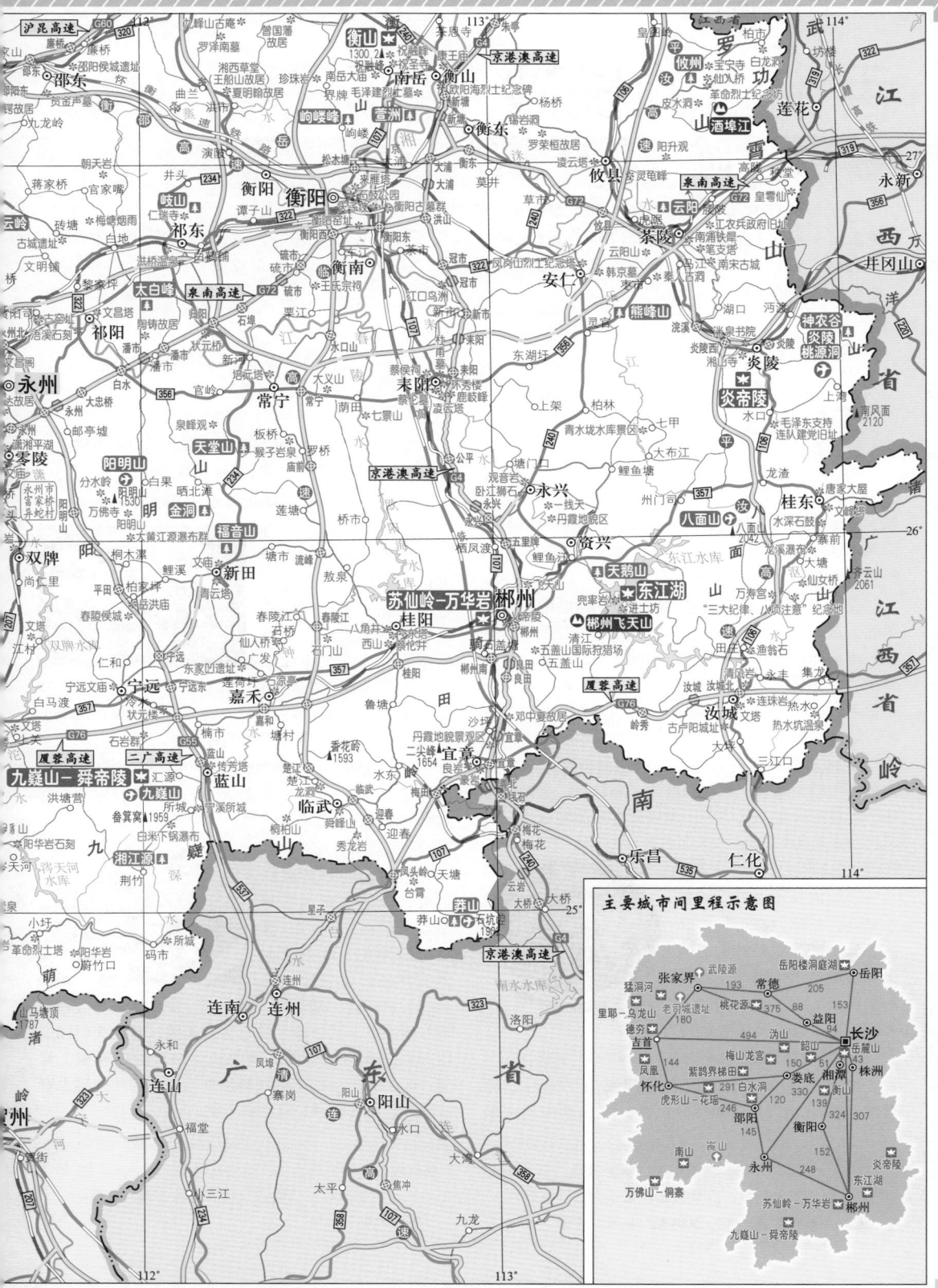

舌尖上的**长沙**

美**食**向**导** Delicacies Guide

　　长沙的饮食属于非常典型的湘菜系，讲究在保持食物原味的基础上，加入一些辣味，使食物更加鲜美可口，比较著名的菜品有毛氏红烧肉、浏阳蒸菜、左宗棠鸡等。长沙的风味小吃如同湘菜一样，有着自己独特的魅力，品种繁多，风味各异，最出名的是油炸臭豆腐、口味虾、杨裕兴面条等。

推荐 特色美食

▣ 长沙小吃

　　臭豆腐、糖油粑粑、姊妹团子、黄金糕、口味虾、口味蟹、口味田螺、口味鸡、鸭舌、鸭脖、德园肉包子、猪血、荷兰粉、白粒丸、文记四合一、炖猪脚、兰花干子、油豆腐、刮凉粉、肉丝米粉、哆螺、麻辣捆鸡、香菜凉拌腰花、杨裕兴面条、双燕馄饨等。

▣ 黄鸭叫

　　又名黄鸭咕，因它被抓住时会发出咕咕的叫声而得名。黄鸭叫，其实是一种鱼，在浅水里看上去呈黄色，当地渔民称其为黄骨鱼。用此鱼烹制成菜，鱼肉鲜嫩香美。后来，成为长沙橘子洲夜市中最为流行的特色美食。

▣ 八大美味名包

　　长沙有八大美食包子，即玫瑰白糖包、冬菇鲜肉包、白糖盐菜包、水晶白糖包、麻茸包、金钩鲜肉包、瑶柱鲜肉包、叉烧包。建议游客到德园饭庄，可品尝到正宗的长沙"八大名包"。

▣ 口味虾

　　又叫麻辣小龙虾、香辣小龙虾，简称"麻小"。口感香辣鲜浓，是长沙有名的风味美食。发源于长沙一带的口味虾，后来传到了北京、上海等地，曾一时风靡全国。

▣ 小炒黑山羊肉

　　浏阳黑山羊是全国少有的纯黑山羊品种，原名湘东黑山羊，其肉质十分鲜嫩。将山羊肉切成很细的丝，佐以浏阳本地的红辣椒，入锅爆炒。出锅时，再加点儿酱油、香油，顿时香味四溢，令人胃口大开。

▣ 臭豆腐

　　是到长沙不可错过的风味小吃。焦脆而不糊，细嫩而不腻，初闻臭气扑鼻，细嗅浓香诱人。

▣ 浏阳蒸菜

　　是湘菜中的一种传统独特菜系，起源于浏阳东部地区。最为流行的菜品有干扁豆蒸腊肉丁、清蒸火腿肉、剁椒蒸土豆、清蒸土家腊肉、清蒸鸡蛋、清蒸茄子、清蒸芋头，以及清蒸白豆腐、臭豆腐、卤豆腐、白沙豆腐等。2011年，浏阳正式获得了"中国蒸菜之乡"的称号。

▣ 毛氏红烧肉

　　是长沙著名的一道本帮菜。当年因毛泽东非常喜欢吃"红烧肉"而名扬全国。

▣ 左宗棠鸡

　　为湖南的一道风味名菜，以清末湖南名将左宗棠的名字命名，其实与他无关。此菜由在美国开办彭园餐厅的名厨彭长贵所创，基辛格、蒋经国、贝聿铭等名人曾光临彭园品尝了这道菜，使之名遍美国，并成为彭园的招牌菜。先将去骨的鸡腿肉块炸熟，配以辣椒、酱油、醋、蒜末、姜末等调料烹炒，最后勾芡并淋上麻油即成。口味独特，且营养丰富。

其他名吃

剁椒鱼头、乡里腊肉、宁乡口味蛇、剁辣椒炒肉、四方坪土鸡、潭州瓦罐菜、竹香鱼、浏阳火焙鱼、红烧猪蹄、坛子煲汤、麻辣鸡、三层套鸭、麻仁香酥鸭、口蘑汤泡肚、腊味合蒸、红薯粑粑、生熏大黄鱼、长沙炒码面、麻辣田鸡等

推荐 特色食处

✪ 曙光路美食街

在这条街上，有几十家中高档酒楼，多以川、湘风味为主。有以家常风味为主的友友饭店，湘菜乡土味浓厚的蓉泰酒楼，以湘味海鲜为特色的徐记海鲜酒楼，还有主营瓦缸系列菜的潭州瓦缸饭庄等。

✪ 火宫殿小吃城

是长沙著名的老字号饮食品牌，是到长沙品美食必去的地方。这里有各种正宗的湖南风味小吃，如油炸臭豆腐、椒盐馓子、姊妹团子、白粒丸、三角豆腐等。 ✉ 坡子街

✪ 老梅园虾城

是长沙最著名的夜宵老店。特色菜有口味蟹、口味螺、口味鸡等，其中以鸡汤龙虾最为出名。
✉ 八一桥畔

✪ 杨裕兴面馆

是长沙有名的百年粉店。其招牌小吃牛肉粉（面）最有特色，深受顾客欢迎。 ✉ 解放西路

✪ 长沙火车站蒸菜一条街

在长沙火车站附近玉楼东对面的一条小巷子里，家常味特浓的蒸菜店铺一家接一家，每家经营面积不大，生意都很红火。那一钵钵的蒸茄子、蒸青椒、蒸排骨、蒸腊牛肉、蒸火焙鱼、蒸羊肉、蒸南瓜、蒸香干等风味各异的蒸菜，热气腾腾，香气四溢。食之，既热辣过瘾，又便宜实惠。

✪ 湘江风光带美食街

湘江风光带南起长沙湘江黑石铺大桥，北至月亮岛北端，长约26千米，风景优美，不逊于上海的外滩。这条街上云集着众多粤、湘风味酒楼，有以食鱼为特色的七彩江南，火爆大江南北的毛家饭店，还有融湘、粤、秦、川风味于一体的秦皇食府等。美食与美景融为一体，真乃在长沙休闲、就餐的好去处。

旅游攻略 Travel Guide

长沙，别名"星城"，曾有临湘、潭州之称，位于湖南省东部偏北，湘江下游东岸，为湖南省省会，是楚文化和湖湘文化的发源地。长沙是一座有3000多年历史的名城，早在春秋战国时期即为楚国的战略要地；秦代始设长沙郡；汉代皇帝刘邦封吴芮为长沙王，建长沙国；唐代设长沙为潭州；近代历史上更是有着深厚底蕴的中国红色文化，毛泽东、彭德怀、杨开慧、黄兴等名人均出自清末的长沙府，因而被誉为"革命摇篮，伟人故里"。长沙依山带水，风景秀丽，名胜古迹遍布，其中，以马王堆汉墓、岳麓书院、麓山寺、橘子洲头、岳麓山等最为著名。每年秋季是到长沙旅游的最佳时间，这时候到岳麓山看满山红叶是最美的，也是到橘子洲观光的好时机。

热门景点 岳麓山、岳麓书院、橘子洲头、马王堆汉墓、浏阳大围山、周洛风景区、宁乡千佛洞等

旅游线路推荐

1 市中心→岳麓书院→橘子洲头　　**2** 市中心→天心公园→湖南第一师范→白沙井→马王堆汉墓→坡子街火宫殿品美食　　**3** 市中心→韶山→毛泽东故居　　**4** 市中心→茶陵→南宋古城→炎帝陵　　**5** 市中心→浏阳市→大围山国家森林公园→周洛风景区　　**6** 市中心→宁乡市区→花明楼镇刘少奇纪念馆→千佛洞

长沙特产

浏阳五宝（夏布、花炮、茴饼、豆豉、菊花石雕），以及浏阳河酒、砂仁糕、香心菜、金柑橘饼、谷山石砚、浏阳炒米、臭豆腐、长沙茉莉花茶、宁乡沩山毛尖茶、高桥银峰茶、湘绣、白沙液酒等

舌尖上的**湘潭**

美食向导 Delicacies Guide

湘潭菜有着典型的湘菜风味，各种菜肴以鲜、辣著称，尤以毛家菜、湘潭活鱼最为出名。湘潭民间都有熏制腊菜的习惯，因以农历十二月（腊月）熏制的最好，故称冬腊肉，其味香可口，风味独特，许多人都喜欢吃。来到湘潭，可不要忘了尝一尝。

推荐特色美食

毛家红烧肉

毛家菜起源于毛泽东的故乡韶山。毛主席钟情红烧肉，世人皆知，故红烧肉又称毛氏红烧肉，是主席宴上的八大名菜之一。毛家饭店位于湘潭韶山冲，这里烹制的毛家红烧肉，肥而不腻，香润可口，味道正宗，名气最大。

麻辣子鸡

是具有浓厚地方风味的正宗湘菜名肴之一，素有"不吃麻辣子鸡，就等于没有吃过湘菜"之说。鸡肉嫩香皮焦，麻辣入味，入口香辣，余味悠久。

择子豆腐

是湘潭的特色小吃之一，用一种叫择子的野果为主料制作而成。味道芳香，营养丰富，堪称真正的绿色食品。

豆沙馅饼

是湘潭最常见的一种小吃。沙甜可口，甜中带酸，酥脆不腻，口味独特。

祖国江山一片红

即指改良后的一道湘菜"剁椒辣鱼头"。采用上等的鳙鱼头，加秘制辣酱烹制而成。色泽红亮，肉质细嫩，鲜香可口，是湘潭的一道名菜。

其他名吃

湘潭灯芯糕、火焙鱼、饭茶、油粑粑、红煨水鱼裙边、天麻鱼头汤、白辣椒炒腊肉、湘味啤酒鸭、甜酒糍粑、红军长征鸡、豆豉辣椒、湘乡酒糟鱼、竹筒粉蒸鸡、竹筒水鱼、韶山野兔肉、土腊肉、冬菇藕夹，以及毛家食品（酱猪耳、酱鸭翅、开胃酱椒、贡菜脆椒、双色鱼头）等

旅游攻略 Travel Guide

湘潭位于湖南省中东部，古称潭州，别称莲城，又称潭城，因昭山脚下湘江中有一湘州潭（即昭潭）而得名，是湖湘文化的发祥地。这里人杰地灵，名人辈出，是毛泽东、彭德怀、曾国藩、齐白石等著名历史人物的故里，是全国人民仰慕的旅游圣地。到韶山看毛泽东故居，缅怀伟人，体味伟人生活，已成为湘潭著名的一个红色旅游经典品牌。

热门景点 韶山毛泽东故居、昭山等

旅游线路推荐

1 市中心→韶山→毛泽东故居→滴水洞→韶峰景区　　**2** 市中心→湘潭县城→乌石镇彭家围子→彭德怀故居

湘潭特产

槟榔、湘乡烘糕、湘莲、韶山滴水洞酒、毛公酒、韶峰茶、羊鹿毛尖茶、湘乡啤酒、油纸伞，以及韶峰名茶（茉莉花茶、绿茶、功夫红茶、黑毛茶）等

舌尖上的**张家界**

美食向导 Delicacies Guide

　　张家界是湖南的第一大旅游城市，因境内有著名的张家界国家森林公园而得名。由于地处湘西山区，这里的餐饮与传统湘菜相比，更多了烟熏、火炕、麻辣等农家乡土风味。土家人还特别钟爱腊、酸、腌制各种山野菜食，如酸鱼肉、酸萝卜、腊豆腐、腊牛肉、酱辣椒等，都是土家人每天离不开的菜肴。在张家界市区，好吃的东西很多，价格比景区的较为便宜。每到晚上，市区满街都是大排档，如果你的钱袋比较鼓，可以"奢侈"一次，吃些野味，但一定不要忘了品尝一下正宗的土家风味小吃。

推荐特色美食

土家三下锅

　　是当地土家族的一道传统名菜。相传，明朝嘉靖年间，朝廷征调湘鄂西部的土司兵前往沿海一带抗倭，恰好赶上年关。为了不误朝廷调令，土司王便下令提前一天过年。于是，家家户户将腊肉、豆腐、萝卜一起放入锅内煮熟，叫做"合菜"，为土司兵送行。以后，人们就将此菜称为"三下锅"。

土家酸辣菜

　　酸野藕、酸青菜、酸猪肉、酸鱼、酸辣玉米糊等。

土家腌菜

　　腌肉、腌鱼、腌辣椒、腌萝卜、腌生姜等。

土家腊菜

　　腊猪肉、腊羊肉、腊牛肉、腊狗肉、腊血豆腐、腊肉香肠等。

土家家常菜

　　合渣、南瓜汤、米豆腐、粉蒸肉、岩耳炖鸡、泥鳅煮豆腐、鱼儿辣子、酸鱼肉等。

社饭

　　是土家人每年二月"社日"的佳节饭。煮饭时，以三分糯米和一分黏米混煮，然后将米汤滤净，放入社菜、胡葱和腊肉，搅拌均匀后，用慢火焖熟即可。食之，香味四溢，风味独特，美不可言。

团年菜

　　又称合菜，是土家族过年必做的一道特色菜。将萝卜、豆腐、白菜、猪肉、红辣椒等放入一锅熬煮而成，味道鲜香，诱人食欲。此菜还有象征五谷丰登、合家团聚之意。

土家血豆腐

　　是土家人常吃的一道特色菜。将豆腐和猪肉、猪血，以及花椒、辣椒等作料拌成泥状，用烟熏烤成黄色即可。吃起来，耐嚼味香，十分过瘾。

猪血稀饭

　　是土家人祭祀、祭祖时必吃的食品。逢年过节也做猪血稀饭；有远道来客，更要请吃一碗猪血稀饭。在张家界，品尝土家美食的同时，还可以感受到当地的民俗风情。

其他名吃

　　腊肉炖黄膳、豆渣豆豉、酸鲊鱼、武陵大松菌、张家界土家十大碗、糯米打糍粑、火炕鱼、石耳炖鸡鸭、泥鳅钻豆腐、十八子蕨芋干、乌鸡天麻汤等

旅游攻略 Travel Guide

张家界位于湖南省西北部，地处武陵山脉腹地，澧水上游，是一座新兴的国际旅游城市。1982年，中国第一个国家森林公园——张家界国家森林公园建立；1994年4月18日，正式更名为"张家界市"，辖区为永定、武陵源两区和慈利、桑植两县。张家界以旅游立市，旅游资源十分丰富独特，集"山峻、峰奇、峡幽、洞美、林翠"于一体的武陵源风景区，主要由张家界森林公园、索溪峪自然保护区、天子山自然保护区三部分组成，整个景区以世界罕见的石英砂岩、峰林峡谷地貌为主体，风景秀丽迷人，享有"大自然的迷宫"、"天然博物馆"、"地球纪念物"的美誉。1992年，武陵源风景区被联合国教科文组织列入《世界遗产名录》；2004年，被评为首批世界地质公园；2007年，被评为中国首批5A级旅游区。

热门景点 张家界国家森林公园、袁家界、杨家界、索溪峪、天子山、天门山、黄龙洞等

旅游线路推荐

1 市中心→张家界国家森林公园→金鞭溪→金鞭岩→黄狮寨→砂刀沟→水绕四门→十里画廊→天子山→索溪峪→黄龙洞　　2 市中心→桑植县城→九天洞→茅岩河漂流
3 市中心→天门山国家森林公园

张家界特产 张家界酒、茅岩莓茶（又名藤茶）、武陵岩鸡、华南湍蛙、大庸毛尖茶、山鸡椒油、张家界柑、蜜橘、土家神茶、清香野葱、蛇油精、土家贡酒、张家界龟纹石、岳州青瓷、武陵宝石、菊花心、金香柚、杜仲筷子、葛根粉、葛根果、石耳（又名岩耳）、土家包谷烧酒、土家粘贴画、砂石画、土家织锦、张家界野菜，以及张家界名茶（青岩茗翠茶、龙虾花茶、云雾仙品茶、甑山银毫茶、五月眉茶、茅坪毛尖茶、西莲贡茶）等

舌尖上的湘西

美食向导 Delicacies Guide

湘西是中国少数民族苗族、土家族的聚居地之一。这里的饮食在湘菜原有的香辣基础上，还融入了苗族、土家族的风味特色，酸辣是土家族、苗族日常生活中不可缺少的两味，素有"辣椒当盐，酸菜当饮"之说，尤以湘西三吃（酸鱼、腊肉、牛肝菌）最为著名。无论是在湘西土家族苗族自治州的首府吉首市，还是在著名的凤凰古城，诱人垂涎的正宗湘西菜，都会令人难以忘怀。

推荐 特色美食

湘西社饭

在湘西地区的土乡、苗寨，都有过"春社"吃社饭的习俗。按农历正月后的第一个戊日起，至春分前后的第五个戊日，就是"春社"，一般都在三月时过"春社"。这一天，家家户户都要煮社饭吃，以示庆祝。社饭是将糯米、籼米、野香蒿、野葱、腊肉、猪油、花生米等，拌在一起蒸煮而成。风味独特，饱含民族风情，堪称当地美食一绝。

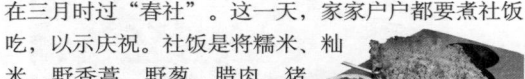

血粑鸭

是凤凰古城最具特色的地方菜之一。鸭子煮血粑既有鸭肉的鲜美香味，又有血粑的清香糯糯，独具地方风味特色。吃起来，口感浓香，令人食欲大增。

桐叶粑粑

是湘西民间的一道风味小吃。用糯米加籼米打成粉末，拌入香蒿，加适量清水，做成一个个圆圆的粑粑，内包红豆砂糖或黄豆粉，也可包酸辣豆腐丁或腌菜腊肉丁，入锅蒸熟即成。桐叶粑粑具有桐叶散发出来的清香味道，很是诱人。

罐罐菌

又名罗汉菇、牛肚菇，是湘西腊尔山地区的一种土特产。用罐罐菌无论烹菜，还是做汤，均味道鲜美，且营养价值极高。

糯米酸辣子

是凤凰古城中常见的一道土家菜。此菜既清香可口，又带几分酸辣滋味，极具民族风味。

蕨菜炒腊肉

蕨菜是一种野菜，腊肉是土乡、苗寨的特产。将这两种食材烹制成菜，别具风味，且营养价值高，是当地人待客的一道美味佳肴。

芙蓉镇刘晓庆米豆腐

湘西土家族苗族自治州永顺县境内的芙蓉镇，原名王村，因曾在这里拍摄电影《芙蓉镇》而更名，是去猛洞河旅游的必经之地。古镇路口有家米豆腐店，就是电影《芙蓉镇》中的豆腐店，其店主人早已不是刘晓庆扮演的那个豆腐西施了，但店名却叫"刘晓庆米豆腐店"。这家米豆腐名气很大，吸引了许多游客前来造访。

苗家酸鱼

是湘西的土家族、苗族同胞待客的名菜。"酸鱼"因为在菜坛长时间腌制，且经过食盐浸渍，鱼已经熟了，故取出来就可以生吃，或用油炸熟。味道又酸又香，十分可口。

湘西土匪鸭

并不是指过去湘西土匪吃过的鸭菜，而是选用当地土养的肥鸭为原料烹制而成的一道湘西名菜。由于这些散养的鸭子经常到庄稼地里糟蹋粮食作物，村民们气愤地骂道："你们这些该死的鸭子，简直就像土匪。"爱撒野的鸭子肉质特别细嫩鲜美，烧成菜后，肉酥嫩滑，烂而不腻，香味绝伦，深得食客称赞。湘西土匪鸭因其菜名怪异及鸭肉味美而声名远扬。

其他名吃

凉粉血粑鸭火锅、野猪肉火锅、油炸蜂蛹、油酥野鸡、枞菌炖豆腐、野木耳炖土鸡、凉拌山笋、野葱炒蛋、鸭脚板（一种野菜）、酸猪肉、酸白菜、酸萝卜、苗族酸汤菜、吉首乾州板鸭、苗家菜豆腐、永顺芙蓉镇天下第一螺、油炸竹虫等

推荐 特色食处

★ 吉首"好吃街"

位于吉首市内电影院前。这里，各种小吃摊点云集，味美可口，价格也非常便宜，不可错过。

★ 凤凰古城夜市

从凤凰县城邮电局到东门的街上，有很多小食摊，多经营麻辣烫、烘烤、米线、苗家酸鱼、酸萝卜等独具特色的风味小吃。另外，凤凰城内的大使饭店也很有名气，在

这里可以品尝到酸白菜、地衣、腊肉、炒松油菌、罐罐菌炒肉等极具地方风味特色的菜肴。

旅游攻略 Travel Guide

湘西位于湖南省西北部，武陵山脉东麓，古有"蛮地"之称，属三苗领地。这里不仅山水奇异秀丽，更有土家苗寨独特的民族风情。湘西境内的凤凰古城，依山傍水，风景秀丽，是我国著名的历史文化名城，素有"画中长廊，梦里水乡"之称，被誉为"中国最美的小城"。在吉首市郊的德夯苗寨风景区，与热情的苗族群众一道围着篝火，共舞一曲，可以感受到独特的苗族风情。这些独具特色的旅游资源，使游客感到情在其中、趣在其中、乐在其中，流连忘返。

热门景点 凤凰古城、南方长城、德夯苗寨、芙蓉古镇（原称王村）、猛洞河漂流等

旅游线路推荐

1 吉首市中心→德夯苗寨→芙蓉古镇（原称王村）→猛洞河漂流　2 吉首市中心→凤凰古城→沈从文故居→熊希龄故居→北门城楼→沱江→虹桥→万名塔→跳岩　3 凤凰古城→黄丝桥古城→都罗寨

湘西特产 熏腊肉、湘西古丈毛尖茶、保靖黄金茶、永顺溪洲莓茶、泸溪县浦市甜橙、凤凰蓝印花布、吉首河溪香醋、湘西民间凿花、苗家窖酒、菊花石雕、苗族刺绣、吉首酒鬼酒、湘泉酒、凤凰红米酒、凤凰石雕、苗族蜡染、苗族扎染、土家锦等

舌尖上的**怀化**

美食向导 Delicacies Guide

怀化位于湖南省西部，自古就有"黔滇门户"、"全楚咽喉"之称。境内居住着侗族、苗族、汉族等，民俗风情浓郁。这里的饮食极具地方色彩，尤以侗族饮食最具特色。这里的侗寨还保留着土乡土色的传统食俗，以辛香酸辣和腌制、熏制腊食而闻名。来到怀化，一定要尝尝风靡湘西的芷江鸭，还有风味独特的侗家腌肉。

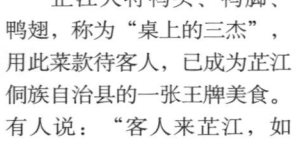

推荐特色美食

芷江鸭

芷江人将鸭头、鸭脚、鸭翅，称为"桌上的三杰"，用此菜款待客人，已成为芷江侗族自治县的一张王牌美食。有人说："客人来芷江，如果不吃芷江鸭，实在是一大遗憾"。多少年来，当地还流传着一首民俗食谣："八月八来八月终，八月十五杀鸭公，鸭头鸭脚老板吃，叶翅棒棒待长工"。

靖州杨梅

靖州苗族侗族自治县出产的杨梅，个大汁多核小，无论是品色，还是味道，绝非其他地方的杨梅可比，因而被誉为"怀化一绝"，当年曾是皇宫的贡品。如果正当时节，到了怀化，一定要尝尝大名鼎鼎的靖州杨梅。

侗族合龙饭

是通道侗族自治县侗族村寨的传统宴席，一般在重大节日或办婚宴喜事时摆设。从各村寨的每户家里收集餐桌、椅子、碗筷、菜肴，将餐桌合拢，摆成一长条桌，再将菜肴都摆在长桌上。客人就座后，在开

餐以前，还有一段集体酒令和一个仪式。合龙饭的菜肴以酸鱼、酸肉、酸菜为主，每份糯米饭上还放一串新鲜的熟肉和豆腐。先别说那独具风味的饭菜有多么美味，光看这阵势，就会令人震撼。

糯米腌酸鱼

是苗寨最具特色的传统名菜。每年立秋之后，高寒山区的苗族群众从已放进水的禾田里，捉来一篓篓肥鱼，拌以细碎的糯米粉，放在土罐缸里腌浸，一个月后，就可以取出来吃。其吃法可炒、可炸、可蒸，但以油炸煎吃味道最佳，是苗族待客时必备的美味佳肴。

洪江血粑鸭

是洪江市的一道地方名菜。此鸭肉香酥烂，味道极好。如果用微辣的汤汁泡米饭，吃起来滋味更佳，十分过瘾。

侗家腌肉

俗称接肉，又称酸肉，品种有酸猪肉、酸鸭肉、酸牛肉、酸牛排等。这种酸肉可煎炒或烤炙，以烧制味道最香。

雪峰乌骨鸡

是湘西南部雪峰山区特有的一种乌鸡。肉质细嫩，味道鲜美可口，具有较高的营养价值。

臭菜根

又称鱼腥草，是通道侗族自治县的侗族群众最喜欢食用的一种野菜。此菜其实并不臭，味道特别，且具有清热、解毒的功效。当地老人说："吃了臭菜根，保你无病生"。

其他名吃 新晃牛肉、苗家糯米饭、苗乡酸汤鱼、洪江红烧狗肉、侗家血粑香肠、侗族油茶、油炸豆腐、腌制香酸鱼、泥鳅拱豆腐、碗儿糕、蜜饯茶、桐叶糍粑、溆浦小江河鱼、龙潭火腿、侗乡蕨粑等

旅游攻略 Travel Guide

怀化位于湖南省西南部，地处武陵山脉和雪峰山脉之间。古称五溪，因境内有酉水、辰水、溆水、沅水和渠水而得名。春秋战国时期，属楚国黔中郡之地，素有"黔滇门户，全楚咽喉"之称。怀化是我国侗族聚居的主体地带，原汁原味的侗族民俗文化特色十分突出，这里的侗族大歌、芦笙舞及古朴的侗寨，享誉世界。沅江自西向南贯穿怀化全境，山水相间，森林茂密，景色宜人，堪称一座绿色宝库。境内的芷江受降纪念坊、洪江古商城、黔阳古城、龙津风雨桥、会同高椅古村、中方荆坪古镇、新晃夜郎谷、沅陵龙兴寺、通道马田鼓楼、芋头古侗寨、万佛山等旅游景点，闻名遐迩。

热门景点 芷江受降纪念坊、龙津风雨桥、洪江古商城等

旅游线路推荐

1 市中心→芷江侗族自治县城→芷江受降纪念坊→龙津风雨桥　2 市中心→洪江古商城→大兴禅寺

3 市中心→沅陵县城→凤凰山→龙兴寺

怀化特产 靖州雕花蜜饯（又名万花茶）、沅陵碣滩茶、芷江明山石雕、通道侗族织锦、芷江藕心香糖、洪江香柚、沅陵酥糖、"楚云仙"茶、野生藤茶、沅陵大曲酒、靖州杨梅酒、雪峰山野生甜茶、侗家苦酒、洪江刺绣、麻阳甜橙、溆浦朱红橘、麻阳冰糖橙、靖州血橙、中方县珍珠葡萄等

舌尖上的**岳阳**

● 美食向导 Delicacies Guide

　　岳阳，古称巴陵、巴州，位于洞庭湖之滨、湘江之畔，风景秀丽，物产丰富，素有"鱼米之乡"的美誉。这里盛产淡水鱼类，尤以洞庭银鱼最为出名。所以，来到岳阳，除了游览著名的岳阳楼，一定要品尝美味的巴陵全鱼席。

推荐
特色美食

巴陵全鱼席

　　是岳阳颇有特色的名宴，席上所有菜肴都以洞庭湖所产的鲜鱼为主料烹制而成。菜品繁多，有松鼠桂鱼、藕丝银鱼、竹筒蒸鱼、清蒸全水鱼、松子鳝鱼等。相传，清朝乾隆皇帝南巡江南，路经巴陵，品尝了当地民间厨师烹制的鱼宴，赞不绝口，御赐"巴陵全鱼席"之名。在岳阳，有"登上君山不食鱼，人生少得三分意"的说法。

洞庭银鱼

　　是岳阳洞庭湖的著名特产之一。肉质细嫩，而且富含蛋白质。食时，一般将鲜银鱼用熟猪油煎炒，或加以瘦肉、鸡蛋烹汤，味道鲜美，风味独特。

洞庭腊野鸭条

　　洞庭湖盛产野鸭，而腊制为当地的一种独特技艺。将烹制好的熏腊野鸭去骨切成条块，拌以水芹、生姜、精盐、芝麻油等作料，即成为一道味美可口的菜肴。

君山银针鸡片

　　为湖南的传统名菜，与浙江杭州的"龙井虾仁"齐名。"君山银针"是摘自洞庭湖君山白鹤寺内的十几株茶树上的茶叶，味道清香甜美，自唐代至清朝一直被列为贡茶。君山银针鸡片，即用鸡肉和君山银针茶烹炒而成，鸡片鲜嫩，并有茶味的清香，味美可口。

蝴蝶过河

　　又名"蝴蝶飘海"，因这道菜的鱼片经过汤涮以后形似蝴蝶，故名。先以鸡汤、鱼头、鱼骨、鱼皮制成鲜汁，倒入火锅，食用时，将鱼片放入火锅中烫熟捞起，再蘸调味料即可。此菜为"巴陵全鱼席"中的菜肴之一，深受食客欢迎。

其他名吃

长寿五香酱干、长寿炸肉、炒田螺、夹心藕、桃花鱼、湘阴麻野鸭、七彩龟肉、平江加义油豆腐、南江黄鳝面、汨罗粽子、鱼火锅、君山怪味鸭、洞庭大头鱼、翠竹粉蒸肉、华容团子、醋水豆腐、平江火焙鱼、虾爆鳝面、平江十三村酱菜、湘阴腊鱼、辣炒年糕、平江时丰大糍粑、长寿蒸盐菜等

● 旅游攻略 Travel Guide

　　岳阳位于湖南省东北部，古称巴陵，又称岳州，是一座历史悠久的文化古城，是楚湘文化的重要发祥地，境内的湘、资、沅、澧四水在这里汇入洞庭湖，而后与长江交汇，故被称为"湘北门户"。从古至今，岳阳似一颗明珠辉映在八百里洞庭湖之额上，素以"洞庭天下水，岳阳天下楼"著称于世。岳阳还有许多动人的传说，如"二妃哭舜"、"柳毅传书"等典故，使这里披上了一层神秘色彩。登岳阳楼，观洞庭胜景，让人赏心悦目，陶醉不已。

热门景点　岳阳楼、洞庭湖君山、南湖、张谷英村、汨罗江屈子祠、平江幕阜山、石牛寨等

旅游线路推荐

1 市中心→岳阳楼→洞庭湖君山公园→鲁肃墓→文庙→南湖   2 市中心→东洞庭湖湿地观鸟→三江口   3 市中心→岳阳县城→张谷英村→大云山国家森林公园   4 市中心→汨罗市→汨罗江风景区→屈子祠   5 市中心→平江县→福寿山→杜甫墓→怀甫风景区→石牛寨→汨水源漂流

岳阳特产

岳阳湘莲、洞庭银鱼、汨罗川山毛笔、洞庭春茶、君山银针茶、岳阳龟蛇酒、岳州瓷、岳州扇、楼台酒、平江桂花蜜、兰岭茶叶、北港毛尖茶、团湖蟹、土鸡蛋、桃花山野生茶叶、华容黄白菜苔、芦苇笋、屈原醇酒、平江长乐甜酒、福寿源茶叶等

舌尖上的**常德**

美食向导 Delicacies Guide

常德，古称武陵，位于湖南省北部武陵山下、洞庭湖西侧。一篇《桃花源记》，让常德拥有了"世外桃源"、"福地洞天"的美誉。常德的饮食有一个主要特点就是"辣"，"姜辣口，蒜辣心，辣椒辣到做不得声"，在常德菜中，葱、姜、蒜，缺一不可。常德人还有腌制坛子菜、腌鱼、腊肉的习惯，他们爱吃糍辣椒、辣子酱、白辣椒，饮食独成一味，极大丰富了湘菜的内容。

推荐 特色美食

武陵擂茶

常德人喝茶很讲究，除了一般泡茶外，还盛行以擂茶待客。相传，喝擂茶的习俗，起源于东汉初年，当时，朝廷派马援将军征"五溪蛮"，不料，兵困壶头山，瘟疫流行。当地土人教他仿以用生姜、盐、茶叶、煎米制作茶食，称擂茶，兵士饮后，瘟疫即除。此后，当地人喝擂茶的习惯沿袭下来。

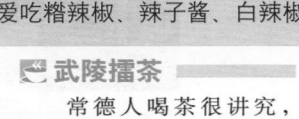

常德米粉

常德盛产稻米。早在清朝光绪年间，常德就有生产米粉的店坊，米粉逐渐成为了常德人早餐的主食。常德米粉在湖南是很有名的，口感滑润，风味独特，闻名三湘，尤以五香红烧牛肉米粉最受欢迎。在常德津市的澧水之畔、嘉山之麓、三湖公园旁，创办于1940年的刘聋子牛肉粉馆，以其米粉具有辣、热、香、鲜的特色而风靡津澧，被誉为"澧水第一家"牛肉粉馆。

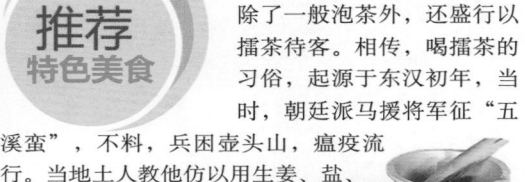

常德鱼翅席

常德位于沅江之滨，人们擅制鱼肴，具有独特风味的"常德鱼翅席"，更是名闻遐迩。此席主要以淡水鱼、肥鸡、嫩鸭、田螺等为主料烹制而成，有锅贴鱼片、焦炸田螺、细腌鱼翅、武陵水鱼、白汁鳊鱼、叉烧香鸭、虾仁酥、水晶鸭块等20多道菜肴。目前，以常德宾馆和津市望江楼餐厅制作的鱼翅席最为出名。

药膳扒鸡

为常德的一大名菜。出锅后的药膳扒鸡，肉质鲜嫩松软，药性显著，是理想的佳肴和补品。每位到常德的客人，总要到扒鸡店亲口品尝药膳扒鸡，并买上一两只，馈赠亲朋好友。

安乡多味鱼丸

安乡县濒临洞庭湖，河鱼的产量较多，人们吃鱼的花样也多。早在明清之际，当地的宴席上就有了鱼丸这道菜肴。鱼丸有甜的、咸的、辣的，风味各异。在安乡县，流传着"请客不做鱼肉丸，十二大碗也不爱"的说法。

石门五香丸

又名舒筋丸，是石门县独有的一种风味小吃。以番薯、高粱、玉米、糯米、黍子粉混合，加入辣椒、花椒、胡椒、桂香、茴香等调料末，加水拌匀制成皮；再将捣烂的蒜、葱头、生姜、碎猪肉做成馅，包成丸子，入油锅炸即成五香丸。味道香鲜可口，具有较高的营养价值。相传，明末清初，李自成兵败受伤退至石门县夹山，一老翁收留了他，

每天做五香丸给他吃，使李自成很快恢复了健康。

石门合渣

将浸泡的黄豆磨成糊状，配以碎腊肉、辣椒、花椒等配料，放入锅中煮沸。出锅后，放些香葱、味精、香油等作料即为合渣。吃起来，清香可口，既甜且辣，且有开胃的奇效。

蒿子粑粑

每年农历三月初三，常德地区的各家各户都有做蒿子粑粑的习俗，他们边做边唱："三月三，蛇出山，做粑粑，塞蛇眼。"蒿子粑粑黏性很强，吃起来，香甜可口，很受当地人喜爱。

北堤麻辣菽肉

俗称麻辣肉，是常德有名的美食。"菽"是指一种豆子，"菽肉"由优质黄豆精制而成。过去，常德有很多牌子的麻辣菽肉，而唯独北堤的麻辣菽肉，口感独特，回味无穷。

其他名吃 临澧杨板腊豆腐、娃儿糕、九三鸭霸王、原汁武陵水鱼、津市牛肉米粉、辣椒藕、清水鸭肉、杨板千张（豆类制品）、石门土家腊肉、洞庭湖年粑粑、洞庭湖大闸蟹、桃源鲊粑肉、安乡糯米甜酒、米粉火锅、澧县张公香腊狗肉等

旅游攻略 Travel Guide

常德位于湖南省西北部、武陵山下、长江中游、东濒洞庭湖，是一座拥有2000多年历史的文化名城。东晋著名诗人陶渊明的一篇《桃花源记》，使常德拥有了"世外桃源"、"福地洞天"的美誉。常德，古称武陵，地理位置十分显要，史称"西楚唇齿"、"黔川咽喉"、"云贵门户"，自古为兵家必争之地都。远在3000多年前的夏商时期，就已筑城设郡，是湘楚文化的摇篮之一。境内湖光山色，名胜古迹繁多，主要景点有桃花源风景区、壶瓶山原始森林旅游区、佛教圣地石门古刹夹山寺、西洞庭湿地保护区等。

热门景点 桃花源、夹山寺、花岩溪等

旅游线路推荐

1 市中心→桃花源→桃花山→陶渊明祠→方竹亭→高举阁→世外桃源秦人村→桃源山→天宁碑院→桃川宫→水府阁桃仙岭 2 市中心→石门县城→夹山寺→壶瓶山

常德特产 张老头五香牛肉干、临澧七重堰甜酒、米儿糖、津葛果、桃源野茶王、大叶茶、桃源石、临澧绿茶、野生重阳菌、石门银峰茶、太青云峰茶、德山大曲系列酒、武陵王酒、安乡黄山头绿茶、洞庭淡水珍珠、安乡香芋、桃花玉、鸡血玉雕、桃源纹石、桂花糖、野生葛粉、峨公酒、仁化银毫茶等

舌尖上的娄底

美食向导 Delicacies Guide

娄底的饮食以来自乡间的大碗菜、大盆菜最有特色，这些菜品均是用大碗、大盆来盛，味道辛辣刺激，粗犷淳朴，尤以新化三大碗（三合汤、糁子粑蒸鸡、农夫河鱼）最为出名。早年，娄底地区流传着这样一句顺口溜"鸡鱼丸子肉，海带蛋花粉"。而如今，当地的乡土美食，更是让你尝了就想吃，吃了还想吃，那浓浓的香味，一定让你口水直流。

推荐 特色美食

三合汤

是娄底人宴请客人时必上的一道菜,被称为"娄底特色菜"。选用新鲜的牛肚皮、牛肉片、熟牛血块为主料,再放入八角、桂皮、茴香汤、胡椒油、米醋、辣末、香葱等作料熬制而成。香、辣、酸味俱全,叫人垂涎欲滴。

新化杯子糕

是新化县最常见的风味小吃之一。其形如元宝,质地细腻白嫩,略有黏连,口感香软。尤以新化上梅镇南门楼下店铺售卖的杯子糕最为出名,并且与上梅镇毕家巷的鼎灰粑、咸生巷的面条,并称为"新化三绝"。

新化年羹萝卜

是新化人过年时必不可少的一道菜。将大萝卜切成块,与肉骨头放入锅内熬汤,使用文火慢慢煨,熟透后盛出来,用一只大瓦钵装好,待汤冻了后,会结上一层厚油。吃时,盛一碗,热一下,入口却油而不腻,清爽可口。新化人一般于年夜煮上一大锅萝卜,必吃到正月十五元宵节。

雷打鸭

其实就是米粉鸭。将熟米粉和鸭肉碎末拌在一起,放入坛子里腌一段时间,使其成味、成色。食时,先炒熟,再加水和切碎的辣椒,拌成灰黄色的米粉糊糊即成。传说,此菜为远古时期蚩尤的部下,在新化的梅山打仗时所创制,历史久远。

五味香干

是双峰县走马街的一道传统小吃。相传,清乾隆皇帝巡游江南,路过双峰县走马街,品尝了当地用豆腐做的五味香干后大加赞誉。从此,五味香干被列为贡品,声名远传。

水车柴火腊肉

是新化县水车镇最具地方风味的传统食品。每年冬季,当地人以优质猪肉为原料,加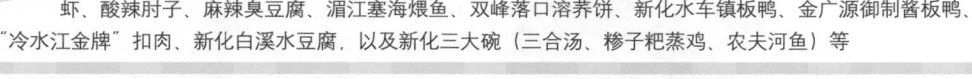入盐、味精、酱油、香料等,经过多道工序腌制,再用柴炭火熏烤一个月左右即成。食之,油而不腻,芳香四溢,风味独特。

其他名吃

娄底奶汁饼、米制烘糕、梅山板鸭、涟源南粉合菜、新化猪血巴、血花丸子、娄底口味虾、酸辣肘子、麻辣臭豆腐、湄江塞海煨鱼、双峰落口溶养饼、新化水车镇板鸭、金广源御制酱板鸭、"冷水江金牌"扣肉、新化白溪水豆腐,以及新化三大碗(三合汤、糁子粑蒸鸡、农夫河鱼)等

旅游攻略 Travel Guide

娄底位于湖南省中部,因相传是天上28个星宿中"娄星"和"底星"交相辉映之处而得名。夏商周时期,为古荆州一隅;战国时期,属楚国之地;秦朝,隶属长沙郡。境内山清水秀,风光秀丽,主要景点有清代名臣曾国藩故居、湄江风景区、冷水江波月洞、梅山龙宫、紫鹊界梯田、大熊山、九峰山、龙山森林公园等。

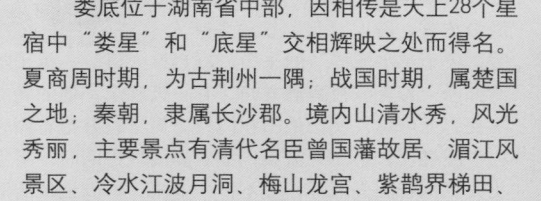

热门景点 梅山龙宫、波月洞、紫鹊界梯田等

旅游线路推荐

1 市中心→双峰县城→曾国藩故居→冷水江→波月洞　　**2** 市中心→涟源市→湄江风景区

3 市中心→新化县城→梅山龙宫→紫鹊界梯田

娄底特产

新化紫鹊界贡米、国藩溪砚、涟源竹笋、新化湘妃茶、"双宝牌"金银花茶、新化蒙洱茶、冷水江湘土情糯米窖酒、涟源玉笋春茶叶、新化水酒、娄底茶树菇、灵芝、葛参苦瓜茶、新化墨晶石雕、新化米茶、双峰辣椒酱、双峰碧玉绿茶、永丰灯笼椒、涟源珠梅土鸡、蚩尤古酒、永丰辣酱、汉寿淡水珍珠等

舌尖上的**永州**

美食向导 Delicacies Guide

永州，古称零陵，得名于舜帝葬于宁远九嶷山，又因潇水与湘江在永州汇合，故雅称潇湘。永州的饮食擅用麻辣，菜式繁多，百菜百味。有人说："吃在永州"，名不虚传，掏不多的钱，便可在永州市区大街小巷的小吃店内大饱口福。永州的东安鸡、永州血鸭、江华瑶家十八酿等，都是不可不尝的美食。

推荐 特色美食

永州血鸭

是永州地区的一道传统名菜。在当地，几乎家家都会烹制血鸭，其烹制要诀是：在鸭子快起锅时，把鸭血倒入锅中猛炒，再配以辣椒爆炒。出锅后的血鸭，又辣又香，几乎没有人能够抵挡住那浓浓美味的诱惑。相传，当年，洪秀全率太平军攻打永州城前，曾吃过此菜，胜利后，就将此菜取名"永州血鸭"，流传至今。

江华瑶家十八酿

瑶家十八酿是指在瑶乡中流传的十八种风味小吃。有水豆腐酿、辣椒酿、苦瓜酿、螺丝酿、米豆腐酿、油炸豆腐酿、香菇酿、蒜头酿、苴芋豆腐酿、竹笋酿、茄子酿、丝瓜酿、莲藕酿、冬瓜酿、南瓜花酿、牛耳菜酿、萝卜酿、蛋酿等，原料不同，各具风味。其中，以用江华瑶族自治县沱江镇竹园寨母仙岩中的"圣水"磨制的豆腐为最佳食品，用这种豆腐制作的"圣水"豆腐丸，乃瑶族的一大名菜。来到江华做客，餐桌上总少不了瑶家十八酿，极具民族风味。

东安鸡

是永州的一道历史悠久的传统名菜，曾被列为国宴菜谱之一，居八大湘菜之首。早在西晋时期，东安县芦洪市镇一带，就以制作"陈醋鸡"而闻名，清末时，叫"宫保鸡"，民国时，又叫"东安鸡"。此鸡香、甜、酸、辣、麻五味俱全，特别是酸、麻、辣三味的混合恰到好处，肉质鲜嫩，酸辣爽口，百吃不厌，名扬全国。

盘王腊肉

又称瑶山腊肉，因系瑶族的祖先盘王创制而得名。每年农历十月十六，是纪念盘王生日的"盘王节"，江华瑶山的瑶族同胞，在祭祀远祖时，总少不了这道精制的腊肉贡品。

蓝山黑糊酒

俗称"牛屎酒"，为蓝山县的特产一绝，由于其名不雅，人们喜欢管它叫"黑糊酒"。此酒以当地优质糯米和水为原料酿制而成，酒液浓香，醇厚甘美，饮后余味无穷。关于"牛屎酒"的来历，据当地人讲：一男子嗜酒如命，每天深夜醉酒方归，有一天晚上，他的老婆实在忍无可忍，便把他闩在门外，男子只好抱着酒壶去牛圈过夜。第二天清晨，他老婆清理牛圈时，看到丈夫正抱着酒壶酣睡，气不打一处来，一脚把他的酒壶踩进了牛粪堆里，以解心中的怨气。谁知，这一脚竟踩出了这绝世佳酿——"牛屎酒"。

零陵板鸭

创制于清朝末年，素以香、脆、肥、嫩的特点而闻名。其吃法多样，有烧炒、油炸、汽蒸等。

祁阳笔鱼

是祁阳市境内语溪中的著名特产。入锅煎焖而成的笔鱼，香辣咸鲜，味香诱人，是当地的一道传统名菜。

其他名吃

永州红烧狗肉、零陵莲蓬肉、翠竹粉蒸鱼、野蕨糍、瑶家竹筒饭、瑶家大苋焖豆腐、酿竹笋、祁阳米粉、永州水晶巷酱板鸭、祁阳墨鱼豆腐丝、江永桃川无骨板鸭、荷叶粉蒸肉、宁远血鹅、道州扎肉、蓝山粑粑油茶、宁远肉馅豆腐、瑶寨高山小鱼干等

● 旅游攻略 Travel Guide

永州位于湖南省西南部及潇、湘二水汇合处，是中国瑶族文化和楚文化的发祥地之一。古称零陵，因舜帝南巡崩于苍梧之野，葬于宁远九嶷山，是为零陵，由此得名。秦代设立零陵郡，隋文帝统一中国后，将零陵郡改置永州总管府，因零陵郡西南有"永山永水"，故名永州，雅称潇湘，别称竹城。境内奇峰秀岭，逶迤蜿蜒，河川溪涧，纵横交错，自然与人文景观遍布其间，永州柳子庙、高山寺、潇湘平湖、东安舜皇山、宁远九嶷山舜帝陵、江华瑶城、江永女书园等景点，构成了永州丰富的旅游资源。

热门景点 舜皇山、女书园、九嶷山舜帝陵等

旅游线路推荐

1 市中心→江永县城→女书园→千家峒→上甘棠村　　2 市中心→东安县城→舜皇山
3 市中心→宁远县城→九嶷山国家森林公园

永州特产 永州芙蓉珍珠椒、江华苦茶、道县红瓜子、瑶山雪梨、宁远九嶷山兔、大苋（又称大韭菜）、永州山苍子油、东安土鸡、祁阳油茶、新田三味辣椒、红芽芋、蓝山黑糊酒、祁阳乌梅、双牌县通气筷子、永州瑶族工艺品、永州异蛇酒、道县灰鹅、江华毛尖茶、舜皇山土猪，以及江永三香（香米、香柚、香芋）等

舌尖上的**衡阳**

美食向导 Delicacies Guide

衡阳地处著名的南岳衡山之南，为湘菜两大中心之一，其饮食都以辣为主，特别讲究调味，尤重酸辣、咸香、清香、浓鲜。其中，最具特色的美食当属南岳衡山的佛门素斋，不仅历史悠久，而且烹调技艺精湛，营养丰富。还有衡阳民间农家的一些风味小吃也不容错过，如荷叶包饭、油圈子、唆螺等，都是在衡阳流传已久的风味美食。

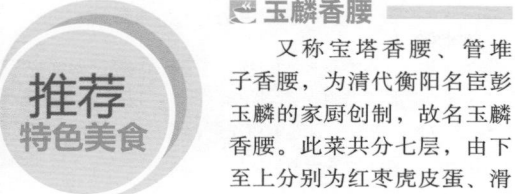

推荐 特色美食

🍴 玉麟香腰

又称宝塔香腰、管堆子香腰，为清代衡阳名宦彭玉麟的家厨创制，故名玉麟香腰。此菜共分七层，由下至上分别为红枣虎皮蛋、滑肉、锅烧丸、黄雀肉、鱼丸、蛋卷、腰花七种食品，层层堆砌，形如宝塔，寓意步步登高。后传入民间，成为衡阳著名的菜品。

🍴 耒阳张飞酒

又称胡子酒，历史悠久。相传，三国时，张飞巡视耒阳，县令庞统担心张飞酒后性烈误事，下令城内

的店家禁卖烧酒，而用糯米配制成胡子酒招待他。张飞饮后大为赞赏。从此，耒阳人代代保持着酿造胡子酒的传统，并称为"张飞酒"，成为馈赠亲朋好友的佳品。

衡阳唆螺

是衡阳非常流行的一种风味小吃，因食田螺肉时，用嘴吸气唆（喝）取，故名唆螺，又名喝螺。将田螺烹炒后，手拿田螺，将螺口对住嘴，吸气唆（喝）取，螺肉即入口。肉香味美，百吃不厌。

耒阳坛子菜

是耒阳的一种风味独特、品种多样的地方特产。不同于泡菜、酱菜等腌菜，它突出的却是坛子，坛子越老，腌菜越香。在耒阳的农村，家家都有一溜坛子，有的坛子都传了好几代人。

南岳素食

作为佛教名山的南岳衡山，各寺庙均设素食铺售卖素菜。菜肴多以湘莲、菌类、竹笋、红白萝卜、豆类、瓜果、蔬菜等山珍野味为主料，仿制做成鸡、鱼、肉、蛋等菜品。从外表看，足以乱真，而味道却清香鲜嫩，营养丰富。

南岳素食豆腐

为衡山的传统佛教斋食之一。主要有家常豆腐、砂锅豆腐、豆腐丸、翻皮油豆腐、五香豆腐干等。

荷叶包饭

为衡阳地区流行的一种传统风味食品。用当地产的荷叶将大米包裹蒸熟而成，多于夏季荷叶茂盛之时食用，已有千余年的历史。当地流传着这样一首民谣：

"泮河荷叶尽荷塘，姊妹朝来采摘忙，不摘荷花摘荷叶，荷叶包饭比花香"。

其他名吃　衡阳鱼头豆腐、常宁凉粉、排楼汤圆、石鼓薄酥月饼、山珍汽水肉、臭香回锅肉、衡阳大杂烩、丫口黄鳝、彭玉麟鱼、南岳观音笋、祁东鱼冻、粉蒸螺丝、衡阳酥薄饼、冬笋炒腊肉等

旅游攻略 Travel Guide

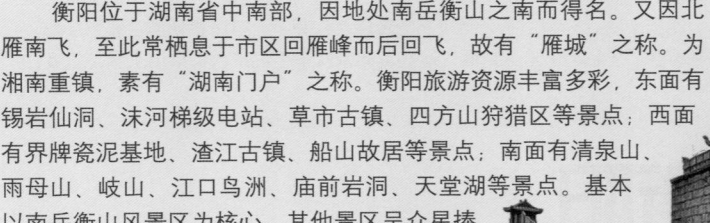

衡阳位于湖南省中南部，因地处南岳衡山之南而得名。又因北雁南飞，至此常栖息于市区回雁峰而后回飞，故有"雁城"之称。为湘南重镇，素有"湖南门户"之称。衡阳旅游资源丰富多彩，东面有锡岩仙洞、沫河梯级电站、草市古镇、四方山狩猎区等景点；西面有界牌瓷泥基地、渣江古镇、船山故居等景点；南面有清泉山、雨母山、岐山、江口鸟洲、庙前岩洞、天堂湖等景点。基本以南岳衡山风景区为核心，其他景区呈众星捧月之势。

热门景点　衡山、石鼓书院等

旅游线路推荐

1 市中心→衡山→南岳大庙→忠烈祠→黄巢试剑石→玄都观→半山亭→南天门→黄帝岩→狮子岩→高台古松→上封寺→祝融峰→会仙桥→望日台→藏经殿→磨镜台→神秘山洞→南台寺→金刚舍利塔→福严寺→灵芝泉→麻姑仙境→神州祖源→水帘洞　**2** 市中心→石鼓书院→陆家新围→湘西草堂

衡阳特产　衡阳喜雁四件宝（衡东中国藤茶、映武黄花菜、喜雁黄菌干、鸽来香乳鸽），以及耒阳张飞酒、衡东黄椒子、乌莲、南岳雁鹅菌油、南岳竹雕、衡阳湘莲、衡南茉莉花茶、衡州墨、衡山岳北大白茶、南岳界牌瓷器、祁东红碎茶、常宁塔山山岚茶、南岳云雾茶等

舌尖上的
广东

广东菜，简称粤菜，由广州菜、潮州菜、东江客家菜组成，是中国八大菜系之一。其中，广州菜以珠江三角洲和肇庆、韶关、湛江等地的风味为主，其特点是取料广泛、花样繁多，代表菜品有白切鸡、老火汤、肠粉等。潮州菜以烹调海鲜见长，喜用鱼露、沙茶酱、梅羔酱、姜酒等调味品，还擅长烹制以蔬果为原料的素菜，代表菜品有手捶牛肉丸、姑苏香腐等。东江客家菜以惠州风味为代表，其特点是下油重、口味偏咸，多用肉类，极少用水产品，以砂锅菜见长，代表菜品有盐焗鸡、酿豆腐、梅菜扣肉等，这些菜品具有浓郁的古代中原饮食之风。粤菜由于做法比较复杂、精细，在国内的粤菜餐厅，一般都是档次较高。粤菜在国外，是中国的代表菜系，与法国大餐齐名。

特别推荐

▶ **广东十大美食** 广州老火汤、潮鸽吞燕、佛山扎蹄、深圳红泥煨鸡、珠海白蕉禾虫、潮州手捶牛肉丸、湛江草潭瑶柱、肇庆裹蒸粽、惠州东坡梅菜扣肉、韶关爆炒山坑螺

▶ **广东十大特产** 广州荔枝红茶、肇庆端砚、英德英石、惠州梅菜、佛山木版年画、汕头沙茶酱、江门排粉、佛山陶瓷、潮州金漆木雕、云浮郁南无核黄皮

▶ **广东十大景点** 广州白云山、佛山西樵山、深圳世界之窗、肇庆七星岩、惠州西湖、江门开平碉楼、梅州雁南飞茶田风景区、清远广东第一峰、韶关丹霞山世界地质公园、中山孙中山故居

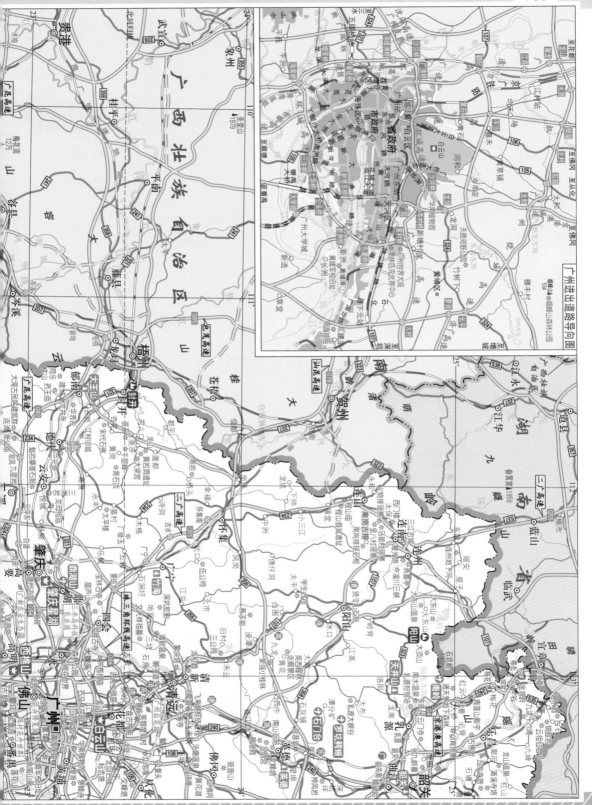

广东省地图集·广东政区

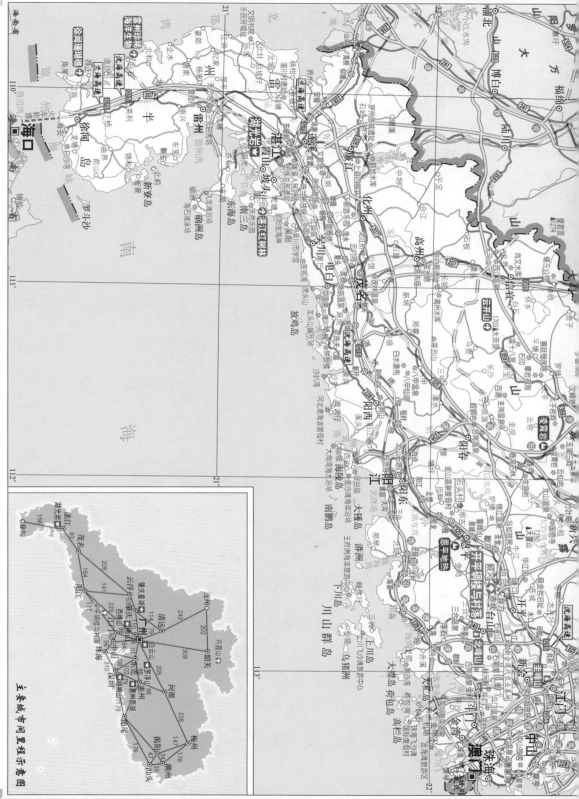

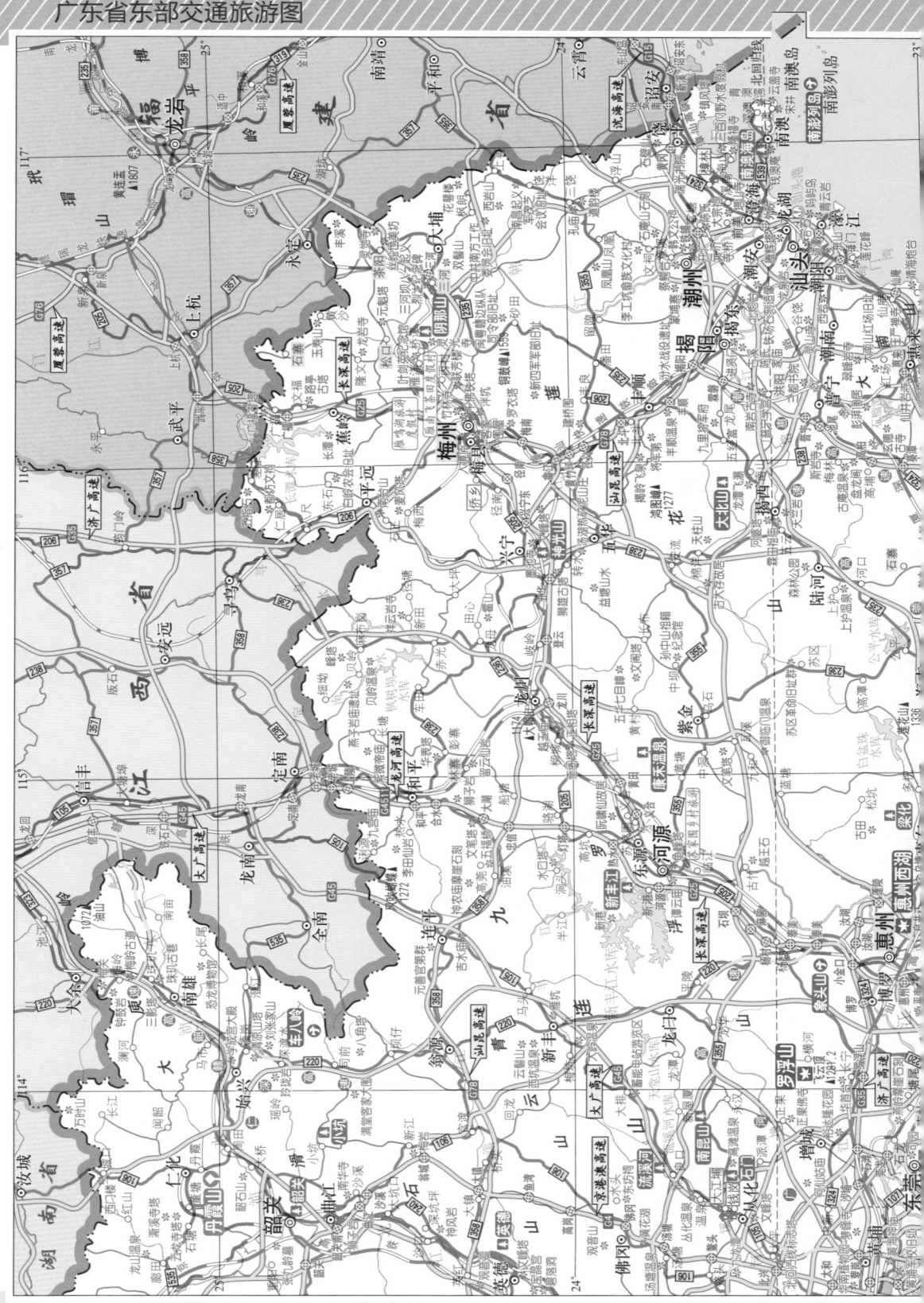

东沙岛
东沙礁

东　沙　群　岛

海

南

北卫滩

南卫滩

深圳进出道路导向图

香港

深圳

澳门

珠海

中山

南海

龙岗
龙华
宝安
福田

佗岇列岛

万山群岛
大万山岛

蒲台群岛

外伶仃岛
担杆岛
担杆列岛

佳蓬列岛

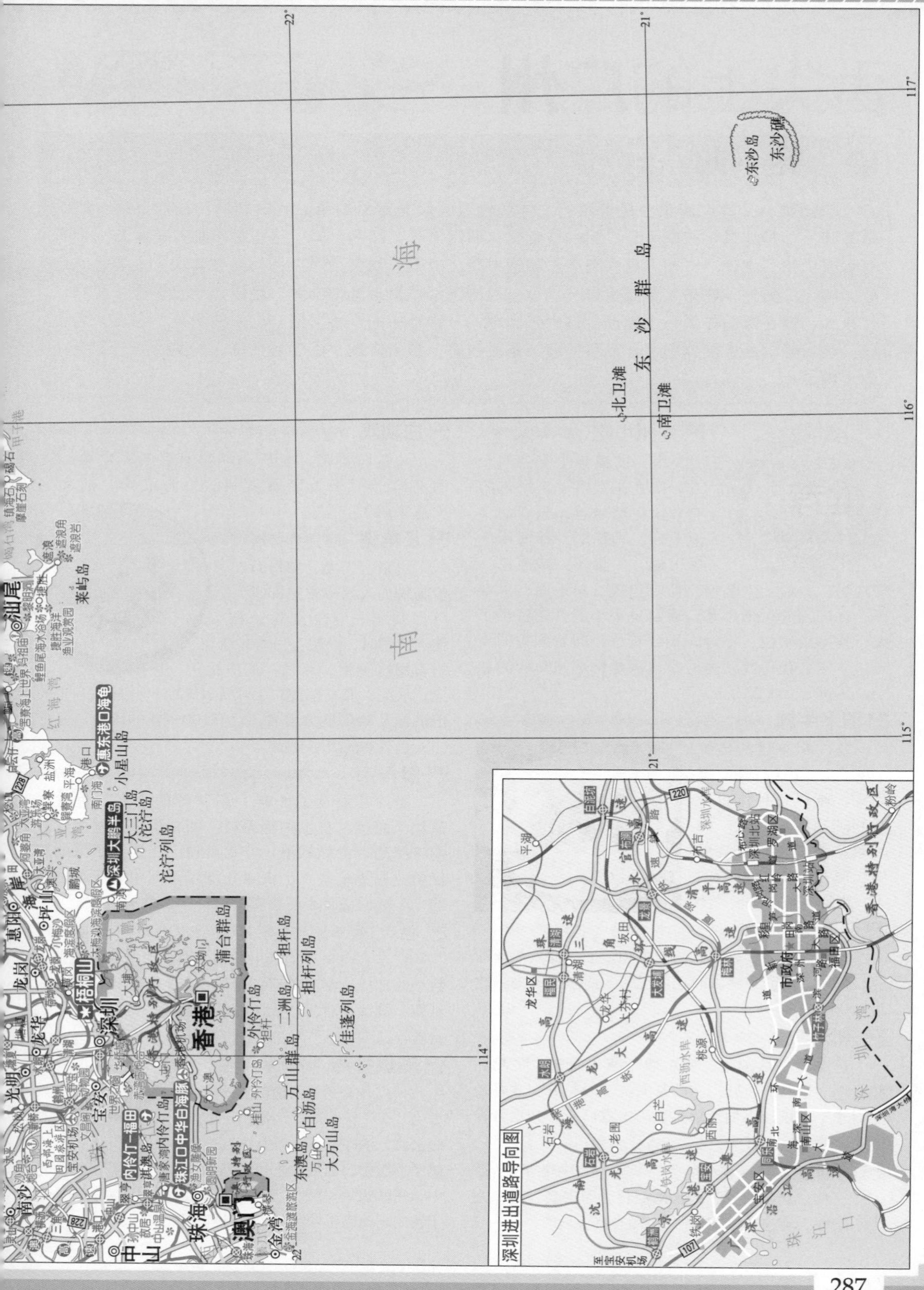

舌尖上的**广州**

美食向导 Delicacies Guide

广州菜，又称广府菜，是粤菜的主体和代表。较为常见的菜品有白切鸡、白灼海虾、明炉烤乳猪、挂炉烤鸭、蛇羹等。广州的饮食文化源远流长，闻名全国，这里每年都有美食节，素有"食在广州"之说。广州人喜欢喝茶，如饮早茶、凉茶、功夫茶等，品茶尚在其次，主要是吃点心、聊天。另外，广东人煲汤也是一绝，一般的汤都得煲上几个小时，足以让汤变得香浓醇鲜。广东人习惯在饭前先喝一小碗汤，这也是当地的一种独特的饮食习俗。广州的名菜、名点、名小吃、名风味食品，制作精美，品种繁多，不胜枚举。到了广州，品尝各类诱人的美食，一定会让你大饱口福。

推荐特色美食

▧ 广州小吃

广州的美味小吃名闻八方，实在是太多了，常见的有虾饺、糯米鸡、云吞面、萝卜糕、马蹄糕、沙河粉、炒田螺、牛骨汤、咸煎饼、猪红粥、肠粉、牛腩粉、荷叶包饭、猪手面、牛杂等。在广州的大街小巷，通常是小小的食店挤满了人，找不到座位。不过，不要着急，闻着飘香的美味，一定会让你找到另一家，满足你那咕咕叫的肚子，直到吃得肚圆为止。

▧ 萝卜牛腩

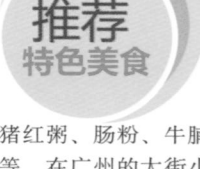

是广州有名的传统小吃，以白萝卜、新鲜牛腩，配以各种作料长时间炖制而成。在广州的繁华路段，常有端着碗、吃萝卜牛腩逛街的人，堪称当地一景。

▧ 云吞面

别称馄饨面，以煮熟的馄饨和蛋面，加入热汤即成。据说，此面在唐宋时期就已传入广东，成为当地最地道的一种小吃。

▧ 满坛香

这道菜是从闽菜"佛跳墙"演化而来。将鸡、鹅、鸭、鱼肚、鱼唇、冬菇及海鲜等原料分别煮好，然后集于一坛，再加入绍兴老酒煲煮而成。开坛芳香四溢，诱人口水直流。

▧ 肠粉

又称"猪肠粉"，因其形似猪肠而得名，是广州大小茶楼、酒家和早茶夜市必备的特色小食。

▧ 白切鸡

又名白斩鸡，是广东非常有名的家常菜。尤以荔湾区清平饭店所烹制的鸡为最佳，故又名"清平鸡"。

▧ 及第粥

用猪瘦肉丸、猪肝片、猪肠粉加入粥中煮熟即成。白如凝脂，味美鲜香。相传，清朝时，当地有一秀才经常食用这种粥，后来，高中状元，从此，及第粥便广为流传开来。广州西关一带的伍湛记及第粥最为出名，已有100多年的历史，是广州人最喜欢的著名粥品。

▧ 艇仔粥

是广东著名的小吃。用新鲜的小虾、鱼片、蛋丝、海蜇、花生仁等原料，加在粥中煮制而成。粥味鲜甜，爽脆软滑，非常可口。相传，正宗的艇仔粥，原为一些水上人家在漂浮于河中的船上熬煮的，小贩们搭载小艇售卖，艇仔粥因此得名。

▧ 老火汤

广东人向来有喝老火汤的习惯。用时令蔬菜煲上数小时即成，常见的有莲藕绿豆汤、生鱼西洋菜汤、红萝卜马蹄猪骨汤、霸王花瘦肉汤等。汤味鲜美，极富营养。

▧ 潮鸽吞燕

是广州著名的一道煲汤，被誉为"天下第一汤"。把鸽子剖腹去脏，洗净后将上等官燕塞进鸽子的腹中，而后放入秘制高汤中，用慢火炖8小时，以使鸽子的鲜香与燕窝的清香溶于汤内。此汤不但味美，而且营养极为丰富。

八宝冬瓜盅

为广州著名的一道汤食，因以冬瓜为容器炖汤，故而得名，主要原料有瘦肉、火鸡肉、火腿、蟹肉、田鸡片、鲜蚝等。清淡味鲜，为夏季消暑的佳品。

其他名吃

咕噜肉（又称咕咾肉）、白灼海虾、大良炒鲜奶、白云猪手、明炉烤乳猪、挂炉烤鸭、蛇羹、龟苓膏、油包虾仁、红烧大裙边、虾子扒婆参、广式萝卜糕、牛三星、蟹黄灌汤饺、雁南飞茶田鸡、文昌鸡、帽峰山烧鸡、深井烧鹅、增城客家焗鹅、乡土木桶菜、花都烧骨、广州鸡子饼、沙湾白饼，以及粤式早茶"四大天王"（虾饺、干蒸烧卖、叉烧包、蛋挞）等

推荐 特色食处

✪ 惠福东路美食街

位于北京路商圈内，以中档消费为主，主要经营岭南传统特色美食和东南亚风味美食，是集旅游、购物、餐饮消费于一体的最佳场所。其中，禺山路作为广州最古老的一条街，老摊老铺随处可见，是一处能吃到很多正宗广东风味小吃的地方。

✪ 东都大世界美食街

是广州美食最多、规模最大、品种最丰富的一条特色商业街。这里汇集了中国及世界各地的风味美食，各餐厅环境舒适、口味地道、好吃不贵，一味一家，被誉为"600米长廊吃遍中外美食，40家餐厅涵盖世界名菜"。

✪ 盘福路美食圈

包括东风路、人民北路、流花路、盘福路和解放北路，这一带的酒家多属中高档餐厅，食客以家庭为主。每到晚上，人气最旺，需提前订位才行。这些酒家的菜品以岭南传统佳肴为主，深受顾客的追捧。

✪ 广州美食圈

这里以广州风味小吃为主，体现了"食在广州，味在关西"的民俗风情。✉ 荔湾区昌华街

旅游攻略 Travel Guide

广州，古称楚庭、南海、番禺，简称穗，别名羊城、五羊城、仙城、穗城，位于广东省中南部，为广东省省会，是一座具有2200多年悠久历史的文化名城，是古越族文化发祥地之一。3000多年前，周夷王在此建楚庭，为广州最早的城池；秦始皇统一岭南设南海郡，在此筑番禺城（今广州）；秦末汉初，秦将赵佗在岭南建南越国，定都番禺；三国时期，孙权为便于统治，把原交州分为交州和广州两部分，"广州"之名由此而始；到了明代，广州已是岭南地区政治、经济、文化中心；1646年，南明唐王朱聿键在广州建立绍武政权，后被清军所灭，历时41天；1921年，孙中山在广州就任非常大总统，开始了北伐革命；1925年7月，中华民国国民政府在广州成立。广州属亚热带海洋季风性气候，终年绿意盎然，四季鲜花盛开，素有"花城"的美誉。漫步在广州的街头，铺天盖地的粤语、大街小巷的鲜花、美味的粥品靓汤，与现代化的建筑、古老的市井气息及迷人的珠江风光，一定会让你体会到南粤的传统文化，感受到活力四射的广州，不虚此行。

热门景点 陈家祠、西关大屋、珠江夜景、越秀公园、白云山、从化温泉等

旅游线路推荐

1 市中心→越秀公园→余荫山房→西关大屋→沙面→黄埔军校旧址 2 市中心→黄花岗烈士陵园→
中山纪念堂→陈家祠→上下九路商业街→北京路→珠江夜景 3 市中心→白云山→南越王墓
4 市中心→番禺长隆欢乐世界→香江野生动物园→长隆大马戏→番禺百万葵园

广州特产

广州刺绣、玉雕、彩瓷、红木家具、荔枝红茶、增城派潭白茶、芒果、龙眼干、从化荔枝蜜、沙湾砖雕、增城黑糯米、岭南盆景、夏茅香芒、乌榄、葛粉、黑皮蔗、丝苗米、广东红碎茶、青梅、黄皮、仙蜜果（情人果）、长洲大果杨桃、东涌水瓜、番禺莲藕等

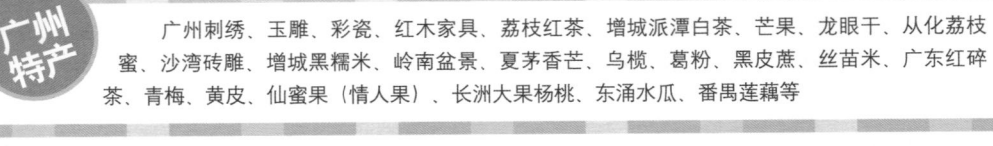

舌尖上的**佛山**

美食向导 Delicacies Guide

佛山是珠江三角洲的美食之乡。这里水网交错，物产丰富，无论天上飞的、地上走的、水中游的动物，还是各种时令果蔬，在厨师们的精心烹调之下，都能变成美味佳肴。佛山人根据不同地方的特产与口味，创制了许多风味各异的美食菜点和风味小吃，如佛山盲公饼、九江煎堆、扎蹄、蹦砂、大福饼等，皆闻名遐迩。

推荐 特色美食

佛山小吃

扎蹄、芝麻饼、大良姜汁撞奶、蹦砂、野鸡郑、炸牛奶、双皮奶、小凤饼、南海鱼生、大福饼、九江煎堆、三水狗仔鸭、水晶饺、甘笋蒸饼、西樵大饼、佛山九层糕、石湾鱼脯、柱侯酱、白糖花糕、应记云吞面、盲公饼等。

盲公饼

是佛山的特产名食之一。因此饼由一盲人于清朝嘉庆年间创制，故名，至今已有300多年的历史。饼脆清香，深受顾客青睐。

九层糕

是一种甜米糕，做工非常讲究。佛山禅城、南海一带的民间，在喜庆节日，尤其是春节期间，家家户户必做九层糕，取"长长久久，步步高升"之意。

应记云吞面

该店创始于1936年。以其风味独特的上汤、鲜虾云吞、蛋面著称。现已在广东各地及港澳地区开有多家分店，驰名港澳。

佛山扎蹄

分为两种制法，一是用整只猪手烹制而成；二是用猪脚开皮，再用猪脚肉夹着猪精瘦肉包扎在猪脚内，因是用水草扎着来烹制，故名"扎蹄"。尤以佛山老字号菜馆"得山斋"所制的扎蹄最为正宗。

双皮奶

始创于清朝末期，据说，当年顺德一位叫何十三的人，在烹制早餐时，不小心在水牛奶里翻了个花样，无意中调制出了美味小吃——双皮奶。

九江煎堆

因首创于南海区九江镇而得名。色泽金黄，甘香松脆，是佛山著名的风味小吃。

其他名吃

高明吊烧鸡、杂菇煲、煎豆腐面、油炸粽、癞蛤蟆粥、顺德伦教糕、平洲福肉饼、佛山九江捞鱼生、三水霸王鸭、西樵大饼、三水荷花八宝鸡、煎焗甘鱼、无花果糕、顺德均安煎鱼饼、水蛇羹、九江全鱼宴、顺德龙江米沙肉、盐步镇秋茄宴等

旅游攻略 Travel Guide

佛山位于广东省中南部、珠江三角洲腹地，距广州28千米，是国家历史文化名城。佛山"肇迹于晋，得名于唐"，是广东历史上著名的四大名镇之一，拥有祖庙、孔庙、梁园、仁寿寺、黄兆祥公祠、东华里及南风古灶等一批具有明清遗风的古庙街和名人宅第。佛山是岭南历史文化的窗口，是中国粤剧的发源地，也是著名的"武术之乡"、"艺术之乡"、"陶瓷之乡"、"美食之乡"。

热门景点　佛山祖庙、西樵山、三水荷花世界、逢简水乡古村落等

旅游线路推荐

1　市中心→佛山祖庙→东华里→梁园→南风古灶　2　市中心→西樵山→黄飞鸿武馆→白云洞
3　市中心→顺德清晖园→逢简水乡　4　市中心→南国桃园→南海影视城→三水荷花世界→九道谷漂流

佛山特产　佛山木版年画、佛山剪纸、乐平雪梨瓜、石湾陶瓷、三水禾花雀、大良鱼灯、罗村竹笋、美术陶瓷、九江米酒、西樵云雾茶、高明对川红茶、王老吉凉茶、玖味玉冰烧酒、佛山柱侯酱、南海大沥镇沙皮狗、西樵丹桂酒、杨梅、金皇芒果等

舌尖上的深圳

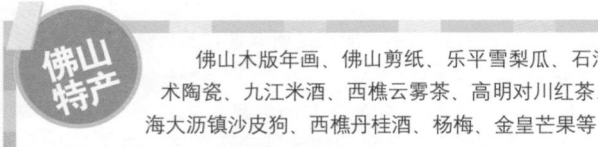

美食向导 Delicacies Guide

深圳是一座移民城市，也是一座美食城，不同地域的人们带来了独具特色的厨艺与美食，在这里能品尝到全国各地的传统名菜及特色菜。其中，潮州菜是各界人士普遍欢迎的菜式。深圳是从一个小渔村发展而来，来到这里，自然不能错过美味的海鲜大餐。盐田区海滨的海鲜一条街、罗湖区的乐园路海鲜一条街，都是到深圳尝海鲜的好地方。总之，无论多么挑剔的食客，在这里都能得到最大的满足，因为，这里是美食家的天下。

推荐特色美食

红泥煨鸡

选用在梧桐山养殖十个月的土鸡为原料，加入各种作料烹制而成。鸡鲜骨酥，奇香四溢，堪称深圳美食"一绝"，是到深圳必尝的菜品之一。

沙井蚝

学名牡蛎，是深圳最著名的特产海鲜，产于宝安区沙井镇，珠江口咸淡水交汇之地。这种蚝体大肉嫩、蚝肚极薄，素有"沙井蚝，玻璃肚"之说，被誉为"蚝中珍品"。用沙井蚝佐餐，清蒸、酥炸，或是生炒，肉质都颇为鲜美，且营养丰富。

公明烧鹅

因是公明镇烧制的鹅，色、香、味都最佳而出名。选用本地草鹅，辅以各种配料烧烤而成，具有皮脆金黄、香味浓郁、肥而不腻的特点，深受食客欢迎。

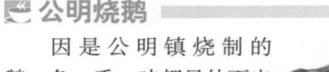

椰子炖鸡汤

这种美食一定要选用老椰子来盛汤，因为老椰子的味道特别香浓，盛入的汤也别具风味。

椒盐濑尿虾

濑尿虾，又称琵琶虾、富贵虾，由于它被抓时腹部会射出无色液体，故得名"濑尿虾"。这种虾不但个头大，而且只只"红心"，那是虾仔，既好吃，又极富营养，是深圳最具特色的名吃。

龙岗三黄

是深圳远近闻名的特产佳肴。现在所称的"三黄鸡"，是指黄羽优质肉鸡的统称。烹调以上黄焖和瓦罐煲汤为主，肉质细嫩，色香味俱全，食用价值极高。

盆菜

是客家人祭祀时创制的一道传统名菜。以前是各家各户分别做不同的菜，最后一起分装盆内，即为盆菜，等祭祀完毕，大家围坐一起，共同享用这道美味的盆菜。现在则是将鸭肉、鳝鱼、蚝、五花肉、木耳、芹菜、冬菇、白萝卜块、油豆腐等各种食材，放在一盆之中烩制而成。尤以深圳下沙村的居民，在祭祀先祖时做的大盆菜最为正宗。深圳的酒楼、餐厅，一般都在冬天推出经过改良的客家盆菜，并加入了大虾、带子、元贝等名贵海鲜。

其他名吃

光明乳鸽、喜上喜腊肠、松岗腊鸭、酱猪手、基围虾、金钱龟、海龙、海马、福永乌头鱼、南澳海胆、鲍鱼、牛仔鸡、观澜狗肉、潮州牛肉、窑鸡、笼仔鸡、虎纹蛙、秘制奇鸡煲等

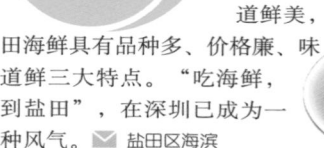

推荐 特色食处

✪ 盐田海鲜一条街

这条街上的餐馆多以潮汕风味和客家风味为主。现捉现卖的海产品只进行简单的清蒸，即可食用，不仅味道鲜美，而且营养丰富。盐田海鲜具有品种多、价格廉、味道鲜三大特点。"吃海鲜，到盐田"，在深圳已成为一种风气。✉ 盐田区海滨

✪ 乐园路海鲜街

由于这里是海鲜大排档，所以价格不贵，是到深圳品海鲜的又一好去处。✉ 罗湖区乐园路

✪ 向西村美食街

是深圳著名的夜市，尤以经营猪骨煲、鸡煲的餐馆最多。✉ 罗湖区向西村

✪ 八卦一路美食街

这里集中了全国的多种风味美食，而且非常正宗，适合不同的顾客前往，能满足各种口味的要求。深圳最为有名的"辉记"餐馆就在这里，以粤菜为主，还特别推出顺德海河鲜品菜肴、深圳特色菜、精品川菜及蛇类菜肴，其中，椒盐蛇、蛇皮、涮蛇肉最受食客欢迎。✉ 福田区八卦一路

✪ 南澳水头海鲜街

这里最大的特色就是既有海鲜档，又有许多大酒楼。游客可将从海鲜档购买的海鲜拿到酒楼加工后食用，味美价廉，深得游客喜爱。✉ 大鹏镇和南澳镇之间

✪ 华强北美食圈

又叫振华路美食街，包括振兴路、华发路、燕南路、中航路等。这一带几乎涵盖了各种菜系和风味，有粤菜、潮州菜、客家菜、湘菜、川菜、徽菜等，还有日本料理、印度小厨、巴西烤肉等世界多样美食，差不多能满足所有食客的口味。

✪ 福田美食街

是老深圳人常去品美食之地，这条街在深圳很有名气。这里的饮食风味以粤菜、湘菜、川菜、东北菜及潮州菜为主，能品尝到各地特色鲜明的美食。✉ 福田区景田北路

✪ 香蜜湖美食街

这里已经成为深圳目前规模最大的烧烤集中之地。每到晚上，食客云集，热闹异常，堪称深圳人气最火爆的平民美食街。

✪ 东门美食街

东门步行街是集购物、品美食、看电影于一体的休闲一条街，这里的风味小吃在深圳很有名气。湖南绝味鸭脖、四川酸辣粉、广州肠粉王等，都很受食客喜爱。

✪ 蛇口美食街

这里不仅有中国各种风味餐厅，更有来自美国、意大利、日本、韩国、泰国、印度、澳大利亚等世界各地数十家餐厅、酒吧，可以品尝到日本料理、东南亚咖喱、法国大餐、美国牛扒、澳洲羊腿等异国风味。✉ 蛇口太子路

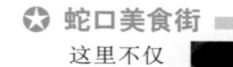

旅游攻略 Travel Guide

深圳别名"鹏城"。位于广东省南部沿海地区，距广州160千米，距香港九龙35千米，东临大鹏湾、大亚湾，西连珠江口，南与香港新界接壤。设有罗湖区、福田区、南山区、盐田区、宝安区和龙岗区。深圳，古时水泽密布，村落边有一条深水沟，当地方言称田野间的水沟为"圳"或"涌"，故而得名。明万历元年（1573年），在此建立新安县，县治所设在南头，辖地包括今天的深圳及香港区域；1898年，清政府与英国签订《展拓香港界址专条》，将新界租给英国99年，深圳与香港从此划境分治；1979年3月，宝安县改为深圳市；1980年8月，深圳设置经济特区。这个昔日的边陲小镇，经过快速发展，如今已是屹立在中国南海之滨的一颗明珠，也是享誉世界的一座旅游名城。

热门景点 深圳世界之窗、锦绣中华、欢乐谷、南澳、东冲、西冲、大梅沙、小梅沙、中英街等

旅游线路推荐

1 市中心→世界之窗→锦绣中华→中国民俗文化村→欢乐谷→莲花山→大鹏古城　2 市中心→中英街→明斯克航母→莲花山→大鹏古城　3 市中心→大鹏半岛→东西冲海岸线→南澳　4 市中心→大梅沙→小梅沙→三门岛→红树林国家级自然保护区

深圳特产 南山荔枝、大鹏云雾茶、荔枝酒、西丽芒果、荔枝米糕、坪山金龟橘、金帝巧克力、石岩沙梨、光明乳鸽等

舌尖上的**珠海**

美食向导 Delicacies Guide

珠海的饮食风格与深圳类似，以粤菜为主，兼收其他各地风味。由于毗邻港澳，其饮食以港式海鲜粤菜、港式粤味早茶、澳门葡萄牙菜等作为高档餐饮的主流特色，洋溢着浓郁的港澳风情。到珠海，吃海鲜，更是重头戏，珠海膏蟹、斗门沙虾、白蕉禾虫等，都是绝好的招牌菜。

推荐特色美食

珠海膏蟹

以南水、淇澳两岛和斗门五山出产的膏蟹最佳，肉厚膏多，味道特别鲜美。用其制作的蟹黄扒瓜脯、蟹肉炒鱼肚、蒸膏蟹、酥炸蟹盒等菜品，堪称当地的名肴，很受食客喜爱。

白蕉禾虫

禾虫多栖身于咸淡水交汇的稻田表土层里，以禾草、植物为食。其通体呈粉红色，含有丰富的蛋白质和维生素。珠海斗门区白蕉镇，河涌众多，盛产优质禾虫。禾虫可以煎、煮、蒸、炖、炒、炸，还可以生晒腌制、煲汤，滋味鲜美，营养丰富。食后，令人回味无穷。

黄金凤鳝

又名青鳝、河鳝，是淡水中的名贵鱼类之一，产于珠海斗门区井岸镇黄金村海湾。因它富含维生素A，被誉为"水中人参"。每年农历八月至十月，是捕获凤鳝的季节。其体肥肉嫩，既可清蒸，又可红烧，是当地宴席上的珍品佳肴。

蔗子狸

又称蔗鼠，多产于斗门区乾务、五山、平沙一带的蔗田区。蔗鼠专食甘蔗，其肉质甘甜嫩滑，骨软酥香，且有很高的药用价值，故有"一鼠顶三鸡"之说。因此，当地人多捕之，将其腌晒成鼠干作腊味，或煲汤，或烹制成各种鼠菜。吃之，甘香滑润，滋味极美。

斗门沙虾

是斗门著名的海鲜特产。其做法有白灼虾、椒盐虾、盐焗虾等。食时，再配以海鲜酱油，味道鲜美，营养丰富。

金湾大海虾

又称大明虾，为海产八珍之一。其做法有干煎虾、茄汁焗虾、炭烧虾等。肉质鲜爽，滋味甚美。

渔歌唱晚

为珠海十大名菜之一。其做法是将濑尿虾背上的硬壳剪掉，在中间开一刀，配入秘制的水虾胶，放入油锅里炸至金黄色即可。上菜时，配以一个用面类做好的网及一尊捕鱼翁雕塑，使该菜更具文化特色。

其他名吃 鲍汁扣横琴蚝、芝士香蚝、粉州菱鱼、五山肉蟹、白藤湖莲藕、软骨鲮鱼、斗门香鸽鱼、原汁蒸重壳蟹、蒸河豚、白藤水鸭、万山对虾等

推荐 特色食处

☆ 银都美食街

位于香洲区拱北口岸。这里即有庭院长廊式的古式餐厅，又有现烹现卖的大排档，让人感觉似乎走进了古代的闹市，别有风情。✉ 拱北口岸

☆ 湾仔海鲜自助一条街

湾仔渔人码头有一条不大的老式街道，与澳门只有一河之隔。街道两边布满了各种各样的海鲜排档，价格实惠，是到珠海品海鲜的必去之处。✉ 湾仔渔人码头

☆ 斗门海鲜一条街

斗门一带的沿海，出产很多有名气的海鲜产品，如香壳蟹、白蕉禾虫、河虾等。当地人把这里称为珠海海鲜自助特色街。

旅游攻略 Travel Guide

珠海位于广东省南部珠江口西南岸，东与香港隔海相望，南与澳门相连，距广州市约140千米，因地处珠江入海口而得名。是中国最早对外开放的四个经济特区之一，素以花园式海滨旅游城市的风貌而著称，1999年被评为"中国优秀旅游城市"。其海岸线长731千米，有146个岛屿，气候温和，四季如春，空气清新，全年都是旅游的黄金季节。

热门景点 圆明新园、珠海渔女雕像、情侣路、东澳岛等

旅游线路推荐

1 市中心→情侣路→渔女雕像→圆明新园→澳门环岛游　2 市中心→石景山公园→航空博览会→珠海赛车场→斗门御温泉　3 市中心→淇澳岛→外伶仃岛　4 市中心→荷包岛

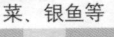

珠海特产 斗门荔枝、白藤湖莲藕、小托山橘、银坑蚝、万山石斑、湾仔鲜花、横山粉葛、香鸽鱼、白藤湖西芹、蔗子狸、叠石蚝油、横琴鲜蚝、湾仔咸鱼、黄金凤鳝、黄杨荔枝、珠海对虾、金湾紫菜、银鱼等

舌尖上的**潮州**

美食向导 Delicacies Guide

潮州菜起源于汉代，受中原烹饪技艺的影响，至明末清初，进入鼎盛时期，名厨辈出，名菜纷呈，如今潮州菜已发展成为驰名海内外的我国名菜之一。潮州由于地处亚热带，南临大海，盛产各类海鲜与蔬果，为潮州菜的创制提供了丰富的食材。潮州的饮食最突出的一个特点是以烹制海鲜见长，代表菜有手捶牛肉丸、姑苏香腐等；另一个特点是擅长用蔬果烹制素菜，代表菜有护国菜、马蹄泥、糖烧地瓜等。另外，潮州小吃、功夫茶更是名闻遐迩，不可不尝。

推荐特色美食

潮州功夫茶

又称潮汕功夫茶，是指流传于潮州地区的饮茶方式，既是一种茶艺，也是一种民俗。在潮汕地区，家家户户都有功夫茶具，每天必定要喝上几轮功夫茶。可以说，有潮汕人的地方，便有功夫茶的影子。

手捶牛肉丸

是潮州最为大众化的一种民间小食，起源于客家。其制作过程非常有趣，用两根特制的铁棒，用双手轮流捶打牛肉，直至打成肉浆，制成肉丸，再用牛骨汤煮熟，从而使牛肉丸具有浓浓的牛肉香味。潮汕地区最出名的牛肉丸，当属垄美斋制作的极品牛肉丸，素以制作考究、口味地道著称。

潮州春饼

是潮州众多小吃中的佳品。清朝末年，潮州有一胡荣泉食店，长年经营糖葱薄饼。有一次，店家别出心裁地想出，用萝卜和猪肉做馅，然后用薄饼皮包好，放入油锅炸制。结果，此饼味道香美，很受欢迎。从此，潮州胡荣泉春饼，名声远传。

姑苏香腐

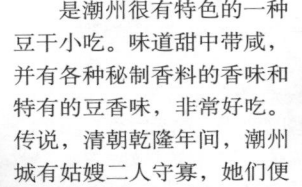

是潮州很有特色的一种豆干小吃。味道甜中带咸，并有各种秘制香料的香味和特有的豆香味，非常好吃。传说，清朝乾隆年间，潮州城有姑嫂二人守寡，她们便以制香腐售卖为生，顾客盈门，生意兴隆，时称姑嫂香腐。后以此名不雅，改称姑苏香腐。

潮州20道名小食

鸭母念、墨斗丸、手捶牛肉丸、糍壳、春饼、蚝烙（酥）、高堂菜脯、姑苏香腐、五香油橄榄、梅花饺、上汤牛肉、"金都牌"咸菜皇、莲香猪仔巢、糯米饭桃、咸水鸭、锦绣雀巢、萝卜酥、开元善素、香酥沙律卷、香酥鸡翅。

潮州23道名菜

红烧大排翅、水晶龙虾、明炉烤鸭、韩江花似锦、白灼大海螺、蝴蝶拼盘、满园鲍菊、什锦冬瓜盅、鲤鱼跃龙门、红焖海参、金龟孵卵、芙蓉官燕、乌鸡炖鱼翅、满园秋菊、金笋雪蛤羹、白果焗鞭花、橙汁鳗鱼、玉盏蟹黄燕、千禧麒麟鱼、竹林藏奇珍、潮州烤鳗、潮州溪口卤鹅、茶香鸡。

其他名吃 虾蛄肉炒珠瓜、金丝鹅肝、卤水拼盘、鱼饭、糯米香肠、肠粉、咸水粿、糕粿、草果（又叫凉粉）、鼠壳粿等

旅游攻略 Travel Guide

　　潮州位于广东省东部、韩江中下游，是国家历史文化名城，著名侨乡，享有"海滨邹鲁"、"岭南名邦"之誉。东晋义熙九年(公元413年)设义安郡，这是潮州最早的建制；隋代设为潮州，因地临南海，取"潮水往复"之意而得名。潮州既有海洋文化的习俗风采，又保留着中原古文化的遗风，是潮文化的发祥地，潮剧、潮州大鼓、潮绣、潮州陶瓷、潮州菜、潮州功夫茶等，更是蜚声海内外。这里文物古迹繁多，自然山川秀美，主要名胜古迹有广济桥（湘子桥）、宋代许驸马府、韩文公祠、唐代开元寺、清代已略黄公祠、凤凰山、桑浦山温泉、梅林湖海蚀地貌、柘林湾"白鹭天堂"、金狮湾海滨浴场等。

热门景点　广济桥（湘子桥）、韩文公祠、梅林湖海蚀地貌、金狮湾海滨浴场等

旅游线路推荐

1 市中心→甲第巷→许驸马府→潮州西湖→开元寺→已略黄公祠　　2 市中心→北阁→广济门城楼→广济桥（湘子桥）→韩文公祠→外江戏梨园　　3 市中心→饶平县城→青岚冰臼奇观→道韵楼
4 市中心→潮安城区→象埔寨→李工坑畲族文化村　　5 市中心→饶平县柘村镇→西澳岛白鹭天堂

潮州特产　潮州功夫茶具、潮州陶瓷、金漆木雕、潮绣、潮安凤凰镇单丛茶、石鼓坪乌龙茶、饶平岭头单丛茶、潮安蓬莱茗茶、潮州玉雕、香包、麦秆画、竹制品、化皮榄、糖金橘、枇杷、杨梅、荔枝、芒果、龙眼、橄榄、潮州老婆饼、沙茶酱、潮式月饼、龙湖毛笔、龙湖酥糖、广式九陈皮等

舌尖上的清远

美食向导 Delicacies Guide

　　清远位于广东省西北部，是广东少数民族的主要聚居地之一。在粤北一带的瑶山里，聚居着许多瑶族同胞，由于地处偏远山区，他们至今还保留着独特的民风食俗。清远的饮食以粤菜为主，但各地仍有不少特色名吃，如清远白切鸡、卷筒糍、九龙豆腐，还有连南瑶族自治县大山里的山珍野味菜等，都是到清远必吃的美食。

推荐特色美食

清远白切鸡

　　采用正宗的清远鸡烹制。将整只鸡放入微滚的开水中以慢火浸煮至熟，取出立即放入冰水中，待冷却后斩件上碟，配以姜、葱、芫茜、油盐作蘸料佐食。此种做法不仅保持了清远鸡的原味，且香、滑、爽兼俱，素有"清远第一菜"的美称。广州著名的"清平鸡"，正是以清远鸡为原料烹制而成，名扬粤港。

东陂腊味

　　由于连州市地处粤北山区，山高风大，气候凉爽，适合制作腊味食品。过去，连州市东陂镇是从湖南的蓝山、新田、嘉禾至广州官道的中转站，每年经此道者不下十万人，也催生了当地人制作耐贮

存的腊味食品，以供应南来北往的客人。东陂的腊味食品不仅品种繁多，而且制作工艺奇特，有腊蛋、腊狗肉、风肠、牛肉干等。风味独特，闻名港澳地区和东南亚诸国。

花，然后放上一根油条卷起来，蘸点酱油即可食用。香辣爽口，独具风味。

刀切糍

将搓透的黏米团切成条，与鹅肉汁、瘦肉料、雪豆等同煮而成，是清远闻名的传统小吃。每逢过年过节，清远地区的家家户户都制作刀切糍以备食用。

九龙豆腐

以英德市九龙镇特有的山泉水磨豆制作而成。口感嫩滑，豆香盈口。吃九龙豆腐，一定要到九龙镇，那里的豆腐，味道才最正宗。

卷筒糍

是英德人最喜欢的一种早餐食品。它是在一块方形的河粉上涂以芥末、辣酱、麻油，再加入爆香的葱

其他名吃

黄糯米酒、吊烧清远鸡、母鹅煲、洲心烧肉、石潭鼓油鸡、浸潭山坑鱼子、山坑螺、连州白切狗、瑶胞糍粑、花肠、酿田螺、酸辣豆角干、英德擂茶粥、大湾菜包、东乡蒸肉、连州东陂腊狗肉、风肠、丰阳牛肉干等

旅游攻略 Travel Guide

清远位于广州市西北部60千米，地处亚热带，地形地貌奇特，有丰富的旅游资源，被誉为"珠江三角洲的后花园"，并被有关部门先后授予"中国漂流之乡"、"中国奇洞之乡"、"中国温泉之乡"等称号。境内有岭南三大古刹之一的飞来寺，还有英西峰林走廊、宝晶宫、阳山石坑崆、湟川三峡和连州地下河、广东第一峰等自然风光。

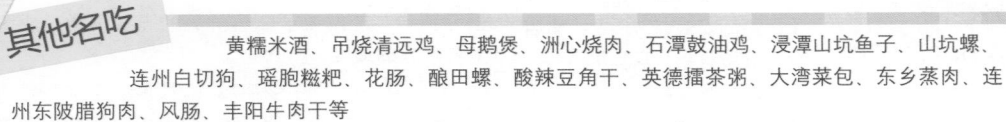

热门景点　英西峰林走廊、阳山石坑崆、连州地下河、湟川三峡、广东第一峰等

旅游线路推荐

1 市中心→清新温泉→佛冈县城→观音山→英西峰林走廊　2 市中心→英德市→宝晶宫→仙桥地下河→天门沟→3 市中心→连州市→湟川三峡→连州地下河　4 市中心→连南瑶族自治县城→三排瑶寨→连南民族山庄→油岭歌堂→盘王古庙　5 市中心→阳山县城→天泉度假村→秤架大河谷→瑶族太平洞→广东第一峰

清远特产

清新骆坑笋、蒲坑茶、山塘腊肉、阳山酥李、无花果、粤北生态茶、连州白茶、连南猴头菇、无核山楂果、萝卜干、连山沙田柚、太保白果、香粳米、英德红茶、绿茶、苦丁茶、佛冈琶江鸡、竹山葛粉、西牛笋干、瑶族刺绣、英德园林石、连南瑶山白茶、瑶山茶油、连州溪黄草、瑶山黑米、连州根雕、白玉雕、阳山野生灵芝、连南瑶山高山野生茶、瑶山薯脯、清城猴头菇，以及连州三宝（蜜枣、黄精、龙须草）等

297

舌尖上的**梅州**

美食向导 Delicacies Guide

千年古城梅州，素有"客都"之称。中原人"衣冠南迁"到这里，不仅带来了读书皆上品的风气，也形成了自己的饮食文化——客家菜。其中，盐焗鸡、酿豆腐和梅菜扣肉，被称为客家三大菜肴。在梅州，不仅可以吃到很多正宗的客家美食，还可以领略到丰富多彩的客家民俗文化。

推荐特色美食

客家十大名吃

盐焗鸡、梅菜扣肉、酿豆腐、三及第汤、腌面、五香干卤鸭、姜糟焖狗爪豆、醋熘鱼、清汤双丸、萝卜丸。

客家酿豆腐

原名长乐酿豆腐，据说由五华县长乐镇（现华城镇）的一对客家兄妹首创，故而得名。先把水豆腐炸成金黄色，再将猪肉、鱼肉做成的馅配入其中，盛在鸡汤瓦煲内焖着，直到香气四溢，便做成了一道味美可口的酿豆腐。

三及第汤

古代科举取仕时，将状元、榜眼、探花列为殿试头三名，合称三及第。清朝道光年间，广东湛江吴川的才子林召棠考取状元，名震四方。他将猪肝、猪肉、猪肚子比作"三及第"，三及第汤由此得名。客家人将"三及第"配上枸杞叶、咸菜、酒糟等辅料，便做成了味道鲜美的三及第汤，成为许多客家人的最爱。

七层粄

是客家地区的一种传统风味小吃。过去，每逢传统节日，客家农村几乎家家都会制作七层粄。除了自己食用外，还用来馈赠亲友，相沿成俗，流传至今。

炸芋圆

是梅州的特色小吃。就是把芋头丝、姜丝和花生米混在一起，入油锅炸成金黄色即可。吃起来，香脆可口，还带着一股姜的香味。

梅州小吃

腌面、腌粉、丸子汤、大埔豆腐干、菊花糕、鸡颈粄、米粄、砸粽、炸芋圆等。

其他名吃

客家红焖肉、烧鲤、娘酒鸡、盐焗鸡爪、猪肝包鸡、鱼丸、牛肉丸、盐卤鸭掌、捶肉丸、大埔凉粉糕、生鱼脍、酿苦瓜等

旅游攻略 Travel Guide

梅州位于广东省东北部，素有"文化之乡"、"华侨之乡"、"足球之乡"、"中国金柚之乡"、"中国单丛茶之乡"的美称。2005年8月，荣获"中国优秀旅游城市"称号。梅州是南宋末年文天祥抗元的主要根据地；元代以后，大批从中原经江西移居福建等地的客家人遂二度南迁，定居梅州，使这里成为广东客家人的主要聚居地，素有"客都"之称。游览梅州，可以瞻仰叶剑英、黄遵宪、丘逢甲等客家名人的故居，参观中国五大民居形式之一的客家围屋，欣赏原汁原味的客家山歌，感受浓郁的客家风情。

热门景点　叶剑英纪念馆、桥溪客家民俗村、大埔花萼楼、泰安楼、张弼士故居等

旅游线路推荐

1 市中心→人境庐→梅县区桥溪客家民俗村→华侨围屋→叶剑英纪念园　2 市中心→大埔县城→龙岗村泰安楼→联丰村花萼楼→西河镇车龙村张弼士故居　3 市中心→五华县城→汤湖热石泥山庄

梅州特产

客家娘酒、五华长乐烧酒、梅县麦芽糖、平远慈橙、梅干菜、兴宁珍珠红酒、大田果合柿饼、百侯芒果、大埔西岩茶、高陂瓷、蕉岭黄坑绿茶、笔架山茶、兴宁官田茶、丰顺马图茶、八乡山茶、南台茶、梅州萝卜苗茶、茅坪锅笃茶、梅县清凉山茶、大埔苦丁等

舌尖上的**惠州**

美食向导 Delicacies Guide

惠州是广东客家人的主要聚居区之一，其饮食文化历史悠久，属于广东三大菜系之一的东江客家菜系。传统的惠州菜偏重于咸、熟、香，具有下油重、口味微咸的特点。来到惠州，最不可错过的就是客家三大名菜，即梅菜扣肉、酿豆腐和东江盐焗鸡。

推荐特色美食

东江盐焗鸡

是惠州的一道客家名菜，因此菜始创于广东东江一带，故而得名。其做法是将熟鸡用沙纸包好，放入盐堆腌储而成。鸡肉鲜香可口，别有风味。

沙糕板

是惠州的传统小吃。按当地风俗：小孩出生做"半月"，外婆必定要做沙糕板，分发给左邻右舍，以示庆贺。以黏米粉、糯米粉加白糖混合，蒸熟后即为沙糕板，将其切成小块，松软香甜，最受儿童喜爱。

客家娘酒

又称扒酒。先把糯米蒸熟成饭，俗称"娘饭"，待饭放凉后，再加入酒饼、红菊、黄精、首乌、红枣等，发酵一个多月即成。因这种酿酒呈暗黄色，因此，客家人又称它为黄酒。

娘酒鸡

是客家地区用鸡肉、生姜、娘酒（米酒）制作而成的一种风味美食。味道香嫩可口，还具有保健功效，深受客家人的钟爱。

惠州梅菜

是惠州地区独有的传统特产，又称为"惠州贡菜"。梅菜不仅可独成一味，又可作配料，烹制成梅菜蒸猪肉、梅菜蒸牛肉、梅菜蒸鲜鱼等菜肴。尤以苏东坡创制的梅菜扣肉，最为出名。

东坡梅菜扣肉

为惠州的特色名菜。相传，北宋年间，苏东坡谪居惠州时，仿杭州的东坡扣肉加入梅菜烹制而成，一时成为惠州宴席上的美味佳肴。苏东坡在惠州期间，还创制了许多名菜，有东坡会群仙（海鲜羹）、西湖听韵（琵琶虾）、惠州西湖醋鱼、东坡西湖莲等，既是美味佳肴，又有文化品味。

其他名吃

惠州西湖醋鱼、横沥米粉、水门路米粉、麻陂肉丸、惠东铁涌献蚝、鱼蓉豆腐煲、东坡西湖莲、东江龙蚬、酥丸、客家鱼饼、客家擂茶、东坡会群仙（海鲜羹）、惠州炒螺、山坑螺、蒜蓉观音菜、冬笋蒸腊肉、米饼等

旅游攻略 Travel Guide

惠州,旧城惠阳,位于广东省东南部,是广东省历史文化名城,客家人的重要聚居地之一,素有"岭南名郡"、"客家侨都"、"粤东门户"之称。汉代为南海郡博罗县;五代、南汉时期,改称祯州;北宋时因避宋仁宗赵祯的名讳,改称惠州。从唐代到清末的1000多年间,有480多位中国名人客寓或履临惠州,苏东坡、廖仲恺、邓演达、叶挺等名人志士,在这里演绎了无数的传奇故事。惠州旅游资源丰富多彩,集山、江、湖、海、泉、瀑、林、涧、岛于一体,主要有惠州西湖、叶挺纪念馆、大亚湾、罗浮山、南昆山、平海古城等风景名胜。

热门景点 惠州西湖、罗浮山、大亚湾等

旅游线路推荐

1 市中心→西湖(一日游)　　2 市中心→博罗县城→罗浮山
3 市中心→澳头镇→大甲岛→大亚湾东岸→巽寮湾→平海镇→平海古城

惠州特产 龙门西溪竹笋、博罗酥糖、罗浮山百草油、甜茶、石坝三黄鸡、高潭明姜、惠阳淡水沙梨、镇隆荔枝、博罗凉果、东江糯米酒、惠州梅菜、罗浮山酥醪菜、客家娘酒、龙门话梅、麻榨凉果、龙门蜂蜜醋、惠州竹编、罗浮春酒、岭南万户春酒、惠州龙眼、芒果、柑橘、龙门南昆山青梅酒、灵芝茶、惠东萝卜、龙门南昆山百岁茶、红背菜(一种野菜)等

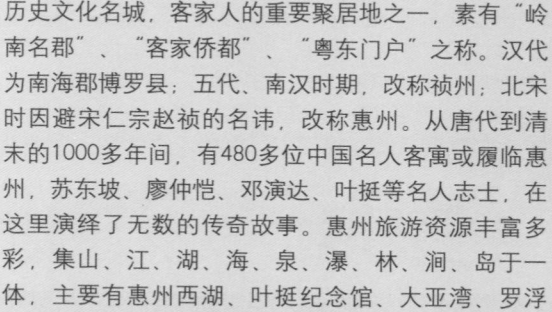

舌尖上的**肇庆**

美食向导 Delicacies Guide

肇庆,古称端州,位于广东省中西部。这里物产丰富,山珍野味尤多,当地流传着"怀集木,广宁竹,德庆谷"之说。还有西江河鲜、莲藕、高要麦溪鲤、山坑螺等,都是上好的美味食材。肇庆的饮食主要以粤菜为主,糅合南北风味,形成了集菜肴、点心、小食于一体的地方特色。肇庆裹蒸、清蒸麦溪鲤、清蒸文螺等特色名菜,为肇庆独有,天下无双。

推荐特色美食

 **肇庆十大名菜**

西江玫瑰鱼、蚝皇一品鲍、皇朝灌汤翅、肇城一品蚝、食神豆腐、茶油滑鸡、生态秘制柚皮、金凤杏花鸡、月洴湾毛蟹煲鸡、佛宝献金盅。

肇庆十大名点

秘制陈皮饼、香莲金元宝、鲍鱼酥、龙母祈福饼、像生莲藕酥、特色果蒸酥、荷塘情影、香滑麻茸包、养颜首乌饼、千层银萝酥。

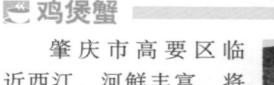 **鸡煲蟹**

肇庆市高要区临近西江,河鲜丰富。将西江出产的毛蟹与乡下散养的走地鸡放在一起烹煮,并放些枸杞、红

枣、玉竹、党参等配料。此菜鸡肉与蟹肉互相融合，汤味醇厚浓香，是名副其实的西江佳肴。

无笃石螺

又称仙螺，是四会市的名贵特产。因它只能生长在水流清澈的山涧小溪中，产量较少，故价格较贵。石螺肉质鲜美，为食客所称道，素有"不尝仙螺，不算到了四会"之说。

清蒸文鲤

文鲤产于鼎湖区沙浦镇。不同于一般的鲤鱼，它内脏小，含油多，肉质肥美，尤以清蒸味道最佳。相传，清朝光绪年间，有一位钦差大臣到肇庆巡视，吃了清蒸文鲤后，赞之为难得的美味珍馐，并派人进献给慈禧太后。太后品尝后，非常高兴，并颁赐了"岭南第一塘文鲤王"的牌匾。

肇庆裹蒸粽

是粽子的一个品种，以糯米、绿豆、猪肉为主料，再加入适量曲酒、花生油、五香粉等配料精制而成。黏糯适口，别有风味，为肇庆知名的传统食品。

七星剑花

剑花是一种攀岩植物，因产于肇庆市郊七星岩而得名。这种植物有去痰火和止咳的功能，民间多用它煲汤，实为佐膳的佳品。

清蒸麦溪鲤

麦溪鲤是高要区大湾镇的特产。肉质鲜嫩味美，是当地有名的特色菜肴。

鼎湖上素

"上素"是高级菜之意。由鼎湖山庆云寺的一位老和尚创于明朝永历年间，他采用银耳为主料，以蒸菜为主，乃素菜之上品。

其他名吃

西江河鲜、广宁笋宴、封开杏花鸡、茶油鸡、德庆竹篙粉、鼎湖山坑鱼、封开罗薰牛肉干、四会地豆镇炭烧肉、酒糟花生、高要市金牌烧猪、横江狗肉、郎鹤云吞、西江酿豆腐、龙虎凤菜、德庆五福鸡、怀集石螺煲鸡、广宁油炸竹虫、鼎湖山泥煨鸡、蚌煲鸡、牛腩粉、竹筒粽等

旅游攻略 Travel Guide

肇庆，古称端州，位于广东省中西部，距广州90千米，是国家历史文化名城，是岭南文化的发祥地。汉置高要；隋称端州；宋徽宗赐名肇庆，意为吉庆吉祥之始。主要名胜古迹有梅庵、宋城墙、七星岩摩崖石刻、悦城龙母祖庙、德庆学宫等，还有著名的七星岩、鼎湖山、仙女湖、竹海大观、贞山、葫芦山、九龙湖等景区。

热门景点 七星岩、鼎湖山、葫芦山、仙女湖等

旅游线路推荐

1 市中心→七星岩→鼎湖山→西江羚羊峡盘龙峡　2 市中心→端州古城墙→阅江楼→崇禧塔→梅庵→
3 市中心→德庆县城→孔庙→悦城镇龙母祖庙→官圩镇金林水乡
4 市中心→怀集县城→桥头镇燕岩

肇庆特产　怀集"六十日"黄菜、封开糖橘、封开油栗、杏花白马茶、德庆古方酒、砂糖橘、黄庆笋、广宁赤蕨干、竹芯茶、白芋梗、怀集切粉、德庆金山绿茶、清桂茶、高要花席、肉桂、怀集燕窝、鼎湖山茶饼、七星剑花、星岩蛋花、端砚、竹编、四会玉雕、肇实（又名芡实）、首乌、紫背天葵、高要粉蕉、怀集白切石山羊、广宁沙葛、广宁绿玉、广宁田艾等

舌尖上的**湛江**

● 美食向导 Delicacies Guide

　　湛江濒临南海，海产品十分丰富，被誉为"南海鱼仓"，是人们品尝海鲜的理想之地。湛江海鲜在全国久负盛名，素有"吃海鲜，到湛江"之说。2010年，湛江被中国烹饪协会授予全国首个"中国海鲜美食之都"的称号。在湛江，随便找一家街头小店，都可以吃到最鲜美的海鲜食品。除了海鲜，湛江传统名食白切鸡、白切鸭、白切狗、雷州白粑等，更是名闻遐迩。

推荐特色美食

◤ 大鱼汤

　　将大鱼头用各种作料，慢火煲几个小时，直到浓香扑鼻，即可食用。到了湛江，一定不要错过这富有广东特色的大鱼汤。

◤ 草潭瑶柱

　　瑶柱属于海中蚌类，其实就是一种扇贝，因其形如牛耳，故又称牛耳螺。其壳薄肉厚，蛋白质含量高，营养丰富，美味可口，为海中珍品。其中，又以遂溪县草潭镇沿海出产的瑶柱为上品，肉质更鲜更嫩，味道更胜一等。

◤ 烤生蚝

　　是湛江沿海地区最有名的特色小吃，将新鲜生蚝用炭火烤制而成。味道鲜美，香气诱人，深受食客喜爱。

◤ 木叶夹

　　是湛江地区最受欢迎的一种饼食。木叶夹有香、甜两种，均以糯米粉做皮，以花生、鱿鱼、虾米、咸萝卜及白糖、椰丝、芝麻、花生仁等混合做馅。包好后，用木菠萝叶或香蕉叶把两边包住，上锅蒸熟即成。味道清香，口感极美，非常诱人。

◤ 清煮花蟹

　　湛江人喜欢吃花蟹，最常见的吃法就是清煮。这样保持了蟹本身原有的风味，蟹肉鲜美，清香可口。

◤ 炒粉

　　湛江的炒粉，弹性很好，颇有糯感，吃起来非常带劲。湛江炒粉与湛江粥、草潭瑶柱，被称为"湛江三宝"。

◤ 湛江粥

　　它不同于广州的稀粥和潮汕的冷饭粥。湛江粥是软绵绵的，口感香浓，是到湛江必尝的小吃。

◤ 白切鸡

　　选用吃谷米和吃草长大的湛江农家土鸡烹制而成。皮爽肉滑，香味浓郁，十分可口。

◤ 白切狗

　　湛江人爱吃狗肉，尤其喜吃"夏至狗"，而且一年四季照吃不误。

◤ 雷州白粑

　　是当地一种常见的饼食小吃。用优质糯米粉做皮，以椰子丝、白糖等做馅，包好后入锅蒸熟即成。在雷州半岛流传着这样一句话："进雷州城，一拜三元寺，二吃雷州白粑"，道出了雷州白粑这种小吃的名气。

其他名吃　　烤对虾、沙虫汤、沙螺汤、油炸虾饼、湛江白切鸭、雷州狗肉煲、吴川蟛蜞汁、猪肠粉、牛腩粉、广东鲍鱼、湛江红鱼干、麻章清水鸡、海鱼子汤、雷州虾饼，以及雷州三宝（白粑、牛肉、甜糟）等

旅游攻略 Travel Guide

　　湛江，旧称广州湾，位于中国大陆南端，是一个富有亚热带风光的美丽海港城市，是海南岛通往大陆的必经之地。其得天独厚的热带植物，神奇的火山湖泊"湖光岩"，1500多千米长的海岸线和100多个岛屿形成的众多海滨旅游度假胜地，令游人乐而忘返。

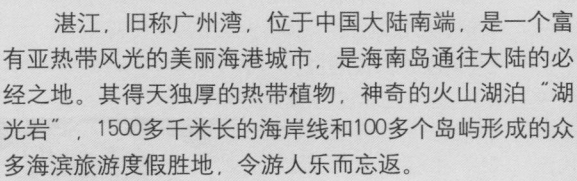

热门景点 湖光岩、东海岛、北潭港红树林保护区、雷州古城等

旅游线路推荐

1 市中心→观海长廊→湖光岩→东海岛→特呈岛红树林　　2 市中心→霞山区→东南码头→硇洲岛→灯塔　　3 市中心→吴川市→吉兆湾　　4 市中心→雷州古城→西湖公园→三元塔→雷祖祠

湛江特产 湛江茶（茗皇茶、湖光绿茶、劳福茂茶、海鸥碎红茶），以及三黄鸡、廉江蒜头、徐闻良姜、红江橙、香蕉、木菠萝、龙眼、荔枝、蒲草、雷州流沙南珠、芒果、徐闻正隆木瓜、湛江火龙果、湛江珍珠、吴川禾花雀等

舌尖上的**韶关**

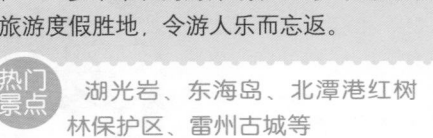

美食向导 Delicacies Guide

　　韶关地处粤北，是个多民族聚居的地区，大部分是汉族，此外还有瑶、壮、回、满、苗、白、侗、土家等30多个少数民族。因而，这里的菜肴风味各异，自成一派。南雄的客家腊鸭，翁源的缩骨鲫鱼，乳源的爆炸山坑螺和瑶山烟熏肉，仁化的臭豆豉鱼等，都非常有名。这些美食，不可错过。

推荐特色美食

瑶山烟熏肉

　　乳源瑶族自治县必背瑶寨的瑶族同胞，擅长做熏肉。将猪肉置于炉灶烟筒处悬挂，凭烟熏干，全年可食用。味道清香独特，为瑶寨最出名的传统美食。

山石韭菜

　　是乳源独有的一种山野菜。它生长在深山石坑边，属野生绿色食品，味道似韭非韭。若配炒瑶山腊肉成菜，味道最佳。

仁化臭豆豉鱼

　　是仁化县丹霞山景区的一道特色菜。采用民间古传的烹饪技法，将当地产的臭豆豉与锦江鲜鱼一同焖制，闻起来臭，吃起来香，回味无穷。是游客到丹霞山必点的一道佳肴。

大塘扣肉

　　是韶关市曲江区大塘镇的一道名菜。此菜的肉中夹着香芋，肉香和芋香相互混合，入口酥软，甜香不腻。众多食客慕名闻香而至，不免狼吞虎咽一番。

仁化田螺香煲

仁化县的乡村人家，屋前屋后都种植一种有独特香味的槟榔草。每年三月，人们纷纷采摘其叶，与田螺一起煲之成菜。食之，不仅香甜可口，还有驱寒祛湿的功效，成为当地乡村的一道家常名菜。

六祖甜茶

又称南华甜茶，是南华寺六祖慧能祖师在翁源县曹溪周围大山中所发现的一种野生茶，从唐代流传至今。南华甜茶属天然野生茶，尤以南华寺的九龙泉水冲泡为最佳，香醇可口，味道清雅。在佛教界称之为禅茶。

爆炒山坑螺

是乳源出名的小吃。由于山坑螺肉有着独特的鲜爽味，深受食客喜爱。尤以秋天吃山坑螺为最佳时间。食时，配以豉汁、蒜茸清炒成菜，别具风味。

龙归冷水猪肚

是韶关地区自20世纪60年代兴起的一道名菜。将经过冷水浸泡过的猪肚，用猛火煮熟而成。食之，鲜嫩可口，爽脆无比。此菜因众多食客交口称赞，而广为人知，远近闻名。

其他名吃

乳源剁椒鸵鸟肾、乳源南水水库三角舫鱼、南雄板鸭、韶关铜勺饼、酸笋田螺煲、南雄客家酸笋鸭、益母草煎蛋、艾糍、丹霞山豆腐、丹霞山锦江鱼、客家梅花月婆鸡、浈江过年蒸香肉、新丰灵芝毛桃汤、仁化扣黑山羊肉、南雄糯米酿豆腐、曲江樟市黄豆腐等

● 旅游攻略 Travel Guide

韶关位于广东省北部，南连珠江三角洲，北接湘赣，素有"唇齿江湘，咽喉交广"之誉。古称"韶州"，是一个多民族聚居的地区，历史上曾被誉为"岭南名郡"。境内江流回曲，山峦起伏，浈水、武水由江西、湖南流经市区汇入北江，直达广州出海。显要的地理与历史地位，使韶关成为中原文化和南方古代百越文化碰撞交会之地，这里不仅是一代文宗张九龄的诞生地，也是佛门六祖慧能的禅宗源。韶关是广东省旅游资源最丰富的地区之一，有国家级风景名胜区丹霞山、佛教圣地南华寺、地下溶洞奇观古佛岩、保存完好的梅岭古驿道、珠江三角洲居民的发祥地珠玑巷，以及乳源大峡谷、必背瑶寨、南岭国家森林公园等旅游胜地。

热门景点　丹霞山、南华寺、岭古驿道、古佛岩、乳源大峡谷等

旅游线路推荐

① 市中心→丹霞山一日游　② 市中心→南华寺→金鸡岭→九泷十八滩　③ 市中心→乳源瑶族自治县城→乳源大峡谷→南岭国家森林公园　④ 市中心→南雄市→珠玑巷→梅岭古驿道

韶关特产

乐昌白毛茶、水口红瓜子、石塘米酒、仁化白毛茶、武江百香果、深洞茶叶、乳源野生冬菇、曲江南华李、乳源玫瑰茶、乳源野生灵芝、野生绞股蓝、南华寺六祖甜茶、翁源果蔗、乐昌沿溪山毛尖茶、曲江罗坑茶、乳源彩石、瑶族打油茶、剁山椒、乌石红瓜子、马坝油黏米、乐昌北乡马蹄、乳源金竹峰单丛茶、瑶山天然蜂蜜、圣母茶、瑶山白毫茶、翁源野生银杏、金鸡茶、桂湖茶、李洞茶、始兴县司前野生菇、新丰木屐、仁化丹霞竹荪等

舌尖上的 广西

广西菜，简称桂菜，由南宁、桂林、柳州、梧州等地风味菜和壮族、瑶族、京族、侗族等少数民族风味菜组成。广西境内因多山临海，物产丰富，独特的自然地理与人文环境及农耕方式，使这里创制出了别具一格的风味美食。在烹饪原料上，采用自然天成的家藏腊、腌、晾干的鱼和肉，或用野生鱼类、高山野菌、野菜、乡野土鸡等，均野味十足；在烹饪作料上，选用南宁的黄皮酱、桂林的豆腐乳、百色的香叶、隆林一带的苗家辣椒骨等，用这些独具地方特色的食材，经炖、酿、焖、炒、炸、扣，便烹饪出了具有桂菜风味的特色佳肴，如南宁柠檬鸭、梧州纸包鸡、桂林荔浦芋扣肉、环江烤香猪、苗家竹筒饭、侗乡竹串肉、瑶家泥巴鸡、壮家粉蒸肉、毛南族烤香猪、京族花衣蝨皮等，都充满了浓郁的民族风情和地方特色。

广西的小吃也极负盛名，如桂林米粉、南宁老友米粉、卷筒粉、香糯粽、老友面、北海牛腩粉、柳州螺蛳粉等，都是不可错过的美味小吃。

特别推荐

▶ **广西十大美食** 南宁老友米粉、桂林荔浦芋扣肉、桂林田螺、柳州螺蛳粉、来宾忻城羊瘪汤、崇左壮家烤乳猪、贵港浔江鱼、百色苗族辣椒骨、河池环江烤香猪、柳州蛇宴

▶ **广西十大特产** 桂林腐乳、河池巴马香猪、桂林三花酒、北海合浦珍珠、梧州龟苓膏、桂林阳朔金橘、玉林容县沙田柚、玉林牛巴、崇左大新苦丁茶、防城港沙虫干

▶ **广西十大景点** 南宁良凤江国家森林公园、桂林漓江国家级风景名胜区、阳朔西街、北海银滩、崇左德天瀑布、贵港桂平西山国家级风景名胜区、钦州三娘湾、贺州姑婆山、百色大石围天坑群国家地质公园、防城港十万大山国家森林公园

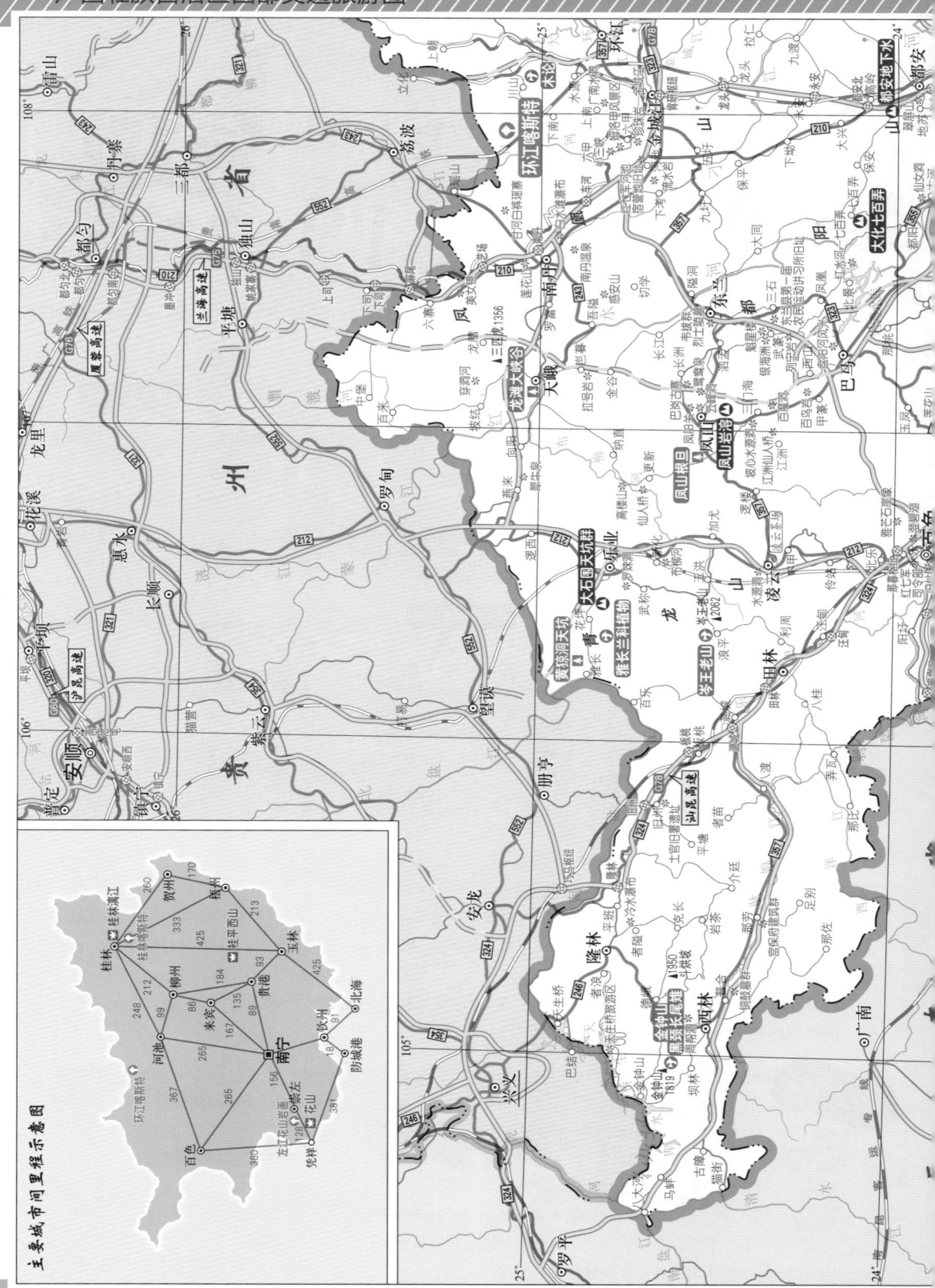

主要城市间里程示意图

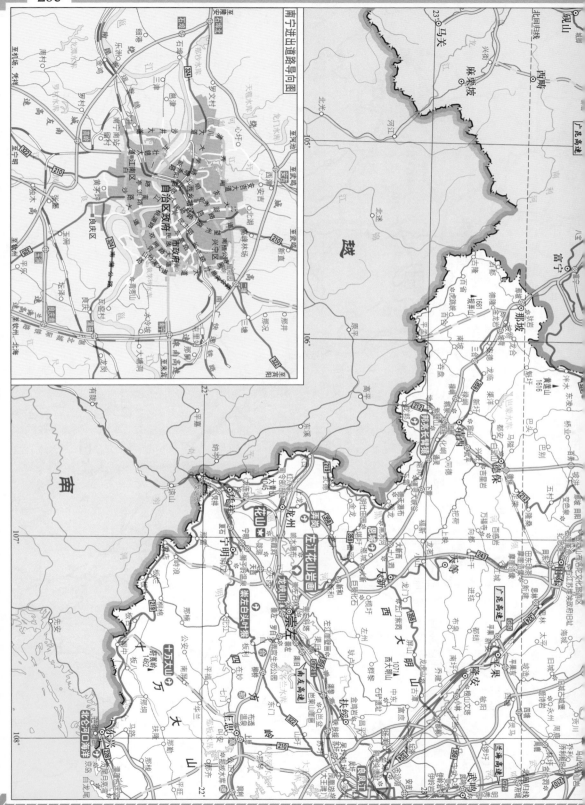

南宁进出道路导向图

北仑河口海洋

比例尺 1 : 1 885 000

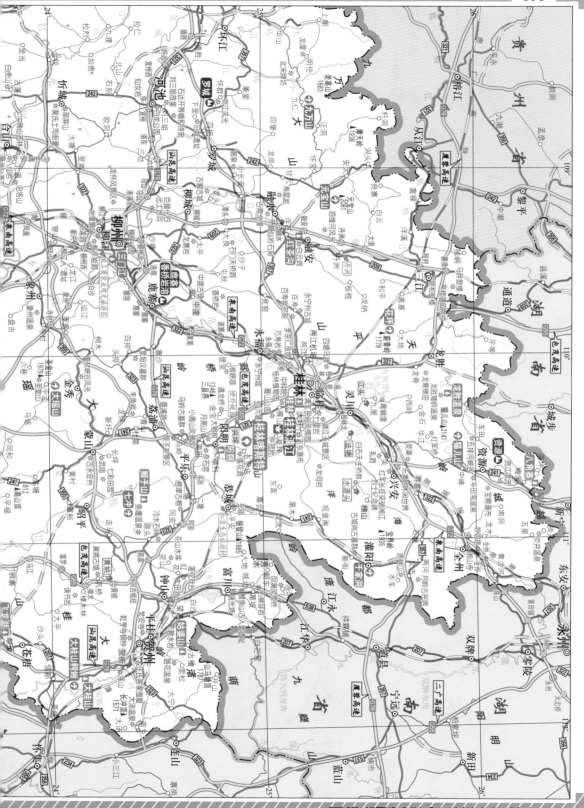

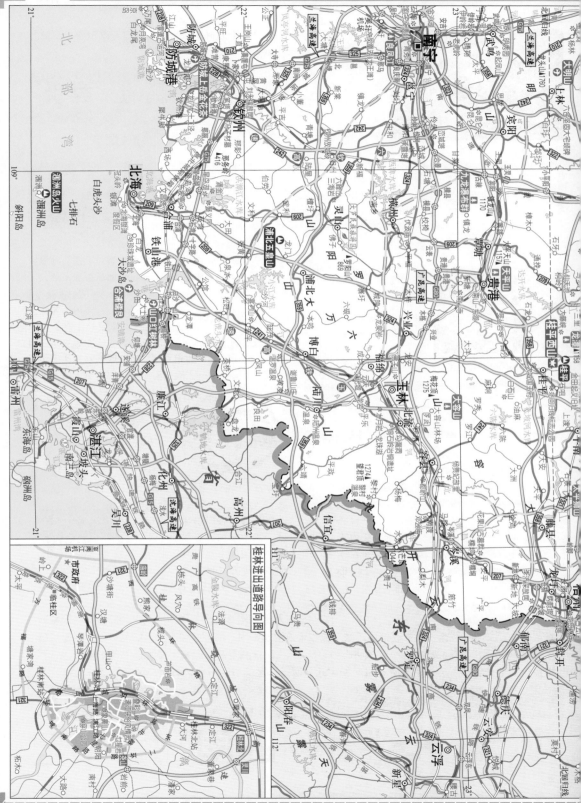

舌尖上的**南宁**

● 美食向导 Delicacies Guide

南宁的饮食，尤以各种风味小吃最为著名，如老友米粉、粉饺及各种酸品、粥品等，都不可错过。"到新疆要吃烤羊肉，来南宁要逛酸野摊"，夸的是南宁的酸品；"久闻荷叶饭，吃后口留香"，赞的是南宁荷香园的荷叶米饭。此外，南宁的锅烧牛杂粉、爽记鱼生及第粥、绿豆大肉粽、李子凡糯米水圆、成香园茶食，并称为南宁五大招牌名食，不可错过。

推荐 特色美食

⮂ 老友米粉

由南宁的老友面演变而来，已有上百年的历史，是南宁最著名的风味小吃，它与桂林米粉、柳州螺蛳粉并称为"广西三大米粉"。老友米粉主要以精制米粉、肉末、酸笋、辣椒、豆豉等原料制成，吃起来又酸又辣，故也叫酸辣粉。其来历还有一个有趣的传说，大意是：某店主有位老友，常来小食店吃面。某日，老友得了感冒，卧床不起，好几日没来，店主得知消息后，便特制了一碗面送到老友病榻前，老友吃完面之后，大汗淋漓，病也便好了。事后，老友亲笔手书"老友常来"，并制成牌匾赠与店主。于是老友面成了一种吃法，而且还被演变成了"老友米粉"。

⮂ 卷筒粉

将米浆摊成薄饼，并撒上一些肉末和葱花，蒸熟后再卷成筒状，佐以酱料、香油等，即可食用。入口鲜香软滑，很有味道。

⮂ 八仙粉

相传，此粉曾是清宫御食之一。因其配有山珍、海味、时鲜等八味以上，味道相异相辅，如"八仙过海，各显神通"，故而得名。

⮂ 干捞粉

把米浆蒸熟后切成条形，拌以调制好的叉烧、肉末、葱花、炸花生、香油等，即可食用。其特点是香、酸、脆、咸适度，食而不腻，百吃不厌。

⮂ 柠檬鸭

是武鸣区的一道特色佳肴。鸭肉酸辣适宜，鲜香可口，诱人食欲。

⮂ 酸品

南宁方言叫"酸嘢"。采用当地特产马蹄、木瓜、萝卜、黄瓜、莲藕、菠萝等时令果蔬，配以酸醋、辣椒、白糖等腌制而成。吃起来，酸、甜、香、辣，味味俱佳，脆爽可口。

其他名吃

南宁八宝饭、吴圩王府牛杂、香糯粽、老友面、瓦煲饭、南宁田螺、米粉饺、横州鱼生、马蹄酿全鱼、药膳猪手、岭南石锅鱼、白切土鸡、南宁粥品、壮族五花饭、秘制蛇肉汤、煎羊包肝、盛飞烧鹅皇、宾阳白斩狗、龙凤虎汤等

推荐 特色食处

✪ 中山路小吃一条街

在南宁市区众多的美食街中，中山路才是名副其实的小吃街。这里餐馆云集，人气很旺。小吃街上有老友米粉、八珍伊面、牛杂粉、乌鸡饭、炒田螺、白果芋泥等各类风味小吃。在这里，你可以东家吃一口，西家尝一口，边走边吃，保证让你花钱不多，就可以美餐一顿。

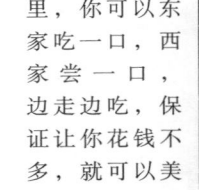

旅游攻略 Travel Guide

南宁，简称邕，位于广西壮族自治区南部，为自治区首府，是一座历史悠久的边陲古城。古为百越领地；秦属桂林郡；汉属郁林郡；东晋大兴元年（公元318年），南宁为晋兴郡郡治所在地；到了唐代，太宗李世民将该地命名为邕州，这就是南宁简称"邕"的由来；元代将邕州改为南宁路，取"南方安宁"之意，南宁由此得名。南宁四面环山，碧绿的邕江蜿蜒穿城而过，一年四季绿树成荫，花果飘香，享有"中国绿都"的美称。南宁旅游资源丰富，南接钦州和北海，北连来宾和桂林，构成了广西旅游的黄金带。壮丽的边关风采、浪漫的海滩风光、星罗棋布的灵山秀水，构成了南宁之旅多层次的旅游景观。

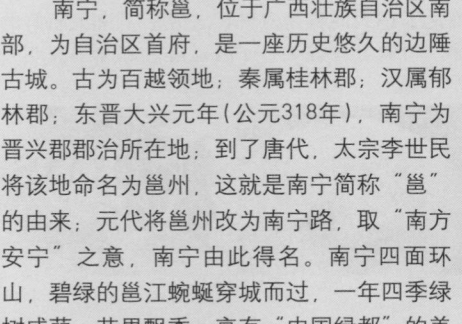

热门景点　青秀山、扬美古镇、大明山、昆仑关、九龙瀑布群、大龙湖等

旅游线路推荐

1 市中心→青秀山→广西药用植物园→良凤江国家森林公园→扬美古镇

2 市中心→武鸣城区→大明山→伊岭岩→灵水　　3 市中心→邕宁昆仑关→横州九龙瀑布群

4 市中心→上林县城→三里镇洋渡村→大龙湖

南宁特产　南宁神峰三雄酒、横州南山白毛茶、邕宁甜玉米、南宁壮锦、绣球、马山金银花茶、旱藕粉、脱水苦丁茶、上林八角、宾阳"石乳牌"茉莉花茶、"翠蕊牌"白砂糖、林氏酒、一品金眉红茶、芦荟糖，以及宾阳三宝（瓷器、竹编、壮锦）等

舌尖上的**防城港**

美食向导 Delicacies Guide

防城港由于邻近海岸，其饮食尤以海鲜最有特色，又由于受近邻越南菜的影响，许多菜品都颇有东南亚风味。在市中心的兴港大道，靠近港口的渔港路和鱼峰路，都有许多风味餐厅和小吃摊，是到防城港品美食必去之地。

推荐特色美食

卷粉

是防城港常见的一种传统风味小吃。采用优质大米做成米粉，再配以虾肉、云耳等配料即成。食之，浓香可口，入口难忘。

沙虫汤

当地人在海水退潮时，用铲子从海边滩涂中挖出的肥胖沙虫，就是沙虫，是当地有名的特产。可将沙虫裹上蛋

清、面糊干炸，也可烧汤、煮粥，不仅味道鲜美，而且营养极为丰富。

春梅红烧海参

采用北部湾所产的优质海参为主料烹制而成。菜品鲜味浓郁，滑溜可口，是当地宴席上不可缺少的海鲜珍品。

白切光坡鸡

光坡鸡是防城港出产的一种优良鸡种。肉多骨细，味美鲜香，在当地享有盛誉。

风吹饼

是东兴市民非常喜爱的一种小吃。由于此饼又轻

又薄，风吹即起，故名风吹饼。

屈头蛋

是广西边境流行的一种小吃。其做法是将已经孵化了18天的鸭蛋煮熟，去壳后，淋上新鲜的柠檬汁，再撒上些香菜、子姜丝等。那味道真叫一个"香"啊。

其他名吃

葵花扣鲜鱿、鸡屎藤粑、水鱼炖翅、清蒸花蟹、东兴金丝牛肉、猪脚粉、东兴榄子焖沙箭鱼、盐水对虾、沙虫刺身、富贵杂鱼汤、碳烧香猪、骨香多宝鱼、东兴江平芋头糕、油炸黄花鱼等

推荐 特色食处

★ 东兴京族三岛海鲜大排档

东兴市的京族三岛，远离污染，盛产海鲜。尤其是在万尾岛上的金滩附近，有很多海鲜大排档，食品丰富，价格适中，当地人和朋友小聚多到此处。值得推荐的是天然海鲜大排档，环境干净，服务热情，你能想到的海鲜，这里都有。

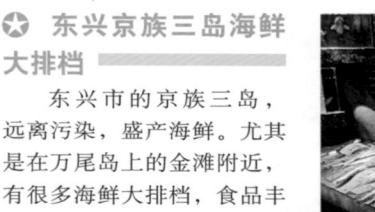

旅游攻略 Travel Guide

防城港位于广西壮族自治区最南端北部湾畔，地处中国大陆海岸线最南端，与越南毗邻，素有"中国西南门户，华夏边陲明珠"之誉。辖区内的东兴市，与越南芒街隔河相望，距世界自然遗产"海上桂林"——下龙湾仅180千米。中越边境跨国游已成为广西旅游精品线路之一。

热门景点 十万大山国家森林公园、京族三岛、江山半岛、东兴口岸等

旅游线路推荐

1 市中心→江山半岛→月亮湾→太平坡→白龙古炮台→潭蓬古运河→白龙珍珠港
2 市中心→东兴市→京族三岛→万尾岛金滩→巫头村白鹤山→竹山→红树林自然保护区
3 市中心→越南芒街→越南下龙湾   4 市中心→上思县城→十万大山国家森林公园

舌尖上的**北海**

美**食**向导 Delicacies Guide

北海是中国四大渔场之一，海产丰富，绝对是吃海鲜的好地方。特别是海边的大排档，海鲜种类齐全，而且价格相对较便宜，吃起来，不用掂量钱袋，就可以胡吃海塞一顿，吃个痛快。

推荐 特色美食

🔲 北海小吃

卷粉、鸡屎藤、瓜皮醋、甜酒汤圆、牛腩粉、炸虾子饼、萝卜糕、沙蟹汁、白鸽粥、黄鳝粥、沙虫粥、泥丁粥、车螺粥、咸鱼稀饭、杂鱼汤等。

🔲 北海名菜

五香狗肉、牛肉巴、白灼虾、白灼蟹、墨鱼炒西芹、香麻鱿鱼丝、鱿鱼筒、香煎马鲛鱼、清蒸桂花鱼、生拌沙虫、梅香鱼、白切鸡等。

🔲 鸡饭

是北海特有的一道风味小吃。选用本地土鸡，杀鸡后，取出脂肪，加点盐，放进锅里与大米同煮而成。鸡饭风味独特，鲜香可口。

🔲 马友鱼

是北海的海鲜特产之一，比一般海鱼类营养更丰富。据说，常吃马友鱼的人，会变得更聪明。

🔲 牛腩粉

是北海著名的传统风味小吃，因用调制好的熟牛腩为调料而得名。食之，米粉筋道，汤料浓香，味美适口。

🔲 濑尿虾

又称爬虾、弹虾、虾耙子。无论是清蒸、水煮，还是油炸，均肉鲜味美，令人垂涎。

其他名吃

猪脚粉、老虎鱼汤、椒盐弹虾、白灼沙虫、清蒸笠鱼、姜葱花蟹、清蒸插螺、梅子蒸普鱼、珍珠贝肉、凤梨虾球、香煎鱿鱼筒、时鲜沙虫、红烧对虾等

推荐 特色食处

✪ 外沙海鲜岛

是广西最大的海鲜集散地和海鲜餐饮区。岛上有著名的海鲜城、疍家棚、东沙嘴等众多特色餐厅和海鲜大排档，是游客到北海品美食必去的地方。

✪ 三中路海鲜大排档

三中路邻近北部湾广场，这里的海鲜鲜味十足，性价比最高。

✪ 长青路野味烧烤一条街

每到晚上，这里就会布满各种小吃和烧烤摊点，各种美食应有尽有，十分热闹。独特的大排档气氛，可以让你吃到最纯正的北海风味美食。

✪ 北海老街

这里有各式酒吧、咖啡厅、小吃摊、甜品店，有炒螺、烤鱼等各类风味美食。到北海老街，既可以感受老街的历史风情，又可沉醉于舌尖上的美味之旅。

✪ 侨港镇小吃街

位于银海区侨北、侨南路一带，这里以充满越南风味的特色小吃为主。每当夜幕降临，结伴而来的市民及外地游客蜂拥而至的热闹场景，构成了侨港镇夜生活的最大特色。

旅游攻略 Travel Guide

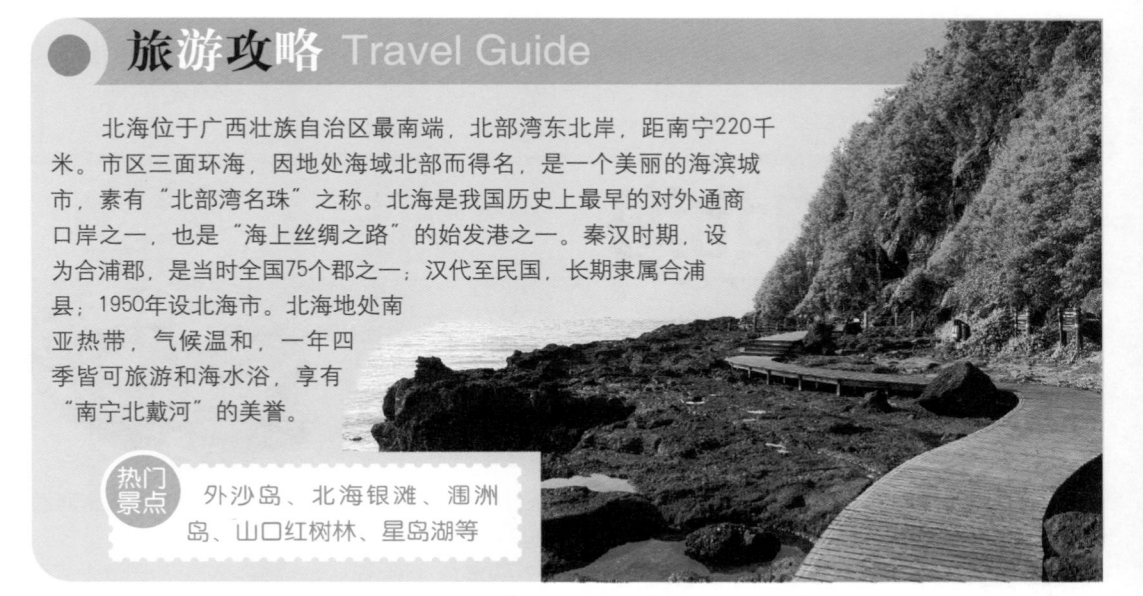

北海位于广西壮族自治区最南端，北部湾东北岸，距南宁220千米。市区三面环海，因地处海域北部而得名，是一个美丽的海滨城市，素有"北部湾名珠"之称。北海是我国历史上最早的对外通商口岸之一，也是"海上丝绸之路"的始发港之一。秦汉时期，设为合浦郡，是当时全国75个郡之一；汉代至民国，长期隶属合浦县；1950年设北海市。北海地处南亚热带，气候温和，一年四季皆可旅游和海水浴，享有"南宁北戴河"的美誉。

热门景点 外沙岛、北海银滩、涠洲岛、山口红树林、星岛湖等

旅游线路推荐

1 市中心→北海老街→外沙岛→北海银滩→冠头岭　　2 市中心→涠洲岛→斜阳岛

3 市中心→白龙珍珠城遗址→合浦县山口镇→山口红树林国家级自然保护区

北海特产 合浦三件宝（东园酒、珍珠、海牛），以及涠洲木菠萝、昆虫琥珀、纯海马粉胶囊、海宝、船晒鱼干、涠州海参、北海文昌鱼、北海珍珠、贝雕、合浦莲南萝卜干、合浦炮竹烟花等

舌尖上的**桂林**

美食向导 Delicacies Guide

桂林不仅山美水美，当地的美食也是有口皆碑。桂林的地方菜综合了湘菜的酸辣和粤菜的清新，形成了自己的独特风味，荷叶粉蒸肉、荔浦芋扣肉等桂林名菜，颇值得一尝。桂林的街头小吃，更是一绝，桂林米粉和恭城油茶是游客到桂林必品的风味小吃。

推荐 特色美食

桂林米粉

在桂林市区的街头巷尾，有很多米粉摊。做工考究，吃法多样，最讲究卤水的制作，多以猪骨、牛骨、罗汉果及各式作料熬制而成，风味也各有不同，有生菜粉、牛腩粉、三鲜粉、原汤粉、卤菜粉、酸辣粉、马肉米粉、担子米粉等，香味浓郁，很是诱人。其中，最有名的是马肉米粉，而马肉米粉中，又以桂林城中的老店会仙楼制作的最为驰名。它以特制的红烧马肉作配料，拌以桂林辣酱，风味特佳。

桂林山水豆腐

用漓江之水做出来的豆腐，名扬天下，素有"桂林山水甲天下，山水豆腐香万家"之说。

漓江四宝

即漓江长寿鱼、泉水虾、菊花蟹、岩石螺，是漓江著名的特色小吃。味道鲜香，营养丰富，非常诱人食欲，不可错过。

阳朔十八酿

是阳朔一带久负盛名的小吃。包括螺酿、豆腐酿、柚皮酿、竹笋酿、香菌酿、蘑菇酿、南瓜花酿、蛋酿、苦瓜酿、茄子酿、辣椒酿、冬瓜酿、香芋酿、蒜酿、番茄酿、豆芽酿、油豆腐酿、菜包酿。其中，以田螺酿最有特色，螺肉鲜美，老少适宜，值得一尝。

阳朔黄焖土鸡

采用阳朔当地的土鸡，加各种调料焖制而成。其特点是肉质鲜嫩、香辣爽口，是桂林的代表名菜。

荔浦芋扣肉

为桂林的一道传统名菜。制作时，先将猪肉切成方块，下锅煮透，再炸成金黄色，切成小块，配上相同大小的荔浦芋块，抹上豆腐乳，放入碗中蒸熟，出锅后，倒扣盘中即可食用。此菜肉香味足，芋香不腻，名遍广西。

荷叶粉蒸肉

是桂林的地方传统名菜。将五花肉煮熟，经过上酱、油炸，再蘸上绿豆粉，用荷叶包裹起来，上笼蒸熟即成。食之，松软可口，肥而不腻，有一股荷叶清香。

桂林田螺

因这种螺生长在桂林的水稻田里，故名。其特点是个大肉肥，味道鲜美。煮田螺时，一定要配以桂林产的酸辣椒，再放入葱、姜、三花酒等配料炒煮而成。又辣又香，味美无比。

毛秀才炒辣椒

"毛秀才"，其实就是桂林方言中"西红柿"的意思。相传，很早以前，桂林有位姓毛的秀才，因科考落榜而回家种田。他种出的西红柿个大饱满，口感好，最受乡人欢迎。每到赶集时，人们都愿意买毛秀才的西红柿，"给我来点毛秀才"，久而久之，"毛秀才"就成了西红柿的代称，同时也成了桂林的特色方言。

恭城油茶

打油茶是恭城瑶族自治县、龙胜各族自治县、平乐县一带的少数民族的生活习俗，其中，以恭城的油茶最为出名。喝油茶要熟记一个口诀"一道苦，二道甲，三道香，四道甜"。就是说，喝油茶从第三道开始，味道才香。

桂林小吃

桂林水糍粑、松糕、粽子、尼姑素面、汤圆、马蹄糕、豆蓉糯米饭、喝螺、生菜包、阳朔酸菜、拔丝芋头、伏波山"驴打滚"等。

其他名吃

白果炖老鸭、蛤蚧炖全鸡、马蹄炒鸡球、冬笋炒牛肉、桂林荷叶鸭、马蹄蒸肉饼、桂花炒肉松、玉竹煮牛肉、啤酒漓江鱼、全州醋血鸭、爆炒漓江虾、猫儿山腊肉炒干笋、龙胜酸肉、蜂窝芋角、桂花红薯山药、恭城油菜鱼、六塘白切狗、灵川狗肉、阳朔啤酒鱼等

推荐 特色食处

★ 桂林中心广场美食街

位于钟楼附近，是桂林市最有名的美食聚集地。其中，桂林人旺角美食城和中心广场八桂大厦四层的好大妈饮食广场，这里的风味小吃，品种最丰富，价格也不贵，人气最旺。另外，还有滨江路美食街（伏波山段至象山公园）、解放西路美食街、普陀路美食街、桂林美食城、雉山路美食城等。

★ 三里店大排档一条街

位于广西师范大学对面，属于晚上经营的夜市大排档，在桂林颇具人气。每当夜幕降临，这里的摊位前，美食飘香，人流涌动，热闹非凡。

旅游攻略 Travel Guide

　　桂林位于广西壮族自治区东北部、桂江上游、漓江之滨，是世界著名的风景游览城市，也是一座历史悠久的文化古城。秦始皇统一六国后，在广西设置桂林郡，并下令开凿灵渠，沟通了湘江和漓江，桂林从此便成为南通海域、北达中原的重镇；唐代改名为临桂县；清代设为桂林府。桂林有举世无双的喀斯特地貌，以"山青、水秀、洞奇、石美"的桂林山水"四绝"驰名中外，素有"桂林山水甲天下"的美誉，主要景点有象鼻山、伏波山、叠彩山、独秀峰、七星岩、芦笛岩、阳朔漓江风景区等。从桂林到阳朔长83千米的漓江，像蜿蜒的一条玉带，缠绕在苍翠的奇峰峻岭之中，造化成为世界上最大、最迷人的山水风景。乘舟泛游漓江，可观奇峰倒影、碧水青山、牧童悠歌、渔翁闲钓，好一派田园风光，一切都那么诗情画意，让人陶醉不已。

热门景点　象鼻山、七星公园、芦笛岩、灵渠、银子岩、五排河漂流、龙脊梯田、漓江国家级风景名胜区等

旅游线路推荐

1 市中心→正阳步行街→西城路美食街→靖江王城→芦笛岩→七星公园→夜游两江四湖
2 市中心→叠彩山→象鼻山→伏波山→南溪山→斗鸡山→两江四湖环城游
3 市中心→杨堤码头→乘船游览杨堤漓江风光→八仙过江→黄布倒影→美女峰→书童山→阳朔码头

桂林特产　桂林四宝（三花酒、辣椒酱、豆腐乳、西瓜霜），龙脊四宝（茶叶、辣椒、水酒、香糯），以及桂林腐竹、干桂花、湘山酒、野生蕨根粉、荔浦芋头、平乐天然石崖茶、玫瑰花果脯、板栗糕、恭城红瓜子、永福山葡萄酒、桂林酥糖、桂花茶、阳朔月柿、桂林山水画、阳朔绣球、壮锦、桂林漓江银针茶、桂林毛尖茶、阳朔手镯、戒指、披肩等

舌尖上的**柳州**

美食向导 Delicacies Guide

　　柳州是一个多民族聚居的地区，除了汉族外，还有壮、苗、瑶、侗、仫佬族等少数民族，具有深厚的民族传统文化积淀。柳州的饮食，偏辛辣，口味重，擅长融会各种外来风味，自成一派，别具一格。柳州最出名的美食当属柳州螺蛳粉、柳州狗肉。另外，壮、苗、瑶等少数民族的美食，别具民族风味，也不可不尝。

推荐 特色美食

柳州狗肉

俗话说："狗肉滚三滚，神仙也坐不稳"。在北方，数延边的狗肉最为有名，而在南方，则数柳州的狗肉最香。其做法有干锅和水锅两种，但却是一样的肉鲜味美。柳州最大、最红火的狗肉餐馆，要数王记火锅城，能容纳800多人就餐。还有中山路上的狗肉火锅街，人气很旺，也非常火爆。

螺蛳粉

是柳州最有名的小吃。先把米粉放入滚水中烫一下，捞入碗中，再加上烹制好的螺蛳汤及一些蔬菜即成。这种螺蛳粉，既鲜香，又有螺肉味，如果加点辣酱，更是爽口提神。

蜂巢香芋角

是柳州的特色名点之一。以正宗的荔浦槟榔芋等为主要原料，配以叉烧、葱白、腐皮等馅料，入油锅炸至金黄色即成。形状似蜂巢，吃起来又香又酥。

打油茶

起源于侗族，是柳州的少数民族的传统风味食品。以茶叶、糯米、花生、盐、生姜、葱花等为原料，或炒或炸或煮，然后汇合冲泡而成，味香宜人，并有健胃暖身的功效。

侗乡酸鱼酸肉

是侗族群众招待客人必备的传统菜肴。选用侗乡自养的土猪、土鸭及河边野生鱼，经过特殊的方法腌制半年即成。在侗家菜中，带酸味的占半数以上，可谓无菜不酸。苗族和侗族一样嗜好酸味，自称"三天不吃酸，走路打倒蹿"。

紫苏炒田螺

用当地一种叫紫苏的芳香草与田螺同炒，便会产生一种香中有辣、辣中带甜的怪味，这一怪味却深受食客喜爱。在柳州街头的小食摊上，常常看到一群食客围着小木桌，津津有味地品尝这一美味小吃。

苗族辣椒骨

是苗家常备的特色食品，也是待客的传统佳肴。将猪、牛或其他野兽的骨头舂烂，拌以干辣椒粉、生姜、花椒、五香粉、酒、盐等，放入坛内，密封半个月之后即可食用。味香辛辣，且风味独特，不可不尝。

民族风味

侗族打油茶、酿辣椒、侗乡肉串、龙城烧蔗、豆腐酿、煮乳狗、白切鸡、糟香肥肠、酸鱼、酸肉、马蹄糕、茶叶饭、蒸叶糕等。

其他名吃

面粉类（老友面、冬菇云吞、鲜肉卷粉、鲜肉米饺、牛腩酸笋粉、水晶包、叉烧包等），油品类（水油堆、灯盏馍、油炸芋头盒、蜂巢炸芋角、脆皮油堆、油炸西多士、香脆豆沙饼等），杂食类（酿豆腐、荷叶粽、牛鲜子、螺蛳、四味珍珠包、鸡球大包、艾粑粑、龙城驴打滚、龙城豆粉馍、腐竹肉丸、糯米球、柳州云片糕、柳州鲳鱼等）

旅游攻略 Travel Guide

柳州，因临柳江而得名，位于广西壮族自治区中北部，史称龙城，是一座具有2100多年历史的古城。柳江像一条玉带把柳州市区环绕成一个"U"形半岛，因地形为"三江四合，抱城如壶"，亦称"壶城"；又因奇石较多，素有"石都"、"柳州奇石甲天下"之说。柳州是一个多民族聚居区，民族风情浓郁，壮族的歌、瑶族的舞、苗族的节和侗族的楼，展示了少数民族丰富多彩的文化生活，堪称柳州民族风情"四绝"。柳州多山多水，地势起伏不定，山环水绕，风景秀丽多姿，被誉为"天然大盆景"，主要景点有柳侯祠、驾鹤山、元宝山、马鞍山、鱼峰山、三江程阳风雨桥、马胖鼓楼，以及三江浓郁的侗族民俗风情。

热门景点 柳侯祠、三江程阳风雨桥、马胖鼓楼、鱼峰山、元宝山等

旅游线路推荐

1 市中心→大龙潭→鱼峰山→江滨公园→柳侯祠→东门城楼→八桂奇石馆　2 市中心→三江县城→程阳风雨桥→马胖鼓楼→程阳八寨→大明滩→三王宫　3 市中心→融水县城→贝江铁索桥→四荣乡苗寨→元宝山　4 市中心→鹿寨县城→中渡古镇→香桥岩

柳州特产

融水香鸭、糯米柚、三江竹笋、油茶、鲁比葡萄、三江鼓楼重阳酒、柳城东泉甘蔗、柳州香菇、壮锦、毛竹、鲳鱼、柳州云片糕、柳州石玩、三江茶叶、沙田柚、金橘、椪柑、金秀大瑶山绞股蓝、柳江里雍头菜、甜竹笋、大红柑等

舌尖上的**河池**

美食向导 Delicacies Guide

河池，又名金城江，是广西少数民族聚居最多的地区之一。虽然地处桂西北一隅，山多地少，但河池的美食仍然十分丰富，如环江香猪、金城烤鱼、墨米火麻养生鸡、巴马油鱼、生炆狗肉等，都是不可错过的当地名吃。

推荐 特色美食

墨米火麻养生鸡

以东兰县老区的特产墨米、火麻、三乌鸡等原料烹制而成。口感爽嫩，肉香不腻，具有美容养颜、延年益寿之功效。

巴马油鱼

是产于巴马瑶族自治县盘阳河的一种珍稀鱼类，素有"水下人参"的美称。此鱼鲜嫩甘美，鳞皮醇脆，鱼骨细如丝，味道醇香。当地素有"一家煎油鱼，十家闻鱼香"的说法。

羊活血

河池地区的壮、瑶族居民，常常将羊活血拌上山姜、葱、蒜等作料炒熟，盛入碗里，再加入一些汤汁、盐及一勺羊血。几分钟后，碗里的血凝结成块状，像豆腐花一样，入口滑润，味道极其鲜美。

壮乡公却乐酒

是环江毛南族自治县的著名特产，由桂西北大石山区民间"喜来乐"黄国谋老先生（壮乡人称"公却"，即长寿爷爷之意）根据祖传秘方配制的一种保健药酒。黄国谋老先生祖孙三代常服此酒，均寿命超百岁，故取名"公却乐酒"。

火麻汤

火麻是唯一溶于水的植物，是世界著名长寿之乡巴马瑶族自治县出产的名优珍稀长寿食品，被誉为"绿色食品"、"健康美食"。用火麻煲汤，味道鲜美，营养价值极高。当地人喻之为"长寿汤，长寿麻"。

生炆狗肉

选用河池当地农家的土狗，使用稻草火烧，再配以珍贵药材烹制而成，因其肉鲜味美，被誉为"香肉"。俗话说："狗肉滚三滚，神仙也坐不稳"。

环江香猪

环江和巴马是河池市最著名的香猪主产地。这两个地方出产的香猪，皮薄肉细、瘦肉多，肌纤维细嫩，营养丰富。烹调时不加任何作料，香气扑鼻，被誉为"猪类的名门贵族"。当地人说："一家煮肉四邻香，七里之遥闻其味"。清朝时期，环江香猪被当作馈赠达官贵人的珍稀食品。

其他名吃

桂西脆皮狗、碧绿大鱼头、黑仙醉扣、南丹糖糕粑、大化火熏腊肉、宜州田螺、壮乡甜酒、山田鸡、竹筒饭、南丹猪血肠、油包肝、血麻鸭、野菌包、烤田鼠、油茶、东兰红水河鱼宴、巴马香猪、天峨芝麻剑鱼、壮家豆腐圆、瑶家渣豆腐、壮乡五彩香糯米饭、瑶寨五香煎鱼、豆腐瑶（即瑶家人做的豆腐）、宜州壮乡龙棒红豆腐等

旅游攻略 Travel Guide

河池，又名金城江，位于广西壮族自治区西北边陲，北邻贵州省黔南布依族苗族自治州，是广西少数民族聚居最多的地区之一。先秦时期，属百越之地；秦朝设桂林郡、黔中郡；宋朝设"庆远府"，是河池建制"府"之始；2002年6月设市。境内山岭延绵，河流众多，岩溶广布，素以"雄壮神奇的喀斯特地貌"著称，形成了山青、水秀、洞奇、石美、竹翠、潭幽、泉涌、瀑飞的绮丽景色，给河池的旅游增添了无限异彩。

 **热门景点** 姆洛甲风景区、临江河风景区、甘河白裤瑶寨、凤山岩溶国家地质公园、甲篆乡百魔洞、宜州下枧村刘三姐故乡等

旅游线路推荐

1 金城江城区→姆洛甲风景区→天门峡→凉风峡→龙门峡→梦古寨→姆洛甲栈桥 2 金城江城区→巴马县城→龙洪溪源风景区→甲篆乡百魔洞→柳羊洞→百鸟洞 3 金城江城区→凤山县城→凤山岩溶国家地质公园 4 金城江城区→大化县城→红水河风景区 5 宜州城区→下枧村刘三姐故乡

河池特产

巴马野茶油、巴马神酒、罗城绿茶、都安野生毛葡萄酒、南丹丹泉酒、环江苗乡老窖酒、凉席、毛南族花竹帽、环江黑香猪、巴马玉米锅巴、巴马寿星八圣酒、都安砂纸、野生金花茶、盛焰葡萄烈酒、毛南族红香窖酒、南丹六寨六龙茶、天峨山茶油、甜冬笋、巴马火麻生态茶、仫佬族依饭奶酒、河池公刽乐酒、都安山葡萄、天峨黄精墨米酒、宜州红兰酒等

舌尖上的**百色**

美**食**向导 Delicacies Guide

百色的饮食以桂西风味为主，具有口味厚重、制作精细的传统，而且还兼具了壮族、瑶族等少数民族风味的特色，在桂菜中独树一帜，如百色脆皮狗、苗族辣椒骨、田东七里香猪、瑶族南瓜鸡等，都是这里的美食代表。百色市区的小吃大排档，供应炒田螺、油团炒粉虫、烤肉、炒煲粥、百色绿豆粥、云吞等各种特色小吃，既好吃又经济实惠，不可错过。

推荐
特色美食

🍜 炒粉虫

是百色有名的特色小吃。粉虫不是"虫"，是用大米磨成浆，入锅蒸熟，将煮好的粉搓成条状，因形

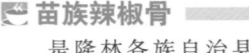

似虫子，故称粉虫。吃时，配以各种调料，味鲜爽口，风味独特。

🍜 百色脆皮狗肉

将处理干净的整只乳狗，经稻草熏、吊炉烤，再入油锅过油，然后切下狗肉，辅以当地特制的十多种酱料，入锅炒制即成。狗肉又嫩又香，皮薄而脆，确实好吃。

🍜 五色糯米饭

又称五色饭、红饭、花饭、花糯饭，是壮族"三月三"传统歌节时必吃的特色食品。五种颜色的糯米依次为黑、白、黄、红、紫，代表着壮族人民向往幸福、美好、和谐、吉祥、如意的生活。

🍜 七里香猪

产于田东县义圩镇，当地人用纯天然饲料喂养的香猪，是营养价值很高的纯天然绿色食品。香猪肉有

烤、煮、腌等多种制作方法，皮薄骨细，肉质鲜嫩。吃起来，口感和味道极好，叫人百食不厌。

🍜 瑶族南瓜鸡

是瑶族群众待客的佳肴。先将大南瓜开个口子，去除瓜瓤、瓜子，再将处理好的整只鸡塞入瓜中，盖上瓜盖，然后燃火烤瓜，或将之埋入火灰中。烧熟后的南瓜鸡，味香四溢，令人垂涎三尺。

🍜 苗族辣椒骨

是隆林各族自治县的苗家人自制的一种特色小菜。广西境内的苗家人，勤劳、善良，由于他们生活的环境原因，形成了与众不同的饮食文化。

其中，"辣椒骨"就是苗家人创制的名菜之一。将捣碎的猪骨头与辣椒和姜混在一起搅拌均匀，放入坛子里，密封贮存一年，保存的越久，味道越香。如果单独吃辣椒骨，就要用油炒香之后，加点水，再放些蒜苗，味道真的不错。

🍜 睦边酸肉

是那坡县黑衣壮族的传统名菜，采用当地的黑猪肉经过传统工艺加工而成。酸肉属纯绿色食品，风味独特，营养丰富。

其他名吃

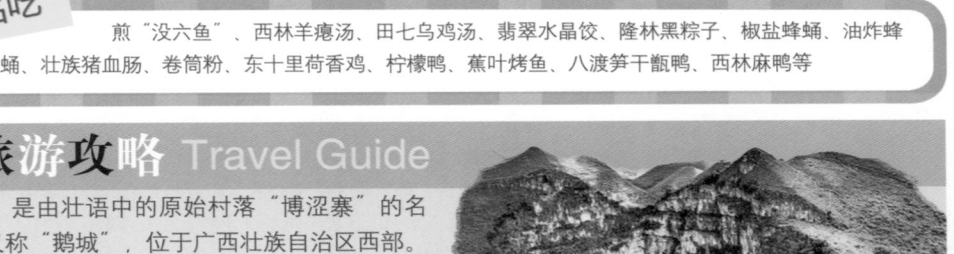

煎"没六鱼"、西林羊瘪汤、田七乌鸡汤、翡翠水晶饺、隆林黑粽子、椒盐蜂蛹、油炸蜂蛹、壮族猪血肠、卷筒粉、东十里荷香鸡、柠檬鸭、蕉叶烤鱼、八渡笋干甗鸭、西林麻鸭等

旅游攻略 Travel Guide

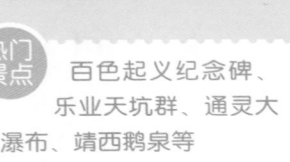

百色，是由壮语中的原始村落"博涩寨"的名称而来，又称"鹅城"，位于广西壮族自治区西部。古为百越之地；清雍正七年（1729年），始设百色厅，次年建百色城。1929年，老一辈革命家邓小平、张云逸、韦拔群等在这里领导并发起了中国革命史上著名的"百色起义"，创建了中国工农红军第七军，因此，百色又被称为英雄的城市。百色是广西面积最大的一个地级市，有壮、汉、瑶、苗、彝、仡佬、回等民族，其中，少数民族占总人口的87%。民族传统节日有壮族三月三山歌节、瑶族盘王节、苗族跳坡节、仡佬族种树节等。节庆期间，各民族群众云集一起，举行对山歌、赶歌圩、跳芦笙舞、演壮戏等活动，充满了浓郁的民俗风情。境内山川秀丽，河流环绕，景观众多，两坑（大石围天坑、穿洞天坑），二洞（纳灵洞、水源洞），以及一河（布柳河）、一湖（澄碧湖），构成了百色旅游的经典品牌。

热门景点 百色起义纪念碑、乐业天坑群、通灵大瀑布、靖西鹅泉等

旅游线路推荐

1 市中心→百色起义纪念碑→百色起义纪念馆→粤东会馆→靖西市区→旧州街→靖西鹅泉　2 市中心→靖西通灵大瀑布→古龙山峡谷群　3 市中心→乐业县城→冒气洞→白洞天坑→大石围石坑群→大槽天坑→黄猄洞天坑国家森林公园→布柳河景区　4 市中心→那坡县城→吞力屯黑衣壮山寨　5 市中心→德保县城→矮马风情园→吉星岩风景区

百色特产

百色云耳、红碎茶、田东香芒果、凌云白毫茶、德保矮马、广西八角（北方人称为"大料"）、平果"没六鱼"、右江茴油、凌云香菇、靖西金银花茶、靖西旧州山楂糕、隆林野生乌龙茶、那坡糖梨、百合茶场茶叶、靖西旧州绣球、德保蛤蚧雄睾酒（神鞭酒）、田东七里香猪、田东香米、田东八渡笋、西林古障白毫茶、砂糖橘，以及西林三珍（鹰嘴龟、山瑞、水鱼）等

舌尖上的崇左

美食向导 Delicacies Guide

　　崇左位于广西西南边陲，与越南接壤，境内居民多为壮族。这里不仅有著名的德天瀑布风景区，更是美食家的天堂，如烤乳猪、壮乡艾糍、黄金粥、猪肠糕等特色小吃，一定会让游人在欣赏崇左美丽风光的同时，也一饱口福。

推荐特色美食

崇左小吃

　　鸡肉粉、烤鸭粉、鸡杂粉、老友粉、八珍粉、凉茶、酸笋、炒田螺、小粽子等。

越南酸鱼汤

　　在广西边境上的很多街区，都有专门经营越南菜的饭馆，不出国门，就可以品尝异国美食。其中，越南酸鱼汤最受游客喜爱。鱼肉鲜嫩，鱼汤微辣，酸酸甜甜，带有越式香料味道。吃在嘴里，感觉极美。

壮乡艾糍

　　是大新县有名的地方小吃。每年农历二月初

二，是大新县壮乡山村的"艾糍节"。这一天，村民们将采摘的艾草、糯米生粉、黄糖片，放入石舂中，捣成糊状，再捏成一只只艾糍包，放入锅中蒸熟即成。

壮家烤乳猪

　　是崇左地区壮族的一道特色大菜。将烤熟的乳猪肉切成片，拌以黄皮酱、白糖或酸甜酱，入口酥脆，口有余香。

其他名吃

桃榔粉、天等猪肠糕、龙州鸡肉粉、黄金粥、把荷鱼丸、凭祥竹筒饭、扶绥红薯糍粑、凭祥烤山鼠、白糍粑、龙州青竹鱼、扶绥龙头白糕、龙头烧猪、东门鸡等

旅游攻略 Travel Guide

　　崇左位于广西壮族自治区西南部，背靠大西南，面向东南亚，与越南接壤，边境线长533千米。境内居住着壮、汉、瑶、苗、侗等10多个民族，其中壮族人口占88%以上，是壮族人民主要聚居地之一。崇左历史悠久，壮族文化源远流长。公元前214年，秦王朝统一岭南，设立南海、桂林、象郡三郡，崇左属象郡地；唐初置左江镇；宋改崇善县；1951年4月，崇善、左县合并，崇左因此得名。独

特的地理位置孕育了这里浓郁的边关文化，散落在左江河畔的壁画至今仍是千古之谜。境内主要景点有德天瀑布、凭祥友谊关、花山崖壁画群、弄官生态公园、大小连城、边关古炮台，以及山水秀美、堪称"百里山水画廊"的大新明仕田园风光、崇左石林等。

热门景点 弄官生态公园、德天瀑布、大新明仕田园风光、花山崖壁画群、友谊关等

旅游线路推荐

1 市中心→左江石林→左江归龙塔→文羊岩→江州弄官生态园　2 市中心→大新县城→德天瀑布→黑水河→沙屯多级瀑布→宁明花山壁画　3 市中心→凭祥市→友谊关→金鸡山（右辅山）古炮台→龙州县城→小连城

崇左特产 大新苦丁茶、朝天椒、龙眼、荔枝、香蕉、菠萝、扶绥渠旧红瓜子、凤庄香米、宁明黑皮果蔗、凭祥菠萝蜜、八角、宁明蜜蜂糖、玉桂皮、龙州桃榔粉、大新蛤蚧酒、凭祥姜葱酒、扶绥姑辽茶、天等茴油、龙头黑榄、宁明松香、绿豆糕等

舌尖上的**贵港**

美**食**向导 Delicacies Guide

　　贵港市位于广西东南部，境内有郁、黔、浔江交汇，素有"鱼米之乡"、"甘蔗之乡"、"莲藕之乡"等美称。这里的饮食属桂东南风味，河鲜、山珍，应有尽有，尤以桂平的浔江鱼最为著名，素有"不吃浔江鱼，就没有到过贵港"的说法。贵港小吃也极具地方特色，有炒田螺、蛤蟆汤、荷叶饭、螺蛳粉、烤鱼、海鲜粥、鸭肉粉等，都会让你难以抵挡住这些美味的诱惑。

推荐特色美食

 浔江鱼

　　浔江鱼与北海合浦珍珠、玉林容县沙田柚，并称为"广西三宝"。鲥鱼、银鱼、鳡鱼是浔江鱼中的佼佼者，可煎可炒，可清蒸，可红烧，鱼肉味道鲜美，是到贵港必吃的名菜。

蛤蟆汤

　　贵港人认为，丑陋无比而且有毒的癞蛤蟆——蟾蜍，是可以凉血清毒的，因此他们将之剥皮熬汤，成了当地人口中的美味。

 桂平香辣糟

　　先将糯米煮成饭，加入研成粉末的酒饼拌匀，放入盘中用棉布盖紧，3天后，发出酒香就可待用。将切成段的指天椒、牛角椒等加些盐，然后和糯米酒饭一起拌匀，放入特制的瓦瓮里密封贮存，半个月后，即变成了色、香、味俱佳的"香辣糟"。传说，清末太平天国农民起义军，在桂平市金田一带活动时，当地的家家户户都准备了香辣糟，盛情招待义军。

荷叶饭

贵港素有"荷花之乡"的美称，因而荷叶饭也就成了贵港的特色小吃，而且价格也不贵。其做法是以荷叶包裹米饭和肉馅蒸制而成。此饭具有荷叶特有的清香味道，很是诱人。

桥圩鸭肉粉

贵港俗语中有一句"东津好细米，桥圩好契弟，龙山好妹子"。其中的"桥圩好契弟"，说的是广西四大古镇之一"桥圩镇"的男子，非常聪明能干。桥圩人做的鸭肉粉，酸酸甜甜，实惠又美味，名气越来越大。

其他名吃

白切三黄鸡、田螺汤、贵港藕粉、平南临川狗肉、桂平西山敬慈斋馆素食、桂平罗秀镇米粉、桂平狗肉、宏发祥饼家绿豆糕等

● 旅游攻略 Travel Guide

贵港位于广西壮族自治区东南部、珠江上游，东邻梧州，南接玉林，西连南宁，北通柳州，是一座新兴的内河港口城市。贵港历史悠久，山川灵秀，是桂东南著名的宗教圣地。这里有闻名于世的"南天第一秀"桂平西山，有御赐额匾的古刹南山寺，有宋代仙观——孤峰独秀的白石洞天，还有太平天国金田起义旧址、龙潭国家森林公园、大平山自然保护区、大藤峡、九凌湖、北回归线标志公园等风景名胜。

热门景点 南山寺、桂平西山、太平天国金田起义旧址、北回归线标志公园、大藤峡等

旅游线路推荐

1 市中心→南山寺→东塔　　2 市中心→桂平市→北回归线标志公园→桂平西山
3 市中心→桂平市→大藤峡→大平山自然保护区→龙潭国家森林公园
4 桂平市中心→太平天国金田起义旧址　　5 桂平市中心→白石山→罗丛岩

贵港特产

广西肉桂、麻垌蜂蜜、罗汉果、桂平西山茶、江口竹器、覃塘毛尖茶、桂平乳泉酒、平南桂叶油、桂平麻垌荔枝、覃塘安息香、石硖龙眼、港南东津细米、白玉蔗、平南团罗茶、桂平香米、金田淮山、社坡腐竹、桂平黄沙鳖等

舌尖上的**玉林**

● 美食向导 Delicacies Guide

玉林是全国著名的"荔枝之乡"、"桂圆之乡"、"三黄鸡之乡"、"沙田柚之乡"。由于玉林与广东毗邻，其饮食风味与粤菜十分接近，较出名的美食有玉林牛巴、陆川猪扣肉、牛腩米粉、肥婆粉等。每逢过年，玉林民间常以白散、茶泡招待宾客，这两样美食，既表达了对客人的祝福祝寿，同时也是耐人观赏的艺术品，令人拍案叫绝。

推荐 特色美食

玉林牛巴

是玉林最出名的传统美食。以精选的新鲜牛肉为主料，拌入甘草、甘松、丁香、八角、陈皮、沙姜粉、白糖、柠檬、米酒等，经传统工艺加工而成。制作历史悠久，因其味美而非常畅销。正宗的玉林牛巴，色似咖啡，韧而不坚，香味浓郁，越嚼越有味，为下酒的佳肴。

玉林肥婆粉

肥婆指的是该粉店的老板，店名有趣，米粉的味道确属一流。玉林的街头巷尾，遍布着许多粉摊，然而最出名的就是肥婆粉。据说，其最大的卖点就是米粉的配料，口味独特，因而顾客盈门。每天限量供应，不管有多少人排队，卖完便收摊。

玉林十大特色小吃

玉林牛巴、鲜虾肠粉、牛腩米粉、海鲜大肉田螺、桂花银虾米饺、手撕牛肉、鲍鱼酥、蜜汁红薯、酥油地豆、玉林肉蛋。

石南酒椒

酒椒是兴业县石南镇的传统风味食品。味道酸辣适宜，甜脆爽口，为下饭的佳品。

牛腩米粉

是玉林十大特色小吃之一。将炖好的牛腩、米粉，盛入碗中，再把牛腩汤、骨头汤、肉丸调味下碗。吃起来，松软滑脆，汤鲜味美，唇齿留香。

陆川猪扣肉

选用中国八大名猪之一的陆川猪肉烹制而成。其特点是肥而不腻、瘦而不柴、肉酥浓香、入口即化。

其他名吃

玉林白散、蒲塘卷粉、玉林肉蛋、牛肉丸、福绵鸭、肠粉、地豆饼、生焖茅岭鲈鱼、凉拌猪脚、陆川炭烧肉、何源记豉油膏、客家擦菜、客家天堂菜、玉林猪脚粉、野生红菇汤、竹筒东坡肉、石锅鸡、肉酿柚子皮、北流鸭塘鱼、容县霞烟鸡、玉林茶泡等

旅游攻略 Travel Guide

玉林位于广西壮族自治区东南部、南流江两岸。古称郁林，秦代属桂林郡、象郡管辖；北宋至道二年（公元996年），设郁林州；此后，郁林一度成为州治、府治、县治；1956年，改名为玉林县；1983年10月，撤县设玉林市。境内山川秀丽，景点众多，旅游资源类型多样，享有"岭南美玉，胜景如林"、"天然南国园林"之誉。尤以云天文化城、勾漏洞、龙泉岩，以及大容山国家森林公园最为著名。

热门景点　云天文化城、勾漏洞、龙泉岩、大容山国家森林公园等

旅游线路推荐

1 市中心→云天文化城→水月岩→龙珠湖　　2 市中心→容县县城→真武阁→都峤山→杨贵妃故里

3 市中心→北流市→勾漏洞→大容山国家森林公园　　4 市中心→陆川县城→陆川温泉→谢鲁山庄

玉林 特产

博白县中华稔子酒、玉林龙眼、生晒圆肉、陆川猪、陆川八角、兴业山心毛尖茶、容县沙田柚、玉林茶泡、炒米糖、容县妃子红保健酒、野生红香菇、玉林正骨水、博白三滩桂圆、博白雍菜、玉林八角、兴业石南春蝎子酒、荔枝干、贡柑等

舌尖上的海南

海南菜，源于中原餐饮，融会闽粤烹艺，吸收黎族、苗族食俗，注重食品用料的原汁原味。海南岛地处热带，这里的物产极为丰富，盛产各类海鲜及椰子、菠萝蜜、芒果、荔枝、木瓜等热带瓜果，为海南菜的制作提供了丰富的食材。海南菜多以海鲜为主，菜肴里经常出现各种水果作为辅料，如椰子蟹、菠萝鸡、芒果汁淋虾等，都具有独特的水果味道。

在众多的海南美食中，四大名菜（文昌鸡、琼海嘉积鸭、万宁东山羊肉、和乐蟹）是游客不可错过的佳肴。另外，海南的传统风味小吃，也颇具地方特色，如海南米粉、海南粽子、鸡饭、黎族竹筒饭、苗族五色饭、椰丝糯米粑等，也不可不尝。

特别推荐

▶ **海南十大美食** 文昌鸡、万宁和乐蟹、东山羊肉、琼海加积鸭、临高烤乳猪、海南椰子饭、海南米粉、曲口海鲜、五指山烤小黄牛肉、黎族竹筒饭

▶ **海南十大特产** 万宁鹧鸪茶、燕窝、海南芒果、椰子、文昌锦山牛肉干、兴隆咖啡豆、五指山水满茶、白沙绿茶、椰仙苦丁茶、鹿龟酒

▶ **海南十大景点** 海口五公祠、石山火山群国家地质公园、三亚天涯海角、亚龙湾、大小洞天、南山风景区、琼海万泉河漂流景区、万宁兴隆热带植物园、五指山风景区、儋州黄花水洞地质公园

海南省交通旅游图

海安 ⑤

排尾角

海南角

虎威林场 木兰湾

海南湾

潮滩鼻

景心角(抱虎角)

铺前 湖心

西海岸 新埠 桂林洋农场 铺前湾 北士岛 七

镇海 龙华 美兰 东寨港红树林 平士 洲

秀英 琼山 东南鹿场 南士岛 列

火山口 石山 永兴 美兰机场 冯家 双帆岛

石山火山群 永发 龙塘 云龙 三江

罗经 仁兴坡 红旗 罗罗 洋

南秀 晋江 大致坡 东路 更新

永发 定安 定城 东群 南

尖岭 龙州 仙沟 三门坡 潭牛 潭牛 昌洒 洋

新竹 海南热带雷霆世界 文岭 后田 宋庆龄祖居 月亮湾

蓝澳 雷鸣 龙湖 里桑 东阁 文教 山海 铜鼓岭

南丽湖 南罗 南阳农场 文昌 文昌孔庙 铜鼓嘴

屯昌 黄竹坡 八门湾红树林 中南

海南环岛高速 黄竹坡 礼合 陈策将军祖居 南郊椰林 东郊椰林 19°30′

大同 龙门 安良 岭脚 大路 重兴 养成

大河 翰林 黄竹 加大 阳光湾 马家湾 海

中瑞农场 塔洋 牛角 长坡 冯家湾

母瑞山革命纪念堂 万泉 琼海 龙湾 港下

红色娘子军纪念园 官塘温泉 潭门

南通 石壁 中原

会山 万泉河 桥园 博鳌观音 海

沐塘 阳江 上埇 博鳌 博鳌东屿岛观景区

牛路岭水库 龙滚 (博鳌亚洲论坛会址)

尖岭 六连岭 山根 乐涛民族风情大村庄 19°00′

尖岭 北大

隆侨乡 大茂 后安 白鞍岛

万宁水库 万宁 和乐

兴隆温泉 万宁南 后海 大花角

热带 石梅 东澳 大花角

兴隆热带花园 莲花龙保

南桥 神州半岛 大洲岛

石梅湾 碧海情深 大洲岛

日月湾 洲仔岛 洋世界

分界洲 日月湾 18°30′

坡尾 分界洲岛

110°30′ ⑥ 111°00′ ⑦

海南省全图
1：30 700 000

南宁 广州 省

西江壮族自治区 澳门 香港 台湾岛

越 河内 湛江 澳门特别行政区 台湾海峡

河内 海口 东沙群岛 省

儋州 海南岛

老挝 三亚 西沙群岛 三沙 菲

南 永兴岛 黄岩岛

东埔寨 中沙群岛 马尼拉 律

宾

海 南沙 南沙群岛

曾母暗沙

斯里巴加湾市 亚

文莱 西

马 亚

来

印 度 西

尼

115°

海口进出道路导向图

琼州海峡

白沙门海滨浴场 新埠岛开发区

海甸开发区 三联村 南

万福新村 人和

海甸五东路 海甸大道

金融贸易开发区 世纪大桥 江心岛

龙华区 省政府

至海口市政府 西秀海滩 秀英古炮台 美兰区 海南广场

长央大道 龙华公园 琼州大桥

海榆西线 秀英区 金牛岭公园 兴 琼山区

港澳工业开发区 海瑞墓 红城湖 至琼山

南 海南岛环线高铁 金牛岭 五公祠 至美兰机场

至澄迈 水头上村 金盘工业开发区 凤翔 至定安

⑦ ⑧

舌尖上的**海口**

● 美**食**向导 Delicacies Guide

海口的饮食与粤菜接近，但却以椰味见长，如椰奶鸡、椰奶燕窝盅、椰子蟹等，都具有独特的水果味道。海南四大名菜（文昌鸡、嘉积鸭、东山羊、和乐蟹），以及斋菜煲、四宝琼山豆腐、石山扣羊肉等名肴，在海口都能吃到。到了海口，当然要吃海鲜，各种虾、贝、鱼等，应有尽有，货真价实，一定会让你大饱口福。

推荐 特色美食

⊡ 海南米粉

是海南最具特色的风味小吃。海南米粉有两种，一种是粗粉，也称为抱罗粉，因产于文昌市抱罗镇而得名；另一种是细米粉，要用多种配料、味料和芡汁加以搅拌腌着吃，叫做"腌粉"。海南米粉通常指的是这种"腌粉"，在海南岛北部的海口、琼海、定安和澄迈一带的居民中，食用海南腌粉比较普遍，是当地节日喜庆必备的象征吉祥长寿的食品。

⊡ 海南椰子船

即椰子饭，是海南非常普遍的一种传统小吃。用新鲜的椰子装入糯米、味料，入锅蒸熟而成。椰肉、椰汁和糯米饭紧密融合，色泽白净，椰香浓郁，清甜爽口，具有浓厚的椰乡气息。在海口的大小饭馆，都能吃到正宗的椰子船。

⊡ 陵水酸粉

起源于陵水县，由于这里制作的酸粉最为正宗，所以这种做法的海南酸粉都命名为陵水酸粉。陵水酸粉跟海南米粉类似，不过其中添加了特制的酱汤，作料丰富，酸辣甜香，味道鲜美。

⊡ 鱼煲

是海口的一大特色佳肴，主要集中在白坡里和大英村两处。但是味道各有不同，前者以新鲜原味为主，后者是先用油炸后再煲制而成。鱼煲里的鱼肉鲜嫩味美，香浓可口，很是诱人。

⊡ 菜包饭

是起源于定安县的一种风味小吃。先把菜（芹菜、韭菜、尖椒、四季豆、酸菜、大头葱）、肉（猪肉或鸡肉）炒好，再用蒜头、虾仁、鱿鱼干起锅炒米饭，然后将炒好的菜和肉倒进饭里搅拌均匀，最后用洗净的油菜包裹即成。食时，再加些虾酱、辣椒酱、什锦酱等，趁热吃下，别有一番风味。

⊡ 海南鸡饭

是海南赫赫有名的风味小吃。简单地说，就是用鸡油和鸡汤煮成的米饭，最好吃的鸡饭选用文昌鸡制成。

⊡ 椰丝糯米粑

是海南各地常见的一种风味小吃。以糯米粉做皮，填入新鲜椰肉丝、芝麻、碎花生、白糖等配成的馅，再用椰子树叶包裹，入锅蒸熟而成。食之，清甜爽口，风味独具特色。

⊡ 海南清补凉

是风靡海南岛的一种冰爽甜品。主要以红豆（绿豆）、薏米、花生、空心粉、椰肉、红枣、西瓜粒、菠萝粒、鹌鹑蛋、凉粉、椰奶等多种配料制成。爽滑润喉，甜而不腻，冰凉可口，最受游客的喜爱。

⊡ 麒麟菜

以热带海洋里的红藻为原料制作而成。食用方法多以凉拌、冷饮、软糕为主，是炎夏之际解暑的佳品。

其他名吃

海南斋菜煲、万泉鹅、临高烤乳猪、海胆蒸蛋、煎生蚝、海口甜薯奶、石山羊火锅、红树林椰子饭、红焖梅花参、煎粽、海鲜卷、椰奶鸡、鱼茶、曲口蚝、姜汁奶、四宝琼山豆腐、炭烤生蚝、椰子糕、菜包饭、萝卜糕、东江盐焗鸡、苗家三色饭、锦山煎堆等

推荐
特色食处

✪ 吕记海鲜大排档
是海口知名的海鲜美食据点。当地人招待亲朋好友，都带到这里来吃海鲜，人气很旺。✉ 海秀东路

✪ 骑楼老街小吃街
是海口地方饮食店最为集中的美食街。在这里，可以吃到海南各种特色小吃，有海南腌粉、牛腩饭、猪脚饭、鸡饭、鸭饭、煎粽、煎饼、安定粉等。尤其

到了晚上，众多小食摊、餐馆，推出的各式风味小吃，不胜枚举，令人垂涎三尺。✉ 博爱路水巷口街

✪ 新埠岛水上海鲜舫
由于这里靠近海边，食客也可以上渔家的船上去吃海鲜。这里最大的特色就是，可以吃到最新鲜的鱼、虾、蟹、贝类等海鲜，随捞随吃，而且价格也较便宜。✉ 新埠岛大桥两边

✪ 金龙路美食街
是海口很有名气的美食街。这里不仅有海南本地的特色美食，还汇聚了全国各地的风味佳肴，是外地人在海南吃家乡菜的首选地。

✪ 曲口海鲜街
这里出产的海鲜久负盛名，尤以青蟹、血蚶、蚝、对虾品质最好。这些海鲜无论是烧烤，还是清蒸，均味道鲜美，叫人食后难忘。✉ 琼山区东寨港

旅游攻略 Travel Guide

海口位于海南岛最北端，为海南省省会，因南渡江从这里入海而得名。海口原来只是指琼山北部的滨海浦滩；宋代时，人们称这里为海口浦；到宋末元初，海口浦开始建港，遂改称海口港；明代，开始筑城；清康熙年间，海口港是海南沿海十处港口的总海关口。海口经过多年建设，从一个边陲小城，逐渐发展成一座现代化都市，是海南六大旅游中心之一。海滨浴场、海上红树林、地下温泉水、舢板赛场、水上活动和潜水、热带雨林探奇等景观十分迷人。去海口旅游的最佳时间为每年的11月至翌年的4月，特别是农历"三月三"期间的椰子节和农历二月初二至十九的军坡节，是一个以海南椰文化和黎族、苗族的"三月三"民俗为特色的国际盛会，堪称到海口旅游的最佳时机。

热门景点 西海岸带状公园、五公祠、秀英古炮台、东寨港红树林等

旅游线路推荐

1 市中心→五公祠→琼台书院→得胜沙路→大同路商业街　**2** 市中心→海口石山火山群国家地质公园　**3** 市中心→秀英古炮台→西秀海滩→假日海滩→热带雨林博览园→热带海洋世界　**4** 市中心→东寨港红树林→东山镇海南热带野生动物园　**5** 市中心→文昌市→铜鼓岭国家级自然保护区→清澜港码头→东郊椰林景区　**6** 市中心→海口秀英港乘椰香公主号邮轮→三沙（永兴岛、鸭公岛、全福岛、石岛、赵述岛）

海口特产　海润珍珠、黎锦、翅蝶画、菠萝蜜、椰子果、木薯、海南咖啡、酸梅豆、猴面包、柠檬、白榄、百果香、蛋黄果、贝雕、椰雕、天然椰子汁、原汁椰子粉、山竹子、番石榴、香兰茶、白沙绿茶、红茶、槟榔果茶、榴莲、杨桃、洋浦桃、番荔枝、珊瑚盆景等

舌尖上的**三亚**

● 美**食**向导 Delicacies Guide

　　三亚位于海南岛最南端，这里的饮食以海鲜为主。在海边观海景，吃海鲜，成了游客到三亚的一项不可缺少的活动。除了海鲜，在三亚还能品尝到海南四大名菜（文昌鸡、嘉积鸭、东山羊、和乐蟹），以及海南地方小吃，如海南粉、糯米糕、椰子饭、南瓜饼等，还有海南的特色饮料，如山兰酒、鲜榨椰汁、木瓜汁等，也是不能错过的天然原汁美味。到三亚旅游，"看海，玩海，吃海"，已成为了绝大部分游客的共识。

推荐 特色美食

▧ 椰子饭

　　是海南最常见的风味饭食。以大米和椰子肉为主料，配以多种调味料烹制而成。米饭有非常浓浓的椰子香味，细细嚼着椰肉，回味绵长。

▧ 黎族竹筒饭

　　是用新鲜竹筒装入大米及料末烤熟的饭食。现经厨师在传统基础上改进提高制作而成，饭香可口，别具风味，已成为海南著名的小吃。

▧ 南山素斋

　　多采用深山野生菌类、魔芋、豆制品，以及香菇、木耳等各种菌类制作而成。菜品营养丰富，且具有极高的保健价值。

▧ 椰肉虾仁猪骨汤

　　是三亚的特色风味佳肴。肉味香浓，汤味鲜美，极富营养。

▧ 酸粉汤

　　是一种用自然发酵而使淀粉产生一定数量的乳酸而制成的精细米粉条。食之，酸辣鲜香，回味悠久。

▧ 疍家咸鱼煲

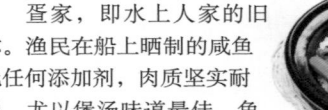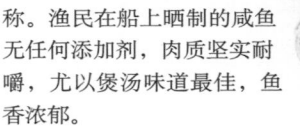

　　疍家，即水上人家的旧称。渔民在船上晒制的咸鱼无任何添加剂，肉质坚实耐嚼，尤以煲汤味道最佳，鱼香浓郁。

▧ 雅亮老鼠猪

　　雅亮为三亚的边远山区。当地的特产小种猪，体质小、嘴尖、耳小、头小，故被称为老鼠猪。其肉质细嫩，骨头软脆，好吃不腻。

▧ 海蛇肉

　　三亚的海蛇，肉质细嫩，味道鲜美，营养丰富，具有强身健体的药补功效。海蛇的做法很多，一般常配鸡炖煨，也可做蛇餐火锅，或烹炸海蛇。许多游客品尝海蛇菜后，均赞不绝口。

其他名吃

姜糖汤圆、南大辣椒蟹、猪肠粉、椰挞、甜酸粉、狗肉火锅、鸡屎藤汤圆、香煎鱼饼、椰香咖喱鸡、海鲜火锅、安游夜光螺、槟榔花鸡、南海鲜鲍、牛栏酸鱼汤、荔枝沟鹅肉、港门粉、鸡腿螺、捞叶煎蛋、抱罗粉、海盐煮鸡蛋等

推荐 特色食处

★ 三亚小吃一条街

　　在这里，可以品尝到当地的小吃和各地风味美食，比较受欢迎的有海南椰子船、海南粉、椰奶清凉补、陵水酸粉、椰子饭、黎家竹筒饭等。✉ 建设路

★ 春园海鲜广场

　　这里的大排档和海鲜市场集于一处，游客可以自

　　选海鲜和蔬菜，然后找店家加工，而店家只收取少许加工费。这里最吸引客人的地方在于海鲜品种繁多，物美价廉，消费明白，是三亚市民经常光顾的地方。✉ 河西路中段

★ 河西路海鲜广场一条街

　　这里会集了最热闹的海鲜广场，有春园海鲜广场、明润海鲜广场、168海鲜广场、来士福海鲜广

场，其中，春园海鲜广场名气最大。这些海鲜广场都是露天大排档式的，只做加工生意，海鲜加工费可根据做法不同而收费，是到三亚品海鲜必去的地方。

★ 红沙渔排

在三亚，除了到海鲜广场吃海鲜，现在又流行到码头渔家的船上，去吃现捞现做的海鲜。渔排在海面上靠着码头，最吸引人的地方是海产品新鲜，而且可以自助。最著名的就是红沙渔排，位于三亚大东海的

东北部，离市区只有半个小时的车程。码头上停放着各家渔排的快艇，需坐快艇到船上去。

★ 黄流老鸭一条街

黄流老鸭起源于乐东黎族自治县黄流镇，为海南新创的名菜。其吃法以白切为主，也可以煮火锅、内脏青菜汤、韭菜炒鸭血、鸭胗炒苦瓜、白灼鸭汤等。其中，胜利路上的"光明老鸭店"，人气最旺。

✉ 胜利路

旅游攻略 Travel Guide

三亚位于海南岛最南端，是海南省第二大城市。古称崖州，是历代王朝贬谪"罪人"的"天之涯"、"海之角"。秦设象郡，为南方三郡之一；汉为珠崖郡地；唐置振州；宋改崖州；1984年设三亚市。美丽的三亚，海岸线长200多千米，有19个海湾，40座小岛和岛礁。这里有世界一流的海水水质、海滩品质和空气质量，是中国热带海滨旅游资源最密集、最丰富的地区，也是中国唯一的国际性热带海滨旅游城市。在这个人间天堂，水天一色，椰岸银带莹洁，如诗如画，阳光、海水、沙滩、森林、温泉、岩洞、田园、风情等风景资源构成了三亚的旅游特色，是令人向往的世外桃源。

热门景点 天涯海角、鹿回头山顶公园、南山大小洞天、南山佛教文化苑、亚龙湾、蜈支洲岛等

旅游线路推荐

1 市中心→天涯海角→南山大小洞天　　2 市中心→鹿回头山顶公园→西岛→西岛海上游天涯
3 市中心→亚龙湾→大东海　　4 市中心→蜈支洲岛→南湾猴岛

三亚特产 纯天然椰子粉、椰子糖果、菠萝蜜干、香兰酒、坡马补酒、鹿龟酒、贝壳工艺品、淡水珍珠、黄灯笼辣椒酱、海南珊瑚、海南岛服、贝饰、椰子、木瓜、榴莲、莲雾、小米蕉、山兰玉液酒、金岳玉酒、槟榔酒、苦丁茶、香兰茶、鹿骨酒、鹿血酒、鹿肉干、鹿草片、海水珍珠、珍珠项链、珍珠粉、牛角雕、水晶项链、天然水晶饰品、咖啡豆、椰奶咖啡、蝴蝶画、风筝、三亚米花糖等

舌尖上的五指山

美食向导 Delicacies Guide

五指山是海南岛中南部少数民族的聚居地，其饮食以黎族、苗族风味为主。红蚂蚁卵、蜂仔、木蛆等，这些在常人看来无法食用的东西，在五指山的黎族居民手中，却变成了一道道可口的美味佳肴。这里最具特色的美食就是野味野菜，如黎族炸鹿肉、灵芝山蟹、牛尾煲、蚂蚁鸡、五脚猪、野黄牛肉等野味十足的菜品，味道非凡，一定别错过。

推荐 特色美食

黎族竹筒饭

又叫香竹饭。黎族人用新鲜的竹筒装入大米、肉类及味料，用炭火烤熟即可。食之，香软可口，具有香竹与米饭混合的特殊清香。

山兰酒

是黎族人用当地出产的一种旱糯稻——山兰稻为原料，采用自然发酵的方法酿制而成的米酒。味道醇香袭人，可以说是真正的绿色饮品。

水满茶

是指五指山出产的一种野生茶，因产于五指山市水满乡水满村一带而得名，是海南名茶之一，曾为清代贡品。因其常年生长于云雾之中，饮之，醇郁甘甜，具有健胃醒神的功效。

五指山蚂蚁鸡

是五指山地区的黎族、苗族群众放养在山中的一种本地小种鸡，因其体形小，最大重量不超过1千克，故形象地称之为蚂蚁鸡。其特点是瘦肉多、味道香，多吃不腻。

野黄牛肉

五指山的小黄牛全部是野放在山里的，主要以吃树叶为生，肉质肥美，鲜嫩爽口。黎族人常将切好的牛肉片烧烤，或入火锅而食，味道俱佳，且多食不腻，滋味极美。

灵芝山蟹

是五指山地区的一道名菜。以五指山的特产河蟹及灵芝为主料，再佐以各种调料烹制而成。此菜不仅味美，而且营养丰富，尤以夏季食用最多。

牛尾煲

是海南民间的传统名菜之一。牛尾煲中除了有牛尾，还可加入牛鞭、牛杂、牛肉等，一同入锅煲煮食用，不仅味道鲜美，而且还有很好的滋补功效。

五脚猪肉

五脚猪又名香猪，是五指山地区的一种本地原种猪，因其嘴巴长长的，像是第五条腿，故得此名。肉质细嫩，瘦肉多，做成菜肴，或烧烤五脚猪，味道特别香。

鱼茶

鱼茶不是指普通的茶叶，而是腌制的一种鱼肴。将收拾干净的鱼切成块，掺入盐、凉米饭、酒曲或炒米拌匀，装入坛子里加盖密封，一般放至10天左右，即可取出食用。味酸而微咸，醇香适口，非常诱人食欲，堪称当地美食一绝。

鹿舌菜

又名"马兰菜"、"革命菜"，是五指山地区的一种特产野菜，因在战争年代是琼崖纵队的战士常食用的菜，故称"革命菜"。此菜无论凉拌，还是与肉同炒，均味道清香，是纯天然的绿色食品。

其他名吃

黎族南瓜饭、炸鹿肉、五指山水库福寿鱼、淡水石鲮鱼、小田螺、鳗鲡（又叫河鳗）、苗族五色饭、泥巴烧鸡、农家肥鹅、清凉补、海南煎饼、黎族黄色饭、苗族酸鱼等

旅游攻略 Travel Guide

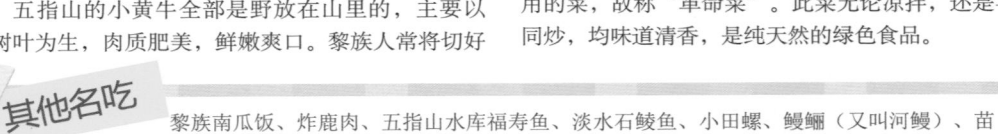

五指山市位于海南岛中南部，因境内有海南岛上最高峰五指山而得名，北距海口223千米。1987年，保亭、琼中、乐东三县部分区域合并为通什市，"通什"黎语意为"肥沃的河谷"；2001年，更名为五指山市。这里地处五指山南麓的阿陀岭下，是黎、苗等少数民族聚居之地，四周被山水包围，山清水秀，四季如春，是海南岛著名的避暑胜地，享有"翡翠山城"、"天然别墅"的美誉。至今，这里还保留着浓郁的黎、苗民族风情，因此更具魅力，主要景点有五指山国家级自然保护区、槟榔谷、香茅黎寨等。有人说"不到五指山，就不算到海南"，道出了对五指山风景的赞美。

热门景点 五指山国家级自然保护区、五指山大峡谷漂流、槟榔谷、香茅黎寨等

旅游线路推荐

1. 市中心→水满乡→五指山国际度假寨→娘母洞（观音）→五指山国家级自然保护区→初保村
2. 市中心→水满乡牙排水电站→五指山漂流

五指山特产

山野菜（勾勾菜、曲毛菜、四棱豆、雷公根、苦苦菜、新娘菜、白花菜、"革命菜"），以及五指山苦丁茶、槟榔、五指山金钱龟、黎族鼻箫、椰子、芒果、苦瓜茶、野生灵芝、黎锦、苗族蜡染、野黄牛、五脚猪、蚂蚁鸡等

舌尖上的**琼海**

美食向导 Delicacies Guide

琼海地处热带，是海南著名的"椰子之乡"、"鱼米之乡"，由于当地天气较热，饮茶和畅饮天然的椰子水，已成为琼海人生活的一部分。琼海有句俗语："宁可三天无油盐，不可一日不喝茶"。琼海地区的民间以椰子为主要原料制成的传统风味小吃，更是当地饮食的一大特色，如薏粑、猪肠粑、红米粑卷、归粑等，既有浓郁的椰乡气息，又蕴藏着浓郁的风土人情。在琼海众多的美食中，尤以白斩嘉积鸭、鸡屎藤粑籽、清蒸万泉鲤最为出名。

推荐
特色美食

归粑

是当地人庆祝归来之喜而制作的一种小吃。以糯米面为皮，以椰蓉、花生和糖等为馅料制成。外观油光滑亮，入口十分香甜。琼海是著名的侨乡，每当有南洋华侨归来探亲，便有亲戚做归粑相贺，以表达亲人归来的甜蜜和团圆之意。

薏粑

"薏"和"意"谐音。凡有亲戚庆祝满月、周岁、入宅等，按当地习俗，人们都要做薏粑相送庆贺，以表达良好的愿望和心意。

白斩嘉积鸭

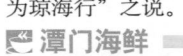

是海南四大名菜（文昌鸡、嘉积鸭、东山羊、和乐蟹）之一。嘉积鸭是嘉积镇的一位华侨，从马来西亚引进的一种原产英国的鸭种，当时，人们习惯称之为"番鸭"，后因在嘉积镇饲养较多，成为当地名鸭，人们便把"番鸭"改称为"嘉积鸭"。鸭肉肥厚，皮白滑脆，皮肉之间夹着一层薄薄的脂肪，特别美味。

万泉鲤

产于琼海市境内的万泉河中，品种有溪鲤、镜鲤、倩鲤和凤尾鲤等。其中，倩鲤生长在万泉河出海口的半咸淡水中，由于食料丰富，其肉质最肥美。每年秋季，万泉鲤储蓄了很多脂肪准备过冬，此时最为肥美。其吃法较多，尤以甜酸鲤鱼、清蒸鲤鱼、姜炖鲤鱼最为常见。素有"不吃万泉鲤，枉为琼海行"之说。

潭门海鲜

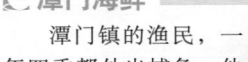
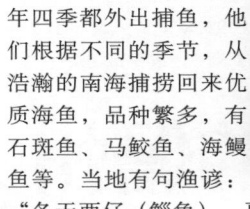

潭门镇的渔民，一年四季都外出捕鱼，他们根据不同的季节，从浩瀚的南海捕捞回来优质海鱼，品种繁多，有石斑鱼、马鲛鱼、海鳗鱼等。当地有句渔谚："冬天西仔（鲻鱼），夏天鲷（鲷鱼），九月黄鱼（鲱鱼）芳九村"。说的是，哪个季节的哪种鱼最为肥美，此时捕获食用最佳。

塔洋粑炒

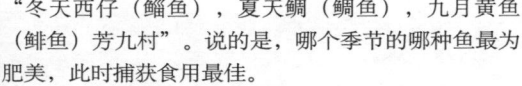

是海南六大特色名粉之一。琼海市塔洋镇盛产优质大米，塔洋粑炒也因原料好而成为当地知名小吃。其主要原料是河粉，当地人习惯称之为"白粑"，所以，炒河粉也被叫做"白粑炒"，或"粑炒"。

鸡屎藤粑籽

是琼海非常独特的一种风味小吃。鸡屎藤是当地的一种野生草本植物，又称益母草，民间称其为"土参"。其叶味道清香，具有补血益气的功效，揉烂后有一种鸡屎的味道，故名。用鸡屎藤叶与大米面制成的鸡屎藤粑籽，风味独特，是当地产妇最喜欢吃的滋补佳品。琼海人至今仍有农历七月初一吃鸡屎藤粑籽

的习俗，意在避邪，保佑家人平安。

博鳌鱼

是产自琼海市境内万泉河入海口的鱼、虾、蟹、贝等海产品的统称。由于这里的水质优良，且食料丰富，因而出产的海鲜，肉质肥美，口感细嫩。用这些海产品所烹制的菜肴，备受游客喜爱，被誉为琼海继嘉积鸭、温泉鹅之后的第三大名菜。

其他名吃　琼海椰子船、琼海炒河粉、胡椒猪肚煲、白斩温泉鹅、椰汁板兰糕、海南鸡饭、椰汁芋头鸡、椰子盅、椰丝包、金华火腿海鲜卷、刺笋酸、清凉补、甜粿、万泉河指甲螺、椰香高粱粑、紫菜蛋皮卷、黎家竹筒饭、冬瓜盅、椰奶凉粉等

旅游攻略 Travel Guide

琼海位于海南岛东部，素有"东海岸明珠"之称。这里是海南省著名的侨乡，还是红色娘子军的故乡。这里出产的槟榔驰名中外，在古代被列为"天南贡品"之一。2001年，博鳌亚洲论坛定址琼海市，促进了琼海市旅游业的快速发展，成为海内外游客向往的旅游目的地。

热门景点　博鳌亚洲论坛会址、万泉河漂流景区、万泉湖、博鳌水城等

旅游线路推荐

1 市中心→万泉河漂流景区→万泉河峡谷→万泉湖

2 市中心→博鳌亚洲论坛会址→博鳌东方文化苑→博鳌水城

琼海特产　椰子、南汉草席、竹笠、竹器、礼都陶瓷、塔洋镇千秋八仙桌、红花乡金银香纸、嘉积鸭、长坡琼脂、大路镇菜头丝（萝卜丝）、鸡屎藤粉、野生竹笋、温泉鹅、椰子粉、椰子片、黄灯笼辣椒、百香果、菠萝蜜干等

舌尖上的儋州

美食向导 Delicacies Guide

儋州，历史文化悠久，古今人文荟萃，素有"诗乡歌海"之称。儋州的美食品种繁多，独具地方特色。尤以北宋大文学家苏轼（东坡）在儋州谪居期间创制的美食最为出名，如东坡绵蹄、东坡养颜汤、东坡饼、东坡香糕等，不但色、香、味俱全，而且均流传着与其相关的故事、诗词。另外，儋州最有代表性的小吃，如长坡米烂、洛基粽子、王五狗肉、新英炒粉、光村沙虫等，也很有特色，值得一尝。

推荐 特色美食

东坡饼

是儋州的地方风味名点，是一种"千层饼"，具有香、酥、脆、甜的特点。相传，北宋大文豪苏轼（东坡）被贬为琼州别驾，谪居儋州三年，他讲学明道，开创了琼岛文化之先声，同时也创制了这一传统美食——东坡饼。

洛基粽子

海南各地都有粽子，尤以儋州市洛基镇的粽子最为出名。洛基粽子的糯米中，有咸蛋黄、叉烧、腊肉、红烧鸡翅、咸鱼肉等配料，多用芭蕉叶包装成方锥形，以咸味为主。肉质不腻，香软松糯，美味可口。

长坡米烂

是长坡镇有名的地方风味小吃。先将浸泡后的大米磨成米浆，用漏斗漏进沸腾的开水锅里，顿时，变成了一条条柔软雪白的米线，捞上来，用凉水过一下。吃时，配以牛肉丝、猪肉丝、干虾米、炒花生米、炸蒜头油等配料，味道特别香美爽口，堪称当地美食一绝。

光村沙虫

儋州的海边盛产沙虫，尤以光村镇海边生长的沙虫品质最好。沙虫也称海蚯蚓，蛋白质含量高，是滋补营养佳品。沙虫可鲜炒、清蒸，也可做汤，味道非常鲜美。另外，沙虫也可晒干加工，为馈赠亲友的佳品。

那大狗肉

是那大镇最有名的美食，尤以王五狗肉最为出名。这里的狗肉吃法一般采用火锅，汤料有红枣、党参、枸杞、胡椒、熟芝麻等。食之，肉香味美，与众不同。游客如果不到儋州，也可在三亚市滨海路的狗肉店，美美地吃上一顿香喷喷的狗肉。

番薯酒

儋州市的排浦、大成等镇，盛产番薯。以其为原料酿制的番薯酒，醇香甘美，在当地小有名气，被称为"儋州茅台"。

东坡绵蹄

相传，宋代大文豪苏东坡谪居儋州期间，啃猪蹄肉时感觉困难，就把猪腿肉（当地人习惯把整个猪腿肉叫做猪蹄）煮熟后，泡至酥软，再加作料，用文火慢炖。出锅后的猪腿肉，味香四溢、口感绵软。后来，东坡绵蹄成为当地一道名菜，并流传至今。

其他名吃

松涛水库鳙鱼、龟蛇大补汤、峨蔓火山口乳羊肉、鱼翅、新英红树林葫芦鸭、海头猪肠馍、红鱼五花肉、南瓜饭、椰奶鸡、红鱼粽（其实是腌红鱼）、瘦肉丝炒酸杨桃、海鳝（俗称黄鳝）、新英炒粉、萝卜糕、芝麻馍、红烧鱼肚、东坡酒煮蚝、东坡香糕、东坡养颜汤等

旅游攻略 Travel Guide

儋州位于海南岛西北部，北距海口130千米，南距三亚280千米，环岛高速公路和粤海铁路贯穿南北，是海南省面积最大、人口最多的地级市，是中国优秀旅游城市。儋州历史悠久，是海南最早设置行政建制的地区之一。西汉元封年间，始设儋耳郡；唐代，撤郡为州，改称儋州；北宋大文豪苏东坡谪居儋州三年期间，为当地百姓讲学明道，传播中原文化，使儋州教化日兴，文风四起，成为全岛的文化中心。调声、山歌、诗词、楹联，是儋州特色文化的重要标志，素有"诗海歌乡"之称。儋州旅游资源丰富，古迹众多，主要有汉代伏波井、中和古镇、东坡书院，以及海南热带植物园、蓝洋温泉、光村银滩、石花水洞、松涛水库等一大批旅游景点。

热门景点 东坡书院、中和古镇、海南热带植物园、蓝洋温泉等

旅游线路推荐

1 市中心→海南热带植物园 **2** 市中心→中和古镇→东坡庙→白马井、伏波庙→洋浦古盐田→龙门山龙门激浪 **3** 市中心→蓝洋温泉国家森林公园→松涛水库 **4** 市中心→黄岛山石花水洞

儋州特产 椰子、椰雕、橡胶、红鱼干、东坡片糖、东坡酒、松涛牛肉干、白马井红鱼、松涛水库小鱼干、儋州珍鲍、带子螺等

舌尖上的文昌

美食向导 Delicacies Guide

文昌位于海南岛东部偏北沿海，与海口相邻，港口资源颇为丰富，盛产各类海鲜及热带水果，被称为"椰子之乡"。这里的饮食尤以文昌鸡、抱罗粉最为出名，是到海南旅游必尝的美食。此外，文昌的按粑、椰丝糯米粑、文昌鸡饭、锦山牛肉干及各类海鲜，也独具特色，不可错过。

推荐特色美食

文昌鸡

是海南四大传统名菜之首，素以皮薄肉酥、肉嫩骨软、味美可口的特点而名扬全国。据说，这种鸡最早出自于一个遍长榕树的村庄，由于专门啄食榕树籽，因而肉质极佳。在文昌城乡各地，当地人喜欢将鸡煮熟后白切，配以姜泥、蒜茸、米醋、辣椒等作料，味道可美了。

抱罗粉

文昌市抱罗镇盛产米粉，因其质量上乘、鲜美滑嫩、喷香可口的特点而名扬全岛，是海南六大特色名粉之一。这种粉之所以好吃，关键在于用猪骨或牛骨熬的老汤，那味道真是香啊！

椰丝糯米粑

是文昌有名的小吃。以糯米粉制作成皮，里面包上糖、椰肉、芝麻等拌成的馅料，制作成圆圆的粑粑。蒸熟后，又香又糯，清甜可口，椰子味道很浓。

文昌鸡饭

先用鸡油加蒜茸爆炒，再倒进洗净的大米翻炒，然后加入鸡汤煮熟。这种鸡饭喷香可口，久吃不腻。

甜薯奶

是海南很有特色的一种风味小吃。将红薯和大米分别磨成粉浆，混合在一起，用手捏成米团状。入锅煮熟后，米团细滑香甜，汤汁像牛奶一样浓白，故名甜薯奶。

按粑

又称"椰香黏糯"，是文昌著名的风味小吃。用糯米粉加清水、生油搅和，揉搓成小团，用手按压成扁圆形，然后入锅煮熟。捞出后，沾上一些碎粒状甜馅料即可食用。入口香甜软糯，椰味十足，别具风味。

其他名吃 锦山空心煎堆、牛肉干、龙虾、椰汁蒸花蟹、椰子炖鸡、翁田眼睛螺、方斑东风螺、腌芋梗、龙虾、鱼翅、鲍鱼等

旅游攻略 Travel Guide

文昌位于海南岛东部海滨，西距海口市63千米，海岸线长200多千米。文昌历史悠久，汉武帝时期始建紫贝县；唐太宗李世民改名文昌县，意为"偃武修文"；1995年设文昌市。文昌出现了对中国近代史具有影响的宋氏家族，是孙中山夫人宋庆龄和蒋介石夫人宋美龄的祖居所在地，被誉为"国母之乡"。文昌椰林如海，风光秀丽，素有"海南椰子冠全国，文昌椰子半海南"之说，被称为"椰子之乡"。

热门景点 铜鼓岭国家级自然保护区、东郊椰林等

旅游线路推荐

1 市中心→清澜港码头→金沙岛渔家乐→东郊码头→椰林→七洲列岛 **2** 市中心→龙楼镇→铜鼓岭国家级自然保护区→月亮湾→大澳湾→石头公园→铜鼓嘴→云龙湾 **3** 市中心→文昌孔庙→文昌宋氏祖居

文昌特产　锦山牛肉干、椰子、榴莲糖、菠萝蜜干、文昌凤梨、龙眼、木瓜、荔枝、杨桃、莲雾、水葡萄、海南米花糖、文昌木屐、椰糖、椰奶饼干等

舌尖上的**万宁**

美食向导 Delicacies Guide

万宁地处海南岛东部偏南，素有"槟榔之乡"的称号。境内有山有河，有海有岛，独特的地理环境，为万宁带来了丰饶的物产，造就了这里丰富的饮食文化。在海南的四大名菜中，万宁的东山羊、和乐蟹，名列其中，占据两席。在兴隆镇，具有东南亚风味的小吃，更是独具异国情调，如山蕉叶咖喱粽、板兰糕、情人糕、香芋角、椰子饭、糯米条、珍多冰等，别具风味，这是到万宁必不可错过的美味。当你走在万宁的大街小巷或乡村海边，每到一处，都能品尝到当地最有特色的美食。

推荐特色美食

清蒸和乐蟹

是海南四大名菜之一，产于万宁市和乐港北一带沿海。尤其是秋季的螃蟹，膏满肉肥，营养丰富。特别是其膏脂，金黄油亮，犹如咸鸭蛋黄，香味扑鼻，独具风味，为其他青蟹所不及。

东山羊肉

是海南四大名菜之一，自宋朝以来就颇负盛名，并曾被列为贡品。东山羊产于万宁市东山岭一带，之所以出名，据说是因这里的羊常食东山岭的特产鹧鸪茶等稀有草木所致。东山羊肉的吃法很多，可烧烤，可涮羊肉，可烹炒成菜，无论怎样吃，都是难得的美味。

后安粉

是海南有名的小吃之一。后安镇是万宁市的一个小镇，几乎到处都是粉店，到处都飘散着米粉的香味。到了这里，你也来一碗，味道肯定会不错的。

万宁燕窝

产于万宁市东南方向的大洲岛上，是当地非常名贵的特产。每到春季，便有许多金丝燕来岛上做窝、产卵、孵蛋。燕窝，一般可分为官燕、血燕、毛燕三种。其中，以官燕品质

最佳，它是金丝燕每年春季筑造的第一所巢，个大壁厚，而且很少有燕毛杂质，过去曾是进献帝王的贡品，故又称"官燕"。血燕次之，毛燕品质最差。

甜薯奶

是海南很有特色的一种风味小吃。将红薯和大米分别磨成粉浆，混合在一起，用手捏成米团状。入锅煮熟后，米团细滑香甜，汤汁像牛奶一样浓白，故名甜薯奶。

鹧鸪茶

又名山苦茶、毛茶、禾茶，是生长在东山岭上的一种野生茶。因它没有经过炒茶等传统工艺，因此茶叶香气浓烈，并有好闻的药香味道。饮之，口味甘甜，还有很好的保健功效，现已成为海南知名的特产，深受游客的欢迎。

咸鱼汁空心菜

是万宁地区民间的一种特色菜肴。其中的"咸鱼汁"是渔民腌鱼时，腌鱼罐里所保存的汤汁。当地人一般在炒菜时，加入一些咸鱼汁，以替代酱油，所烹出的菜肴具有一种特殊的鱼香味道。

其他名吃

后安鲻鱼、兴隆柠檬鸭、港北对虾、万宁酸笋、酸粉、糯米卷、千孔糕、椰丝糯米粑、后安海鸭、港北沙虫、海鲜猪、东澳鹅、东山烙饼、椰香薄饼、椰奶清凉补、猪肠粑、万宁马鲛鱼、大洲龙虾、椰子饭、蟹粥、三色饭、南瓜饼、炸香芋卷、椰奶咖喱蚵、姜盐琵琶虾、大洲岛百草蟹汤等

旅游攻略 Travel Guide

万宁位于海南岛东南部，东南临海，西南与陵水黎族自治县毗邻，西与琼中黎族苗族自治县交界，北与琼海市接壤，是海南省著名的侨乡之一。境内河流众多，山清水秀，景色宜人，既有奇山、异洞、怪石、海滩、岛屿、温泉、热带珍稀动植物、滨海风光等自然景观，又有文物古迹、革命遗址等人文景观。主要景点有东山岭、兴隆温泉度假区、大洲岛、石梅湾、南燕湾、日月湾、春园湾、牛庙岭、尖岭五眼温泉等迷人的风景，令人流连忘返。

热门景点　兴隆温泉度假区、热带植物园、石梅湾、东山岭、大洲岛等

旅游线路推荐

1 市中心→兴隆热带植物园→兴隆温泉度假区→亚洲风情园→石梅湾
2 市中心→大洲岛→加井岛　　3 市中心→东山岭→牛岭→日月湾→陵水香水湾→分界洲岛

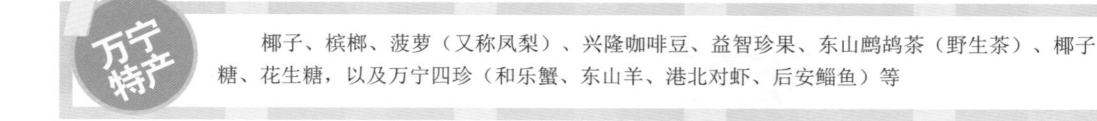

万宁特产　椰子、槟榔、菠萝（又称凤梨）、兴隆咖啡豆、益智珍果、东山鹧鸪茶（野生茶）、椰子糖、花生糖，以及万宁四珍（和乐蟹、东山羊、港北对虾、后安鲻鱼）等

舌尖上的 **重庆**

重庆菜，简称渝菜，以前属川菜系的川东菜肴。传统的重庆菜来自于码头文化、市井文化，特点在于选料简单、味道为王，在味型方面，除了典型的麻辣味外，还有鱼香味、椒麻味、糊辣味、蒜泥味、五香味、酱香味、熏香味、姜汁味等，无不厚实醇浓，各式菜点无不脍炙人口。重庆的代表名菜有毛血旺、鱼香肉丝、歌乐山辣子鸡、万州烤鱼、南山泉水鸡、酸萝卜老鸭汤、翠玉水煮鱼、重庆火锅等。其中，最出名的就属重庆火锅，在那个沸腾的锅边，可以充分体验麻辣鲜香的滋味。另外，重庆街头巷尾的小吃也不容错过，如灯影牛肉、巫山翡翠凉粉、麻辣小面、过桥抄手、油醪糟等，数不胜数。

特别推荐

▶ **重庆十大美食** 重庆火锅、灯影牛肉、毛血旺、歌乐山辣子鸡、南山泉水鸭、万州烤鱼、酸萝卜老鸭汤、麻辣小面、万州羊肉格格、巫山翡翠凉粉

▶ **重庆十大特产** 涪陵榨菜、云阳桃片、石柱谭氏竹筒酒、万州诗仙太白酒、武隆白马山天尺碧芽茶、南川金佛山方竹笋、巫山云雾茶、丰都五香卤牛肉干、大足宝鼎苦丁茶、永州豆豉

▶ **重庆十大景点** 北碚缙云山、金刀峡、忠县石宝寨、武隆芙蓉洞、奉节天坑、大足石刻、江津四面山、丰都鬼城、巫山大宁河小三峡、云阳张飞庙

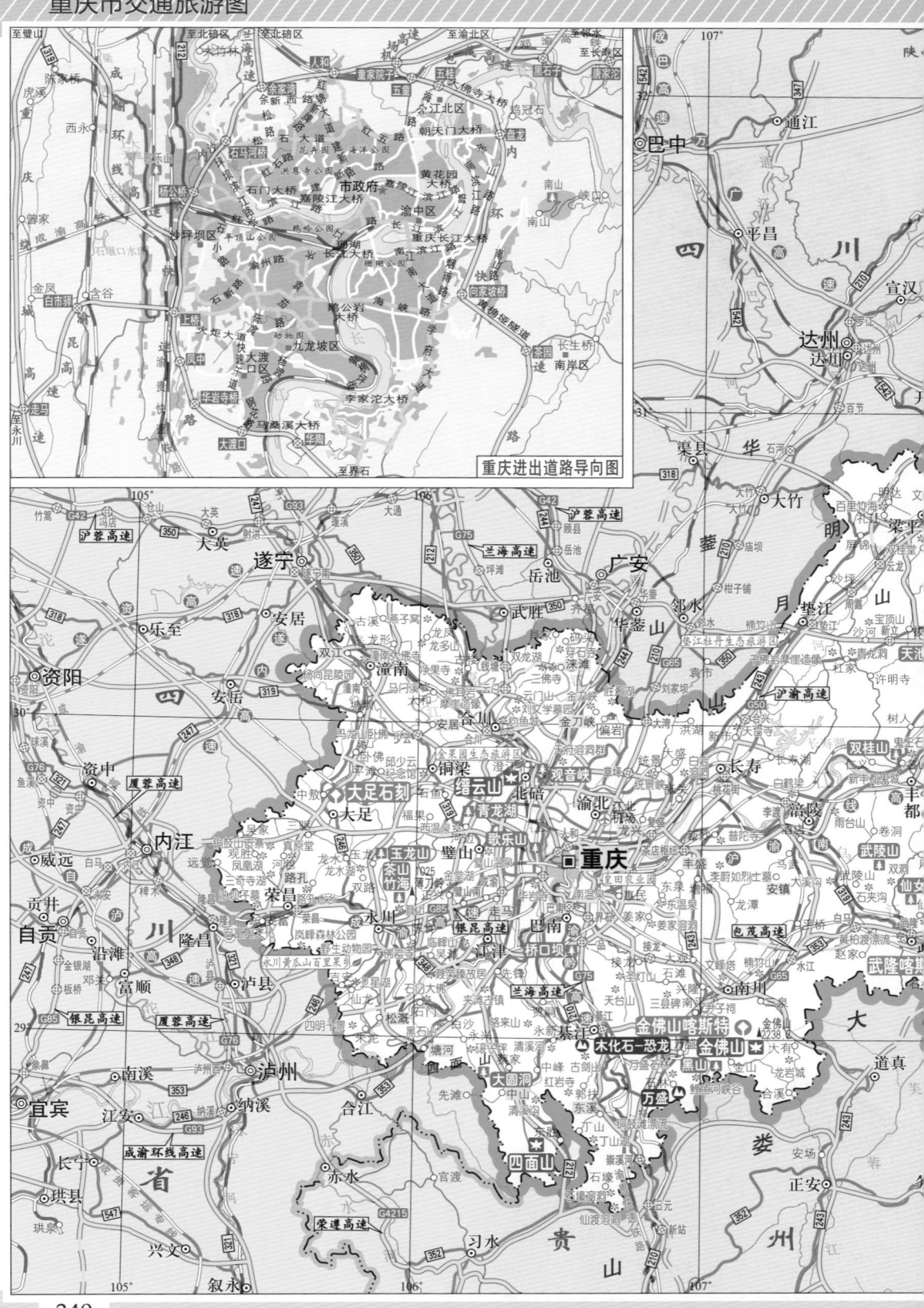

重庆进出道路导向图

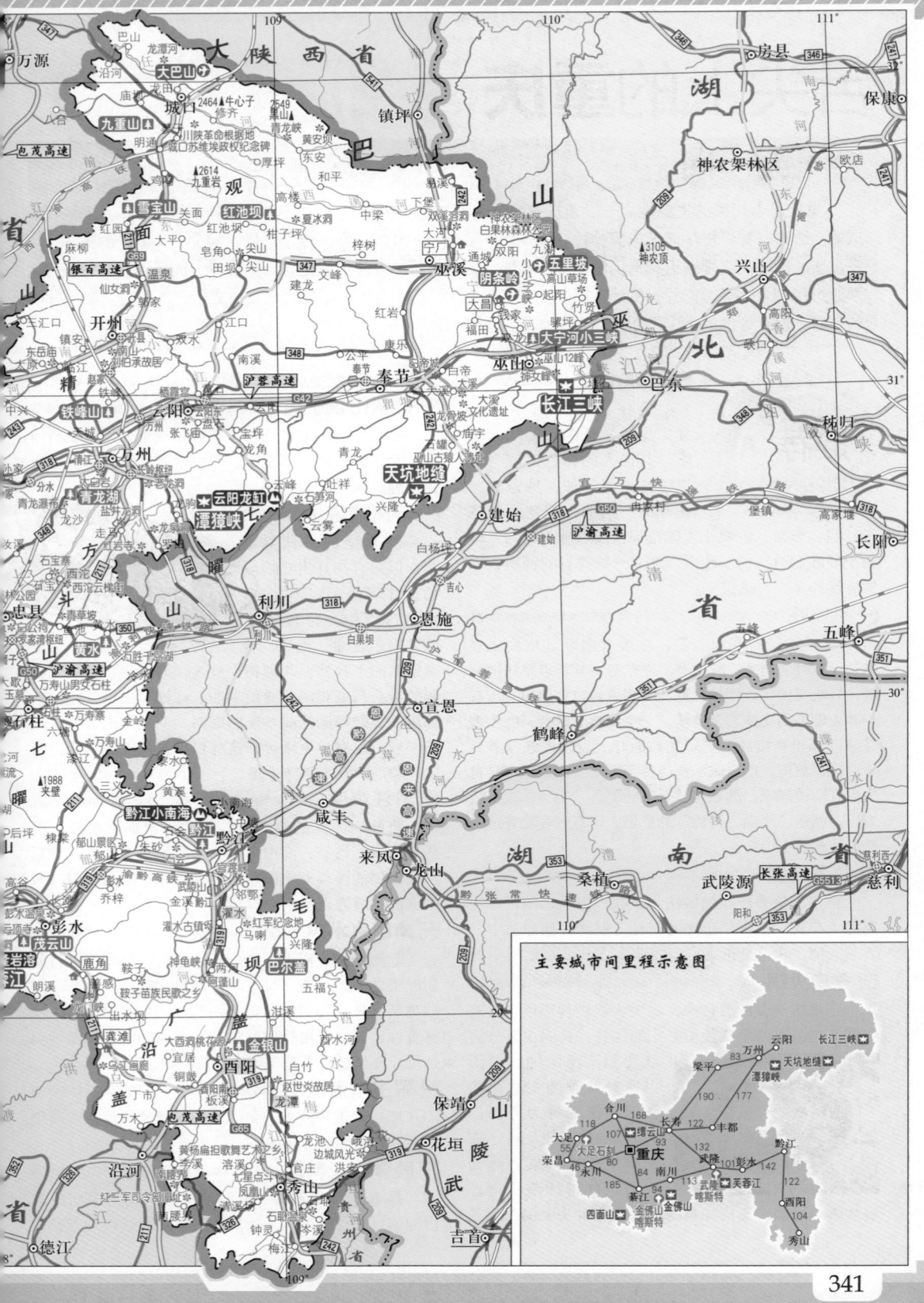

主要城市间里程示意图

舌尖上的**重庆**

● 美食向导 Delicacies Guide

重庆是老川菜的发源地之一，重庆美食具有麻辣酸香的特点，尤以"辣"字当头，素有"无辣不成席"之说。如灯影牛肉、夫妻肺片、酸辣粉、毛血旺、麻辣小面、辣子鸡等，都少不了浓浓的辣味。在重庆，除了品尝那些五花八门的街头小吃外，闻名全国的重庆火锅是万万不能错过的美食。当你坐在那红彤彤的火锅旁，肉片、鸭汤、鲜鱼、豆芽等涮料，应有尽有，想吃什么，就煮什么，只是那热乎乎的香味，就会令你的舌尖不断搅动，口水不流才怪呢。

推荐 特色美食

▣ 麻辣小面

是在重庆大街小巷的食店里最常见的一种风味小吃。其最大的特色是调料味道独特，将酱油、辣椒油、花椒面、猪油、葱花、姜蒜末、醋、味精、炒熟花生碎粒等，加点沸水调匀，即为小面的调料。捞一碗面，加入一些拌好的调料，顿觉香辣扑鼻，口感极美。

▣ 毛血旺

其实就是一锅大杂烩，主要有血旺（俗称血豆腐）、木耳、肉片、海白菜、平菇等。其特点是味道麻辣，好吃又便宜。相传，在沙坪坝磁器口古镇码头，有一胖大嫂当街支摊卖杂碎汤。一个偶然的机会，胖大嫂在杂碎汤里直接放入了鲜生猪血旺，发现血旺越煮越嫩，味道更鲜，这一做法便流传了下来。因这道菜是将生血旺现烫现吃，故取名"毛血旺"。"毛"，按重庆方言，就是"粗糙、马虎"的意思。每有顾客吃完这道菜后，都赞不绝口。

▣ 鱼香肉丝

正宗的鱼香肉丝的做法，是在炒肉丝之前，一定要加入芡粉。这样炒出来的肉丝才够嫩，酸甜适中，香气浓郁，味道最正宗。

▣ 重庆火锅

在重庆众多的美食中，重庆火锅最具特色，名遍全国，是游客到重庆旅游必吃的佳肴。火锅主要分为

红汤和清汤两种，红汤以麻辣鲜香为主，而清汤以色清味鲜为特色。尤其是夏季吃火锅，临街露天而坐，桌上热气腾腾，吃得汗流浃背，畅快淋漓之极。重庆知名的火锅店有桥头火锅、德庄

火锅、小天鹅火锅、刘一手火锅、苏大姐火锅等。

▣ 歌乐山辣子鸡

是重庆的一道名菜，以鸡块和辣椒为原料烹制而成。食之，鸡肉外酥里嫩，辣中带麻，清香可口，余味无穷。

▣ 万州烤鱼

是典型的重庆特色菜，但只有在万州吃的烤鱼才算最正宗。在烤制过程中，将鱼的两侧刷色拉油、香油，烤熟后，撒上孜然、胡椒粉，放入铁盘子中，再加入熬制的骨头汤或鸡汤，或用牛油、红油、白糖、花椒、辣椒、豆豉等调味品炒制的底料，浇在鱼上，并在鱼汤中放上豆腐、生菜等，这样可以去掉鱼的腥味。食之，鱼肉酥软，辣味十足。

▣ 黔江鸡杂

将腌制入味的鸡杂放入锅中，再加点血旺、蘑菇、豆皮、竹笋、海白菜、冬瓜、土豆等菜品，然后加入秘制的汤料煮熟即成。尤以黔江、彭水一带，做的这道菜最为正宗。

▣ 南山泉水鸡

起源于重庆南山，为近年来在渝、川地区流行的新派菜之一。一般一鸡三吃，即泉水鸡、鸡血旺、爆炒鸡杂。泉水鸡因炒制鸡肉块时加了泉水而得名，口感香辣；鸡血旺可让你品尝一下鸡血的细嫩；爆炒鸡杂可让你品尝一下重庆家常菜的味道。

▣ 翠玉水煮鱼

源自于重庆的火锅鱼。红油汤里的鱼片，肉质细嫩，麻辣不燥，味浓醇厚。

▣ 酸萝卜老鸭汤

是重庆最有名的一道解暑菜品。从泡菜坛中取出泡制好的白萝卜，入锅炒香，再加高汤烧炖老鸭而

成。汤汁微酸，特别开胃，同时还有解暑功能。

担担面

因过去是重庆街头小贩挑着面担沿街叫卖的面食，故而得名。面条细滑柔软，麻辣味鲜，有调味品十多种，是地道的重庆小吃。

过桥抄手

抄手，即指馄饨，因其独特的饮食方法而闻名。食用时，将碗中的抄手夹入味碟中，蘸上调味后食用，犹如过桥，因而得名。

重庆串串香

在重庆众多的小吃当中，串串香是最受人们喜欢的一种美食，既便宜又好吃。用一根长长的竹签，串上几片肉或几片土豆、海带、蔬菜等，放进锅里煮熟，再将串串放在油碟里一裹，便像吃羊肉串一样，细嚼慢咽一番，顿觉香味无尽。

重庆酱板鸭

为重庆的一道名菜。用30多种名贵中药、10多种香料将鸭浸泡，经过风干、烤制等15道工序精制而成。皮肉酥香，滋味悠久。

江津酸菜鱼

是江津人邹开喜所创的一道佳肴。主要用草鱼及陈年泡菜烹制而成，鱼肉麻辣鲜香，深受食客喜爱。现在，邹开喜酸菜鱼已被列为重庆名菜。

灯影牛肉

主要源于重庆和四川达州，是川、渝两地著名的美食。相传，此食品由重庆梁平县（原名梁山县）一位刘姓艺人于清朝光绪年间到四川达州做腌卤牛肉谋生时所创，已有100多年的历史。其制法是把牛后腿腱子肉切成片后，经腌、晾、烘、蒸、炸、炒等工序制作而成，因牛肉片薄而宽，在灯光下可透出物像，如同皮影戏中的幕布，故名灯影牛肉。食之，麻辣鲜香，回味无穷。

荤豆花

就是比豆腐软一点，比豆腐脑要硬一点的豆制品，是重庆非常普遍的一种特色小吃。吃豆花，要有调味碟，调料主要是辣椒油、麻酱、芝麻等，既便宜又好吃，风味独特。

水煮鱼

这道在全国流行的名菜，起源于重庆渝北地区，又称江水煮江鱼。到了重庆，一定要吃水煮鱼，味道绝对正宗，鱼肉鲜嫩，辣而不燥，麻而不苦。有人总结为"麻上头，辣过瘾"。

巫山翡翠凉粉

是蜚声中外的三峡地方特色小吃。采用巫山上的灌木叶汁制作而成，色如翡翠，晶莹剔透，闻之清香扑鼻，食之淡雅细滑、爽如果冻，是真正的纯天然绿色食品。凡是到巫山旅游的客人，几乎都会品尝这种神奇的美味小吃。中央电视台曾拍摄过当地的翡翠凉粉土专家"易凉粉"制作翡翠凉粉过程的专题片，使之名声远传。

涪陵油醪糟

全国各地都有醪糟，而油醪糟却是涪陵地方独有的一种风味小吃，它香甜可口，油而不腻，营养丰富，曾是当地民间待客的饭前饮品。相传，清朝嘉庆四年（1799年）春，时值川东白莲教战乱其间，涪陵一富绅人家喜添人丁，由于前来道喜祝贺的客人较多，主人便吩咐家厨，将供太太"坐月子"吃的醪糟煮鸡蛋，再加了些汤圆馅子，以招待客人。客人吃后纷纷称赞，并问这是什么东西，厨师回答："这是油醪糟煮荷包蛋"。从此，涪陵油醪糟便流传开来。

万州羊肉格格

是万州地方最有特色的一种风味小吃。它是用新鲜的羊肉加入秘制的配料后，放入小蒸笼里蒸制而成。食之，肉嫩香辣，回味悠长。"格格"是万州地方的俗语，意为蒸笼。蒸羊肉就叫羊肉格格，蒸肥肠就叫肥肠格格，蒸排骨就叫排骨格格，统称格格。

土家十碗八扣

是重庆地区的土家族款待贵客时最隆重的宴席。菜品一般以猪肉或羊肉为主，共十碗菜，再配三五碗小菜。第一碗是"头子碗"，即肉糕垫粉条和黄花菜，最后一碗是虾米肉丝汤，这两碗菜是不用盖碗的，其余八碗均为盖碗蒸菜，故名"十碗八扣"。

其他名吃

潼南太安鱼、重庆烧鸡公、乌江鱼、麻辣鱼、豆花鱼、奉节紫阳鸡、干锅鸡、罐罐鸭、鸡丝凉面、磁器口黑豆花、丰都麻辣鸡块、铁板沸腾鱼、墨鱼炖土鸡、泡椒猪大肠、怪味兔丁、艄公号子鱼、江津绿豆团、土家族绿豆粉、大足香肠、江北土沱麻饼、土家族地牯牛泡菜、酉阳乌羊肉干、璧山来凤鱼、苗家菜豆腐、酸菜鸡、荣昌卤白鹅、武隆牛蹄花、五香魔鬼鱼、綦江"饭遭殃"辣椒酱、云阳桃片等

![推荐特色食处](推荐 特色食处)

✪ 南滨路美食街

又称江湖菜一条街，是重庆人气最火爆的餐饮一条街。这里聚集了秦妈火锅、陶然居、顺风123、外婆桥、七娃子、阿一鲍鱼等一批知名餐厅，江边还有很多酒吧、水吧、茶吧。在这里，食客在品美食的同时，还可以欣赏江面风光，真是其乐无穷。

✪ 解放碑八一路好吃街

是重庆著名的小吃街，由于靠近解放碑，所以生意特别红火，人气很旺。这里聚集着叶氏口福米线、胡和记面庄、翠云水煮鱼、德慧酒家、山城小汤圆、王鸭子、胖子妈串串等众多食店。

✪ 直港大道美食街

位于九龙坡区杨家坪，这里的特点是餐厅多，种类齐全，适合大众中档消费。知名的餐厅有菜香源、秦妈火锅、醉和春、武陵山珍等。

✪ 沙坪坝三峡美食广场

这里占地较广，每家餐厅规模较大，档次较高，中高档消费居多。知名的餐厅有大宅门菜坊、李聚德大酒楼、德庄、苏大姐火锅、陶然居等。

旅游攻略 Travel Guide

重庆，位于长江与嘉陵江交汇处，四面环山，江水环绕，素有"山城"、"江城"、"雾都"的称号。夏商周时期为巴国之地，是巴渝文化的发祥地；隋代设渝州，因嘉陵江古称渝水而得名，重庆简称"渝"，由此开始；南宋孝宗淳熙十六年（1189年），在此设重庆府，从此"重庆"一名沿用至今；1937年至1945年，国民党政府定重庆为战时首都，称为陪都，是当时全国抗战的大本营；1997年，设为中央直辖市。重庆历史悠久，文化积淀深厚，遗留了许多名胜古迹，拥有集山、水、林、泉、瀑、峡、洞于一体的壮丽自然景色。这里有屈原、王昭君的故里，涪陵周易园是程朱理学的发祥地，大足石刻汇集了唐宋时期石窟艺术的大量珍品，合川钓鱼城保存着南宋军民抗击蒙古族军队入侵的古战场遗址，还有大宁河千古悬棺、国共两党名人故居、长江新三峡黄金旅游线等景观。此外，追逐时尚的美女靓妹和沸腾的麻辣火锅是重庆独有的特色，令人神往，让人着迷。

热门景点

解放碑、朝天门、歌乐山、红岩村革命纪念馆、合川钓鱼城、江津四面山、大足石刻、白鹤梁水下博物馆、长江三峡、丰都鬼城、忠县石宝寨、云阳张飞庙、奉节天坑、白帝城、巫山大宁河小三峡、武隆芙蓉洞、黔江小南海、北碚缙云山、金刀峡等

旅游线路推荐

1 市中心→解放碑→洪崖洞→湖广会馆→东水门老城墙→朝天门码头→人民大礼堂 　2 市中心→歌乐山→白公馆、渣滓洞→红岩村革命纪念馆→磁器口古镇 　3 市中心→江津城区→四面山→中山古镇 　4 市中心→涪陵城区→周易园→白鹤梁水下博物馆→武隆城区→天生三桥→芙蓉洞→龙水峡地缝→仙女山→酉阳县城→龙潭古镇→黔江城区→小南海→武陵仙山 　5 市中心→北碚城区→偏岩古镇→金刀峡→缙云山→北温泉→合川钓鱼城→大足城区→大足石刻→荣昌城区→路孔镇

重庆特产

忠县白公酒、武隆白马山天尺碧芽茶、南川金佛山方竹笋、金佛玉翠茶、忠县乌杨白酒、石柱谭氏竹筒酒、蓬江牛肉脯、武隆芙蓉江野鱼、山椒泡竹笋、万州正里元葛根粉、垫江肉干、木瓜酒、万州诗仙太白酒、梁平张鸭子、山城啤酒、苗家腊肉、云阳桃片、潼南黄桃等

舌尖上的 四川

四川菜，简称川菜，是中国八大菜系之一，也是最有特色、民间最大的菜系，在国际上享有"食在中国，味在四川"的美誉。四川菜系分为以成都、乐山为中心的上河帮，以南充、达州为中心的下河帮，以自贡、宜宾为中心的小河帮。川菜的主要特点在于味型多样，辣椒、胡椒、花椒、豆瓣酱等是主要调味品，不同的配比，化出了酸辣、麻辣、椒麻、鱼香、糖醋、怪味等各种味型；烹出的菜品，具有"一菜一格，百菜百味"的特殊风味。最著名的代表菜有宫保鸡丁、夫妻肺片、麻婆豆腐、东坡肘子、干烧鳜鱼、怪味鸡、灯影牛肉等。四川是饮食的天堂，无论是城市小巷的食摊，还是乡村的小食店，那丰富多样的美食，飘着悠悠的香味，绝对会让你流连忘返。

地图标注：
人间仙境，梦幻九寨
千碉古国与美人谷
遍赏蜀中名山
浪漫西蜀雨都，情迷摩梭风情
寻梦香格里拉：稻城亚丁
重走剑门蜀道
天府之国的"芙蓉城"
峨眉天下秀，竹海洞乡美
成都

特别推荐

▶ **四川十大美食** 成都陈麻婆豆腐、宫保鸡丁、阆中张飞牛肉、达州灯影牛肉、广元剑门豆腐、南充川北凉粉、宜宾燃面、凉山坨坨肉、简阳羊肉汤、乐山钵钵鸡

▶ **四川十大特产** 宜宾五粮液酒、泸州老窖酒、绵竹剑南春酒、成都蜀绣、乐山峨眉山雪芽茶、雅安蒙顶山毛峰茶、阿坝九寨沟羊肚蘑、凉山泸沽湖苏里玛酒、自贡井盐、广汉缠丝兔

▶ **四川十大景点** 青城山、都江堰、四姑娘山、峨眉山、黄龙寺、九寨沟国家级风景名胜区、乐山大佛世界遗产、海螺沟国家森林公园、亚丁国家级自然保护区、邛海—螺髻山

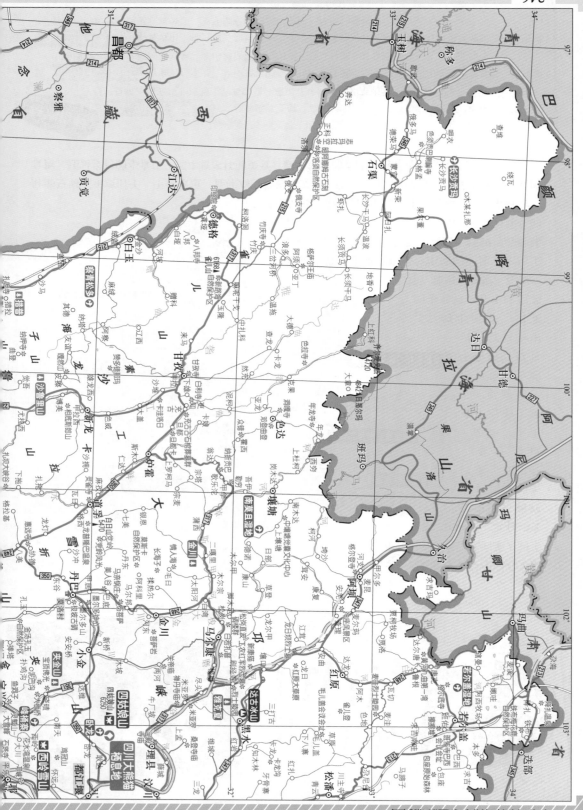

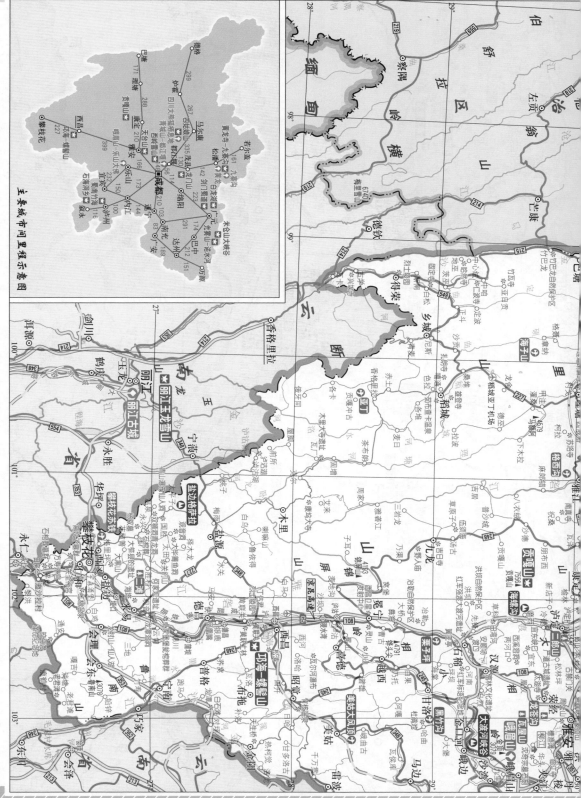

主要城市间里程示意图

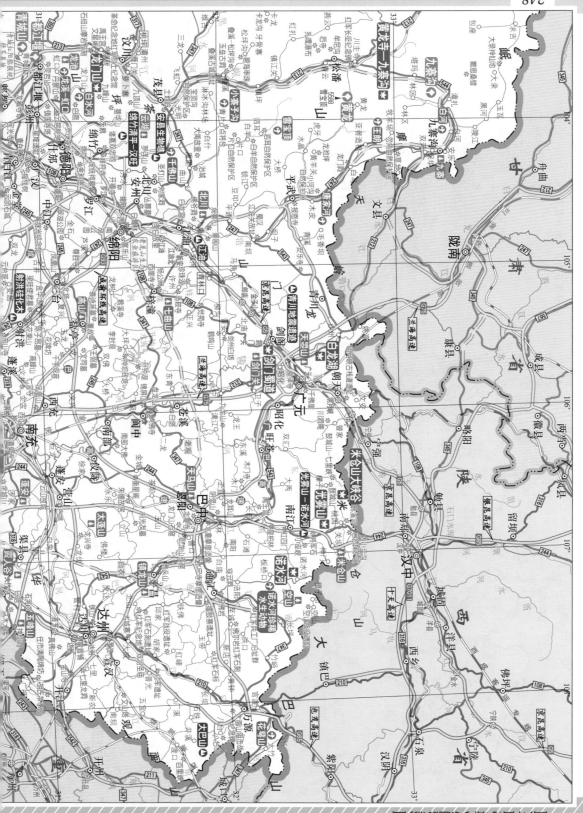

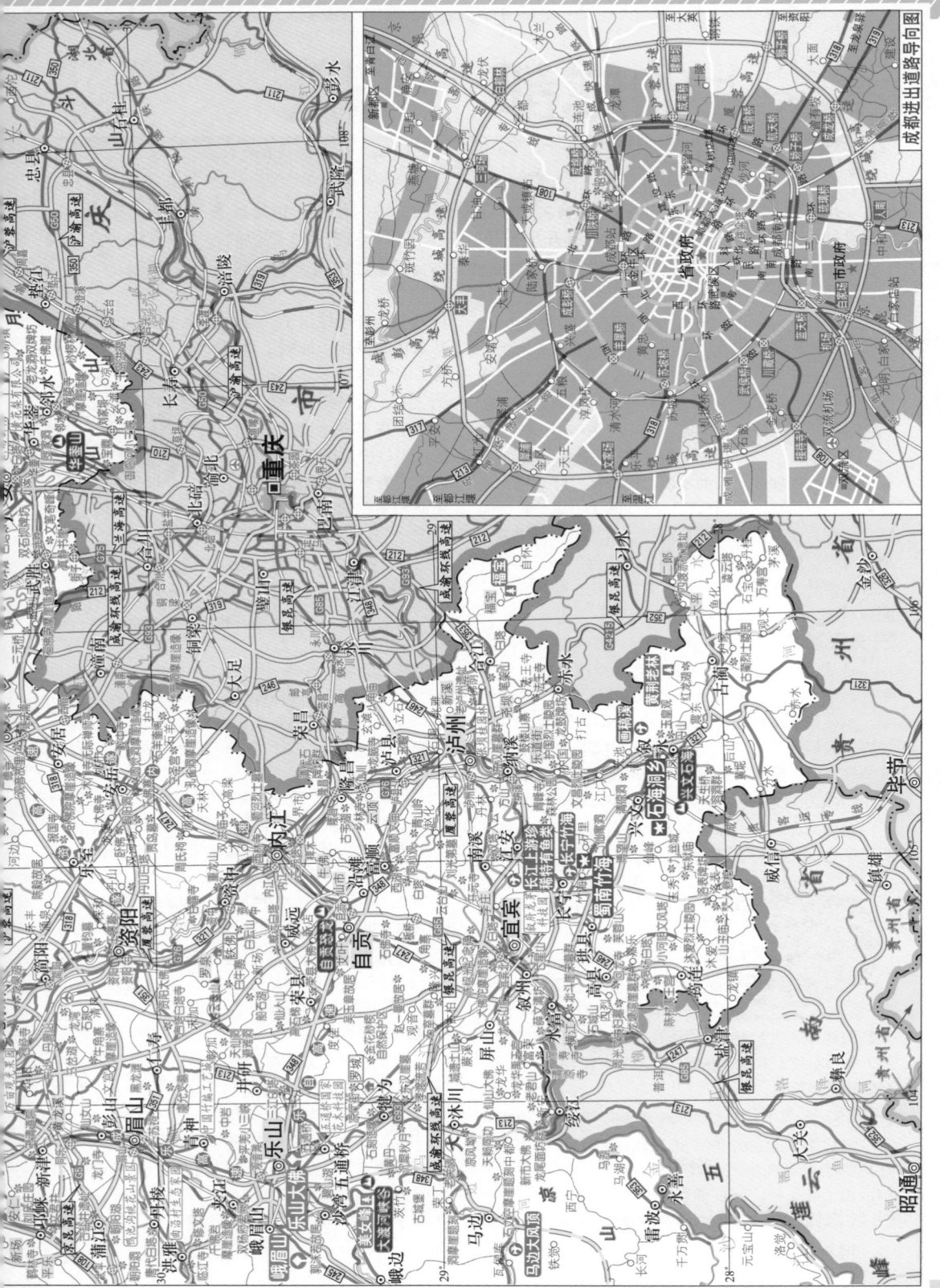

舌尖上的**成都**

美食向导 Delicacies Guide

成都，堪称川菜的大本营、美食之都，这里是慢生活的代表，也是食客的天堂。在成都，无论什么季节，每一条街道都为你铺开了长长的一溜饭馆，还有摆在路边的各式小食摊。只要留心，你就能在成都的每个角落，找到称心的美食，体会"食在中国，味在成都"的意境。

推荐特色美食

成都小吃

成都的小吃实在太多了，数都数不过来，比较有代表的小吃有赖汤圆、治德号小笼蒸牛肉、耗子洞张鸭子、洞子口张老五凉粉、铜井巷素面、藤椒抄手、宋嫂面、红油水饺、白蜂糕、叶儿粑、玻璃烧卖、蛋烘糕、牛肉焦饼、珍珠圆子、黑芝麻鸡油酥、"古月胡"三合泥、马蹄糕、糖油果子、"三大炮"糍粑、肥肠粉、怪味鸡块、怪味兔丁、王胖鸭、五香卤排骨、侃膳斋棒棒鸡、老妈蹄花、酸辣豆花、滴油水饺、四川凉糍粑等。

夫妻肺片

是成都知名的一道风味名菜。相传，20世纪30年代，成都有一对夫妻经营凉拌牛肺片，由于制作精细，风味独特，深受人们的喜爱。为区别其他的肺片摊店，人们称其为"夫妻肺片"。想要吃到正宗的夫妻肺片，可去锦江区总府路23号的夫妻肺片总店。

陈麻婆豆腐

是国家命名的一家中华老字号名店。始创于清朝同治年间，原名陈兴盛饭铺，主厨为店主陈春富之妻。

陈氏所烹制的豆腐，色泽红亮，麻、辣、香味味俱全，极富川味特色，名闻遐迩，自清末就被列为成都著名菜肴。因陈氏脸面麻痕，人们便戏称之为陈麻婆，饭铺也因此冠名为陈麻婆豆腐。要想吃到正宗的陈麻婆豆腐，可去青羊区青华路10号的陈麻婆豆腐馆。

韩包子

是成都有名的小吃，由温江人韩玉隆于1914年在成都南打金街所创。现有南虾包子、火腿包子、鲜肉包子等品种，一直享有盛誉。

钟水饺

创始人钟少白，于清朝光绪年间经营水饺。1931年，开始挂出了"荔枝巷钟水饺"的招牌，以其独特的风味，征服了众多食客，从而成为了成都著名的小吃。

担担面

是成都最普遍的名小吃，因过去是街头小贩挑着面担沿街叫卖的面食而得名。用面粉擀制成面条，煮熟后，舀上一勺炒制的猪肉末即可。卤汁咸鲜微辣，香气扑鼻，是到成都必尝的美食。

龙抄手

类似馄饨，具有皮薄、馅嫩、汤鲜的特色，是成都小吃中的佼佼者。

双流兔头

起源于成都市双流区。由一位慈祥的老妈妈创制，故又名双流老妈兔头，是成都美食中新创的一个品牌，已有数十年的历史。味道麻、辣、香俱全，深受食客喜爱。

二姐兔丁

二姐兔丁店在成都很有名气。其特色是兔丁肉多、骨头少，作料加有二姐店的秘方配法，兔肉香鲜可口。二姐兔丁店还经营五香卤兔、红板兔、麻辣兔及红油鸡块、蒜泥白肉、凉拌肺片、五香蹄筋等菜肴。

老隍城传统锅盔

成都老隍城传统锅盔总店经营的锅盔，口味多样，风味独特。品种有鸡片锅盔、牛肉锅盔、蒸肉锅盔、肺片锅盔、素菜锅盔等。

廖记棒棒鸡

创于20世纪90年代初，已成为川菜中的一个新品牌。鸡肉酥嫩，风味特别，纯正的口感，鲜香的特色，在川、渝地区家喻户晓。

川北凉粉

清朝末年，创始人谢天禄在南充渡口搭棚卖凉粉，其制作的凉粉细腻清爽，作料香辣味浓，逐渐卖出了名气，享誉川内外。因南充位于川北地区，故名川北凉粉。

宫保鸡丁

是川菜中的一道传统名菜。由鸡丁、干辣椒、花生米等炒制而成。传说，清朝光绪年间，四川总督丁宝桢每次宴客，便让其家厨烹制辣子炒鸡丁这道菜肴，很受客人欢迎。后来，由于他治蜀有功，被朝廷封为"太子少保"，人称丁宫保。其创制的"辣子鸡丁"，也被称为"宫保鸡丁"。

樟茶鸭子

是川菜宴席中的一道名菜。选用成都的南路鸭为主料，用樟木屑及茶叶熏烤而成，鸭肉具有特殊的樟茶香味，故名"樟茶鸭子"。其中，以成都"耗子洞张鸭子"最为出名。

鱼香肉丝

是一道常见的川菜。首创者为民国初年的一位四川厨师，以"鱼香"调味而得名。此菜的"鱼香"，由泡辣椒、川盐、酱油、白糖、姜末、蒜末、葱段调制而成，用于烹菜，滋味极佳。鱼香肉丝这道菜没有鱼，却具有鱼香气，堪称川菜一绝。

伤心凉粉

是客家的风味小吃之一。每当客家人围在一起吃饭时，会因思念远方的亲人而涕泪俱下，这就是"伤心凉粉"的出处。

成都火锅

四川人多爱吃火锅，并以此为待客佳肴。火锅品种繁多，有排骨火锅、肥肠火锅、毛肚火锅、酸菜火锅，还有火锅鸡、火锅兔、火锅鸭等。成都著名的火锅店有老码头火锅、蜀九香火锅、皇城老妈火锅等。

其他名吃

水煮鱼、回锅肉、小笼粉蒸鸡、崇州荞面、街子汤麻饼、羊马渣渣面、成都牛王庙怪味面、双流云崖兔、大邑桃魔芋、新都宝寺素斋、鸡米芽菜、青城山道家老泡菜、白果炖鸡、双流张麻饼、白家高记肥肠粉、金堂土桥葱子糕、新都桂花糕、大邑麻油鸭、蒜泥白肉等

推荐 特色食处

✪ 成都美食街

成都素有"美食之都"的称号，大街小巷遍布着风味各异的大小酒楼、餐馆。老成都的功夫茶、名小吃、变脸、吐火、滚灯，将川菜、川酒、川茶、川戏之风采融合为一体，令人着迷。美食街区以人民南路为中轴线，从西向东呈扇形排列，包括人民南路—玉林路—新会展美食区、双楠美食区、桐梓林美食区、科华路—领事馆路美食街、武侯祠堂—锦里美食街、金沙博物馆—府南新区美食区、宽窄巷子美食区、春熙路美食街、沙湾路—文殊坊美食区、万年场美食区等。慢步在这些美食地带，扑鼻的香味定会让你口舌生津，不流口水才怪呢。

✪ 锦里小吃一条街

锦里古街依托武侯祠，北邻锦江，东望彩虹桥，是成都著名的步行商业街，与北京王府井和武汉江汉路等老街齐名。锦里街上的小吃，口味地道，都是令人难忘的正宗川味美食，不可错过。

✪ 春熙路美食街

紧邻中山广场一带。这里聚集了众多知名食店，堪称成都的美味小吃云集之所，有钟水饺、赖汤圆、夫妻肺片、龙抄手等，还有街边的麻辣烤串、串串香等，绝对让你大饱口福，来了就有不想走的感觉。

✪ 羊西线美食街

是成都最具代表性的美食街，早已闻名全国。羊西线长约10千米，从羊市街、东门街、槐树街、永陵路，经由抚琴西路、蜀汉路，直至三环羊西立交桥，这一带商铺林立，品牌餐饮云集，汇聚了红杏、大蓉和、夕阳红、味道江湖、圣淘沙、海港城、毛家饭店、福满楼等一大批知名的餐饮店。

✪ 府南新区火锅一条街

府南新区紧邻羊西线，是新崛起的特色火锅一条街。这里汇聚了20多家火锅店，有孔亮、刘一手、三只耳、食圣黄辣丁火锅、土泥鳅火锅、赵老四九尺鹅肠火锅、鲍鱼圣汤火锅、笋子鸡火锅、盆盆虾、美蛙火锅、山珍火锅等。

✪ 草堂美食圈

包括琴台路、锦里西路、芳邻路、青华路和清江

东路，这一带紧邻杜甫草堂、青羊宫、文化公园和百花潭公园，是成都文化底蕴最为深厚的美食圈。琴台路上有狮子楼火锅、皇城老妈、刘子云亭饭庄、文君酒家、飘雪楼等知名餐饮店；青华路上有谭鱼头、老成都公馆菜、陈麻婆豆腐等知名酒楼；清江东路上有卞氏菜根香、重庆孔亮鳝鱼火锅、重庆德庄火锅、大宅门火锅、金盆地酒楼等餐饮名店；芳邻路上则有十多家风格各异的主题酒吧，是成都新兴起的一条酒吧街。

☆ 领事馆路美食街

是成都餐饮店密度最大的地方。这里有魏火锅、玉龙火锅、合记鲍鱼火锅、天仁海鲜粤菜馆、

海上皇粤菜馆及经营杭帮菜的新外滩酒店，还有繁华居、大自然河鲜馆、毛哥老鸭汤、阳光餐厅等川菜酒楼。

☆ 武侯美食区

包括武侯祠大街、内外双楠和武侯大道。武侯祠大街上钦膳斋的药膳非常出名，是港台和东南亚的游客来成都必吃的滋补菜；武侯大道上的大唐人酒楼，既有大厅开架自助，又有包间点菜，还有歌舞伴餐和茶园配套，堪称这一带的餐饮领军品牌；双楠美食广场拥有川菜、海鲜、西餐、火锅等风味餐厅。缤纷的美食，令人目不暇接，绝对能引爆你的味觉体验。

旅游攻略 Travel Guide

成都，古称益州，简称蓉，别称蓉城、芙蓉城，位于四川盆地西部，为四川省的省会。境内地势平坦，河流纵横，物产丰富，自古就有"天府之国"、"蜀中苏杭"的美誉。成都历史悠久，文化底蕴深厚，周朝末期的蜀王在此建都，提出"一年成邑，二年成都"，因而得名成都；此后，东汉的公孙述，三国的刘备，十六国的李雄，五代的王建、孟知祥，北宋的李顺，明末农民起义军领袖张献忠等，先后在此建都，素有"九朝古都"之称。成都是国家历史文化名城，旅游资源十分丰富，主要有武侯祠、杜甫草堂、望江楼、青羊宫、都江堰、青城山等名胜古迹，享有"美食之都"、"世界优秀旅游目的地城市"等称号。这里，是一座来了就不想走的城市，一个让时间慢下来的休闲之都，迷人的风景与飘香的美食，一定会让你流连忘返。

热门景点 武侯祠、杜甫草堂、都江堰、青城山、大熊猫繁育基地等

旅游线路推荐

1 市中心→武侯祠→杜甫草堂→青羊宫→文殊院→宽窄巷子→金沙遗址博物馆　　2 市中心→都江堰→青城山→大熊猫繁育基地　　3 成都→映秀→汶川→桃坪羌寨→毕棚沟　　4 市中心→绵竹→罗江→庞统祠→绵阳→富乐山→广元→剑门关→翠云廊→昭化古城→皇泽寺→古栈道→梓潼七曲大庙→江油→李白纪念馆→窦山　　5 市中心→黄龙寺—九寨沟国家级风景名胜区　　6 市中心→眉山→乐山大佛→峨眉山　　7 市中心→大邑县城→汶川地震博物馆→西岭雪山　　8 市中心→彭州市→龙门山国家地质公园→仙女山（彭祖山）

成都特产 蜀锦、蜀绣、蜀笺、成都漆器、邛酒、大邑王泗白酒、新都白米酥、青城雪芽茶、崇州豆腐帘子、邛崃文君绿茶、大邑西岭雪山青梅酒、水井坊酒、崇阳酒、崇州乌梅、龙图四九酒、龙门贡菜、都江青石器、彭州天彭老窖酒、都江堰茅亭茶、鹤鸣贡茶、郫都郫筒酒、新津辣椒、都江堰青城苦丁茶、邛崃花楸贡茶、野人狼酒、妙沁神酒、蒲江雀舌茶、青城山洞天乳酒、蒲江蒲石砚、新都姜糖、新津徐么茶、崇州崇庆枇杷茶、彭州桂花镇陶瓷、龙泉桃片、邛崃文君茶、文君酒、仿真大熊猫、成都"二荆条"辣椒等

舌尖上的**广元**

美食向导 Delicacies Guide

　　广元位于四川省北部山区，为四川的北大门，是出川的咽喉要地、女皇武则天的故乡，素有"川北门户"、"蜀北重镇"之称。这里的饮食具有正宗的川菜特色，又将神秘的古蜀文化孕育其中，可谓风格独特。尤以女皇蒸凉面、剑门豆腐最有名气，不仅是美食佳肴，而且饱含文化气息，不可不尝。

推荐 特色美食

剑门豆腐宴

　　以剑门第七十一峰的"剑泉水"制作的豆腐，豆香浓郁，一直被人们称道。用剑门豆腐可以做全席豆腐宴，可制作上百种菜肴，最具代表的菜品有炸拌豆腐、麻辣豆腐、烂肉豆腐、砂锅豆腐等。当地人说："不吃剑门豆腐，枉游天下雄关"，道出了剑门豆腐的美名。

女皇蒸凉面

　　又叫"夫妻米凉面"，因由当地一对夫妻所创而得名，为广元的一道历史名吃。相传，出生在广元的武则天，在入宫之前，常和她青梅竹马的情郎哥常剑峰到当地一家食铺，吃一种柔软不黏的米凉面。后来，武媚娘去了京都长安，当了女皇，还念念不忘"夫妻米凉面"。每逢生日，女皇必命御厨给她烹制一碗米凉面食用。由此，成为当地的一道名食。

酸菜豆花稀饭

　　是广元很有特色的一道小吃。煮稀饭时，加入豆花，煮熟后，再加入酸菜，是夏天解渴降暑的上好食品。若再配上广元凉面同食，堪称川北一绝，让人食后赞不绝口。

核桃饼

　　是广元的传统小吃之一。选用上等核桃仁，再加适量的芝麻磨成浆，等核桃面糨糊发酵后，再加入些辣椒面、食盐等作料，做成圆饼，放入炉中烤熟即成。色泽金黄，松脆酥香，十分可口。

其他名吃

　　广元酸菜、火烧馍、马和尚豆腐干、椒盐酥锅盔、三丝凉面、剑门火腿、酸菜豆花面、肉煎饼等

旅游攻略 Travel Guide

　　广元位于四川省北部。古称利州，春秋战国时期为蜀王的领地，是"剑门蜀道"北端的第一座历史古城，素有"蜀门重镇"之称，是四川北部的门户，也是中国历史上唯一的女皇武则天的故乡。"剑门蜀道"，自秦国始建，已有3000多年的历史，蜀道文化的精华，很大一部分在广元，主要景点有天下雄关——剑门关，三百里古柏——翠云廊，天堑栈道——明月峡，以及昭化古城、千佛崖、皇泽寺等。

热门景点

　　皇泽寺、剑门关、翠云廊、明月峡栈道等

旅游线路推荐

1 市中心→明月峡→千佛岩→皇泽寺→翠云廊　　2 市中心→昭化古城→剑门关→鹤鸣山

3 市中心→青川县城→唐家河国家级自然保护区

广元特产

青川七佛茶、苍溪川明参、唐家河野生蜂蜜、广元酸菜、旺苍米仓山茶、广元橄榄油、白龙湖银鱼、广元有机富硒富锌绿茶、朝天核桃、脆香甜柚、旺苍高阳碧芽茶、桃源毛峰茶、利州雪芽茶、麻柳刺绣、青川天然黑木耳、剑门手杖、剑门绿茶、青川竹荪、广元白花石刻、蕨根、天麻、黄花、薇菜、苍溪雪梨、青川七佛贡茶、旺苍县汉王山娃娃鱼等

舌尖上的**宜宾**

美**食**向**导** Delicacies Guide

宜宾，旧称叙府、绒州，位于四川省中南部，素有"长江第一城"之称，是中国酒文化的发祥地之一，因出产著名的五粮液而享有"中国酒都"的美誉。宜宾的美食多种多样，以鲜辣为主要特色，宜宾燃面、特色炖鸡面、宜宾板鸭、怪味鸡、鸭儿粑等，都是当地经济实惠的特色美食。其中，最具代表性的就是大名鼎鼎的宜宾燃面，不可不尝。

推荐 特色美食

宜宾燃面

原名叙府燃面，旧称油条面。选用本地叶子面（水碱面）为主料，以宜宾黄芽菜、金坪豆油、恩坡醋、小磨麻油、花生、辣椒、花椒、味精、香菜等为辅料，按传统工艺加工制作而成。因其油重无水，点火即燃，故名"燃面"，是宜宾最著名的传统小吃。

宜宾糟蛋

又称叙府糟蛋，由当地人张竹君于清朝同治年间创制。将鸭蛋浸泡于配好作料的醪糟甜酒汁中，约一至三年而成。主要品类有南糟蛋、大众糟蛋、陈年糟蛋三种。味道独特，口感极妙。

兰香斋熏肉

是宜宾的传统名食，早在20世纪30年代就以其独特的美味，闻名于四川内外。兰香斋熏肉呈酱黑色，香味扑鼻，是理想的佐酒佳肴。有食客赞美道："熏肉味美沽酒醉，芙蓉可口数兰香"。

宜宾怪味鸡

1930年，四川乐山人李、陈夫妇从乐山来宜宾摆摊，烹制"怪味鸡"，因肉质鲜嫩爽口，风味独特，深受当地人的喜爱。人们口口

相传，"怪味鸡就是香"。从此，宜宾怪味鸡名扬川中。在宜宾市小北街52号，可品尝到正宗的怪味鸡。

红桥猪儿粑

是江安县红桥镇著名的特色小吃。以当地特产的糯米面为皮，以芽菜、猪肉或白糖、猪油、桂花等为原料，制成咸味或甜味的馅，包成形似小猪的模样，入锅蒸熟即成。相传，清代，湖广填四川时，当地人在兵荒马乱中为祈求菩萨保佑，用家中仅有的糯米做成小猪样的粑粑，供奉神灵。从此，红桥镇一带风调雨顺，人民安康，红桥猪儿粑也成了江安百姓经常食用的一道美味小吃，流传至今。

李庄白肉

全称为李庄刀口蒜泥白肉，是翠屏区李庄古镇的一道传统名肴。选用"巴克夏"猪肉，加以多种酱料烹制而成。此菜具有肥而不腻、咀嚼化渣等特点。因肉片薄而长，且用一枝筷子裹而食之，故又名裹脚肉。

全竹宴

是长宁县蜀南竹海景区附近著名的风味系列菜品。用竹笋、竹荪蛋、竹菌、竹海腊肉、竹荪酒、竹筒豆花等竹菜做成的"全竹宴"，共计有100多道菜品。可谓满桌皆是竹，无竹不成席，令人大开眼界。

宜宾芽菜

又称叙府芽菜，是与涪陵榨菜、南充冬菜、内江大头菜齐名的四川四大腌菜之一。始创于清朝道光年间，以鲜青菜剖丝，再配以作料腌制而成。其中，碎米芽菜已成为四川家喻户晓的传统酱腌菜。

其他名吃

宜宾芽菜扣肉、龙须蛋面、"山桂牌"广味香肠、宜宾肺片、五香牛尾、麻辣牛肉、陈皮牛肉、辣骨乳牛、蝶式腊猪头、珙县洛表猪儿粑、金丝牛肉、江安红桥磕粉、兴文县刘抄手、双河豆花、宜宾鹅肉干、竹海老腊肉、宜宾板鸭、金钱井水煮白肉、葡萄井凉糕、屏山口水鸡、兴文乌骨鸡宴席、柏溪潮糕、南溪豆腐干等

旅游攻略 Travel Guide

宜宾位于四川省南部，地处岷江与金沙江汇合处，一面靠山，三面环水，是中华名酒五粮液的故乡，素有"万里长江第一城"之称。宜宾，古称戎州，战国时为僰侯国；夏、商、周朝是僰人聚居之地。因其地势险要，历来为兵家必争之地，现已列为国家历史文化名城。主要景区有蜀南竹海、石海洞乡、翠屏山、僰王山、老君山风景区等。

热门景点 蜀南竹海、石海洞乡、僰人悬棺、老君山等

旅游线路推荐

1 市中心→翠屏山→李庄古镇→长宁县城→蜀南竹海　2 市中心→龙华古镇→老君山风景区
3 市中心→兴文县城→石海洞乡→僰王山→僰人悬棺

宜宾特产

宜宾五粮液酒、宜宾竹荪、思坡醋、江安竹簧雕刻、宜宾杞酒、屏山龙湖翠茶、珙县乡春茗茶、祥凤玉竹茶、宜宾"金江牌"茶叶、竹海老窖酒、少娥啤酒、南福曲酒、宜宾梦酒、叙府大曲酒、屏山套醋、宜宾红茶、高县沙河豆腐、叙府龙芽茶、筠连红茶、筠连绿茶、苦丁茶、蕨溪金银花、宜宾面塑、兴文苗族蜡染、刺绣桃花、苗族服饰、高县川红功夫茶等

舌尖上的**凉山**

美食向导 Delicacies Guide

凉山彝族自治州位于四川省西南部川滇交界处，是个多民族聚居的地区，首府西昌市自古以来就是通往云南和东南亚的"南方丝绸之路"上的重镇。这里不仅有众多的自然与人文景观，更以独特的民俗食俗闻名遐迩，彝家的坨坨肉、杆杆酒、辣子鸡，以及泸沽湖畔摩梭人的苏里玛酒、猪膘肉、猪肠血米卷等，别有风味，是一定不可错过的少数民族风味美食。凉山彝族的饮食文化丰富多彩，素有"礼仪为重，大方为荣"之说，讲究的是以诚待客、以酒待客。

推荐 特色美食

彝族名菜

坨坨肉、子鸡辣子汤、年猪香肚、年猪香肠、豆腐连渣菜、萝卜酸菜汤、水煮荞粑、千层荞饼、烧烤肉、羊肉碎汤、回锅蛋等。

布拖冻肉

是布拖县的彝族过年时给长辈拜年的最佳礼物，体现了彝族人孝敬老人、有福同享的精神。冻肉是用猪脚做的坨坨肉，味道麻辣凉爽，肥而不腻，鲜美可口。彝族妇女在唱过年歌时就有这样一句："冻肉前胛到了父母家，子猪子鸡到了亲戚家"。

建昌板鸭

采用西昌（明代曾称建昌）当地的一种家禽鸭腌制而成。鸭肉细嫩味美，肥而不腻，在西昌一带远近闻名。

小猪儿烧烤

是布拖县彝族的传统风味美食。将一头重10多公斤的小猪儿放在烤架上翻烤，烤熟后，蘸作料食之，肉香扑鼻，回味无穷。

手抓羊排

采用当地出产的优质山羊肉为主料，以彝族特有的香辛料为辅料烹制而成，因用手抓食而得名。肉质细嫩软滑，浓香爽口，令人馋涎欲滴。

吹肝

是纳西族的传统待客佳肴。将新鲜的猪肝吹胀，掺入酒、盐、花椒等，煮熟后，拌以作料即可食用。味道鲜美，别具风味。

酸菜坨坨鸡

是彝家的传统风味美食。因其肉块如同"坨坨肉"一样大，故称"坨坨鸡"。汤味酸咸适度，口感甚佳。

彝族芝依（杆杆酒）

又称泡水酒、咂酒、杆杆酒，是彝族人民喜庆节日招待客人的一种独具特色的水酒，它全部采用粮食酿制而成，具有很高的营养价值。彝族人喜欢饮酒，"有酒便是宴"已成习惯。饮酒时，不分场合地点，也不分生人熟人，常常是席地而坐，围成一个圆圈，递传酒杯，依次饮用，故也称转转酒。

琵琶猪

即猪膘肉，是泸沽湖畔摩梭人的传统风味食品。将宰杀的猪收拾干净后，在腹腔内抹上盐、花椒等调料，用细绳缝严，等水干后挂起来，其状如琵琶，故而得名。肉质十分鲜香，风味独特。

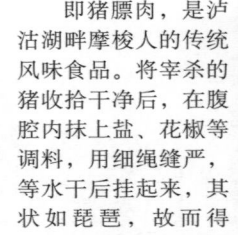

坨坨肉

意为"撒盐的肉块"，是彝族著名的风味菜。采用牛、羊、猪肉和鸡肉或野兽肉等制成。其中，最常吃的是羊肉和猪肉。由于这种吃法是将肉切成块状煮熟而食，而四川汉语方言称"块"为"坨"，故称坨坨肉。

苏里玛酒

最早称苏浬玛酒，因"浬"字较偏，人们就习惯称苏里玛酒，又称吮当酒，是盐源县泸沽湖畔摩梭人常饮和待客必备的饮料酒。将玉米、青稞、谷子等混合煮熟，加入酒曲发酵后，放入坛子内盖严储存。喝时，加温蒸煮，酒精含量30度左右，清香甜酸，入口绵和，多饮不醉，素有"摩梭啤酒"之称。

猪肠血米卷

是盐源县泸沽湖畔摩梭人的传统佳肴。将猪的大小肠内装上半熟米、猪血、猪油、盐、花椒、五香等原料和调味料，卷成圈后，再煮熟即可食用。为下酒的佳肴。

酸菜汤

凉山彝族的汤菜中，最有特色的就是酸菜汤。煮鲜肉汤时，放些酸菜，味道更鲜。

瓦地则衣

是彝族的传统风味汤菜，意思是"捣鸡蘸水"。将烤熟的鸡切成小块，或连骨带肉一起捣碎，放入温开水里，并加花椒、辣椒、生姜、木姜粉等，就制成了一道味美鲜香的汤菜。

其他名吃

坨坨鱼、石板烙饼、彝族连渣菜、彝族射地（即肉冻）、冕宁苦肉聚、彝族香肠、燕麦粑、香肚、西昌椒麻鹅、冕宁火腿、西昌卷粉、会理鸡丝饵块、荞麦粑、彝族腌血肠、会理口袋鸡、永郎邱记黄焖鸡、素烧大脚菇、彝家辣子鸡、会理汪麻鸡等

旅游攻略 Travel Guide

凉山彝族自治州位于四川省西南部，境内居住着彝、汉、藏、蒙古、纳西、傈僳族等10多个民族，是我国最大的彝族聚居区。自治州首府为西昌市，明代在此设建昌县，因地处低纬度、高海拔地区，经常是白天为烈日，夜间为皓月，故有"月城"和"建昌月"之称，自古以来就是通往云南和东南亚的必经之地。这里气候宜人，四季如春，风景优美，享有"万紫千红花不榭，冬暖夏凉四时春"的美誉。凉山旅游资源丰富多彩，自然与人文景观遍布各地，民族风情独具特色，邛海、螺髻山、泸沽湖、西昌卫星发射中心、公母山、彝海、马湖、黄联土林等旅游景点闻名中外，不可错过。游客在这里还可参加彝族"火把节"、泸沽湖摩梭人的"转山节"、布依族的"六月六"、傈僳族的"牛王会"等独具民族特色的活动。

热门景点 西昌邛海、螺髻山、彝海、泸沽湖、西昌卫星发射中心等

旅游线路推荐

1 西昌市中心→西昌古城→泸山邛海→螺髻山→黄联土林→西昌卫星发射中心　2 西昌市中心→冕宁县城→彝海风景区→灵山寺→小相岭风景区　3 西昌市中心→盐源县城→泸沽湖→公母山　4 西昌市中心→礼州古城→甘洛古城→尔苏人村落　5 西昌市中心→会理古城→龙肘山→仙人湖　6 西昌市中心→布拖县城→衣某乡（布拖火把节）→拖觉乡（布拖火把节）→白石滩

凉山特产 会理黄酒、美姑山羊、越西贡椒、西昌高山黑猪、彝族圆根酸菜、彝家杆杆酒、盐源苏里玛咣当酒、会东七彩洋芋、甘洛黑苦荞、马湖茶叶、彝族酸菜、木里沙拉、凉山岩摩鸡、金阳苦丁茶、布拖燕麦、保宁醋、雷波马湖莼菜、会东甘蔗、会理兰花、会理金沙砚、彝族漆器、凉山虫草、野生蕨菜、白瓜子、德昌香米、西昌苦荞茶、宁南奇石等

舌尖上的**南充**

美食向导 Delicacies Guide

南充，古称顺庆，位于四川盆地中北部，地处嘉陵江中游，素有"川北心脏"之称。这里历史厚重，文脉深远，是久负盛名的中国西部绸都、三国文化的发源地，不仅旅游资源丰富，而且还是川味美食的汇聚之地。最具代表性的名吃有川北凉粉、营山板鸭、南充米粉、阆中张飞牛肉、顺庆羊肉粉等。

推荐 特色美食

阆中张飞牛肉

产于阆中市，又称保宁干牛肉或风干牛肉。肉色粉红，肉干而不硬，咸淡适口，为阆中一大名食，自清代乾隆年间就已远近驰名。

相传，三国时期，蜀国大将张飞镇守阆中时，常常自己卤制牛肉，下酒佐餐。后来，当地人也效仿其法烹制牛肉，果然味道香美可口。后来，人们就将此菜正式定名为张飞牛肉。

南充米粉

南充人的早餐，有吃米粉的习惯。米粉汤鲜味美，品种繁多，主要有牛肉粉、牛肚粉、羊肉粉、羊杂粉、鸡丝粉、鸡杂粉、肥肥粉、三鲜粉等。

南部肥肠

是南部县最出名的一道菜肴。以猪肥肠为主料烹制而成，以其色艳、味美、汤鲜、爽口的特色，闻名川内。

顺庆羊肉粉

为南充著名的风味小吃，早在清代就已闻名川北，因南充原为顺庆府治所，故名"顺庆羊肉粉"。在南充市区内，有很多家羊肉粉店，以"朱老拱粉店"最为有名，其店内除了传统的羊肉粉外，还有牛肉粉、鸡肉粉、三鲜粉、什锦粉等。外地游客来南充，均以品尝正宗的顺庆羊肉粉为一大享受。

锅盔灌凉粉

是南充知名的风味小吃。它既有新鲜出炉锅盔的香脆，又有川北凉粉麻辣绵软的独特口味。吃起来脆生生的，香喷喷的，又麻辣又香脆，让看了的旁人也会口水直流。

阆中油茶

是阆中的一道名特小吃。在阆中古城，无论春夏秋冬，人们都喜欢到油茶馆吃上一碗热气腾腾、清香宜人的油茶馓子。用米粉做成糊糊，加入各种麻、辣、酸、甜等作料，再加点掐碎的油炸馓子，脆柔相融，便成了一道诱人食欲的美味小吃。

川北凉粉

是南充著名的小吃，由当地农民谢天禄、陈洪顺自清末先后创制，以红辣味醇、鲜香爽口的川味风格，名扬巴蜀。至今，南充和成都、重庆等地的一些凉粉店，都仍以"川北凉粉"为招牌。川北凉粉之所以出名，主要在于其拌料，以辣椒、花椒、生姜、葱叶、冰糖等为配料掺和制作的红油及蒜泥，可谓独具风味。

福德酥肉

酥肉是流行于川北城乡的一道大众菜。肉质鲜美，酥软滑腻，很受百姓欢迎。尤以蓬安县福德镇的"福德酥肉"最有名气。

其他名吃

阆中保宁白糖蒸馍、福德酥肉、仪陇县潘凼豆腐干、陈皮牛肉、酸菜豆花面、阆中高老妈子面（即牛肉凉面）、锭子锅盔、大通热凉粉、东观辣子鸡、蓬安县河舒镇豆腐、川北醪糟、西充狮子糕、南充烤方酥、热卤烧腊、顺庆卤鸭子、西充腊肉火锅、蓬安相如香兔、辣子脆肠等

旅游攻略 Travel Guide

南充，位于成都东北部，地处嘉陵江畔，是四川著名的历史文化名城，已有2200多年的建城史。这里属于"西通蜀都，东向鄂楚，北引三秦，南连重庆"的特殊地理位置，自古为川北重镇。是中国著名的丝绸产地之一，自古以盛产丝绸而被誉为"丝绸之乡"。南充风光奇秀绮丽，名胜古迹众多，是三国文化国际旅游热线的必经之道，主要景点有张飞庙、阆中古城、滕王阁、汉桓侯祠、西山十二峰景区等。

热门景点 陈寿万卷楼、阆中古城、张飞庙、滕王阁等

旅游线路推荐

1 市中心→西山十二峰景区→陈寿故里　　　2 市中心→仪陇县城→马鞍镇→朱德故居

3 市中心→阆中古城→张飞庙→巴巴寺→锦屏山→滕王阁

南充特产　　阆中保宁醋、阆中银河地毯、阆中保宁陈年压酒、西充辣椒、南部县金丝鲤鱼、折耳根（又叫鱼腥草）、西充烟花爆竹、西充川沱酒、南充丝绸、嘉陵江石砚、南充冬菜、仪陇酱瓜、仪陇黄酒、阆苑春酒、高坪"烟山牌"冬菜、南充竹帘画、阆中川明参等

舌尖上的**阿坝**

美食向导 Delicacies Guide

　　阿坝藏族羌族自治州位于四川省北部，是四川第二大藏区和我国羌族的主要聚居区，其饮食主要以藏族、羌族的风味为主。藏族以糌粑为主食，多与酥油茶一起食用；羌族的美食虽然没有藏族那么丰富，但别有风味，可口的咂酒、香甜的洋芋糍粑、筋道的荞麦面等，都不可错过。到阿坝州旅游观光，在欣赏风景如画的九寨沟、黄龙等风景名胜的同时，品尝纯正的藏、羌族美食，一定会乐趣无穷。

推荐 特色美食

手扒肉

　　即手抓羊肉，是藏族和蒙古族人民千百年来的传统食品，也是牧民们的家常便饭，因吃肉时常用手抓食而得名。

糌粑

　　即指炒面，是藏区牧民天天必吃的主食。往糌粑里加入一些肉、野菜等，做成稀饭，风味独特，且耐饥耐饿。藏语称其为"土巴"。

奶渣

　　采用牛奶发酵而成，是一种天然奶类食品，具有极强的助消化作用。藏民外出时，常带奶渣以防不适。

酸菜面块

　　是藏族群众晚餐时必备的食品。以酸菜为主料，加入当地的熏腊肉或牦牛肉及土豆、面块和盐等，煮熟即成。到藏胞家做客，主人一般都会请你吃一碗香喷喷的酸菜面块。

青稞酒

　　采用高原特产的青稞为主料酿制而成，酒味醇香，口感极美，是藏族人民最喜欢喝的一种美酒。

洋芋糍粑

　　是以土豆为主要原料烹制的食品，是羌族人民最喜欢吃的食品之一。

安多面片

　　安多藏区，泛指青海、甘肃、四川西北部的藏族聚居区。这一地区的藏族群众，喜欢吃一种香绵可口的面食小吃，即安多面片。

咂酒

　　是羌族人民十分喜欢的一种自酿酒，每年农历十月初一"羌族羌年节"时，必饮咂酒。以青稞、大麦、高粱为原料，煮熟后，拌以酒曲放入坛内，以草覆盖酿制而成。饮酒时，先向坛中注入清水，亲朋贵客用细竹管轮流吸饮，并唱祝酒歌，吸完再添水，直到酒味淡后，再食酒渣，俗称"连渣带水，一醉二饱"。游客在羌族人家喝咂酒时，一定要喝到坛中露出青稞、大麦为止，否则，主人会认为你没有尊重他，很不高兴。这些礼俗禁忌，一定要注意规避。

其他名吃　藏族酥油茶、烧馍馍、肉肠、九寨沟贝母鸡、虫草鸭、藏族酸菜汤、羌族搅团、牦牛肉、干奶酪、"和尚"包子、金川香猪腿、羊肉血肠、藏族奶酪、奶皮、酸奶、人参果饭等

● 旅游攻略 Travel Guide

　　阿坝位于四川省西北部，紧临成都平原，北部与青海、甘肃省相邻，地处青藏高原东南缘，地貌以高原和高山峡谷为主，长江上游主要支流岷江、大渡河纵贯全境。独特的地理环境，塑造了阿坝藏族羌族自治州境内天下绝无仅有的自然美景，世界自然遗产九寨沟、黄龙风景名胜区及大熊猫故乡卧龙自然保护区等世界级旅游景区，名扬中外，还有红军长征留下的众多革命遗迹，以及独特的藏、羌民族风情和神秘的藏传佛教文化，都吸引了越来越多的中外游客。

> **热门景点**　黄龙寺—九寨沟国家级风景名胜区、牟尼沟、米亚罗红叶风景区、卧龙国家级自然保护区、四姑娘山等

旅游线路推荐

一、世界自然遗产之旅
1 成都市中心→汶川→茂县→牟尼沟→黄龙→九寨沟→平武→成都　　2 成都市中心→汶川→茂县→松州古城→九寨沟→黄龙→平武→成都

二、大熊猫家园生态之旅
1 成都市中心→三江→映秀→卧龙→四姑娘山→夹金山→宝兴→雅安→成都　　2 成都市中心→三江→映秀→卧龙→四姑娘山→马尔康→毕棚沟→理县→汶川→成都

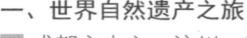

三、多彩阿坝风情之旅
1 成都市中心→汶川→茂县→松潘→黄龙→九寨沟→若尔盖→红原→马尔康→四姑娘山→卧龙→成都　　2 成都市中心→汶川→茂县→黑水→红原→若尔盖→理县→成都

四、黄河大草原生态之旅
1 成都市中心→汶川→茂县→川主寺→尕里台→若尔盖→花湖→黄河九曲第一湾→瓦切（日干乔）→红原（月亮湾）→理县→成都　　2 成都市中心→汶川→茂县→川主寺→尕里台→瓦切（日干乔）→

黄河九曲第一湾→阿坝县→年保玉则→棒托寺→壤塘（中壤塘觉囊文化中心）→观音桥→马尔康→理县→成都 **3** 成都市中心→汶川→茂县→松潘→川主寺→九寨天堂→神仙池→若尔盖→麦垛湖→黄河九曲第一湾→阿坝→年宝玉则→红原→理县→成都

五、藏羌文化走廊之旅

1 成都市中心→汶川→萝卜寨→茂县→营盘山→黑虎羌寨→色尔古藏寨→卡龙沟→黑水→达古冰川→红原（月亮湾）→卓克基官寨（西索嘉绒藏寨）→马尔康→松岗碉群→观音桥（观音庙）→壤塘（中壤塘觉囊文化中心）→金川→中国碉王→丹巴→小金→四姑娘山→卧龙→成都（或丹巴→泸定→成都） **2** 成都市中心→汶川→萝卜寨→桃坪羌寨→理县→米亚罗（古尔沟）→卓克基官寨（西索嘉绒藏寨）→马尔康→松岗碉群→观音桥（观音庙）→壤塘（中壤塘觉囊文化中心）→金川→中国碉王→丹巴→小金→四姑娘山→卧龙→成都

六、红色文化之旅

1 成都市中心→小金（红军达维会师桥）→两河口会议遗址→卓克基会议遗址→刷经寺→黑水→茂县→汶川→成都 **2** 成都市中心→小金（红军达维会师桥）→两河口会议遗址→卓克基会议遗址→刷经寺→红原→瓦切（红军长征纪念遗址）→若尔盖→巴西会议遗址→川主寺红军纪念碑碑园→茂县→汶川→成都

七、羌族探秘之旅

1 成都市中心→汶川→萝卜寨→茂县→黑虎羌寨→九顶山→桃坪羌寨→卧龙→三江→成都

阿坝特产

九寨沟矿泉水、羌族刺绣、黑水县编笠菌、蕨菜、九寨沟地雪茶、雪莲花、羊肚蘑、黄龙香菇、茂县野生沙棘、马尔康灵芝、冬虫夏草、贝母、羌活、小金县猴头菌、金川辣椒、双边白瓜子、松潘虫草、松贝、四姑娘山沙棘等

舌尖上的**乐山**

● 美食向导 Delicacies Guide

乐山，古称嘉州，历史上属古蜀国。境内不仅有著名的乐山大佛和峨眉山风景区，还有种类繁多的具有浓郁地方特色的美食，仅名小吃就有百种之多，许多成都小吃均源于乐山。这里的菜肴具有典型的川味特色，素以麻、辣、鲜、香的特点享誉大江南北，享有"食在四川，味在嘉州"之誉。

推荐特色美食

西坝豆腐

是乐山的经典名吃。乐山市五通桥区的西坝古镇，山清水秀，景色宜人。特别是那甘洌的溪水，是磨制豆腐的天然水汁。早在东汉时期，镇上的人们就有吃豆腐的习俗。

钵钵鸡

源于乐山地区的乡村，是乐山、成都地区非常流行

的一种特色小吃。将本地土鸡放入钵钵（其实就是瓦罐）内，配以麻辣为主的调料，用炆火煮熟。而后，晾干切成片，用竹签分别将鸡肉片、鸡腿、鸡翅膀等穿成串。食时，将穿好的串串放进藤椒油汤里一捞，入口麻而不腻，风味新奇，最受年轻人的追捧。

甩菜

选用沐川县山区特有的羊角菜为主要原料腌制而成。以其鲜香脆嫩、低盐保健的独特风味著称。

棒棒鸡

此菜源于乐山汉阳坝。以特别的木棒将煮熟的鸡

肉拍松，使其更容易入味，将调好的味汁浇在撕成粗丝的鸡丝上，味道鲜美香嫩，具有浓郁的麻辣味。

乐山甜皮鸭

当地人称卤鸭子，是乐山地区著名的佳肴。食之，干香酥软，浓香回甜。

峨眉素席

峨眉山寺院的斋饭，是用豆制品、面精、蔬果等为原料，仿荤品席的品类、形状而做出的菜肴。佛门认为：吃素可以清心寡欲，延年益寿。

清蒸江团

制作江团所用的主料，是主要产于乐山境内岷江小三峡的鱼。这种鱼无鳞、少细刺、肉嫩丰美，是高档宴席的名菜。

东坡墨鱼

此鱼主要产于乐山大佛脚下的岷江河内，因大佛寺内有东坡读书楼，故传为苏东坡书写时所用的墨染江鱼而得名。鱼肉外酥内嫩，风味浓郁。

跷脚牛肉汤锅

是乐山一带知名的美食，已有100多年的历史。在传统牛肉汤味的基础上，掺入了几十种中药材熬制而成的"精汤"，极富营养，具有散寒止咳的药膳功能。

五香虫

即产于乐山市五通桥岷江畔竹银滩的一种昆虫，因其体后部有挥发臭腺的开口，遇敌即放出臭气，故得"打屁虫"、"屁蛋虫"、"放屁虫"的诨名。每到深秋初冬的傍晚，在乐山大街小巷，有很多叫卖打屁虫的摊贩，当然了，叫卖者都声呼"五香虫"的雅号。人们都说："打屁虫闻有怪香，嚼有滋味，吃了开胃"。

其他名吃

乐山叶儿粑、子姜鸭脯、牛肉豆腐脑、珍珠鱼、峨眉老腊肉、烟熏鸭、肉包谷粑、雪魔芋烧鸭、冻粑、峨眉豆花、三合泥、峨眉鳝丝、卤鸭、彝族风味血大肠、乐山白宰鸡、井研泡菜、嘉州脆皮鱼、来凤鱼、跳水兔、玻璃烧卖、蒸笼牛肉夹饼、豆腐干夹萝卜丝、腊肉粽子、椒麻鸡、黄焖鸡等

旅游攻略 Travel Guide

乐山位于四川省中部，地处岷江、大渡河及青衣河交汇处，距成都150千米。古称嘉州，曾是巴蜀时期蜀王开明王的都城，自古就有"鱼米三江金天府，峨山沫水秀嘉州"的美誉。秀丽的名山大川，丰富的佛教文化遗产，吸引了大批中外游客前来观光旅游。其中，著名的佛教名山——峨眉山及乐山大佛，被列入《世界遗产名录》，享誉海内外。

热门景点 乐山大佛、峨眉山、西坝古镇等

旅游线路推荐

1 市中心→乐山大佛→凤洲岛→西坝古镇→五通桥→栲椤峡谷 　2 市中心→峨眉山国家级风景名
胜区 　3 市中心→马边县城→马边大风顶国家级自然保护区

乐山特产

沐川乌骨黑鸡、黄姜、夹江豆腐乳、夹江国画纸、"苏稽牌"香油米糖、酥芙蓉、峨眉山雪胆、雪魔芋、灵芝、灵芝竹尖、竹笋、老鹳草、峨参、岩白菜、朱砂莲、竹叶青茶、峨眉山雪芽茶、黄连、黄柏、峨眉峨蕊茶、峨眉山藤椒、苦笋、峨眉山碧潭飘雪茶、沐川李家山香型绿茶、犍为茉莉花茶、峨眉山仙芝足尖茶、马边绿茶、沐川山茶、乐山西坝米酒、乐山五通桥豆腐乳、乐山干笋等

舌尖上的**甘孜**

美食向导 Delicacies Guide

甘孜藏族自治州位于四川西北部，是四川最大的藏区，居民以藏族为主体。这里的人们还保持着游牧民族生活的许多特点，日常多食用牛羊肉、糌粑等牧区食品。首府康定城汇集了藏族、汉族的各种小吃，具有鲜明的地方特色，如康定锅盔、丹巴冷锅鱼、藏族血肠、乡城香猪、牙将"臭"猪肉、"大不同"羊肉汤等，都值得一尝。另外，游客还可能品尝到用当地野生蔬菜和菌类烹制的美味佳肴。

推荐特色美食

道孚"花馍馍"

在道孚县的鲜水镇一带，藏族人家同汉族一样流行过中秋节。这一天，家家户户都做一种"藏式月饼"，当地俗称"花馍馍"。口味不错，值得一偿。

康定锅盔

康定城内文昌庙坎下的郑家锅盔，全城闻名。品种有混糖锅盔、油旋子、方方酥、糖锅盔等。这些食品，香、酥、甜俱佳，别具风味。

吹肺与吹肝

又叫腌猪肺、腌猪肝，是藏族独特的腌肉制品之一。味鲜浓香，随食随取，可保存约一年之久。

藏族血肠

藏族地区的牧民将羊血内加入适量的盐、花椒、糌粑粉与剁好的羊肉混拌，灌入肠内，煮熟可食。又香又嫩，风味独特，十分解馋。

丹巴冷锅鱼

冷锅鱼其实是四川火锅的一种新食法，由于在端上桌之前已将鱼加工好，并放入锅底中，因此，将鱼锅端上桌时即可食用。还可在锅里烫其他菜品，可谓"一锅两吃"，别有风味。

乡城香猪

香猪、香鸡，是乡城地区的香巴拉人在驯化野猪、野鸡的过程中，驯养出的一种特殊畜禽。其瘦肉比率高，肉质鲜嫩，既可烤全猪，又可烹饪成各色菜肴，味道非常鲜美。

"大不同"羊肉汤

康定城内水井子一侧的"大不同"羊肉汤馆，开业于1933年。其经营的羊肉汤很有特色，羊肉鲜嫩，汤味浓香，名闻康定城。

甲恩茶

是甘孜县独具风味的一种茶，也是其他藏区少见的清茶。甲恩茶制作简单方便，把雪山桑叶盛入大锅内，加上白碱或苏打，并掺入水，煮至水干色乌黑为止，然后将煮好的甲恩茶晒干收好。每次煮茶抓上一小撮就行了，有降血压的功效。

雅江"臭猪肉"

其实应称为"陈猪肉"或"旧猪肉"，由于其味道怪异，人们习惯称之为"臭猪肉"，为雅江地区的传统名食。当地人将猪宰杀处理干净后，先埋在麦糠中，大约十余天吸干水气，取出后，挂在灶上方的房

梁上，自然烟熏而成，悬挂年限一般可达十多年，甚至更久。食用时，可煮也可熬汤，初尝入口难适，有点"臭豆腐"的味道；多食后顿觉满口浓香，回味悠长。其中，又以陈年"臭猪肉"为上品，悬挂猪肉的年限及数量，也成为了当地衡量财富的象征。

🍲 **丹巴肥猪膘**

是丹巴地区最具民族特色的风味美食。当地人一般在冬至节后杀猪，将宰杀后的猪去除内脏，剔除

骨头，用盐巴和花椒撒在腹腔内，将猪缝合，然后挂在不见亮光、透风的屋内，用自然风腌成完整的腊猪，因其外形颇似琵

琶，故又称"琵琶肉"。吃时，割下猪肉或煎或煮，油香溢口，肥而不腻，风味独特。

其他名吃

康定牟家牛杂汤、金钩玉米馍、焦窝子油糕、赖厨子魔芋烧鸡、川西青菠面、巴塘团结包子、稻城无鳞雪鱼、藏族风干牛羊肉、彝族白玉肉冻、白玉香猪腿、彝族辣子鸡、色达藏族糌粑、甘孜奶渣、彝族坨坨肉、德格酥油茶、草虫鱼肉丸、贝母鸡块、雅江红烧雪山鲢鱼等

● 旅游攻略 Travel Guide

甘孜，俗称康巴或康区，位于四川省西部，地处青藏高原东南缘。甘孜藏族自治州面积15.3万平方千米，占四川省面积的三分之一，是四川省面积最大、辖县最多、人口密度最低的地区，是祖国内地通往西藏的走廊。甘孜藏族自治州作为我国第二大藏区的重要组成部分，是包括西藏、昌都、青海玉树、云南迪庆等地在内的康巴藏区的主体，是底蕴丰厚的康巴文化的精华地带。由于地形地貌复杂，特殊的地理位置和气候条件，形成了集原始森林、现代冰川、高山湖泊、雪山草原、温泉、珍稀动物及浓郁的藏族风情于一体的美丽景观，主要风景名胜有贡嘎山、海螺沟、塔公草原、跑马山、泸定桥、丹巴碉楼、稻城亚丁国家级自然保护区等。

热门景点 道孚县乾宁惠远寺、炉霍县卡萨湖、甘孜县嘛呢干戈、新路海白唇鹿自然保护区、德格县印经院、泸定桥、竹庆寺、康定市贡嘎山、跑马山、塔公寺、木格错、新都桥、九龙县五须海、理塘县长青春科尔寺、稻城县亚丁国家级自然保护区、海子山、雄登寺、丹巴县甲居藏寨、丹巴美人谷、党领山等

旅游线路推荐

1 道孚县城→灵雀寺→乾宁惠远寺　2 炉霍县城→卡萨湖→旦都卡风景区　3 甘孜县城→白利寺→嘛呢干戈→新路海→阿须草原　4 德格县城→德格印经院→更庆寺→竹庆寺→多瀑沟　5 康定市区→安觉寺→跑马山→贡嘎山→玉龙西牧场　6 康定市区→新都桥→木格错→塔公镇→塔公寺→各日玛嘛呢石石经城　7 雅江县城→帕姆岭生态旅游景区→郭岗顶自然风景区→黑石城　8 理塘县城→长青春科尔寺→毛垭坝大草原→毛垭坝温泉　9 稻城县城→傍河风景区→雄登寺→俄初山→冲古寺→洛绒牛场→海子山→磨房沟→兴伊错　10 丹巴县城→甲居藏寨→中路乡碉楼→梭坡碉楼→巴底乡邛山村美人谷　11 泸定县城→泸定桥→二郎山→海螺沟→燕子沟

甘孜特产

炉霍青稞酒、巴塘辣椒、石渠白菌、炉霍雪域俄色茶叶、稻城藏香猪、高山虎掌菌、康定鹿茸、邓柯枸杞、甘孜老腊肉、甘孜牦牛、理塘野生菌、巴塘矮岩羊、石巴子（又名雪鲢鱼）、乡城松茸、稻城冬虫夏草、彝家圆根酸菜、德格木香、新龙党参、雅江雅鱼、高原人参、泸定枇杷、康定雪茶、高原蕨菜、雪域人参果、九龙花椒、甘孜水晶等

舌尖上的**眉山**

美食向导 Delicacies Guide

眉山，古称眉州，位于成都西南部，是北宋大文豪苏东坡的故乡，也是古代传说中的寿星彭祖的修炼之地。源远的历史文化，造就了眉山"美食之乡"的美名，如东坡区的东坡肘子、东坡肉、东坡鱼，彭山区的彭祖长寿宴、甜皮鸭，洪雅县的钵钵鸡、雅妹子和雅嫂腌腊制品，丹棱县的冻粑、刘鸡肉等，都是眉山的美食代表。

推荐特色美食

东坡肉

为眉山地区的一道传统文化名菜，因由苏东坡创制而得名。苏东坡这位文坛巨子，不仅在历史上留名千古，而且在他的故乡——眉山，留下了诸多的历史传说和美味佳肴。关于"东坡肉"的起源有多种说法，追本溯源，这道红烧肉最早由苏东坡创制于眉山，在江苏徐州时发扬光大，在湖北黄州（今黄冈）时进一步提高，在浙江杭州时闻名全国。在东坡区三苏祠附近的传统食店中，点上几份"东坡肘子"、"东坡肉"、"东坡鱼"等菜品，再来上一瓶"东坡御液"，美酒配佳肴，众人把酒相问，共叙千古趣事，真乃一大享受。

青神东坡腊肠

是青神县的传统名食。以东坡独家配方，结合四川香肠的传统做法，用翠柏、松枝、香梓、陈皮等12种植物研末反复烟熏制作而成。其独特的烟熏肉香味，令食客入口难忘。据说，苏东坡少年时，到青神县中岩书院求学三年，这期间与老师王方之女王弗因"唤鱼"联姻，青神由此成为了苏东坡的初恋之地。东坡腊肠也因东坡文化的影响而远近闻名。

丹棱冻粑

是丹棱县人十分喜爱的一种特色小吃，因主要在冬季制作，蒸熟后，冷冻保存待食用，故名。冻粑以当地上好的糯米、籼米、大豆等主要原料经传统工艺精制而成，品种有花生、芝麻、红糖、核桃、玫瑰、豆沙等十多种口味，是老少皆宜的佳品。

东坡肘子

相传，东坡肘子并非苏东坡创制，而是其妻子王弗的妙作。一次，王弗在炖肘子时，不慎火候过大，肘子焦黄粘锅，她连忙加各种作料，以压住焦味。不料，锅里的肘子香气四溢，顿时，乐坏了苏东坡，他反复炮制，并向亲朋好友大力推荐此菜。从此，东坡肘子美名远传。

三大炮糍粑

为川中著名的小吃之一。因制作糍粑时，不断地从锅里扯出一把糯米饭揉成糍粑，分摘三坨，往桌子上扔时，发出"碰、碰、碰"三响，如三声炮响，故将做好的糍粑取名为"三大炮"。三大炮糍粑不光以制作表演取悦顾客，其香甜可口的味道，也让食客难以忘怀。

其他名吃

彭山曾醪糟、唐豆花、袁汤圆、米冻粑、洪雅瓦屋山泉水豆腐花、烙烙粑、丹棱曹八娘豆腐、钟麻子白宰鸡、青神黑龙狗肉王、东坡清蒸江团鱼、藤椒钵钵鸡、仁寿芝麻糕、黑龙滩生态鱼火锅、东坡松花蛋、东坡泡菜、丹棱刘鸡肉和李鸡肉、洪雅瓦屋山老腊肉、彭山味缘冰粉、鲜花饼、甜皮鸭、仁寿干巴牛肉等

旅游攻略 Travel Guide

眉山位于成都平原西南部，地处岷江中游，距成都60千米，距乐山大佛和峨眉山均为60千米，是成都平原通往川南的咽喉要地和南大门。古称眉州，是北宋大文豪苏东坡的故乡。自南齐建武三年（公元496年）始建郡治，历代或为州治，或为县治，1997年建眉山地区，2000年12月设眉山市。境内大部分地区为低山丘陵，岷江和青衣江贯穿境内，素以山水风光、丹霞地貌景观著称。

热门景点 三苏祠、瓦屋山、彭祖山、老峨山等

旅游线路推荐

1 市中心→三苏祠→广济桃花山→仁寿县黑龙滩风景区　　2 市中心→丹棱县老峨山→洪雅县柳江古镇→瓦屋山国家森林公园　　3 市中心→彭山城区→黄龙溪古镇→彭祖山

眉山特产　丹棱橘橙、峨山禅茶、金峡梨、洪雅藤椒油、洪雅绿茶、彭山彭祖酒、仁寿华仁冬枣、青神汉阳鸡、洪雅道泉茶叶、高庙白酒、眉山苏东坡酒、东坡翠竹茶、仁寿枇杷、洪雅幺妹麻辣椒油、青神竹编、丹棱脐橙、丹棱虎皮寨茶叶、洪雅雅茶、仁寿奶黄瓷瓷具、东坡御液酒、彭祖寿柑、东坡区玉蟾茶叶等

舌尖上的贵州

贵州菜，又称"黔菜"，由贵阳菜、黔北菜和少数民族菜等组成。大约在明代初期，贵州菜就已自成一派，许多菜肴都已有600多年的历史了。辣香是贵州菜的主要特点，许多菜品都需要用辣椒来调味，分为油辣、糊辣、青辣、酸辣、麻辣、蒜辣等几大系列。贵州菜的另一大特色就是酸，贵州地区的家家户户都有腌制酸菜的习惯，主要原料为萝卜、白菜、卷心菜等，当地民间素有"一日不吃酸，走路打蹿蹿"的民谣。酸汤的制作又分为菜类酸、鱼类酸、米类酸等，完全靠生物自然发酵而成。贵阳菜包括贵阳、安顺一带的风味，代表名菜有丝娃娃、稻草排骨、糟辣脆皮鱼、花江狗肉、旧州鸡辣子等。黔北菜以遵义一带的风味为代表，著名菜肴有乌江鱼、醋羊肉、筒筒笋、羊肉粉等。少数民族菜主要指苗、布依、侗、彝等民族的菜品，著名菜肴有有夜郎八卦鸡、侗族腌鱼、苗族酸汤鱼、魔芋豆腐、彝族苦荞粑粑等。

有人说："四川人不怕辣，湖南人辣不怕，而贵州人则是怕不辣"，道出了贵州饮食"辣"的特色。到贵州旅游，一定不要错过的美食就是苗族酸汤鱼。

特别推荐

▶ **贵州十大美食** 贵阳丝娃娃、折耳根炒腊肉、毕节威宁火腿、安顺花江狗肉、黔西南刷把头、黔东南凯里酸汤鱼、从江烤香猪、侗家腌鱼、苗家姊妹饭、六盘水水城烙锅

▶ **贵州十大特产** 贵州茅台酒、贵阳老干妈香辣菜、铜仁梵净山野菜、毕节威宁草海细鱼、遵义赤水四洞沟虫草、安顺黄果树毛峰茶、黔南荔波风猪、都匀毛尖茶、铜仁玉屏箫笛、遵义湄潭翠芽茶

▶ **贵州十大景点** 贵阳天河潭景区、安顺黄果树瀑布、龙宫风景区、遵义会议旧址、赤水风景区、铜仁梵净山、毕节草海国家级自然保护区、黔东南西江千户苗寨、黔南荔波小七孔景区、黔西南马岭河峡谷国家级风景名胜区

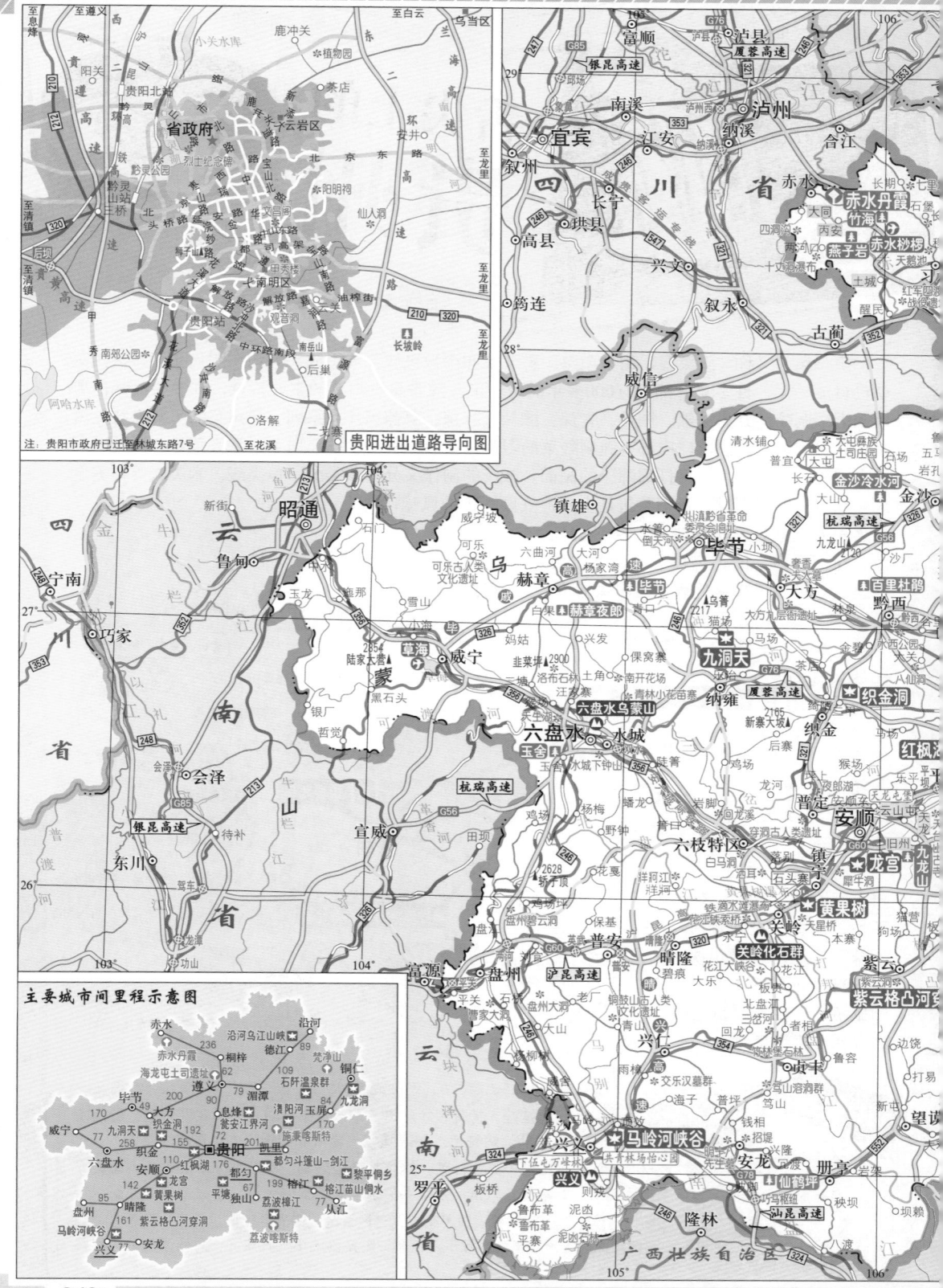

注：贵阳市政府已迁至林城东路7号　　**贵阳进出道路导向图**

主要城市间里程示意图

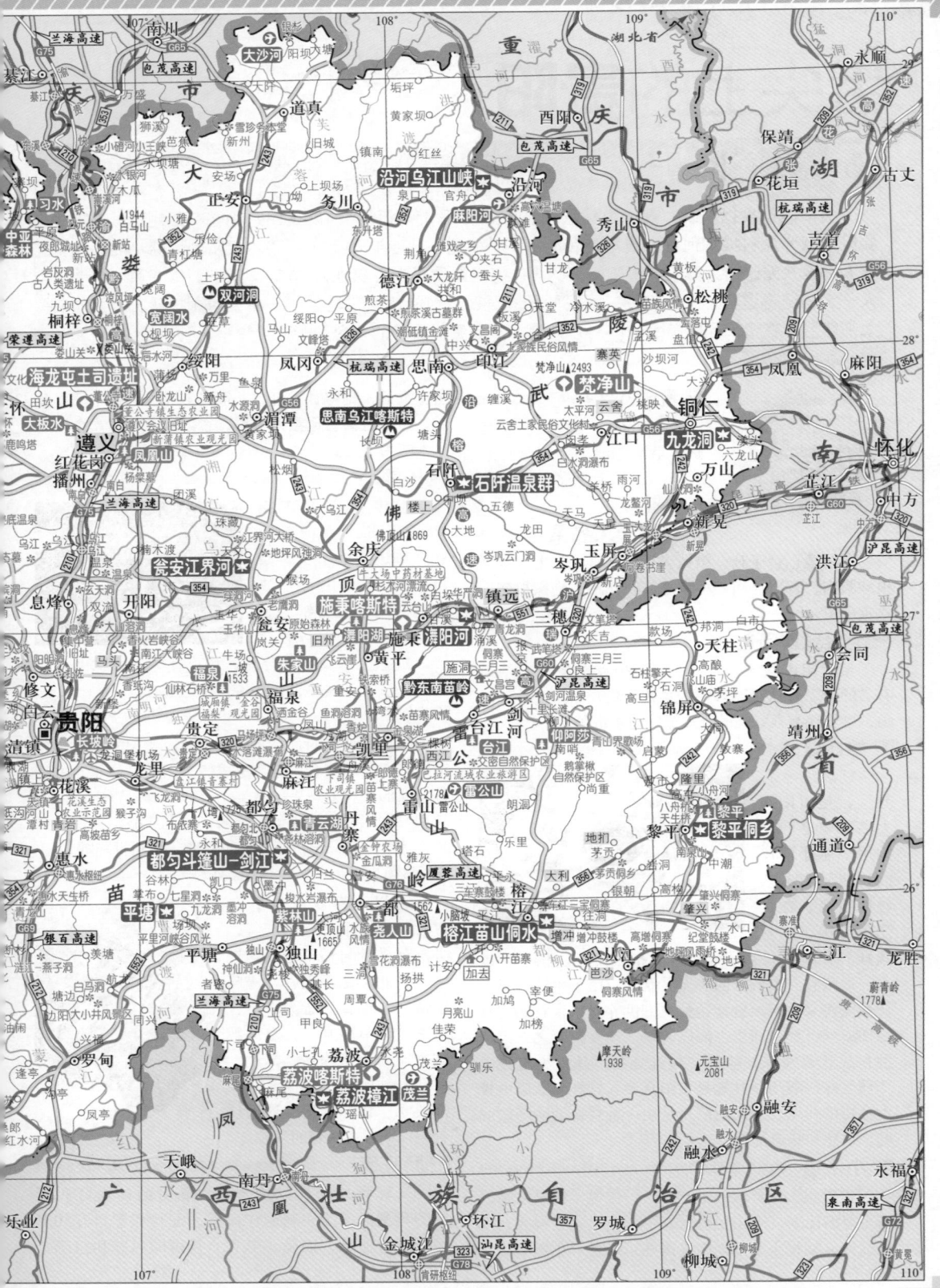

舌尖上的**贵阳**

● 美食向导 Delicacies Guide

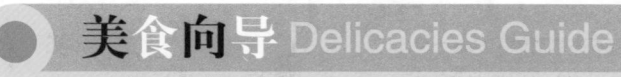

贵阳的饮食以"麻、辣"为特色，风味上接近川菜和湘菜。麻是由几种香料配制而成，辣主要以辣椒为原料提炼而成，当地最负盛名的美食有八大小吃和十大名菜。贵阳的风味小吃，着实令人垂涎，无论白天黑夜，贵阳街头的小吃摊点星罗棋布，仅地方风味小吃就有100多种。老贵阳人一定还记得这样一首顺口溜"豆腐圆子肠旺面，荷叶糍粑糍粑店，一品大包刷把头，沓臊馄饨太师伴"。在贵阳品尝美食的同时，再喝上一杯贵州出产的茅台酒，真可说是一种享受。

推荐 特色美食

● 贵阳八大小吃

肠旺面、丝娃娃、恋爱豆腐果、花溪牛肉粉、豆腐圆子、红油米豆腐、黄粑、豆沙窝。

● 贵阳十大名菜

酸汤鱼、辣子鸡、糟辣脆皮鱼、宫保鸡丁、折耳根炒腊肉、青岩豆腐、小米喳、状元蹄、泡椒板筋、八宝甲鱼。

● 老凯里酸汤鱼

是贵阳市酸汤鱼一条街（省府路蔡家街）中最有名的一家餐饮店。其招牌菜就是贵州名菜——酸汤鱼，这里还有很好吃的土豆饭、包谷饭等。

● 丝娃娃

别名"素春卷"，是贵阳八大名小吃之一，因用一张小薄皮面饼包了很多菜丝而得名。在贵州方言中，"丝娃娃"音同于"私娃娃"，意指私生子。相传，过去，贵阳有一农妇拾回一无名女婴，由于生计窘迫，众乡民将家中所余食物送给农妇供养女孩，农妇将食物切成丝，裹以面皮，灌以调料，让女孩食之。因这种食品状若襁褓，故称"丝娃娃"，并广为流传。"丝之味"酸汤丝娃娃是贵阳众多丝娃娃餐饮店中较为独特的一家。此店的蘸水是用一种独特的酸汤做成的，口感和味道都很好。

● 小米喳

是贵州人最喜欢的小吃之一。传说，很早以前，苗王寻游山寨，至山民喳幺家中，喳幺家里很穷，无以款待，就将小米拌以山枣蒸熟，取名"小米喳"。

苗王食后，觉得甘香可口，很是美味，称赞不已。此后，苗疆各寨每逢重大节庆，皆以苗王所喜欢食用的小米喳为上品。

● 干锅鸡

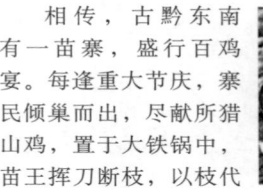

相传，古黔东南有一苗寨，盛行百鸡宴。每逢重大节庆，寨民倾巢而出，尽献所猎山鸡，置于大铁锅中，苗王挥刀断枝，以枝代铲，边翻边舞。不一会儿，鸡香扑鼻，香飘山寨。从此，苗家干锅鸡世代相传，传遍黔桂。

● 酸汤

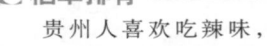

是贵州著名的食品之一。古时，贵州的山民常食用酸果烹制的菜肴，且嗜酸成瘾。因酸果并非四季都有，他们便将毛辣果、木姜子及酒酿等，置于坛中，长期发酵泡制，就成了毛辣酸，再调成酸汤食用。贵州流传着一句民谚："三天不吃酸，走路打蹿蹿"。

● 稻草排骨

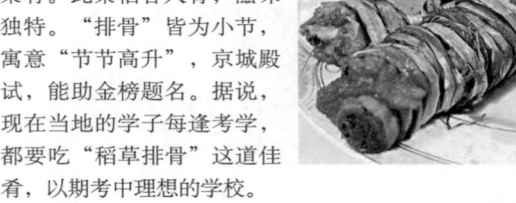

贵州人喜欢吃辣味，古时，每逢举子进京赶考，必吃辣排骨与稻草合蒸这道菜肴。此菜稻香入骨，滋味独特。"排骨"皆为小节，寓意"节节高升"，京城殿试，能助金榜题名。据说，现在当地的学子每逢考学，都要吃"稻草排骨"这道佳肴，以期考中理想的学校。

● 肠旺面

又称肠益面，以猪大肠、新鲜的猪血旺和擀制的鸡蛋面条为主料制作而成。配料和调料有20多种。具有血嫩、面脆、辣香、汤鲜的风味和口感，是贵阳极负盛名的八大小吃之一。"肠旺"是"常旺"的谐音，寓意吉祥。

花溪牛肉粉

起源于贵阳市花溪区，当地人喜欢食辣椒，更喜欢食以牛肉当臊子的米粉。在贵阳，有不少餐馆都打着花溪牛肉粉的牌子，成为当地家喻户晓、人人皆喜爱的风味小吃。

雷家豆腐圆子

是贵阳的一道特色小吃，创制于清朝同治十三年（1874年）。当年同治皇帝驾崩，朝廷通令全国"禁屠"（不准宰杀猪、牛、羊、鸡、鸭等）三天，官民一律不能吃荤。以开豆腐坊为生的贵阳人雷端藻，干脆就拿豆腐来做圆子，然后用油炸熟出售，一时成为贵阳闻名遐迩的小吃，流传至今。

糟辣脆皮鱼

为贵阳的传统名菜之一。以贵州独有的糟辣椒作为主要调料烹制而成。鱼肉味道鲜咸，清香脆嫩，颇具地方风味。

状元蹄

又称青岩卤猪脚。清朝光绪年间，荣获状元的青岩贡士赵以炯，在年青时常去青岩古镇北门街夜市吃卤猪蹄，当地人为怀念这位历史名人，就将卤猪蹄称为状元蹄。如今，"游青岩古镇，品青岩状元蹄"，已成为当地的一句旅游文化宣传口号。

"老干妈牌"油制辣椒

贵阳老干妈风味食品公司是全国知名的辣椒制品生产企业。主要生产风味鸡油辣椒、香辣酱、风味糟辣椒、风味豆豉油制辣椒、香辣菜等佐餐调料。具有香辣突出、回味悠长等特点，深受人们的喜爱。

折耳根炒腊肉

为贵阳十大名菜之一。折耳根，又名"鱼腥草"，有特殊气味，含有丰富的蛋白质，营养价值较高。折耳根和腊肉加作料烹炒，腊肉的美味和折耳根的异香混为一体，别有风味。据说，看一个人是否地道的贵州人，到菜馆里二话不说，先点两盘折耳根的顾客，肯定就是贵州人。

其他名吃

盐酸干烧鱼、八宝娃娃鱼、竹筒烤鱼、阳明凤翅、金钱肉、辣子酱、爆竹鱼、花溪白鹅、苗乡酸汤水饺、锅烙豆腐、腌鱼、魔芋锅巴肉丝、贵阳北渡鱼、清镇豆豉火锅、老瓦羊肉、怪噜粉、青岩玫瑰冰粉、洋芋粑、贵阳烤鸡皮、鱿鱼炖土鸡、沓臊馄饨、息烽夜郎鸡、黄焖野兔、镇远陈年道菜、糕粑稀饭、花溪王记牛肉粉、盘江狗肉、鼎罐鸡、鼎罐鸭、大眼睛肠旺面、金钩挂玉牌（即豆芽煮豆腐）等

推荐 特色食处

★ 合群路夜市街

是贵阳规模最大的小吃街。这里集中了贵州所有的风味小吃，有花溪牛肉粉、肠旺面、雷家豆腐圆子、丝娃娃、破酥包、荷叶糍粑、碗耳糕等，种类繁多，应有尽有，是到贵阳品美食必去的地方。

★ 新华路美食街

这条街上汇聚了贵阳餐饮业的品牌名店，酒楼多为中高档次，菜品价格较为贵些，但重要的是菜都很好吃，尤以百鸡宴、七里香和毛家湘菜馆最为出名。夜郎鸡、酸汤鱼、鱿鱼炖土鸡等特色菜，都是吸引回头客的镇店名菜。

★ 黔灵路美食街

包括黔灵东路和黔灵西路，这里的特点是火锅和家常菜较多。黔灵西路上的四合院家常菜、猪脚火锅、麻辣烫等都是食客最喜欢的风味。黔灵东路上的豆花火锅、雅园食府等名店，常常人满为患，最好提前预订餐位，以免排队等候。

★ 陕西路夜市一条街

这里既是烧烤一条街，也是贵阳有名的娱乐街，好多家有名气的夜总会、酒吧都在这条街上，从而形成了比较有特色的美食娱乐夜市一条街。

旅游攻略 Travel Guide

贵阳，旧称筑城，位于贵州省中部，因地处贵山之南而得名。为贵州省省会，是国家历史文化名城。战国时代为夜郎国之地；宋代称为贵州；明隆庆三年（1569年），将设在今贵阳的程蕃府，改为贵阳府，贵阳之名由此沿用至今；1941年，正式设市。由于地处高原丘陵盆地，南明河横贯市区，形成了高原山城贵阳所独有的城市特色，山清水秀，气候宜人，被誉为"中国避暑之都"。贵阳素以喀斯特地貌著称，形成了峰林、溶沟、峡谷、溶洞为一体的绚丽景观，还有古朴浓郁、绚丽多彩的少数民族风情，极具魅力，名扬中外。

热门景点 黔灵公园、甲秀楼、天河潭风景区、南江大峡谷、青岩古镇、高坡苗乡、红枫湖、香纸沟等

旅游线路推荐

1 市中心→黔灵山→弘福寺→瞰筑亭→黔灵湖→麒麟洞→甲秀楼　　2 市中心→花溪公园→青岩古镇→高坡苗乡→天河潭风景区　　3 市中心→香纸沟→息烽温泉→息烽集中营→阳明洞→红枫湖→六广河峡谷　　4 市中心→开阳县城→南江大峡谷→香火岩峡谷→紫江地缝　　5 市中心→安顺市→龙宫风景区→黄果树瀑布

贵阳特产　贵阳羊艾茶（红碎茶、松柏常青茶、毛峰茶、碧绿春茶、小叶苦丁茶），以及清镇酥李、苗家清神茶、杜仲茶、苗家香口茶、野生天麻、桂圆肉、灰树花（又名贝叶多孔菌）、银耳花、苦丁毛尖茶、天麻茶、灵芝茶、银杏茶、山野妹金银花茶、簸箕画、蜂蜜酒、蜂杖酒、蜂芝酒、救心菜、打鼓酒、卫城刺梨酒、息烽西望山虫柴、老干妈香辣菜、青岩玫瑰糖、贵阳奇石、苗族挑花与刺绣、傩戏面具、黔艺宝工艺品、贵阳天麻酒、花溪刺梨酒、贵阳大曲酒、瀑布啤酒、波波糖、贵阳辣椒、开阳南贡茶、贵州芦笙、贵州布依族地毯、花溪苗乡糯米酒、苗家清神茶等

舌尖上的**安顺**

美食向导 Delicacies Guide

安顺是一个多民族聚居的地方，不仅有著名的黄果树瀑布风景区，其饮食风味也是五花八门，各具特色。安顺的饮食素以小吃闻名，品种多样，风味独特，如破酥包、水晶凉粉、荞凉粉、油炸粑稀饭、碎肉豆沙粑、酸菜粑、卷粉裹裹、锅渣等，都令人食而难忘。

推荐特色美食

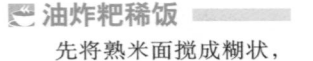 油炸粑稀饭

先将熟米面搅成糊状，盛入碗中，再从滚油锅中将炸得黄脆的糯料豆沙粑捞起，放入碗中，然后浇上一瓢滚油即可。食时，油而不腻，内酥外软，十分可口。

花江狗肉

安顺市关岭布依族苗族自治县花江镇擅制狗肉，其制法讲究，风味独特，名闻全国。吃花江狗肉，一定要

加一碗作料,即辣椒水,边蘸边吃,又烫又辣,又香又麻,味道极妙。在花江镇狗肉一条街,食店林立,可品尝到正宗美味的花江狗肉。

破酥包

即一种包子,因内有层次,故称为"破酥",是安顺地区的名特小吃。馅香味美,别具风味。

水晶凉粉

又称冰粉,采用木瓜籽加工而成。每到酷热季节,喝上一碗冰粉,清凉爽口,驱暑解渴。

油炸鸡蛋糕

选用优质米和大豆,浸泡后磨成浆,盛入六角型的铁皮盒子,加入鲜肉馅,再将成形的鸡蛋糕放入油锅中炸制而成。外脆里嫩,肉馅鲜美。

旧州鸡辣子

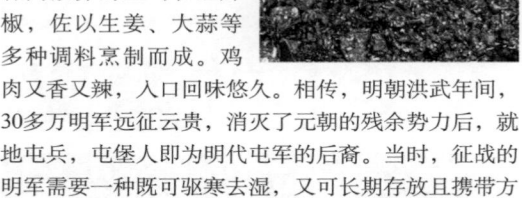

是安顺市旧州镇的屯堡人特制的一种传统美味小吃。采用当地林间散养的土鸡和红辣椒,佐以生姜、大蒜等多种调料烹制而成。鸡肉又香又辣,入口回味悠久。相传,明朝洪武年间,30多万明军远征云贵,消灭了元朝的残余势力后,就地屯兵,屯堡人即为明代屯军的后裔。当时,征战的明军需要一种既可驱寒去湿,又可长期存放且携带方便的食物,"鸡辣子"由此在旧州古镇诞生,其传统的制作手艺流传至今。

其他名吃

安顺糯米饭、肠旺面、牛肉粉、花江剪粉、安顺裹卷、鸡丁干粉、邓幺妹辣子鸡、安顺锅渣、镇宁布依族狗肉、油炸粑(又叫马泡)、侗家油茶、炝炒剪刀菜、清炒紫花菌、酸菜饵块粑、天麻鸳鸯鸽、烧烤香猪、宫保鸡丁、糟辣脆皮鱼等

旅游攻略 Travel Guide

安顺,位于贵州省中部偏西南,自古就有"滇之喉,黔之腹"之称,是贵州省历史文化名城,享有"中国瀑布之乡"、"屯堡文化之乡"的美誉。战国时为夜郎国地;西汉时称夜郎县,著名典故"夜郎自大"就发生在这里;元代始名安顺州。安顺是喀斯特地貌发育最成熟、最典型、最集中的地带,境内江河峡谷纵横交错,溶洞石林、森林湖泊、暗河泉水星罗棋布,100多个瀑布、1200多个地表溶洞密布,构成了一幅绚丽多姿的立体画卷,被誉为"中国最美的地方"。黄果树大瀑布、龙宫国家级风景名胜区、天星桥、夜郎洞风景区、红枫湖风景区、紫云格凸河穿洞国家级风景名胜区、镇宁石头寨、花江大峡谷及安顺屯堡等众多人文与自然景观,形成了安顺极为丰富的旅游资源,是中国六大黄金旅游线之一。其中,黄果树瀑布是贵州的标志性景点,以其壮观的瀑布风景名扬海内外。

热门景点 黄果树瀑布、龙宫国家级风景名胜区、镇宁石头寨、云山屯堡、紫云格凸河穿洞国家级风景名胜区、花江大峡谷等

旅游线路推荐

1 市中心→镇宁布依族苗族自治县城→犀牛洞→七眼桥→石头寨→关岭红崖天书→龙宫国家级风景名胜区 **2** 市中心→黄果树瀑布→天星桥风景区→关岭红崖天书→龙宫国家级风景名胜区 **3** 市中心→云山屯堡→紫云苗族布依族自治县城→紫云格凸河穿洞国家级风景名胜区→关岭花江大峡谷

安顺特产

猴场手搓辣椒面、山苍子、紫云竹叶青绿茶、格凸春芽茶、紫云天麻、杜仲、灵芝、矮马、宗地花猪、普定朵贝茶、安顺蜡染、黄果树烟、黄果树毛峰茶、旧州香米、薏仁米、平坝刺梨干、平坝黄牛肉、葛花解酒茶、紫云冰脆李、安顺百花串酱菜、安酒、安顺傩戏面具、竹荪（又名竹参）、镇宁波波糖、安顺金刺梨等

舌尖上的**遵义**

美食向导 Delicacies Guide

遵义，古称播州，位于贵州省北部，以生产世界三大名酒之一的茅台酒而驰名中外。遵义的特色菜中有许多来自野菜，如龙爪肉丝的"龙爪"，是贵州山上出产的一种蕨菜；折耳根炒腊肉中的"折耳根"，即中药里的鱼腥草。其实，遵义的小吃更有特色，许多小吃大多有上百年的历史，如羊肉粉、豆花面、鸡蛋糕等，每一样美食，都会让你唇齿留香，食后难忘。

推荐特色美食

豆花面

遵义的豆花面馆遍及大街小巷，生意红火。先将面煮好盛入碗中（讲究点儿的用豆浆煮面，味道更加浓郁），将做好的豆花覆盖在煮好的面上，再佐以辣椒、酱油、味精、葱、姜、香菜等调料，一碗味道鲜美的豆花面就做好了。在遵义，尤以老城新华桥头刘承富家的豆花面最负盛名。

羊肉粉

是遵义的传统风味小吃。吃羊肉粉，最讲究的就是一个原汤原味。许多遵义人为了吃原汤，不惜起个大早，为的就是那一口儿。

筒筒笋

以新鲜的竹笋制成，通常和腊肉搭配烹炒成菜，竹笋清香，兼有腊肉的独特香味，鲜美无比。赤水地区盛产竹笋，所以，制作筒筒笋的食材较为丰富。

鸡蛋糕

是遵义的传统糕点，创制于清代同治年间。外形棕红而内金黄，饱满油润，香气扑鼻，食而不腻。

乌江鱼

其制法类似于水煮鱼。将各种调料配齐，入锅调制成汤汁，放入鲜鱼块和豆腐烧制，鲜香辣烫，色味俱佳。在乌江边的小镇上，都能吃到乌江鱼这道当地名菜。

醋羊肉

俗称"全锅汤"，以烫皮全羊和内脏一起下锅烹制而成，是一道冬令佳肴。这道菜微咸甜带酸，兼有轻微辣味，既保持了羊肉特有的鲜味，又没有羊肉的膻味。在遵义新舟一带，许多家庭待客都有"醋羊肉"上席。

楠木渡猪嘴鱼

猪嘴鱼产于遵义县境内乌江楠木渡古渡口一带河段，因其嘴部又圆又肥似猪头而得名。肉质鲜嫩酥软，入口即化，非常味美。你可以在乌江边上的鱼餐馆，一边品味鲜美的猪嘴鱼，一边欣赏乌江美景，那心情就可想而知了。

凉拌折耳根

折耳根，又称"鱼腥草"，因其茎叶有强烈的腥臭味而得名，是遵义地区盛产的一种野菜。当地人常常将鱼腥草做成一道小菜招待客人。此菜入口，虽有点腥臭味，但营养价值较高。

其他名吃

竹荪乌骨鸡、南白黄糕粑、铁板烤鸭、遵义黄粑、七彩八宝糯米饭、乌江鲢鱼豆腐火锅、赤水陈记猪儿耙、腊猪脚火锅、豆腐皮、务川灰豆腐、桐梓玉兰片、桐梓花秋干粑、道真灰豆腐果、赤水罐罐鸡、正安张家牛肉烧醋、遵义五彩小花卷、赤水河鲜鱼宴、仁怀喜头擂茶、血粑、三把鸡等

旅游攻略 Travel Guide

　　遵义，位于贵州省北部，是贵州省第二大城市，自古为黔北交通重镇。古称播州，原属四川管辖，唐懿宗咸通十一年（870年），唐将杨端打败南诏军队，攻占播州，从此开始了对播州的世袭统治，共传二十九代；明万历二十七年（1599年），杨氏末代统治者杨应龙背叛朝廷，被明军所灭，播州被分为遵义、平越两府；清雍正五年（1727年）改属贵州，置遵义府。1935年1月，红军长征到达这里，召开了著名的遵义会议，在这里播撒革命火种，因此，遵义有"红色革命之都"的美誉；1997年，设遵义市。遵义山川秀丽，风光独特，旅游资源十分丰富，有遵义会议旧址、赤水桫椤国家级自然保护区、赤水大瀑布、赤水丹霞、双河洞国家地质公园、燕子岩国家森林公园、娄山关、宽水洞、桃溪寺、禹门山、茅台镇等一大批风景名胜。

热门景点　遵义会议旧址、仁怀茅台国酒文化城、赤水国家级风景名胜区、十丈洞、四洞沟、竹海国家森林公园、金沙沟桫椤自然保护区、娄山关等

旅游线路推荐

1 市中心→毛泽东旧居→遵义会议旧址→红军长征史迹→红军烈士陵园→海龙囤　2 市中心→娄山关→桐梓县城→天门洞→金家寨→七十二弯公路奇观→夜郎镇　3 市中心→赤水市→金沙沟桫椤自然保护区→竹海国家森林公园→丙安古镇→十丈洞风景区→燕子岩国家森林公园→四洞沟风景区→大同古镇　4 市中心→湄潭县城→湄潭文庙→湄潭水源洞→务川县城→龙潭村仡佬族风情→道真县城→大沙河银杉自然保护区

遵义特产　贵州茅台酒、习酒、董酒、珍酒、赤水竹食品、小叶苦丁茶、朝天椒、蕨菜、蕨苔、蕨粑、赤水四洞沟虫茶、湄江茶、遵义大头菜、遵义红茶、虾子辣椒、湄潭茅贡米、凤冈富锌富硒茶、遵义毛峰茶、绥阳金银花茶、余庆苦丁茶、合马山羊肉、桐梓大娄山香豆腐、坪营盐菜、仁怀小湾翠芽茶、正安白茶、仁怀酒中酒、长寿长乐酒、赤水晒醋、赤水"三步倒"白酒、"高洞"白酒、赤水醇、赤水老窖、金资福酒、赤水七珍茶、虫茶、老鹰茶、盖碗茶、石磨辣椒酱、银杏王酒、娄山大虫草、务川百合粉、正安野木瓜、鸭溪窖酒、赤水蕨菜、湄潭湄窖酒、遵义董公酒等。

舌尖上的**毕节**

美食向导 Delicacies Guide

　　毕节地处贵州高原屋脊，是古代夜郎文化的繁盛之地，境内居住着汉、彝、苗、回、白、布依、仡佬等少数民族。由于地处高寒地区，当地人习惯吃热食，并根据当地特有的食材创制了很多传统美食，其中，以威宁火腿、草海细鱼、彝族咂酒、夜郎八卦鸡、纳雍火把鱼、毕节臭豆腐、汤圆、苦荞粑等最有特色。

豆腐干

毕节豆腐干，即臭豆腐，是当地的传统小吃。其制法始创于清朝道光年间，用炭火烧烤，再佐以五香辣椒面即成。食之，皮脆肉酥，香味四溢，素有"臭里香"之美称。

毕节汤圆

毕节人特别喜欢吃汤圆。馅料有蜜枣、酸菜、橘饼、玫瑰、火腿等品种，每种味道各不相同，是贵州著名的风味小吃。

威宁炒荞饭

用荞麦粒和米饭、辣椒、熟火腿等一起炒制而成，口味非常地道，是威宁一带比较流行的风味小吃。

威宁火腿

是毕节市著名的传统美食，已有600多年的历史。威宁属高寒山区，历来畜牧业十分发达，当地的彝族同胞，每年都要腌制腊肉贮存起来，至来年食用，这些独具特色的腊肉，为制作威宁火腿提供了丰富的原料。由于威宁靠近云南宣威，故又称宣威火腿。

织金宫保鸡丁

宫保鸡丁是后人为纪念清末大臣丁宝桢（又称丁宫保），把他创制的一道菜——辣子炒鸡丁，以他的名字来命名。丁宝桢，贵州省毕节市织金县人，清末被朝廷封为"太子少保"，人称丁宫保。由于他在山东、四川都当过官，而又是贵州人，因此，这三个省份都有宫保鸡丁这道菜。

夜郎八卦鸡

古代的夜郎民族素有以禽骨卜卦、预测吉凶福祸的习俗。卜卦必杀鸡，他们将卜卦后的鸡烹制成美食佳肴，即为八卦鸡，是一道具有当地民族文化特色的名吃。

纳雍火把鱼

是用柴火烤制而成的一种风味独特的干鱼，俗称火把鱼。纳雍县东南有一条河流，盛产鱼类，由于河水清澈，无污染，这里的鱼主要靠食小虫和石浆生活，因此，肉肥味鲜，香浓诱人，远近闻名。

威宁草海细鱼

又称虾子鱼、黄辣丁、小黄鱼。此鱼体形不大，肉厚味鲜，名闻贵州。草海细鱼兼有虾味，原来，捕获的鱼肚内或口内都有完整的红虾，这是因为细鱼很贪吃，往往肚子里的虾子还未消化完，嘴上又含上了另一只虾子的缘故。

竹荪炖鸡

竹荪是织金县的著名特产，是寄生在枯竹根部的一种隐花菌类，因其形状略似于网状干白蛇皮，被人们称为"雪裙仙子"、"山珍之花"、"菌中皇后"等，自古就被列为"草八珍"之一。用竹荪与鸡同炖，味道鲜美，营养价值非常高。

彝族三道酒

威宁彝族回族苗族自治县的彝族群众待客热情诚恳，每有客至，必以他们自己酿制的咂酒招待客人，敬"三道酒"，是彝族人民接待贵宾的最高礼仪。第一道为拦门酒，即在门口迎接客人，彝家人吹响长号、唢呐，弹起月琴，载歌载舞，欢唱"迎客调"，并由穿着盛装的彝族姑娘，捧上一杯美酒敬给客人；第二道为祝福酒，即在酒宴上向客人敬上双杯美酒，同时还要献上祝酒歌；第三道为留客酒，即主人送客到门口时，请客人喝下离别时的最后一杯酒，敬酒时，彝家人吹响长号、唢呐，并吹奏"留客调"，主人手捧酒杯唱起送客的酒歌，而客人必须把这杯酒喝掉，才能告别启程。彝家咂酒，也称竿儿酒，因用不同的原料配制而口味各异，有刺梨酒、水花酒等，是一种具有浓郁民族特色的饮料，酸甜适度，甘美清香，味道独特，是彝家常年必备的酒。

连渣落

又名菜豆花，是贵州最为常见的一种家常小吃。其制作方法非常简单，把豆浆煮开，放入切成块的白菜，再往锅里放入少许酸汤或食醋，边点边搅拌，让豆浆变成豆腐，都黏在白菜上即可。食用时，蘸着用各种调料制成的蘸水，清淡香甜，特别爽口。

苦荞粑

威宁彝族回族苗族自治县属高寒山区，盛产苦荞、甜荞，苦荞味苦，但用苦荞粉制作的荞酥却甜美芳香。"黔西、大方一枝花，威宁、毕节苦荞粑。"这是当地人赞美苦荞酥的一句民谚。相传，明代时期，贵州著名的彝族女土司——奢香夫人，曾把荞酥进贡给明太祖朱元璋，皇帝尝后连声称赞："南方遗物，南方遗物"。并把荞酥列为御用贡品。

其他名吃 草海细鱼干、大方臭豆腐、王猪脚、赫章徐家太婆香豆花、赵老五黄粑、沙土羊肉粉、糟辣椒、大方豆豉粑、彝家猪米肠、鸡场豆腐、纳雍新猫场砂锅菜、织金血豆腐、王傻子烧鸡、曾三兴家卤牛肉、黔西擂茶糍粑、麻辣臭豆腐干、脆哨面、豆沙窝等

● 旅游攻略 Travel Guide

毕节，位于贵州省西北部，距贵阳178千米，西与云南接壤，西北隔赤水与四川相邻，素有"天然喀斯特地貌博物馆"之称，是冬无严寒、夏无酷暑的清凉世界。这一片古老而文明的土地上曾流传着夜郎国的古老传说，聚居着彝、苗、布依、回、仡佬等30多个少数民族，至今仍保存着绚丽多姿的民族民间文化。每年农历四月有杜鹃花节，农历五月有当地彝族和其他民族的盛大节日。这里有神奇秀丽的奇山、秀水、飞瀑、溶洞，还有淳朴浓郁的彝族、苗族风情，是旅游、度假、避暑的胜地。主要景点有百里杜鹃、织金洞、九洞天、奢香夫人墓、草海国家级自然保护区、夜郎国遗址、大屯土司庄园等。

热门景点 草海国家级自然保护区、奢香夫人墓、织金洞、百里杜鹃、九洞天等

旅游线路推荐

 市中心→大屯土司庄园→大方县城→奢香夫人墓→普底乡百里杜鹃→九洞天 **2** 市中心→赫章县城→韭菜坪→珠市乡→威宁草海国家级自然保护区 **3** 市中心→织金县城→织金洞→纳雍县总溪河风景区

毕节特产 贵州三宝（杜仲、天麻、灵芝），以及织金蜡染刺绣、苗族马尾绣、织金砂锅、大方核桃工艺品、金沙温家醋、七星关清池翠片茶、威宁党参、半夏、大方海马宫茶、纳雍府茗香翠龙茶、毕节石姨妈菜叶豆腐乳、织金石雕、彝家水花酒、刺梨酒、纳雍生漆、纳雍姑箐贡茶、织金大理石工艺品、毕节大曲酒、大方漆器等

舌尖上的**黔东南**

● 美食向导 Delicacies Guide

苗族、侗族是黔东南人口最多的主体民族，以这两个民族为主线的黔东南饮食文化，主要体现了一种"以酸为主"的风味特色。在黔东南地区，由于气候潮湿，多烟瘴，流行腹泻、痢疾等，吃酸食可以帮助消化和止泻，因此，无论男女老少，都有"嗜酸"的爱好。当地乡谚说"三天不吃酸，走路打捞车"（指走路打趔趄的意思），道出了黔东南酸食文化的特色风格。在黔东南的村村寨寨，流传至今的各种风味美食，品种繁多，其中，苗家菜主要有酸汤鱼、酸汤菜、苗王鱼、面辣、鸡稀饭、灰菜等；侗家菜主要有牛瘪汤、羊瘪汤、腌鱼、腊肉、油茶、荷叶捆鸡、烤香猪等。除此之外，黔东南的风味美食还有镇远道菜、下司狗肉、香茅草烧鱼、重安江酸汤鱼、三穗麻鸭、榕江香羊等。其中，最著名的美食，还要首推凯里的苗家酸汤鱼和侗家的腌鱼、羊瘪汤。

推荐特色美食

牛瘪汤与羊瘪汤

是将羊或牛的肝、肠、肺等内脏剁碎，与羊血或牛血混合后煮熟，再加胆汁的一种杂味汤，是黔东南非常奇特的一种美食。煮制好的牛瘪汤和羊瘪汤，入口微苦，有健胃和助消化的功效，被黔东南少数民族视为待客的上乘食品。

从江烤香猪

从江县的香猪，具有体形矮小、肉质细嫩、营养丰富的特点，是制作高档肉食品的优质原料。在处理干净的整猪表面，涂刷作料后，放在炭火上慢慢烤熟，一时香气四溢，肉质酥香味美，食后，回味无穷。

镇远陈年道菜

相传，此菜最初由镇远县青龙洞中的道士所创，故称"道菜"。又因储藏越久，味道越美，故又称"陈年道菜"。选取当地生产的特等青菜为主料，经过14道工序加工而成。既可佐餐下酒，又可炒菜煮汤，别有风味。

侗家腌鱼

腌鱼是侗族家庭必备的传统咸鱼食品。这种腌鱼风味独特，由咸、麻、辛、辣、酸、甜六味组成。吃起来，骨酥肉软，鲜嫩可口。

炒香虫

苗族居住的崇山峻岭，栖息着各种虫类。他们将捕捉到的幼虫，或鲜炒，或煲汤，或焙干香炒，味道特别鲜美，营养价值极高。

苗族姊妹饭

姊妹饭是用糯米做成的，每逢农历三月十五，苗寨里都准备好五颜六色的姊妹饭，欢欢喜喜地过姊妹节。在这一天，如果有外寨的小伙子来做客，会得到姑娘们的热情招待。临别时，小伙子向姑娘讨姊妹饭，姑娘便用篮子盛满饭递给他，如果饭里藏的是辣椒或大蒜，表示告诉小伙子，彼此不合情意，委婉拒绝；如果饭里藏的是一对筷子或红花瓣，那就表示叫小伙子快点张罗把自己娶过门。姊妹饭有如无字的情书，撮合了无数美好的姻缘。

凯里酸汤鱼

酸汤食品历来是苗族人民的传统菜肴，用酸汤所烹制的酸汤鱼更是堪称酸味中的绝佳名菜。其做法是用野生小西红柿、木姜子、酸笋做成的酸汤与鱼片同煮。鱼肉鲜嫩，汤汁酸辣，味道极美。在贵州，酸汤鱼可算是王牌菜，尤以凯里酸汤鱼最为正宗。当地有"做不来酸汤，嫁不了人"的俗语。

猪庖汤

苗乡各村寨，逢年过节时必杀猪，有吃庖汤的习俗。每当杀猪后，请来左邻右舍，用猪血、粉肠、内脏及少量肉煮成一锅大杂烩。吃时，配以辣椒蘸水，那味道，真是妙不可言。

其他名吃

苗王鱼、罐罐鸡、侗果、肥羊火锅、三穗卷粉、绿叶米豆腐、血浆鸭、布依族风味粽粑、冲冲糕、苗家鸡稀饭、三穗灰碱粑、苗家狗肉、榕江卷粉、米粉、榕江甜酒粑、施秉狗肉汤锅、绿豆粉、盐酸菜烧鱼等

旅游攻略 Travel Guide

黔东南苗族侗族自治州位于贵州省东部，自治州首府凯里市，是一个以苗族为主体、多民族聚居的城市。这里的民族传统节日数以百计，异彩纷呈，民族传统文化保存完好，是世界"十大少数民族文化保护圈"之一，被誉为"人类疲惫心灵的最后家园"。每年农历七月十五，凯里市一带的苗民举行盛大集会，祭祀苗族远古始祖蚩尤，届时，海内外苗裔回乡参

加，盛况空前。凯里周边的名胜古迹有魁星阁、金泉湖、漫洞苗寨、香炉山、重安江等景区。黔东南苗族侗族自治州现已形成三条旅游线路，第一条，以凯里为核心的苗族风情旅游线；第二条，以文化名城镇远为核心的潕阳河旅游线；第三条，以侗乡黎平为中心的侗族风情旅游线。

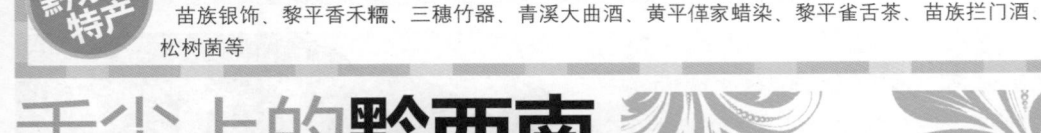

热门景点

凯里香炉山、舟溪苗寨、朗德上寨、西江千户苗寨、雷公山、台江偏寨苗寨、反排苗寨、榕江三宝鼓楼、从江岜沙苗寨、增冲鼓楼、小黄侗寨、潕阳河国家级风景名胜区、镇远古城、青龙洞、莲花坪"七月二十"歌场、肇兴侗寨、地坪风雨桥、茅贡侗乡、从江县加榜乡梯田等

旅游线路推荐

1 凯里市中心→南花苗族风情→朗德苗寨→雷公山→排卡苗寨芦笙制作→新桥短裙苗族民俗村→西江千户苗寨→反排苗族木鼓舞→施洞苗族风情→镇远古城　　**2** 凯里市中心→重安江（十里古峡、三朝桥、僮家民俗风情）→旧州古镇→飞云崖→贵州民族节日博物馆→杉木河漂流→云台山→潕阳河国家级风景名胜区→青龙洞→铁溪风景区→梵净山　　**3** 凯里市中心→榕江七十二寨侗族风情→三宝侗乡→八舟河风景区→从江增冲鼓楼→加榜乡梯田→岜沙苗寨→肇兴侗寨→地坪风雨桥

黔东南特产　　镇远桐油、青毛茶、金堡米酒、八宝娃娃鱼、竹荪（又名竹参）、黄平泥哨、思州石砚、苗族银饰、黎平香禾糯、三穗竹器、青溪大曲酒、黄平僮家蜡染、黎平雀舌茶、苗族拦门酒、松树菌等

舌尖上的**黔西南**

美食向导 Delicacies Guide

黔西南布依族苗族自治州位于贵州西南部，自治州首府所在地兴义市，素有"小春城"之称。这里民族众多，风情独特，不仅有神奇的旅游资源，还有很多特色美食。油亮香脆的"刷把头"，乍一听，像是一种日常用品，见到后，会让人一笑，像一个小小的竹刷，吃起来，却津津有味；贞丰糯米饭，那肉香与米香混合在一起，香味扑鼻，口味浓郁；还有兴义的耳块粑、三合汤、七色粉等，都堪称黔西南独特的传统美食，不可不尝。

推荐特色美食

耳块粑

在兴义地区，家家户户都喜欢做耳块粑，采用粳米和糯米混合制成。耳块粑炒火腿是当地有名的一道菜肴，吃起来，香甜浓厚，酸辣可口。

三合汤

是兴义市的著名小吃，因以糯米、白云豆、猪脚三种主料烹制而成，故名"三合汤"。在糯

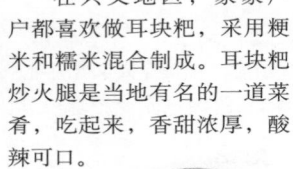

米饭内加酥肉片、酱油、醋、辣椒等作料，掺入鸡汤或猪脚汤，煮得半稀半烂即可。味道鲜美，营养丰富。

七色粉

是兴义人最喜食用的一种早餐食品。因该粉内有羊肉、羊血、泡萝卜丁、香菜、葱花、肉酱等七种配料，故被称为"七色粉"。

鸡肉汤圆

是兴义的一种特色小吃。以鸡肉为馅，内灌鸡汤，并佐以花生酱，味道鲜美，别具特色。

刷把头

是黔西南最负盛名的小吃。起始于清朝同治年间，因其形状如民间所用的竹刷把而得名。用面粉、竹笋、瘦肉、鸡蛋为主要原料，制成"刷把头"状，蒸熟可食。味道鲜美，诱人食欲。

舒家杠子面

兴义市中心的"舒记面馆"，是久负盛名的一家面食小店。其面条全部由手工制作而成，用鸡汤调味，作料齐全。吃起来，口感筋道，面汤鲜香。

鸡屎藤粑粑

是黔西南最地道的一种小吃。虽然名字听起来，让人没有食欲，但是味道却很不错。鸡屎藤是当地的一种野生草本植物，将其叶捣烂后，味道芳香，具有补血益气的功效。用鸡屎藤叶与大米面制成的鸡屎藤粑粑，风味独特，富含营养，值得一尝。

布依族便当酒

是布依族逢年过节或操办红白喜事时酿制的一种土酒，布依语称为"便当酒"。望谟县的布依族村寨，几乎每家都有酿制便当酒的简易作坊，大多以玉米为主要原料，配以当地特制的"酒药"酿制而成。勤劳聪明的布依人，还能将香蕉、甘蔗糖水、拐枣、芭蕉芋、青冈籽等水果植物，用来酿制不同风味的"便当酒"。这种散发着浓郁乡土气息的"便当酒"，清香醇和，令人回味无穷。

其他名吃

苗家腌鱼、苗家糯粑、安龙魔芋粉丝、抓饼、贞丰糯米饭、粽粑、兴义羊肉粉、肖家烧鸭、普安回族牛干巴、兴义豆花面、包谷饭、狗肉火锅、布依族五色糯米饭、兴义烤鸭等

旅游攻略 Travel Guide

黔西南布依族苗族自治州位于贵州省西南部，地处珠江水系南北盘江流域，素有"西南屏障，黔南锁钥"之称，自治州首府为兴义市。境内由于地势与气候的关系，高山岭谷间水资源极为丰富，植被繁茂，秀丽的山水风光十分迷人，主要景点有马岭河峡谷国家级风景名胜区、天生桥水库、万峰林、奇香楼等。这里民族众多，有布依、苗、汉、瑶、仡佬族等，民族风情浓郁，布依族的"三月三"、"六月六"、"查白歌节"，苗族的"八月八"等民族节日，绚丽多彩，让人流连忘返。

热门景点　马岭河峡谷国家级风景名胜区、万峰林、万峰湖、泥凼石林、晴隆二十四道拐公路奇观等

旅游线路推荐

1 兴义市中心→马岭河峡谷国家级风景名胜区→天星画廊　2 兴义市中心→天生桥→万峰林→泥凼石林→万峰湖→何应钦故居　3 兴义市中心→贞丰三岔湖→安龙招堤→刘氏庄园→飞龙洞景区
4 兴义市中心→晴隆县二十四道拐公路奇观

黔西南特产

兴仁市清镇凉水井老腊肉、晴隆绿茶、苗家万花茶、傣家蜡染、兴仁薏米仁、望谟便当酒、贵州醇酒、贞丰连环砂仁、顶坛花椒、安龙通草画屏、布依族蜡染等

舌尖上的
云南

云南菜，简称"滇菜"，由滇南、滇东北、滇西北三个地区的风味菜组成。滇南地区，包括昆明一带，自然资源丰富，饮食历史悠久，是云南菜的主体，如过桥米线、汽锅鸡、石屏烤豆腐、玉溪鳝鱼等，均源于这一地区。滇东北地区与四川、贵州接壤，其饮食烹调方法和口味，受川菜影响较深，如云南火腿、牛干巴、罗汉笋、酥红豆等，都属于这一地区的川味名菜。滇西北地区由于少数民族众多，地理气候差异很大，每个民族都有自己的特色菜，傣族的香茅草鸡，回族的牛肉汤，彝族的乳饼、火烧猪，纳西族的火锅，藏族的酥油茶、糌粑，哈尼族的狗肉，怒族的醉鸡等，具有浓郁的民族特色。云南盛产各种新鲜菌类，有鸡枞菌、牛肝菌、香菇、干巴菌等，将这些纯天然野生绿色食材烹饪成菜，有令人难忘的美味异香。神秘、多元的民族风情，美丽的自然风光，风味独特的饮食文化，构成了多彩云南永恒的魅力。

地图标注：
聆听纳西古乐，重走茶马古道
四季花开的"春城"
苍山洱海之间的文献名都
热海奇观，边境风情
石林奇观，彩色沙林
漫步建水古城，魂牵梯田美景
孔雀的故乡西双版纳

特别推荐

▶ **云南十大美食** 昆明过桥米线、汽锅鸡、野生菌火锅、楚雄元谋烤小猪、玉溪抚仙湖铜锅煮鱼、大理粑肉饵丝、丽江黑山羊火锅、泸沽湖腌酸鱼、保山御膳坛子鸡、红河石屏烤豆腐

▶ **云南十大特产** 云南白药、云南普洱茶、宣威火腿、文山"三七"、红河元阳云雾茶、曲靖会泽宝珠梨、保山腾冲玉器、瑞丽柠檬、西双版纳竹筒香茶、大理乳扇

▶ **云南十大景点** 昆明滇池、路南石林国家级风景名胜区、丽江古城、泸沽湖、大理洱海、保山腾冲地热火山国家级风景名胜区、西双版纳国家森林公园、文山广南坝美村、红河元阳哈尼梯田、迪庆香格里拉风景区

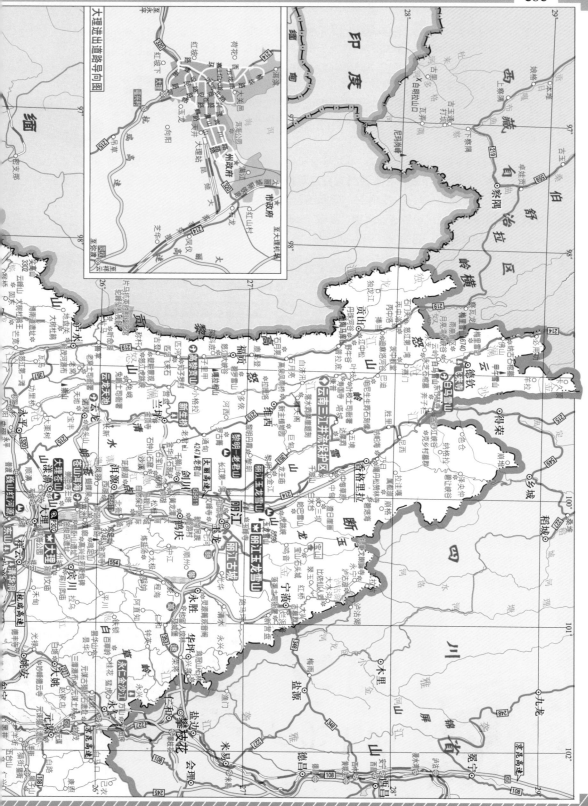

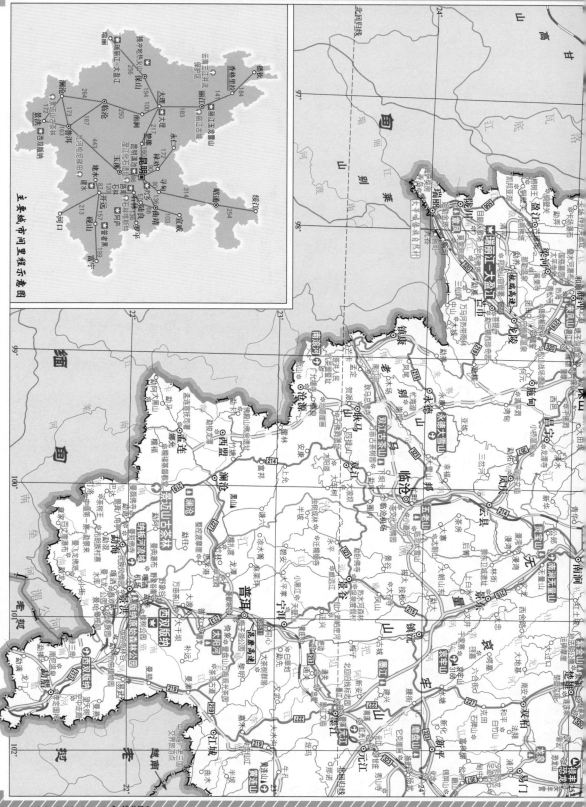

主要城市间里程示意图

比例尺 1:2 850 000

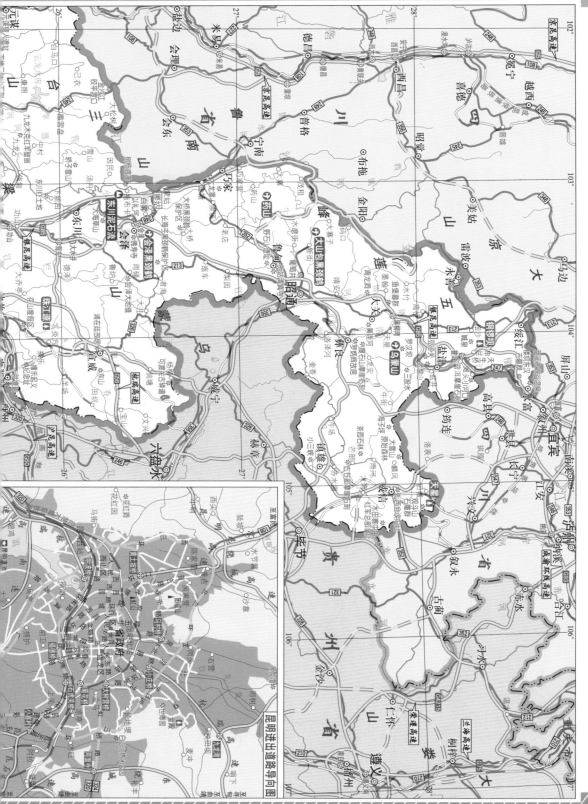

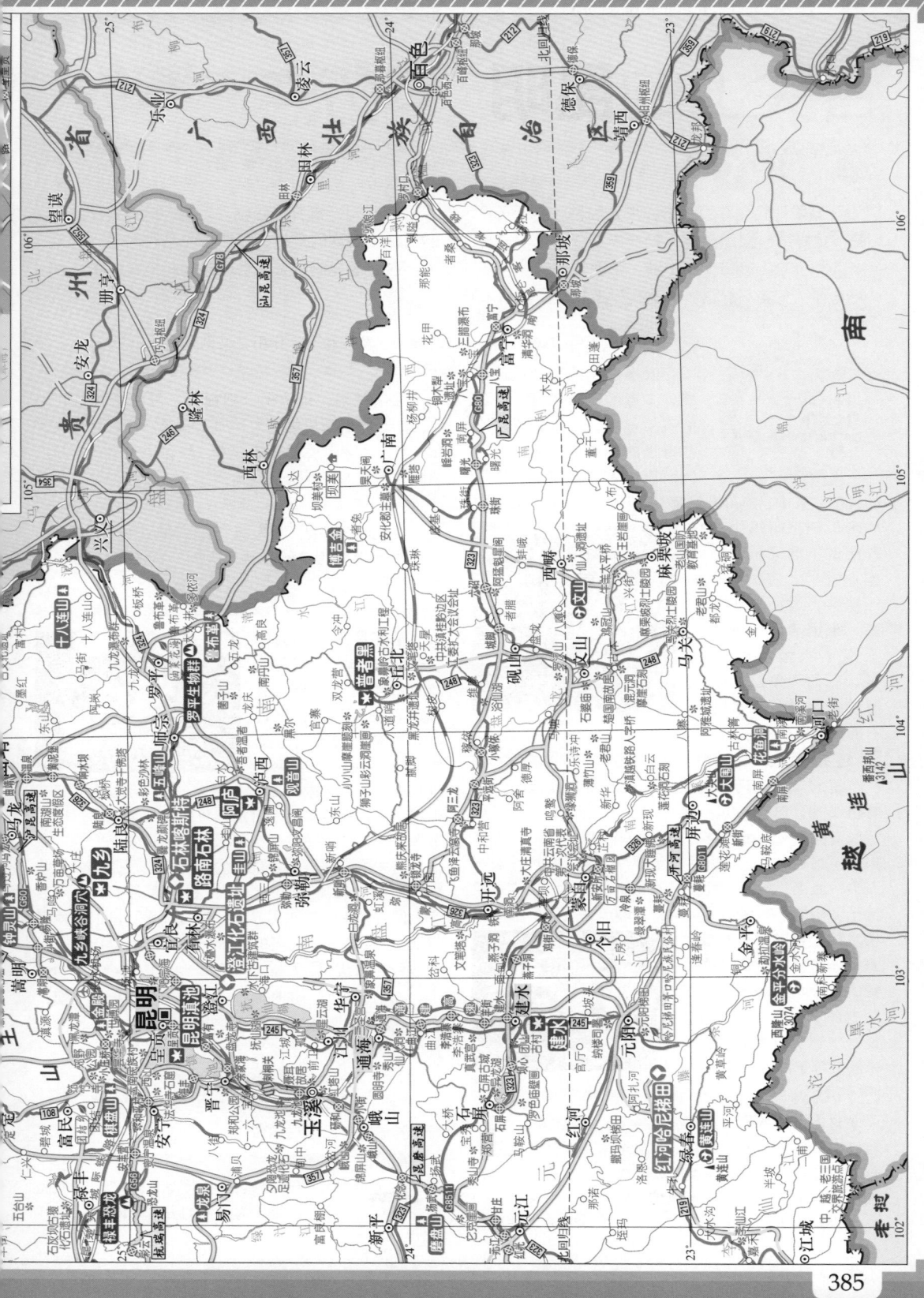

舌尖上的**昆明**

美食向导 Delicacies Guide

昆明地处北纬亚热带，夏无酷暑，冬无严寒，气候温和湿润，素有"春城"之誉。这里盛产野生菌、山野菜，果蔬繁茂，物产丰富，为昆明饮食的创制提供了丰富的食材。昆明小吃品种繁多，异常丰富，小吃店遍布大街小巷，那飘香的美味，实在诱人不已。在昆明，云南各民族的特色菜基本上都能吃到，尤其不能错过的美食，当属云南过桥米线和汽锅鸡。

推荐 特色美食

🍢 云南十八怪小吃

云南由于独特的地理风貌，多彩的民族风情，奇特的风俗习惯，产生了许多有些奇怪的现象或生活方式，因而流传着"云南十八怪"的说法。其中，有好几怪都是关于"吃"的方面的，如米饭粑粑叫饵块，蚂蚱能做下酒菜，牛奶可作扇子卖，三个蚂蚱一碟菜，过桥米线人人爱，土锅通洞蒸鸡卖。云南十八怪的版本很多，有的现象已消失，有的条款是夸张了的，有的也还保留着。

🍢 过桥米线

是起源于红河哈尼族彝族自治州蒙自市的一种特色小吃，已有100多年的历史。用猪骨头、老母鸡经长时间熬煮成浓郁鲜香的高汤，配以米线、猪里脊肉片、鸡脯肉片、鱼肉片、猪腰片、水发鱿鱼片及豌豆尖、韭菜、葱丝、姜丝、豆腐皮等食材，再佐以油辣子、胡椒、味精、盐等调料，即成为美味好吃的过桥米线。素以特有的滋嫩鲜香、清爽适口、风味独特、富于营养而著称，在国内外享有盛名。人们常说："到了云南不吃过桥米线，等于白去一趟。"

🍢 汽锅鸡

是云南独有的一道高级风味菜。此菜的汤汁为蒸汽凝成，保持了原汁原味、鸡肉细嫩、汤汁鲜美的特色，深受食客赞誉。早在清朝乾隆年间，汽锅鸡就在滇南的文山、蒙自、建水地区民间流传，后来，人们又在汽锅鸡中加入了三七、虫草、天麻等名贵药材，

既增加了营养和食疗作用，又别具风味。

🍢 饵块

又叫糍粑、饵块粑、粑粑等，是昆明著名的小吃之一。饵块系用优质大米加工制成，一般分为块、丝、片三种，其吃法有烧、煮、炒、卤、蒸、炸等，风味各异，久吃不厌。

🍢 烧豆腐

是昆明夜市中最为流行的风味小吃。实际上是一种用炭火烤熟的小块臭豆腐，闻着臭，吃起来香，很受食客喜爱。

🍢 都督烧卖

是起源于宜良县的一道传统小吃。相传，清宣统年间，宜良城有一家兴盛园餐馆，以售烧卖驰名，每天食客众多，供不应求。店主祝可兴决定，每人限购三个。一天，一位老者吃完了三个烧卖后，还要几个带走，可店主就是不卖，还对老者说到："即使云南都督来了，也只卖三个。"后来，店主得知那天来食烧卖的人就是唐继尧都督，此事在昆明一带流传开来。店主祝可兴为了扩大知名度，便将自家的烧卖更名为"都督烧卖"，很快就名声远扬，成为云南著名的风味小吃。

🍢 野生菌火锅

到了昆明，一定要吃地道的纯天然野生菌火锅，尤以鸡枞菌、牛肝菌、干巴菌等，口味最好。在大吃野生菌后，再喝一碗汤尝尝，美不可言。

🍢 卤鸭

是晋宁区昆阳镇的名特食品，素以卤味香醇、肥而不腻的特点而远近闻名。

🍢 酸腌菜

酸腌菜是昆明老百姓的家常腌菜。"昆明酸腌菜，云南人最爱"，是广为流传的云南民谚之一。

石林汤锅

石林彝族自治县是彝族撒尼人的聚居地。这里的汤锅极具地方民族特色，主料有羊肉、狗肉、驴肉等，各种肉炖得恰到好处，色、香、味俱全，令人食后回味无穷。

昆明十大小吃

过桥米线、四喜汤圆、荞包子、太师饼、都督烧卖、荠菜饺、火腿豆焖饭、小锅米线、饵块、什锦凉米线。

其他名吃

东川牦牛肉火锅、米凉虾、破酥包子、豆花米线、玫瑰鲜花饼、呈贡臭豆腐、嫩荷叶包饭、火夹清蒸鸡枞、官渡镇麦粑粑、石林乳饼、黄焖土鸡、青椒松茸、烤乳扇、嵩明酸菜鱼、寻甸粉蒸肉、昆明奶油洋芋、砂锅米线、云南牛干巴、宜良烤鸭、云腿豆焖饭、昆明豌豆粉、包谷粑粑、鸡丝凉卷粉、佤族鼠食、抓抓粉、酸竹菜、云南春卷等

推荐
特色食处

✪ 护国桥头小吃街

小吃街上有上千种小吃，全是名牌老店经营，口味正宗地道，光是云南名吃"米线"，就有小锅、豆花、过桥、陶罐、砂锅等数十种，是到昆明旅游不可不去的地方。 ✉ 五华区南屏街东口

✪ 关上野生菌一条街

每年5月至11月，是到昆明吃野生菌的最好季节。这里多以火锅为主，有青头菌、黄牛肝菌、羊肚菌等20多种，还有炒干巴菌、干辣椒炒黄牛肝菌等菜品，口味特香，营养丰富。 ✉ 官渡区关兴路

✪ 桥香园金马碧鸡坊店

桥香园是昆明的一家老店，常年食客爆满，生意兴隆。这里的小吃品种丰富，地道正宗，午餐和晚餐时，还有精彩的民俗表演。 ✉ 金马碧鸡坊牌坊旁边

✪ 祥云美食城

是昆明美食最集中的小吃城。这里有老昆明风味的端仕小锅、南来盛、福鑫风味园等名店，也有傣族、白族的风味小吃，还有台湾小吃草地人、老迈娘水饺、金氏粥粉坊等。 ✉ 五华区宝善街

✪ 和平村小吃街

这里有老字号的盘龙太和和平小吃店、和平风味城、华光小吃店、喷香喷香锅皇、和平泡菜暖锅、官渡小吃等众多餐馆。风味各异的美食，既好吃，又廉价，极具诱惑，令人向往。 ✉ 北京路南段

✪ 昆明北大门美食圈

是昆明美食最集中的地方，滇、川、粤、黔、陕等全国各地美食全部集中在这里。这个区域的品牌火

锅最为著名，云南雄鱼头火锅、大理青梅火锅、曲靖老鸭子火锅，以及成都谭鱼头、光头香辣蟹火锅和重庆小天鹅、两江楼火锅等，档次较高，吃起来，味道正宗，过瘾爽口。这里还有乙古香酒楼（滇味）、百香居（川味）、秦朝瓦罐（西安风味）、琦峰野生菌（滇味菌类）等餐饮名店，就算一天吃一家，估计一个月也吃不完。

✪ 滇池路美食街

滇池路原来是一条高档的海鲜街，近年来的发展开始多样化，又增加了多家风味酒楼，有乡巴佬餐厅、宴谷美食城、罗曼大酒店、吉兴隆烧鹅美食城、红太阳湘菜馆、旺角海鲜、快乐海鲜、新人人海鲜酒楼、南亚风情园、爱伲山庄等。

✪ 双龙桥狗肉一条街

双龙桥的狗肉，以"狗三爷"最为出名。一条不长的街上，很多店家取的名字与"三爷"有关，如三爷狗肉大刀王、唐三爷、狗三爷等。近年来，这里又增加了蒙自砂锅狗肉、烤狗排、建水烧烤狗肉等新的店家，并提供烧狗脸、烧狗尾、烧狗鞭等许多吃法。

● 旅游攻略 Travel Guide

昆明，位于云南省中部，为云南省省会，因其四季如春，鲜花常年不谢，草木四季常青，故有"春城"、"花城"的美誉。盘龙江穿城区而过流入滇池，孕育了这座美丽的城市，是国家历史文化名城。战国时，楚将庄蹻率兵入滇，建滇王国，在滇池沿岸筑城，这便是最早的昆明城；公元前109年，汉武帝设益州郡，将滇池地区纳入中原王朝版图；唐永泰元年（公元765年），南诏国在此筑拓东城，成为南诏国东都，改称鄯阐城；宋代大理国在云南设八府四郡，仍称昆明为鄯阐城；元代将行政中心由大理迁至鄯阐城，改称昆明；清初吴三桂在此称王。这里是一个多民族聚居的地区，民族节日众多，彝族的"火把节"，白族的"三月街"、"绕三灵"，傣族的泼水节，苗族的"花山会"，傈僳族的"刀杆节"等，丰富多彩，独具民族文化魅力。美丽的自然风光，灿烂的历史古迹，绚丽的民族风情，使昆明跻身全国十大旅游热点城市。

热门景点 滇池、西山风景区、世界园艺博览园、路南石林国家级风景名胜区、轿子雪山、九乡风景区等

旅游线路推荐

1 市中心→翠湖→金殿风景区→世界园艺博览园→金马碧鸡坊　　2 市中心→西山风景区→滇池→海埂→大观楼→云南民族村→郑和公园　　3 市中心→石林彝族自治县城→路南石林国家级风景名胜区　　4 市中心→宜良县城→九乡溶洞群　　5 市中心→禄劝彝族苗族自治县城→轿子山→东川红土地景观

昆明特产 滇八件糕点（硬壳火腿饼、洗沙白酥、水晶酥、麻仁酥、玫瑰饼、伍仁酥、鸡枞酥、火腿大头菜酥），以及云南卷烟、东川老白干酒、玫瑰糖、夹沙荞糕、寻甸牛干巴、南蛮子精装鸡枞干巴、玫瑰卤酒、昆明蜡染、撒尼挂包、云南米酒、昆明太师饼、云南咖啡、野生干巴菌、晋宁公鸡帽、嵩明杨林肥酒、宝洪茶、石林骨头参、撒尼刺绣品、云南重彩画、昆明大头菜、马街土陶、斑铜工艺品、云南白药、普洱茶、虎掌菌、鸡枞菌（又名鸡脚蘑菇）等

舌尖上的**大理**

● 美食向导 Delicacies Guide

大理白族自治州有品种繁多的风味美食。其中，著名的乳扇、奇妙的饵块、香酥的粑粑、滑嫩的凉鸡米线等，都令人回味无穷。在大理古城内的护国路上，游客可以品尝到很多云南风味的菜肴，以及当地的白族菜。其中，以拥有白族三道茶及藏族酥油茶而驰名海内外的太白楼，堪称大理餐饮店的代表，在这里吃饭，除了能品尝到白族的特色风味外，更多了一份文化内涵，多了一份了解少数民族风俗的意境。

推荐
特色美食

烤饵块

是大理最有名的传统小吃之一。用蒸熟的米面在大理石板上压成块状，根据顾客的要求，放上不同的调料，包成"饺子"一样的形状，再放到炭火上面烤熟即成。大米的清香搭配酱料的风味，可谓大理美食一绝。

凉鸡米线

在云南各地，有一种小吃叫"米线"，不同地方的米线做法不同，风味各异，如小锅米线、过桥米线、凉鸡米线、卤米线等，味道各有特色。在大理，最出名的米线，莫过于凉鸡米线。将米线加上甜咸酱油、醋、辣椒、麻油、味精等配料及煮熟的凉鸡肉丝，再加些核桃酱和小粉做成的卤汁，吃起来，清凉爽口，别具风味。大理古城人民路上的"再回首"凉鸡米线店，味道最为正宗，也最受游客欢迎。

雕梅

是大理的白族特有的一种小吃。将当地新采摘的梅子用生灰水泡过，用小刀雕出各种花纹，并将梅核取出，加入蜂蜜、玫瑰糖，再放入瓶中，腌制数月后即可食用。清香四溢，甘甜爽口，沁人肺腑。

乳扇

产于洱源县的一种奶制品，是一种特形干酪。用乳扇可做成各种菜肴，凉拌、油煎、烧烤皆可。在大理古城中，最有名的烤乳扇是杨记乳扇，味道香脆鲜美，入口即化。到了大理，别忘了去尝一尝。

白族三道茶

是云南的白族人民招待客人的一种饮茶方式，以独特的"头苦，二甜，三回味"的茶道，闻名中外。第一道称为"清苦之茶"，第二道称为"甜茶"，第三道称为"回味茶"。寓意做人的哲理，即先苦后甜，凡事要多回味的道理。大理古城的文献楼和大理南诏文化城内的"三道茶"，都比较正宗，还有民族歌舞表演，供游客欣赏。

粑肉饵丝

是大理有名的特色小吃，具有味道清香、汁浓不腻、饵丝筋润的特点。

大理生皮

生皮，白族语称黑格，即生猪皮和生猪肉。每逢过节，白族人总会以凉拌生皮作为招牌菜和特色菜，款待客人。

砂锅鱼

是大理的地方名菜之一。用洱海出产的弓鱼或鲤鱼为主料，加上嫩鸡片、冬菇等十余种配料，慢慢炖制而成。味道非常鲜美，不可不尝。

喜洲粑粑

粑粑分甜、咸两类。民间常用上下底火烤制而成，因源于大理喜洲镇而得名，是当地非常有特色的一种小吃。

雕梅扣肉

是大理的白族群众创制的一道名特菜肴。选用上好的多层五花肉，与采自春天的青梅一起蒸熟而成。此菜的肉中饱含梅子的清香，肥而不腻，香味扑鼻。

大理冻鱼

为白族群众待客的一道冷食。食用时间是在秋后至次年三月之前，要边晒着太阳，边吃冻鱼。大理有句谚语，叫"吃冻鱼，晒肚皮"，即指食用此菜。

洱海全鱼宴

大理市的千年古渔村双廊镇有家玉玑岛文化大院，这里的洱海全鱼宴非常出名。菜肴有酸辣鱼、粉蒸鱼、茄子鱼、油炸银鱼、砂锅鱼头等14道洱海鱼菜，俗称"全鱼宴"。风味各异，很有特色。

鸡足山素食

宾川县境内的鸡足山，堪称佛教圣地。这里的佛家斋菜非常出名，通常以豆制品、面筋为主料，配以鸡足山出产的冷菌、香菌、竹笋等鲜菜，用植物油烹制而成。菜品有佛珠鱼、素火腿、袈裟肉、素猪肝、素排骨等数十种，造型各异，色、香、味俱佳。

其他名吃

巍山扒肉饵丝、大理白族米糕、羊生皮、剑川猪酐酢、祥云酸煮谷花鱼、鹤庆蘸水吹肝、白族酿雪梨、洱源温泉菜、凉豌豆粉、白族木瓜水、大理翠梅酸辣鱼、祥云天马豆腐、巍山一根面（又称扯扯面）、云龙火腿、白族鲜花食品、青豆小糕、巍山清真牛干巴、漾濞油鸡枞、南涧锅巴油粉、彝族锅贴乳饼、永平木瓜鸡、永平腊鹅、宾川海稍鱼、鱼猪脚炖煮草乌、树头菜炒火腿、洱海鱼三味、大理炖梅、大理火烧猪肉、白族腌螺蛳、炒螺黄、活水煮活鱼、冷冻白豆腐鱼、弥渡卷蹄等

旅游攻略 Travel Guide

大理白族自治州位于云南省西部，首府为大理市，距昆明338千米，是国家历史文化名城之一。早在汉代，大理就是西南丝绸之路的要冲；公元738年，南诏王皮逻阁在唐朝政府的支持下，吞并了其他五诏和许多小部落，在大理筑太和城为都；公元937年，通海节度使段思平率军攻占大理城，建立大理国新政权；1253年，元帝忽必烈率军攻破大理，在云南设立了中书行省，并将行省的治所东移到昆明，才结束了大理500多年一直是云南政治中心的历史。大理，气候温和，民风淳朴，自然风光秀丽，文物古迹众多，尤以四大奇景(下关风、上关花、苍山雪、洱海月)最为著名，被誉为"东方日内瓦"。每年农历三月十五至二十，游客还可参加大理白族"三月街"节日庆典活动，领略古朴而浓郁的白族风情。

热门景点 大理崇圣寺三塔、苍山国家级自然保护区、洱海国家级自然保护区、蝴蝶泉、鸡足山、剑川县石钟山石窟寺等

旅游线路推荐

1 大理市中心→崇圣寺三塔→喜洲古镇→周城→太和城遗址　　2 大理市中心→洱海码头→小普陀岛→南诏风情岛→金梭岛　　3 大理市中心→苍山风景区→蝴蝶泉　　4 大理市中心→宾川县城→鸡足山　　5 大理市中心→剑川县城→沙溪古镇→石宝山风景区→老君山　　6 大理市中心→洱源县城→茈碧湖→西湖

大理特产 姊妹七辣（糊辣、油辣、辣豆豉、辣酱子、豆瓣酱、辣卤酱、辣性），以及大理梅酒、巍山南诏醇酒、洱海海菜、南涧绿茶、云龙绿茶、白族扎染布、大理啤酒、鹤庆三香茶和花酒、漾濞甲夹虫、核桃工艺品、雪山清白酒、云龙野生黑木耳、松茸、祥云米酒、剑川苏裹梅、怡王茶、宾川黑腰枣、云南松花粉、大理下关沱茶、洱海梅子、大理烤茶、感通茶、苍山高河茶、剑川木雕、鹤庆乾酒、竹肉球菌、大理石工艺品等

舌尖上的**丽江**

美食向导 Delicacies Guide

丽江，总是个迷人的地方，除了有颇具特色的小桥流水和别样风情外，尤以古老的纳西族文化和泸沽湖畔摩梭人独特的民俗风情最为著名。丽江的美食也是五花八门，品种繁多，最出名的有丽江粑粑、鸡豆凉粉、冰粉、黑山羊火锅、三叠水、米灌肠、太安洋芋鸡火锅等。其中，尤以纳西族的三叠水、八大碗最有特色。若到了丽江，在品尝美味佳肴的同时，再呷上一口当地的米酒，淡雅的清香就会从齿间流向心头，这种意境，令人向往。

推荐 特色美食

鸡豆凉粉

是丽江有名的风味小吃之一。用鸡豆磨成粉之后做成凉粉，再配以各种作料，风味独特，深受游客欢迎。

米灌肠

是丽江百姓年前常做的一种美食。其做法是把猪血拌着米，灌入洗干净的大肠里面，然后蒸熟。一般是切成片蒸制或油炸食用，味道鲜美，浓香适口。

丽江粑粑

即用面粉、火腿为原料做成的圆饼，分甜咸两种口味，酥脆香甜，很受人们欢迎。古时，马帮通常带好多粑粑上路，当作干粮食用。

黑山羊火锅

是丽江很有特色的美食。本地产的黑山羊，肉质鲜嫩味美，香味诱人，令人食后难忘。位于丽江金凯广场旁的黑山羊一条街，是吃黑山羊火锅的好地方，人气很旺。

纳西族烤鱼和烤肉

所谓烤鱼、烤肉，实际都是油炸的，在丽江很多餐厅都能吃到。风味独特，不可不尝。

三叠水

在有贵客来访的时候，纳西人的最高宴席就是"三叠水"，可以说，这是纳西人的"满汉全席"。"三叠水"中，包括山珍海味、纳西族风味小吃，因使用三套大小不同的餐具，共有18道菜，故名"三叠水"。第一叠为甜点，有米糕、蜜饯、果脯、时鲜果品等；第二叠为凉菜，有吹肝、凉粉、火腿、豆腐干等；第三叠为熟食，主要以蒸菜为主，其中，以腊排骨火锅这道主菜最为出名。

吹猪肝

是纳西族请客时必备的一道传统名菜。一般在农历腊月制作，将新鲜的猪肝吹膨胀后晒干，再入锅煮熟，配以油辣子、芝麻、醋、盐、炒花生米等，拌在一起食用。味道独特，别有风味。

冰粉

是丽江著名的小吃。将新鲜的果实用纱布包起来，揉出半透明的晶体，即为冰粉。食时，拌入以红糖和玫瑰花瓣做成的玫瑰糖，香甜可口，很有特色。

苏里玛酒

最早叫苏浬玛酒，因"浬"字较偏，人们通常称为苏里玛酒，是宁蒗彝族自治县泸沽湖畔的摩梭人酿制的一种度数低、味道清香酸甜的饮料酒。摩梭语解释为"女神的乳汁"。酒精含量为10度左右，醇香四溢，入口绵和，多饮不醉，素有"摩梭啤酒"之称。

咣当酒

是摩梭人常饮和待客的一种自酿酒。将青稞、玉米、谷子等混合煮熟，加入酒曲发酵后，盛入坛子内储藏起来。喝酒时，加温蒸煮，酒精含量30度左右，清香甜美，口感绵柔，但后劲较强。往往是在喝一阵后，咣当一声醉倒，故名咣当酒。

猪膘肉

是纳西族、普米族的传统食品。将宰杀后的生猪风腌成完整的腊猪，因其外形似琵琶，故又称"琵琶肉"。将猪膘肉煮熟后，色、香、味俱佳，独具民族特色，是当地人待客的佳肴。

腌酸鱼

是泸沽湖畔的摩梭人家待客的传统名菜。将处理干净的鱼，分层放进陶罐中，每放一层鱼，撒一层糌粑面、食盐、花椒、五香粉等作料，装满后，把坛口封好放在阴凉处，一般存放半个月后就可食用。这种腌酸鱼，可生食，也可炒食，或放上辣椒煮成酸辣汤，味道鲜美爽口，营养丰富。

太安洋芋鸡火锅

是一道极具丽江特色的美食。太安是玉龙纳西族自治县的一个镇名，地处玉龙雪山南麓的高寒山区，这里出产的洋芋（即土豆）个头大，而且味道特别，不易煮烂。丽江人喜欢将太安洋芋和山区农家放养的土鸡一起放入锅里煮，鸡肉酥软入味，洋芋鲜香无比。由于食客的追捧，太安洋芋鸡火锅成为了当地的一道名菜。

其他名吃

丽江彭氏长生汤锅鸡、腊排骨火锅、野山菌火锅、甜米酒、虫草汽锅鸡、永胜油茶、彝族腌菜、丽江大肉包子、彝族坨坨肉、牦牛肉火锅、青蛙饼、杜鹃花炒蛋、炸蜻蜓、丽江麻补（一种风味食品）、宁蒗苦荞粑粑、永胜三川火腿等

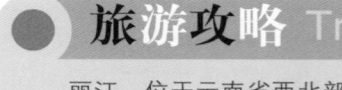

旅游攻略 Travel Guide

丽江，位于云南省西北部，地处金沙江上游，市区中心海拔高度为2418米，自古就是一个多民族聚居的地方，有纳西族、白族、普米族、藏族、彝族、傈僳族等12个世居民族，是国家历史文化名城之一，被联合国教科文组织审批为"世界文化遗产"城市。战国时期，为秦国属郡；南北朝时，纳西族的先民开始迁至此地；宋代，属大理鄯巨郡地，开始建城；元代，设为丽江路，因临丽江（金沙江古称丽江）而得名，丽江之名由此而始；明代，由本地纳西族木氏土司世袭统治；清代，先后设为丽江府、丽江县。境内山河交错，峰奇谷秀，人文与自然景观众多，主要旅游资源以二山（玉龙雪山、老君山）、一城（丽江古城）、一湖（泸沽湖）、一江（金沙江）、一文化（纳西族东巴文化）、一风情（泸沽湖摩梭人的"男不娶，女不嫁"的母系走婚习俗）为代表。秋天是丽江最美的季节，潺潺溪水从雪山融化而来，分成数条水网穿城而过，古城内色彩缤纷的树木和花朵映衬着远处的玉龙雪山，一派小桥流水的水乡景色，令人心旷神怡。有人说："丽江是一个让人忘记烦恼、享受发呆的绝佳之地"。

热门景点 丽江古城、黑龙潭、束河古镇、玉龙雪山、虎跳峡、石鼓镇长江第一湾、泸沽湖等

旅游线路推荐

1 市中心→木府→望古楼→四方街→玉泉公园（黑龙潭）→五凤楼→文峰寺→大研纳西古乐会→束河古镇→白沙壁画→玉水寨　2 市中心→桥头→二十四拐→中虎跳→下虎跳→大具镇→石鼓镇长江第一湾　3 市中心→玉龙雪山→东巴神园→雪嵩村洛克旧居→云杉坪→甘海子→白水河→玉峰寺　4 市中心→泸沽湖

丽江特产 丽江"三可口"特产（辣椒、豆腐、白条鱼），以及丽江海棠果、蒲笋、彝族转转酒、丽江三文鱼、拉市海鲫鱼、高原野生羊肚菌、泸沽湖苏里玛酒、丽江红皮小西瓜子、蜜钱、东巴木雕、玉龙雪山山珍雪茶、金边白瓜子、腊渣酒、东巴画、纳西族七星背包、香木缘、华坪乌木春绿茶、丽江窖酒、永胜瓷器、青刺果油、东巴挂毯、丽江鸡枞、松茸、山崳菜、人参、冬虫夏草等

舌尖上的迪庆

美食向导 Delicacies Guide

迪庆藏族自治州地处青藏高原东南缘，是世界著名景观三江并流的腹心地带，境内有著名的香格里拉风景区。迪庆藏族自治州的居民，有藏、傈僳、纳西、白、回、彝、苗、普米、怒族等少数民族，其中，以藏族为主，因此，这里的饮食多为藏族风味。在迪庆藏族自治州各地，你都可以品尝到原汁原味的糌粑、酥油茶、青稞酒，还可以到藏民家中做客就餐，体验当地浓郁的民风民俗。

推荐 特色美食

琵琶猪肉

是采用藏族传统腌肉方法制作的一种猪肉食品，因其形状像琵琶而得名。琵琶猪肉可煮可炖，味道鲜美，风味独特，为藏族人家待客的上品。

锅奔火锅

是迪庆州的特色名吃。"锅奔"，为藏语，指产于当地高山中的一种野生竹叶菜。火锅的主要原料有锅奔、洋芋、熟猪肚、豆腐、水发粉等。食之，御寒暖身，又有滋补养生的功效。

酥油茶

将特制的茶叶加工成汁，再配以酥油、食盐和香料，放在茶桶中搅拌成水乳交融状，即成酥油茶，是藏族家庭中不可缺少的饮品。

青稞酒

是藏族人民最喜欢饮用的一种酒。酒味绵柔，清香扑鼻，烈而不醉人，确实好喝。青稞酒系用高原特有的青稞酿制而成，已有上千年的历史。

药膳菜肴

迪庆盛产大量的野生药材，因而有许多传统的药膳菜肴，有虫草鸡、天麻炖猪肝、当归煮羊肉等。尤以药膳火锅为最佳。

卤肝辣子

是迪庆州的一道传统名菜，在维西傈僳族自治县及金沙江沿岸颇为流行。味道又辣又麻，风味独特。

糌粑

实际就是青稞炒面，是藏族人民的主食。吃时，一般会搭配酥油茶，用手不断搅匀后，捏成糌粑团食用。

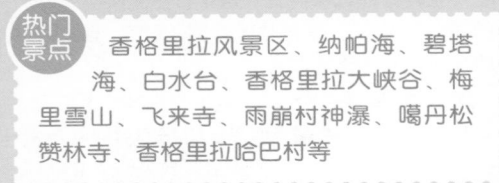

其他名吃

藏式糕点（油炸果、"八馓"糟糕、"吉祥结"油炸果、龙眼包子），以及牦牛肉、吹肝、赛蜜羊肉、夏河蹄筋、牦牛奶、风干牛羊肉、维西氽灌肠、蒸牛舌、甜茶、维西豆腐、香格里拉高原鱼、藏族奶渣、酸奶、荞粑粑、坨坨肉、普米族醉鸡等

旅游攻略 Travel Guide

迪庆，藏语意为"吉祥如意的地方"。位于云南省西北部，滇、川、藏三省区交界处，平均海拔3380米，是云南省唯一的藏族自治州，首府为香格里拉市。少数民族占全州总人口的82%，其中，以藏族为主，还有傈僳、纳西、白、彝、回、苗、普米、怒、独龙族等少数民族。境内江河蜿蜒，雪山雄奇，草原辽阔，森林如海，自然景观十分秀美，被誉为"人间仙境"。主要景点有香格里拉峡谷群、东巴教始祖修炼地——白水台、"小布达拉宫"噶丹松赞林寺、茨中天主教堂、梅里雪山、三江并流等风景名胜。

热门景点 香格里拉风景区、纳帕海、碧塔海、白水台、香格里拉大峡谷、梅里雪山、飞来寺、雨崩村神瀑、噶丹松赞林寺、香格里拉哈巴村等

旅游线路推荐

1 香格里拉市中心→中心镇公堂→天生桥温泉→纳帕海→噶丹松赞林寺 2 香格里拉市中心→属都湖→碧塔海→白水台→香格里拉大峡谷 3 香格里拉市中心→三坝乡哈巴村→哈巴雪山 4 德钦县城→飞来寺→金沙江第一湾→梅里雪山→明永村→明永冰川→雨崩村神瀑

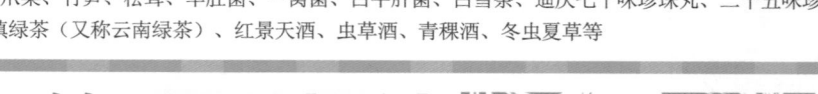

迪庆特产 藏族银饰品、香格里拉松茸、迪庆高原葡萄酒、迪庆藏红花、德钦茶叶、雪莲花、迪庆竹叶菜、龙爪菜、竹笋、松茸、羊肚菌、一窝菌、白牛肝菌、白雪茶、迪庆七十味珍珠丸、二十五味珍珠丸、滇绿茶（又称云南绿茶）、红景天酒、虫草酒、青稞酒、冬虫夏草等

舌尖上的**西双版纳**

美食向导 Delicacies Guide

西双版纳的饮食以傣族风味为主，具有酸、甜、苦、辣、鲜的特点。傣味菜以糯米、酸味及烧烤肉类、水产食品为主，多用野生栽培植物做香料，具有浓郁的民族风味，在云南菜系中独享盛誉。傣家菜最有代表性的名菜有酸笋煮鱼（鸡）、香竹饭、喃泌、香茅草烤鱼等。另外，哈尼族的代表美食有芭蕉叶包烧肉、鸡肉稀饭等，布朗族的代表美食有包烧鲜鱿、卵石鲜鱼汤等，都是到西双版纳旅游必吃的美味佳肴。

推荐特色美食

酸笋煮鱼（鸡）

是傣族的一道传统名菜。先将酸笋在油锅上微炒片刻，放入适量的水做汤，水开后加入切成块状的鱼（鸡）肉，煮熟即可食用。味道酸辣爽口，十分开胃。

香茅草烤鱼

一般先将洗净的鱼裹上味道芬芳的香茅草，然后置于火上烧烤，并抹上适量的猪油。香气扑鼻，鱼肉酥香，味道鲜美，为傣族著名的风味佳肴。

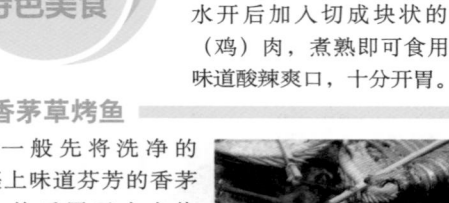

香竹饭

是傣族特有的风味美食。每年11月至次年2月间做出的香竹饭最香，因此时采的竹子，有一层香气扑鼻的香膜，故称香竹饭。

菠萝紫米饭

是具有傣族特色的糯米食品。将浸泡后的紫糯米放入掏空的菠萝内，盖上菠萝盖后，放到锅里煮熟即可食用。味道又香又甜，确实好吃。

炸牛皮

傣家炸制的牛皮，色白如玉，松脆可口。若配上傣族特有的各种喃泌酱蘸着吃，更是别有风味。

傣味包烧

是傣族特殊的一种烹饪食品的方法。将欲烹制的食物用鲜芭蕉叶或荷叶包裹，并用香茅草扎紧，置于火塘的炭灰下焐烧至熟。食物的主料多为猪脑、鸡胗、鲜鱼、狗肉、鸡、鸭等，配料多为青椒、姜、蒜、小米辣等。这样包烧而成的食品，味美清香，原汁原味，独具民族特色。

喃泌

"喃泌"为傣语，其实，就是我们常说的酱。由青菜、番茄、竹笋、辣椒、鱼、花生等制成。通常，都是将喃泌与一些煎炸的食品一起食用，以增加主食的味道。

哈尼族菜

是西双版纳除了傣味菜之外的又一个特色菜系。最具代表性的哈尼族菜肴有琪玛（肉粥）、白旺（凉拌菜）、腌芭蕉心（酸味）、芭蕉叶包烧肉、鸡肉稀饭、豆粉肉丸汤、雀肉松、油炸蛹、夹棍烤鱼等。

其他名吃

骨头糁、基诺族酸蚂蚁蛋、布朗族卵石鲜鱼汤、傣族腌牛筋、蕉叶蒸鸡、瑶族粑粑（即粽子）、香茅草烤鸡、蝉酱、雀肉松、蜂蛹酱、暴腌芭蕉心、肉炒芭蕉花、蚂蚱酸菜、竹筒煮肉、酸笋煮螺蛳、包烧鲜鱼、知了背肉馅、烤竹鼠肉、傣味酸肉等

旅游攻略 Travel Guide

西双版纳位于云南省南部边陲，与缅甸、老挝相邻。西双版纳傣族自治州共辖景洪市、勐海县、勐腊县，其中景洪市为自治州的首府所在地。景洪为傣语，意为黎明之城。"版纳"的意思是"一千块田"；"西双"的意思是"十二"，合起来就是"十二个一千块田"。这个名称的由来，是明朝时当地的最高长官为了便于管理，将辖区分为十二个"版纳"，以一个"版纳"为征收赋税单位。全州有人口101万，有傣族、哈尼族、拉祜族、布朗族、基诺族等，其中傣族人口最多。傣族历史悠久，是最早栽培稻谷和使用犁耕的民族之一。公元8世纪到13世纪，西双版纳先后属唐、宋王朝的地方政权南诏、大理国管辖；明代，置版纳景洪；1953年成立西双版纳傣族自治州。这里是地球北回归线沙漠带上唯一的一块绿洲，是一个神奇而美丽的地方，以辽阔迷人的亚热带雨林、珍稀动植物及独特浓郁的民族风情，享誉海内外。

热门景点 景洪民族风情园、西双版纳原始森林公园、橄榄坝傣族园、野象谷等

旅游线路推荐

1 景洪市中心→春欢公园→民族风情园→西双版纳国家森林公园→曼景兰民俗风味食品一条街　2 景洪市中心→勐罕镇橄榄坝傣族园→勐仑镇热带植物→野象谷　3 景洪市中心→打洛镇→中缅边境游

西双版纳特产 西双版纳小粒咖啡、香茅草、版纳地毯、傣锦、沱茶、普洱茶、门巴族木碗、傣族竹编、西双版纳南糯白毫茶、佛香茶、云海白毫茶、岗绿茶、旋云茶、傣族服饰、云南樟脑、竹筒香茶、野生蜂蜜，以及热带水果（香蕉、菠萝、芒果、酸梅、柚子、杨桃、牛心果、菠萝蜜、荔枝、桂圆、椰子、羊奶果、酸多依果、木瓜、甜角、橄榄、西番莲山竹、泰国刺果）等

舌尖上的红河

美食向导 Delicacies Guide

红河哈尼族彝族自治州位于云南省南部，素以神奇壮丽的元阳哈尼族梯田和丰富多彩的民族风情著称。这里的饮食文化历史悠久，许多云南名吃均起源于此，素有"美食之乡"的称誉。在这片美丽的土地上，著名的蒙自过桥米线、建水汽锅鸡、石屏烤豆腐、哈尼族的长街宴等美食佳肴，既是红河饮食文化的组成部分，又是十分珍贵的文化遗产。

推荐特色美食

蒙自过桥米线

蒙自市是云南名吃过桥米线的始源地。其用料考究，制作精细，是米线中的上品，独具风味。相传，清朝时，有位秀才常在蒙自城外的德同湖小岛上读书，其妻每天要把做好的热米线送给丈夫。因为妻子到岛上要过一座桥，人们便把这种米线称为"过桥米线"。后来，秀才考上了状元，贤妻送饭的故事传为美谈。

蒙自冰稀饭

冰稀饭是蒙自地区很有特点的小吃，分甜味和咸味两种。甜味的是红豆稀饭，冰凉可口，最适宜天热时吃。咸味的是花生稀饭，要放作料调味，作料有鱼腥草、生姜末、生韭菜、腐乳等。蒙自城内专营稀饭的只有"杨稀饭"一家，因该店的老板姓杨而得名。

建水汽锅鸡

清代中叶，汽锅鸡就在建水一带民间流传。其制法独特，肉质细嫩，汤味香醇，营养丰富，为云南独有的风味名菜。而以云南出产的珍贵药材"三七"为配料蒸煮子鸡，即为"三七汽锅鸡"，更是名闻遐迩。

建水羊奶菜扣肉

羊奶菜为建水地区特有的一种野生葡匐植物，折断后，会流出奶样的白浆，故名。将羊奶菜叶粉碎，加入稀饭（或甜白酒）、盐、酒、干辣椒面及适量的青椒，放入罐内储存，就制成了建水特有的酱菜。用此酱菜与猪肉片蒸制的羊奶菜扣肉，为建水县的一大名菜。据说，此菜曾受到清朝乾隆皇帝的称赞。

建水草芽

草芽，是建水县特产的一种水生植物，因其形状、颜色酷似象牙，又名象牙菜。草芽色泽乳白，甜脆鲜嫩，营养丰富，是一种上好的食用菜。用草芽烧汤，或与肉片烹炒成菜，都是味美鲜香的佳肴。凡是到建水的游客，每餐必少不了"草芽"这道特色菜。

石屏烤豆腐

在石屏县，无论是在县城的街头巷尾，还是在乡镇的集贸市场，随处可见烤豆腐这种风味小吃。石屏烤豆腐的制作工艺特别讲究，先将新鲜的豆腐发酵两三天，待其略有酸臭味，再用木炭文火慢慢翻烤而成，外焦里嫩，清香四溢。尤以用石屏北门的酸性井水制作的豆腐，味道最鲜美。另外，建水古城的烧豆腐，在云南也非常出名。

烟熏香火腿

产自泸西县山区，与云南宣威火腿齐名。其中，产于向阳地区的"东山火腿"，是泸西火腿中的上品。肉质清香爽口，余味悠久。

白旺

是哈尼族喜庆宴席上的一道名菜。即用动物的生鲜血制作的凉拌菜。味道咸甜可口，独具民族风味。

竹筒烧肉

是红河哈尼族彝族自治州哈尼族的一道名菜。一般选用猪肉作馅，加入一些香蓼草、荆芥、香菇等野生配料。选用当地特有的香竹筒，装入肉块或肉丝后，再用香茅草或芭蕉叶塞满开口，放在炭火上烘烤而成。那肉香与竹香混合的香味，一定会让你垂涎不已。

哈尼族的长街宴

"昂玛突"是红河哈尼族彝族自治州元阳县的哈尼族于每年春耕前（一般在一月中旬）举行的一种祭祀活动，也是哈尼族最传统、最盛大的节日，一般来说要举行几天。届时，人们围在一起尽情地跳舞唱歌，祈求新的一年风调雨顺、生活幸福。而最有特色的活动是壮观的长街宴，由几百张桌子沿街拼接起来，每张桌子都摆满了酒和菜，那味道真是香啊，那气势真是难得一见。如果挑这个热闹的时候去那里的话，当地人保准会邀你入席共享，体验一回千人吃饭的情景。2010年5月18日，红河州元阳县申报的"哈尼族昂玛突"节，被列入非物质文化遗产。

其他名吃

魔芋豆腐、建水凉匀粉、泸西荞粑粑、开远彝族头刀菜、小卷粉、土鸡米线、个旧蘸水卷粉、斗姆阁卤鸡、青鱼火锅、弥勒素炒鸡枞菌、虹溪油炸马鱼、彝家南瓜焖饭、卤鸡米线、金平哈尼水煮螺蛳、臭菜炒黄鳝、苦叶菜果、元阳炸牛肉、干巴坨、干巴片、红河卤鹅掌、山珍花宴、山珍虫宴、酸笋煮螺蛳、弥勒卤鸡、屏边干椒辣子鸡、白河凉鸡、河口牛肉粉、石屏八面煎鱼、建水燕窝酥、弥勒风味豆豉、金平老猪脚、建水包浆豆腐等

旅游攻略 Travel Guide

红河哈尼族彝族自治州位于云南省南部，南与越南相邻，边境线长达848千米，有河口和金水河两个国家级口岸。红河哈尼族彝族自治州辖4市6县和3个自治县，其中，蒙自市为自治州首府所在地。总人口466万，世居着哈尼、彝、苗、傣、壮、瑶、回、汉、布依、拉祜族等多个民族。这

里有着丰富的人文景观和历史文化资源，有以建水文庙为代表的文化遗址，以元阳哈尼梯田为代表的独特农耕文化，还有绚丽多姿的少数民族风情等人文景观。

 热门景点 建水古城、建水燕子洞、元阳梯田、河口南溪河风景区、红河撒玛坝梯田等

旅游线路推荐

1 石屏县城→异龙镇异龙湖→牛街镇老旭甸村→秀山古井→豆腐作坊→文笔塔→双龙桥→团山古民居→燕子洞
2 建水县城→朝阳楼→朱家花园→文庙→
3 元阳县城→哈尼梯田→观音山云海
4 屏边苗族自治县城→大围山→河口口岸（中越边境游）

红河特产 石屏乌银走铜、建水紫陶、泸西松子酒、芒果、弥勒冬瓜蜜饯、屏边大理石、红河木耳、香菇、荞酒、元阳草包鸭蛋、开远杂果酒、蒙自红葡萄酒、屏边熊胆酒、熊胆粉、弥勒剑峰酒、河口蛤蚧酒、松菌、哈尼族焖锅酒、个旧锡制工艺品、开远甜藠头、红河山绿茶、泸西兰益荞酒、元阳云雾茶、建水香糯米、金平鸡参、草果、绿春哈尼豆豉、元阳梯田干巴等

舌尖上的**文山**

美食向导 Delicacies Guide

文山壮族苗族自治州位于云南省东南部，盛产被称为"金不换"的三七（田七），素有"三七之乡"的称誉。境内不仅有著名的丘北普者黑国家级风景名胜区及世外桃源坝美村，更以众多的少数民族风味美食而声名远播。油炸粑、扫糍粑、温淘米线、豆沙粑、椒盐饼、米酒等美味小吃，在文山壮族苗族自治州各地街头巷尾的小摊，随处都有叫卖，且价廉味美。此外，文山州壮家的美食，如马脚杆、烤乳猪、状元柴粑、花糯米饭、白切狗肉、火把肉、壮家酥鸡、清炖破脸狗等，风味独特，更是不能错过。

 **推荐特色美食**

"三七"汽锅鸡

是砚山县的风味名肴。炖鸡时，加入"三七"、天麻、虫草等名贵药材，便成为了"三七"汽锅鸡、天麻汽锅鸡、虫草汽锅鸡，是云南具有独特风味的滋补名菜。

花糯米饭

又叫五彩糯米饭，是文山州壮族的一种传统食品。米饭呈黑、红、黄、蓝、紫等不同花色，

色彩斑斓，香气扑鼻，软甜可口。壮乡人在祭祖、祭田和婚嫁、节庆时，都离不用天然植物染成五色的花糯米饭，心灵手巧的壮家妇女，还可以染出七彩、八彩的糯米饭。

脆皮狗肉

是文山地区有名的菜肴。将烧制的狗肉切成小块，放入油锅中一炸，就成了脆皮狗肉。食时，蘸上纯香的蘸水，真是美味无比。这种狗肉以带皮最好吃，若煮在汤锅中，配上各种蔬菜和荤菜，就成了一道美味的狗肉火锅了。

荷叶粥

在丘北县普者黑景区的彝族支系中自称的撒尼

人，他们喜欢在酷暑季节用新采摘的荷叶熬粥，名曰荷叶粥。到这里旅游的客人，在欣赏美丽风光时，喝上一碗撒尼人做的荷叶粥，既充饥，又消暑解乏，真乃一大享受。

辣血旺

是壮族待客的头道凉菜。以当地的特产七醋为调料制作的辣血旺，具有麻辣酸香、血嫩爽口的特点。当地壮族群众有"无七醋不杀鸡宰鸭"的说法。

岜夯鸡

是广南县壮族独有的一道名菜，为云南美食一绝。"岜夯"为壮族语，意为酸汤，是用红青菜或野菜制作的一种酸菜汤。以此汤烹制的岜夯鸡，具有奇特的酸味，油而不腻，口味鲜香。

地摊狗肉

马关县的地摊狗肉，是当地苗族的一道名菜。原在木厂、小坝子等乡镇一带较为盛行，当地有"苗族的狗，彝族的酒"之说。民间常言："吃狗肉，暖烘烘，不用棉被可过冬"。据说，黄狗肉最好吃，白狗肉有些酸。他们选狗的口诀是"一黄二黑三花四白"。当地农村妇女作月子，只要吃上苗家狗汤锅，未满月就可下地干活。

丘北醉虾

丘北县的普者黑（意为装满鱼虾的湖泊）风景区盛产各种鱼虾。每当夏季，当地群众都喜欢做一道鲜美可口的醉虾，招待客人。将活虾浇以烈酒、陈醋，即可上桌，成为当地的一道名菜。另外，普者黑景区的铜锅煮活鱼，也是一道特色菜，不可错过。

其他名吃 文山椒盐饼、文山连皮乳牛肉、广南豆沙肉、火烧骡子干巴、文山米线、广南南瓜酥、三七根炖乌鸡、腊猪脚、广南凉卷粉、苗家狗汤锅、酸鸡汤、麻栗坡彝族坨肉、沙糕、西畴县小桥沟香猪、砚山壮族血旺猪肉、粽粑等

旅游攻略 Travel Guide

文山壮族苗族自治州位于云南省东南部，南与越南相邻，素有"滇东南大门"的称号。文山壮族苗族自治州辖1市7县，州府设在文山市。这里海拔一般为1000～1800米，属亚热带季风气候，故有"冬比春城昆明暖，夏比春城昆明凉"之说。境内岩、洞、泉、湖、瀑、原始森林等自然景观众多，民族风情多姿多彩，主要旅游景点有丘北普者黑风景区、砚山浴仙湖、广南坝美村、八宝风景区三腊瀑布、富宁驮娘江、文山白沙坡温泉等。

热门景点 丘北普者黑国家级风景名胜区、广南八宝风景区、世外桃源坝美村等

旅游线路推荐

1 文山市中心→西华山→薄竹山→老君山→砚山浴仙湖 2 丘北县城→普者黑国家级风景名胜区→温浏乡→革雷河→歹马瀑布→舍得草场 3 广南县城→八宝镇→八宝风景区→三腊瀑布→峰岩洞村 4 广南县城→世外桃源坝美村

文山特产 文山三七（田七）、广南姑娘茶、那榔酒、壮族服饰、拉祜族手箍、脚箍、项圈、剥隘七醋、富宁茶叶、丘北腻脚酒、文山苗绣、马关茶叶、广南桐油、八宝米、竹筒茶、草果、牛肝菌、鸡枞（即一种菌类，被称为菌中之王）、广南银器、富宁七醋、西畴阳荷、丘北辣椒等

舌尖上的西藏

西藏地处高原，由于海拔高，气候变化异常，生活在高原上的牧民，对热量和营养的需求也就更高，他们大多以畜牧业为主业，并形成了自己独特的饮食习惯。酥油、茶叶、糌粑、牛羊肉，被称为西藏饮食"四宝"，还有青稞酒和各式奶制品，都是藏族人民的传统食品。藏民族一年中的节日繁多，藏历新年不可缺少的食品有卡赛（一种用面和色素炸制的点心）等，这种食品是为来家中拜年的客人准备的，传达吉祥祝福之意。在燃灯节期间，每家每户都会做面疙瘩汤，拌酥油、白糖和奶渣食用，然后全家老少举着酥油灯到附近的寺庙去祈福。这些独特的饮食习俗，构成了神秘的藏文化的一部分。近年来，逐渐形成的西藏菜系，成为中华民族饮食风味体系中独具特色的一支，其传统的菜肴有奶茶、手抓羊肉、蕨麻米饭、灌肠包子、大烩菜、酸奶、炸灌肠、蒸牛舌、籴灌肠、香煮油脾、吹肝等。游客请注意，初次品尝藏族食品不宜贪多，以免消化不良。如深入远离城镇的偏远地区，餐饮较不方便，应携带食物和水。

特别推荐

▶ **西藏十大美食**　风干牛羊肉、酥油茶、糌粑、烤藏香猪、酸奶子、羊血肠、那曲虫草炖雪鸡、人参果拌酥油大米饭、林芝鲁朗石锅鸡、松茸烧藏鸡

▶ **西藏十大特产**　青稞酒、牦牛肉干、唐卡、藏刀、雪莲花、麝香、冬虫夏草、林芝松茸、藏药、人参果

▶ **西藏十大景点**　拉萨布达拉宫、纳木错、那曲当惹雍错、昌都强巴林寺、古格王朝遗址、林芝雅鲁藏布大峡谷、山南乃东贡布日山猴子洞、羊卓雍错、日喀则扎什伦布寺、阿里玛旁雍错

比例尺 1 : 6 530 000

拉萨进出道路导向图

舌尖上的**拉萨**

● 美食向导 Delicacies Guide

　　藏族有着自己独特的饮食习惯，其中酥油、茶叶、糌粑、牛羊肉被称为西藏饮食"四宝"，此外，还有青稞酒和各式奶制品等。随着藏、汉民族交流的不断深入，藏族人的饮食习惯也在发生着变化。如今，在拉萨的街头，藏式餐厅、川菜馆、湘菜馆、随处可见。此外，在拉萨还可以吃到尼泊尔菜、印度菜及西餐。如果去较偏远的藏民聚居区，可以吃到更正宗、更纯正的藏族风味小吃。

推荐 特色美食

🍵 甜茶

　　是藏族群众经常饮用的一道美味饮料。由茶砖和奶冲泡而成，类似于内地的奶茶，适合各地游客的口味。

🍵 糌粑

　　是藏族特有的一种主食。用青稞或豌豆炒熟后磨成面粉，拌以酥油茶捏成团状即为糌粑。也可调以盐茶、酸奶或青稞酒食用，别有风味。

🍵 酥油茶

　　是藏族的主要饮料，好客的藏民常用酥油茶招待客人。在西藏，最好多喝酥油茶，因为它是最好的营养和热量补充剂，甚至还可以治疗初到高原的不适反应症状。藏族喝酥油茶，还有一套习俗，一般是边喝边添，不能一口喝完，但对客人的茶杯总要添满，假如你不想喝，就不要动它，告辞时，再一饮而尽，这样，才表示对藏族的尊重。

🍵 青稞酒

　　是用高原的特产青稞为原料酿制而成的度数很低的一种酒，色泽橙黄，味道酸甜，是藏族群众逢年过节必备的饮料。喝青稞酒，讲究"三口一杯"，即先喝一口，倒满，再喝一口，再斟满；喝完第三口，斟满干一杯，以后，能喝的可自由喝。一般酒宴上，藏族群众都会唱着歌给客人敬酒。

🍖 风干牛羊肉

　　是西藏地区非常有特色的一种肉类食品。每到年底，牧民将牛羊肉割成小条，挂在阴凉处，让其自然风干，既去水分，又保持鲜味。肉质松脆鲜美，口味非常独特。

🍎 西藏人参果

　　藏族称"青梅日布"，意为长生不老之果。此果含有丰富的糖、蛋白质、脂肪及等多种维生素，与鸡鸭清炖，具有健脑润肺之功效；与银耳熬成汤，即成为保健"珍珠汤"；还可用于熬人参果粥食用，味道鲜美，营养丰富。

🍖 羊血肠

　　藏区十分流行的一种食品。其制法较为简单，牧民每宰一只羊，将羊血灌入小肠内煮沸而食，又香又嫩，十分解馋。

🍵 酥油

　　是藏区牧民从牛、羊奶中提炼出来的食品，冷却后，一般呈黄色胶状，有很高的营养价值。酥油的吃法很多，主要是打酥油茶喝，也有放在糌粑里调和着吃。逢年过节，牧民们炸果子，也用酥油。

🍶 奶品

　　西藏地区牛羊多，奶制品也多，是藏族家居或外出的重要食品。最常见的是酸奶子和奶渣。其中，酸奶子又有两种，一种是奶酪，藏语叫"达雪"，是用提炼过酥油的奶制作的；另一种是用没提炼过酥油的奶制作的，藏语称"俄雪"。酸奶子是将牛奶经过糖化作用后制成的食品，营养更为丰富，也较易消化。奶渣是将牛奶提炼酥油后剩下的渣子，可以做成奶饼、奶块，是牧民外出必备的食品。在煮牛奶过程中，还可以揭起表面的一层奶皮，藏语叫"比玛"，就好像豆腐皮一样，这部分奶皮是奶制品中的精华，既鲜嫩，又富有营养。

🍲 藏餐"古突"

　　藏历十二月二十九日晚上，吃"古突"，即面团宴，是藏族人民一年一度的传统习俗。这一天晚上，全家团聚吃"古突"，然后点燃火把，燃

放烟花，驱鬼消灾，为即将到来的新年祈福，希望来年风调雨顺、五谷丰登、人寿安康。"古"即九，这里指二十九；"突"即突巴，是一种粥。粥中有包有九个物品的特殊面疙瘩，每样物品都有一种含义。谁吃到这些东西，就得当众吐出来，会引起全家人的大笑，其乐融融，增添了除夕欢乐的气氛。这九种物品分别是：麦秆，代表非常吉祥；人参果，代表有口福；牛粪，代表丰盛；羊毛，代表性格温柔善良；瓷片，代表游手好闲；盐巴，代表懒惰；炭粒，代表心地不善、狠心；辣椒，代表说话尖酸刻薄；黑豆，代表吝啬。

其他名吃

爆焖羊羔肉、凉拌牦牛肉、格萨尔烤羊腿、蒸牛舌、氽灌肠、吹肝、酸奶酪、酸奶饼、酸奶米饭、生牛肉酱、奶渣粥、虫草鱼肉丸、松茸炖藏香鸡、虫草牛排、高原土豆泥、藏香猪肉等

推荐 特色食处

✪ 德吉路美食街

这条街上汇集了全国各地的美食，有川菜、火锅、北方菜、广东菜、湖南菜等。在这里可以吃到正宗地道的藏式风味美食，还有西餐、酒吧等。走在德吉路上，你可以选择各种菜系及小吃，既可以吃得很昂贵，也可以吃得很便宜，让你顿时领悟"食在拉萨"这块金字招牌的含义。

✪ 天海路夜市小吃一条街

是拉萨知名的夜市，距德吉路美食街不远。这里的小吃以烧烤著称，在百十来米长的地盘内，密密麻麻地分布了数十家龙虾店、烧烤店，烧烤的品种可谓五花八门，地上种的，水里游的，只有你想不到的，没有烤不了的。

✪ 雪神宫藏餐馆

是拉萨最高档的藏式餐馆之一。藏式菜肴有生牛肉酱、灌血肠、炸羊排、藏包子、酸奶等。✉ 布达拉宫西侧

✪ 雪域餐厅

这里的传统藏式食品几乎一应俱全，还有西餐、尼泊尔菜。烹饪考究，味道极好。✉ 藏医院路4号

旅游攻略 Travel Guide

拉萨，位于西藏中部，为西藏自治区首府，是一座具有1300多年历史的文化古城，海拔3658米，是世界海拔最高的城市之一，因一年中日照总数达3005小时，故有"太阳城"、"日光城"之称。拉萨，藏语的意思为"神佛圣地"。公元7世纪初，吐蕃部落的第三十三代王子松赞干布先后兼并了西藏地区的各个部落，统一了西藏高原，正式建立吐蕃王朝，于公元633年将吐蕃的国都从今墨竹工卡县内的甲玛地方迁到拉萨；公元641年，唐文成公主入藏后，松赞干布动员臣民先后兴建了布达拉宫、大昭寺、小昭寺等古建筑。拉萨是到西藏各地旅游的集散地，是人们向往的心灵家园，神秘的高原湖泊奇景，浓厚的宗教氛围，迷人的雪峰冰川风光，异彩纷呈的藏族风情，辽阔的草原风景，以及历史悠久的古迹遗存，构成了拉萨独具特色的旅游资源，成为旅行者向往的天堂。在拉萨旅游，切记尊重藏族人的传统习俗和生活习惯，以免引起不必要的麻烦。

热门景点 布达拉宫、大昭寺、八廓街、罗布林卡、色拉寺、哲蚌寺、德吉罗布儿童乐园、纳木错等

1 拉萨市中心→江孜→日喀则→萨迦→定日→樟木→加德满都

这是一条传统的旅游黄金走廊，沿途可看到别具特色的十万佛寺、金碧辉煌的扎什伦布寺、雅鲁藏布江与年楚河交汇的河谷风光、古朴的萨迦寺和世界第一高峰珠穆朗玛峰等。还可以从樟木过境前往尼泊尔首都加德满都观光，但必须办理签证。（持有效护照，可以在拉萨办理尼泊尔旅游签证，签证免费）

2 拉萨市中心→日喀则→拉孜→措勤→改则→革吉→狮泉河→普兰

这是一条充满魅力的路线，将会进入"世界屋脊的屋脊"阿里地区，探索神秘的古格王朝遗址，奇特的土林地貌，还可一睹藏族人心目中的神山冈仁波齐和圣湖玛旁雍错的真面目。走这条路线，时间较长，应有充分的准备。

3 拉萨市中心→林芝→泽当

林芝被称为"西藏的江南"，这里有数不尽的秀丽风光，有世界第一大峡谷雅鲁藏布大峡谷、我国县级最后一个通公路的墨脱县和具有民族特色的巴松错度假村，还有藏族文明的发祥地泽当。

4 拉萨市中心→纳木错→那曲

那曲的赛马大会在每年8月10日左右举行，这段时间前往最合适。沿途可以观光美丽的圣湖纳木错，随后可到那曲的冲钦多草原参加一年一度的赛马盛会。

拉萨特产 藏毯、唐卡、藏刀、麝香、藏香、藏雪鸡、藏族金银器、强木都茶、藏酒、青稞酒、冬虫夏草、藏红盐、拉萨雪茶，以及藏药（藏红花、红景天、龙胆草、雪莲花、灵芝、天麻）等

舌尖上的**林芝**

美食向导 Delicacies Guide

林芝，藏语意为"太阳的宝座"。以世界上最深的大峡谷——雅鲁藏布大峡谷著称于世，被誉为"西藏的江南"。林芝的饮食除沿袭西藏的传统风味之外，还有一些少数民族，如珞巴族的特色食品，很有民族特色。在林芝市的主要城镇，可以找到很多经营地方特色及野味的餐厅，其中，鲁朗镇的石锅鸡和藏香猪最为出名。

推荐 特色美食

鲁朗石锅鸡

林芝的石锅鸡非常出名，但以鲁朗镇的石锅鸡最为正宗。这道招牌菜鸡肉细嫩，汤汁鲜美，还

有一点点中草药味，营养丰富，是到林芝必吃的美食。

烤藏香猪

藏香猪又名"人参猪"，生活在海拔3000米以上，长年吃人参果、冬虫夏草、珍贵藏药、天然菌类等原生态食物，栖息在山洞、河涧，生长缓慢，两年才长到80斤，具有皮薄、瘦肉率高、肉质细嫩等特点。烤熟的香猪，味道极香，且营养丰富。

珞巴族黄酒

珞巴族非常喜欢喝自酿的酒，是用玉米、鸡爪谷等原料装在大葫芦内酿制而成。酿好的黄酒经过蒸馏后，还可制成白酒，口味醇香，很有特色。

巴河鱼

主要产自林芝市工布江达县巴河镇一带的尼洋河和巴松错，属高山冷水鱼种。鱼肉质地细嫩，味美汤鲜，具有极高的营养价值。

松茸烧藏鸡

松茸是林芝市的特产，素有"食用菌之王"的美称。藏鸡体小肉精，味道鲜美。此菜肴属纯天然、高营养的绿色生态美食。到了林芝，一定别忘了尝一尝。

手掌参炖藏鸡、青岗菌烧藏香猪、虫草炖鸭、手抓羊肉、土制血肠、荞麦烧饼、蕨麻米饭、牦牛肉干、香寨、奶渣包子、四味生肉酱、炒青稞等

旅游攻略 Travel Guide

　　林芝，位于西藏自治区东南部，南部与印度、缅甸两国接壤，下辖1个区、6个县，境内居住着藏、汉、门巴、珞巴等10个民族；境内有雅鲁藏布江、怒江、易贡藏布、尼洋曲、丹巴曲、察隅河等河流穿过；主要山脉有念青唐古拉山、伯舒拉岭、喜马拉雅山等。由于地形复杂，地势海拔高低悬殊，这里孕育了丰富的森林资源和峡谷资源，世界最深的峡谷——雅鲁藏布大峡谷和尼洋曲风景区是林芝市著名的旅游观光胜地。

热门景点 工布江达巴松错、林芝桃花沟、喇嘛岭寺、古桑树王、波密米堆冰川、米林南迦巴瓦峰、雅鲁藏布大峡谷国家级自然保护区、鲁朗林海自然保护区等

旅游线路推荐

1 市中心→古桑树王→桃花沟→林芝巨柏林→苯日神山→米林市区→派镇　2 市中心→松赞干布诞生地→米拉山口→阿沛庄园→千年古柏园→巴松错　3 市中心→南迦巴瓦峰→鲁朗林海→波密县城→然乌湖→米堆冰川→察隅县城→察隅慈巴沟国家级自然保护区　4 市中心→米林市区→派镇→墨脱县城→雅鲁藏布大峡谷国家级自然保护区

林芝特产 门巴族木碗、竹编、珞巴族石锅和陶器、墨脱香蕉、噶玛苹果、藏鸡、藏香猪、波密雪莲、墨脱乌木筷子、林芝松茸、波密天麻、金耳、察隅珠峰圣茶、米林灵芝、青岗菌、羊肚菌等

舌尖上的山南

美食向导 Delicacies Guide

　　山南，位于西藏东南部，是传说中神猴同罗刹女结合而诞生出藏民族之地。山南的餐饮与西藏其他地方大致相同，种类丰富，味道正宗。当地的糌粑、酥油茶、风干肉、酸奶等藏式传统食品，值得品尝。要想吃到更地道正宗的藏族美食，最好的办法是到藏民家中做客。一般情况下，藏族群众都会热情款待，但要切记尊重当地习俗，不要违反藏民的禁忌。

推荐
特色美食

萝卜炖羊肉

是山南的传统佳肴之一。将羊肉块与萝卜块放入锅内同煮，加入一些生姜、花椒、盐、葱等调料即成。肉香鲜嫩，萝卜甜腻可口，别具风味。

帕查麻枯

是山南很有特色的一道藏式风味小吃。将加热的酥油倒入煮熟的面疙瘩中，再加入适量的红糖、碎奶渣搅拌均匀即可。食之，稍有些油腻，但酸甜爽口，很受游客欢迎。

其他名吃

糌粑、羊血肠、酥油茶、吹肝、酸奶酪、牦牛肉等

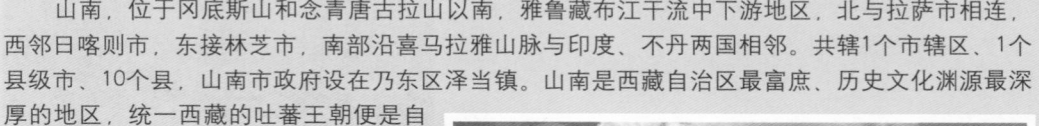

旅游攻略 Travel Guide

山南，位于冈底斯山和念青唐古拉山以南，雅鲁藏布江干流中下游地区，北与拉萨市相连，西邻日喀则市，东接林芝市，南部沿喜马拉雅山脉与印度、不丹两国相邻。共辖1个市辖区、1个县级市、10个县，山南市政府设在乃东区泽当镇。山南是西藏自治区最富庶、历史文化渊源最深厚的地区，统一西藏的吐蕃王朝便是自山南兴起的，因此，这里被称为西藏文明的发祥地。这里有西藏历史上众多的"第一"：第一块青稞地，第一座宫殿雍布拉康，第一座佛堂昌珠寺，第一片墓群藏王墓，第一本经书，第一座寺庙桑耶寺，第一个统一的吐蕃王朝等。

热门景点

乃东区雍布拉康、昌珠寺、贡布日山猴子洞、桑耶寺、加查县拉姆拉错、浪卡子县羊卓雍错、隆子县扎日沟等

旅游线路推荐

1 市中心→贡布日山猴子洞→雍布拉康→昌珠寺→雅砻河国家级风景名胜区→琼结县藏王墓

2 市中心→敏珠林寺→朗赛岭庄园→扎囊县城→青朴沟→桑耶寺→贡嘎县城→浪卡子县城→宁金抗沙峰→桑顶寺→羊卓雍错

3 市中心→曲松县城→拉加里王宫→加查县城→雅江峡谷→拉姆拉错

4 市中心→隆子县城→扎日沟风景区

山南特产

昌果红土豆、扎囊氆氇、藏鸡、加查石制品、贡嘎围裙、敏珠林寺藏香、乃东挂毯、加查木碗、琼结水晶、山南藏被、天珠等

舌尖上的**那曲**

美**食**向导 Delicacies Guide

那曲地处唐古拉山和念青唐古拉山之间，受高原地理环境的影响，那曲的饮食属于典型的藏族风味。当地牧民以牛、羊、猪肉为荤食，以酥油、奶酪、蔬菜等为素食，平时主饮酥油茶、鲜奶、酸奶等。游客来到那曲，可以选择一些有特色的藏族美食，如灌肠、手抓牛羊肉、凉拌蚝牛舌、糌粑、烤肠、风干肉等。

推荐 特色美食

🥘 蘑菇炖羊肉

每年雨季，在那曲藏北草原，蘑菇遍地丛生，而且品种繁多。其中，有一种被当地人称为"赛夏"的蘑菇品质最好，用这种蘑菇与羊肉同炖，则羊肉无膻腥之味；与鸡肉、猪肉同炖，则更是香味四溢，汤鲜肉美，令人回味无穷。

🥘 虫草炖雪鸡

那曲市的巴青、比如、聂荣等地，盛产珍贵的虫草和雪鸡。当地很多饭馆都有"虫草炖雪鸡"这道菜，汤鲜肉美，具有极高的营养价值。

🥘 人参果拌酥油大米饭

在那曲黑河两岸、纳木错周围，有一种被当地人称为"蕨玛"的植物，其根部结一种红色小果，这就是藏北著名的特产"人参果"。

当地牧民经常用"人参果拌酥油大米饭"招待客人，这种饭香甜可口，营养丰富，为那曲市的特色食品。

其他名吃

吧啦饼、红花羊排、白肠、藏式牛肉粉、高原鲤鱼、虫草松茸鸡等

旅游攻略 Travel Guide

"那曲"，藏语意为"黑河"。位于西藏自治区北部，地处唐古拉山和念青唐古拉山之间，是西藏面积最大的一个地级市。那曲市政府设在色尼区，为藏北重镇。那曲市境内大部分为高原丘状地形，沟谷深切不大，地广人稀，湖沼密布，草原和荒漠共存。藏北渺无人迹，被世人称为"无人区"。那曲市的旅游黄金季节是每年8月，此时的湖水、雪峰、草原和蓝天白云相互映衬，格外美丽。

热门景点

唐古拉山口、那曲孝登寺、卓玛峡谷、色林错、申扎自然保护区、尼玛当惹雍错、达尔果雪山、比如县达尔木寺骷髅墙等

旅游线路推荐

1 那曲市中心→孝登寺→卡尔托拉姆错→安多县错那湖→柏尔贡巴寺→唐古拉山口　2 那曲市中心→班戈县念青唐古拉冰川→申扎县色林错→申扎自然保护区→尼玛县当惹雍错→象雄王国遗址　3 那曲市中心→双湖县城→普诺岗日冰川→羌塘草原　4 那曲市中心→比如县羊秀自然风景区→达尔木寺→索县赞丹寺→巴青县门莫扎嘎山

那曲特产

那曲“藏北三珍”（冬虫夏草、人参果、蘑菇），以及西藏贝母、藏北雪莲花、克什米尔山羊绒、藏北绵羊、藏香、卡垫、唐卡、藏刀、“藏族擦擦”等

舌尖上的昌都

美食向导 Delicacies Guide

昌都位于西藏东北部，是四川入藏的门户。昌都地区的饮食主要以糌粑、酥油茶、风干肉等藏式传统食品为主。由于昌都接近四川，所以这一地区有很多四川餐馆，菜品味道还不错。来到此地的南北游客，饮食口味上不会有生疏之感。

推荐特色美食

昌都醉梨

产于昌都市八宿县、左贡县及怒江两岸上林卡与下林卡地区，是当地著名的特产。醉梨果肉松脆，汁多味甜，入口醇香，有点酒味。传说，天神为了迎接文成公主入藏，以醉梨代酒为其接风洗尘。

风干肉

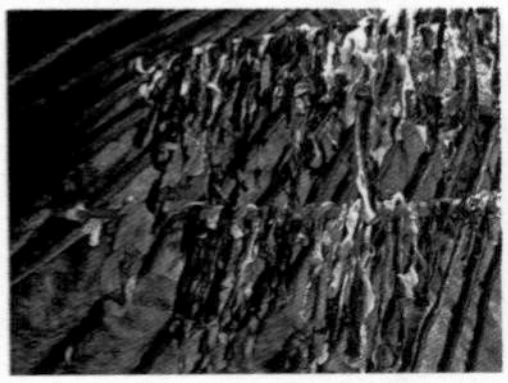

是西藏地区非常有特色的一种食品。每年年底，当气温在零摄氏度以下时，藏民们将牛羊肉割成小条，挂在阴凉处，让其自然风干，到来年二、三月份便可食用。牛羊肉经过风干之后，肉质松脆，口味独特。

其他名吃

芒康家家面、贝母鸡块、西藏麦片粥、藏式酥酪糕、藏乳猪、蛋炒人参果、人参果饭、爆焖羊羔肉、四味生肉酱及安多面片等

旅游攻略 Travel Guide

昌都，藏语意为“水汇合口处”。位于西藏自治区东北部，地处澜沧江上游两大支流昂曲和扎曲的汇合处，是四川、云南、青海入藏的重要门户，是茶马古道上最重要的交通枢纽，地理位置十分重要，自古以来就被誉为“通向圣域之门”。汉朝时期，这一带称“康”；唐代，昌都地区为吐蕃王国的一部分；明清以后，统称此地为康藏地区。昌都市区是西藏自治区东部重镇，恰好是川藏公路的

中心点，也是昌都市政府所在地。境内平均海拔在3500米以上，地形独特，风貌奇异，这里的山、水、林、鸟、兽、虫、鱼、花、草，同生同荣，绘织了昌都高原雄伟绮丽、多姿多彩的自然景观。

热门景点　强巴林寺、嘎玛寺、布谷神山、江达生钦朗扎山、类乌齐寺（查杰玛大殿）、德庆颇章神山、丁青布托二神湖、边坝三色湖、芒康滇金丝猴国家级自然保护区、盐井古盐田、曲孜卡温泉等

旅游线路推荐

1 昌都市川藏北线四日游线路

D1.四川省德格县城→西藏自治区昌都市江达县城→吉荣大峡谷→波罗古泽→江达县城　D2.江达县城→昌都市卡若城区→强巴林寺→卡若遗址　D3.昌都市卡若城区→类乌齐县城→类乌齐寺（查杰玛大殿）→丁青县城　D4.丁青县城→孜珠寺→布托湖

2 昌都市川藏南线四日游线路

D1.四川省理塘县城或云南省德钦县城→金沙江风光→澜沧江→西藏自治区昌都市芒康县盐井古盐田→芒康县城
D2.芒康县城→澜沧江→东达山→左贡县城　D3.左贡县城→邦达草原→怒江山山口→九十九道拐→八宿县城　D4.八宿县城→然乌湖→林芝市

昌都特产　昌都工艺品（唐卡、卡垫、松巴鞋、木雕茶桌、银包木碗、银腰刀、绣花帐、围裙、藏帽、地毯），以及昌都雪莲、藏香、虫草、贝母、藏刀、花鱼、怒江裂腹鱼、昌都醉梨等

舌尖上的**日喀则**

美食向导 Delicacies Guide

日喀则，藏语意为"土地肥美的庄园"，是历史上后藏的政治文化中心，也是历代班禅的驻跸之地，现为西藏第二大城市。日喀则的餐饮与西藏其他地方相同，各种档次的餐馆都有，尤以四川餐馆最多。日喀则市区解放北路和珠穆朗玛路一带是藏菜馆的集中地，在这里可以品尝到灌肠、酥油茶、手抓肉、凉拌牦牛舌、糌粑、甜茶、奶茶、酸奶、烤肠、风干肉等藏式风味美食。来到日喀则，有两样美食是一定要尝尝的，那就是当地的酸奶和羊卓雍错湖边产的风干肉，比其他地方的都好吃，那是让你吃了一次，就回味无穷的美味。

推荐特色美食

朋必

是日喀则独有的一种小吃，在藏区其他地方几乎见不到它的踪影。做"朋必"的原料是从做粉丝的汁液中提炼出来的豆汁，将豆汁熬成糊状，冷却后即可食用。因添加作料的不同而口味有所区别，有加藏葱的，有加青油的，有加咖喱的，最讲究的要加一些肉末，味道最香。

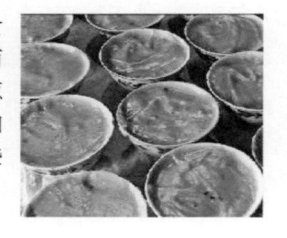

麻森

是一种称为"煜"的酥酪糕，味道香甜可口，是食用糌粑时的最佳配食。其制法是将适量的酥油、碎奶渣及红糖放在一起搅拌糅和，盛入一个方形小木盒内，塞满压实，制成方形糕即可。

香寨

是藏民吃米饭时的一道名菜。用适量酥油将羊肉块烹炒后，放入锅内加水焖煮，再放入土豆、油咖喱、生姜、茴香、丁香、胡椒、藏蔻等调料。煮熟后，可撒上些葱泥，肉香汤鲜，真是美味无比。

其他名吃　虫草鸡块、藏族吹肝、藏式羊血肠、油拌面、油拌人参果等

旅游攻略 Travel Guide

日喀则，藏语称"溪卡孜"，意为"土地肥美的庄园"。位于西藏自治区南部，地处雅鲁藏布江与年楚河汇合口，距拉萨227千米，是一座具有500多年历史的高原古城，现为西藏第二大城市。日喀则，旧称"年麦"，藏语意为"年楚河下游"，旧时属于"卫藏"中的"藏地"，又称"后藏"，为

热门景点　扎什伦布寺、夏鲁寺、宗山城堡遗址、江孜帕拉庄园、珠穆朗玛峰、萨迦寺、樟木口岸等

后藏首府。元代，八思巴在元朝中央王朝的支持下，以萨迦为中心建立萨迦地方政权统领西藏；帕木竹巴王朝后期，仁蚌巴家族以日喀则为基础建立仁蚌巴政权；后来藏巴汗推翻帕木竹巴王朝，建立第司制度，日喀则一度成了西藏地区的政治中心。明英宗正统十二年(1447年)，达赖一世根敦朱巴在这里兴建扎什伦布寺，日喀则逐渐成为以班禅活佛为主导的地方统治。日喀则由于地处西藏高原西南珠穆朗玛峰北坡，高山、深谷、冰川、河流、平原、湖泊等各类地貌都有，气候多变复杂，因而拥有世界上最奇特的自然景观。

旅游线路推荐

1 市中心→班禅夏宫→扎什伦布寺→纳塘寺→夏鲁寺　　2 市中心→白居寺→江孜县城→宗山城堡→帕拉庄园→亚东县城→东嘎寺　　3 市中心→萨迦县城→萨迦寺→定日县城→绒布寺→珠穆朗玛峰　4 市中心→聂拉木县城→樟木口岸

日喀则特产　藏鸡蛋、旱獭皮、艾玛土豆、佛手参、江孜藏毯、藏鞋、藏刀、亚东黑木耳等

舌尖上的
陕西

陕西，简称秦，也称三秦，故陕西菜又称秦菜。陕西菜由关中、陕南、陕北三个地方风味组成，是大西北风味菜的代表。虽然八大菜系中没有陕西菜系，但其实陕西菜是中国最古老的菜系之一。关中风味是以西安为中心，包括咸阳、铜川、宝鸡、渭南等地在内的菜肴，是陕西菜的典型代表，主要名菜有西安羊肉泡馍、樊记肉夹馍、贾三灌汤包、渭南带把肘子、水盆羊肉、宝鸡岐山臊子面、凤翔腊驴腿、铜川油茶泡馍、咸阳蹹蹹(biangbiang)面等。陕南风味是包括汉中、商洛、安康等地在内的菜肴，主要名菜有汉中热面皮、菜豆腐、商洛商芝蒸肉、镇安腊肉、安康蒸面、蒸盆子菜等。陕北风味是包括榆林、延安等地的菜肴，主要名菜有榆林米脂板肠、定边手抓羊肉、沙米羊肉霍了饭、榆林"羊道"、延安荞面饸饹、碗托等。这些佳肴具有浓郁的西北风情，是到陕西不可错过的美食。

地图标注：
黄土高坡，红色情怀
奇迹秦俑，天险华山
汉唐陵阙，佛门圣地
西汉三国历史游
汉唐明月帝王都
秦始皇陵及兵马俑坑

特别推荐

▶ **陕西十大美食** 西安羊肉泡馍、樊记肉夹馍、蹹蹹(biangbiang)面、贾三灌汤包、宝鸡岐山臊子面、渭南带把肘子、延安荞面饸饹、商洛商芝蒸肉、榆林"羊道"、汉中热面皮

▶ **陕西十大特产** 西安黄桂稠酒、蓝田玉、仿秦兵马俑、宝鸡凤翔彩绘泥塑、咸阳三原蓼花糖、陕北大枣、汉中中华猕猴桃酒、延安安塞农民画、渭南富平太后饼、安康富硒茶

▶ **陕西十大景点** 西安秦始皇兵马俑博物馆、骊山、延安黄帝陵、黄河壶口瀑布、渭南华山、铜川玉华宫、咸阳乾陵、宝鸡炎帝陵、汉中褒斜栈道、榆林红碱淖

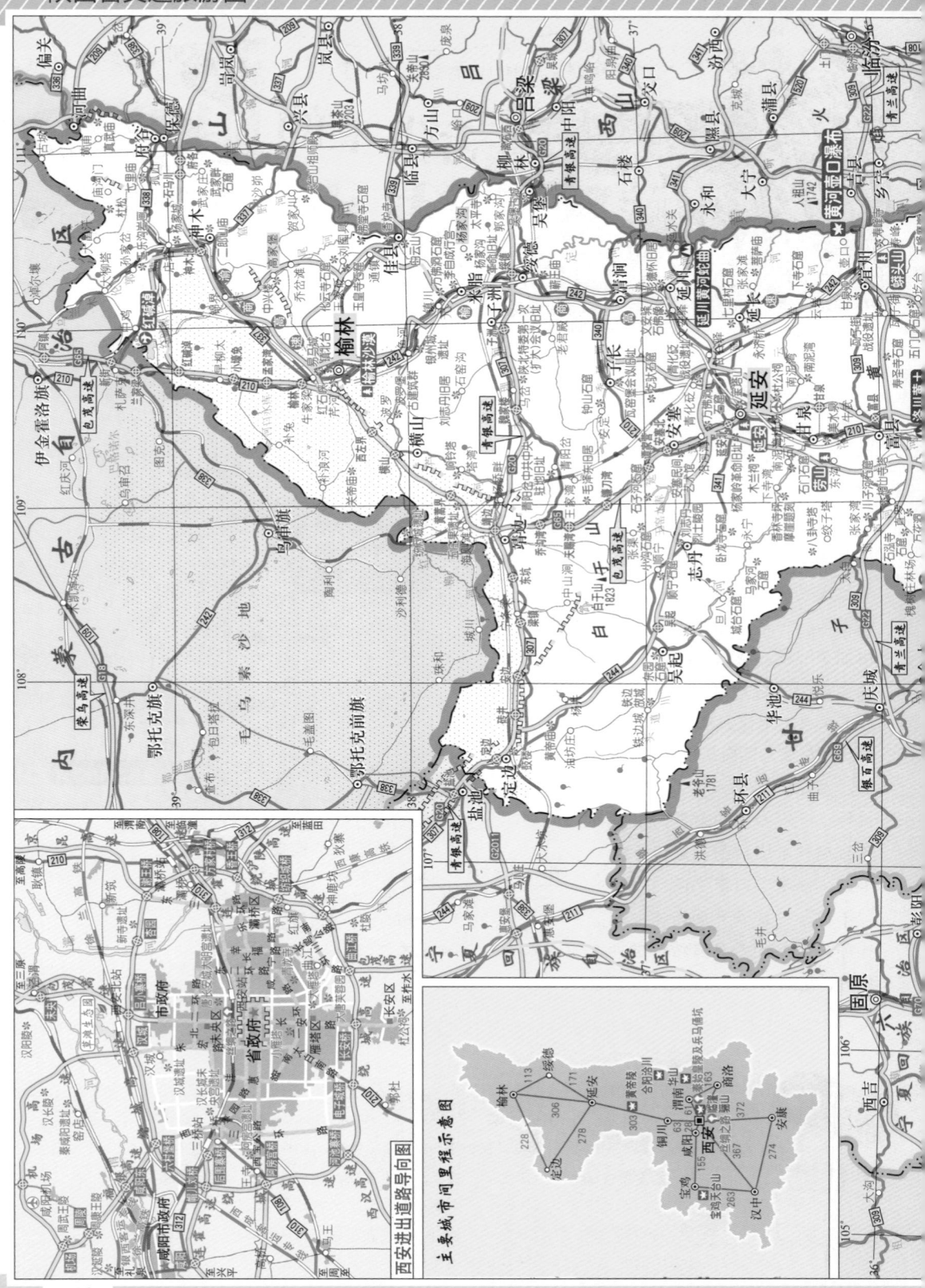

主要城市间里程示意图

西安进出道路导向图

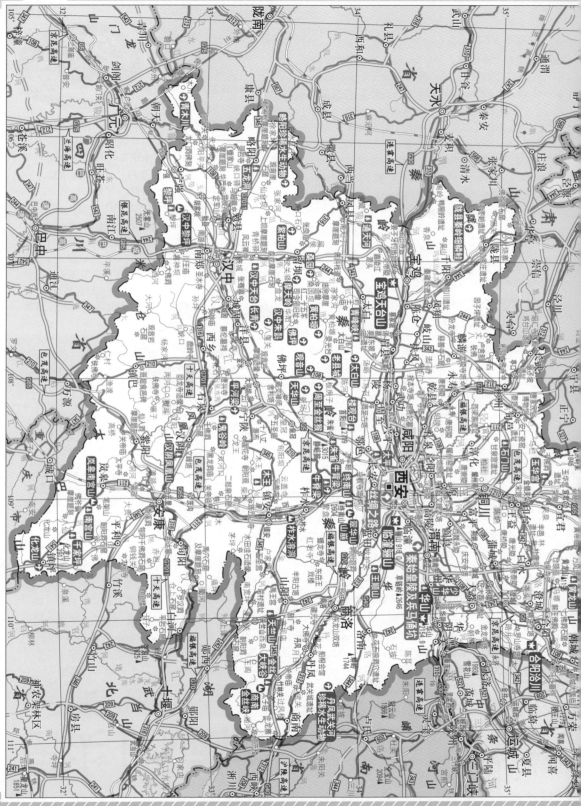

舌尖上的**西安**

美食向导 Delicacies Guide

西安，古称长安，是中国八大古都之一，也是著名的美食之城。西安的饮食具有浓郁的西北风情，尤以陕西十大名吃（肉夹馍、羊肉泡馍、凉皮、岐山臊子面、饺子宴、黄桂稠酒、灌汤包子、泡泡油糕、葫芦头泡馍、荞面饸饹）最具代表。在西安众多的美食中，首先当推"两宴"和"两泡"。所谓"两宴"是指西安饭庄的风味小吃和德发长饺子馆的饺子宴。所谓"两泡"是指羊肉泡馍和葫芦头泡馍，羊肉泡馍当属老孙家饭庄和同盛祥饭庄的最为出名，葫芦头泡馍当属中华老字号春发生饭店的名气最大。来西安旅游，品尝当地的羊肉泡馍、肉夹馍、岐山臊子面等具有浓郁西北风味的美食，一定会让你留下对古城西安的永久印象。

推荐 特色美食

🍲 牛羊肉泡馍

是西安著名的风味小吃。肉烂汤浓，香醇味美，若食后再喝一碗高汤，顿觉余香满口，回味悠久。传说，牛羊肉泡馍是在古代"牛羊羹"的基础上演化而来的食品，西周时曾将"牛羊羹"列为国王、诸侯的礼馔。又传，宋太祖赵匡胤称帝前受困于长安（今西安），一位煮制牛羊肉的店铺掌柜见其可怜，就让他把自带的干馍掰碎，然后给他浇了一勺滚热肉汤，放在火上煮透。赵匡胤狼吞虎咽地吃下这碗牛羊肉汤煮馍，感觉香美无比。后来，他做了皇帝，重赏了这家店铺的掌柜。皇帝吃泡馍的故事一经传开，牛羊肉泡馍也成了长安著名的小吃。西安老孙家饭庄经营牛羊肉泡馍，已有100多年历史，名扬全国。

🍜 邋遢（biangbiang）面

是陕西最著名的面食小吃，关中"八大怪"里的"面条像裤带"，就是指这种面。发音"biang"字太难写了，外地人也不认识，只能标注拼音。据说，这个怪字是秦朝宰相李斯发明的，一共52画，"biang"字的意思，就是指做面条时将面摔在案板上的声音。关于"biang"字的写法，有这样一个顺口溜："一点飞上天，黄河两头弯，八字大张口，言字往进走，左一扭，右一

扭，左一长，右一长，中间来个马大王，心字底，月字旁，留个钩搭挂麻糖，坐个车车逛咸阳"。面条约有1寸来宽，长1米左右。比较常见的吃法亦称"蘸水面"，论根条卖，饭量小的人，吃一根面条就饱了。

🍖 樊记肉夹馍

樊记腊汁肉使用陈年老汤煮制而成，味道与众不同，人们称赞它："肥肉吃了不腻口，瘦肉无法满嘴油，不用牙咬肉自烂，食后余香久不散"。用新出炉的白吉馍夹入少许樊记腊汁肉，馍香肉酥，食之，回味无穷。樊记腊汁肉店位于西安古城钟楼西南方向胡同内。

🍖 老童家腊羊肉

相传，当年慈禧太后携光绪皇帝逃难来到西安，品尝了老童家腊羊肉后，大加赞赏。从此，老童家腊羊肉名声远传，至今长盛不衰。

🍲 肉丸糊辣汤

是西安回族人的清真食品。将羊肉汤、牛肉汤放入丰富的作料，香味四溢，且有开胃、助消化的功效。

🍲 葫芦头泡馍

是西安特有的风味小吃。以猪大肠头、猪肚头、肥肠为主料煮成汤，再用此汤煮馍而成。汤浓味香，可与羊肉泡馍媲美。据说，葫芦头泡馍的制作工艺，乃唐代"药王"孙思邈所传。

🥟 西安饺子宴

是西安著名的小吃宴。其之所以名气很大，主要因为制作的饺子造型生动、千姿百态，观之赏心悦目，食之回味悠久。尤以西安钟楼广场德发长饺子馆的饺子宴最为出名。

秦镇凉皮

产于鄠邑区的秦渡街道，也叫秦渡米皮。凉皮筋道有力，辣里透香，风味独特，名扬陕西。

太后火锅

是西安著名的一道传统美食，因慈禧太后曾享用过而得名。相传，八国联军进攻北京时，慈禧太后与光绪皇帝避难西安。一天晚上，慈禧看完戏后，想吃夜宵，随从御厨就以鸡肉馅做成拇指大小的珍珠饺子，用火锅盛鸡汤现煮，并以每个小碗盛三个、六个或九个，取"三六九往上走"之意。慈禧食后大悦，连连称赞。从此，太后火锅饺子宴名扬天下。

贾三灌汤包子

是西安著名的三大名食（牛羊肉泡馍、饺子宴和贾三灌汤包子）之一。馅香味美，经济实惠，深受食客喜爱，素有"古城第一笼"和"灌汤包子数贾三"之说。

荞面饸饹

旧称"河漏"，是用荞麦面压制的一种细长的圆条形面食。冬可热吃，夏可凉食，清香爽口，风味独特。"荞面饸饹黑是黑，筋韧爽口能待客"，这是陕西关中一带的百姓对这种传统小吃的赞语。西安清真大寺西北角的校场门饸饹较为出名。

石子馍

也叫干馍，是高陵区特有的一种古老食品，用烧热的石子作为炊具烙烫面饼而制成的馍，故名石子馍。油酥咸香，经久耐放，很受人们的喜爱。相传，唐朝时期，同州（今渭南市大荔县）的地方官曾将石子馍作为贡品进奉皇宫。

贵妃饼

原是长安骊宫御厨专为唐玄宗的爱妃杨玉环制作的一种饼食。后传至民间，人们称其为"贵妃饼"。

黄桂柿子饼

以临潼区产的"火晶柿子"为原料，加入一些黄桂（干桂花）制作而成。每当秋季，丹桂飘香时节，在临潼大街小巷，都可看到黄桂柿子饼这种时令小吃。形似油糕，绵糯可口，具有一种特殊的桂香味道。

蓝田神仙粉

是蓝田县很有特色的小吃。在秋夏两季，当地人采摘秦岭中的橡子稍树叶，制成胶状的粉条，拌以各种作料即成为神仙粉。当地百姓说："吃了神仙粉，神仙也不当"。

黄桂稠酒

是古城西安的一种传统名酒，以鄠邑区秦渡出产的糯米为原料酿制而成。后来，人们在酒液中配以黄桂，使酒味中有黄桂的芳香味道，类似于醪糟，又叫白浊酒、白醪酒，俗称黄桂稠酒。因其香甜的口感，备受人们的喜爱。

贵妃鸡翅

为西安的一道传统名菜，属唐代宫廷御膳。选用鸡翅膀和多种作料烹制而成，因贵妃杨玉环喜吃此菜，故而得名。

陕西"八大怪"中的美食

陕西"八大怪"，又称关中"八大怪"，是指陕西省的关中地区（大致包括西安、咸阳、渭南、宝鸡、铜川，秦岭以北，黄土高原以南）出现的八种奇特风俗习惯。一怪，板凳不坐蹲起来；二怪，房子半边盖；三怪，姑娘不对外；四怪，手帕头上戴；五怪，面条像裤带；六怪，锅盔像锅盖；七怪，辣子是道菜；八怪，秦腔吼起来。其中，第五怪，面条像裤带，说的是关中地区面食花样繁多，大多数面条又粗又宽，其实，比裤带要略细些。第六怪，锅盔像锅盖，说的是发源于关中地区的饼食——锅盔，像锅盖一样大。第七怪，辣子是道菜，说的是关中人喜爱吃辣椒，尤其在吃面时，必加一些油泼辣子，味道最香，无辣不下饭。

金线油塔

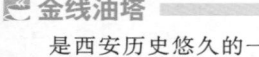

是西安历史悠久的一道传统美食，起源于唐代。就是以面粉与猪板油混合蒸制而成的面食，因其层多丝细，提起似金线，落下似金塔，故而得名。新出锅的金线油塔，状似小馒头，入口松润绵软，油而不腻。若再佐以甜面酱、泡菜、杏仁甜浆，则更加清爽利口，别有一番风味。

西安十大名菜

葫芦鸡、枸杞炖银耳、鸡米海参、口蘑桃仁余双脆、奶汤锅子鱼、酿金钱发菜、三皮丝、水晶莲菜饼、煨鱿鱼丝、温拌糯丝。

其他名吃

酸汤水饺、炒粉鱼、凉拌驴肉、六月鲜（又名水盆羊肉）、油茶炒面、饸饹（关中称麻食、猫耳朵）、荞面、钟楼小奶糕、疙瘩油茶、胡麻饼、枣肉沫糊、鄠邑盘丝酥、摆汤面、周至浆水面、长安锅盔、油泼辣子、蜜枣甑糕、西安波斯羊腿、千层油酥饼、老孙家粉蒸牛羊肉、小六汤包、三皮丝、柱顶石馍、涮肚丝等

推荐
特色食处

✪ 钟楼美食街

是西安最著名的美食文化街区，同时也是西安著名小吃夜市的汇聚地。这里汇集了西安众多的老字号饮食名店，有德发长饺子馆、西安饭庄、老孙家饭店、同盛祥饭庄、五一饭店、春发生饭店、西安烤鸭店等。鼓楼旁边的回民街更是独具特色，各种回民风味小吃五花八门，品种繁多，有牛羊肉泡馍、白云章饺子、贾三灌汤包子、羊肉饼、烤羊肉、粉蒸肉等。尤其在夜晚，你可以边逛边吃，那飘香的美味及热闹的气氛，一定会让你流连忘返。

✪ 南二环美食街

西安市南二环沿线经过十多年的发展，堪称西安餐饮的"黄金区"。这里汇聚了来自全国各地的品牌餐饮企业，既有大众小吃、涮火锅、家常菜，更有鲍、参、翅、肚、燕等顶级菜品。出名的餐饮店有大香港鲍翅酒楼、顺峰山庄、川渝酒楼、东来顺、小肥羊，以及将陕西风味和三秦民俗完美结合的"文豪"等。

✪ 德福巷酒吧街

隋唐时期，德福巷曾经为皇城的一部分，后经过改造与发展，这里已成为中外游客领略西安古文化和现代气息的必去之地。在这条不到200米长的街道上，一家挨一家地开满了大大小小的咖啡屋、酒吧、茶馆，名字起的都很儒雅，很有"小资"情调。✉ 碑林区南门湘子庙街北侧

✪ 麻家什字饮食一条街

位于西羊市、庙后街与北广济、狮子庙四街的交会处。这里是回民聚居区，各种回民小吃琳琅满目，有烤羊肉、羊肉饼、牛羊肉泡馍、粉蒸肉、酱卤制品等。✉ 鼓楼西北侧，西羊市、庙后街与北广济、狮子庙四街交会处

✪ 未央路美食街

是西安城北近年新兴起的一条美食街。一些知名的餐饮店也纷纷在这里开设自己的分店，有老孙家饭庄、锡盟百日羔羊坊、喜来顺、人人居、顶顶香、佰人王等。

✪ 春发生饭店

始创于民国初年，素以经营特色小吃"葫芦头泡馍"而闻名，是外地游客最感兴趣的特色餐厅之一。✉ 总店，南院门25号；✉ 西门店，西关正街2号；✉ 北关店，自强西路22号

✪ 同盛祥饭店

是一家具有百年历史的老店。其经营的牛羊肉泡馍，素以肉烂汤浓、馍筋光滑、香气四溢、清香爽口的特点而驰名中外。西安民间有这样流传已久的几句话："提起长城，常忆羊羹名，羊羹美味尝，唯属同盛祥"。✉ 钟鼓楼广场附近

✪ 老孙家饭庄

是西安的一家经营羊肉泡馍的百年老店，号称"天下第一碗"。✉ 东大街364号

✪ 德发长饺子馆

店内的饺子宴很有名气，可同时容纳1000多人就餐，人气很旺。✉ 钟鼓楼广场

✪ 贾三灌汤包店

这里的灌汤包馅嫩含汤、调料香浓、油而不腻，是西安名气最为响亮的小吃之一，很受食客欢迎。✉ 回民街北院门111号

✪ 西安饭庄

创建于1929年，这里的小吃有70多种，素有"陕菜正宗"的称号。当年，周恩来总理曾三次光临西安饭庄，并称赞："西安饭庄的菜有特色，有名声"。✉ 东大街298号

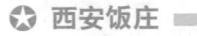

✪ 金花路美食街

这条街上拥有数十家中高档次的各种风味酒楼，有特色火锅东来顺、小肥羊、火巴子，主营上海菜的老客栈酒店，川味当道的小苏塘坝鱼，陕菜名店秦朝瓦罐，独具北京特色的前门楼烤鸭店等，众多餐饮名店无不蕴藏着浓郁的地方文化特色。

 **旅游攻略** Travel Guide

　　西安，位于陕西省中南部，为陕西省省会，古称长安，先后有西周、秦、西汉、新莽、西晋、前赵、前秦、后秦、大夏、西魏、北周、隋、唐等13个王朝在此建都，被誉为"我国八大古都之首"，是举世闻名的古丝绸之路的起点，是闻名世界的历史文化都城，与希腊的雅典、意大利的罗马、埃及的开罗并称为"世界四大文明古都"。汉末的赤眉军首领樊崇、唐末黄巢、明末李自成领导的农民起义都曾在此建立政权；1936年12月12日，震惊中外的"西安事变"就发生在此。悠久的历史与璀璨的文化，使西安古城成为一座博大精深、名扬中外的文物宝库，享有"天然历史博物馆"的美誉。有人说"一百年中国看上海，一千年中国看北京，五千年中国则看西安"。带有沧桑痕迹的古城墙、神奇壮观的兵马俑、文化底蕴深厚的山水景观，构成了西安独具特色的神韵风姿。

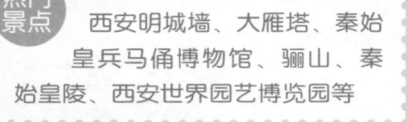 西安明城墙、大雁塔、秦始皇兵马俑博物馆、骊山、秦始皇陵、西安世界园艺博览园等

旅游线路推荐

1 市中心→西安明城墙→书院门→碑林→陕西历史博物馆→大雁塔→大唐芙蓉园→西安世界园艺博览园　　2 市中心→秦始皇兵马俑博物馆→秦始皇陵→骊山→华清池　　3 市中心→鄠邑区农民画展览馆→草堂寺→公输堂　　4 市中心→太白山国家森林公园→公输堂　　5 市中心→终南山→翠华山→楼台观

西安特产

　　阎良相枣、木马勺脸谱、鄠邑葡萄、陶哨、鄠邑农民画、西安黄桂稠酒、仿唐三彩、仿秦兵马俑、龙窝系列酒、乌发生发酒、周至醪糟、秦岭香菇、猕猴桃干、蓝田水晶饼、蓝田玉、新丰白醪酒、临潼玉、南山天麻、陕西青茶、青瓷器、秦腔脸谱、皮影、彩绘泥塑、西安碑石拓片、灞桥火晶柿子等

舌尖上的**渭南**

 **美食向导** Delicacies Guide

　　渭南，位于西安市东南部，是八百里秦川最宽阔的地带，素有"三秦要道，八省通衢"之称，境内有著名的五岳华山和韩城古城。渭南地区的饮食以面食为多，独具地方风味，尤以时辰包子、水盆羊肉、带把肘子、水晶饼、太后饼最为出名。渭南的华阴和韩城两地旅游景点最多，饮食也各有特色，华山脚下的玉泉路是餐馆小店最集中的地方，当地有特色面食大刀面、麻食泡馍等。韩城的小吃以金城大街最为集中，主要是各种各样的饼和面食，其中，羊肉饸饹最受欢迎。

推荐 特色美食

时辰包子

相传，清朝光绪年间，由渭南城一家小食摊的店主张坤创制。由于他做的包子味香馋人，生意兴隆，每天上午一过便卖完了，当地人因此称其为"时辰包子"。

水盆羊肉

是蒲城县、大荔县的一道传统名菜。以鲜羊肉、羊骨头、桂皮、花椒、小茴香、草果、味精等原料烹制而成。肉烂汤清，肥而不腻，风味别致。据说，此菜起源于明朝崇祯年间，又因这些原料多在农历六月上市，故又称"六月鲜"。

油泼辣子

是陕西人必吃的一种名食。在陕西八大怪中，有一怪就说道："油泼辣子一道菜"。陕西省各地的很多凉皮店都以油泼辣子为配料。有一首诗中说道："八百里秦川尘土飞扬，三千万老陕齐吼秦腔；吃碗面喜气洋洋，没得辣子嘟嘟囔囔"。

大刀面

是华山脚下的特色面食。因用大刀切面，故名。面条筋道，卤汁香浓，酸辣可口，深得游客喜爱。

蒲城椽头蒸馍

是蒲城县的一种特色面食，因蒸馍的形状似房屋的椽头而得名。蒸馍清香适口，经久耐放，携带方便，因而成为游客购物的首选特产。

太后饼

是富平县的一道历史名吃。相传，西汉汉文帝刘恒的母亲薄太后，常常由长安城去看望生活在怀德县（今富平县）的母亲灵文侯夫人，并随身携带御厨，给灵文侯夫人制作柔软可口的烤饼。后来，汉宫烤饼落户民间，故名"太后饼"。

水晶饼

是渭南的传统名点，其得名源于为官清廉的宋朝名相寇准。相传，有一年，寇准从京都汴梁回到老家渭南乡下探亲，正逢50大寿，寇准摆寿宴招待前来道贺的乡亲。其中，有一位老叟送来一盒点心，里面装着50个晶莹透亮、如同水晶石一般的点心，还放着一张红纸，上面写着一首诗："公有水晶目，又有水晶心，能辨忠与邪，清白不染尘"。后来，寇准的家厨也做出了这种点心，并取名"水晶饼"。

带把肘子

是大荔县的一道传统名菜，起源于明朝，已有500多年的历史。在大荔县，逢年过节、宴请亲朋，只要是设席摆菜，都少不了一道主菜，那就是带把肘子。相传，明朝弘治十四年（1501年），同州府（今大荔县）一带发生了六级大地震，几千间房屋倒塌，百姓流离失所，叫苦不迭。孝宗皇帝派来巡视的钦差大臣贾存善，本是一个游手好闲的贪官，他来到同州后不察灾情，只知道吃喝玩乐，当地百姓十分气愤，但只敢怒不敢言。有一个叫平邑仁的厨师被同州知州招来给钦差做菜，平邑仁秉性刚正，嫉恶如仇，他便用一根猪骨头、一块猪皮和一些肉块，烹饪出一道名叫"砸骨扒皮"的菜，本意憎恨这些狗官，恨不得扒他们的皮，砸他们的骨，以发泄心中的不满。可谁知钦差贾存善吃了这道菜后，连连夸赞，并问菜名。平邑仁是个聪明人，便说到："这菜叫带把肘子"。过了几天，钦差贾存善便带着几盒"带把肘子"回京复命去了，"带把肘子"的名气也随之传到了京城。当地人口口相传，"带把肘子"得以流传至今。

黑池羊肉糊饽

是合阳县黑池镇的传统小吃。其实类似于羊肉泡馍，以油水厚、味道美、经济实惠的特点而被誉为关中四大名吃之一。当地曾有"宁吃一盘糊饽，不吃酒席一桌"的食谚。

白水花馍、辣子汤、锅盔、荞面煎饼、同家庄水鲜饸饹、路井扯面、华阴包谷面、韩城羊肉臊子饸饹、大荔水磨丝（即猪耳丝）、蒲城棒棒馍、澄城旋面、路井辣子豆腐、潼关卤烧鸡、华阴擀馍、大荔炉齿面、枣肉沫糊、渭南石子馍、澄城三翻饼、潼关酱菜、蒲城八宝辣子鸡等

旅游攻略 Travel Guide

　　渭南，位于陕西关中渭河平原东部，西邻西安，因地处渭河南岸而得名，是中华民族发祥地之一。境内的渭河横贯其中，是八百里秦川最宽阔的地带，素有"三秦要道"、"陕西东大门"之称。渭南人文自然旅游资源极为丰富，有被誉为"奇险天下第一山"之称的西岳华山，被誉为"北国小三峡"的黄河龙门风景区，宏大的渭北帝王陵墓群，风光迷人的合阳洽川国家级风景名胜区，明清民居建筑群党家村、文化名城韩城、历史名人司马迁祠、象形文字创造者仓颉庙等名胜古遗。

热门景点　华山、韩城、党家村、司马迁祠、仓颉庙、合阳洽川国家级风景名胜区等

旅游线路推荐

1 市中心→华阴→华山(玉泉院→千尺幢→北峰→苍龙岭→金锁关→东峰→鹞子翻身→长空栈道→南峰→西峰→北峰→黄甫峪)　**2** 市中心→韩城市博物馆→党家村→司马迁墓→黄河龙门→普照寺→金城大街　**3** 市中心→合阳县城→洽川国家级风景名胜区

渭南特产　富平粉条、宫里齐椒、墨玉、流曲琼锅糖、蒲城花炮、大荔黄花菜、富平庄里合儿饼、花椒芽菜、白水豆腐干、合阳红提葡萄、渭北苹果脯、韩城苹果、富平唐三彩、华山灵芝、白水杜康酒、潼关酱菜、渭南刺绣、富平羊奶粉、华山参、大荔金丝蜜枣、渭南美腊瓷、蒲城酥梨等

舌尖上的**宝鸡**

美食向导 Delicacies Guide

　　宝鸡，古称陈仓、雍州，又称西府，位于关中西部，是周、秦文明的发祥地，誉称"炎帝故里"、"佛骨圣地"。这里的饮食已经历了千余年的发展，是中国小吃的发源地之一。当地有一首流传已久的食谚："宝鸡美食第一碗，老少皆宜臊子面；宝鸡美食第二碗，岐山面皮理当先；宝鸡美食第三碗，醒软拉细棒棒面；宝鸡美食第四碗，粗粮细作数搅团；宝鸡美食第五碗，豆花泡馍最保健；宝鸡美食第六碗，荞面凉粉吃兮谄；宝鸡美食第七碗，羊肉泡馍味道典；宝鸡美食第八碗，碓窝砸的洋芋黏；宝鸡美食第九碗，文王锅盔一搂圆；宝鸡美食第十碗，油面茶酥黄金煎。

岐山臊子面

臊子面是陕西关中平原最著名的风味面食，尤以岐山县的臊子面最为正宗。相传，臊子面是由西周文王的母亲为招待左邻右舍时所创制，已有3000多年的历史。臊子面最为重要的是汤，关中人将浇臊子面的汤叫臊子。臊子又分为肉臊子和素臊子两种，其中，又以肉臊子为主。到了宝鸡，一定要吃一碗正宗的岐山臊子面，才不虚此行。

凤翔腊驴腿

是当地久负盛名的传统肉食品。相传，清朝末年，由当地人苏石娃创制。驴腿肉酥软香浓，风味独特，远近闻名。

岐山擀面皮

原名御凉粉，别名酿皮，起源于岐山县，是流行于西北地区较有民族风味的食品之一。相传，清朝康熙年间，岐山人王同江将此面食从北京皇宫带回故乡，流传至今。

豆花泡馍

是凤翔区（古称西府）著名的小吃之一。在宝鸡一带非常流行。其吃法是：将切成小块的锅盔放入盛有豆浆的锅内煮一会儿，盛入碗内，然后先将热豆花舀一勺放其上，再浇以豆浆，佐以调料，即成为可口的早餐。那浓郁的豆香味，不由得让人馋涎欲滴。

搅团

其实就是用杂面搅成的糨糊，为西北地区的一道特色面食小吃。其做法是：一手端面粉，一手拿擀面杖，把面粉均匀地倒入开水锅里，同时不停地搅拌，最后，注入开水，用擀面杖将面糊划成一团一团的，类似于小鱼般大小。将煮熟的搅团配以香油、辣椒、蒜泥、姜末等调料，口感好，又增强食欲。传说，"搅团"这道小吃是当年诸葛亮在西祁（今宝鸡市岐山县）屯兵时创制的，当时叫"水围城"。

茶酥

是宝鸡地区的名小吃之一，以面粉、猪板油、菜油及各种作料制作而成。色泽金黄，内层松软，口味香酥，尤以油煎荷包蛋配合食用，味道更佳。相传，茶酥是当地一个叫秃娃的人于清朝咸丰年间创制，因被人们喜爱而传颂，誉其为"秃娃茶酥"。

关中油茶

关中各地油茶的总称，是由西周时的"酏食"发展演变而来的一种风味小吃，包括西安市的壶壶油茶、疙瘩油茶，咸阳市三原县的薄脆油茶，宝鸡市的杏仁油茶。此外，还有锅巴油茶、酥饼油茶、米花油茶、金皮油茶等。

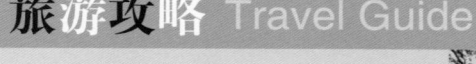

其他名吃

扶风鹿糕馍、陇县马蹄酥、岐山锅盔、肉臊子夹馍、岐山酥饺、碗蒸豆花、陇县油旋、羊肉泡馍、千阳甑糕、凤县浆把馍、陇县钱钱肉、西府（今凤翔区）醋粉等

旅游攻略 Travel Guide

宝鸡，位于陕西关中平原西部，古称陈仓、雍州、周原、西岐、岐阳、西府等，唐代，因市区东南鸡峰山上有"石鸡啼鸣"之祥兆而改称宝鸡。这里是中华文化重要发祥地之一，是华夏始祖炎帝的诞生地，也是周、秦王朝的发祥地。早在公元前11世纪，西周的先祖古公亶父就率领族人在西岐（今宝鸡市岐山县）建立都邑，为周王朝的兴起奠定了基础；周平王元年（公元前770年），秦襄公因护送周平王东迁洛阳之功，被赐之西岐之地而建秦

国，先后在陈仓（今宝鸡市陈仓区）、雍州（今宝鸡市凤翔区）建都，为建立大秦王朝打下了雄厚基础。这里是佛、儒、道三家文化的发祥地，以出土佛骨舍利而闻名于世的法门寺在盛唐时期就已成为皇家寺院和世界佛教文化中心。悠久的历史，灿烂的文化，为宝鸡留下了大批人文古迹，旅游资源极为丰富，主要有炎帝陵、姜子牙钓鱼台、五丈塬诸葛亮庙、佛教圣地法门寺、道教圣地金台观、隋文帝墓、周原遗址，以及太白山国家森林公园、天台山、嘉陵江源头、关山草原、汤峪温泉等著名胜景。

热门景点 法门寺、炎帝陵、姜子牙钓鱼台、关山草原等

旅游线路推荐

1 市中心→法门寺→岐山生态民俗园→五丈塬诸葛亮庙→凤翔南湖 2 市中心→炎帝陵→金台观→姜子牙钓鱼台→大唐秦王陵→宝鸡天台山国家级风景名胜区 3 市中心→关山草原 4 市中心→周公庙→五丈塬诸葛亮庙

宝鸡特产 宝鸡辣椒、凤县大红袍花椒、太白甘蓝高山蔬菜、眉县太白酒、凤翔西凤酒、彩绘泥塑、社火马勺脸谱、雍州苹果、岐山挂面、凤翔木版年画、凤县食用菌、党参、陇县五味子酒等

舌尖上的**延安**

美食向导 Delicacies Guide

延安虽地处陕西北部，但其饮食和西安较为相似。在延安街头巷尾的饭馆里，最为火爆的小吃依然是羊肉泡馍。另外，当地人用糜子面做成的油糕、黄馍味道很好，值得一尝。需要注意的是，当地人一般把西红柿简称为"柿子"，所以类似于"柿子熬白菜"之类的菜名，都是指以西红柿为原料，如西红柿熬白菜。

推荐特色美食

荞面饸饹

延安的吴起县和志丹县，盛产荞麦，两地的荞面饸饹与羊腥汤相配食用，鲜美可口，别有风味。陕北民间有句流行的食俗："荞面饸饹羊腥汤，死死活活相跟上"。意思是说，吃荞面饸饹，一定要浇上羊腥汤，味道最佳。

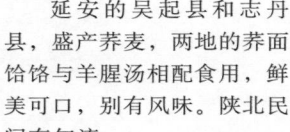

油馍馍

是延安最常见的传统小吃。其成品是中间有孔的小圆饼，炸熟后呈金黄色，颇似古代的铜钱。在延安的传统民俗中，油馍馍是富裕吉祥的象征。

洋芋擦擦

陕西境内多将土豆称作"洋芋"。其做法是把洋芋用擦子擦成丝状，拌入盐末、姜粉、葱丝、花椒等，再和上面粉搅匀，上锅蒸熟即可。食用时，再调入各种作料，味道酥绵爽口，别具风味。

油糕

又叫枣糕、年糕，是陕北最具地方风味的小吃之一。色泽金黄，细腻黏软，香甜可口。当年，延安人民就是用油糕来款待到达陕北的红军将士，陕北民歌《山丹丹开花红艳艳》中，对此有生动的描述。

碗托

是延安有名的风味小吃。由精制荞麦面制作成碗状，放入锅中蒸熟。取出来后切成片状，可以凉拌猪肝，也可以热炒食用，别有风味。

钱钱饭

是延安很有特色的一种风味小吃。以黑豆、小米为主料精制而成。制作时，先将黑豆经过浸泡、膨圆胀大，放在石

碾上压成片，形如铜钱，所以当地人称"钱钱饭"。传说，汉代美女貂蝉就是因常食"钱钱饭"，才变得美艳动人的。

抿节

在陕北方言中叫"抿节儿"，也可叫做"抿尖"，是当地的一种传统面食小吃。以豌豆面和麦子面混合后，加水调和成软面团，放在密布筛孔的抿节床上，然后用力压下，制成只有寸长的"抿节"。煮熟后，配以各种作料，清香可口，风味独特。

其他名吃

延安凉粉、羊杂碎、果馅、子长市西川炖羊肉、羊腥汤、睁眼辣子、蜜汁南瓜、商芝肉（又称蕨菜肉）、卤汁凉粉、剁荞面、子长灌肠、漏鱼、延川黄米馍馍、苦菜酿洋芋、黏米油糕、鸡丝杂面、陕北大烩菜、甘泉县美水豆腐和豆腐干等

旅游攻略 Travel Guide

延安，位于陕北黄土高原中部，地处延河、汾河二水交汇处，是中华民族重要的发祥地之一，是一座历史悠久的文化名城。古称延州，历来为兵家必争之地，素有"塞上咽喉"、"军事重镇"之誉。1937年，毛泽东领导的中央红军经过艰苦的二万五千里长征之后进驻延安，领导中国人民同腐朽的国民党政府进行了英勇斗争，至今，在延安保留着很多革命遗迹，有枣园革命旧址、杨家岭革命旧址、南泥湾、王家坪革命旧址等，被授予"中国红色旅游景点景区"称号。延安境内还有炎黄子孙寻根祭祖的圣地——黄帝陵、雄奇壮美的黄河壶口瀑布等名胜古迹，素以"三黄"（黄帝陵、黄河壶口瀑布、黄土风情文化）、"一圣"（革命圣地）的旅游资源，名扬中外。

热门景点　宝塔山、延安革命纪念馆、黄帝陵、黄河壶口瀑布等

旅游线路推荐

1 市中心→杨家岭→枣园→王家坪→宝塔山→清凉山　　2 市中心→黄河壶口瀑布

3 市中心→黄帝陵

延安特产　紫砂陶瓷工艺品（高档茶具、酒具、文具、电火锅），以及延安红枣、黄龙薄皮核桃、安塞小米、黄陵黑木耳、黄陵剪纸、宜川花椒、黄陵轩辕黑陶、"吴起牌"纯羊毛地毯、荞麦挂面、志丹香谷米、甘泉隋唐玉液酒、荞麦香醋、安塞农民画、洛川苹果等

舌尖上的**榆林**

榆林，位于陕西省最北部，地处陕北黄土高原和内蒙古高原的过渡区，是著名的大漠古城，为明代九边重镇之一。因其特殊的地理位置和地域文化，造就了这里丰富多元、历史悠久的饮食文化。居住在北面草地的人们，爱吃炒米、奶茶、酪饼子、酥油、黄米饭、猪肉熬酸菜等；西面的三边人，爱吃荞剁面、燕面炒面、搅团、凉粉、羊羔肉等；东南面的群众，爱吃豌豆钱钱饭、揪面片等。榆林地区民间还有许多出名的风味小吃，如米脂县的驴板肠、子洲县的馃馅、绥德县的黑粉油旋、佳县的马蹄酥、神木县的粉皮、榆林的豆腐、定边县的羊羔肉、清涧县的黄米馍馍等，都有其独特风味，在别处是难以吃到的。榆林人待客的美食一般是：榆林豆腐、拼三鲜（也叫拼杂烩或海三鲜）、红烧肉、清炖羊肉、菠菜焖肉丝、红焖子、皮冻、茄夹子、米酒、面茶等。可以说，榆林的居民，人人都是美食家，"食在榆林"，名不虚传。

推荐
特色美食

米脂驴板肠

将煮半熟的驴大肠放入卤汤锅中，再加入酱油、辣椒、花椒、葱花、姜片，煮至绵软即可。吃时，切成小段，加原汤汁，口味麻辣鲜香，可谓米脂小吃一绝。

佳县马蹄酥

原是佳县民间走亲访友时的名贵糕点，因其形状似马蹄而得名。酥软适口，久吃不腻。

粉浆饭

是榆林地区的名小吃之一。将绿豆粉浆放在热处，焐得略带酸味，入锅加水烧开，再放入大米、黄米，熬烂熟为止。吃时，可加入煮熟的羊肉丁、豆腐，再用腌韭菜、老咸菜作调味品，酸香味美，久吃不厌。

子洲馃馅

古时，人们常用馃馅祭祀祖先或供奉神灵，又名"供献"、"果献"。最早出名的是子洲县周家硷镇的馃馅，又叫大花馃馅，皮薄层多、外表酥黄，枣馅或糖馅甜美可口，油香扑鼻。在子洲县民间，当地男婚女嫁时，"馃馅"已成了定亲时必备的礼品。定亲时，男方一定要送馃馅，过去一般是送8个或24个，现在最少是24个或48个，甚至更多。

沙米羊肉霍了饭

沙米是生长在榆林市最北端沙漠中的一种植物。沙米粒比芝麻粒还要小，用它煮饭，越煮越稠，黏性很强。当地人便利用沙米的这一特性，加入风干羊肉煮成粥，取名沙米羊肉霍了饭。粥香味美，极富营养。

四十里铺羊肉面

在陕北，有首无人不晓的民谣，"米脂的婆姨绥德的汉，清涧的石板瓦窑堡的炭，绥德四十里铺的羊肉面"。可见，羊肉面在当地人的饮食中有多么重要的地位。

榆林豆腐

是当地的一道招牌美食。起源于明代，当时的榆林古城为明代长城线上的九边重镇之一，由于兵民日益增多，而塞外又缺少副食品，当地百姓便用普惠泉流出的桃花水做豆腐食用。白嫩细腻，味香可口，与其他地方做的豆腐就是不一样。明正德年间，武宗朱厚照到榆林巡视边防，品尝过这里的豆腐后赞不绝口，每日必吃，从此，榆林豆腐名震京都。榆林豆腐的吃法也比较多样，各有特色，有烩豆腐、炸豆腐、炒豆腐、清蒸豆腐等。其中，炸豆腐为款待客人的上等名菜。

定边手抓羊肉

定边县紧邻内蒙古自治区，受蒙古族饮食习俗的影响，这里也有吃手抓羊肉的习惯。这里的羊肉，即使是白水煮食，也清香可口，味美不膻。另外，定边的清蒸羊羔肉、清炖羊羔肉，更是定边人待客的上等菜，肉嫩味香，自古有名。

菊花锅

是榆林市的传统名菜。在火锅中放入鲜汤、鱼丸、鲜肉、鸡脯，再把菊花瓣撕成瓣，放入锅内焖煮。汤鲜肉嫩，兼有菊花特殊的香味，因而得名菊花锅。

黄米馍馍

是清涧县民间过年时必吃的一种面食，以黄米面为主料，加入非常关键的"老酵头"蒸制而成。"黄米馍馍老酵头"，这是清涧河流域的婆姨们常说的一句话，意思是说：黄米馍馍蒸的好与坏，那发面时的一份酵子起着关键作用。

榆林香哪

其实是榆林地区的一种传统食品。其制法是用白酒和面，再加入熟猪油，反复揉搓面加工成饼坯，放入油中浸泡，最后用旺火爆炒，出锅后，撒上白糖即可食用。酒香浓郁，醉人心肺，口味非常独特。据史料记载，唐代时期的"消灾饼"，就是用白酒和面，入油锅炸制而成。到了清朝，榆林古城已有饭庄制作"酒香饼"，但只有达官贵人享用。相传，清康熙年间，榆林县令宴请当地富绅，在吃了"酒香饼"后，大家都称赞"香哪"。从此，"酒香饼"更名为"香哪"，成为这一美食的代称。

榆林"羊道"

榆林地区盛产山羊，其品质有"吃着中草药（俗称天草），喝着矿泉水（俗称天水），唱着信天游，扭着大秧歌"的说法，说明当地的山羊肉特别鲜嫩，且营养丰富。凭借这些丰富的食材，榆林的先民用1只整羊和6副羊杂碎，即可烹制出有108道菜肴的全羊席，取名"羊道"。1518年，明武宗朱厚照巡视榆林时，榆林总兵用"羊道"招待，武宗品尝后称赞不已，并把"羊道"这一美食的制作技艺带到了京城，成为当时国内的第一大盛宴。后来，满族人入主京城，建立起清政权，宫内御厨受"羊道"的启发，制作出了更为经典的"满汉全席"，才取代了榆林"羊道"的霸主地位。但"羊道"在榆林一直流传于世，许多达官贵人、富商巨贾曾专程来榆林品尝"羊道"，以求一饱口福。拥有上千年历史的榆林饮食文化，博大精深，独步一方，在榆林城之外的其他地方是很难见到的。

沙盖菜

是横山区的一道名菜。这种菜系纯天然生长，不长虫子，不生蚜汗，蚊蝇不沾，牛、羊、驴、马不啃吃，它有一股很刺鼻的特殊味道，是最纯正的绿色食品。沙盖菜拌疙瘩，口味独特，很受食客欢迎。

其他名吃

洋芋擦擦、醋泼羊头、羊肉剁荞面、炸奶豆腐、神木绿豆粉皮、吴堡发面油饼、定边羊羔肉、米脂荞麦饸饹、油糕、八宝饭、水炒羊肉、府谷酸饭、猪黑肉烩菜、荞面碗托、红碱淖水煮鱼、府谷小米凉粉、绥德油旋等

旅游攻略 Travel Guide

榆林，位于陕西省最北部，地处陕北黄土高原和内蒙古高原的过渡区，素有"九边重镇"之称，是国家历史文化名城。榆林历史悠久，秦代，属上地郡；唐及五代时，先后设夏州、银州、麟州、府州、绥州；明代设榆林卫。榆林古城建于明成化九年（1473年），城中心有全木结构的明星楼、鼓楼及万佛楼，城中还有很多建于明清时代的衙署、庙宇、店铺及民居四合院等建筑，因此榆林有"小北京"之称。榆林由于地处黄土高原和毛乌素沙漠交界地带，黄土高原、沙漠、溪流、树林和残长城融和在一起，历史沉淀下来的人文景观和独特的地貌形成了独一无二的风景。

热门景点 红石峡、榆林古城、镇北台、红碱淖、李自成行宫、白云山等

旅游线路推荐

1 市中心→红石峡→镇北台→钟山石窟　　2 市中心→红碱淖（一日游）
3 市中心→白云山（一日游）　　　　　　4 市中心→李自成行宫（一日游）

榆林特产　靖边剪纸、三边荞麦、子洲黄芪、陕北大红枣、佳县油枣、清涧石板、府谷地毯、吴堡小米、府谷杏瓣儿、海红果、山杏、米脂米酒、靖边荞麦白酒、米脂石雕等

舌尖上的**汉中**

美食向导 Delicacies Guide

汉中位于陕西省西南部，地处美丽富饶的汉中盆地，是汉朝的发祥地，中国著名的粮仓，素有"秦巴天府"之称。汉中的饮食素以风味小吃最为出名，热面皮、菜豆腐、腊汁肉夹馍等特色小吃，不仅在当地遍布街头巷尾，而且也慢慢随着汉中人的流动传到了全国各地。汉中有句俗语"汉中小吃打天下"，道出了当地小吃的名气。

推荐特色美食

菜豆腐

又称豆腐粥，是汉中的名小吃。菜豆腐营养价值高，既经济又实惠，深受当地百姓的喜爱。

有人说："山珍海味油腻，不如汉中菜豆腐"。

粉皮子

又称片皮，是将野生蕨菜根茎捣碎，取其淀粉加工而成。食时，配以少许菠菜、豆芽、红萝卜等配菜，以及盐、酱油、芥末、红油辣椒汁等调料，味美爽口，颇能诱人食欲。

王家核桃饼

是宁强县的传统风味小吃。王记福兴老字号核桃饼店创于清乾隆年间，其制饼技艺代代相传至今，闻名汉中。传说，慈禧太后与光绪皇帝避难西安时，地方官曾将此饼作为贡品进献。随后，王家核桃饼名气大增，远近闻名。

石门麻辣豆瓣鱼

这道菜是汉中人饶胜利先生开创的褒河第一家鱼餐馆的招牌佳肴，曾被中央电视台、陕西电视台报道。饶记石门鱼餐馆，现址位于石门国家水利风

景区褒河街，主要经营风味各异的系列鱼宴，被誉为陕南一绝。"去石门旅游，到褒河吃鱼"，已成了当地旅游的一句宣传口号。

米糕馍

以大米为原料磨成浆，发酵后蒸制而成。糕馍味甜柔软，易消化，是汉中地区老幼皆宜的食品。

热面皮

是汉中地区非常普遍的一种风味小吃，类似于南方的米粉。以大米为主料碾成糊状，入锅蒸熟成为面皮，因其柔嫩、筋道，颇似上好的面条，故名。也可以将面皮切成面条那样细，浇上调料汤后拌着吃，味美可口，油而不腻，别有风味。汉中还流传着一个"面皮知府"的故事。清代康熙年间，汉中人张某在河南汝阳当县令时，用家乡的面皮招待了来视察的钦差大臣。不承想，沿途吃喝已倍感油

腻的钦差大臣，一尝面皮，顿觉好吃，连忙问其制作方法，张县令一一奉告。钦差回京城不久，张县令就被提升为洛阳知府。此事传回汉中，被当地老百姓戏称为"面皮知府"。

即可食用。味道酸辣清香，别具一格。相传，此面是由汉高祖刘邦与臣相萧何在汉中吃面时所起。

浆水面

是汉中最普遍的传统小吃。将煮熟的手工面条，浇上炒制好的浆水、炒韭菜、油泼辣子等配料

其他名吃

南郑腊肉、草鞋馍、略阳菜豆腐节节、罐罐茶、洋县枣糕馍、李老幺烧鸡、宁强麻辣鸡、四道水腊肉、略阳灰搅团、宁强千层饼、汉中腊汁肉、西乡牛肉干、酸辣子、橡子凉粉、汉中锅边油花子、城固红豆腐、汉中板鸭、香油馓子、油茶等

● 旅游攻略 Travel Guide

汉中，因临汉江而得名，位于陕西省西南部、汉江上游，北依秦岭，南屏大巴山，中部是美丽富饶的汉中平原，素有"西北小江南"和"秦巴天府"的美誉，是国家历史文化名城。公元前206年，汉王刘邦以汉中为发祥地，平定三秦，最终统一天下，建立了大汉王朝；三国时，蜀汉丞相诸葛亮屯兵汉中与曹魏进行了长达8年的战争，遗留了大量三国文化古迹。汉中是两汉、三国文化旅游热线，名胜古迹有古汉台、拜将台、张良庙、饮马池、武侯墓、武侯祠、马超庙、定军山、断头桥（魏延斩首处）、褒斜栈道等。汉中境内森林茂密，河流纵横，生态良好，素有"生物资源宝库"之称，自然风光独特秀丽，尤以春季的油菜花海为迷人。

热门景点 古汉台、褒斜栈道、定军山武侯墓、汉中天台山等

旅游线路推荐

1 市中心→古汉台→拜将坛→武侯祠→定军山武侯墓→天台山   2 市中心→紫柏山张良庙→石门风景区   3 市中心→汉中朱鹮国家级自然保护区   4 市中心→佛坪国家级自然保护区

汉中特产

汉中中华猕猴桃酒、镇巴宣纸、秦巴雾毫茶、佛坪回春酒、南郑汉水银梭茶、西乡绿茶、定军山茗眉茶、宁强绿笋针茗茶、野生猕猴桃、洋县谢村黄酒、略阳天麻、西乡千子仙毫茶、野生土蜂蜜、宁强雀舌茶、城固特曲酒、佛坪香菇、山茱萸、洋县珍稀黑米酒、略阳杜仲速溶保健茶、宁强香谷米、洋县香米、黑米、汉中天麻，以及汉中四宝（朱鹮、大熊猫、金丝猴、羚羊）等

舌尖上的甘肃

甘肃菜属于西北风味的一部分，饮食的起源可以追溯到汉朝的通史西域时期，举世闻名的"丝绸之路"，把西汉同许多中亚国家联系起来，同时也促进了西北地区饮食的发展。甘肃菜不仅继承了中原饮食的精髓，又受到四川、陕西等菜系的影响，最终形成了独具特色的饮食风格，其特点是擅烹牛羊肉，菜品少用配料，重用香料，口味崇尚咸、鲜、酸、香、辣，代表菜肴有凉州红烧羊羔肉、敦煌驴肉黄面、平凉红焖肘子、嘉峪关粉蒸牛羊肉、甘南虫草炖雪鸡、夏河蹄筋、荷花狼肚、石炙肉、红烧蕨麻猪、驼峰炒五丝等。而甘肃的面食种类繁多，特色鲜明，汇聚了回民饮食之精华，代表小吃有兰州清汤牛肉面、酿皮、浆水面、甜醅子、灰豆子、天水呱呱、三鲜鱼面等。

丝绸古道胜景
丝绸之路
疏勒河
玉门关遗址
敦煌　榆林窟
阳关遗址　莫高窟　大湾城故址
鸣沙山—月牙泉　嘉峪关　魏晋壁画墓
苏干湖　盐池湾　黑山摩　酒泉　骆驼城址
崖石刻　嘉峪关　郭城村　张掖　大佛寺　新河驿　金昌　连古城
出田军马场　甘州卧佛寺　武威　黄河岸边的丝路重镇
武威文庙　雷台汉墓
西夏碑　五佛寺石窟
海德寺
白银　发除寺　崆峒山　周祖陵
刘家峡恐龙　兰州　天　大象山　关山寺　崆峒山　庆阳
炳灵寺石窟　临夏　定西　莲花台　平凉
卜楞寺　松鸣岩　麦积石窟绝，崆峒山色秀
拉卜楞寺　夏河　水帘洞石窟群　伏羲庙
桑科草原　合作　木梯寺石窟　天水
甘南草原风情游　碌曲　大峪　大河坝　成县　麦积山
则岔　郎木　大峪　鸡峰山　梅园
吉木都俄草原　朗木寺　陇南
白水江

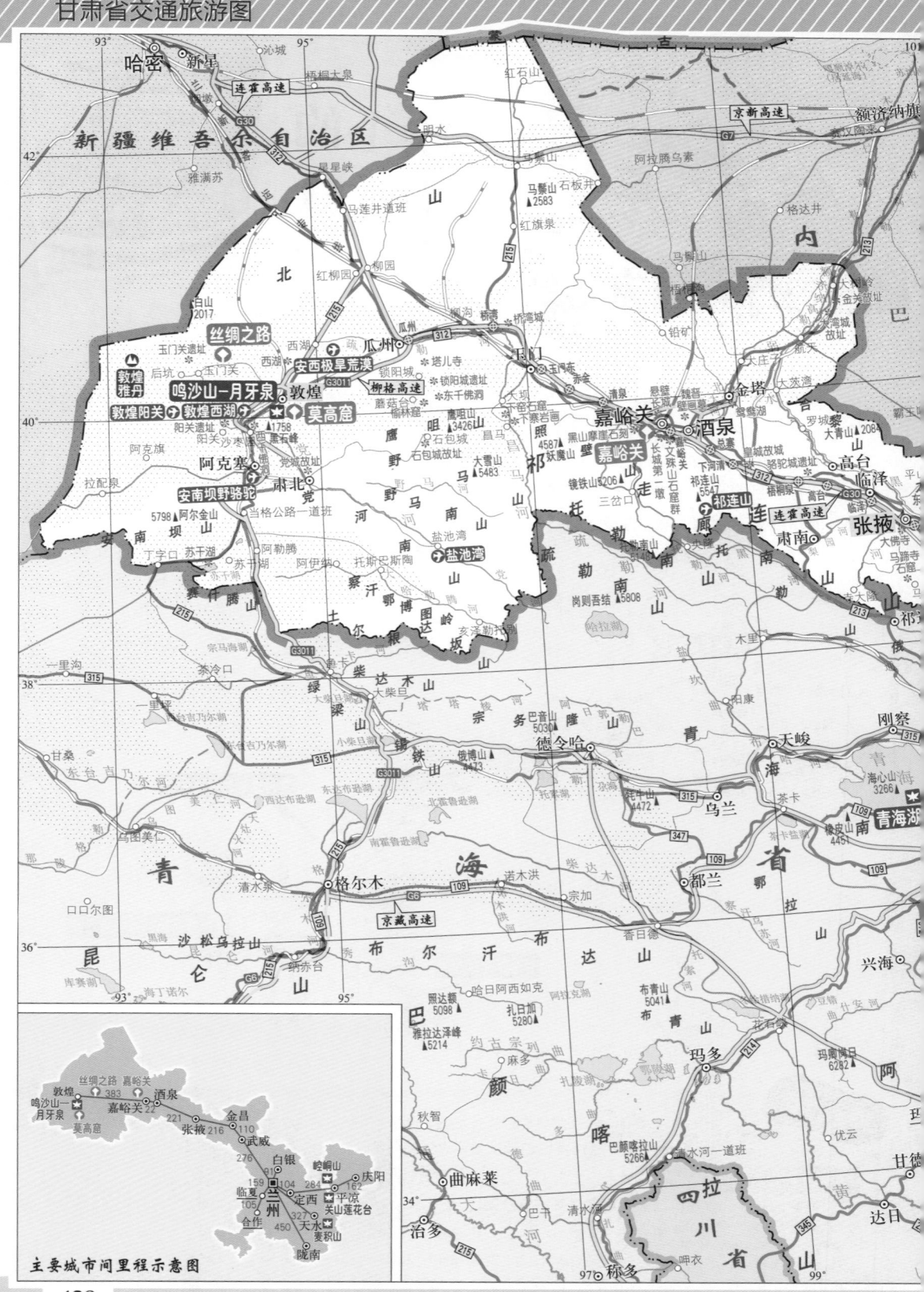

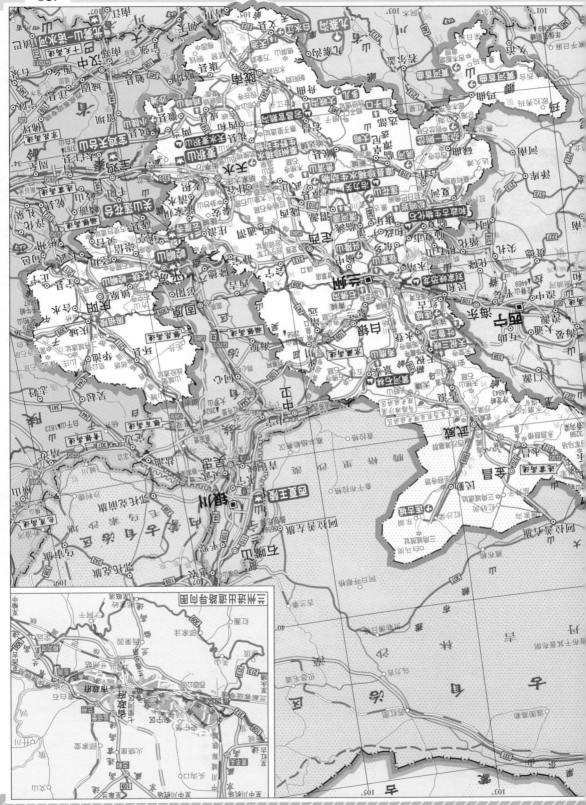

舌尖上的**兰州**

美食向导 Delicacies Guide

兰州，古称"金城"，是"丝绸之路"上的著名城市，享有"拉面之乡"的美誉，而兰州菜则是甘肃菜系的主要代表。兰州最有名的小吃莫过于拉面，这也是全国闻名的面食，其中，"马子禄"和"兰清阁"是传统正宗牛肉面的代表，这两家店在兰州有不少的连锁店。有人说："进到兰州城，就能闻到一股牛肉面的味道"，这种说法好像一点也不夸张。

推荐特色美食

牛肉拉面

相传，兰州牛肉面起源于清末光绪年间，是一位叫马保子的回民厨师所创制的面食，其最大秘密在于汤，这汤的配方是代代相传，秘而不宣。在兰州任何一家牛肉面馆都能吃到正宗的牛肉拉面，拉面分头细的、二细的、韭菜叶子的、宽的、大宽的，可根据自己的喜好而选。尤以"马子禄"和"兰清阁"两家老字号的拉面最为有名，口味地道。

酿皮子

是兰州的名小吃之一。将酿皮子配上凉粉丝、面筋，再配以香醋、辣椒油、蒜汁、麻酱等佐料，味道酸辣清凉，为当地一种凉食佳品。

浆水面

广泛流行于兰州、天水、定西、临夏等地，是以浆水做汤汁的一种面条，而以兰州的浆水面最为有名。做浆水面，先要制作浆水，把箭杆白菜、莲花菜、芹菜煮熟，放入面汤，加上浆水酵子，盛入缸内发酵三天，即可制成清酸可口的浆水。

金鱼发菜

是用甘肃特产"发菜"烹制的一道高档名菜，因其形状如金鱼而得名。尤以兰州市庆阳路的敦煌酒楼所烹制的金鱼发菜最为考究，外酥里嫩，鲜美爽口，名闻兰州。

甜醅子

又名酒醅子，是兰州的传统小吃。每年清明节一过，便是兰州制作甜醅子的时节，采用莜麦或青稞为原料酿制而成。吃起来，带有醇香的酒味，故名甜醅子。

灰豆子

是用麻色豌豆煮成的粥状食物，吃时，加入白糖，别具风味。而冰镇过的灰豆子味道更佳，清凉解暑。兰州杜维成师傅创制的灰豆汤，风味独特，闻名金城(即兰州)，素有"灰豆王"之称。

热冬果

是兰州很有特色的小吃。以当地特产冬果梨（又叫冬瓜梨），加上冰糖煮烂，饮汤食梨，味美甘甜，具有滋阴、润肺、止咳化痰的功效。相传，唐朝宰相魏征之母，因患病咳嗽不止，求医未果。魏征便把梨汁与研成粉末的草药熬成膏，味甜不苦，魏母食后，不久康复。兰州的热冬果就是源于魏征制梨膏的技法。

臊子面

是西北地区面食中的经典小吃。先以猪肉、黄花、木耳、鸡蛋、豆腐、蒜苗及各种调料做成臊子，浇在煮熟的手擀面条上，汤味酸辣鲜香，面条筋韧爽口，甭提有多好吃了。

羊肉泡馍

兰州与西安的羊肉泡馍还是有很大区别的，吃法与做法也不大一样。西安泡馍是将死面饼掰碎后回锅做好方可食用，而兰州泡馍只将做好的羊肉汤与发面饼一起给你，怎么吃都行，或将饼泡进汤里，或一口汤一口饼，再夹块熟羊肉慢慢品味，那鲜美的滋味没得说。

其他名吃　兰州羊杂碎、灌香肠、烤羊肉、炒粉、牛奶鸡蛋醪糟、清真大饼、永登糜面疙瘩、烧锅子、酿白兰瓜、韭黄鸡丝、千层牛肉饼、烤小猪、烤全羊、腊羊肉、陈春麻辣粉、唐汪手抓羊肉、朱家沟帮子熏鸡等

推荐
特色食处

✪ 兰州美食街

位于酒泉路和甘南路交汇处以东、以南区域，向东延伸至皋兰路口，向南延伸至酒泉路南口，大致包括甘南路、正宁路、农民巷、大众巷、南关、西关、北滨河路。这一区域，餐馆云集，商铺林立。这里汇聚了明德宫、菜根香、全聚德、名典咖啡、纯正量贩KTV等具有较高知名度的餐饮和休闲场所。其中，最具浪漫风情的是北滨河路，装修别致的餐馆，就分布在黄河岸边，川菜、陇菜、粤菜、鄂菜等各种风味，任你挑选，美食与美景同享，堪称到兰州最浪漫的享受。

✪ 农民巷美食街

是兰州著名的美食一条街，汇聚了甘肃及全国各地的风味菜系，成为"走过农民巷，一品天下味"的商业特色街。香辣的火锅，鲜辣浓郁的湘菜，清淡爽口的粤菜，每一味菜都会让人垂涎欲滴。

旅游攻略 Travel Guide

兰州古称金城，位于甘肃省中部，为甘肃省省会，是中国最古老的城市之一，是古代中国与亚、非、欧各国友好往来的交通要道，是古代"丝绸之路"上的重要交通枢纽。汉为金城郡；公元前121年，霍去病剿匈奴凯旋，在黄河南岸修筑了兰州历史上第一座城堡，取"固若金汤，坚不可摧"之意，故名"金城"；隋设兰州治，因城南有巍峨挺拔的皋兰山，故将金城改名兰州。黄河由西向东穿兰州城区而过，南北群山环抱，山静水动，形成了独特而美丽的城市景观。历史和大自然为兰州留下了众多名胜古迹，周边主要景点有白塔山、金天观、白云观、刘家峡水库、炳灵寺石窟、黄河石林等。

热门景点 中山桥（黄河第一桥）、滨河路绿色长廊、白塔山、五泉山、兴隆山、天斧沙宫等

旅游线路推荐

1 市中心→中山桥→白塔山→滨河路绿色长廊（兰州水车园、黄河母亲雕塑）→五泉山→兰山公园→天斧沙宫　**2** 市中心→永登县城→鲁土司衙门→吐鲁沟　**3** 市中心→榆中县官滩沟→兴隆山

兰州特产

永登羊披毡衫、苦水烟丝、兰州黑瓜子、刻葫芦、兰州民间剪纸、卵石雕、阿干镇粗陶器、麻皮醉瓜、金城八宝瓜雕、兴隆山松花蘑菇、毛柄金钱菌、兰州软儿梨、兰州黄河石、白兰瓜、冬果梨、兰州水烟、百合、玫瑰、西凉大曲酒、金徽酒、肃北马奶酒等

舌尖上的**武威**

美食向导 Delicacies Guide

武威，古称凉州，自古以来就是丝绸之路上的交通要地。其饮食包括天南地北的风味小吃，酸甜苦辣的口味样样俱全，有面皮、油炸糕、米汤油馓子、满族馎馎、燕窝酥、沙米粉等。值得一提的是当地的面皮子，筋道味美，香辣爽口，食后回味无穷。

推荐 特色美食

米汤油馓子

是武威闻名的特色小吃之一。制作时，先将黄米和少量扁豆入砂锅用旺火熬煮成粥，再将面粉打成糊状兑入。食前，先焅油，放些葱花、花椒即成。食时，再将炸好的油馓子泡入扁豆米汤中，味咸香甜，诱人食欲。

凉州大月饼

是当地有名的面点，最显著的特点就是大。当地有句顺口溜来形容凉州大月饼，"天爷天爷大大下，月饼蒸上车轮子大，小伙子吃后把房跳塌"。过去，凉州百姓走亲访友时，大多左手提的是大月饼，右手提着凉州酒。

红烧羊羔肉

凉州的羊羔肉质地细嫩、瘦而不柴、肥而不腻，堪称塞上美味佳品。食用方法颇多，尤以红烧羊羔肉味道最香。当地曾有"宁吃一顿红烧羊羔肉，不坐三请六聘九家席"之说。

山药米拌汤

系用凉州小米和洋芋煮制而成。吃时，加入些切碎的酸白菜、葱花，再焅些清油即可，清香爽口，富含营养。当地流行一首民谚，"要吃凉州饭，山药米拌汤"。

凉州"三套车"

指凉州的三种特色食品，由饧面、腊肉、冰糖红枣茯茶组成，在甘肃闻名遐迩。饧面的特色就在于用腊肉、木耳、蘑菇、黄花、洋芋粉等制作的卤汤。腊肉由新鲜猪肉或猪肚加入传统腊肉汁及炖肉调料烹调而成，肉香而不腻。红枣茯茶是由冰糖、桂圆、红枣、核桃仁、枸杞、茯茶茶叶加水熬制而成，味道香甜爽口。

沙葱

是产于民勤县的一种野生蔬菜，因其味、形极像小葱，又多生长在沙地，故名沙葱。其吃法多样，沙葱咸菜，或水汆沙葱，或炒沙葱皆可。鲜嫩爽脆，营养丰富，别有风味。

桤子面

是古浪县一带常用来招待客人的一种风味小吃，因成品面片形似桤子树的果实而得名。将捏好的桤子面片放入用各种配料做好的臊子汤内，煮熟后，香气四溢，真是好吃。

其他名吃

民勤西瓜泡馍、麻辣鱼、全羊汤黄米面条、骆驼蹄筋、扇子（一种面食）、乳酪、油子、白牦牛肉、黄焖沙漠土鸡、凉州腊肉夹儿、凉粉、酿皮、浆水面、蕨麻米饭、青稞面搓鱼子、奔马锅巴、民勤红崖山水库红尾鲤鱼等

旅游攻略 Travel Guide

武威位于甘肃省河西走廊东部，距兰州276千米。古称凉州，是古丝绸之路进入河西走廊的第一个重镇。早在2000多年前，汉武帝派张骞第一次出使西域时，在此受挫；汉武帝派骠骑大将军霍去病进攻祁连山，打败匈奴，占领河西走廊，为示军威，把这个县命名为武威。武威是国家历史文化名城之一，驰名世界的汉铜奔马"马踏飞燕"，就是从武威雷台汉墓出土的历史文物，已成为中国旅游的标志。

热门景点 雷台汉墓、文庙、天梯山石窟、白塔寺等

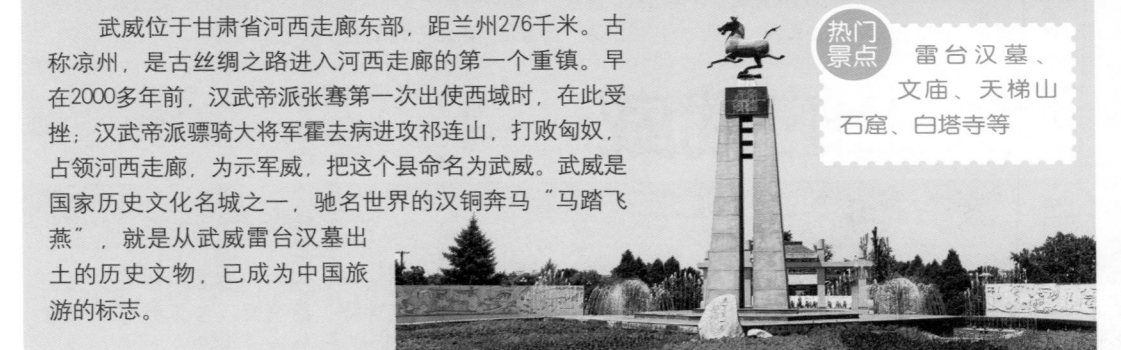

旅游线路推荐

1 市中心→雷台汉墓→文庙→西夏博物馆→罗什寺塔→海藏寺→大云寺 **2** 市中心→沙漠公园→武南镇白塔寺→天梯山石窟 **3** 市中心→天祝藏族自治县城→天堂寺 **4** 市中心→民勤县城→沙生植物园

武威特产

天祝野生菜（蕨菜、鹿角菜、柳花菜、狼肚菜、野蘑菇、石葱、野韭菜、筒筒菜、鸡冠菜、野胡萝卜、蕨麻、苦苦菜、石花菜），以及古浪娃娃菜、沙漠土鸡、天祝红提葡萄、羊肚菌、民勤红枣、凉州工艺地毯、凉州皇台酒、天祝白牦牛、白刺果、甜菜（又叫糖萝卜）、锁阳（一种中草药）、小茴香、红瓜子、无壳瓜子、荞麦、凉州熏醋、凉州软梨（又叫香水梨）、猪头梨等

舌尖上的**张掖**

美食向导 Delicacies Guide

　　张掖，古称甘州，地处河西走廊中段，是古代丝绸之路上的重镇，自古就享有"塞上江南"和"金张掖"的美誉。张掖的饮食以面食为主，品类丰富，不胜枚举，有拉条子、揪片子、炮仗子、搓鱼子、糍耳子、面蛋子、油饼子、酿皮子、喜馍馍、臊子面、粉皮面筋等。张掖的肉类食品中，除了手抓羊肉和清汤羊肉外，腊羊肉也久负盛名。在张掖市区民主东街的甘州小吃一条街，可以品尝到当地的各种美味小吃。

推荐特色美食

香饭

　　又称西北大菜。其做法是用面皮卷入猪肺、羊肺，做成"卷干子"，切成圆片，然后在上面放一些猪肉片、木耳、鸡蛋、辣椒片等配料，再浇上卤汁即可食用。味道香醇浓郁，极具地方风味特色。据说，香饭曾是清朝康熙年间宫廷宴中的一道名菜。当地有句民谚："唱戏凭的腔，宴席看香饭"。

搓鱼面

　　是张掖特有的一种面食，因其形状酷似小鱼而得名。将鱼面放入锅内煮熟或炒熟均可，夏天还可以凉拌食用，是当地人非常喜爱的风味小吃之一。

臊子面

　　是张掖最普遍的一种早餐面食，很受当地人喜爱。臊子面讲究薄、亮、精，汤以鸡汤为佳，吃的时候，加入胡椒粉、姜粉等作料调味，味香色艳，十分诱人食欲。

炮仗子

　　其实就是一种面食。将揉好的面拉开拉细，揪成寸段放入锅中，煮熟捞出，用凉水激过，拌菜后即可食用。因面段形似鞭炮，故名炮杖子。

烧壳子

　　是采用一种专用工具烧盒子做成的烧饼。其制作方法是把面做成的饼，放入烧盒子里，烧熟后，即是烧壳子。以表面金黄不焦的烧壳子，口味最佳。

张掖小饭

　　是当地普遍流行的一种小吃，因用小面块、小肉片、小豆腐块、小菜丁、小料做成而得名。用料搭配适宜，烹制独特，色香味美，且经济实惠，备受人们的追捧。

炒拨拉

　　是山丹县特有的一种街头小吃，因烹炒时的动作为一炒、一拨、一拉，故名。在街头支以铸铁鏊子，将切好的羊肝、肺、肚、肠等，配以葱花、蒜苗等配料下锅，用猛火爆炒。可边炒边吃，美味可口，麻辣适度，以冬季食之最佳。

油泡泡、羊肉垫卷子、灰碱面、羊肉小饭、猪血包子、鱼儿粉、糊饽、油糕、灰豆汤、糁耳子、山丹油果子、粉皮面筋、马场酸奶、张掖卤肉、扣肉、鸡肉焖卷子、羊肠子等

旅游攻略 Travel Guide

张掖位于甘肃省河西走廊中部，南枕祁连山，北依合黎山、龙首山，黑河贯穿全境，形成了特有的荒漠绿州景象，素有"塞上江南"、"金张掖"之称，是国家历史文化名城。古称甘州，为河西四郡之一；公元前121年，汉武帝派霍去病西征匈奴，胜利后设张掖郡，其名意为"张中国之臂掖（腋），以通西域，断匈奴之臂"，是古丝绸之路上的重镇，也是河西走廊上难得的一块绿洲。境内的雪山、草原、湖泊、林海、沙漠相映成趣，既有南国风韵，又有塞上风情，主要名胜古迹有大佛寺、七一冰川、张掖丹霞国家地质公园、马蹄寺、西来寺、山丹军马场等。

 **热门景点** 张掖丹霞国家地质公园、大佛寺、马蹄寺等

旅游线路推荐

1 市中心→木塔寺→镇远楼→大佛寺→马蹄寺　　2 市中心→骆驼城遗址→文殊山石窟群→酒泉
3 市中心→山丹县城→焉支山自然风景区→山丹军马场→新河驿长城
4 市中心→肃南裕固族自治县城→皇城草原→七一冰川

张掖特产 "圣泽牌"红枣枸杞汁、黄参、肃南牦牛、高山马鹿、高台发菜、山丹马、柳谷奇石、民乐啤酒大麦、肃南中药材、张掖黄酒、丝路春酒、干红葡萄酒、冰白葡萄酒、刺儿茶、杏皮茶等

舌尖上的**酒泉**

美食向导 Delicacies Guide

酒泉，古称肃州，位于甘肃省西北部河西走廊西端，是古丝绸之路上的黄金旅游胜地，境内不仅有著名的敦煌莫高窟、鸣沙山、月牙泉风景区，而且在饮食文化上，也有独到之处。在酒泉和敦煌的风味美食街上，你可以吃到众多具有浓厚地方风味特色的小吃，如清汤牛肉面、手工臊子面、泡油糕、油酥饼、清真酿皮子、浆水面、炮仗子、猫耳朵等特色面食。另外，酒泉的手抓羊肉、波斯羊蹄、烤羊排，也是不可错过的美食。

推荐特色美食

驼峰炒五丝

是河西地区著名的一道传统菜肴。以驼峰为主料，并配以冬菇、韭黄、玉兰片、鸡脯肉和火腿"五丝"炒制而成。色、香、味俱佳，为酒泉美食一绝。

"山盟海誓"

是酒泉宾馆的厨师创制的一道名菜。将本地特产驼掌与海参同置一盘，这两种山珍海味犹如一对山盟海誓、终身相伴的情侣，故将此菜命名"山盟海誓"。

香酥火烧

将点心馅与食油和于面中，入火烤制而成，作早点与夜宵皆宜。最好趁热食用，油而不腻，酥软香甜。

甜米黄

是用黄米（糜子）磨成粉，加糍发酵，略有酒香后，放入小碗里制成半圆形米面团，上笼蒸熟即可食用。味道微甜异香，且有醪酒的清香味。

油老鼠

将和好的面做皮，包入热胡麻油拌成的油面，捏成老鼠形状，上笼蒸熟即成。一般多在正月十五食用，也是酒泉地区的百姓走亲访友时的馈赠佳品。

驴肉黄面

是敦煌的一道传统名小吃，号称中华美食一绝，尤以敦煌市区顺张驴肉馆经营的驴肉黄面最为有名。敦煌莫高窟第156窟（宋代）壁画上就有制作黄面的生动场景，可见其历史之悠久。

羊肉麻什子

麻什子，又称疙丁子。酒泉人把这种饭又叫小饭。其做法是将和好的硬面，切成小方面丁，煮熟后捞出，再浇上配有粉块、粉条、羊肉末、豆腐丁、菜丁的羊肉汤，浓香爽口，诱人垂涎不已。

锁阳油饼

锁阳，别名起阳草，是产于沙漠中的一种植物，富含锌、铁、胺等多种营养元素。锁阳油饼为酒泉特有的地方小吃，采用锁阳粉、小麦粉精制而成，具有滋阴壮阳、补血养颜的功效，深受游客喜爱。

合汁

是酒泉地区特有的一种混合型粉汤。以羊肉汤为主，加入猪肉汤和鸡肉汤混合配制，再加入蚕豆粉丝和猪肉、羊肉片，若加入海鲜，其味更佳，当然价格更贵一些。

糊锅

是酒泉最具代表性的小吃之一，尤其是老酒泉人最爱吃这一口。卖糊锅的店主，在门口架上一口大锅，熬好鸡汤，放入蚕豆粉汁拌成糊状，加入蚕豆粉块、粉条及鸡丝、肉片，再把炸好的大麻花瓣成瓣，放入配好的糊汤中即可食用。味浓鲜香，并有姜与胡椒的特殊辣味，吃在嘴里，那个香味，真是用语言无法形容。

敦煌饮食八大怪

敦煌以敦煌石窟、壁画闻名天下，这里的饮食"八大怪"也是名声远传。第一怪，香水梨要放黑卖；第二怪，驴肉黄面拽门外；第三怪，浆水面条解暑快；第四怪，风干馍馍掰开卖；第五怪，三九锁阳人参赛；第六怪，酒枣新鲜放不坏；第七怪，罗布麻茶人人爱；第八怪，榆钱也是一道菜。

李广杏

敦煌地处河西走廊最西端，古称瓜州，因盛产瓜果而得名，享有"戈壁绿洲"之誉，自古就是一个瓜果之乡。这里盛产杏、桃、葡萄、鸣山大枣、沙瓤西瓜、白兰瓜、黄河蜜瓜、香水梨等。其中，李广杏是敦煌独有的一种水果，堪称敦煌"水果之王"。敦煌杏皮水更是当地的招牌饮料。关于李广杏的来历，还有一个美丽的传说。相传，西汉年间，飞将军李广奉汉武帝之命率部征讨西域，到达敦煌断了后援。在炎炎的夏日，将士们饥渴难耐。李广将军在一片杏林下歇息睡着了，梦到一位老者指点，说可以让将士们用杏充饥。李广醒来，忽见还不到季节的杏树上长满了果实，惊讶不已。众兵士吃了这青绿色的杏，顺利渡过难关，而且打了胜仗。这一美谈在敦煌流传已久，当地人把这种杏叫做李广杏。

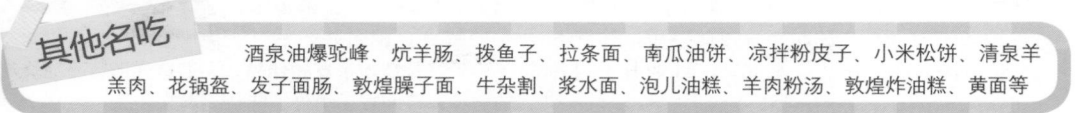

其他名吃　　酒泉油爆驼峰、炕羊肠、拨鱼子、拉条面、南瓜油饼、凉拌粉皮子、小米松饼、清泉羊羔肉、花锅盔、发子面肠、敦煌臊子面、牛杂割、浆水面、泡儿油糕、羊肉粉汤、敦煌炸油糕、黄面等

435

旅游攻略 Travel Guide

酒泉位于甘肃省西北部，河西走廊西端，祁连山脉北部。先秦时，曾先后为西戎地、西羌地、匈奴地；汉元狩二年（公元前121年），汉武帝派霍去病进军河西，打败了匈奴，在此置酒泉郡，以"城下有泉，其水若酒"而得名，从此，中西交流畅通无阻，酒泉成为丝绸之路上重要的门户；隋代，改称肃州，直到清末一直沿用此名；唐代，吐蕃乘"安史之乱"侵入河西，统治酒泉近190年；宋代，酒泉、敦煌被西夏所占据；元代，酒泉、敦煌一带方与中原统一；明代首筑嘉峪关，置瓜、沙两州于关外，酒泉成为西北边陲第一重镇；清代，酒泉沿袭明制；民国年间，曾设安肃道。境内山脉连绵，戈壁浩瀚，既有银装素裹的冰川雪景，也有碧波溪流的平原绿洲，还有沙漠戈壁的海市蜃楼等胜景，尤以敦煌莫高窟和鸣沙山—月牙泉最为著名。

热门景点 西汉酒泉胜迹、丁家闸魏晋壁画墓、酒泉卫星发射中心、敦煌莫高窟、鸣沙山—月牙泉、阿克塞县苏干湖、瓜州县榆林窟等

旅游线路推荐

1 市中心→酒泉公园→西汉酒泉胜迹→丁家闸魏晋壁画墓→文殊山石窟群　2 市中心→酒泉卫星发射中心→额济纳胡杨林　3 市中心→嘉峪关→黑山刻画像→玉门市→桥湾城→锁阳城→榆林窟→瓜州县城→白虎关→敦煌市→莫高窟→鸣沙山—月牙泉

酒泉特产 酒泉葡萄酒、敦煌蜜瓜、锁阳酒、敦煌玉石、敦煌葡萄、莫高葡萄酒、玉门酒花、酒泉酒、大沙枣、瓜州锁阳、金塔黑醋、锁阳春保健饮品、肃北鹿茸、酒泉夜光杯、玉门砚台石、敦煌书画、敦煌酒、敦煌工艺骆驼、敦煌彩塑、水晶石眼镜、敦煌地毯、香水梨、紫胭桃（又名李广桃）、李广杏、鸣山大枣、阳关葡萄、罗布麻茶、瓜州枸杞、敦煌玉液酒、敦煌醇酒等

舌尖上的**平凉**

美食向导 Delicacies Guide

平凉地处陕、甘、宁三地交界，六盘山东麓。其饮食习俗与陕西、宁夏非常相似，素以面食为主，这里的风味小吃以泾川罐罐蒸馍、静宁大饼、静宁卤鸡、酸汤面、华亭核桃饺子、平凉酥饼最为出名。

推荐特色美食

🍖 红焖肘子
是平凉市的一大名肴。肥而不腻，味美可口。1986年，胡耀邦总书记视察平凉时，食用此菜后，称赞不已。从此，"红焖肘子"名声远扬。

🍗 平凉烧鸡
尤以静宁烧鸡和泾川烧鸡最为有名。具有鸡体肥大、肉烂脱骨、鲜嫩浓香的特点，驰名陕、甘、宁一带，是馈赠亲友的佳品。人们这样形容平凉烧鸡的美味："闻香千里外，味从鸡肉来"。

酥饼

也叫酥馍，是具有当地风味特色的小吃，已有100多年的历史。酥馍分为汉民的暗酥饼和回民的明酥、扯酥饼三大类。携带方便，入口酥香，在陕、甘、宁地区很受欢迎。

干甜醅

是灵台县的一种传统小吃。由于它是以麦仁加酒曲后烘晒而成的，能长久保存，还便于携带，既可干食，还可加少许开水食用。酒香浓郁，甜美爽口，在当地享有盛誉。

庄浪暖锅

又叫锅子，是庄浪县历史悠久的一道特色菜，起源于当地农村的宴席。先将精心烹制的汤料置入特制的暖锅中，然后把已煮熟的猪肉及豆腐、土豆、粉条、萝卜、蘑菇、黄花菜等原料放入其中，锅开后即可食用。尤其在冬季食用，会让人感觉到有一种家庭聚餐的温馨。

罐罐蒸馍

是泾川县民间独有的传统面食。酥软可口，醇香味长，具有长期存放不霉、不馊、不变味的特点，适合出行旅途备用。相传，清朝康熙皇帝巡访西北，路过泾川，地方官员将民间蒸制的罐罐馍奉上，皇帝品尝后连连称赞，并定为贡品。

其他名吃 凉拌核桃花、荞面面条、酥盒子、凉拌蕨菜、黄面鱼鱼、静宁酿皮、炉齿馍、酸汤面、静宁锅盔、静宁烧鸡、灵台涎水面、平凉五香红牛肉、灵台清炖甲鱼、崆峒山素斋、华亭核桃饺子等

旅游攻略 Travel Guide

平凉位于甘肃省东部，地处陕、甘、宁三省（区）交会处，是古丝绸之路北线必经的重镇，素有"陇上旱码头"之称。早在3000多年前，周人的先祖就在泾河流域创造了先进的农耕文化；公元358年，前秦王苻坚在这里厉兵秣马，欲平定前凉国，始以"平凉"之名置郡。在漫长的历史长河中，这里吸引了众多古代著名人物。传说，人文初祖黄帝亲临崆峒山，向广成子请教修身治国之道；周穆王"八骏日行三万里"，与西王母相会于回中宫；秦始皇、汉武帝先后西巡，登崆峒而览胜，寻道而治国。境内众多的历史文化遗迹中，尤以中华道教第一山——崆峒山，人文开元第一祖伏羲氏诞生地——古成纪，天下王母第一宫——回中宫，秦始皇祭天第一坛——莲花台等闻名于世。

热门景点 崆峒山、王母宫山、龙隐寺等

旅游线路推荐

1 市中心→崆峒山→龙隐寺→云崖寺→庄浪梯田→静宁成纪古城

2 市中心→泾川县城→王母宫山→南石窟寺

平凉特产 华亭麦酒、陇东皮影、静宁剪纸、崇信五加皮、杏脯、保健黄酒、静宁早酥梨、泾川黄花菜、平凉书画笔、平凉苹果、山药、平凉皮毛、平凉百合、蕨菜等

舌尖上的**嘉峪关**

● 美**食**向**导** Delicacies Guide

嘉峪关是古代丝绸之路上的重要通道，又是明代万里长城西端的第一重关，自古商队往来频繁，也促进了当地饮食的发展。嘉峪关的饮食种类丰富，百味荟萃，颇有代表性的风味小吃有臊子面、炮仗面、烀锅面筋、拉条面、搓鱼面、砂锅等，富有地方特色的菜品有雪山驼掌、菊花牛鞭、驼蹄羹、黄焖羊肉、粉蒸牛羊肉、戈壁雁影等。这些美食，在嘉峪关市区的振兴市场美食一条街、大唐美食街、镜铁市场美食街等都能吃到。

推荐 特色美食

☒ 粉蒸牛羊肉

据说，由唐朝时期的阿拉伯商人途经嘉峪关时所创，已有1000多年的历史。其做法是以新鲜的肥牛肉、羊肉、面粉为主料，加入一些花椒、茴香面等调料，再经过武火、文火蒸制而成。风味独特，油而不腻，很受食客欢迎。

☒ 丝路驼掌

此菜驼掌筋烂、肉酥可口、味道鲜美。由于驼掌全部是筋，营养价值很高，它与熊掌一样名贵。

☒ 驼蹄羹

是嘉峪关的一道昂贵名菜。杜甫《自京赴奉先县咏怀五百字》中，有"劝客驼蹄羹，雪橙压香橘"之佳句。唐玄宗与杨贵妃在长安（今西安）骊山华清宫时，就食用"驼蹄羹"一菜，其制法沿袭至今。汤浓味醇，筋柔不膻，非常味美，且营养丰富。

☒ 菊花牛鞭

以小公牛的牛鞭（又叫牛冲）为主料，配以枸杞烹制而成。既有食用价值，又有药用价值，还具有强筋壮骨的功效。

其他名吃

烤羊腿、孜然羊肉、榆钱酱、烧壳子、搓鱼面、红焖羊肉、兰发豆腐、麒麟驼掌、雄关酥、虹鳟鱼等

● 旅**游**攻**略** Travel Guide

嘉峪关位于甘肃省西北部、河西走廊中段西部，因其紧临嘉峪山而得名。因其地势险要，自古为兵家必争之地，素有"河西重镇，边陲锁钥"之称。嘉峪关始建于明洪武五年（1372年），是万里长城西端的终点，它的北面是戈壁滩，南面是祁连山，其城关建筑气势非常雄伟，自古被誉为"天下第一雄关"，是古丝绸之路必经的关隘和东西文化交流的要道。站在那雄壮的关楼之上极目远眺，一定会使你的内心澎湃不已。

热门景点

嘉峪关关城、嘉峪关悬壁长城、七一冰川景区等

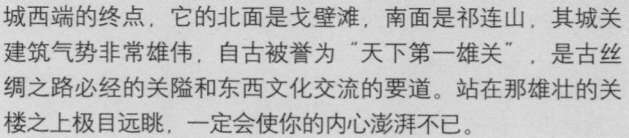

旅游线路推荐

1 市中心→嘉峪关关城→悬壁长城→长城第一墩　　**2** 市中心→七一冰川景区

嘉峪关特产

嘉峪关石砚、戈壁石画、驼绒画、嘉峪关发菜、魏晋壁画墓画幅拓片、猪头梨、"飞天牌"仿古地毯、戈壁奇石风雨雕刻、夜光杯、黑山石章等

舌尖上的**甘南**

美食向导 Delicacies Guide

甘南藏族自治州位于甘肃省南部，地处青藏高原东北边缘，曾经是古丝绸之路、唐蕃古道的黄金通道。这里有许多典型的藏族风味食品，食物多以牛羊肉、糌粑、青稞面、酥油、奶茶为主。牧区的藏族群众除了吃传统的藏式食品外，还像其他农业区一样，吃面条、油饼和包子等面食。

推荐特色美食

羊肚菌

又称羊肚蘑，因其形态如羊肚而得名，主要产于甘南草原。羊肚菌味道鲜美，自古就被列为"草八珍"之一，为营养丰富的美食。

蕨麻

俗称人参果、长寿果，主要产于甘南草原，以夏河、卓尼、临潭三县所产的蕨麻最佳。当地人常把大米和蕨麻煮熟，拌上酥油、白糖，制成香甜可口的蕨麻米饭，或以蕨麻为原料煮成神仙粥、八宝饭、酿菜等美食，是甘南藏族人民待客的必备食品。

甘南藏包子

又称卓华包子，因其形如牛眼睛，又有"牛眼睛包子"之称，是藏族人民日常生活的传统食品。最早的藏包子是以当地特产的青稞面为皮，以牛羊肉为馅蒸制而成。吃起来油而不腻，软嫩可口，鲜美异常。

虫草炖雪鸡

采用冬虫夏草的菌根，剥去外皮，与在高山雪线附近捕获的雪鸡合烹，外加少许黄芪和适量作料，汤鲜味浓，香味四溢，极富营养。虫草炖雪鸡、蘑菇炖羊肉和蕨麻米饭，色、香、味、形俱全，各有特色，被誉为"甘南草原三珍"。

火烧蕨麻猪

蕨麻猪为甘南草原上特有的一种猪，因主要以蕨麻为食而得名，主要出产于合作市附近，又叫"合作猪"。当地藏族群众炙烤火烧蕨麻猪有独特的工艺，他们先用棍棒打死猪，除去内脏和头蹄，然后内涂调料，外裹泥巴，埋入无烟的牛粪火堆中，烧至泥巴呈褐黄色时，猪毛随泥巴脱落，即可用刀切割而食。肉嫩皮脆，鲜香无比。

荷花狼肚

为卓尼县厨师寇建邦创制的一道民族风味名肴，因其主料是羊肚菌，当地称"狼肚"，菜肴形如荷花而得名。味美爽口，成为具有当地特色的营养名肴。

都玛茶

为甘南藏族自治州藏族群众的传统早点。其吃法是先在碗里放上少量炒面、干奶酪和酥油，再倒入茶水，喝完茶水后，再吃碗里的炒面。当你去甘南草原旅游，走进帐篷，无论是生人还是熟客，热情的主人都会向你先敬一碗都玛茶。藏族地区有句俗语："宁可三日无粮，不可一日无茶"。

谢特

是牧区藏族群众很有特色的一种小吃。其做法是把面擀成薄饼煮熟，捞起后趁热加酥油、干奶酪、红糖，拌匀后即可食用。香甜可口，是牧区常见的待客食品。

石炙肉

又称多食合、刀什哈，是草原民族特有的一种吃肉方法。先将石头在篝火中烧红，将羊羔宰

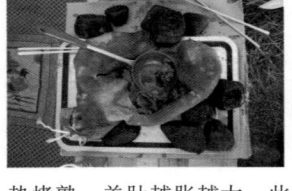

杀后，取出羊肚（羊胃）翻洗干净，再将剔骨切碎的羊肉和烧红的石头一起放入其中，并将两头扎紧。

由于羊肉在羊肚内受热烤熟，羊肚越胀越大，此时，用刀尖戳破羊肚放气，直至其不再膨胀为止。用刀划开羊肚，取出积在里面的肉汁，吃一块肉，喝一口汤，那个味道真是香啊。据说，这种吃法最早起源于民间游牧生活和马帮生活，简便易做，非常独特。

哈居

又称辣子尕勺，是藏区群众在冬季最喜欢的食品。将剁碎的羊肉放在锅里加水，边煮边搅，开锅后加盐、葱花等调料，盛在碗里再加些油辣子，然后，再用小勺连肉带汤舀入用糌粑捏成的勺里。食之，别有风味，而且增热抗寒。

蕨麻哲则

是流行于甘南牧区的一种特色小吃。将蕨麻和大米分别煮熟，然后在一个盘子内各放一半，再加上白糖，浇上酥油，趁热吃最佳，风味独特。

罐罐茶

舟曲县的农民多喜欢饮用将茯茶放入小陶罐里加水煮制的罐罐茶，俗称"按茶"。尤其在劳动前，喝两三罐茶，可保一天不渴不累，精力充沛。当地有句俗语："头盅土，二盅茶，三盅才是顶呱呱"。

夏河蹄筋

是夏河县著名的一道传统佳肴，流行于牧区。相传，明朝大将徐达西征吐蕃时，非常喜食夏河蹄筋，从此，这道菜名闻遐迩。其做法是以羊蹄筋为主料，配以木耳、黄花等配料，分别蒸、煮而成。筋肉鲜香，口感柔滑。

其他名吃

蘑菇炖羊肉、糌粑、手扒羊肉、酥油、奶茶、牦牛肉干、血肠、舟曲擀汤面疙瘩、卓尼贴锅巴、迭部羊羔肉、舟曲洋芋搅团、热豆腐等

旅游攻略 Travel Guide

甘南藏族自治州位于甘肃省西南部，地处青藏高原东北边缘，西临青海，南接四川，北面是宁夏回族自治区，共辖合作、夏河、碌曲、玛曲、临潭、舟曲、迭部、卓尼8个县市，是中国10个藏族自治州之一，首府设在合作市。境内以藏族民俗风情、藏传佛教文化和草原风光为特色，素有"小西藏"之称。奇特的自然景观、众多的历史古迹、场面盛大的藏传佛教节庆活动及浓郁的民俗风情，融入独特的高原气候，构成了甘南独具魅力的旅游资源，被誉为"美丽神奇、纯净圣洁的人间仙境——香巴拉"。

热门景点 夏河拉卜楞寺、玛曲九曲黄河第一湾、合作米拉日巴佛阁、碌曲尕海湖、碌曲则岔石林等

旅游线路推荐

1 合作市中心→合作米拉日巴佛阁→夏河拉卜楞寺→桑科草原 **2** 合作市中心→当周草原→碌曲县城→则岔石林→碌曲尕海湖→郎木寺→玛曲县城 **3** 玛曲县城→玛曲九曲黄河第一湾→希梅朵合塘

甘南特产 甘南冬虫夏草、碌曲蕨麻猪、牦牛、蕨麻、羊肚菌、卓尼洮砚、青稞酒、玛曲河曲马、碌曲藏獒、临潭黄河卵石雕、夏河蘑菇、迭部蕨菜等。

舌尖上的青海

青海地处青藏高原东北部，大部分地区海拔在2000～5000米之间，是个多民族聚居之地，世居着藏、回、土、撒拉、蒙古族等少数民族。这里也是畜牧业较发达的地方，饮食习俗具有浓郁的高原特色和民族风格，牛羊肉类和奶制品较多，在一定程度上受清真菜的影响更大。藏区的牧民，在进餐方式上，多用刀、叉、勺，大块吃肉，大碗喝酒，极力彰显着粗犷豪放、崇尚自然的民族特性。青海的面食很有特色，如拉条子、糌粑、馓子、尕面片、搅团、酿皮、羊肉炒面片等，都是人们喜爱的美食。到青海旅游，一定要品尝正宗的高原菜肴，如牦牛肉、藏绵羊肉、手抓肉、奶茶、酥油、青稞酒、牛羊杂碎汤、烤羊筋、清汤羊肚等，不仅可以获得抵御严寒的热量，还可以体验当地的特色民俗，绝对会让你食后大呼过瘾，难以忘怀。

特别推荐

▶ **青海十大美食** 西宁手抓羊肉、青海湖湟鱼、酥油糌粑、肋巴（烤肉）、海北祁连炒羊肉蘑菇片、黄南牦牛肉盖被、筏子肉团、海西藏族血肠、玉树羊肠面、果洛清蒸牛蹄筋

▶ **青海十大特产** 青稞酒、冬虫夏草、野生藏茵陈、牦牛肉干、雪莲茶、黄南热贡唐卡、柴达木枸杞、门源奶皮、茶卡盐、果洛地皮菜

▶ **青海十大景点** 西宁湟中塔尔寺、青海湖国家级风景名胜区、海东互助土族风情园、海北金银滩草原、门源百里油菜花海、黄南尖扎坎布拉国家地质公园、果洛玛多扎陵湖与鄂陵湖、三江源国家级自然保护区、海西昆仑山口、格尔木察尔汗盐湖

比例尺 1 : 4 120 000

主要城市间里程示意图

可可西里

德令哈 537 祁连 283 99
385 共和 西宁 民和 254
格尔木 720 青海湖 342 共和 民和
玛多 142 回仁
333 213 玛沁 555
玉树

甘 肃 省

祁连山走廊
祁连山 5547

临泽
张掖

内蒙古自治区

东大山 3616

疏勒南山
岗则吾结 5808

苏勒南山

肃南
扎柯什
宝库河
民乐
山丹

祁连山地鹿场
黑河大峡谷扎麻什
祁连森林风景区
木里

祁连
冷龙
古三角城

博南
岭
大
通
山

古浪
甘

武威
G30

冷龙岭 4843

安家城
苏吉滩
青石嘴
门源
仙米
珠固 珠固寺

大通北川河源
玉隆滩 4353
青石嘴
互助北山

天祝
永登

德令哈
哈里哈图

天峻
刚察大寺
刚察

青海湖鸟岛
青海湖

日月山
海晏
大通

西海
湟源
西宁
海东

互助嘉定
连霍高速

红古

柴达木梭梭林

托素湖
克鲁克湖

乌兰
茶卡

石乃亥
海心山 3266
黑马河

橡皮山 4451

南山

江西沟
共和
湟中

南门峡
群加

平安
民和
G109

托牛山 4472

希里沟城址

茶卡盐湖

夏日哈

切吉岩画
切吉遗址
塔秀
铁盖

沙珠玉
倒淌河

贵德
青海观鱼园
坎布拉
尖扎
循化
临夏市

都兰
热水
吐谷浑墓群

香日德寺
巴隆

巴哈莫力沟岩画
日阿吾新格
在尕

羊曲遗址
茫拉
贵南
新街

隆务寺
郭麻日
同仁

循化

临夏

布达山布青青山
布青山 5041

香日德城址

智玉

水文站

莫草得哇遗址

姜路岭
温泉

花石峡

羊曲
毛羊曲
赛宗寺

兴海
唐乃亥
曲什安

同德
斗后索
曲加
麦秀
泽库
河南

多禾茂

绿曲

合作

巴颜喀拉山 5266

黄河源牛头碑
扎陵湖
卓澧加措

星宿海
果洛
莫松多
颜

柏格永
古合特昌

鄂陵湖

玛多

阿
尼
玛
卿

玛沁

玛曲

巴颜喀拉山口

喀拉

霍若仓尖
特合土
格萨尔王狮龙宫殿

甘德

夏日平寺

隆恩寺

久治年保玉则
年保玉则峰 5369

久治

瓦切
阿坝

称多
玉树

文成公主庙
勒巴沟岩画

石渠
宜牛

斯德隆
德昂

达日

满掌

班玛
郎寺
班塔
子木达红军长征标语

红原

四 川 省

色达

壤塘

黑水

马尔康
金川

德格

甘孜

炉霍

金川

443

舌尖上的**西宁**

美食向导 Delicacies Guide

西宁的居民以回、藏、撒拉族居多，当地人大多依据本民族的风俗习惯和传统工艺烹制食物，其饮食风味独具民族特色，如手抓羊肉、酸奶、酿皮、狗浇尿饼、尕面片、酥油糌粑、羊杂碎汤等，大多经济实惠，都是在其他城市难以尝到的美味佳肴。西宁的小吃品种丰富，久负盛名，最具代表的有殷凉粉、余酿皮、康猪肉、李羊头、辛酸槽、成贵羊脖子等，每一样小吃的名称，都是以店主人的姓氏开头，也是某一类小吃的招牌，容易让人记住，也算是当地饮食的一大特色。

推荐
特色美食

手抓羊肉

通常也叫手抓白条，是青海高原牧民对羊肉的一种独特吃法。因吃时一手抓肉，一手拿刀把羊骨头上的肉剔下来，吃得净光，故而得名。先别说吃，光听着这名字，就够诱人的；如果再闻到那羊肉的香味，口水不流下来才怪呢。位于西宁市白玉巷5号的益鑫清真馆，是西宁手抓羊肉最出名的馆子，游客可到那里一饱口福。

尕面片

又叫揪面片，因此面是用手揪出来的而得名。以配料来分，有蘑菇面片、羊肉面片、菜瓜面片等，是西宁最为普遍的一种地方小吃。

狗浇尿饼

是青海较流行的一种薄油饼，分"半死面"和"死面"两种，采用青油煎制而成。名字不怎么好听，可却非常好吃，有点像葱油饼，但比葱油饼更酥、更香、更脆。最初是土族的特色小吃，因当地的厨房灶台较高，人们烙饼时，常翘起一条腿用小油壶沿锅边浇油，其动作犹如狗在墙根撒尿的姿势，故称"狗浇尿饼"。西宁市交通巷口福街北侧的一家摊档，专售"狗浇尿饼"，味道正宗，并可配菜食用。

馓子

是回族、撒拉族过节时必吃的一种油炸面食。这种食品呈金线套环样的形状盘在一起，酥脆清香。尤以奶茶泡馓子的吃法更佳。

酥油糌粑

即酥油拌炒面，是藏族群众经常吃的一种食品。其做法是往碗中的奶茶里加入酥油、炒面、曲拉、糖，用手指拌匀，并捏成小团即可食用。营养丰富，发热量大，可充饥御寒。

甜醅

是青海人非常喜欢的一种传统甜食。采用青稞为原料酿制而成，具有醇香、甘甜的特点。当地有句顺口溜唱道："甜醅儿甜，娃娃阿爷含口水咽，一碗两碗开了个胃，三碗四碗顶一顿饭"。还有青海民谚说："给嘴解馋，甜醅当先"。

麦茶

将麦粒炒至半焦，捣碎后，加入一些盐和其他配料，以陶罐熬煮而成。味道酷似咖啡，香甜可口，余味悠久。尤其在吃牛羊肉时，喝麦茶最佳，不仅味道好，而且还能解羊肉的油腻。

筷子肉团

俗称炸筷子，是西宁很有特色的一道名小吃。把猪肝、肺、肾、脾等剁成肉泥，拌入各种作料拌匀，填入猪肠中，入锅蒸煮即成，因其形似当地的羊皮筷子而得名。吃时，切成小段，再烤一下，那个味道真是香啊！

肋巴（烤肉）

是西宁独有的一种风味羊肉串。先把羊排骨煮到半熟，然后刷上酱，再放到炭火上烧烤而成。这种吃法，其实来源于土耳其烤肉。"肋巴"一词，也是源自土耳其语。

青稞酒

以青藏高原特有的粮食作物青稞为主要原料酿

制而成，具有酒味醇香、绵甜爽净、余香悠长及饮后头不痛、口不渴的独特风格。尤以海东市互助土家族自治县威远镇产的青稞酒最为著名。相传，唐朝文成公主从长安远嫁吐蕃时，把汉人先进的酿酒技术传到藏地，为藏区带来了酒文化的起源。

❖ 高原风味菜

西宁地处高原地带，盛产各种山珍野味食材，独具特色的高原风味菜肴，品种丰富，味美鲜香，极富营养，有蛋白虫草鸡、蜂儿里脊、鸳鸯芙蓉发菜、酥合丸、清汤羊肚、筏子肉团、血肠、爆焖羊羔肉、牛肉干、烧人参羊筋、水盆杂碎、鹿角菜、五香牦牛肉干、清蒸牛蹄筋、羊肉蘑菇片、青海湖无鳞湟鱼等。

其他名吃　羊肠面、炕肉、酸奶、煮羊肝、熬饭、烤串、焜锅馍、循化大盘鸡、抓面、酥合丸（俗称团圆丸）、湟源干板鱼、大块煮羊肉、锅盔馍馍、安多面片、凉拌发菜、青海奶皮（又叫干奶酪）、羊血肠、羊肉肠、面肠、油肠、肝肠、凉拌鹿角野菜、羊肉抓饭、酱牦牛肉、炮仗面等

推荐特色食处

❖ 水井巷美食街

水井巷是西宁市的一条老牌商业街，素有"小香港"之称。这里的美食以小吃居多，如酿皮、酸奶、甜醅、羊肠面、尜面片、肋巴等，还有许多烤羊肉等，味道都不错，值得一尝。

❖ 莫家街

是西宁最有代表性的美食街，其中，名气最大的马忠食府，素有"小吃天堂"之称。这里的烤羊肉、风味砂锅、羊肠、手抓肉等，口味都十分地道。所以，到西宁旅游，莫家街是一个不能不去的地方。

❖ 大新美食街

这条街上全部是大排档，以牛羊肉为主，有手抓羊肉、羊蹄、羊筋、牛骨、手抓饭等，基本上都是清真风味。吃肉时，都是大快朵颐一番，很有西部特色。

❖ 小圆门清真饭店

是西宁较有名气的一家清真餐馆。这里供应正宗地道的清真食品，有手抓羊肉、青稞饼、鹿角菜、炕肉、酿皮、羊肠面等。✉ 东关大街183号

旅游攻略 Travel Guide

西宁位于青海省东北部，海拔2300米，为青海省省会，是青藏高原的东方门户，素有"高原古城"之称，已有2100多年的历史。西汉元狩二年（公元前121年）霍去病在此筑军事据点，设西平亭；隋朝改为西平郡；唐初建鄯州；北宋崇宁三年（1104年）改为西宁州，取"西陲安宁"之意，"西宁"之名由此开始。西宁是"唐蕃古道"与"丝绸之路"羌中道上的必经之地，湟水自西向东流经市区。夏无酷暑，冬无严寒，全年最高气温只有23℃，是夏季良好的避暑胜地，素有"中国夏都"的美誉，是"中国十大向往旅游目的地"之一。现已开辟出环青海湖旅游线、黄河源旅游线、唐蕃古道旅游线、宗教朝圣旅游线、世界屋脊旅游线等多条精品旅游线，可以欣赏到青海湖、塔尔寺、原子城、日月山等人文与自然景观，以及富有高原魅力的民族风情。

热门景点　东关清真大寺、北禅寺、湟源日月山、湟中塔尔寺、大通老爷山等

旅游线路推荐

1 市中心→青海湖国家级风景名胜区→日月山→倒淌河　　2 市中心→东关清真大寺→北禅寺→南禅寺→塔尔寺　　3 市中心→门源百里油菜花景区→祁连牧场→中国原子城→金银滩草原　　4 市中心→循化骆驼泉→街子清真寺→孟达天池　　5 市中心→循化十世班禅故居→同仁隆务寺→热贡艺术之乡　　6 市中心→李家峡水库→南宗寺→坎布拉国家森林公园

西宁特产

湟中民间绘画、湟源排灯、湟中蚕豆、西宁毛地毯、七十味珍珠丸、青海鹿茸、塔尔寺堆绣、西宁玉川虫草、高原丹参、高原发菜、土族刺绣、湟中农民画、葡萄架笔罐、湟中地毯、青海虫草酒、藏麻、青海藏羊毛、湟源陈醋、昆仑彩石、青海地毯、高原鹿角菜、西宁大黄（野生药材）、裘皮、丁香花、藏毯、湟中丹麻彩石工艺品（又称昆仑彩石）、旱獭皮、黑紫羔皮、藏刀、沙果、雪莲、柴达木枸杞等

舌尖上的**海北**

● 美食向导 Delicacies Guide

海北藏族自治州地处青海湖北部，这一地区以藏族居民为主。其饮食风味也以当地牧民日常饮食为特色，如手抓羊肉、奶茶、酸奶、尕面片、酥油、炒青稞面、糌粑等，别有民族风味。

推荐特色美食

⊟ 祁连牛羊肉

祁连县拥有中国最美的草原，是青海省主要的畜牧基地。祁连县的牛羊肉是名副其实的绿色食品，无论怎样烹制，肉质鲜香，富含营养，诱人胃口大开。

⊟ 羊羔肉盖被

是青海有名的一道美食。先将肥嫩的羊羔肉切成块，入油锅爆炒，再将切成块的面饼或花卷及调料放入锅内，用文火焖熟即可。羊羔肉的这种吃法，味道

⊟ 门源奶皮

是门源回族自治县的名小吃。选用当地特产牦牛、犏牛的新鲜奶汁为原料精制而成，是牛奶的精华部分，营养丰富，味道鲜美。

独特，鲜美无比，非常好吃。

⊟ 炒羊肉蘑菇片

祁连县出产的蘑菇，细嫩鲜脆，营养丰富。用蘑菇与新鲜羊肉烹炒成菜肴，色、香、味俱全，绝对好吃，令人食欲大增。

⊟ 青稞面食

门源回族自治县由于气候凉冷，盛产青稞，当地人用青稞面做出了花样百变的美食。馍馍类有锅盔、焜锅馍、油饼、蜜馓、旋旋等20多种，饭食有搅团、破布衫、鱼娃、长面、搓鱼等10多种。到了门源，一定要尝尝地道的农家饭菜，虽然多用青稞面制作，却是真正的绿色食品。

其他名吃

"雪山牌"五香牛肉干、酸奶、清蒸牛蹄筋、尕面片、长面、红焖山鸡、虫草鸡、蜂儿里脊、藏族酥酪糕等

旅游攻略 Travel Guide

　　海北藏族自治州位于青海湖北面，共辖海晏、祁连、刚察三个县和门源一个自治县，州政府所在地为海晏县西海镇。祁连山及其支脉由西北向东横贯海北全境，山脉纵横，河流交错，风景迷人，自古以来这里就是游牧民族聚居区。境内有著名的青海湖鸟岛、金银滩、西海镇原子城、门源油菜花海及祁连山草原风景区等，独具魅力的高原景观，令游客陶醉，流连忘返。

> **热门景点** 西海镇原子城、金银滩草原、门源油菜花海、仙米国家森林公园、祁连山鹿场、黑河大峡谷等

旅游线路推荐

1 西宁市中心→西海镇原子城→西海郡古城→夏格日山→哈龙沟岩画　2 海晏县城→金银滩草原→祁连县城→牛心山→祁连山地鹿场→黑河大峡谷→门源油菜花海→门源三大古城→冷泉岭→祁连山草原

> **海北特产** 雪莲、青稞酒、藏毯、嘛呢石刻、门源油菜籽、油菜花蜜、祁连黄蘑菇、乐都沙果、红景天、青海湖裸鲤（鳇鱼）、牦牛、冬虫夏草、鹿茸、牦牛骨制品、祁连玉，以及三刺（白刺、黑刺、黄刺）饮料等

舌尖上的**黄南**

美食向导 Delicacies Guide

　　黄南藏族自治州地处青海省东部，这里的居民以藏族为主，回、汉、撒拉等多民族杂居。其饮食既有藏式风味，还有各种清真食品。当地藏民日常生活的食物依然是糌粑、奶茶、酥油茶、手抓羊肉、羊筋菜、烧羊肝等。只有走进牧民的帐篷，才能品尝到这些独特的草原风味美食。

> **推荐特色美食**

羊筋菜

　　羊筋就是羊蹄的韧带，相比海参、鱼翅，价廉味美。黄南地区民间婚喜宴席上的一道名为"三烧"的菜，就是以羊筋为主，以肉丸、肉块为辅制成的地方名菜。

帐篷小吃

　　高原上的牧民，一年四季逐水草而居，他们创制的特色食品，往往只能在牧民家中才能品尝到，故称帐篷小吃。牧民由于多食羊肉，在羊肠吃法上就

有不少花样，余灌肠就有血肠、肉肠、面肠、油肠、肝肠等五种，还有风味独特的烧羊肝、水油饼等，都是纯正的草原风味美食。

牦牛肉盖被

是青海地域的一道经过改良的藏式菜肴。将炭火烘烤后的牦牛肉和土豆切成块，放入锅里，配以葱、蒜等作料，最后盖上面皮焖制而成。肉香味浓，面皮酥软，很有特色，在别的地方肯定吃不到。

炸酸奶

将青藏高原藏区出产的酸奶，冷冻成固体后切成长条状，然后用面粉糊裹上，放入油锅内炸至金黄色即可。出锅的炸酸奶，奶香浓郁，酸味独特，别具民族风情。

藏餐"达顿"

是流传于尖扎县的独具藏族文化特色的宴席。"达顿"，藏语意为"箭宴"。源于古代藏区射箭竞技的活动，宴会由主场方筹备，以传统的藏族美食款待远道而来的朋友，箭手们彼此互称"戛尼"（亲人），共进宴席，以加深地域间的友谊。这一宴会形式，逐渐形成了现代藏民族传统射箭文化的一部分，具有悠久的历史积淀和人文内涵。

其他名吃

爆焖羊羔肉、奶皮、油锅盔、牦牛骨髓、炒青稞米、牦牛肉干、黄蘑菇炒肉、青稞饼等

旅游攻略 Travel Guide

黄南藏族自治州位于青海省东南部，因地处黄河九曲第一湾之南而得名，自治州政府所在地为同仁市隆务镇，距西宁市182千米。境内地势南高北低，南部的泽库县、河南蒙古族自治县，属于青南牧区，海拔在3500米以上，气候高寒，是发展畜牧业的主要基地，2003年被列入国家三江源自然保护区。黄南历史悠久，民族风情浓郁，自然风光独特，是青海省重点旅游区之一，主要景点有尖扎坎布拉国家地质公园、李家峡水库、同仁热贡艺术之乡、藏传佛教圣地隆务寺、泽库和日石经墙、河南圣湖仙女洞及迷人的青南草原风光等。

热门景点 隆务寺、热贡艺术之乡、李家峡水库、坎布拉国家地质公园等

旅游线路推荐

1 西宁市中心→李家峡水库→坎布拉国家地质公园→吾屯寺→热贡艺术之乡→郭麻日佛塔→麦秀国家森林公园

2 西宁市中心→同仁市区隆务镇→隆务寺→

3 同仁市区隆务镇→泽库县城→和日乡→德敦寺经墙

黄南特产 牛羊头工艺饰品、烈香杜鹃、野生藏菌陈、冬虫夏草、青稞、同仁黄果梨、尖扎海螺、大黄、雪莲茶、热贡唐卡、堆绣、黄蘑菇、肉苁蓉、中华沙棘茶等

舌尖上的**海西**

● 美**食**向**导** Delicacies Guide

　　海西蒙古族藏族自治州位于青海省西北部，地处青藏高原北部。其饮食以最正宗的蒙古族和藏族风味为主，如牧民的烤全羊、手抓羊肉、糌粑、奶茶、酸奶等美食，一定会诱惑你大快朵颐。在青海牧区，只要有人走近帐篷，主人就会主动打招呼："确得毛（藏语，你好！）"，然后热情地邀你到帐篷内做客，并会端上一碗浓浓的奶茶，那一定会使你感到更加有滋有味，陶醉不已。

推荐 特色美食

▣ 藏族血肠

　　藏族地区的牧民，每宰一只羊，羊血不单独煮食，而是灌入小肠内煮熟吃。口感清香软嫩，风味独特。到了草原，你一定要尝尝，那味道肯定是不错的。

▣ 手抓羊肉

　　青海牧区的牧民，吃手抓羊肉更为原始。先将羊肉连骨头剁成块，放在锅里煮熟，再加盐、花椒等。肉熟后，捞在盘子里用手抓着吃，并蘸上蒜泥、辣子、醋等。肉嫩鲜美，香味扑鼻，而且营养丰富。

▣ 酥油糌粑

　　"糌粑"是藏语，其实就是炒面，是藏族群众天天必备的食品。如果有客人到自己的帐篷里做客，主人一定会端上酥油糌粑供客人品尝。

▣ 干拌拉面

　　是青海高原很有特色的小吃之一。先将面条煮熟，而后加入丰富的作料炒制而成。面香味美，极为爽口。

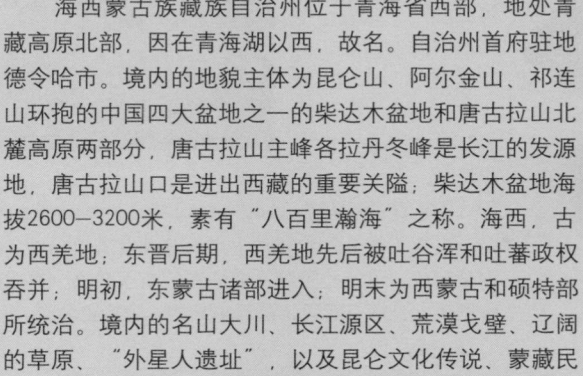

其他名吃

青海酿皮、甜醅、什锦人参果、发菜蒸蛋、奶皮、鹿角菜等

● 旅游攻略 Travel Guide

　　海西蒙古族藏族自治州位于青海省西部，地处青藏高原北部，因在青海湖以西，故名。自治州首府驻地德令哈市。境内的地貌主体为昆仑山、阿尔金山、祁连山环抱的中国四大盆地之一的柴达木盆地和唐古拉山北麓高原两部分，唐古拉山主峰各拉丹冬峰是长江的发源地，唐古拉山口是进出西藏的重要关隘；柴达木盆地海拔2600—3200米，素有"八百里瀚海"之称。海西，古为西羌地；东晋后期，西羌地先后被吐谷浑和吐蕃政权吞并；明初，东蒙古诸部进入；明末为西蒙古和硕特部所统治。境内的名山大川、长江源区、荒漠戈壁、辽阔的草原、"外星人遗址"，以及昆仑文化传说、蒙藏民俗风情等，构成了海西独特的旅游资源。每年7、8月份是海西最好的旅游季节，草滩充满绿色，河流奔淌着浪花，一派田园风光，令人向往。

热门景点

格尔木胡杨林、一线天、昆仑泉、昆仑山口、察尔汗盐湖、德令哈野马滩草原、可鲁克湖、托素湖、天峻石林、西王母瑶池、茶卡盐湖等

旅游线路推荐

1 德令哈市中心→天峻县城→天峻石林→西王母石室

2 德令哈市中心→野马滩草原→可鲁克湖、托素湖→"外星人遗址"→察尔汗盐湖→万丈盐桥→格尔木。

3 格尔木市中心→胡杨林→西王母瑶池→野牛沟岩壁画。

4 格尔木市中心→一线天→昆仑神泉→西大滩→玉珠峰→昆仑山口→沱沱河→长江源头→唐古拉山口

海西特产

草原黄蘑菇、牦牛绒、凤尾菇、茶卡盐、天岭牦牛、青海冬果梨、枸杞、青海湖彩蛋、陶玉、雪莲花、冬虫夏草、高原花蜜、甘草、贝母、唐卡、诺木洪农场白兰瓜、梨、西瓜等

舌尖上的**果洛**

美**食**向**导** Delicacies Guide

果洛藏族自治州地处青藏高原腹地、黄河源头。这里的饮食以藏族风味为主，特别是在牧区，大部分牧民以糌粑为主食，还要拌上浓茶或奶茶、酥油、奶渣、糖等。另外，由于果洛州临近四川，这里的川菜也比较普遍，味道也很正宗。

推荐 特色美食

🍲 地皮菜

主要产于青海省贵德、海东、西宁和门源等地的干草原及荒漠化草原上。此菜耐干旱、耐寒冷，因贴地生长，故称地皮菜或地软菜。其吃法颇多，可炒、烩、炖，亦可做馅，味道清香，营养丰富。

🍲 人参羊筋

是青海著名的一道佳肴，因其主料羊筋造型似人参，故名。此菜具有不膻不腻、酥韧爽口的特色。

🍲 油包子

藏语称脆馍馍。将牛（羊）油脂剁碎，加食盐、花椒粉、葱等调料拌成馅，用面皮包好，上锅或蒸或烤熟即可。馅香味浓，口感极美。

🍲 清蒸牛蹄筋

是青海回族的宴席中常见的菜肴之一。酥韧爽口，不膻不腻，质地犹如海参，颇有高原乡土风味，在其他地方很难吃到这种口味。俗话说："牛蹄筋，味道赛过鲜海参"。此外，牛蹄筋与海参同烩，再配以蘑菇、木耳、笋片等，俗称"什锦海参"，亦是色、香、味俱全。

🍲 玛多花斑裸鲤

又称大嘴鱼，主要产于果洛藏族自治州玛多县境内黄河段，以及扎陵湖、鄂陵湖等淡水湖泊。肉质鲜嫩肥美，且富有营养，是玛多县的一道特色名菜。

其他名吃

梅花蹄筋、杂碎汤泡馍、爆焖羊羔肉、果洛牛肉干、烧羊肝、肉肠、肝肠、青稞炒面、奶油饼、狗浇尿油饼、酿皮、牦牛肉干、焜锅馍馍等

旅游攻略 Travel Guide

果洛藏族自治州位于青海省东南部，地处青藏高原腹地，平均海拔4200米以上，是一个面积大、人口少、地势高、草原广、资源富集的自治州，辖玛沁、班玛、甘德、达日、久治、玛多六个县，自治州政府所在地为玛沁县大武镇。境内地势高拔，群山耸立，山势巍峨磅礴，巴颜喀拉山、阿尼玛卿山横贯境内，黄河自西北向东南流经其中，大小湖泊星罗棋布，风光幽美奇异。有无限风光的扎陵湖和鄂陵湖，雄伟绚丽的阿尼玛卿山，神秘瑰丽的年保玉则峰，北国江南风情的班玛仁玉，还有神秘莫测的藏传佛教等。尤其是秋夏季节，果洛草原绿草如茵，碧水蓝天，帐篷点点，牛羊成群，构成了一幅醉人的风情画卷，令人心旷神怡，是国内外游客登山探险、心驰神往的旅游胜地。

热门景点 玛多扎陵湖、鄂陵湖、玛沁拉加寺、阿尼玛卿山、久治年保玉则峰、白玉寺等

旅游线路推荐

1 玛沁县城→玛多县城→黄河源头第一桥→鄂陵湖→扎陵湖→星宿海→黄河源头　2 玛沁县城→拉加寺→阿尼玛卿山　3 玛沁县城→久治县城→白玉寺→年保玉则峰

果洛特产 高原八珍（虫草、雪莲、贝母、藏红花、鹿茸、高原牛鞭、佛手参、藏菌陈），以及黄蘑菇、地皮菜、昆仑彩石、铜酒壶、藏刀、孔雀翎、蕨麻（又叫人参果）、青稞酒、雪灵芝、枸杞、中华虫草酒、羌活（生长在高山林中的一种草药）、黑紫羔皮等

舌尖上的**玉树**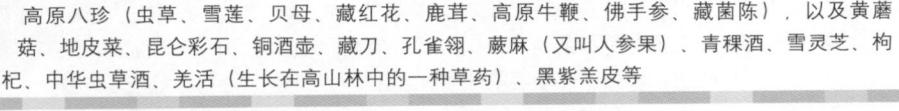

美食向导 Delicacies Guide

玉树藏族自治州地处青藏高原腹地，是长江、黄河、澜沧江的发源地，素有"中华水塔"的美誉。这里的饮食同藏区其他地方一样，以牛羊肉、酥油、糌粑、酸奶、青稞炒面等藏式食品为主。另外，玉树藏族自治州的各县城，还有不少汉族餐馆，一般以川菜为主，口味偏辣。也有一些清真饭馆，可以吃到正宗的清真风味食品。

推荐特色美食

 **羊肠面** 是青藏高原常见的一种风味小吃，以羊肠和切面为主料制成。食时，再配

以葱、姜、花椒、醋等作料调味，先喝一口热羊肠汤，再吃一口浇汤的面条，味道就不用说了。直吃得你浑身冒汗，那感觉肯定舒服。

 **牦牛鞭** 牦牛是青藏高原上的珍稀畜种，素有"高原之

舟"的美誉。牦牛鞭是暖腰温肾、补精蓄髓、强身壮阳的理想补品。其吃法是，将牦牛鞭切成条状或菊花状，再配以作料烹制成菜肴，或涮锅、煲汤，也可泡酒服用。

炸灌肠

是流行于藏区的一种小吃。以羊肺为主料，配以酥油、面粉等制成，煮熟后，再炸制而食。味道香美，外酥里软，是极好的佐酒凉菜。

姜拌汤

是青海高原特有的一种小吃。以适量白面加水调拌后，搓成小颗粒状，下到开水锅里，加些切碎的生姜和盐，熬滚约半个小时即可食用。青海有句俗语："长喝姜拌汤，身体硬梆梆"。还有谚语说"喝了姜拌汤，病人转安康"、"吃饭不香，就要吃生姜"、"冬吃生姜，不怕风霜"等。这些食俗谚语，道出了生姜的食疗和药用价值。

其他名吃

玉树烤羊肉串、干拌拉面、风干牦牛肉干、杂碎汤、羊肚汤、凉拌藏猪皮、萝卜炖牦牛排骨、虫草炒蘑菇、四味生肉酱、人参果饭、虫草松茸鸡、酥油炒青稞、羊血肠、藏式饺子、奶茶、水晶包子等

旅游攻略 Travel Guide

玉树藏族自治州位于青海省西南部，青藏高原腹地的三江源头。自治州首府驻玉树市，是历史上"唐蕃古道"上的重镇，是青、川、藏三地的重要贸易集散地和交通枢纽。当年，文成公主进藏联姻就途经此地。据史料记载，夏商周时期，羌人就在这片广阔的高原上牧马放羊；东晋时，这里被高原古国吐谷浑所占有；唐时，西藏地区的吐蕃国吞并了吐谷浑。境内海拔5000米以上的山峰多达2000多座，平均海拔4000～5000米，以唐古拉山脉的主峰各拉丹冬峰为主的雪峰冰川，孕育了长江、黄河、澜沧江等我国著名的三大河流，三江源国家级自然保护区和可可西里国家级自然保护区覆盖全境，河网密布，湖泊众多，素有"江河之源"、"名山之宗"、"牦牛之乡"、"歌舞之乡"和"中华水塔"的美誉。每年7月25日至8月1日，在玉树市结古镇附近的草原上举办规模盛大的藏族赛马会，更使人难以忘怀的是草原上那雄壮有力、粗犷豪放的歌舞盛况，还有传统的玉树康巴艺术文化节，都吸引着大批中外游客前来观光旅游。

热门景点
结古寺、文成公主庙、新寨嘛呢堆、隆宝国家级自然保护区、黄河源头纪念碑、通天河晒经台等

旅游线路推荐

1 玉树市中心→结古寺→通天河晒经台→文成公主庙→囊谦县城→囊谦自然保护区
2 玉树市中心→杂多县城→澜沧江源头　　3 玉树市中心→新寨嘛呢堆→隆宝国家级自然保护区→治多县岗察寺→曲麻莱县城→星宿海→黄河源头

玉树特产

玉树藏刀、藏药、藏毯、蕨麻（又称人参果）、烈香杜鹃、柴达木盆地碙砂，以及玉树八珍（虫草、贝母、雪莲、牦牛鞭、鹿茸、藏菌陈、佛手、藏红花）等

舌尖上的宁夏

宁夏回族自治区因回族同胞较为集中，所以清真菜成为宁夏菜的主要组成部分，也有部分汉族菜肴。宁夏菜以牛、羊、肉及面食为主，崇尚清真风味，又擅长牛羊肉的烹饪，口味偏酸辣，吃法也比较豪迈。代表菜肴有宁夏老毛手抓羊肉、清蒸羊羔肉、丁香肘子、羊杂碎面、水盆羊肉、燕面糅糅、羊肉枸杞芽、吴忠白水鸡、甘草霜烧牛肉、爆炒羊羔肉、羊肉炒揪面片等。

由于回族分布较广，食俗也不完全一致。宁夏的回族偏爱面食，喜食面条、面片，还喜食调和饭。民间特色食品有酿皮、拉面、肉炒面、豆腐脑、牛羊杂碎、臊子面等。其中，油香、馓子是各地回族都喜爱的特殊食品，也是节日馈赠亲友必不可少的佳品。

到了宁夏，一定要品尝正宗的清真美食，才不会留下遗憾。

特别推荐

▶ **宁夏十大美食** 银川老毛手抓羊肉、丁香肘子、中卫清蒸鸽子鱼、羊杂碎面、固原水盆羊肉、石嘴山沙湖大鱼头、爆炒羊羔肉、吴忠白水鸡、甘草霜烧牛肉、羊肉枸杞芽

▶ **宁夏十大特产** 宁夏枸杞、贺兰砚、枸杞银茶、贺兰山葡萄酒、宁夏红瓜子、固原燕麦、海原香水梨、石嘴山滩羊皮、宁夏红酒、青铜峡大青葡萄

▶ **宁夏十大景点** 银川西夏王陵、镇北堡西部影视城、贺兰山岩画、石嘴山沙湖旅游区、北武当庙、吴忠青铜峡一百零八塔、同心清真大寺、固原须弥山石窟、六盘山景区、中卫沙坡头景区

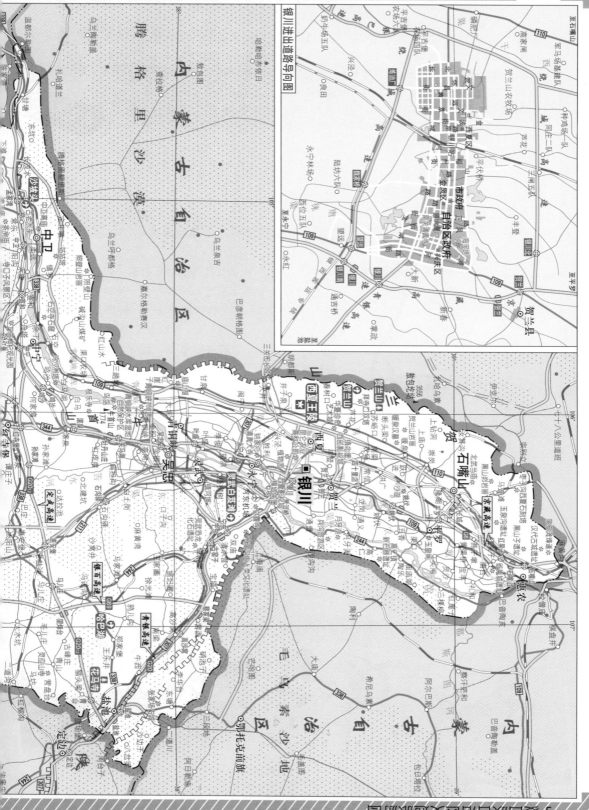

银川进出道路导向图

内 蒙 古 沙 漠

内 蒙 古 自 治 区

腾 格 里 沙 漠

中卫

中宁

贺 兰 山

西夏王陵

银川

吴忠

石嘴山

惠农

平罗

贺兰县

青铜峡

灵武

永宁

盐池

同心

陕 西

内 蒙 古 自 治 区

毛 乌 素 沙 地

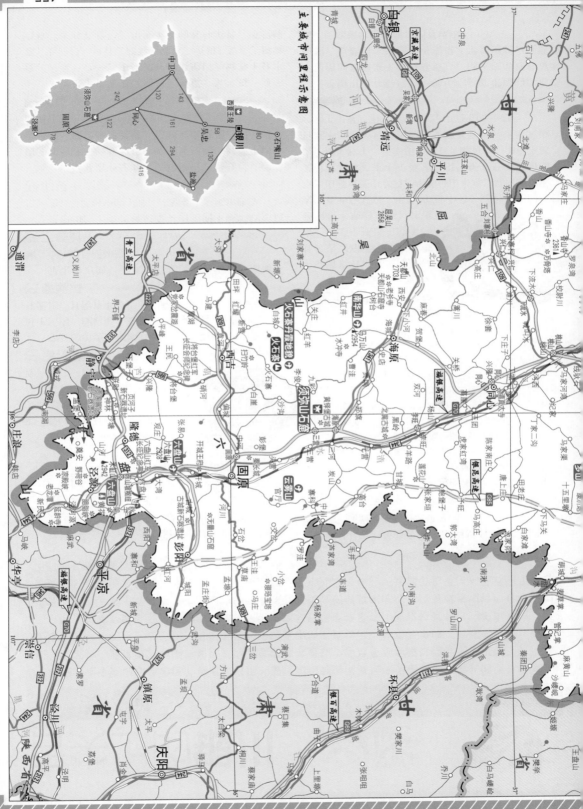

主要城市间里程示意图

舌尖上的**银川**

● 美食向导 Delicacies Guide

　　银川是宁夏回族自治区的首府，当地的餐饮以浓郁的清真风味为主。银川街头的清真餐馆占据了大多数，通常里外都刷成绿色，而汉族餐馆数量较少，且多半会醒目地标明"汉餐"，可算是这里的一个特色。在银川，可以品尝到绝对正宗的清真食品，如手抓羊肉、清蒸羊羔肉、烩羊肉杂碎、牛羊肉酥、清真奶油糕点等。老毛手抓和国强手抓是银川两家较有名气的羊肉餐馆，以手抓羊肉、羊脖子等菜肴为主。银川的饮食除了有传统的清真菜之外，还有以当地特产食材烹制的美食，如金钱发菜、糖醋黄河鲤鱼、中卫鸽子鱼、沙湖鱼头、奶汤锅子鱼等，都是到银川非尝不可的美味佳肴。

推荐 特色美食

油香

　　是回族群众对油饼的一种特殊称谓，是回族民间的传统食品。其种类和口味较多，有发酵面的咸味油香、甜味油香，还有烫面油香、发酵面油旋子等。凡是有回族聚居的地方，都有吃油香的习俗。吃油香时，要用手顺着刀口掰着吃，忌讳一口一口咬着吃。

清蒸羊羔肉

　　宁夏的羊羔肉细嫩鲜美，没有膻味。将蒸熟的上好羊羔肉，配以醋、蒜汁、盐等调料，清香四溢，美味无比，且营养丰富。

香酥鸡

　　是银川市的一道风味名吃。肉香酥嫩、油而不腻，令人食后回味悠长。

丁香肘子

　　是银川的一道传统名菜。肉肥而不腻，软烂适口。尤其是调料中的丁香，浓郁袭人，风味独特。

回民十大碗

　　十大碗宴席有烩丸子、烩夹饭、烩肚丝、烩羊肉、烩假莲子、烩苹果、烩狗牙豆腐、红炖牛肉、烩酥肉、酿饭十道菜肴。虽是大众菜品，但各有各的风味特色，是绝对正宗的清真菜。

发菜

　　发菜是宁夏五宝（枸杞、甘草、贺兰石、滩羊皮、发菜）之一，多生长在荒漠地区，营养十分丰富，与海参、鱼肚、燕窝、鱿鱼、鱼翅、猴头、熊掌合称"美味八珍"。用发菜做的各种菜肴，不仅味美，而且具有极高的营养价值。据说，手术后的病人吃发菜，还能促使伤口很快愈合。

回族盖碗茶

　　是宁夏回族群众最具特色的饮料，俗称抓盅杞，又叫盖碗子，最讲究的是用"三炮台"盖碗子饮茶。当地回族人喝茶很重视茶的配料，所选茶叶一般以陕青、茉莉茶为主，而喝盖碗茶的花样也很多，通常喝的是放有茶叶、冰糖、桂圆的"三香茶"；或用陕青茶、白糖、柿饼、红枣沏泡的"白四品"；还有用砖红、红茶、红枣、果干沏泡的"红四品"；招待贵客时，茶碗里配放适量的花茶、冰糖、白糖、红糖、红枣、花生仁、核桃仁、桂圆肉、芝麻、葡萄干、柿饼、果干等，俗称"八宝茶"。当你到回民家里做客时，主人一定会为你沏上一盅热热乎乎的盖碗茶，那清香四溢的茶香气，一定会使你精神振奋。

老毛手抓羊肉

　　老毛手抓是宁夏著名的清真餐馆连锁品牌，其分店遍布于宁夏各地城市。老毛手抓选用的羊，必须是本地的滩羊，体重大约在30斤左右，年龄约在9个月。这种羊吃的是甘草、山麻黄等中草药，喝的是山泉水，其肉质鲜嫩，又没有膻味。老毛手抓采用祖传秘方烹制出的羯羊肉、羯羊脖子、羯羊汤，具有香醇可口、油而不腻、百吃不厌的特点，因此深受顾客喜欢。当地人说："到了宁夏，不吃老毛手抓，等于白来一趟"。

米黄子

　　是银川很有特色的一种小吃。在带盖的凹形锅里加清油和糖果子（麦芽糖），灌入发酵好的黄米面糊，煎熟后，出锅即可食用。形似蛋糕，现煎现卖，吃起来软脆香甜，别有风味。

其他名吃

清炖羊脖、烤羊背、豆花鱼头、灵武手撕土鸡、羊盘缠（又称油圈子）、蒜仔烧黄河鲤鱼、沙湖酥香羊背、西夏黄米炸糕、莜面蒸饺、羊肉老搓面、硬面干烙子、宁夏石烤羊、酿发菜、水盆羊肉、羊肉粉汤、羯羊脖肉炖黄芪、小揪面、哈记羊蹄、辣糊糊等

推荐 特色食处

✪ 老张清炖羊肉馆

这里的店虽小，但羊肉佳肴异常鲜美，小吃品种多，味道正宗，且价格较便宜。只要吃过这里的风味小吃，就能记住银川的美食了。✉ 清和南街兰花花大酒店南100米

✪ 迎宾楼

是宁夏知名度很高的清真餐饮老字号饭庄，素以饭菜价格适中、菜品分量足、富有清真风味特色而著称。✉ 解放西大街，老百货大楼对面

✪ 仙鹤楼

是一家中华老字号的清真餐厅。这里的特色菜有手抓羊排、羊脖子、黄河鲤鱼、水饺等。

✪ 砂锅鑫饭庄

这里的砂锅种类多，口味偏辣，味道纯正，食客络绎不绝。最好赶在饭点之前去，不然还得排队等候。✉ 玉皇阁北街76号

✪ 沙湖宾馆

实际上是银川的一个老字号餐馆。这里的特色菜有沙湖大头鱼、沙湖枸杞豆浆及沙湖大馒头等。✉ 文化西街58号

● 旅游攻略 Travel Guide

银川位于宁夏回族自治区北部，地处黄河上游、宁夏平原中部，是自治区首府所在地，享有"塞上明珠"的美誉。历史上由于黄河不断改道，湖泊众多，古有"七十二连湖"之说；在民间传说中，又有"凤凰城"之称。古代，这里是诸多民族间角逐的风水宝地。公元1038年，党项族首领李元昊在今银川（当时称兴庆府）称帝，建立西夏政权，历时189年，共传十代皇帝，1227年被成吉思汗所灭；元设宁夏路府治；明、清为宁夏府治。巍峨的贺兰山和奔腾的黄河造就了富饶的银川平原，浓郁的回乡风情、古老的黄河文明和神秘的西夏文化，在这里积淀交融，形成了"塞上湖城、西夏古都、回族之乡"的鲜明特色。银川是我国西北地区蒙古、回、藏少数民族风情线上的重要旅游城市，境内有古城池、寺塔、楼阁、墓葬、长城等多处古文化遗址和风景游览区。

热门景点 承天寺塔、西夏王陵国家级风景名胜区、贺兰山岩画、沙湖旅游区等

旅游线路推荐

1 市中心→承天寺塔→钟鼓楼→西夏王陵国家级风景名胜区　**2** 市中心→镇北堡西部影视城→华夏珍奇艺术城→贺兰山岩画　**3** 市中心→黄河古渡→水洞沟→沙湖旅游区→北武当庙　**4** 市中心→青铜峡水库→青铜峡一百零八塔

银川特产

宁夏五宝（枸杞、甘草、贺兰石、滩羊皮、发菜），以及宁夏黄河鲤鱼、贺兰山葡萄酒、螺丝菜、贺兰砚、胡麻油、宁夏红酒、枸杞银茶、宁夏红瓜子、珍珠米、银川八宝茶、宁夏地毯、团子茶、贺兰山紫蘑菇、海原香水梨（又叫软梨）等

舌尖上的**中卫**

● 美**食**向**导** Delicacies Guide

中卫的饮食与银川类似，但这里的小吃也非常有地方特色，如滚粉泡芋头、漩粉凉菜、硬面干烙子、米黄子、煎猪脏等，都是在其他地方少见的美食，还有当地的清蒸鸽子鱼、扒驼掌等，也是有名的佳肴。中卫的街头巷尾多有形形色色的小吃车及个体小吃摊点，售卖当地各种美味小吃，非常方便。

推荐
特色美食

🍽 滚粉泡芋头

是中卫人最喜欢吃的早点食品。将蒸熟的芋头去皮捏烂，放入碗内，再把烧好的粉糊汤浇在上面，并配以各种作料和时令鲜菜即可。食之，酸辣滚烫，风味别致。

🍽 扒驼掌

驼掌，即驼蹄，早在汉代就有"驼蹄羹"这道佳肴，并成为历代宫廷御菜。在宁夏和甘肃地区，盛行食用驼掌。扒驼掌系用驼掌和鸡、鸭蒸烧而成，驼掌软烂筋糯，营养丰富，特别好吃。

🍽 羊杂碎面

是中卫人冬季常吃的早餐。吃时，既可以在羊杂碎汤内泡馍，也可掺入面条，并在汤内加入一些萝卜片，再佐以当地的土酿黄酒，味美可口，真是一种难得的享受。

🍽 清蒸鸽子鱼

鸽子鱼又名铜鱼，以宁夏中卫至石嘴山河湾出产的最多，因其形似鸽子而得名。是宁夏地区一种珍贵的鱼类，曾为历代帝王的贡品。此菜鱼肉细嫩，鲜香无比。

🍽 煎猪脏

是中卫地区的特色小吃之一。用新鲜猪血拌糯米蒸熟而成，再把它切成片状，和卤猪头肉一起用平底锅煎制。随煎随吃，热气腾腾，香味四溢。

🍽 浑酒小炒肉

浑酒是用当地黄酒糟再次过滤而成，小炒肉则用羊肉丁、萝卜丁、粉条烩制而成。吃时，将小炒肉佐以浑酒、辣椒油，风味别致，具有独特的米酒醇香滋味。

其他名吃

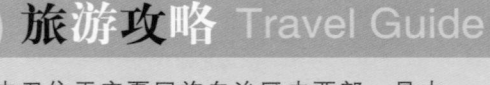

素菜豆腐、蒜蘸煎豆腐、红烧牛肉、手工羊肉臊子面、酱羊棒骨、粉汤彩饺、涮羊肉、酸辣鱼、羊杂碎汤、糖酥馍、牛舌头饼、锅盔、蒸羊羔肉等

● 旅游攻**略** Travel Guide

中卫位于宁夏回族自治区中西部，是古丝绸之路北道上的一个重要驿站，是黄河上游第一个自流灌溉的地区，素有"高原古城"之称。明朝设宁夏镇，下辖七个卫，卫下设所，所下管堡。其中，中卫是一个军事建制单位，为宁夏七卫之一，"中卫"之名由此而始。中卫得黄河之利，旱涝无虞，水运繁盛，素有"天下黄河富宁夏，首富于中卫"之说，被誉为"塞上江南"。中卫旅游资源独特而丰富，

素以大漠黄河、治沙奇迹、沙坡鸣钟著称。独具魅力的索道飞越黄河、羊皮筏子漂流、滑沙等旅游项目，让人流连忘返。

 热门景点 沙坡头国家级自然保护区、中卫高庙、通湖草原等

旅游线路推荐

1 市中心→高庙→沙坡头国家级自然保护区→腾格里大沙漠→通湖草原　2 市中心→老君台→龙宫湖→黄河水车→腾格里湿地公园

中卫特产 枸杞茶叶、冻兔肉、黑色发菜、海原小茴香、中宁圆枣、宁夏啤酒花、中宁苹果、苦荞、金丝枣、枸杞、海原香水梨、核桃仁糖、芝麻糖、阴米糖、面糖、中卫沙棘等

舌尖上的**固原**

美**食**向导 Delicacies Guide

固原的饮食与宁夏其他地方类似，以回族风味为主，多清真菜、喜面食，这也是固原美食的特色。六盘山山中盛产"山菜之王"蕨菜、苦苦菜、刺五加等野生菜，这些纯天然野生菜品，也就成了固原特有的美味佳肴。

 **推荐特色美食**

羊肉炒揪面片

将煮熟的面片与羊肉片烹炒，加少许鲜汤、鲜菜和辣椒油即可。肉片鲜香，面片筋韧，酸辣可口。

荞麦饸饹

将和好的荞麦面用一种木制的器械压成条状的"饸饹"，蒸熟后，拌以葱花、肉丝、辣椒等作料。面条柔韧而滑润，清香可口，风味独特。

糖醋黄河鲤鱼

是"塞上江南"宁夏的一道名菜。鱼肉外焦里嫩，鲜美异常，久吃不腻。

燕面糅糅

燕面，即莜麦面，因吃此面时，口感柔韧筋道而得名。现多用于凉菜上桌，拌以熟韭菜丝、菠菜、蒜苗等，别有风味。原先仅在固原地区流行，现在已成为宁夏各地的一道特色小吃。

麻食子

是固原人非常喜欢的一种面食。将面团搓成空心的小疙瘩，然后入锅加水煮熟，再烩入牛羊肉、蔬菜等配料。吃时，佐以各种调料，那味道很有特色。

水盆羊肉

是固原的一道传统名菜。先将煮熟的羊肉切成小的四方薄块，放进大碗里。再将羊骨放入羊汤锅里慢炖，直至羊骨油熬出，再加入些姜水、味精、盐，趁热冲泡大碗内的羊肉，并加入适量的羊油、葱花、香菜、辣子等作料。肉香鲜嫩，汤味清爽，具有浓郁的民族风味。

其他名吃 固原烧鸡、凉拌蕨菜、凉拌苦菜、香辣羊腰、羊蹄捣蒜、剁椒羊腱、三丝荞面卷、卤羊蹄、风味牛筋、啤酒焖羊肉、手抓羊排骨、酿皮、凉粉鱼鱼、红扒全肘、白切牛腱、羊羔肉、浆水面、荞面油圈、糜面馍、羊肉泡馍、臊子面、搅团、烩面、馓子等

旅游攻略 Travel Guide

固原位于宁夏回族自治区南部，地处六盘山北麓清水河畔，是我国主要的回族聚居区之一。古称高平、原州，是历史上的军事重镇、丝绸之路东段北道上的必经之地。汉元鼎三年（公元前114年），汉武帝在此置安定郡，建高平城（今固原）为郡所，这是固原建城之始；明代，设固原卫，是明朝政府在西北边境设置的九个军事重镇之一。固原旅游资源极为丰富，境内主要山脉六盘山呈南北走向，将全市分为东西两壁，南部是六盘山国家级自然保护区、国家森林公园；中部是以固原博物馆为中心的固原古城、战国秦长城、安西王府遗址等构成的文化旅游区；北部以中国十大石窟之一的须弥山石窟为中心，有火石寨丹霞地貌构成的云台山、石城、扫竹林，以及震湖和地震遗迹等风景名胜。

热门景点　须弥山石窟、六盘山国家级自然保护区、老龙潭、火石寨等

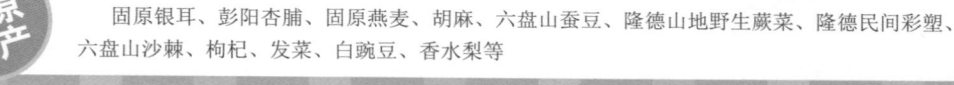

旅游线路推荐

1 市中心→三营镇→须弥山石窟→黄铎堡古城→老龙潭→荷花沟→白云寺→北联池　　**2** 市中心→泾源县城→六盘山凉殿峡→二龙河→

3 市中心→西吉县城→党家岔震湖→火石寨国家地质公园

固原特产　固原银耳、彭阳杏脯、固原燕麦、胡麻、六盘山蚕豆、隆德山地野生蕨菜、隆德民间彩塑、六盘山沙棘、枸杞、发菜、白豌豆、香水梨等

舌尖上的**石嘴山**

美食向导 Delicacies Guide

石嘴山是回族聚居的地方，清真饮食在当地也很盛行，除了有传统的手抓羊肉、清蒸羊羔肉、烩羊杂碎汤等美食之外，面食品种繁多，有臊子面、干拌面、揪面片、花卷、油饼等。此外，值得一提的是当地名肴——沙湖大鱼头，味道鲜美，不可错过。

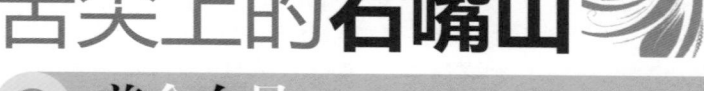
推荐特色美食

沙湖大鱼头

是沙湖旅游区的餐馆里必备的一道特色菜，系用沙湖特产的大鱼头烹制而成。肉质鲜嫩，汁浓味香，深受游客青睐。

扣麒麟顶

是石嘴山地区著名的全羊宴的头道菜。以羊头蒸制而成，不仅肉香味美，还是一道造型完美的食用艺术品。

爆炒羊羔肉

平罗县黄渠桥镇的风味爆炒羊羔肉，在当地很有名气。肉质鲜嫩浓香，且有滋补强身之功效。

羊肉枇杷

把羊肉剁成茸泥，放入一些食盐、鸡蛋黄、姜末、干淀粉等，搅拌稠浓，捏成枇杷形状的肉丸，在圆的一头塞入一根豆腐条和少许木耳，入油锅炸熟即可。外酥里嫩，肉香味浓，极为诱人。

荞面鱼鱼

是石嘴山地区非常流行的一种面食。把荞面加水和软一点，放入特制的网状器皿上，就制成了小鱼状的面条团。煮熟后，加入以豆腐丁、牛羊肉丁、土豆丁、青萝卜丁等为主料烹制的卤汤。面鱼柔韧，汤鲜味浓，口味独特，堪称当地小吃一绝。

其他名吃

涮羊肉、烤羊头、卤羊蹄儿、羊盘缠、手抓肉、羊杂碎、扯面、羊肉搅面、馓子、茴香饼、酥馍、粉汤、酿皮、榆钱儿、油香、荞面搅团、回族蒸艾叶、红烧羊尾、蜜枣羊肉等

旅游攻略 Travel Guide

石嘴山位于宁夏回族自治区北部，西依贺兰山，东临黄河，北连内蒙古自治区，因贺兰山与黄河交汇处"山石突出如嘴"而得名。从秦汉至清代，匈奴、鲜卑、突厥、吐蕃、党项、蒙古、回等民族先后在此生息，中原和南方各族人民也不断前来戍边屯垦，设置的郡、县、堡、寨基本上都是移民聚居的地方。九曲黄河穿境而过，湖泊湿地星罗棋布，呈现出一派"塞上江南"的秀丽风光。主要旅游景点有贺兰山风景区、古长城遗址、平罗玉皇阁、钟鼓楼、沙湖旅游区、大武口北武当庙、星海湖、惠农万亩枸杞园等，

热门景点 沙湖旅游区、北武当庙等

其中，融江南水乡与大漠风光于一体的沙湖风景区是著名的旅游度假胜地，是全国35个王牌景点之一。

旅游线路推荐

1. 银川市中心→沙湖旅游区→平罗县城→玉皇阁→陶乐影视城
2. 石嘴山市中心→星海湖→北武当庙→贺兰谷→贺兰山北武当地质公园

石嘴山特产

麦芽糖、泥哇呜（又称泥箫，是宁夏回族的一种民族乐器）、滩羊皮、石嘴山迎春壶等

舌尖上的**吴忠**

美食向导 Delicacies Guide

吴忠位于银川西南部，是宁夏平原的腹地，素有"塞上江南"之称。这里也是宁夏回族主要聚居区之一，饮食风味以清真菜为主，素有"中国清真美食之乡"的称号。最具当地特色的白水鸡、炒糊饽、甘草霜烧牛肉、羊肉枸杞芽、羯羊脖炖黄芪、红烧黄河鲤鱼等美食，味道独特，不可错过。

推荐
特色美食

羯羊脖炖黄芪

盐池县盛产中药材。在当地的菜肴中，常能见到以中药为配料的菜品，羯羊脖炖黄芪就是其中的一道特色菜。将熬好的黄芪汤汁和羊脖肉块一起放入砂锅中，用旺火烧制，待肉烂汁浓，放入各种作料，香气扑鼻，诱人口水直流。

甘草霜烧牛肉

将氽过的牛肉块放入锅中烹炒，再放入当地特产甘草霜及牛肉汤、调料包、白糖、酱油、精盐等，用文火焖制而成。出锅的牛肉，色泽红亮，肉烂汁甜，味道绝佳。

羊肉枸杞芽

以羊肉片为主料，以枸杞芽、枸杞粒为辅料，

配以各种作料烹制而成。此菜白、绿、红三色相间，清香爽口，是吴忠地区最有特色的菜肴之一。

锅仔羊鱼

以当地的羊肉、黄河鲶鱼为主料，配以鲜姜和青萝卜放入砂锅炖制而成。汤鲜肉嫩，且营养丰富，具有滋补强身的功效。

炒糊饽

即指炒饼，是流行于吴忠、银川、灵武一带的一道地方名小吃。糊饽就是用烙饼切成的饼条，又称糊饽子。

吴忠白水鸡

用经常煮白水鸡的老汤将鸡煮熟，捞出来后，再用鸡油抹遍鸡身，使鸡皮发亮。闻起来清香扑鼻，吃起来鲜嫩爽口，味道醇厚。尤以吴忠一带制作的白水鸡最为精细，口味最佳，享有盛誉。

其他名吃

烩羊脊髓、手抓羊肉、烩羊杂碎、回民十大碗、手撕土鸡、大碗家常鱼面、香酥鸡、清蒸羊羔肉、荞麦油圈、凉拌牛蹄筋等

旅游攻略 Travel Guide

吴忠，位于宁夏回族自治区中部、宁夏平原腹地，黄河穿城而过，风光迷人，享有"塞上江南"的美誉，是我国回族聚居密度最大的地级市。历史上这里地处边疆要塞，吴忠的地名，就取自明初在此戍边的屯长吴忠之名。很久以前，羌、戎和匈奴等古代游牧民族曾在这里放牧，逐水而居；汉唐时期，设立富平县；宋代，这里为党项族首领、西夏国皇帝李元昊统治的腹地。境内的古长城遗址、中华黄河坛、牛首山寺庙群、青铜峡一百零八塔、董府官邸、同心清真大寺及罗山国家级自然保护区、青铜峡鸟岛等一大批标志性旅游景点，构成了吴忠"回乡风情、黄河大漠、西夏遗韵"的鲜明旅游特色。

热门景点 青铜峡一百零八塔、罗山国家级自然保护区、花马寺国家森林公园、莲花山等。

旅游线路推荐

1 市中心→马月坡寨子→董府官邸→青铜峡市→青铜峡一百零八塔→青铜峡水库湿地自然保护区

2 市中心→同心县城→清真大寺→莲花山→罗山国家级自然保护区

3 市中心→盐池县城→花马寺国家森林公园→盐池古城址

吴忠特产

吴忠葡萄酒、珍珠贡米、盐池蜂蜜、黄花菜、金银滩李子、青铜峡大青葡萄、吴忠牛乳、盐池二皮毛、扁担沟苹果、吴忠黄酒、枸杞茶叶、宁夏红酒、麦芽糖、贺兰石、沙棘等

舌尖上的新疆

　　新疆是一个多民族的聚居区，饮食文化丰富而独特，以维吾尔族风味为特色，大多为清真菜，以牛羊肉和面食为主，口味偏酸辣，著名的菜肴有烤全羊、大盘鸡、手抓羊肉、酸奶子、油塔子、烤羊肉串、拉条子、烤馕、手抓饭、薄皮包子、焖辣羊蹄、拌面等。

　　新疆由于绿洲面积较少，形成了蔬菜品种少、数量少的现象，很多饭馆也不擅长烹饪绿色蔬菜，且价格又贵。但新疆素有"瓜果之乡"的美称，水果既便宜又种类繁多，而且特别甘美爽口。吐鲁番的无核白葡萄、鄯善的哈密瓜、库尔勒的香梨、库车的白杏、阿图什的无花果、喀什的樱桃和大枣、叶城的石榴、和田的蜜桃、伊犁的苹果等，均享有盛誉。到了新疆，要多吃些水果，可以补充身体所需的维生素。新疆的少数民族基本都不食猪肉，请大家一定要尊重当地民族的饮食习俗。

北疆仙境喀纳斯

离海洋最远的大城市

伊犁河谷游

丝路古道品葡萄

塞外江南，西域古国

穿越罗布泊

特别推荐

▶ **新疆十大美食** 烤羊肉串、手抓饭、烤馕、大盘鸡、手抓羊肉、烤全羊、馕坑肉、熏马肠、拌面、粉汤

▶ **新疆十大特产** 吐鲁番葡萄、哈密瓜、库尔勒香梨、和田玉、精河枸杞、库车白杏、和田玉枣、新疆地毯、艾德莱斯绸、英吉沙小刀

▶ **新疆十大景点** 乌鲁木齐南山牧场、克拉玛依乌尔禾魔鬼城、阿克苏克孜尔千佛洞、天山神秘大峡谷、吐鲁番葡萄沟、坎儿井、博尔塔拉赛里木湖、昌吉天山天池、伊犁那拉提草原、阿勒泰喀纳斯风景名胜区

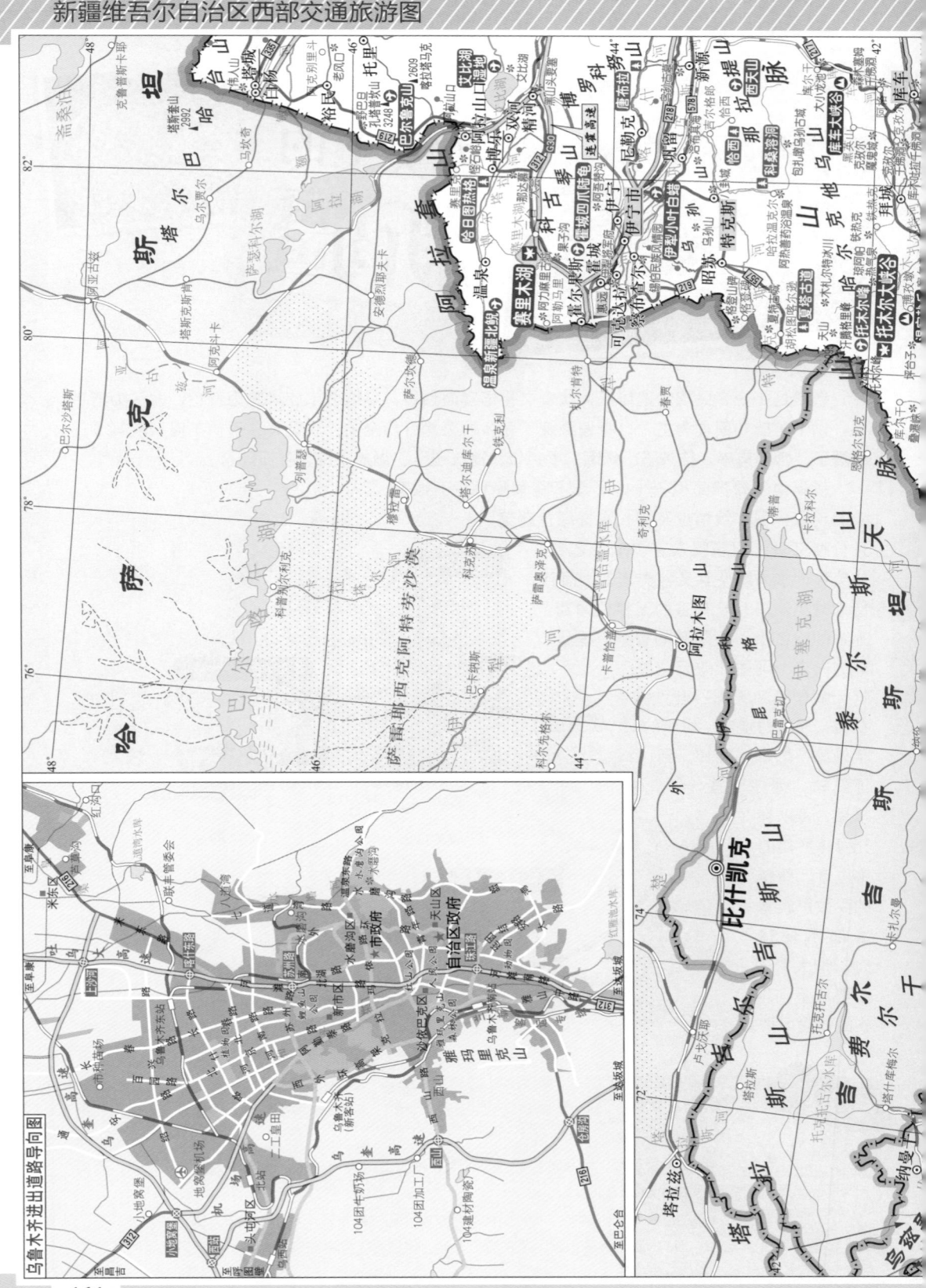

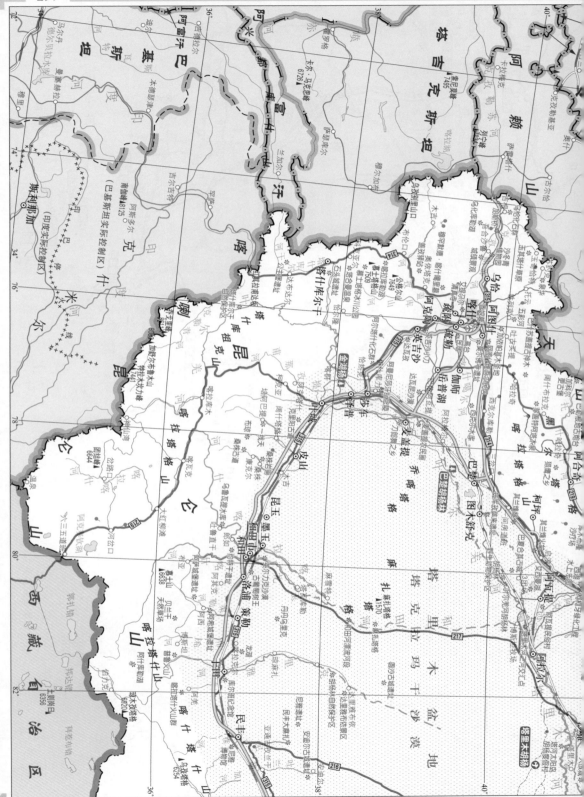

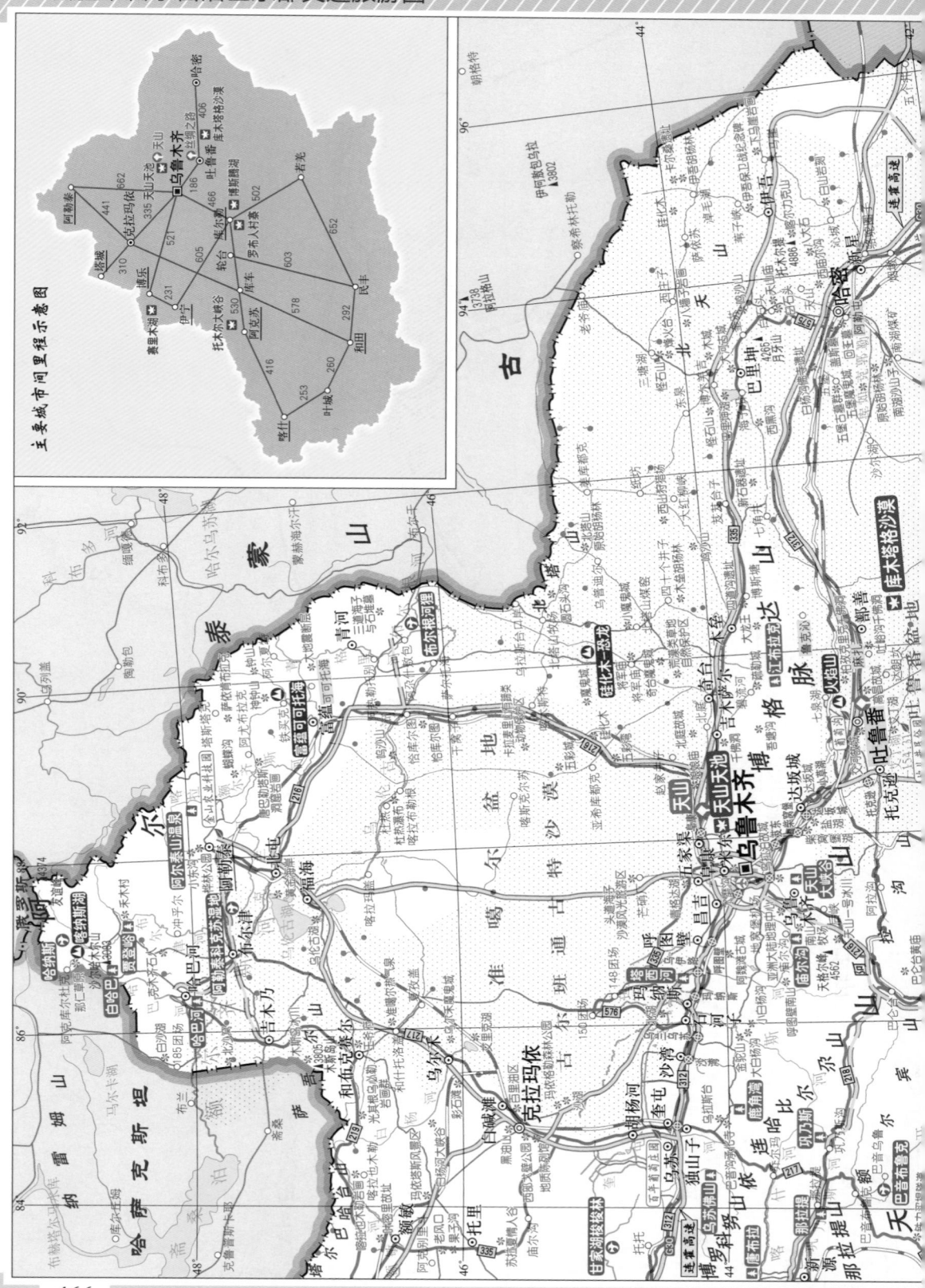

主要城市间里程示意图

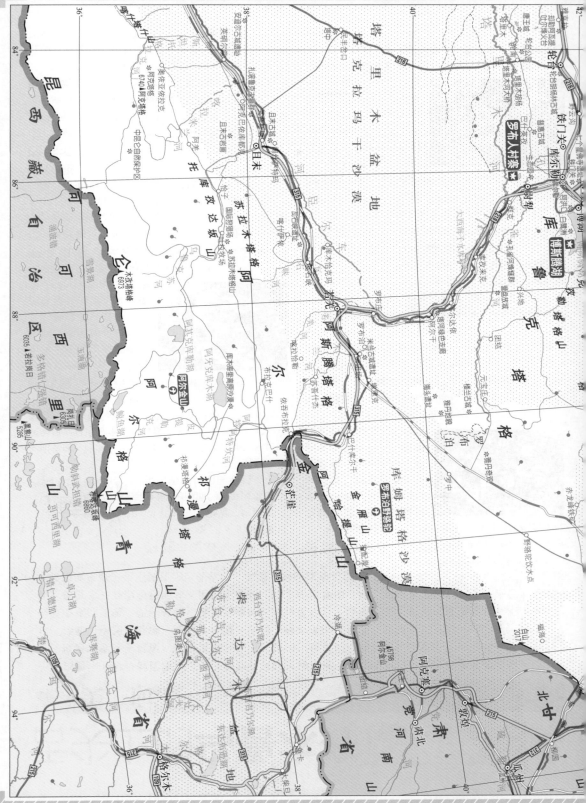

舌尖上的**乌鲁木齐**

美食向导 Delicacies Guide

乌鲁木齐是少数民族聚居区，其饮食风味多种多样，在这里可以品尝到新疆各民族的风味美食。维吾尔族的手抓饭、烤羊肉串、烤馕、拉面、烤羊肉、烤包子、酸奶子、油塔子，回族的揪片、拌面、粉汤、酥馍、烩面、炒面、凉粉，蒙古族的手抓肉、奶酪、奶豆腐、炖羊肉、烤饼，俄罗斯族的面包、奶制品等，都是当地的民族特色美食，味道正宗，在别的地方根本吃不到这个味。乌鲁木齐有很多穆斯林，他们不吃猪、狗、驴、骡肉，所以请大家不要将这些食物带入穆斯林餐馆或家庭，也不要谈论这些食物，尊重当地的饮食习俗。

推荐
特色美食

烤羊肉串

在新疆，人们通常将"羊肉串"称为"烤肉"。全国各地都有卖羊肉串的，但新疆烤肉串的原料是用极好的大尾羊羊肉，以炭火烤制而成的。吃时，佐以当地特制的孜然调料，味道鲜美无比，且肉串个大，价钱又便宜。来新疆旅游的宾客，几乎没有不吃烤羊肉串的。如果错过了这正宗的羊肉串，将是一大遗憾。

烤馕

是新疆地区维吾尔族人民的主要面食，如同汉族的馒头一样。其品种很多，有肉馕、芝麻馕、油馕、窝窝馕等。对于维吾尔族来说，可以一日无菜，但绝对不可以一日无馕。

手抓饭

是新疆维吾尔、乌孜别克等民族喜爱的一种饭食，因用手抓食，故名。主要原料有大米、羊肉、胡萝卜、洋葱和清油，用它们混合焖制出来的饭，香气四溢，味道可口。如今，很多餐厅多用筷子和勺子，手抓饭也就徒有其名了。

油塔子

是新疆特有的一种面食，因其形状似塔而得名。油塔子面薄、层很多，油多不腻，非常好吃。维吾尔人一般以油塔子做早点食用。

拉条子

是一种直接用手拉制成的面食制品。通常，人们在新疆各地餐厅里吃的炒面、拌面，就是将拉条子加工后做成的。拉条子筋道有力，口味独特。

新疆大盘鸡

是新疆的特色名菜之一，主要是用鸡块和土豆块烹制而成，因用大盘盛装鸡块而得名。鸡肉鲜嫩可口，辣中有香，口感微甜，风味独特。到新疆吃大盘鸡，一般都会配有白皮面，吃完鸡块后，用汤汁下面，味道更佳。

酸奶子

是一种发酵的乳制品。当地人做的酸奶子有些酸，外地人可能不太习惯那个酸味儿，抵不住那个酸劲，可以放入适量的白砂糖，搅匀后饮用，比较容易接受。

薄皮包子

即蒸包子，是一种死面包子。面皮擀得很薄，馅为羊肉丁、洋葱。吃起来，好像包子皮都溶化到嫩肉油香中了。将包子放入馕坑中烤熟食用，是维吾尔族人最喜爱的一种吃法，以刚出馕坑时，味道最香。

奶茶

是新疆少数民族日常生活中不可缺少的饮料。他们常说："宁可一日无食，不可一日无茶"。

烤全羊

是新疆的一道传统名菜，一般只有在招待贵宾的高级宴席上才能品尝到。如果到了草原上，吃烤全羊较为方便。在熊熊火焰上，整只肥羊烤得脆皮焦黄，热扑扑的羊油滴嗒滴嗒往下流淌，香气扑鼻，诱人舌尖搅动，恨不得立即大快朵颐一番。

手抓羊肉

是新疆维吾尔族、哈萨克族、柯尔克孜族经常食用的一种肉食品，因其用清水炖煮，不加任何调料，煮熟后，手拿肉蘸盐而食，故名。这种古朴的、带有原始风趣的吃肉方式，具有浓郁的少数民族风情。到了新疆，你一定要尝尝手抓羊肉，感受一下那独特的风味。

焖辣羊蹄

是新疆很有特色的一种风味小吃。品尝焖辣羊蹄时，一般是手拿而食，尤其在夏季，吃焖辣羊蹄，喝新疆啤酒，绝对是一种享受。

新疆炒面

堪称新疆面食小吃之首，在新疆各地的餐馆中基本都能吃到。炒面的品种因配料不同而风味各异，有爆炒蝴蝶面、丁丁炒面、炒猫耳朵、素炒面、羊肉炒面、牛肉炒面、炒拉条子等品种。

新疆拌面

是一种先将面片煮熟后，再炒菜拌制而食的面食，其辅菜可荤可素，口味也可随个人的爱好而定。品种有羊肉拌面、鸡蛋拌面、酸菜拌面、过油肉拌面、牛肉拌面、土豆丝拌面等。

其他名吃　米肠子、面肺子、酿皮、奶疙瘩、塔尔米沙琪玛、羊羔肉拌面、馕坑烤肉、土鸡汤、烤羊排、爆炒马肚、奶皮子、熏马肠、油焖羔羊腿抓饭、馕包肉、烤包子、薄饼羊肉、揪面片、清炖羊肉、粉汤、巴哈力（即维吾尔族糕点）、丸子汤等

推荐 特色食处

✪ 五月花餐厅

是一家很有名气的、具有维吾尔族风格的餐厅。其特色就是手抓饭和可口的酸奶，都非常好吃。在这里，还有机会欣赏到当地的民族歌舞表演。✉ 黄河路57号

✪ 一杆旗抓饭

这里以经营手抓饭出名，有碎肉抓饭、素抓饭、油焖羊羔腿抓饭等。当地人说："爱吃抓饭，一定要去一杆旗"。✉ 长江路棉花街

✪ 五一星光夜市

是当地名气最大的美食聚集地。夜市中最主要的美食是烤肉，还有手抓饭、米肠子、面肺子、羊杂、大盘鸡、焖辣羊蹄、椒麻鸡等地道正宗的新疆各类美味小吃。不过，得提醒一下，新疆人将羊肉串叫"烤肉"，你要是说"羊肉串"，一听就是外行，可能被当地人笑话。✉ 钱塘江路阳光100商厦前

✪ 二道桥美食圈

在这个美食圈里，有乌鲁木齐三家最大的美食城，即大巴扎宴艺厅、二道桥美食大剧院、民街美食府。而这个圈向外延伸到胜利路、延安路、团结东路，也是民族餐饮美食街，是宴会厅最多、最集中的地方。

✪ 体育馆路美食圈

是乌鲁木齐很有名气的美食街之一。这里汇聚了大大小小好几百家各式各样的餐馆，仅"幸福夜市"就集中了全国各地的名小吃摊点100多家。尤其到了晚上，这条街道上车水马龙，食客云集，一派热热闹闹的景象。

✪ 人民电影院美食圈

以乌鲁木齐人民电影院前面的转盘为中心，附近包括民主路、文艺路、红旗路、建设路、新华北路、北门解放北路、中山路、光明路等街区。可以说，条条马路都是美食街，这里的菜肴以牛羊肉、乳酪为主，菜品粗犷实在，面食风味独到，大盘鸡、烤全羊、烤馕等都是家喻户晓的新疆美味。

✪ 五一市场美食圈

这个美食圈以五一路和长江路交叉的十字路口（伊犁大酒店）为中心，周边有钱塘江路、黄河路、黑龙江路、奇台路、经一路、经二路、仓房沟北路、和田一街、和田二街等街区，每条街上都散落着各式各样的风味餐馆，构成了名副其实的美食地带，因紧邻火车站，故又称火车站美食圈。

旅游攻略 Travel Guide

"乌鲁木齐"在蒙古语中是"优美的牧场"之意。位于新疆维吾尔自治区中部偏北、天山中段北麓，准噶尔盆地南缘，为自治区首府所在地，是一个多民族聚居的城市，历史上是古丝绸之路北道上的重镇。西汉时期，乌鲁木齐周边分布着十多个游牧部落，史称十三国之地；唐贞观二十二年（公元648年），唐朝在此筑城堡，设轮台县；清乾隆二十八年（1763年），修筑新城，改名迪化；清光绪十年（1884年），设新疆省（意为新的边疆），以迪化（今乌鲁木齐）为省会；1945年设迪化市；1953年改称乌鲁木齐。这里，三面环山，风景迷人，世居着258万各族同胞，有汉、维吾尔、哈萨克、回族等49个民族。各民族的文化艺术、民俗风情，构成了乌鲁木齐独具特色的旅游人文景观，独特的服饰和赛马、叼羊、姑娘追、达瓦孜表演、阿尔肯弹唱等民族文化活动最具魅力。主要景点有天山天池、红山公园、水磨沟、南山牧场、天山一号冰川等。

热门景点 二道桥新疆国际大巴扎、南山牧场、新疆民街、柴窝堡湖、天山天池等

旅游线路推荐

1 市中心→二道桥市场→新疆国际大巴扎→新疆民街→陕西大寺→水磨沟　　2 市中心→乌拉泊古城→柴窝堡湖→大盐湖→达坂城→白水镇古城→王洛宾艺术馆　　3 市中心→天山天池→博格达峰　　4 市中心→南山牧场→白杨沟→天山一号冰川　　5 市中心→吐鲁番→交河故城→坎儿井→火焰山→葡萄沟→高昌故城

乌鲁木齐特产 葡萄、哈密瓜、野西瓜、枸杞子、水磨沟罗布麻花茶、石榴、巴旦杏、无花果、蟠桃、库尔勒香梨、伊犁苹果、面柿子、维吾尔族花帽、手工刺绣、玉雕制品、木雕、羊角鞭、锡伯族烟袋、艾德莱斯绸、英吉沙小刀、和田地毯、鹿茸、阿胶、鹿血酒、伊犁特曲酒、葡萄酒、新疆啤酒花、新疆都塔尔（维吾尔族民间唯一的指弹弦乐器）、新疆弹布尔（为弹拨弦乐器）、乌鲁木齐民族茶具、葡萄干、民族小花帽、天山雪莲等

舌尖上的吐鲁番

美食向导 Delicacies Guide

吐鲁番的饮食和乌鲁木齐几乎一样，汇集了新疆地区全部标志性的食品，如抓饭、烤馕、烤全羊等，具有浓厚地方特色的维吾尔风味小吃和伊斯兰清真食品随处可见。吐鲁番的葡萄赫赫有名，享誉大江南北，各种各样的葡萄酒、葡萄干、木赛来斯、葡萄水等，无一不是令人垂涎欲滴的美味。在这里，你可以一边走一边吃，享受吐鲁番这独具特色的"水果宴"。

木赛来斯

是备受维吾尔族群众喜欢的一种饮料，当地人称为"多拉"。用鲜葡萄为原料酿制，但却不是葡萄酒。吐鲁番的维吾尔族群众大多会酿制这种饮料，含有微量酒精，气味芳香，营养丰富。到了吐鲁番，千万别忘了尝一尝。

帕尔木丁

是维吾尔族的一种传统风味小吃，类似烤包子。其制法是把面粉加鸡蛋、油，做成面皮，然后放入羊肉丁馅，包成马鞍形状，再放入馕坑烤制而成。色泽金黄，皮脆肉鲜，吃起来，香酥满口。

纳仁

也叫手抓肉或手抓羊肉面，是来源于牧区的一道美食，传统的吃法是用手抓着吃。它是用原汁肉汤煮面条或是面片，捞出后，放入碎肉，再佐以辣椒面子、洋葱拌在一起，即可食用。

阔尔达克

是维吾尔族群众用羊肉、黄萝卜、土豆等炖制的一道菜，一般常用馕来配这种菜吃。色彩丰富，清香四溢，独具民族特色。

吐鲁番葡萄

风景秀丽的葡萄沟，位于吐鲁番市区东北约13千米处，素有"葡萄之乡"的称号，以盛产优质葡萄而闻名中外。这里主要有无核白葡萄，还有马奶子、红葡萄、喀什哈尔、日加干、琐琐等13个品种。其中，尤以无核白葡萄营养最为丰富，具有皮薄、肉嫩、汁多、味美的特点，素有"珍珠"的美称，被人们视为葡萄中的珍品。新疆有首歌谣"吐鲁番的葡萄哈密的瓜，库尔勒的香梨人人夸，叶城的石榴顶呱呱。"来到吐鲁番，一定要去葡萄沟采摘并品尝甜美的葡萄，感受吐鲁番火辣辣之外的那份清凉和惬意。

百羊手抓肉

是吐鲁番市鄯善县著名的餐饮连锁品牌，总店位于鄯善火车站附近，现已在乌鲁木齐等地开有多家分店。百羊手抓肉、百羊红烧羊肉、百羊汤面片等，已被评为"新疆名小吃"称号。

其他名吃

吐鲁番烤羊肉串、羊杂碎、汤面、曲曲（类似馄饨）、粉汤、新疆凉面、凉皮子、薄皮包子、烤馕、拉条子、清炖羊肉、炒牙签肉等

旅游攻略 Travel Guide

吐鲁番市位于新疆维吾尔自治区东南部，夹在东天山山脉的博格达山与库鲁克塔格山之间，是世界上最低的盆地之一。"吐鲁番"，在维吾尔语里意为"最低地"。古称高昌、西州、大州，是古丝绸之路上的要冲，汉代为车师前国的王都；十六国南北朝时，先后建高昌郡和高昌国；唐朝设西州；元代改置大州；明代建吐鲁番王国，其王自称"苏丹"；清代设吐鲁番直所；1913年，改设吐鲁番县；1985年设市。这里炎热而多风，因此，素有"火州"和"风库"之称。其地下水贮量丰富，因而瓜果丰茂，盛产葡萄、哈密瓜、西瓜等水果，被誉为"葡萄王国"。吐鲁番奇特的地理变化造就了神奇的火焰山、葡萄沟、坎儿井等奇特景观。

热门景点 苏公塔、坎儿井、葡萄沟、火焰山、柏孜克里克千佛洞、高昌故城、库木塔格沙漠等

旅游线路推荐

1 市中心→葡萄沟→交河故城→坎儿井→克尔碱镇雅丹地貌克千佛洞→阿斯塔那古墓群→高昌故城→吐峪沟→鄯善县城→库木塔格沙漠塔→沙漠植物园→艾丁湖

2 市中心→火焰山→柏孜克里

3 市中心→苏公

吐鲁番特产

吐鲁番马奶子葡萄、葡萄干、鄯善哈密瓜、帕拉孜（维吾尔族传统工艺品）、无核白葡萄、新疆红花油等

舌尖上的**哈密**

美食向导  Delicacies Guide

哈密的饮食以新疆风味和川味为主，回族小吃花样繁多，最有特色，有热羊蹄、凉拌牛肉、腊羊骨头、麻辣鸡、油香、粉汤、羊羔肉、凉皮子等，都不容错过。哈密的夜市位于大十字附近，除了有传统的手抓饭、羊肉焖饼、烤肉、烤羊排、薄皮包子、油酥馍、烤馕等之外，还有四川麻辣烫等川味小吃，都是到哈密非尝不可的美食。

推荐特色美食

油酥馍

是巴里坤哈萨克自治县的名小吃。用米糟制作的酵头发面，摊成薄饼，加入油和糖，卷成花卷状，再按平，然后放入烤炉中烤熟即可。焦香脆甜，口感不错，不可不尝。

巴里坤羊肉焖饼子

是名闻遐迩的新疆名小吃之一。将擀制好的薄饼子摊放在烧熟的羊肉块上，然后将锅盖上，用中火煮蒸即成。吃时，饼子软而不黏，油而不腻，若再浇上原汁原味的羊肉汤，那味道肴提有多美了。

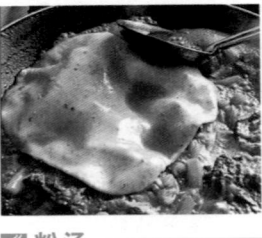

粉汤

在古尔邦节和肉孜节期间，哈密市的回族几乎家家都做粉汤和油香，喝粉汤，吃油香，已成了他们招待客人和亲友的一种饮食习俗。粉汤是回族妇女最擅长做的一种风味小吃，谁家的粉汤做得好，谁就倍感自豪。粉汤略酸微辣，很适合北方人的口味。

油香

是回族群众在节日和庆典中必吃的食品。表面油黄发亮，油味清香，口感不错，很有民族特色。

哈密瓜

又称甜瓜、甘瓜，享有"瓜中之王"的美誉。新疆很多地方都种植哈密瓜，品种也很多，但极品哈密瓜出产在吐鲁番市鄯善县东乡，尤以"红心脆"、"黄金龙"品质最佳。据说，哈密瓜的名字源于清朝时期，康熙皇帝非常喜欢吃这种瓜，他问大臣这瓜的名字，大臣只知道是哈密王进贡的，索性就叫哈密瓜了。

其他名吃

油炸馓子、手抓羊肉、烤全羊、烤馕、酸奶疙瘩、石板烤肉、巴里坤铁板肉、夹沙丸子砂锅、巴里坤野蘑菇炖鲜鱼、笼蒸肉、蒸饼、奶茶等

旅游攻略 Travel Guide

　　哈密，位于新疆维吾尔自治区东部，是内地进入新疆的第一站，素有"天山第一城"、"新疆东大门"的美誉。古为丝绸之路中道、北道两条交通干道上的枢纽重镇，历来为战略要冲，素有"西域襟喉"之称。哈密，古称昆吾，是西域乌孙王府所在地；汉代称伊吾；唐称伊州；元称哈密力；清乾隆二十四年(1759年)，设哈密厅，延续200多年的哈密王传袭了九世；1977年正式设市。哈密全境地处天山山脉东端，被天山分为南北两部分，山南为哈密绿洲，山北是巴里坤草原和伊吾河谷，塞外大自然的奇观与古代文化遗迹，构成了其丰富的旅游资源。这里有甜蜜的哈密瓜和葡萄，奇特的雅丹地貌，神秘的回王墓，神奇的坎儿井，以及风光秀丽的天山风景区等众多人文与自然景观。

热门景点 回王墓、哈密魔鬼城、巴里坤湖、白石头景区、五堡古墓群、鸣沙山等

旅游线路推荐

1 市中心→回王墓→盖斯墓→白杨沟佛教寺院遗址→拉甫乔克故城→五堡古墓群→魔鬼城
2 市中心→庙尔沟→八大石→焕彩沟汉碑→天山庙→鸣沙山→松树塘→白石头景区
3 市中心→巴里坤哈萨克自治县县城→巴里坤草原→巴里坤湖→怪石山

 **哈密特产**　哈密洋香瓜、油桃、葡萄、柳树泉大枣、新疆啤酒、哈密大枣、双峰野骆驼、蘑菇、椒蒿、沙葱、哈密古道葡萄酒、哈密王啤酒、沙枣、西瓜、苹果、梨等

舌尖上的**阿勒泰**

美食向导 Delicacies Guide

　　阿勒泰地区位于新疆维吾尔自治区北端、阿尔泰山南麓、额尔齐斯河畔。这里聚居着哈萨克、汉、回、维吾尔、蒙古等36个民族，其中，主要居民是哈萨克族。这里不仅有著名的喀纳斯湖风景区，其饮食风味也是各有特色，那喷香的奶茶、热气腾腾的手抓肉、香醇的马奶酒，更让人感受到当地各民族的热情豪放。如果到哈萨克族家中做客请注意：主人做饭时，不能动餐具，更不能用手拨弄食物或掀锅盖；主人递给你的肉食一定不能拒绝，否则，主人会以为你瞧不起他；也不能当面赞美主人家的牲畜和猎犬；不能用手或棍棒指点人数，否则会认为你把人当作牲畜清点。在哈萨克族人家做客，一般不要超过两天。

推荐特色美食

罐罐面

是流传于布尔津县喀纳斯景区的一道风味小吃，颇具当地民族特色。其做法是将传统加工的手擀面配以时令蔬菜，再用特殊配料熬制的羊肉汤浇在罐里，味道浓香扑鼻，诱人口水欲滴。

芋芋土鸡

是哈巴河县最具地方特色的一道名菜。"芋芋"即指当地特产土豆，土鸡是当地农民饲养的"绿色鸡"。此菜味道清香，堪称真正的绿色食品。

额河烤鱼

喀纳斯一带最有名的美食就是烤鱼，以大红鱼、狗鱼、五道黑、花翅子为主料，佐以孜然、辣椒面、食用油、盐等配料烤制而成。鱼肉麻辣鲜香，那个诱人的味，就别提了。若吃烤鱼的时候，再喝上一杯当地自制的"俄罗斯太太"啤酒，更是绝配。

干锅焖羊腿

采用萨吾尔山天然牧场的吉木乃羔羊前腿，以土豆、胡萝卜等为配料，上炉焖制而成。口感鲜香，肥而不腻，是到阿勒泰地区吉木乃县旅游必尝的美食。

阿魏蘑菇炖鱼

阿魏是阿勒泰地区少有的一种名贵药材，每到春天，在阿魏根部生长的白色蘑菇就叫阿魏蘑菇。用阿魏蘑菇炖咸水湖鱼，是阿勒泰有名的一道特色菜，味道鲜美，营养丰富，只有在阿勒泰才能享受到其独特的风味。

阿勒泰鱼宴

阿勒泰地区溪流纵横，河湖较多，盛产鲤鱼、鲫鱼、赤鲈、白斑狗鱼、东方真鳊、雅罗鱼等十几种名贵的冷水鱼类。因此，去阿勒泰旅游，品尝鱼宴是一个重要的饮食内容。

包尔沙克

是哈萨克族牧民招待客人喝茶时必备的一种油炸面制品。将发好的面放在面板上擀成薄片，并切成小菱形，或长方形，入油锅炸至微黄即成。味香酥脆，很有嚼劲。

其他名吃

烤全羊、烤羊肉串、薄皮包子、馕、手抓饭、骆驼奶、奶茶、马奶酒、奶酪、熏马肠子、拉条子、揪面片、米肠子、面肺子、阿勒泰狗鱼、布尔津河鱼等

旅游攻略 Travel Guide

阿勒泰地区位于新疆维吾尔自治区最北部、阿尔泰山南麓、额尔齐斯河北岸，与哈萨克斯坦、俄罗斯、蒙古国接壤。阿勒泰地区行政公署所在地为阿勒泰市，历史上是少数民族的放牧之地。阿勒泰为哈萨克语，意为"金山"，因阿尔泰山盛产黄金而得名。境内的阿尔泰山是一座跨国山体，发源于阿尔泰山的额尔齐斯河是我国唯一流入北冰洋的一条河流。阿勒泰地区独有的地理条件，造就了其高山风光、冰川雪岭、湖泊温泉、岩画石刻、古墓群、自然保护区等类型丰富的旅游资源，主要景点有喀纳斯湖、额尔齐斯河、乌伦古湖、阿拉善温泉、蝴蝶沟、富蕴可可托海国家地质公园、阿克吐别克五彩河岸、清河三道海子等。

热门景点 桦林公园、喀纳斯湖、阿克吐别克五彩河岸、福海县阿拉善温泉、蝴蝶沟、青河县三道海子、富蕴可可托海国家地质公园等

旅游线路推荐

1 阿勒泰市中心→布尔津县城→喀纳斯风景名胜区（贾登峪林场→卧龙湾→喀纳斯图瓦村→观鱼亭→双湖→阿克库勒湖→友谊峰冰川）　**2** 阿勒泰市中心→桦林公园→切木尔切克古墓群→布尔津县城→阿克吐别克五彩河岸→哈巴河县城→白沙湖→那仁夏牧场　**3** 阿勒泰市中心→乌伦古湖→福海县城→福海渔场度假村　**4** 阿勒泰市中心→阿拉善温泉→蝴蝶沟→富蕴可可托海国家地质公园→富蕴县城→青河县城→布尔根河狸自然保护区→三道海与石堆墓

阿勒泰特产

乌伦古湖鱼、福海大尾羊、萨吾尔山吉木乃羊、甘草、贝母、柴胡、福海甜菜、枸杞、打瓜、青河玫瑰色绿柱石、禾木蜂蜜、顶山食葵、阿魏蘑菇、布尔津河鱼、阿勒泰宝石画、根雕、珠宝、阿勒泰山石人、克兰河奇石、布尔津喀纳斯蜜瓜等

舌尖上的**伊犁**

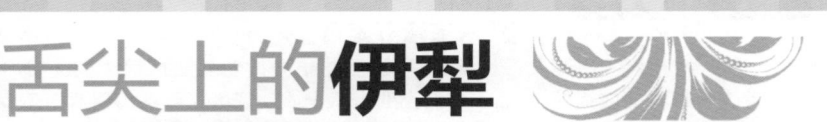

美**食**向导 Delicacies Guide

伊犁哈萨克自治州地处中国西北边陲，不仅有美丽的草原风光，还有充满浓郁的哈萨克民族风味的美食，如奶茶、酥油、奶酪、马奶酒、纳仁、熏肉、马肠子、手抓肉、烤全羊、烤羊肉串等纯正的草原美食。只要你到草原来，热情好客的哈萨克人就会友好地邀请你走进毡房，先捧出一碗香喷喷的奶茶，再喝上一碗马奶酒，一定会让你陶醉不已。在伊宁市区解放南路上的美食街，可以品尝到当地的各种民族风味小吃。

推荐 特色美食

啤沃

又称卡哇斯，是伊宁市特有的一种俄罗斯风味的饮料，口味有点像蜂蜜味的啤酒。尤其是吃羊肉串时，喝上一杯啤沃，感觉最美。

马肠子

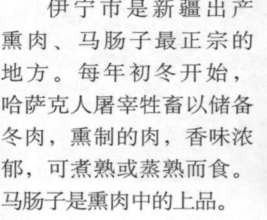

伊宁市是新疆出产熏肉、马肠子最正宗的地方。每年初冬开始，哈萨克人屠宰牲畜以储备冬肉，熏制的肉，香味浓郁，可煮熟或蒸熟而食。马肠子是熏肉中的上品。

马奶

是伊犁草原上最诱人的饮料。是用马奶发酵而成，略带酸味，微有酒香，清凉适口，沁人心脾。

纳仁

是哈萨克族群众待客的美味佳肴。用煮肉后的原汁肉汤煮面条或面片，捞出装盘，再把熟肉块放在面条上，这就是纳仁饭。食时，再配以洋葱或蒜泥等调料，味美适口。

血肠

是伊犁哈萨克自治州的锡伯族人特有的一种美食。先将羊血块捣碎，拌入动物油和洋葱末、盐、姜粉、胡椒粉等作料，装入肠内，捏紧扎实，煮熟后切成片，即可食用。味道香浓，油而不腻，口感极美。

布尔哈雪克（鱼香草）炖鱼

"布尔哈雪克"是锡伯族人对一种野生香草的称谓，汉语称柳叶草或鱼香草，这种草形似树叶，具有奇特的香味。鱼香草炖鱼这道菜，鱼肉和汤特别香，是锡伯族人非常喜爱的佳肴。

粉汤

是回族人民的一种家常风味小吃。主要原料是凉粉块，要求透亮细嫩，才能做到味道鲜美。逢年过节，家家户户都要烹制酸辣适度、油而不腻的粉汤，成为喜庆节日必备的食物。

刀瓦扑

是新疆特有的一种冰镇饮料，用酸奶酪和冰块混合，然后加入糖和冰水，清凉爽口，味道妙不可言。盛夏季节，新疆各地的街头，都有售卖刀瓦扑的小店，但以伊宁市汉人街上的刀瓦扑，口味最为正宗。

霍兰鸡肉

是伊宁市的一道风味名菜。鸡肉味鲜，麻中带微辣，汤味浓郁，清香袭人，很是诱人食欲。

恰玛菇

是新疆特有的一种植物，其形状和味道似球状白萝卜，但没有萝卜那么辛辣。用恰玛菇和羊肉一起炖菜，味道最佳。其叶子与手抓饭配食，还可以解油腻。

辣罐

是锡伯族人独有的一种菜肴。将剁好的肉馅灌入辣椒段中，挂糊后，入油锅炸成金黄色即可。香辣带甜，开胃爽口。

伊犁瓜果

伊犁境内草原辽阔，果树茂密，素有"瓜果之乡"的美称。伊犁名气最大的瓜果品种是察布查尔花皮白籽瓜，还有巩留县的大黄六棱海棠果，以及当地的哈密瓜（厚皮甜瓜）、苹果等，都具有果肉粗脆、汁多、味香、蜜甜可口的特色。每年7—10月，伊犁风光秀丽、瓜果飘香，游客可以尽情享受各种新鲜的时令瓜果。

羊头肉

是伊犁最具有地方特色的美食。将羊头火烧了以后，洗净入锅，再加盐清煮而成。羊头肉的味道出奇的香，那种美味会让你终身难忘。

八宝营养南瓜

是维吾尔族人非常喜爱且流传很久的一种食品。将掏空的南瓜里放入红枣、蜜枣、葡萄干等多种食物，再放入馕坑里烤制而成。色香诱人的金瓜蜜枣，散发着缕缕香气，不禁让人胃口大开。

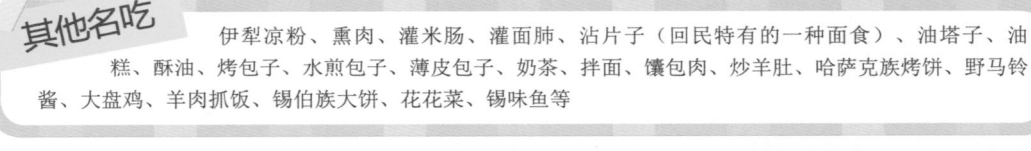

其他名吃　伊犁凉粉、熏肉、灌米肠、灌面肺、沾片子（回民特有的一种面食）、油塔子、油糕、酥油、烤包子、水煎包子、薄皮包子、奶茶、拌面、馕包肉、炒羊肚、哈萨克族烤饼、野马铃酱、大盘鸡、羊肉抓饭、锡伯族大饼、花花菜、锡味鱼等

● 旅游攻略 Travel Guide

伊犁哈萨克自治州位于新疆维吾尔自治区西北部、伊犁河畔，东北部与俄罗斯、蒙古国接壤，西北部与哈萨克斯坦交界，是古丝绸之路北道上的必经之地，史称伊列、伊丽、伊里等，清乾隆年间定名伊犁，寓意"平定准噶尔之乱，西部边疆永保安宁"。自治州首府为伊宁市，是哈萨克族的主要聚居地。伊宁市一带，汉代属乌孙国地；隋朝是西突厥地；唐代属温鹿州都护府；元代归阿力麻里行尚书省管辖；清朝置伊犁将军府，设在惠远城。伊犁是新疆的一块天赐宝地，这里雨水相对充沛，气候温润，被称为"瀚海湿岛"，享有"塞外江南"、"瓜果之乡"的美誉。这里的旅游资源类型齐全，有美丽的草原风光，浓郁的民族风情，独特的草原文化，悠久的历史古迹，是中国西部最理想的旅游胜地。

热门景点　伊犁河、惠远古城、果子沟、那拉提草原、乌孙山、特克斯八卦城等

旅游线路推荐

1 伊宁市中心→惠远古城→霍城→秃黑鲁克铁木尔汗麻扎→果子沟→赛里木湖　　2 伊宁市中心→海努克古城→靖远寺→琼博拉森林公园→乌孙山→小洪那海石人→昭苏县城→格登山碑→夏塔温泉→夏塔古道→木扎尔特达坂　　3 伊宁市中心→伊犁河→巩留县城→新源县城→唐布拉国家森林公园→那拉提草原　　4 伊宁市中心→特克斯八卦城→喀拉峻草原→库尔德宁雪岭云杉保护区

伊犁特产　蜂产品（花粉、山花蜜、蜂王浆），以及察布查尔花皮白籽瓜、海棠果、天山乌梅、霍城沙木沙克小刀、唐布拉黑蜂蜂蜜、"天伊"牌树上干杏、霍城莫乎尔葡萄、青皮马鹿、沙漠果、伊力特曲酒、伊力老窖酒、伊犁河酒、肖尔布拉克酒、伊犁天马、哈密瓜、铜制沙玛瓦（即烧开水用的铜制水壶）、熏衣草、特克斯苹果、桃子、伊宁黑加仑茶、奎屯补血草等

舌尖上的**喀什**

美食向导 Delicacies Guide

　　喀什作为新疆南部最大的城市，新疆的各种风味美食自然是荟萃其间。以维吾尔族的风味饮食最有特色，如烤全羊、烤羊肉串、馕坑烤肉、烤包子、抓饭、烤鱼、油塔子、拉面、馓子、曲曲、灌面肺和灌米肠等，都是到喀什必尝的美食。

推荐 特色美食

烤羊肉串

　　在喀什，随处可见的烤肉摊子、大小馆子，都少不了烤羊肉串这道美食。坐在摊子边，闻着孜然特有的香气和烤羊肉的香味，那种期待之情，简直无以言表。

拉面

　　在新疆有一种说法"北吃抓饭，南吃拉面"，拉面自然成为了喀什有名的小吃。维吾尔族的拉面与回族的完全不同，回族的拉面通常汤面居多，而维吾尔族的拉面就显得浓重多了。将煮熟的面过冷水后，就着浓浓的羊肉汤汁拌在一起，再叫上一碗清炖羊肉，那真是一种美味享受。

馕坑肉

　　新疆各地基本都有馕坑肉，但以喀什的最为出名，味道最正宗。有人说："不到喀什不算到新疆，到了喀什不吃馕坑肉，只能算白跑一趟"。喀什馕坑肉味美香浓的诀窍

就在于，用烤馕余下的炭火，烤制挂在馕坑中的羊肉串或羊排。打开馕坑的刹那，馕的面香与羊肉的香气迎面扑来，不禁诱人口水直流。

抓饭

　　是到喀什必吃的一道经典美食。其做法是先将羊肉放入油锅中炸到半熟，加入新疆特有的黄萝卜和洋葱翻炒，最后加水和大米焖煮而成。抓饭中的羊肉，没有膻腻味，只有满口的饭香。

羊羔肉

　　将煮熟的羊羔肉切成块，放在盘子中，再将蒸肉时滤出的肉汁浇在上面拌匀即可。肉香味浓，鲜美爽口。

曲曲

　　类似馄饨，是维吾尔族人民喜爱的风味小吃之一。曲曲皮薄馅嫩，配以羊肉原汁原汤，味道鲜美，非常诱人食欲。

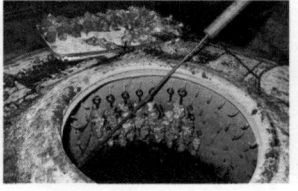

烤鱼

　　以巴楚县的烤鱼最有名气。烤熟的鱼，鲜嫩不腥，香酥可口，别有风味。

灌面肺和灌米肠

是维吾尔族群众非常喜爱的一种传统风味小吃。以羊的内脏为原料烹制而成。风味独特，深受食客赞美。

莎车烤乳鸽

新疆各地的烤鸽子很多。莎车县木卡姆之乡的烤乳鸽，因野味十足，肉质鲜美，令人食后难忘，美名远传。

喀什瓜果

喀什是世界六大果品基地之一，素有"瓜果之乡"的美誉。这里盛产甜瓜、西瓜、葡萄、石榴、无花果、巴旦杏、桃、梨、苹果、酸梅等。这些瓜果含糖量高、口感好、产量丰富，是到喀什旅游不可错过的美味。

其他名吃

喀什薄皮包子、馕焖全羊、辣羊蹄、烤南瓜、琼琼饭（菜面合一的食品）、新疆大盘鸡、清炖羊肉块、喀什烩菜、鸽子汤、瓦罐汤、冰渣酸奶等

推荐 特色食处

★ 红石榴果园

是喀什著名的户外餐厅。果园内有葡萄架、无花果丛林，还有很多花卉，提供各种维吾尔族特色美食，并有歌舞表演，很有情调。

✉ 喀什东北郊机场方向

★ 茶园大酒店

是当地最有名的清真餐厅。在这里既可以品尝到正宗美味的各类清真食品，晚上还能欣赏到民族歌舞表演。

✉ 人民西路

旅游攻略 Travel Guide

喀什，维吾尔语为"喀什噶尔"，意为玉石般的地方，位于新疆西南部、塔里木盆地西南端。喀什市现为喀什地区行署所在地，是中国最西端的一座古城，也是一座具有浓厚民族特色的城市，历史非常悠久，是古代丝绸之路上的重镇之一。西汉初，为西域三十六国之一的疏勒国；唐朝在此设疏勒都督府，成为当时有名的"安西四镇"之一；宋、元以后，"疏勒"逐渐被"喀什噶尔"之称所代替，后简称为喀什。喀什被称为"新疆历史的活化石"，素有"不到喀什等于没有到新疆"的美誉。由于喀什地区与克孜勒苏柯尔克孜自治州相邻，游览两地的景点，从喀什市出发较为便利。

热门景点 艾提尕尔清真寺、喀什大巴扎、喀什高台古民居、香妃墓、伯什克拉木果园等

旅游线路推荐

1 喀什市中心→艾提尕尔清真寺→香妃墓→喀什大巴扎→喀什老城→高台古民居→玉素甫·哈斯·哈吉甫麻扎（墓） **2** 喀什市中心→三仙洞→罕诺依故城→莫尔佛塔 **3** 喀什市中心→中巴公路→红峡山谷（红色火焰山）→盖孜河峡谷→边防检查站→丝路古驿站→柯尔克孜族牧民家→高原沙湖→白沙山→公格尔山→公格尔九别峰→喀拉库勒湖→慕士塔格山→苏巴什达坂→塔合曼草原→高原旱柳→塔合曼温泉→奥依塔克风景区→塔什库尔干塔吉克自治县城→石头城→金草滩→古驿站→达布达尔乡→红其拉甫达坂→前哨→中巴红色界碑 **4** 喀什市中心→中巴公路→阿克陶县水泥厂→奥依塔克镇→奥依塔克风景区 **5** 喀什市中心→阿图什市→苏里唐麻扎→乌恰县城→玉其塔什风景区

喀什特产 喀什茴香、沙棘、红枣、干果、野生胡杨蘑菇、叶城棋盘香梨、帕米尔冰川矿泉水、英吉沙色买提杏干、莎车巴旦姆（又称巴丹杏、巴旦木、扁桃）、新疆挂毯、艾德莱斯绸、巴楚蘑菇、伽师甜瓜、叶城蟠桃、石榴、黑叶杏、塔什库尔干大尾羊、喀什土陶、阿月浑子果，以及新疆四大名刀（英吉沙小刀、焉耆陈正套刀、莎车买买提折刀和伊犁沙木萨克折刀）等

舌尖上的**和田**

美**食**向**导** Delicacies Guide

和田是以维吾尔族为主体的多民族地区，新疆境内的各种风味美食在这里都能吃到，有烤全羊、烤羊肉串、馕坑烤肉、手抓饭、烤包子、拉面、油塔子等。和田特有的"烤鸡蛋"和"杂克尔"，是在新疆其他地区无法品尝到的美味，到和田旅游，一定不要错过。

推荐 特色美食

杂克尔

是和田地区特有的一种用玉米面制成的馕，在新疆其他地区很难尝到这种美食。其制法是将玉米磨成细面粉，用凉水和面，再掺入些洋葱条、南瓜条、肥羊肉丁等。烤熟的杂克尔，具有玉米的天然香味。

烤鸡蛋

是和田地区特有的街头小吃。把生鸡蛋放在撒了灰的炭火上慢慢地烤，并不停地翻动，火候一定要掌握好，否则，鸡蛋会爆炸。烤熟的鸡蛋，味道很特别，值得一尝。

药茶

当地的维吾尔族人爱喝茶，他们常常以茶敬客。这种茶是用茯砖茶、胡椒、丁香、桂皮、甘草、姜皮、孜然、大芸等泡制而成。药香四溢，具有很好的保健作用。

烤包子

和田地区的烤包子还是挺有名气的，但以洛浦县玉龙喀什镇的烤包子最为出名。吃烤包子的时候，一定要趁热吃，再喝上一碗药茶，那就更美味了。

羊肺子

其实就是一种面食，样子和羊肺一样，加入羊油加工后，就有了另一番味道。将切好的羊肺子，撒上各种作料，那口感相当美味。

沙枣汤

是和田地区的一种特色饮料。先把沙枣煮熟，将汁挤压出来，再撒上一些炒熟的麻籽粉末即成。尤其在炎热的夏季，喝一碗沙枣汤，既清凉甘甜，又有熟麻籽油的特殊香味。

麦扎普

是和田地区的维吾尔族群众自酿的一种土制葡萄酒，味美醇厚，香气袭人。先把成熟的鲜葡萄煮烂，再把挤压出来的汁装进坛中，放点酒曲，封口后放在太阳下曝晒，让其自然发酵，一周后即可饮用。

其他名吃　嫩玉米饭、羊肚子烤肉、烤鸭蛋、烤鹅蛋、吾麻什（维吾尔人常吃的一种粥）、烤馕、馕坑肉、烤羊肉、抓饭、烤羊排等

● 旅游攻略 Travel Guide

和田位于新疆维吾尔自治区最南部，地处喀喇昆仑山北麓、塔克拉玛干沙漠南端。和田地区行政公署所在地为和田市，古称于阗，藏语意为"盛产玉石的宝地"，素以"玉石之乡"著称于世，自古就有"贵重之玉尽出于于阗"之说，和田玉更是驰名中外。和田是古代丝绸之路南道的重镇之一，汉代属于西域三十六国之一的于阗、疏勒、精绝等古国之地；唐代在此设毗沙都督府；清初定名为和阗；民国二年(1913年)设和阗县；1959年更名为和田。

和田地区干燥少雨，茫茫沙漠掩埋了许多古迹，现已发现的有50多处，主要有于阗国遗迹、疏勒国故址、精绝国故址、热瓦克佛寺遗址、喀拉墩古城遗址、桑株岩画等，这些古迹遗存就如同一幅幅历史画卷，记录了当年和田地区曾经的繁荣与辉煌。

热门景点　和田大巴扎、和田"三棵树王"、葡萄长廊、莫尔力克沙漠、赞木庙遗址等

旅游线路推荐

1 和田市中心→和田大巴扎→大清真寺→和田丝绸厂→库克玛日木石窟→依麻木沙卡木墓葬区→买力克阿瓦提古城→艾德莱斯绸厂　2 和田市中心→约特干遗址→古核桃树王→古无花果树王→葡萄长廊→葡萄树王　3 和田市中心→策勒县城→阿克斯比尔古城→热瓦克佛寺遗址→丹丹乌里克遗址→尼雅遗址（精绝国故址）→喀拉墩古城　4 和田市中心→民丰县城→鱼湖→民丰大巴扎→安迪尔牧场→安迪尔古城　5 和田市中心→策勒县城→阿希城堡遗址→阿萨城堡遗址→泪泉→慕士山

和田特产　和田三宝（玉石、丝绸、地毯），以及桑皮纸、奎牙小马、葡萄、安迪尔瓜、和田玉枣、甜石榴、艾德莱斯绸、洛浦地毯、和田玉雕、沙漠玫瑰、薄皮核桃、无花果、皮山土桃子、桑葚等

舌尖上的
香港

　　香港的饮食文化，不但传承中国传统，且受外国文化的影响，可谓荟萃中外特色。这里集中了世界各地的美食，食物品质高而收费较为合理，因此，香港享有"美食天堂"之誉。香港的美食主要有四类，即海鲜、茶餐厅小吃、烧腊和甜品。传统本地菜以广府（即指广州）菜、客家菜及潮州菜为主，还有湖南菜、四川菜、北京菜、上海菜等，以及讲究清淡的素菜。此外，香港的街头小吃也是多姿多彩，品类丰富，如牛肉丸、鸡蛋仔、车仔面、鲜虾云吞面、鱼蛋粉、碗仔翅、煎酿三宝、菠萝包等，都颇为著名。

　　在中西合璧的环境下，日、韩、越、印度及欧洲的菜系在香港也十分常见，那浓浓的异国风味，会让你感受到多元饮食文化的魅力。到了香港，除了旅游购物之外，一定要品尝中外美食，才算成为一次完美之旅。

特别推荐

▶ **香港十大美食**　碗仔翅、车仔面、煎酿三宝、醉虾云吞面、菠萝包、鱼蛋粉、鸡蛋仔、牛肉丸、法兰西多士、鸳鸯奶茶

▶ **香港十大特产**　香港珍珠、金饰、莞香、盲公饼、花生饼、花生糖、南乳香酥角、杏仁饼、老婆饼、香港虾酱

▶ **香港十大景点**　香港海洋公园、太平山顶、迪士尼乐园、九龙公园、兰桂坊、星光大道、宝莲寺、黄大仙祠、香港湿地公园、西贡郊野公园

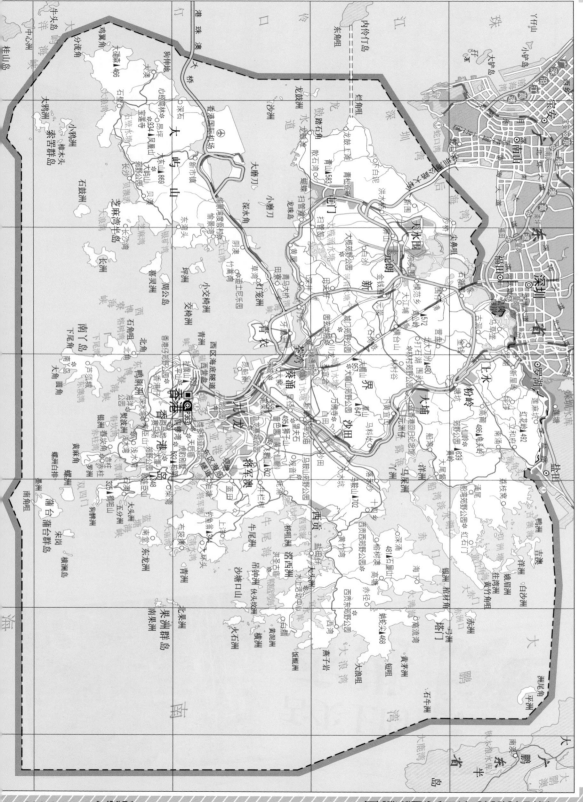

比例尺 1：340 000

舌尖上的**香港**

美食向导 Delicacies Guide

香港的美食以结合中西饮食文化的精粹而称誉，是一个不折不扣的美食天堂。香港美食主要分为四类，即茶餐厅小吃、港式海鲜、粤菜烧腊和甜品。各类美食五花八门，风味各异，总是让人眼花缭乱，数都数不过来。如煎酿三宝、鸡蛋仔、车仔面、碗仔翅、鲜虾云吞面、港式蛋挞、奶茶等，都是一定要尝的美味小吃。在香港，既可以享受奢华的西餐，也可以在大街小巷找到廉价味美的港式小吃，吃一顿丰盛的夜宵，再逛逛香港的夜景，是到香港旅游的一大乐事。

推荐 特色美食

茶餐厅小吃

茶餐厅是香港独有的平民饮食之地，也是体验港人生活面貌的最佳去处。茶餐厅里的特色美食有粥面河粉、蛋挞、猪扒包、鸳鸯奶茶等。香港的茶餐厅非常多，其中，澳门茶餐厅以卖猪扒包出名，檀岛茶餐厅以卖蛋挞出名，极之好茶餐厅以卖车仔面出名，富记茶餐厅以卖粥出名，银龙茶餐厅以经营粉面为最大特色。

香港早茶

香港的茶楼营业时间很早，由服务员推着小车在茶楼里转，要吃什么，当场从小车里拿，服务很周到。一早起来，选家茶楼，点上一壶茶和一些美味小点，便可体验香港的早茶文化。

粤菜烧腊

烧腊是香港最常见的美味佳肴，各类餐馆均有烧腊这道美食。如知名的烧鹅、烧乳鸽或叉烧，配以美味酱汁，入口香浓，总是令人回味无穷。

港式甜品

香港的甜品不仅味道甜美，款式更是花样层出，

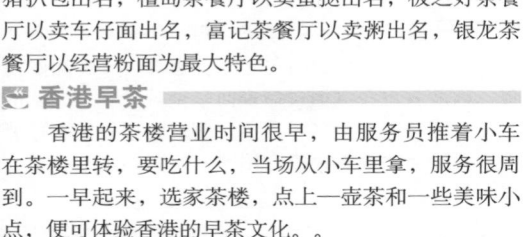

素以十大甜品最受港人欢迎，即芒果白雪黑糯米甜甜、芒果班戟、芒果布甸、芝麻糊豆腐花、糖不甩、椰汁马豆糕、焗荔茸西米布甸、椰汁紫米糕、杨枝甘露、白雪黑珍珠。还有芝麻糊、双皮炖奶、豆腐花、芒果爽等甜品，都让人垂涎不已。香港著名的甜品店有许留山甜品店、满记甜品店、义顺双皮奶制品小吃店、糖朝、源记甜品店、佳记甜品店等。

港式海鲜

香港由于地处海岛，使这里一年四季都能吃到新鲜便宜的海鲜。西贡、南丫岛、鲤鱼门、香港仔避风塘等地，都是尝海鲜的好去处。

港式煲仔饭

也称瓦煲饭。"瓦煲"除了指一种盛器，还指一种烹饪方法。就是把淘好的米放入瓦煲中，加好水量，把米饭煲至七成熟时加入配料，再转中慢火煲熟，起盖后，将调好的味汁浇在米饭上，并加一些香葱、铺上青绿油菜即成。煲仔饭的风味多达数十种，主要有豆豉排骨饭、腊味饭、滑鸡饭、黄鳝饭、田鸡饭、咸鱼香肉饭等。

碗仔翅

是香港街头常见的小吃之一，因用小碗盛入而得名。以前，街头小贩经常向酒家买些零散的鱼翅，加入猪肉丝、木耳、冬菇、马蹄粉等煮熟，再加入胡椒粉、醋、麻油即可食用。现在的碗仔翅，已经没有鱼翅的成分，以粉丝、鱼肉为主料，味道鲜美可口。

车仔面

是香港的一种廉价面食，配料有鱼蛋、牛丸、猪皮、猪红、萝卜等菜品，面汤有萝卜清鸡汤、鲨鱼骨汤、猪骨汤等。顾客可自由选择配料，一般十多块钱就可以饱吃一顿，既实惠又美味。

喳咋

"喳咋"为葡萄牙语，意为"杂粮"。喳咋是港式甜品之一，用红豆、腰豆、小麦、西米、芋头等几种杂粮煲制而成。味美香甜，营养价值较高。

姜汁撞奶

是香港甜品店的招牌小吃。主要是依靠姜汁和牛奶在一定温度范围（40℃～100℃）内发生化学反应，使牛奶凝固制作而成。义顺牛奶公司使用全脂鲜奶生产的"姜汁撞奶"，味道极为浓醇，鲜美爽口。

双皮奶

此品完全用牛奶制作，第一层奶皮甘香，第二层奶皮香滑，故名双皮奶。还可加入莲子、红豆蒸熟而食，更是营养丰富，美味无比。

煎酿三宝

其做法与酿豆腐类似，就是把鲮鱼搅碎成肉泥，酿在茄子、青椒和豆腐这三种食品中，放在油锅里煎熟即可食用，是香港极受欢迎的街头小吃之一。

杨枝甘露

是一种港式甜品，于1984年由香港利苑酒家首创。其做法是将柚子拆成肉，芒果则切成糕，拌在西米、椰汁及糖水中，雪冻即可食用。有的甜品店在杨枝甘露中加入杂果，制成杨枝甘露蛋糕、杨枝甘露布甸、杨枝甘露雪条等不同味道的食品。

糖不甩

又名如意果，类似于汤圆。把煮熟的糯米粉搓成粉丸，在铁锅中用滚热的糖浆煮熟，然后撒上碾碎的炒花生或切成丝的煎鸡蛋即成。酥滑香甜，味香不散。

鸡蛋仔

香港街头地道的小吃之一。以鸡蛋、砂糖、面粉、淡奶等拌成汁液，倒入特制的铁模版中，放在火上烤制而成。刚出炉的鸡蛋仔，蛋香浓郁，口感软绵，非常好吃。

牛腩

牛腩是指牛的肚皮部分，吃法一般为咖喱牛腩和清汤牛腩，并衍生出牛腩面、牛腩河粉等。香港最出名的牛腩店是中环歌赋街21号的九记牛腩店和上环毕街的生记清汤牛腩店。

港式蛋挞

蛋挞皮有两种：一种是酥皮，吃时，面渣四溅；另一种是牛油皮，吃时，要加很多黄油，因此有一种曲奇的味道。香港最后一任总督彭定康特别青睐位于中环摆花街35号地下C铺的泰昌饼店做的蛋挞，所以泰昌蛋挞又叫肥彭蛋挞，被誉为"香港第一蛋挞"。

鱼蛋粉

鱼蛋，又叫鱼肉丸子，肉质细嫩鲜美。鱼蛋粉是以米粉为主料，以猪骨、大地鱼干熬汤为汤底，再加入鱼蛋、牛丸、炸肉卷、鱼块等配料制成。位于铜锣湾天后电气道75号的德昌鱼蛋粉店，曾获香港"美食最大赏"小吃组至高荣誉奖，这里经营的鱼蛋粉最为有名。

鲜虾云吞面

是香港著名的经典小吃。云吞的馅全部是用大个鲜虾做的，面条用鸡蛋面做成，口感筋道，汤料味道鲜香醇厚，令人吃后回味无穷。位于铜锣湾罗素街51号的池记云吞店，素以经营鲜虾云吞面出名，曾获"香港美食大赏"的殊荣。

凉茶

香港人喜欢饮茶，大大小小的凉茶铺成为香港的标志之一。凉茶是用复方或单味土产草药煎熬而成的饮料，品种繁多，有王老吉凉茶、二十四味凉茶、大声公凉茶、黄振龙凉茶、三虎堂凉茶等。在广东及港、澳地区，民间流传着"饮一杯凉茶，不用找医生"之说。

菠萝包

是香港最普遍的面包之一。它源自一种甜味面包，因菠萝包经烘培过后表面呈金黄色，且凹凸的脆皮状似菠萝而得名。其实，菠萝包中并没有菠萝的成分，面包中间也没有馅料。吃起来甜绵适口，老少皆宜。

撒尿牛肉丸

是香港著名的风味小吃之一。早在清朝顺治年间，由江南古镇松江（今上海）的王氏家族创制而成，后因王家后人辗转到香港，逐渐成为港岛名吃。后来，流传到英国，英国女皇竟将这种美食封为"贡丸"。牛肉丸弹性十足，口感爽脆，且丸中带汤，口嚼汤汁四溅，食后唇齿留香。

干炒叉烧意

是香港特有的一道小吃。用酱油炒意大利面，再拌以肥美的广东叉烧而成，堪称中西合璧美食。

奶油多

是香港茶餐厅的特色小吃之一。其做法是将面包（吐司/多士）先涂上奶油（牛油），再加上炼奶，食用时，能够感觉到牛油的香味和炼奶的香甜。与奶油多较为相似的食品有奶酱多、油占多等。

鸳鸯奶茶

是香港独有的一种饮品，源自香港的大排档，常见于香港的茶餐厅。制法是混合了一半的咖啡和一半的奶茶，既有咖啡的香味，也有奶茶的浓滑。饮用时，可自行加糖，或加入炼乳。入口的感觉是先苦涩后甘甜，最后满口留香，回味久久。

法兰西多士

是香港特色小吃之一。把方形面包切片去皮，在中间抹上花生酱，做成花生酱三文治。然后在其两面均匀地沾上用鸡蛋和奶混合制成的蛋浆，放入油锅炸至金黄色即成。出锅后，在上面放一块厚切的牛油即可食用。

其他名吃

龟苓膏、避风塘炒蟹、江仔记鱼蛋河粉、文辉墨鱼丸、鲜奶木瓜炖雪梨、椰汁马豆糕、香港烧鸡、烧乳鸽、烧乳猪、叉烧、年糕、虾糕、鸡仔饼、元朗老婆饼、湾仔豆花、中式饼食、蒜泥蒸虾、葱油脆皮鸡、砂锅鸡包翅、冰花炖官燕、钵仔凉粉、蛇羹、燕窝布甸（一款芒果甜品）、脆皮鸭、油渣面、港式牛油多士、公仔面、咖喱蟹、元朗盆菜等。

推荐 特色食处

✪ 兰桂坊美食区

是香港著名的酒吧集中地，也是消费较高的中西美食集中地。这里的菜馆、酒吧和咖啡厅比较密集，供应泰国、越南、日本、意大利、法国等国的菜式，充满了浓郁的异域风情。尤其在入夜后，这里的酒吧非常热闹，周末及节日期间，游人更会彻夜狂欢。

✪ SOHO荷南美食区

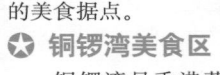

位于兰桂坊附近，包括些利街、士丹顿街和伊利近街一带。这里的餐厅给人以时尚和高格调的感觉，部分菜馆设有露天茶座。中环至半山的这条全世界最长的户外扶梯，给这一美食区带来了熙熙攘攘的人流，同时也将这里发展成了香港知名的美食据点。

✪ 铜锣湾美食区

铜锣湾是香港著名的购物区，同时也是美食集中之地。这一带包括渣甸坊、时代广场、波斯富街、利舞台广场、百德新街等，各式餐厅林立，风味众多，既有充满正宗香港风味的大排档、茶餐厅、凉茶铺、甜品店、烧味店、粥面店，又有西式菜馆、日本寿司店、台式小吃店等，是到香港旅游和品尝美食不可错过的地方。

✪ 尖沙咀美食区

尖沙咀至尖沙咀东部一带是游客高密度区，包括弥敦道、广东道、漆咸道、亚士厘道、加连威老道的横街小巷。这里的特色餐馆数不胜数，犹如美食万花筒，选择繁多，令人眼花缭乱。其中，诺士佛台虽隐藏于闹市一隅，却是新潮流美食集中之地，西班牙、意大利、日本等国的风味菜馆，组成了名副其实的国际美食街。

✪ 红磡美食区

邻近尖沙咀，是香港新兴起的一处美食据点。在这里可以品尝到港式牛排、粥粉面、烧味、避风塘炒蟹、车仔面、饺子、怀旧小吃，以及新加坡菜、越南菜等各种风味美食，而且好吃不贵，是最贴近大众化的美食地带。

✪ 九龙城美食区

九龙城一带的各式餐馆，风味各异，组成了别具一格的亚洲美食区。这些餐厅大多集中在启德道、南角道、龙岗道、福老村道一带，有日本菜馆、韩国菜馆、印度菜馆、泰国菜馆及潮州菜馆、中式火锅店等，以亚洲式餐饮为主，但价格却是走大众化路线，吸引了大批食客前来一饱口福。

✪ 赤柱海湾风情美食区

由于赤柱的居民以侨居香港的外国人为主，因此，这里拥有众多充满异国情调的特色餐厅、酒吧和露天茶座，一派欧陆风情。在欣赏美丽的海岛风光之余，也可以品尝这里的异国风味菜肴，有美国菜、意大利菜、法国菜、泰国菜、越南菜、印度菜等。

旅游攻略 Travel Raiders

香港位于我国南海之滨、珠江口东侧，因明清时期，这里经常转运当地居民砍伐的香木而得名。由香港岛、九龙半岛、新界和离岛四部分组成，主要有香港岛、大屿山、青衣岛、长洲、南丫岛、坪洲、蒲台岛、昂船洲等，共有260多个离岛。香港是世界瞩目的国际金融中心、贸易中心和国际知名的旅游城市，又是"购物天堂"、"美食天堂"，素有"东方之珠"、"动感之都"的美誉。1840年6月，第一次鸦片战争时，英国舰队占领香港岛，一年后宣布这里为自由港；1842年8月29日，英国迫使清政府签订《南京条约》，正式将香港岛割让给英国；1860年第二次鸦片战争，英法联军攻入北京后，迫使清政府签订《中英北京条约》，割让九龙司地方一区给英国；1898年6月，又强迫清政府签署《展拓香港界址专条》，强行将九龙（不包括九龙域）租给英国，租期九十九年，自此，香港全面沦为英国的殖民统治。1997年7月1日，香港回归祖国，成为中国第一个特别行政区。香港从一个默默无闻的小渔村发展成繁华的国际大都市，直至成为世界上第一个实施"一国两制"的地方，购物与美食、游乐场与自由港、时尚潮流和传统及中西文化在这里交融碰撞，形成了香港独具魅力的旅游资源。

热门景点 香港文化中心、香港文化博物馆、庙街夜市、黄大仙祠、太平山顶、杜莎夫人蜡像馆、香港海洋公园、鲤鱼门、赤柱、东涌荟城名店仓、昂平市集、天坛大佛、宝莲禅寺、黄金海岸、青马大桥、香港迪尼士乐园、马湾挪亚方舟、西贡半岛等

旅游线路推荐

★香港一日游线路

1 尖沙咀（游览文化中心海滨、半岛酒店、维多利亚海港）→湾仔（游览香港会展中心、金紫荆广场）→铜锣湾（游览时代广场、世贸中心、崇光百货）→中环（游览皇后像广场、中银大厦、文华东方酒店）→太平山（乘缆车上太平山，游览太平山香港夜景）

★香港二日游线路

1 港岛：中环（置地广场、太子大厦、国际金融中心商场）→金钟（太古广场）→铜锣湾（时代广场、世贸中心、崇光百货、名店坊、金百利商场、查甸坊女人街）

2 九龙：尖沙咀海港城（太阳广场免税商店、半岛酒店高档大型商场、新世界中心）→弥敦道（北京道、金马伦道商业街）→旺角（女人街、花街、雀鸟街、金鱼街、玉器街、男人街）

★香港三日游线路

1 港岛游：中环→海洋公园→浅水湾→铜锣湾→湾仔→太平山　　**2** 九龙游：香港历史博物馆→黄大仙祠→鲤鱼门→旺角→尖沙咀　　**3** 大屿山游：青马大桥→大屿山天坛大佛（或长洲岛/南丫岛）

香港特产 香港虾酱、香港茶花（红山茶）、莞香、香港珍珠、金饰、香港玩具、檀香、玉镯、小玉佛、盲公饼、花生饼、南乳香酥角、杏仁饼、老婆饼、花生糖等

舌尖上的 澳门

早在17世纪，澳门就荟萃了中西饮食文化。明代，葡萄牙人入侵澳门后，把世界各地的食品和调味品也带到了这里，并结合葡萄牙、东南亚及广东的烹饪技术，创制了独具特色的澳门式葡萄牙菜。代表美食有葡式蛋挞、马介休、猪扒包、葡萄牙鸡、青菜汤等。此外，澳门的饮食还有中国菜及日本菜、韩国菜、泰国菜、印度菜等不同风味的菜系。但最吸引人的还是当地正宗的葡萄牙菜和各种特色小吃，其中，以葡式蛋挞最为著名。有人说："到了澳门没吃过葡萄牙菜，就等于白来一趟。"

舌尖上的**澳门**

● 美**食**向**导** Delicacies Guide

来到澳门，去赌城和品尝美食是必不可少的两个活动项目。而澳门的美食尤以葡式小吃最有特色，葡式蛋挞、马介休、猪扒包、木糠布甸、葡萄牙鸡、青菜汤等，都是地道的葡式风味，千万别错过。此外，澳门的金钱饼、粥面、大菜糕、水蟹粥、炖蛋、双皮奶、椰汁杏仁糊、老婆饼、杏仁饼、鸡仔饼、蛋卷、云吞水饺、粉面、姜汁撞奶等，都是当地出名的传统小吃。你可以到路边的小食店里，寻找这些经济实惠的美味小吃，一定会让你的胃口得到满足。

推荐
特色美食

📠 澳门葡萄牙菜

分为葡式、澳门式两种。其中，澳门式葡萄牙菜采用了葡萄牙、印度、马来西亚及中国粤菜的烹饪技术，对原来的葡萄牙菜经过改良，创制出世界上独一无二的菜式，如烧牛尾、葡萄牙鸡、葡萄牙腊肠、沙甸鱼等，都是著名的澳门式葡萄牙菜品；还有非洲鸡、果亚鸡及辣大虾等，都是葡萄牙人从非洲、印度学会使用香料后烹制而成的菜品，这些菜式更适合东方人的口味。葡式葡萄牙菜则有红豆猪手、青菜汤、马介休等，都是葡萄牙国本地正宗的名菜，具有浓浓的异国风味。

📠 马介休

其实就是经盐腌制、但并不风干保存而制成的鳕鱼，是葡萄牙人非常喜欢吃的一种咸鱼。可以用煎、烧、烤、煮等不同方法烹调出马介休菜式，比较出名的菜品有西洋焗马介休、薯丝炒马介休、炸马介休球、白焗马介休、马介休炒饭等。尤其是那鱼肉丝的味道，令人食后唇齿留香，回味无穷。

📠 猪扒包

其实就是中式炸猪排汉堡，是澳门最普遍的风味小吃之一。选用上等的猪排作馅料，并加秘制配料煎熟或油炸，再用切开的面包夹裹。吃时，配以美味的沙拉酱及西红柿、生菜等，口感极美。尤以官也街大利来记店售卖的猪扒包最为著名，每天有很多食客慕名而来，人气很旺。

📠 葡式蛋挞

是澳门小吃中最著名的美食之一。蛋挞的底托

为香酥的蛋酥层，上层是松软的蛋黄层，酥软兼备，香甜可口。澳门最有名的两家蛋挞店分别叫做"安德鲁"和"玛嘉烈"，其实是一男一女的名字。据说，两人原来是夫妻，后来离婚，便各开各的店。安德鲁是葡式蛋挞的创始人，其老店位于路环岛中心挞沙街1号地下，在澳门大学图书馆旁还有一家分店。玛嘉烈的店位于南湾马统领街金来大厦17号B地下。

📠 青菜汤

是一道很有特色的葡萄牙菜。选用马铃薯、葡萄牙腊肠、生菜、橄榄油一起熬制而成，别具异国风味。

📠 葡萄牙鸡

葡萄牙人从非洲及印度的食品中学到了一种烹鸡技艺，将整鸡、马铃薯、洋葱、鸡蛋和番红花，配以咖喱腌制成了一道美食，即葡萄牙鸡。鸡肉香味浓郁，鲜嫩可口，一般以拌饭或与猪扒包混吃，风味更佳。

📠 三可老婆饼

是澳门老字号三可饼家的招牌食品。此饼是以冬瓜、糖、芝麻为馅料，以糯米粉为饼皮制成的一种美味糕点，是澳门著名的小吃之一。此外，三可饼家的老公饼、薄脆，也十分出名。相传，很久以前，有一对卖饼的恩爱夫妻，媳妇甘愿卖身挣钱为家翁治病。失去妻子的丈夫，努力研制出一款味道奇佳的饼，并最终以卖饼

赚的钱，赎回了妻子，夫妻二人重新过上了幸福生活。人们口口相传其事，将这种饼称为老婆饼。

杏仁饼

是从绿豆饼的制作方法发展而来的一种小吃。主要原料是绿豆粉，因外观像杏仁而得名。

大菜糕

是夏天消暑的一种甜品，近年已成为澳门著名的小吃之一。其中，氹仔官也街9A号的"莫义记大菜糕"最为出名，已有80多年的历史。该店最火爆的甜品就是芒果大菜糕，深受游客喜爱。

芝士蛋糕

位于澳门新口岸友谊大马路新八佰伴2楼212号的"老佛爷"，以每天制造新鲜的蛋糕、面包及法式西饼而闻名。特别是该店的招牌食品——纽约芝士蛋糕，香滑松软，非常味美，最受顾客青睐。

潘荣记金钱饼

金钱饼是以鸡蛋、面粉、牛油和糖为主要原料精制而成的一种糕点，是到澳门必尝的小吃之一。在澳门，售卖金钱饼的店铺很多，但以潘荣记售卖的金钱饼名气最大。此饼酥软松脆，蛋味浓郁，而且不甜不腻。

竹升打面

是一种非常地道的面食小吃。制做时，打面师傅坐在粗粗的竹杖上，将面团打出韧度来，再捱成细细的面条。煮熟后，配上汤汁，十分入味。澳门议事亭前地17号的"黄枝记粥面"，是一家具有50多年历史的老店，店老板制做竹升打面的技术非常出名，曾为到访的葡萄牙国总统做过表演。该店的另一招牌美食是虾子捞面，值得一尝。

水蟹粥

各取水蟹、膏蟹、肉蟹这三种蟹的精华部分，再配以特制的蚝粥煮制而成。食之，味道充满蟹香，且营养丰富。

木糠布甸

是一种充满葡萄牙风味的甜品。所谓木糠，就是碎饼干屑。木糠布甸是由奶油、饼干等食材逐层冷冻而成的葡萄牙名饼。吃时，要提前解冻，口感酥香。澳门美副将大马路15号天福大厦B地铺的沙度娜甜品店售卖的布甸最为有名，有朱古力、碎果仁、咖啡、绿茶、芒果、曲奇等不同口味，为食客提供了多种选择。

冯记猪脚姜

猪脚姜其实就是姜汁猪脚，是澳门人最喜欢的美食之一。其中，尤以有着20多年历史的老店——三盏灯圆形地街市熟食档烹制的冯记猪脚姜最为出名。猪脚是用黑甜醋煲出来的，煮得很烂，连骨头都有酸甜味道，口感独特。此店还有用秘制姜醋泡制而成的猪肚、猪肠、猪耳及各式各样的印尼小吃，别具风味。

宝记鱼汤面

澳门罗利老马路15号A地下的宝记面食店，尤以镇店之宝——鱼汤面最为出名。汤底用了很多鲜鱼肉及秘制香料，入口鲜香润滑，回味无穷。此店还有炸大肠、春卷、咖喱角等美味小食。

基发面食

位于亚利鸦架街6号C的基发缅甸菜馆，已有30多年历史。其成名菜品鱼汤粉，是以大头鱼、鱼露、塘虱鱼为主料，熬制成汤底，有一种淡淡的柠檬味及浓浓的鱼香味。吃时，佐以店内的特色小吃马豆薄脆及油条，别有一番缅甸风情。

澳门豆捞

豆捞，也称之为都捞，又有捞福、捞财、捞运气之意。澳门豆捞的海鲜火锅已成为一种时尚美食，所用的原料都是上等的鱼、虾、肉类，最受食客欢迎的涮品有鲜虾滑、鲜鱼滑、羊肉滑、鲜牛滑等。豆捞的由来，还有一个有趣的传说。相传，明末清初，澳门有位商人叫金嘉，他经常倾其所有帮助贫困的人们。其行为感动了上天，灶王神下凡赐给他一个神奇的铜鼎，鼎中有取之不尽的山珍海味。商人金嘉就带着铜鼎让贫困百姓来取食，凡是捞过食物的人，都得到了好运。后来，人们给铜鼎取名为"都捞"。就这样，流传至今。

其他名吃　义顺牛奶（双皮炖奶、姜汁撞奶、红豆双皮奶），以及荣记牛杂、晃记饼、达荣鱼翅汤面、沙梨头甜汤、三元粥品、甜杏园麦师傅甜品、颐德行李康记豆腐花、城辉记猪肉干、礼记果汁、大堂街秘方炸鸡、荣记豆腐面、煲仔饭、绿柚鸭、陈胜记陈年橘皮鸭、辣椒炒饭、嗱汁鸡块、葡萄菜大碗面、黑沙滩烧烤、葡式佛跳墙、香辣沙甸鱼、猎手煲、炭烤胡椒饼、鲜果捞、澳门鲜蚝、猪油糕等

推荐特色食处

★ 官也街美食区

凼仔的官也街，又叫食街、手信街，是澳门著名的美食购物集中地。沿着食街窄窄的小巷，各式餐厅、手信店一家接一家，鳞次栉比的招牌让人眼花缭乱。在这里，可以品尝到澳门各种特色美食，如大名鼎鼎的猪扒包、葡式蛋挞、大菜糕、木糠布甸、咖喱鱿鱼、水蟹粥、马介休等。官也街已成为游客到澳门购物、品美食必去之地。

★ 黑沙海滩烧烤

路环黑沙海滩是澳门最热闹的旅游景点之一。每年夏天，一列排开的烧烤档与众多的树木排成并行线，老远就能闻到烧鸡的香味，以及混合树木渗透的天然香气。那美味的烤鱿鱼、烩番薯、烧粟米等热辣辣的一大堆小食，诱人垂涎不已。

★ 三盏灯美食区

三盏灯位于高士德大马路附近，又叫嘉路米耶圆形地，是一个小公园。由于公园中央立着一支由三个灯泡组成的灯柱，故俗称三盏灯。这一带是缅甸华侨聚居之地，有很多专做缅甸美食的茶餐厅，常常有很多游客慕名前来。

★ 大三巴美食区

包括新马路、议事亭前地、大三巴、大马路区域，这一带涵盖了澳门的主要游览区，各种美食云集，聚集着玛嘉烈葡挞、潘荣记金钱饼、黄枝记粥面专家、义顺牛奶公司等著名老字号，是到澳门旅游品美食不可不去的地方。

旅游攻略 Travel Guide

澳门位于我国东南沿海珠江三角洲的西部，三面环海，北与广东珠海市相连，距广州130多千米，东与香港隔海相望，相距仅约75千米。整个澳门地区包括澳门半岛、凼仔岛和路环岛三个部分，陆地总面积29.2平方千米。在澳门近56.8万人口中，95%是华人，而华人中又多为广东人，其余为葡萄牙和其他国籍的人士，是一个融合了中葡文化的特殊社会群体。澳门以前是个小渔村，原名濠镜澳，因当时渔民将泊口称为"澳"，泊口两边各有一座山，远远望去就像两扇开户的"门"，澳门因此得名。明嘉靖三十二年（1553年），葡萄牙人侵入澳门，之后，这里逐渐发展成为欧亚贸易中心之一；清代，大批福建人和客家人移居澳门。1999年12月20日，中华人民共和国对澳门正式恢复行使主权，

热门景点　澳门历史城区、妈阁庙、大三巴牌坊、玫瑰圣母堂、大炮台、葡京大酒店、澳门赌城、凼仔龙环葡韵、路环妈祖文化村、威尼斯人度假村、永利皇宫酒店等

并从此开始了"一国两制，澳人治澳"的历史新纪元。澳门的博彩娱乐业十分发达，博彩内容有赛马、赛狗、赛车等，并从赌博发展成为一种文化和娱乐形式，是亚洲最著名的赌城，因而名冠全球，被誉为"东方的蒙特卡罗"和"博彩天堂"。大三巴牌坊、妈阁庙、谭公庙、澳督府、玫瑰圣母堂、妈祖文化村及澳门独有的博彩娱乐场所，无不充满着迷人的魅力。

旅游线路推荐

★澳门精华一日游线路

1️⃣ 关闸→大三巴牌坊/大炮台和澳门博物馆→玫瑰圣母堂(板樟堂)→妈阁庙(海事博物馆)→西望洋山→澳门旅游塔→葡京大酒店→永利皇宫酒店→凼仔龙环葡韵→官也街→国父纪念馆/卢廉若公园→东望洋灯塔→澳门旅游活动中心→普济禅院→关闸

澳门特产　钜记手信三宝（原味花生糖、海苔肉松卷、猪颈肉脯），葡萄牙酒（清白酒、白酒、红酒、香槟酒、葡萄酒），以及澳门艺术画、纽结糖、蚝油等

舌尖上的 台湾

台湾第一大城市

宝岛美景游

黄尾屿　　赤尾屿

钓鱼岛

彭佳屿

花瓶屿　棉花屿

阳明山

台北　基隆

桃园　新北

新竹　宜兰

五指山　角板山

　　　乌石鼻海岸

法云寺　梨山

八卦山　台中　太鲁阁公园

　　　日月潭　　鲤鱼潭

台　湾

浊水溪

天后宫

澎湖列岛　嘉义　阿里山·玉山公园

曾文水库

七美屿（大屿）

赤嵌楼

台南　岛　花旗山庄

　　　　鲤鱼山

高雄　澄清湖　绿岛（火烧岛）

大彭湾

琉球屿

垦丁森林游乐区　兰屿

七星岩

台湾四面环海，鱼类资源十分丰富，于是，虾、蟹、鱼等海产品，几乎成为台湾料理的主要食材。台湾菜以海鲜为主，融会了闽菜、粤菜及客家菜的烹调手法，先后经过荷兰、日本饮食习俗的影响，呈现出多元化的特色。

台湾是中国著名的"米仓"，各种米制食品特别多，如糕、糍、粽、饭、丸、卷、饼等，品种丰富。台湾的风味小吃更是琳琅满目，如蚵仔煎、天妇罗、担仔面、卤肉饭等，数不胜数。透过这些地方小吃，让我们可以了解一个丰富而多元的台湾饮食文化，如果要想更深层地认识台湾的人文特色，了解台湾百姓的生活，一定要走访当地的夜市，品尝夜市的小吃，是不容错过的体验。有人说："不逛夜市，不品小吃，就等于没去过台湾"。夜市是台湾各地饮食的一道风景线，尤以台北士林夜市最为著名，在这里不仅能吃到台湾的各种风味特色美食，光是那人潮如织、吆喝声此起彼伏的热闹气氛，就会让你兴奋不已。

特别推荐

▶ 台湾十大美食　台北鱼丸、蚵仔煎、棺材板、基隆天妇罗、鼎边趖、豆签羹、南投日月潭奇拉鱼、嘉义阿里山竹筒饭、喷水鸡肉饭、台南度小月担仔面

▶ 台湾十大特产　阿里山高山茶、南投冻顶乌龙茶、凤梨酥、大溪豆干、东港油鱼子、屏东黑鲔鱼、池上米、台南黑桥香肠、鹿港牛舌饼、新竹牛轧糖

▶ 台湾十大景点　台北"故宫博物院"、阳明山风景区、南投日月潭、嘉义阿里山、花莲太鲁阁公园、高雄旗津岛、高雄澄清湖、屏东垦丁公园、台南郑成功庙、彰化鹿港天后宫

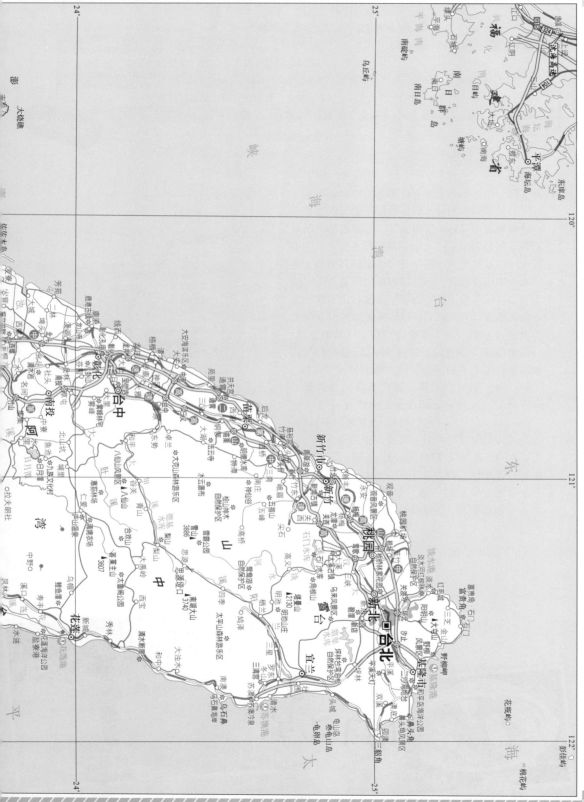

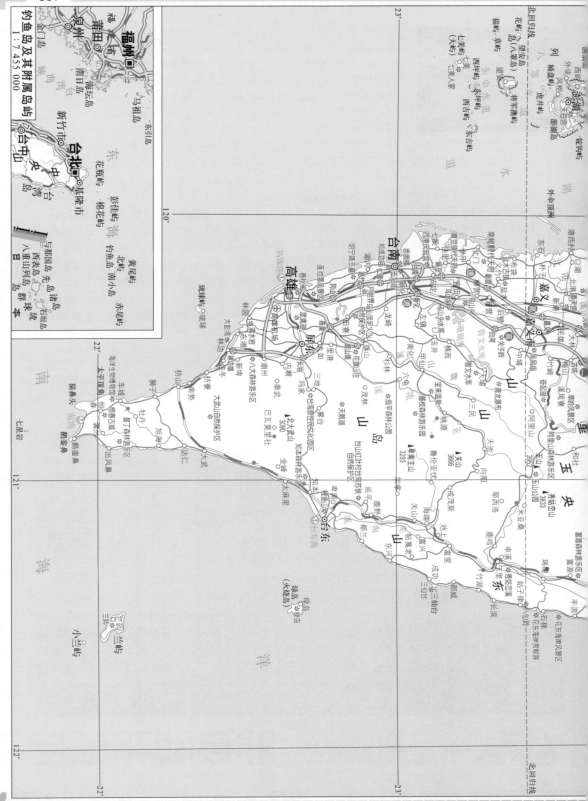

舌尖上的**台北**

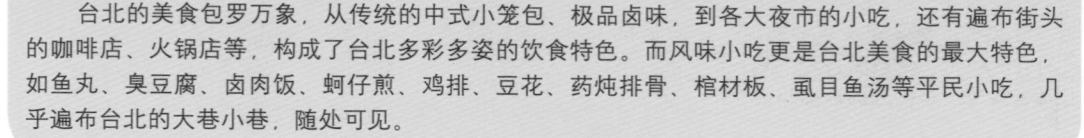

● 美**食**向**导** Delicacies Guide

台北的美食包罗万象，从传统的中式小笼包、极品卤味，到各大夜市的小吃，还有遍布街头的咖啡店、火锅店等，构成了台北多彩多姿的饮食特色。而风味小吃更是台北美食的最大特色，如鱼丸、臭豆腐、卤肉饭、蚵仔煎、鸡排、豆花、药炖排骨、棺材板、虱目鱼汤等平民小吃，几乎遍布台北的大巷小巷，随处可见。

推荐 特色美食

棺材板

这道小吃原名叫鸡肚板，类似于三明治。它是将方形的面包油炸，上下保持原状，中间则挖一方洞，然后塞入鸡肚、鸡肝等内脏，再加入一些由豌豆、马铃薯、胡萝卜及地瓜粉拌成稠状的馅料，将面包盖盖上即成，因其形状似棺材，故得此怪名。棺材板一般趁热吃，具有皮酥松、馅甘美、味香浓的特点。

鼎边趖

"趖"是台湾方言，为"爬滚"的意思；"鼎"是指铁锅。鼎边趖是台北有名的一道小吃，其制作方法是用米磨成米浆，沿着大锅鼎边滚下，煮成白白嫩嫩的薄片"鼎边趖"。吃时，配以鲜美的汤汁，味道极佳。在台北，尤以邢家所做的鼎边趖最为出名。

大肠包小肠

这种食品与"热狗"类似。将塞满糯米的大肠两头扎紧后煮熟，然后略微切开，入油锅煎至金黄色，再将烤好的香肠放在糯米上包裹而成。香而不腻，别具风味。

生炒花枝

"花枝"是由主料鱿鱼，配以竹笋、胡萝卜等辅料熬制而成，因鱿鱼上部有十个肉腕，形如花枝而得名。此菜汤汁鲜美，口感滑韧，味美无比。

鱼丸

在新北市的淡水镇，做鱼丸、卖鱼丸的摊店随处可见。这里做的鱼丸，是以上等鲨鱼肉打成浆，加少许太白粉和水，再配些肉臊包入鱼丸中，入锅煮熟即成。吃时，先把丸子咬开一个小口，吸吮肉馅与汤汁，香浓味美，口感独特。

担仔面

是起源于台南的一种风味小吃，但也风靡台北的大街小巷。将煮熟的面淋上以虾仁、豆芽、香菜、猪肉等熬成的肉糟酱，再加上卤蛋、虾仁，就是一碗最经典的担仔面。最诱人食欲的就是那甘甜的汤头及独特的肉糟味。

青蛙下蛋

是台湾非常独特的一道甜点，与珍珠奶茶类似，是到台北夜市必吃的冰品。由于该甜品的主料——粉圆的形状颇似蝌蚪，故取名"青蛙下蛋"。

药炖排骨

选用新鲜排骨，加上当归、枸杞、甘草等十几种中药材，细火慢炖数个小时，将中药的苦味滤掉，再加入用黄豆与辣椒制成的调味料，让排骨渗透出一股鲜香的滋味。风味独特，极富营养。

深坑庙口豆腐

台北市郊深坑出产的豆腐非常有名，其特色就在于制作过程中，不加石膏，纯以黄豆盐卤制成，质地细嫩，豆香味较浓。烹调的方法以红烧、豆腐羹、豆腐卷等为主。最正宗的深坑豆腐老店，是位于深坑老街集顺庙旁的"深坑庙口小吃"；大树下豆腐店，则是"豆腐三吃"的老店。每逢假日，慕名来深坑老街品豆腐的食客，络绎不绝。

蚵仔煎

蚵仔，为闽南语，其实就是牡蛎，为一种壳类海产品。以肥美多汁的鲜蚵，加上鸡蛋、茼蒿菜，勾芡煎成饼状。吃时，再浇上甜辣酱料，味香极美。相传，郑成功攻打台湾时，在缺粮的情况下，士兵就地取材，以蚵仔、番薯粉混合煎成饼作为食物。此后，蚵仔煎成为台湾著名的风味小吃。

▣ 淡水阿给

是新北市淡水镇有名的小吃之一。"阿给"是日文的称谓，即指油豆腐。将四方形的油豆腐中间挖空，填进肉臊、冬粉丝，用鱼浆封口蒸熟即可。吃时，再淋上特制的酱料，香味扑鼻。

▣ 阿婆铁蛋

是新北市淡水镇出名的招牌小吃。因将卤蛋做的时间较长，硬硬的蛋，口感不错，故称铁蛋。"阿婆铁蛋"店的老板娘杨碧云女士，就是最早的铁蛋的创制者。

▣ 三杯鸡

是台湾著名的一道家常菜，因烹调台湾特产土鸡肉时，使用一杯米酒、一杯酱油和一杯香油，故名"三杯鸡"。煮熟的鸡肉伴有米酒的香气，是非常下饭的佳肴。

其他名吃

炸溪虾、菜脯蛋、宝岛肉圆、茶油面线、澳底海鲜、胡椒饼、咸酥鸡、台湾卤肉饭、割包、大肠面线、盐酥鸡、芋圆、肉粽、东海冰鸡爪冻、牛丸、烧酒虾、生蒸鹅肉、豆腐花、茶油面线、竹筒饭、客家梅干扣肉、佛跳墙（闽菜）、小笼汤包、蟹黄包、糯米肠、包香肠、炸虾饺、龙山寺夜市原净牛肉汤、西门町阿宗面线、正宗烧仙草、永和豆浆等

推荐 特色食处

✪ 士林夜市

是台北规模最大、名气最响亮的夜市，是到台湾旅游必去的地方之一。这里的美食汇集了大江南北的小吃，可谓应有尽有，著名的小吃有蚵仔煎、大肠包小肠、士林大香肠、生炒花枝、青蛙下蛋、豆花、豆干、广东粥、猪肝汤、东山鸭头、铁板牛排、泡泡冰等。

✪ 圆环夜市

是距台北车站最近的美食夜市，素以台北最地道、最传统的美食小吃著称。这里有龙虾火锅、炒米粉、肉羹、炒生螺、麻辣鸭血、麻辣臭豆腐、木瓜牛奶等。

✪ 华西街夜市

位于台北市区龙山寺旁边，与繁华的西门町相邻，是台湾历史最悠久的夜市。这里以各式山产、海产、野味小吃为主。

✪ 辽宁街夜市

这里以传统的热炒小吃最为著名，享有"咖啡街"之称。

✪ 通化街夜市

位于基隆路与信义路交叉口的西南，是距台北101大楼最近的夜市。这里的小吃品种丰富，很有特色。

旅游攻略 Travel Guide

台北位于台湾岛北部台北盆地中央，四周与新北市相邻，基隆河、淡水河和新店溪三水环抱，是台湾第一大城市。清朝光绪元年（1875年），钦差大臣沈葆桢在此设台北府，并兴建了台北府城，成为台湾北部的政治中心。台北市风景名胜众多，主要的景点有101大楼、中正纪念堂、台北"故宫博物院"、孙中山纪念馆、圆山大饭店、士林官邸、北投温泉、士林夜市、阳明山风景区等。

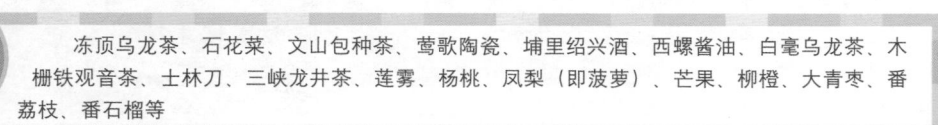

冻顶乌龙茶、石花菜、文山包种茶、莺歌陶瓷、埔里绍兴酒、西螺酱油、白毫乌龙茶、木栅铁观音茶、士林刀、三峡龙井茶、莲雾、杨桃、凤梨（即菠萝）、芒果、柳橙、大青枣、番荔枝、番石榴等

舌尖上的**基隆**

● 美食向导 Delicacies Guide

基隆是台湾北海岸最大的港口城市，是最适合选购海产、吃海鲜的地方。位于基隆奠济宫附近仁三路和爱四路的庙口小吃摊，始于清同治年间，历史悠久，现已聚集了200多个摊位。这里的各式小吃种类繁多，名闻台湾，最具代表性的有鼎边趖、天妇罗、肉羹、蚵仔煎、卤肉饭、八宝冬粉、奶油螃蟹、原汁猪脚大王等。民间都说："到基隆不吃庙口小吃，等于没去过基隆"。

推荐特色美食

⚑ 天妇罗

又名甜不辣，是一种来自日本的食物，就是指"炸制的东西"，是基隆庙口最负盛名的小吃之一。其做法是以鱼浆加上面粉、太白粉，再加糖、盐调味，搅匀后用手捏制成各种塑形，下油锅炸制成食品。最具特色的吃法是与贡丸、包萝卜、猪血糕等加入高汤中熬煮，再加上特制的甜不辣酱，即成为一份香酥可口的美食。

⚑ 庙口鼎边趖

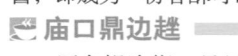

原名锅边糊，最早是大陆福州人常吃的汤食。汤里面有肉羹、虾仁、金针菇、香菇、木耳、鱿鱼、小鱼干、竹笋、高丽菜等配料，主料是用米浆在大锅里煮成的一片片"鼎边趖"。"趖"在台湾方言中，为"爬滚"的意思。一勺勺米浆沿着滚烫的大锅鼎边滚入汤中，米浆滑滚的动作叫做"趖"，所形成的一片片米食就是"鼎边趖"。基隆庙口小吃街的百年"吴家鼎边趖"最为有名。

⚑ 豆签羹

是起源于福建泉州的一道小吃。以米、豆磨成粉后，加工成短而薄的面条，即为主料"豆签"，再加入鱿鱼羹、虾仁羹，放在汤里煮熟即可。豆签条香软润口，还有微微的豆香，很好吃的。基隆市仁三路26号摊位的豆签羹，最为正宗，口味最佳。

⚑ 红烧鳗焿

是基隆庙口美食街最有名的小吃之一。将新鲜的鳗鱼，去头、骨刺后切成块，蘸上调味料去腥味，再裹上面粉油炸，然后放入大锅中，与白菜、香菇一起勾芡烩成。鱼头则煮成当归鳗鱼头，鲜美醇香，食后余味无穷。基隆市爱四路9号摊位，已卖了30多年的红烧鳗，口碑最佳。

⚑ 甜酒酿元宵

全家福的甜酒酿元宵，完全是手工自制，在基隆非常出名。酒酿一般是用白色的小糯米泡酒酿制而成，而全家福的酒酿，在香醇的酒味中还掺杂着淡淡的桂香味，酸酸甜甜的，口感滋润。

其他名吃

大肠蚵仔面线、润饼卷、冰鸡爪冻、大肠包小肠、风味生煎包、鱿鱼羹、纪猪脚、螃蟹羹、天一香卤肉饭、三兄弟豆花、沈记泡泡冰、营养三明治、"世盛一口吃"香肠等

● 旅游攻略 Travel Guide

基隆位于台湾岛北端，由于受台风的影响经常多雨，被称为"雨港"，是台湾第五大城市。基隆之名，据说是因港口外窄内宽，形状像一个巨大鸡笼而得名。1872年，在此设海防之后，始称基隆。主要景点有海门天险、和平岛、八斗子渔港、月眉山、灵泉寺、红淡山宝明寺、仙洞岩、狮球岭炮台等。

建宝虾仁干、太阳谷蜂蜜、连珍糕点，以及鱼类饰品（钥匙圈、胸针、领带夹、磁铁），李鹄饼店食品（绿豆凸饼、凤梨酥、蛋黄酥、咖喱酥、太阳饼、柠檬酥、乌豆沙饼、猪油糕、花生糕）等

舌尖上的**宜兰**

美**食**向**导** Delicacies Guide

宜兰，又称兰阳，各乡镇都有自己独特的风味美食，其中，利用苏澳冷泉做出来的羊羹，用木炭与甘蔗渣烘熏出来的鸭掌，经过熏制的咸猪肝，以金枣或李子腌制而成的蜜饯，合称"宜兰四宝"。此外，糕渣、牛舌饼、枣饼、芋泥、肉卷、茶熏蛋、米粉羹等，也都是宜兰知名的美食。

推荐
特色美食

渡小月糕渣

渡小月是以专营宜兰传统菜而知名的餐馆，位于宜兰市文昌路74号，创店已有40多年的历史。店内的招牌菜有糕渣、卤肉、枣饼、肝花、芋泥等，其中尤以做工繁杂的糕渣最为出名。其制作方法是以鸡肉、猪肉和虾仁剁成泥，加入熬好的高汤拌成浆状，倒入盘中冷却成形，再切成块，裹面粉油炸后即可食用。

南方澳海鲜

南方澳是台湾东海岸最大的渔港，盛产各类海鲜。在所有的鱼菜中，又以鱼翅、旗鱼肚、蜇肠等最为好吃。

阿茂米粉羹

位于宜兰市圣后街110-1号的阿茂米粉羹店，是一家有名的餐饮老店，尤以其招牌小吃米粉羹闻名远近。用香菇、柴鱼、大骨熬煮的汤头，加上竹笋、木耳、甜不辣和粗米粉烩煮成大锅浓稠的米粉羹，汤浓味美，非常好吃。

牛舌饼

香脆可口的牛舌饼主要由面粉、砂糖、蜂蜜、奶粉、猪油混合制作而成，因其形状像牛的舌头而得名。尤以具有120多年历史的创始店——老元香饼店的牛舌饼，口碑最佳。昔日，宜兰地区的家庭，在婴儿出生满四个月后，父母必遵古礼，将牛舌饼穿孔挂于婴儿胸前，并宴请来访的亲友，以此保佑孩童聪明伶俐。自古传今，从而成为宜兰的名饼。

肝花

是宜兰非常有特色的一道小吃。它是以瘦肉或内脏、鱼浆、荸荠为主料，加葱花、葱头等配料剁碎，再裹以豆皮炸制而成。因当时人们以猪肝为主料，故名肝花。

其他名吃

林场肉羹、豆腐卷、包心粉圆、枣饼、员山鱼丸、罗东夜市张秀雄咸米苔目、八宝芋泥、苏澳羊羹、鸭赏、胆肝（即咸猪肝）、葱香绿豆凸等

旅游攻略 Travel Guide

宜兰位于台湾岛东北部，东临太平洋，北接新北市。又称兰阳，原为平埔人聚居之地。境内山多林多河谷多，以山水胜景取胜，主要景点有北关、太平山、翠峰湖、栖兰、明池、松萝湖、神秘湖、富山植物园等，还有东北角海岸的蜜月湾、北观海海潮公园、乌石渔港等休闲景观。

舌尖上的**南投**

美食向导 Delicacies Guide

南投县位于台湾的地理中心，是台湾唯一一个不临海的县市。境内不仅有著名的日月潭风景区，更是凭靠肥沃的土地和良好的气候条件，孕育出丰富的农特产，如各种野菜、香菇、竹笋、高山鱼、茶叶、四季水果等，这些都成为南投县各地方菜的最佳食材。到南投旅游，每到一处都可以品尝到当地最具特色的美食。

推荐 特色美食

日月潭奇拉鱼

是南投县境内日月潭著名的特产，素以肉质鲜嫩味美著称。日月潭沿岸的餐厅，多有供应奇拉鱼这道菜，但要想吃到风味地道的奇拉鱼，一定要去以"邵族宴"闻名的迴原餐厅，菜品以油炸奇拉鱼为主，另外，清蒸奇拉鱼的滋味也不错。

埔里米粉

利用水煮的方式制作而成，所以又称水粉，在外观上要比新竹米粉粗些。不论是炒是煮，皆能保持香浓可口、不易烂掉的特色，是南投县最具人气的地方风味小吃。

竹炭花生

是南投县独有的特产。将包皮的花生裹上竹炭粉，加以低温酥炸，变成了一个个黑皮的竹炭花生，吃起来比原味花生更爽口。竹炭花生味美鲜香，而且竹炭粉还具有一定的排毒功能。

竹山黑糖番薯

竹山番薯为台湾特有的一个品种。将它与麦芽、黑糖一起用温火熬制，即成为黑糖番薯。内馅绵蜜，口感甜美，是近年来台湾非常流行的一款乡土点心。

其他名吃

南投米粉、草屯蚵仔面线、奶油酥饼、鸭赏、四季冬笋饼、琦之坊手工凤梨酥、桑葚酥、芋头酥、万寿肉圆、竹山阿婆碗粿、草屯老董一品香牛肉面

旅游攻略 Travel Guide

南投位于台湾岛正中央。境内气候湿润，雨水充沛，遍布的大小河川，供养了赖以为生的万物，其中哺乳类动物种类占全台70%，两栖类动物占81%，丰富的动植物资源使南投享有"台湾大地之母"的称号。境内主要景点有日月潭、合欢山、玄奘寺、东埔风景区、八通关古道等。

南投特产

南投鹿谷冻顶乌龙茶、玉山酒、咸葡萄干、埔里绍兴酒、南投高粱酒、双冬槟榔、竹山竹器、宝钏菜、三杯蒜鳗、野姜花、珍珠莲雾、南投贡糖等

舌尖上的嘉义

美食向导 Delicacies Guide

　　嘉义是台湾开发最早的地方之一，"吃"的文化发祥较早。嘉义的小吃种类繁多，如新港乡的生炒鸭肉羹、碗粿，东石港与布袋镇的海鲜，阿里山的竹筒饭和野菜等，都非常具有地方特色。另外，香酥松脆的方块酥和用鲜美火鸡肉制作而成的喷水鸡肉饭，也都是到嘉义旅游不可错过的美食。

推荐 特色美食

🍽 喷水鸡肉饭

　　嘉义是台湾名吃——鸡肉饭的发源地，以嘉义东门圆环边的"喷水鸡肉饭"味道最香，名气最响亮。将鸡油、特制酱汁、鸡肉丝、油葱搭配在白米饭上，口感极好。鸡肉饭广受好评，成为嘉义的代表美食，现已逐渐发展到台湾各地。

🍽 阿里山竹筒饭

　　阿里山区遍地竹林，"竹筒饭"是当地最有名的特色小吃之一。传统的做法是将桂竹的竹筒内装入生糯米，再以高丽菜或山酥塞住竹筒口，然后用炭火烤，不一会儿，桂竹的清香混合着米香就会扑鼻而来。如果配上阿里山特产的哇沙米和加酱油的蘸酱，便成了风味十足的邹族传统美食。

🍽 冬菜虾仁蛋

　　嘉义市光华路122号小吃摊的招牌美食——冬菜虾仁蛋，做法独特，已有40多年的历史。是将鸡与虾仁熬煮的清汤，加上半熟的水煮鸭蛋、冬菜、虾仁羹调制而成。汤鲜味美，别具风味。

🍽 恩典酥

　　全称为恩典方块酥，由退伍军人党长发于1971年在自家烧饼店创制。因党长发喜欢看古典宫廷戏，常对顾客说一句"谢皇上恩典"。从此，他卖的方块酥被称为"恩典酥"。

其他名吃

罗山米糕、阿里山野菜、中和村火车饼、公婆饼、草籽粿、布袋镇蚵卷、花枝卷、虾卷、蚵仔包、烧酒螺、鲜蚵炒面、蚵仔汤、红烧豆仔鱼、牛尾鱼汤、奋起湖阿婆饼、茶叶铁蛋、郭景成粿仔汤、西市碗粿、煎粿、香菇肉羹、真味珍香肠、新台湾饼、民雄鹅肉等

旅游攻略 Travel Guide

　　嘉义位于台湾岛西南部，西濒台湾海峡，原为高山族平埔人聚居的地方。明朝郑成功时期，置天兴县；清乾隆五十一年(1786年)改名嘉义县，因其地域轮廓状似桃子，故有"桃城"之称。境内有山川、河流、平原，有山色、湖光、海景等不同的壮丽景色。其中，台湾最负盛名的阿里山风景区，是游客必赏之景，令人流连忘返。

嘉义特产

东石港海鲜（蚵仔、午鱼、石斑、白虾、角螺、肉螺、红虾、贝蛤、香螺），以及阿里山珠露茶、台湾野山羊、新港饴（原名老鼠仔糖）、花果酥、黑糖咖啡、牡蛎、鲴鱼、阿里山爱玉子、竹笋、梅山槟榔等

舌尖上的**高雄**

● 美食向导 Delicacies Guide

高雄是台湾最大的国际商港，台湾第二大城市，这里汇聚了台湾各式的美食，应有尽有。其中，尤以名气最响的六合夜市及瑞丰夜市、新兴夜市、光华夜市、自强夜市、兴中夜市、五甲夜市的小吃最为著名，如盐蒸虾、木瓜牛奶、筒仔米糕、臭豆腐、咸汤圆、海产粥、花生粽、盐酥鸡、铁板烧、炭烤三明治、炸冰、乌鱼子、药炖排骨、蛇肉等，都是高雄的招牌特色小吃，千万不要错过。

推荐 特色美食

⊡ 鳝鱼意面

是台湾的传统小吃之一。口感酥脆弹牙的鳝鱼片，富有甜味，皮薄且脆，无土腥味，加上浓稠的芡汁与青葱、洋葱与蒜末，味道更加香醇浓厚。高雄市一中二街美食广场的"汤老五鳝鱼意面"名气最大，值得一尝。

⊡ 破布子块

"破布子"是高雄特有的一种野生植物。将洗净的破布子放入锅里煮约3个小时，待搅成黏稠糊状后，趁热捞出放入碗内，并加入盐和调味料拌匀，用勺压成块状，凉后倒扣出来，就制成了野味小吃——破布子块。这种香咸糯软的小吃，广受台湾南部客家人的喜爱。

⊡ 观音山桶仔鸡

高雄市大社镇观音山脚下的阿水师傅烤制的桶仔鸡，肉嫩可口，香气四溢，是到观音山旅游的客人必吃的美食。

⊡ 盐蒸虾

是高雄六合夜市有名的招牌小吃。用胡椒、盐调味出来的盐蒸虾，其壳极软，肉质香嫩鲜美，让人越吃越上瘾。

其他名吃

美浓山河肉、阿麦、花生粽、香菇肉羹、海鲜粥、蚵仔面线、旗津海鲜、度小月担仔面、过鱼汤、干拌鱼皮、干拌生鱼片、咸圆仔汤、阿婆冰、新大港香肠、邓师傅卤味菜、炸蟋蟀、卤水石斑鱼等

● 旅游攻略 Travel Guide

高雄位于台湾岛西南部，西临台湾海峡南口，是台湾最大的港口和第二大城市。爱河流经市区，增添了秀丽景色，是一座美丽的海港城市。高雄，旧称打狗或打鼓，又称西港，原为原住民西拉雅人所居之地。打狗为"番语"社名的译音。日占时期，日本人把"打狗"改成与日语发音相近的"高雄"。这里全年长夏无冬，一派热带风光。每年都吸引四五百万人次参与的爱河灯会，是台湾三大灯会盛事之一。境内名胜古迹众多，有旗津岛、清水岩、月世界、佛光山等。

高雄特产

美浓镇油纸伞、旗山果茶、浓厚铺草茶、正合兴蜜饯、深海乌鱼子、旗山枝仔冰、吴记绿豆糕、鸳鸯饼，以及冈山三宝（豆瓣酱、蜂蜜、羊肉）等
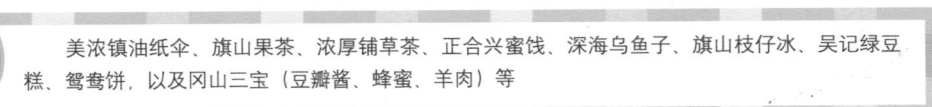